DES

COLONIES AGRICOLES.

(*Extrait des* Mémoires de la Société royale et centrale d'agriculture. Année 1830.)

DES

COLONIES AGRICOLES

ET

DE LEURS AVANTAGES

Pour assurer des secours à l'honnête indigence, extirper la mendicité, réprimer les malfaiteurs et donner une existence rassurante aux forçats libérés, tout en accroissant la prospérité de l'agriculture, la sécurité publique, la richesse de l'Etat;

AVEC DES RECHERCHES COMPARATIVES

Sur les divers modes de secours publics, de colonisation et de répression des délits, ainsi que sur les moyens d'établir avec succès des Colonies agricoles en France et la nécessité d'y recourir; contenant plusieurs tableaux statistiques justificatifs, avec les plans des constructions adoptées pour les colonies libres et forcées de la Hollande et de la Belgique et de la maison (*modèle*) de détention de Gand;

Par M. L.-F. HUERNE DE POMMEUSE,

Ancien Député, Chevalier de la Légion-d'Honneur,
Membre de la Société royale et centrale d'Agriculture et de celle des Établissemens charitables,
Auteur d'un Ouvrage sur les Canaux navigables de France et d'Angleterre.

PARIS,

IMPRIMERIE DE MADAME HUZARD (née VALLAT LA CHAPELLE),
RUE DE L'ÉPERON, N°. 7.

1832.

AVANT-PROPOS.

Le titre de cet ouvrage annonce un plan dont l'étendue aurait pu intimider l'auteur et l'arrêter par la crainte de l'insuffisance de ses moyens pour le parcourir convenablement, s'il ne se fût trouvé déterminé à en aborder successivement les principaux points par des circonstances auxquelles il devait d'autant plus de déférence qu'elles se rattachaient à des considérations en faveur desquelles on voit concourir plus que jamais les vœux de l'humanité, le zèle de la charité chrétienne, et les méditations de la justice; considérations qui, dans la position actuelle de la France, y acquièrent encore un nouveau caractère, celui de la nécessité.

Le désir de partager la louable émulation que suscitent de toutes parts des motifs aussi puissans, et de seconder les recherches, les efforts de tant d'hommes de bien, de tant de publicistes éclairés, est devenu pour l'auteur une obligation qui ne lui a plus permis de consulter que son zèle, par une cause qu'il croit devoir faire connaître d'abord, parce qu'il espère se préserver ainsi de l'imputation d'une présomption qui eût été bien mal placée chez lui, et que ce sera en même temps le meilleur moyen de faire juger des motifs, du plan et du but de son ouvrage.

La Société royale et centrale d'Agriculture, qui, d'après son institution, se dirige principalement sur les questions qu'elle croit pouvoir être les plus utiles au pays, avait demandé à l'auteur un *Mémoire sur les colonies agricoles de bienfaisance de la Hollande et de la Belgique*, d'après les connaissances qu'elle avait d'un voyage qu'il y avait fait en 1829, époque où ces deux pays réunis formaient encore le royaume des Pays-Bas ; le Mémoire qu'il soumit à cette Société, conformément à ses désirs, exposait fidèlement les faits qui constataient la marche progressive pendant dix ans et les succès des colonies libres, forcées et de punition en Hollande, ainsi que les avantages qu'en avait promptement obtenus la Belgique, quoique ce ne fût alors que depuis quatre ans qu'elle s'était déterminée à imiter le bel exemple de la Hollande. Ce Mémoire constatait en même temps que ces deux peuples, si différens d'ailleurs par leur caractère et leur position, avaient l'un et l'autre, et sous tous les rapports, bien moins besoin que la France de colonies de ce genre, et que, pour en rendre l'exemple plus assuré, ces colonies y avaient été établies, avec succès, dans les landes réputées les plus infécondes de chacune de ces contrées, et enfin il concluait que la France pouvait en établir de semblables et en recueillir des avantages encore supérieurs à ceux qu'avaient obtenus et la Hollande et la Belgique.

La Société royale et centrale d'Agriculture, après avoir entendu la lecture de cet ouvrage, ayant bien voulu l'accueillir et ordonner qu'elle le ferait imprimer et insérer dans ses *Mémoires*, dès lors l'auteur a dû rechercher tous les moyens de répondre à des vues telles que celles d'une Société aussi honorable, en réunissant, dans un ouvrage qui devait être publié sous ses auspices, le plus de documens qu'il pourrait recueillir, pour prouver l'étendue des avantages que la France pouvait retirer du système des colonies agricoles d'après les exemples comparatifs que présentaient, à cet égard, plusieurs autres pays des plus civilisés.

C'est ainsi que cet ouvrage se trouve divisé en deux parties bien distinctes, malgré la connexité qui existe entr'elles.

La première consiste dans le texte même du Mémoire qui avait été d'abord demandé à l'auteur, et tel qu'il l'avait lu à la Société d'Agriculture.

La seconde se compose de l'ensemble et des résultats des recherches comparatives

auxquelles il a dû se livrer pour examiner et tâcher de résoudre, par l'exemple ou l'analogie de faits constatés par l'expérience, les questions importantes que soulèvent les divers genres d'application dont le système des colonies agricoles est susceptible pour la France, en y présentant, vu l'état actuel des choses, un degré de supériorité d'avantages d'autant plus remarquable qu'il s'y joint, comme on vient de le dire, un caractère de nécessité.

L'étendue, la diversité de ces recherches ne permettant pas de communications préalables à la Société d'agriculture, elle a bien voulu s'en rapporter à l'auteur pour les recueillir et les exposer; il y a mis dès lors tout le zèle que devait lui inspirer une telle confiance, et il a cru pouvoir y répondre, en faisant usage, pour éclairer les diverses questions qui se présentaient, des documens recueillis par lui pendant les dix années qu'il a eu l'honneur de siéger à la Chambre des Députés, sur ce qui se passait dans d'autres pays, et notamment en Angleterre et aux États-Unis d'Amérique, relativement au paupérisme et aux divers modes de colonisation et de répression des délits, s'étant fait un devoir de se tenir au courant des discussions législatives de ces deux derniers États relatives aux questions d'intérêt général, pendant tout le temps qu'ont duré ses fonctions de député, animé du désir de les bien remplir.

Mais pour ne pas compliquer, par des digressions trop étendues, le texte même de son ouvrage, il a renvoyé dans des notes spéciales ce qui concernait, chez les peuples les plus civilisés, les différens documens que nous pouvions y puiser comme consacrés par l'expérience.

C'est ainsi qu'en examinant successivement et dans un ordre convenable les faits constatés par des résultats que présentaient des points de comparaison positifs pour les avantages que nous pouvions en retirer, l'auteur a tâché d'atteindre les divers buts indiqués par le titre de l'ouvrage.

Puisse-t-il, par cet ensemble de recherches et de travail, avoir répondu aux vues d'une Société aux lumières et aux encouragemens de laquelle il s'empresse de faire hommage de ce qui pourra se trouver de bon dans son ouvrage! puisse-t-il avoir offert ainsi quelques matériaux utiles à ceux qui, par la supériorité de leurs moyens, peuvent exercer une influence avantageuse sur ce que réclament à la fois les vœux les plus constans de l'humanité et les besoins les plus urgens de notre époque, dans un pays où Henri IV professait cette belle maxime :

« LE GOUVERNEMENT EST BIEN ORGANISÉ » LORSQU'IL N'Y A POINT D'HOMMES NI DE » CHAMPS INUTILES; IL EST PLUS DÉFEC- » TUEUX A PROPORTION QU'IL Y A DES » HOMMES DÉSOEUVRÉS ET DES CHAMPS » INCULTES. »

DES

COLONIES AGRICOLES

ET

DE LEURS AVANTAGES

Pour assurer des secours à l'honnête indigence, extirper la mendicité, réprimer les malfaiteurs et donner une existence rassurante aux forçats libérés, tout en accroissant la prospérité de l'agriculture, la sécurité publique, la richesse de l'Etat.

PREMIÈRE PARTIE.

MÉMOIRE SUR LES COLONIES AGRICOLES DE BIENFAISANCE DE LA HOLLANDE ET DE LA BELGIQUE (1).

INTRODUCTION.

Messieurs,

En ayant l'honneur de vous soumettre le Mémoire que vous m'avez demandé sur les *Colonies agricoles de bienfaisance* de la Hol-

---

(1) Ce Mémoire a été rédigé d'après la demande de la Société royale et centrale d'Agriculture, et lecture lui en a été faite dans des séances successives.

L'auteur y expose l'état des choses en 1829, époque de son voyage dans ces contrées.

lande et de la Belgique, en cherchant ainsi à répondre à des vues aussi éclairées que les vôtres, j'ai surmonté la crainte que j'éprouvais de ne pouvoir traiter convenablement un sujet de cette importance, rassuré que j'étais par la confiance que devaient vous inspirer les personnes recommandables qui avaient bien voulu m'aider de leurs lumières pour les documens que j'avais à recueillir dans ces contrées.

Je dois citer, à cet égard, avec l'expression d'une vive reconnaissance, M. le duc *d'Ursel*, qui a exercé, avec une distinction remarquée, les fonctions de Ministre de l'Intérieur et du Waterstaadt (1); MM. les Gouverneurs des provinces où sont situées ces colonies (2); MM. les Consuls d'Amsterdam et d'Anvers, qui résident dans ces mêmes provinces. Enfin, j'ai à citer, pour les colonies de la Belgique, notre honorable collègue M. *Yvart*, jeune, qui, les ayant visitées quelques jours avant moi, a bien voulu me remettre, à leur sujet, des notes dont j'ai

---

(1) M. le duc *d'Ursel* avait été le deuxième assesseur de la Société de bienfaisance, et il la présidait en l'absence du prince *Frédéric*. Les colonies du Midi lui doivent l'espèce de pommes de terre qui a réussi le mieux.

(2) Les attributions d'un gouverneur de province, dans la Hollande et la Belgique, comprennent celles d'un préfet en France et sont beaucoup plus étendues.

fait usage, avec d'autant plus de satisfaction, qu'elles se rapportaient à mes propres observations.

Je dois indiquer de plus, ici, à l'appui des documens que je présente sur l'origine et la gestion de ces colonies, et sur leur état antérieur à l'époque du voyage que j'y fis en 1829 :

Un Mémoire sur la première colonie de Frederick's-Oord, publié en 1821, par M. le baron *de Keverberg*, conseiller d'Etat;

La Relation d'un voyage dans ces colonies, fait en 1823 par M. le chevalier *de Kirckhoff*, qu'il a publiée en 1827;

Une autre Relation d'un pareil voyage fait en 1828, dans ces mêmes colonies, par M. *Edouard Mary*, ancien secrétaire de la commission centrale de la Société méridionale de bienfaisance (à laquelle on doit les colonies de la Belgique);

Le journal périodique intitulé *le Philantrope*, qui avait été fondé à Bruxelles, principalement pour rendre compte des réglemens et des opérations des Sociétés de bienfaisance qui régissent ces colonies ;

Une Notice sur ces établissemens, qu'a publiée en 1827 M. *Moreau de Bellaing*, propriétaire en Belgique et ancien sous-préfet ;

Les observations qu'a cru devoir consacrer à un tel sujet M. *Jacob*, contrôleur général des mercuriales, en Angleterre, en les joignant, comme accessoires du plus haut intérêt, au célèbre Rapport qu'il a été chargé de faire sur la législation des grains, imprimé à Londres en 1828, par ordre du Gouvernement anglais;

Plusieurs numéros du *Bulletin universel* de M. le baron *de Férussac*, où il donne sur ces colonies des détails choisis avec la sagacité qui distingue ce journal, notamment en rendant compte de l'ouvrage de M. *Jacob*.

J'ai consulté surtout le mémoire remarquable qu'avait rédigé sur cette matière importante M. le vicomte *de Villeneuve*, alors préfet du département du Nord, après l'avoir été de celui de la Loire-Inférieure; mémoire qu'a si bien fait apprécier M. le comte *de Tournon*, dans son rapport lumineux au Conseil supérieur d'agriculture sur cet excellent ouvrage, et que le respectable doyen de votre Société, M. *Tessier*, a inséré dans son journal des *Annales de l'agriculture*, dont on connaît le mérite.

J'invoque ici ces diverses autorités avec d'autant plus d'empressement, que toutes sont d'accord sur l'exactitude des faits, comme sur les éloges et les vœux qui doivent accompagner des exemples aussi favorables à l'humanité.

C'est donc, appuyé sur la confiance que méritent de tels suffrages, que je vais exposer l'ensemble des documens qu'après plusieurs années d'expérience les colonies agricoles de bienfaisance de la Belgique et de la Hollande peuvent offrir à cette émulation qui anime aujourd'hui les peuples les plus civilisés, pour rechercher les moyens de guérir la plaie la plus honteuse et la plus dangereuse de la société, et je tâcherai de prouver ensuite jusqu'à quel point il peut être utile et possible de réaliser dans notre pays des vœux si généralement appréciés.

Examen des circonstances qui pouvaient influer sur l'adoption des colonies agricoles.

Pour nous diriger convenablement dans la marche que nous avons à suivre pour atteindre notre but, nous devons commencer par reconnaître quelles étaient les circonstances qui pouvaient influer sur l'adoption et le succès du système dont il s'agit, tant en Hollande qu'en Belgique, afin d'établir ultérieurement, quand nous parlerons de la France, les observations comparatives qui pourront en résulter.

Nous devons, sous ce rapport, considérer d'abord quelle était la proportion de la classe indigente avec la population du pays, ainsi que les causes qui pouvaient déterminer cette proportion; quelles étaient les ressources que cette classe pouvait trouver, soit dans les travaux qui lui étaient offerts, soit dans les établissemens de bienfaisance et les moyens de secours qui lui étaient consacrés.

Enfin, quels furent les avantages qui, malgré ce que nous devons exposer à cet égard, firent préférer le système des colonies agricoles, pour prévenir et extirper la mendicité.

Nous parlerons d'abord de ce qui concerne plus particulièrement la Hollande.

On sait à quel degré ce peuple, si peu nombreux dans son origine, sut élever sa richesse commerciale et sa puissance maritime par un courage et une industrie dont l'énergie semblait s'accroître avec les obstacles qu'il lui fallait vaincre; on sait qu'obligé de fonder en quelque sorte sa capitale sur l'Océan même (1), il le couvrit de ses flottes, en exerçant pendant un siècle et demi un monopole commercial qui l'avait fait surnommer le *Roulier des mers*.

C'est ainsi que la Hollande était parvenue, en 1660, à posséder dix mille voiles et cent soixante-huit mille matelots, d'après le rapport de *Jean de Wit*, grand-pensionnaire de la république,

(1) L'hôtel de ville d'Amsterdam a été fondé sur un pilotis de treize mille six cent cinquante-neuf grands mâts enfoncés.

et qui, après l'avoir portée à l'apogée de sa grandeur, fut massacré, en 1672, à La Haye, par la populace, avec des atrocités révoltantes, qui devinrent en quelque sorte l'époque de la décadence de l'État.

Les mémorables exemples de prospérité qu'avait donnés la Hollande avaient servi de leçons à des puissances rivales long-temps occupées de leurs troubles intérieurs.

La France et surtout l'Angleterre luttèrent contre la puissance commerciale de la Hollande avec d'autant plus d'avantage, que cette république, parvenue à un si haut degré de prospérité, ne sut plus se défendre de ces divisions intestines dont des rivaux ne manquent jamais de profiter, et qu'ils cherchent si souvent à fomenter dans leur propre intérêt.

D'après ce concours de circonstances préjudiciables, la Hollande ne comptait plus en 1789 que cent un bâtimens de guerre, dont quarante-trois vaisseaux de ligne de cinquante à soixante-quatorze canons, quarante-sept frégates et onze cutters; après les avoir presque tous perdus pendant notre révolution, elle a reçu en partage, lors de la pacification de 1815, les deux tiers des vaisseaux portant pavillon français qui existaient dans ses ports : elle en a fait le noyau d'une marine qui s'est accrue annuellement, mais qui ne compte encore que trente bâtimens en activité, armés de sept cent vingt canons et montés par environ quatre mille deux cents hommes (1).

Nous avons insisté sur ces circonstances, parce que rien ne pouvait mieux prouver la décadence de la richesse hollandaise, et par conséquent la diminution progressive des capitaux et du défaut de travail pour les classes ouvrières. Nous devions d'abord établir ainsi les causes principales de la forte proportion relative de la classe indigente, qui, comme nous le verrons dans les tableaux statistiques que nous allons donner, était de 745,652 individus pour la population totale du royaume des Pays-Bas, laquelle était d'environ 6,000,000 (2); mais nous devons en même temps, pour éclairer la question qui nous occupe, opposer à ce tableau affligeant celui des ressources que présentent l'énergie de l'esprit public et l'industrieuse activité du Hollandais.

Après tant d'événemens contraires, Amsterdam était encore, dans ces derniers temps, le

---

(1) Il existe de plus dans ses ports soixante-trois bâtimens en non-activité et quarante en construction, pour être confectionnés de 1830 à 1840.

(2) Voir l'article premier de la note (A), qui présente divers tableaux statistiques de la Hollande et de la Belgique.

grand marché des Indes-Orientales et le port où l'on trouvait la réunion la plus complète des produits de l'univers; son activité s'accroissait chaque année, notamment depuis la construction de ce beau canal maritime, qui, commencé en 1819 et fini en 1824, joint le port d'Amsterdam à celui du New-Diep, près le Texel, par une ligne navigable pour les vaisseaux de guerre et les vaisseaux marchands du plus fort tonnage, et qui leur fait éviter ainsi, par un trajet de vingt lieues toujours sûr et facile, les détours souvent contrariés par les vents et les hauts-fonds qui les obligeaient de s'alléger en prenant par le Zuiderzée (1).

---

(1) Le passage le plus profond présentait, au lieu dit *le Pampus*, à environ 8,000 mètres au-dessus d'Amsterdam, un haut-fond qui ne donnait que 30 à 33 décimètres de tirant d'eau.

J'ai traversé en dix heures ce canal, qui est le plus beau canal maritime que l'on connaisse; j'étais dans le salon d'une barque de poste très commode, qui passait par de petites écluses, tandis que je voyais des frégates, des vaisseaux du plus fort tonnage, et notamment un vaisseau de neuf cents tonneaux, venant de Batavia, passer par les grandes écluses, qui ont 190 pieds de long, 24 pieds de profondeur et 55 pieds d'ouverture entre leurs portes, dont les ventaux (tout en bois) ont été

Il a fallu fonder les écluses de ce canal sur des pilots enfoncés jusqu'à 30 pieds au dessous du niveau du flux ordinaire de la mer; aussi a-t-il coûté à peu près 20,000,000 fr. de notre monnaie, qui ont profité à la classe ouvrière de la Nord-Hollande.

Pour répartir les bienfaits des grands travaux dans tout le royaume, on exécutait d'autres canaux dans sa partie intermédiaire et dans sa partie méridionale, comme devant à la fois occuper l'ouvrier et faire prospérer ensuite le commerce et l'agriculture, ces deux sources fécondes de bien-être pour toutes les classes.

Ainsi, on a construit, dans la partie intermédiaire du royaume, le canal maritime, par lequel les vaisseaux du plus fort tonnage arrivent maintenant jusqu'à Gand, en traversant le bras de mer dit l'*Axelsh-Gat*, au moyen de levées dont il a fallu terminer le couronnement, qui avait 600 mètres, entre deux marées, pour les soustraire à une destruction, sans cela inévitable, par la chute et l'affouillement de l'eau,

---

établis avec tant de précision pour leur assemblage que, depuis cinq ans qu'on les manœuvrait, leur aplomb n'avait pas varié d'une seule ligne.

si elle n'eût pas été retenue par une plus grande élévation de ces levées, lors du reflux (1).

On a construit encore, dans cette partie intermédiaire, le canal à vaisseaux, dit *le Zederik*, qui, allant de Wianen à Gorkum, a abrégé de huit jours le trajet d'Amsterdam à Cologne, et pour lequel on a pratiqué pour la première fois ces belles écluses dites à éventail, qui, par des appareils de construction particuliers, peuvent voir ouvrir leurs portes dans les hautes eaux, par l'effet même de la pression du biez supérieur, celui dit *le Zuid-Williems-waart*, qui va de Bois-le-Duc à Maëstricht; il reçoit les grandes barques de la Meuse, qui chargent jusqu'à 800 tonneaux, et présente, près de cette der-

---

(1) Le jour où l'on termina cette grande opération, on y employa deux mille ouvriers et deux cent cinquante bâtimens pour placer les fascines et les pierres nécessaires. Le couronnement fut effectué en cinq heures, sur une longueur de 600 mètres, et la marée n'avait plus qu'un pied à franchir pour surmonter la digue quand on parvint à lui donner un pied au dessus des plus hautes eaux : alors des cris de joie s'élevèrent de toutes parts et des salves de mousqueterie célébrèrent la victoire que l'on venait de remporter sur l'Océan, dont le bras que l'on coupait ainsi a été converti en une belle et vaste gare.

nière ville, une des plus belles écluses qui existent.

Je citerai, pour la partie méridionale, le canal d'*Antoin*, dont le biez de partage est alimenté au moyen d'une tranchée de 1,500 mètres de long, dont la profondeur va jusqu'à un maximum de 81 pieds au dessous du sol naturel, et de 150 pieds au dessous du niveau des cavaliers que forment les déblais ;

La canalisation de la Sambre depuis Namur jusqu'à notre frontière, qui a exigé des creusemens considérables, partie dans le roc; cette canalisation étant effectuée par vingt-deux barrages éclusés et à poutrelles mobiles, qui ont 20 pieds de long et peuvent s'ouvrir en quelques minutes, au moyen d'appareils ingénieux ;

Le canal de Charleroi à Bruxelles, qui a cinquante-cinq écluses et un souterrain de 1,300 mètres, qui n'a pu être construit qu'en commençant sa voûte par son sommet, à cause de l'extrême mobilité du sable qu'il fallait traverser (1).

---

(1) Ayant visité particulièrement chacun de ces canaux, ainsi que les travaux hydrauliques dont il est fait

Je citerai encore, comme bel exemple des travaux d'une entreprise particulière, celle de la compagnie dite *du Luxembourg* établie à Bruxelles, pour la jonction de la Meuse, prise près Liége, à la Moselle près Trèves, par un canal qui a $257{,}650^{m}$. de long, un souterrain de $2{,}500^{m}$. et deux cent trente-cinq écluses. Cette compagnie faisant exécuter d'autres grands travaux, je crois devoir annoncer l'exposé que je ferai de ses statuts et de ses opérations dans l'ouvrage dont je parle dans la note ci-dessous, comme présentant un modèle parfait de grande association industrielle.

Ces grands travaux de canalisation étaient accompagnés d'autres travaux non moins importans, tels que ceux des digues, qui défendent

---

mention dans ce mémoire, je compte en donner la description détaillée dans un ouvrage que je me dispose à faire paraître prochainement, comme faisant suite à celui que j'ai publié en 1822 (*Des canaux navigables*), chez *Bachelier* et Madame *Huzard*, libraires, à Paris; n'attendant pour publier ce dernier ouvrage que le complément de documens qu'a bien voulu me promettre, pour la partie relative aux canaux des États-Unis d'Amérique, M. le général *Bernard*, dont on connaît les beaux travaux pour le génie civil et militaire de cet État.

le pays contre les invasions de la mer, en résistant aux tempêtes les plus terribles.

Mais il en est d'autres encore qui sont aussi très remarquables par les soins peu communs et exigeant plus de main-d'œuvre, avec lesquels ils sont exécutés.

Je citerai pour exemple ce beau système de digues, qui, par sa solidité et la savante combinaison de sa direction pour le reflux, l'a forcé à creuser, par sa seule érosion, un fond d'eau de vingt-cinq pieds à ce port de New-Diep, où aboutit le grand canal de la Nord-Hollande dont nous venons de parler, et où les petits bâtimens de commerce ne trouvaient anciennement qu'un mouillage à peine suffisant. J'y ajouterai les digues qu'on exécute pour former dans le port même d'Amsterdam un bassin spécial pour le commerce des bois de construction, qui aura une écluse à sas, de 49 pieds de largeur entre ses portes, et un bassin à flot pour les plus grands vaisseaux, où il pourra en tenir douze cents; il sera formé par une digue d'environ 4,000 mètres, avec une écluse à sas de 58 pieds d'ouverture entre les portes : ces travaux, estimés 5,000,000 fr., offrent de belles occupations à la classe ouvrière d'Amsterdam, qui ne va pas au tiers de celle de Paris, et assurent, pour la suite, encore plus d'activité dans son port. Je citerai, pour les soins qui exigent plus de main-d'œuvre, les paillassonnages (je me sers ici de l'expression la plus exacte), que j'ai vu exécuter sur les talus de digues et de rives que l'érosion des eaux de la mer menaçaient de détruire par une violence qu'on amortit en les faisant ainsi glisser sur une surface entièrement lisse, notamment près l'embouchure de la magnifique écluse à éventail de Terneuse, où l'action des eaux débouchant de cette écluse avait creusé le chenal à 45 pieds de profondeur. On pourrait encore mentionner ici la grande activité des chantiers maritimes et de ces nombreuses scieries pour les bois qui descendent le Rhin, en formant des radeaux de plusieurs centaines de mètres de longueur, et qui ressemblent à des îles flottantes; scieries mues par des moulins, dont le nombre va jusqu'à environ trois cents pour le seul canton de Sardam, où le czar Pierre Ier. voulut apprendre le métier de charpentier, et où l'on montre encore la chambre et les meubles dont se servit ce grand homme.

A cette quantité de travaux que présente la Hollande dans son propre sein, on doit ajouter les ressources qu'elle offre dans les colonies qui lui ont été restituées, et où Batavia est encore la ville la plus importante des Indes-Orientales après Calcutta. La métropole compte, dans ces colonies, environ neuf millions de sujets, qui sont autant de consommateurs pour elle et la voient jouir de toutes leurs richesses et posséder tous les grands emplois.

On peut donner une idée des avantages de la métropole, en citant le grand vaisseau à vapeur dit l'*Atlas*, qui a 252 pieds de long, trois machines à vapeur, de la force de cent chevaux chacune; vaisseau qu'elle a fait construire à Rotterdam pour lui servir en quelque sorte de citadelle flottante dans l'Inde, et que j'ai vu manœuvrer.

Après avoir donné, comme nous le devions, l'idée des travaux qui pouvaient occuper la classe indigente, nous devons, pour compléter les points de comparaison, parler encore des ressources que cette classe pouvait trouver dans les établissemens de bienfaisance et les secours de la charité. Il doit suffire de dire ici, pour ce qui regarde les principes qui animaient les Hollandais en faveur de l'humanité souffrante, que les établissemens existant à Amsterdam pour les enfans abandonnés et pour les insensés étaient les plus beaux que l'on connût, et de renvoyer à l'article qui concerne le nombre des individus secourus, les établissemens et les diverses natures de secours, dans la note (A) que nous avons déjà indiquée, comme contenant les principaux tableaux statistiques du ci-devant royaume des Pays-Bas, en ce qui concerne notre sujet.

Nous renvoyons à ces mêmes tableaux pour la proportion des terres incultes avec la quantité de terrains cultivés, comme pouvant être encore à considérer pour juger de l'utilité des colonies agricoles. Après avoir ainsi passé en revue les circonstances qui avaient pu influer sur l'établissement de ces colonies pour la Hollande, nous allons donner un coup-d'œil sur ce qu'étaient en Belgique les circonstances analogues.

Le commerce manufacturier de la Belgique avait éprouvé une violente secousse lorsque ce pays cessa d'appartenir à la France qui lui offrait les plus vastes débouchés. Telle est la cause de la forte proportion de la partie indigente de sa population, qui était alors d'environ 1 sur 8 (note A); mais, depuis cette époque, les grands travaux dont nous venons de parler, son industrieuse activité, des circonstances nouvelles ont contribué à rétablir sa prospérité. Ainsi Bruxelles, érigée en capitale, a vu sa population presque doubler, et par suite des établissemens qui lui devenaient alors nécessaires, elle a vu s'élever, dans sa partie supérieure, un quartier nouveau, qui contenait les palais de la famille royale, ceux des autorités législatives, des hôtels des administrations publiques et des principaux fonctionnaires.

Anvers s'est agrandi d'une manière étonnante par l'activité de son port et le nombre des bâtimens que reçoivent les magnifiques bassins que nous y avons construits, puisqu'on y compte moyennement trente-cinq vaisseaux en déchargement par jour (en 1829).

La Belgique s'est encore enrichie, tant par l'exploitation des inépuisables mines de houille qu'elle possède vers nos frontières, et dont les produits se sont progressivement élevés jusqu'à 60,000,000 de quintaux métriques, et passent pour occuper environ cent mille familles, que par l'établissement d'usines très remarquables par leur grandeur et leur produit.

Je citerai pour exemple, et comme les ayant complétement visités, la belle fonderie de M. *Cokerill*, à Seraing, près Liége, qui occupe environ deux mille ouvriers, et où on a fondu les appareils pour le grand vaisseau à vapeur *l'Atlas*, dont nous venons de parler; les hauts-fourneaux établis depuis peu à Couvin et à Charleroi, parmi lesquels on en voit dont les coulées sont aussi fortes que celles des hauts-fourneaux d'Angleterre, et la belle exploitation de M. *de Lagorge*, à Hornu, près le canal de Mons, où j'ai vu quinze cents ouvriers employés aux travaux souterrains, trois cents aux travaux extérieurs, et tous logés dans un village, que M. *de Lagorge* a fait construire pour eux, avec de beaux alignemens que forment des maisons pourvues de jardins et de toutes les commodités désirables ; de sorte que ce village présente l'image d'une colonie très prospère.

La Belgique participait aussi aux avantages que les colonies d'outremer présentaient au royaume des Pays-Bas, ainsi que nous venons de le reconnaître, et on m'a cité pour exemple, à ce sujet, qu'un des armateurs demeurant à Anvers avait en commission dix-neuf bâtimens pour le seul port de Batavia.

Enfin la Belgique possédait, pour le secours de l'indigence et la répression des malfaiteurs, des établissemens qui n'ont encore été surpassés nulle part.

J'ai vu plusieurs de ces établissemens, notamment ceux de Vilvorde, de Saint-Bernard et la célèbre maison de détention de Gand. Ces trois établissemens présentent des observations comparatives si intéressantes pour le sujet qui nous occupe, que nous croyons devoir en faire ici une mention sommaire.

J'ai dû remarquer la sagesse des distributions intérieures des édifices, la discipline des détenus et les soins recherchés qu'on y donne à la propreté, mais surtout l'aptitude transmise aux détenus pour les travaux les plus utiles à l'État.

Ces travaux ont pour objet les diverses fournitures d'équipement et d'habillement nécessaires à l'armée, mais avec un système de spécialité qui assure leur bonne confection. Ainsi, dans l'un de ces établissemens, on fait les schakos et les chaussures; dans un autre on fabrique les draps; à Gand, on s'occupe de tout ce qui concerne les toiles depuis le peignage du chanvre et du lin jusqu'aux tissages les plus variés. Il en résulte pour l'Etat une double économie, celle qu'il fait sur le prix de fabrique et celle d'une plus grande durée, en raison de la bonne qualité des fournitures; enfin il est affranchi des supercheries que se permettent trop souvent des fournisseurs soumissionnaires au rabais, et les soldats n'en sont plus victimes.

On peut se faire une idée de l'utilité de ce système et de ces établissemens en remarquant que, dans le rapport qui vient d'être fait au Gouvernement de la Belgique (décembre 1830), il est établi qu'ils ont fourni de suite pour plus de 200,000 fl. (400,000 fr.) d'objets d'équipement et de campement à l'armée belge, et que leur actif en matières premières et objets en fabrication s'élevait à 571,091 fl. [environ 1,042,182 francs] (1).

Mais j'ai dû surtout porter une attention toute particulière à cette maison de détention de Gand, fondée avec le double but de réprimer et convertir le malfaiteur, de prévenir et d'extirper la mendicité. Cette maison donnant, année moyenne, à l'État un bénéfice de 100,000 fr. sur les fournitures qui s'y fabriquent, et étant le plus bel établissement de ce genre qui existe encore et le mieux administré, nous croyons devoir lui consacrer une note spéciale (voir la note B), parce qu'on y reconnaîtra la grandeur des conceptions que peut inspirer

---

(1) Nous croyons à propos d'appeler l'attention sur l'utilité que pourrait présenter à la France l'adoption de mesures analogues, tant pour l'État que pour le soldat, qui, chargé maintenant d'une forte partie de son habillement, y trouverait le double avantage d'une plus grande durée et d'un meilleur marché pour les effets qu'il doit payer sur son modique prêt.

l'amour de l'humanité, et concevoir comment le philantrope *Howard* (1) avait proposé un si bel établissement comme le type qu'on devait imiter pour ce système pénitentiaire qu'il fit adopter par les États-Unis d'Amérique, et devant lequel l'Europe se met aujourd'hui pour ainsi dire en extase, tandis que l'Amérique a la bonne foi de rappeler que c'est à l'Europe même qu'elle en doit la première conception.

C'est donc au milieu d'une prospérité extraordinaire et lorsqu'elle possédait les établissemens les plus remarquables pour réprimer les malfaiteurs et extirper la mendicité que la Belgique a adopté comme désirable pour elle, sous ce double rapport, le système des colonies de bienfaisance que la Hollande avait accueilli et déjà pratiqué comme un moyen préférable à ceux qu'elle avait employés jusqu'alors.

Nous avons cru essentiel pour notre sujet de constater, comme nous venons de le faire, que deux peuples qui présentent une différence remarquable dans leur caractère et leur position, quant à l'économie politique, n'avaient eu qu'un même avis pour l'adoption des colonies

---

(1) L'empereur de Russie a fait ériger, en 1819, un monument sur sa tombe dans les déserts de Kerzon, et l'Angleterre, sa patrie, lui a fait élever une statue.

agricoles de bienfaisance, et nous allons reconnaître, par les faits, qu'ils ont eu à s'en féliciter l'un et l'autre.

Quelque étendus que paraîtront peut-être les détails dans lesquels nous avons cru devoir entrer, on ne les trouvera pas superflus, si l'on considère qu'il était essentiel, pour la question que nous traitons ici, d'établir par des faits positifs qu'aucun pays ne présentait, proportionnellement à sa population, plus de travaux à la classe ouvrière, plus de secours à l'indigence que le royaume des Pays-Bas, lorsqu'il a adopté le système des colonies agricoles de bienfaisance; et pour compléter ce genre d'observations sans trop compliquer notre texte, nous renvoyons pour les vérifier aux tableaux statistiques compris dans la note (A) que nous avons déjà citée, et où on trouvera, pour la Belgique comme pour la Hollande, l'ensemble des documens relatifs à la proportion de la classe indigente avec la population, celle des terres incultes avec les terres cultivées, l'état des divers établissemens de détention (1) et de bienfaisance, avec l'indi-

(1) Ces maisons, trop nombreuses pour être détaillées ici, contenaient des classifications séparées pour les détenus, même au bagne d'Anvers, qui, comme nous le ver-

cation des sommes affectées aux divers genres de secours.

Par les mêmes motifs, nous renvoyons pour le complément de ces derniers documens à la note (C), qui contient le rapport annuel fait en 1826 aux États-Généraux sur toutes les administrations de bienfaisance, conformément à l'article 228 de la charte, qui était alors commune aux deux pays, et dont voici la teneur :

« *Les administrations de bienfaisance et l'é-* » *ducation des pauvres sont envisagées comme* » *un objet important et digne de tous les soins* » *du Gouvernement : chaque année, il doit en* » *être rendu un compte aux États-Généraux.* »

Nous croyons qu'on ne saurait trop observer quelle influence doit avoir sur l'esprit public et sur le zèle de la charité une mesure législative d'un si haut intérêt, et qu'il serait si désirable de voir adopter en France.

Quand on a considéré, comme nous avons dû le faire, les grands travaux et les belles institutions de bienfaisance qui se présentaient à la

---

rons, a été supprimé par suite de l'établissement des colonies forcées, et qui contenait quatre classes, y compris celle de *grace*, où l'on plaçait les condamnés que leur conduite mettait dans le cas d'être graciés.

classe ouvrière ou au secours de l'indigence dans deux pays si différens par leur caractère et leur situation; quand on observe qu'ils n'ont eu qu'un vote unanime pour insérer dans la charte qui leur était commune le bel article que nous venons de citer, et qu'on les voit au milieu de ce concours de circonstances adopter les colonies agricoles de bienfaisance comme moyen préférable à tous ceux qu'ils avaient pratiqués jusqu'alors; enfin, quand on remarque que cette adoption est faite par deux peuples si sages dans leurs entreprises, qu'il n'y a eu chez eux aucune faillite notable dans ces dernières commotions, qui en ont occasioné ailleurs de si nombreuses et de si déplorables, il semble qu'il ne reste plus rien à dire en faveur d'un tel système.

Mais il n'en est que plus intéressant de connaître les ressources employées pour assurer ses succès et déterminer des résultats qu'on ne saurait trop apprécier.

Nous croyons devoir d'abord en exposer le plan.

Principes qui ont guidé la Société de bienfaisance.

La Société de bienfaisance, guidée par la philantropie la plus éclairée, a su parvenir à des succès que plusieurs années d'expérience ne permettent plus de contester valablement, en admettant pour base de ses actions généreuses ces maximes qu'on ne saurait trop propager : *Les aumônes, quelque abondantes qu'elles soient, ne peuvent être un remède assuré contre l'indigence, puisque, bientôt consommées, elles ne laissent après elles que de nouveaux besoins à satisfaire, et qui s'accroissent avec l'âge.* Ce sont des travaux et non des aumônes qu'il faut offrir à tous les individus qui sont en état de travailler, quelque faible que puisse être chez eux cette faculté ; car un seul franc que gagne un indigent lui vaut, en l'encourageant, bien plus de profit que plusieurs qu'on lui donne comme une aumône, qui tend à le dégrader, s'il est capable de travailler. Quand la nature des soulagemens qu'on accorde n'est pas un aiguillon pour le travail, elle devient, par le fait, un encouragement à la paresse et à la débauche. Si enfin le soutien accordé à un indigent est au dessus de ce qu'un ouvrier industrieux peut gagner dans la même circonstance, la paresse devient plus profitable que l'industrie, et *la mendicité est un état préférable à un métier.*

La pratique de ces maximes avait déjà opéré des résultats remarquables pour l'extinction de la mendicité, comme, par exemple, en Bavière, à Munich, où il avait fallu cependant les soutenir par des moyens coërcitifs contre les mendians, dont le nombre et les débordemens étaient devenus effrayans, et à Hambourg, où l'on a cru devoir les appuyer de l'imposition d'une amende à quiconque donnerait l'aumône à un mendiant (1); mais la Société de bienfaisance a su réussir complétement sans le secours de ces moyens et sans l'intervention du Gouvernement, par la sagesse de ses mesures, qu'on ne saurait trop louer, et dont nous allons donner un exposé sommaire.

Plan et but de ses opérations.

De tout temps on a transporté des indigens sur des terres incultes, et on leur a fourni les provisions et les instrumens en tout genre nésaires pour pourvoir à leurs premiers besoins, jusqu'à ce que leurs travaux pussent assurer leur subsistance.

Nous en trouvons des exemples même dans les colonies par lesquelles les Egyptiens, les Grecs et les Romains tâchaient de donner un débou-

(1) Voir la note F relative à Munich et à Hambourg.

ché utile à une population surabondante; mais la Société de bienfaisance trouvait ces procédés insuffisans. Elle voulait diriger elle-même vers l'agriculture et l'industrie manufacturière les malheureux qu'elle prenait sous sa protection, leur procurer le bienfait d'une éducation appropriée à leur condition, en faire des citoyens probes et laborieux, qui, en conservant un esprit de retour vers la grande société, pussent, en y rentrant, y acquérir une existence honorable et indépendante. Elle préférait ainsi les colonies agricoles aux colonies d'outre-mer qu'elle aurait pu fonder dans ses vastes possessions de l'Océanie, où elle est encore la Puissance prépondérante.

Mais la Société de bienfaisance, en accomplissant les vues honorables qu'elle avait conçues, mettait le comble à ses bienfaits en établissant parmi ceux qui devaient y participer des distinctions qu'une saine philantropie indiquait. Elle devait reconnaître dans le cercle immense de la classe nécessiteuse des différences, des gradations qui exigeaient diverses institutions en rapport avec l'âge, le moral, les capacités et la conduite de ses protégés. Il ne fallait pas confondre avec des hommes avilis par la mendicité des chefs de famille que les embarras, les charges d'un ménage nombreux, le manque d'ouvrage, ou souvent des malheurs particuliers, suite fréquente des déplacemens d'industrie, plongent dans la misère. Il fallait, au contraire, soutenir leur courage luttant contre l'adversité, plus forte que leurs infructueux efforts : tel a été le principe et le but des colonies libres.

Il était indispensable de créer en même temps des établissemens particuliers pour ces êtres entièrement à charge à leurs concitoyens, et livrés à une condition qui, bientôt, entraîne à une paresse d'habitude, à une dégradation morale, à un vagabondage, avant-coureur trop ordinaire du crime. La Société de bienfaisance devait donc chercher à revivifier dans des cœurs endurcis le germe du bien, à régénérer, pour ainsi dire, l'homme dépravé, et à le placer dans la nécessité de subvenir, par son travail, à son entretien et à sa subsistance, sous peine d'y être contraint : tel a été le principe et le but des colonies forcées.

Enfin, des vues telles que celles de la Société de bienfaisance ne pouvaient manquer de s'arrêter avec intérêt sur le sort de ces êtres faibles et innocens délaissés par des parens dénaturés ou pauvres, et sur ces enfans auxquels une mort prématurée avait enlevé les auteurs de leur existence. Tous se trouvaient ainsi voués, dans l'âge le plus tendre, à un malheur qui réclamait de la manière la plus touchante les secours de la Providence, et la Société de bienfaisance les leur a assurés en établissant aussi des colonies où l'on reçoit des orphelins, et où ils peuvent, par une bonne conduite, acquérir un sort indépendant, d'après les soins qu'on met à les former au travail et à la morale, en ne les assujettissant d'abord qu'à un régime doux et convenable à la faiblesse de leur âge.

Ces différens genres d'établissemens présentent encore l'important résultat d'accroître le bien-être agricole et la richesse du pays sans lui demander aucun sacrifice.

Effectivement la Société de bienfaisance s'est bornée à demander aux personnes charitables qui voudraient assurer à leurs aumônes une destination conforme à ses sages maximes de souscrire pour une somme de 2 fl. 50 (environ 5 fr.) par an, comme n'étant au plus que l'équivalent de ce que chacune d'elles donnait ordinairement aux pauvres, dont elles évitaient ainsi les importunités souvent pénibles et abusives, et nous verrons quel parti elle a su tirer d'un moyen si simple en lui-même.

Objections contraires à l'établissement des colonies de bienfaisance, et réponses qu'elles comportent.

Pour faire mieux apprécier le discernement judicieux qui l'a guidée, il nous semble nécessaire, avant d'aller plus loin, de répondre aux différentes objections qui ont été déjà faites contre les colonies agricoles de bienfaisance, parce qu'elles pourraient se reproduire encore et mal disposer les esprits sur le jugement qu'on doit en porter. Nous espérons le faire avec succès, appuyés que nous sommes sur l'existence des faits. On a demandé d'abord si tous les individus valides admis aux colonies seraient aptes à la culture de la terre, quel qu'ait été leur genre de vie antérieure. Nous répondrons, en considérant comme admis le système d'occuper autant que possible les détenus à un travail productif, que l'apprentissage du journalier cultivateur exige généralement moins de temps et présente moins de difficultés que celui des métiers de fabrique réellement lucratifs ; de plus, le travail du cultivateur ne craint, pour la perte de ses profits, que les années de disette, qui ne sont pas moins préjudiciables à l'industrie; mais celle-ci doit redouter en outre des chances nombreuses d'interruption qui restent étrangères aux travaux agricoles: tels sont les caprices de la mode, le changement dans les usages même les plus habituels, l'introduction de nouveaux procédés, les commotions de l'ordre social, et enfin la guerre, qui paralyse quelquefois en grande partie des travaux de fabrique importans. Ces considérations, déjà si puissantes par elles-mêmes, prennent encore une nouvelle force quand on réfléchit sur le préjudice que peut faire éprouver à l'ouvrier honnête et libre la concurrence des ouvrages de fabrique confectionnés à bas prix par le détenu, qui n'a ni avances à faire, ni loyer à payer, ni famille à soutenir. Ce préjudice pour l'ouvrier honnête et qui mérite un intérêt particulier a paru tel en Angleterre que la législature s'en est occupée, et après avoir mûrement discuté une question si grave, le Gouvernement anglais a renoncé généralement aux travaux industriels pour les détenus, en y substituant un travail improductif, qui les empêche cependant de croupir dans l'oisiveté, et qui leur procure en même temps un exercice salutaire. Ce travail est celui du *tread-mill* (moulin de discipline), espèce de grande et large roue cylindrique, pourvue, dans toute sa circonférence intérieure, de marches sur lesquelles les détenus sont forcés de monter pendant un certain nombre d'heures par jour, en la faisant ainsi tourner par le seul poids de leur corps (1); cependant, cette machine coûte environ 500 francs par individu employé. Celle de la maison de détention de Londres (*Millbank*), qui peut occuper quatre cents détenus, a coûté plus de 12,000 liv. sterl. (environ 290,000 fr.), et la construction de la maison elle-même a fait l'objet d'une allocation de 400,000 liv. sterl. (environ 9,600,000 fr.).

Ainsi le Gouvernement le plus renommé pour la protection de l'industrie a reconnu comme principe que, dans un pays où la population manufacturière est assez nombreuse pour que le journalier laborieux ne trouve plus dans son travail que le nécessaire pour son existence et celle de sa famille, on ne pourrait, sans s'exposer à provoquer la misère et la perturbation dans une classe si nombreuse, ériger les mai-

---

(1) Voir, pour les détails de cette machine et son application, la note G relative à l'Angleterre.

sons de détention en manufactures exemptes des principaux frais auxquels les établissemens particuliers sont assujettis en courant encore souvent d'autres risques, de sorte que ceux-ci ne pourraient soutenir la concurrence des premiers sans s'exposer à être ruinés.

Nous avons cru devoir entrer ici dans ces explications, parce que rien ne pouvait mieux prouver la supériorité des avantages que présentent les travaux agricoles, et les résultats dont nous allons rendre compte prouveront, plus positivement encore que tout ce qu'on pourrait dire, la préférence qu'ils méritent.

Au surplus, il y a dans les bâtimens des colonies agricoles des ateliers où l'on peut occuper les femmes en général, ainsi que les enfans et les hommes incapables de supporter les travaux de l'agriculture, et où l'on confectionne tout ce qui peut servir à l'usage des colons et de l'établissement.

Nous allons reconnaître que, bien loin de faire craindre de tels inconvéniens, les travaux agricoles des colonies de bienfaisance, au moyen de rétributions volontaires, qui ne dépassent pas les aumônes que l'on serait obligé de faire sans elles, donnent des bras de plus à la propagation de la culture, améliorent le physique et le moral de l'indigent, lui assurent les moyens d'existence le plus à l'abri des événemens, en contribuant en même temps à l'accroissement de la richesse du pays, dont ils font disparaître la plaie la plus hideuse.

Pour les colonies forcées, on a encore opposé les craintes que pouvaient inspirer des agglomérations de mendians si nombreuses; mais, pour des circonstances menaçantes, les portes d'entrée et de sortie des maisons qui les renferment dans les colonies sont gardées par des postes militaires avec autant de soin que pour toute autre maison de détention, et les travaux extérieurs se font toujours avec des précautions convenables et en présence des surveillans, qui donneraient l'alerte en cas de besoin : c'est ainsi que nous l'avons vu pratiquer à des camps de condamnés travaillant aux canaux de Bretagne (1),

(1) En parlant plus loin de ce qui concerne la France, nous citerons entre autres, avec tous les détails nécessaires, un camp de six cent cinquante condamnés, que nous avons vus et qui travaillent depuis cinq ans à un des points de partage du canal de Nantes à Brest, pour y faire une tranchée de plus de 3,000 mètres de long, dont la profondeur va jusqu'à un maximum de 69 pieds, et qui n'ont besoin que de vingt gendarmes et d'un peloton d'infanterie pour les garder.

du Berri, et, dans le temps, à des camps de prisonniers espagnols employés par milliers à des travaux du même genre. Dans de semblables occasions, on convient d'avertir le pays d'une évasion quelconque par un coup de canon ou l'explosion d'une forte boîte et par le hissement d'un drapeau portant des couleurs tranchantes. Alors tous les agens militaires et civils, toute la population se trouvent avertis, et il y a peu d'exemples d'individus qui se soient définitivement échappés d'après ce concours de précautions. Au surplus, douze ans d'expérience ont prouvé aux colonies du nord, qui sont habitées par près de huit mille individus, combien le pays environnant conserve de sécurité.

C'est après avoir médité des questions si importantes et basées sur des prévisions et des calculs dont l'expérience a confirmé l'exactitude, que la Société a fondé successivement, et en raison de la progression des succès qu'elle obtenait, les colonies dont nous allons donner la description.

Auteur du projet adopté.

Mais en satisfaisant, comme nous allons le faire, au devoir de rendre à la Société de bienfaisance le tribut de reconnaissance qui lui appartient, il serait injuste de n'y pas faire participer le philantrope éclairé qui, par le zèle le plus louable appuyé sur l'expérience la plus judicieuse, lui a suggéré et fait adopter des conceptions si favorables à l'humanité. La voix publique a donné un titre si honorable au général *Van den Bosch;* attaché à la carrière militaire sans cesser de se vouer aux connaissances agricoles, il avait été envoyé dans l'île de Java en qualité de colonel du génie et il y avait acheté une propriété pour s'y livrer à son goût éclairé pour l'agriculture. Il s'y trouva dans le voisinage d'un mandarin chinois qui avait émigré avec quelques compatriotes, et il remarqua que, malgré les soins et la peine qu'il apportait lui-même à ses cultures, les récoltes du mandarin étaient toujours bien plus abondantes que les siennes. Il chercha alors à se lier avec un agriculteur dont les succès prouvaient si positivement l'excellente théorie, et il eut tout lieu de s'en applaudir : car, lorsqu'il quitta les colonies, il retira de sa propriété, qu'il avait achetée 25,000 risdallers, une somme de 150,000 risdallers, c'est à dire le sextuple du prix d'achat.

Rappelé dans sa patrie, cet agronome, éclairé par sa propre expérience sur les moyens et les heureux résultats des perfectionnemens agricoles, ne pouvait manquer d'y être encore plus frappé des espèces de prodiges qu'avaient anciennement opérés des défrichemens successifs dans ce beau pays de Vaës, jadis couvert de landes stériles, et que nous avons vu présentant aujourd'hui, sur une étendue d'environ dix lieues entre Gand et Anvers, un ensemble de petites fermes si bien cultivées, qu'elles ressemblent à autant de grands jardins contigus et offrent le spectacle du plus haut degré de prospérité agricole.

Il avait encore à remarquer, pour exemple des résultats dus aux défrichemens, leurs progrès dans cette *Campine*, naguère couverte de bruyères, dont les limites reculent journellement devant le cultivateur laborieux, qui accroît ainsi son bien-être avec la richesse de son pays.

ORGANISATION DE LA SOCIÉTÉ DE BIENFAISANCE, ET MESURES PRISES POUR L'EXÉCUTION DU PROJET.

Inspiré par des réflexions si dignes d'un philantrope aussi zélé, le général *Van den Bosch* conçut la belle idée d'appliquer à des défrichemens de landes éloignées de la portée ordinaire des efforts du cultivateur, et perdues ainsi pour le pays, le travail tant des indigens bien disposés, qui pourraient y trouver des moyens d'existence, que des mendians par suite de vice et de fainéantise, qui y seraient régénérés par un travail surveillé, et deviendraient utiles à la société, à laquelle ils imposaient la plus honteuse de toutes les charges (1).

Il est très important de remarquer que le général *Van den Bosch* donna la préférence à la colonisation dans le sein du pays sur l'émigration dans les colonies d'outremer, lorsqu'un long séjour dans des îles d'une richesse peu commune et peuplées de plus de sujets que n'en a la mère-patrie lui avait fourni les moyens de décider en pleine connaissance de cause. Ce fait est un argument que l'autorité du philantrope hollandais dont nous parlons

(1) Le général publia en hollandais un ouvrage qui contribua beaucoup à l'adoption de son projet; il est intitulé : *Traité sur la possibilité de former de la manière la plus avantageuse un établissement pour les pauvres des Pays-Bas.* On lui doit de plus un ouvrage très recommandable *sur les Possessions des Pays-Bas en Asie, en Amérique et en Afrique* (2 vol. 1818. Amsterdam), et on doit observer ici qu'il n'y propose aucune espèce de colonisation dans ces contrées.

rend tout-puissant dans la question du système d'émigration que nous examinerons plus loin.

Après avoir bien médité ses moyens d'exécution, il communiqua son projet au prince *Frédéric*, second fils du roi des Pays-Bas, qui mit le plus grand zèle à rechercher les moyens d'en assurer le succès. Il obtint la protection du Gouvernemen t d'autant plus facilement qu'il s'occupait déjà d'un vaste plan pour mettre en culture les landes immenses qui existent entre Maëstricht et Breda.

Les malheurs et le défaut de récolte de 1816 et 1817 vinrent encore faire ressortir le mérite et les avantages de ce projet.

Dès le commencement de 1818, on convoqua une assemblée publique à La Haye. Le projet y fut exposé dans tous ses détails et accueilli, les bases de l'association fixées et la protection du Gouvernement assurée, sans cependant qu'il eût à exercer aucune intervention dans l'administration. La Société ne tarda plus à s'organiser et détermina la marche de ses diverses opérations par des réglemens qui reçurent la sanction royale.

Nous allons citer ici les dispositions fondamentales de ces réglemens, dont on trouve la teneur même dans la note (D) à la suite de ce mémoire.

Réglemens et statuts.

Les réglemens qui constituent la Société confient sa direction à deux commissions, l'une de *bienfaisance*, l'autre de *surveillance*. La première se compose d'un président à vie, de deux assesseurs, choisis chaque année par celui-ci et rééligibles, d'un membre secrétaire et de neuf autres membres; les douze membres élus pour douze ans. Elle se divise en quatre sections, une pour les finances, une pour l'instruction, une pour la correspondance, et la quatrième pour les travaux ou matières générales : chaque section est formée d'un président et de deux membres; quand la commission de bienfaisance n'est pas assemblée, elle est remplacée par une *commission permanente*, composée de membres en nombre suffisant.

La commission de surveillance consiste en vingt-quatre membres sociétaires, nommés pour une année par les électeurs, que les membres de la Société délèguent pour trois ans. Ces vingt-quatre membres choisissent parmi eux un président et un secrétaire.

Les modifications aux réglemens ne peuvent

se faire que par le concours des deux commissions.

Une ordonnance royale, en date du 6 novembre 1822, détermine les conditions d'admission dans les établissemens de la Société, tant des indigens et des mendians que des enfans-trouvés ou abandonnés, et des orphelins, au nom desquels l'autorité publique, leur tutrice légale, est seule compétente pour stipuler. Nous en extrairons l'article suivant :

« On pourra contracter avec la Société de » bienfaisance des provinces méridionales pour » les sommes suivantes, savoir :

» Pour un mendiant seul, à raison de 35 flor. » par an (70 fr. environ).

» Pour un enfant-trouvé, un enfant aban- » donné, ou un orphelin, âgé de plus de six » ans, à raison de 45 flor. par an, auquel cas il » sera reçu gratis trois mendians par chaque » nombre de huit enfans.

» Pour un ménage, à raison de 22 florins » 50 centimes par tête et par an.

» Pour un enfant abandonné, trouvé ou or- » phelin, âgé de plus de deux ans et de moins » de six, à raison de 40 florins, lesquels enfans, » aussitôt qu'ils auront atteint leur sixième an-

» née, seront classés dans la deuxième catégo-
» rie qu'on vient de citer.

» Les communes, administrations ou per-
» sonnes charitables, qui ont acquis le droit
» de placer à la colonie des familles indigentes,
» orphelins, enfans-trouvés ou abandonnés, ont
» seules le droit de pourvoir à leur remplace-
» ment et acquièrent à perpétuité la faculté ex-
» clusive de disposer de l'habitation et des trois
» bonniers et demi de terrain qui y sont affec-
» tés, en faveur d'autres personnes de la même
» classe. »

Une commune ou un corps militaire, ou toute autre corporation ou réunion de personnes qui auraient payé en souscriptions volontaires, dans une année, la somme de 1,700 florins, à laquelle est fixé le prix de l'établissement d'un ménage de six à huit individus, acquiert, au moyen de ce paiement, le droit de faire admettre un tel ménage.

Une famille indigente, pour être admise dans les colonies libres, doit être pourvue de bras suffisans pour trouver son existence dans des travaux champêtres ou de fabrication, et ne se composer que de six ou huit individus.

Les enfans âgés de plus de six ans et d'une

bonne constitution sont considérés comme pouvant pourvoir à leur existence.

On a établi aussi par aperçu les conditions d'un contrat à passer avec la commission pour l'admission des familles indigentes.

Enfin il a été créé un réglement d'ordre contenant en outre les conditions auxquelles les chefs de famille contractent, tant pour eux que pour leurs subordonnés, l'engagement de se soumettre. (Voir, pour tous ces documens, la note D précitée.)

Système financier.

En annonçant, comme nous venons de le faire, les redevances annuelles moyennant lesquelles on pouvait traiter avec la Société de bienfaisance, pour faire admettre dans les colonies les individus qu'on voulait y faire entrer, nous croyons essentiel d'observer que ces rétributions ne montent pas généralement à la moitié de ce qu'il en coûtait au Gouvernement ou aux établissemens publics pour ces mêmes individus, quand ils en étaient chargés, et que ces mêmes redevances annuelles, déjà comparativement si modiques, ne doivent être payées que pendant seize années, après lesquelles il ne sera plus rien dû ni pour le séjour des indigens ou des mendians qui auront été reçus, ni pour ceux par lesquels ils seraient remplacés à perpétuité, à l'exception, toutefois, d'une somme de 12 florins par individu une fois payée, lors de l'entrée de ceux-ci, pour indemnité de leur trousseau.

Cet avantage remarquable résulte du système d'emprunt auquel la Société a dû recourir pour subvenir aux dépenses considérables de premier établissement qu'elle est obligée de faire pour remplir les conditions de traités importans que, d'après les succès déterminans de ses premiers essais, elle a été appelée à contracter, ainsi que nous le verrons, tant avec le Gouvernement qu'avec des établissemens publics, qui s'empressèrent de profiter des grands avantages que ces conditions leur présentaient.

Voici en quoi consiste ce système d'emprunt, pour lequel on n'a jamais manqué de prêteurs dans un pays si réputé pour la sagesse de ses calculs. La Société donne pour principale garantie du capital qu'elle emprunte le montant des redevances souscrites à son profit par les traités dûment en forme qui ont été faits avec elle, et elle affecte à chacun de ces emprunts un fonds d'amortissement de 4 pour 100 de son capital, qui est prélevé sur des excédans de produits, qu'on a constaté devoir être bien supérieurs à ces 4 pour 100, et au moyen de cet amortissement le remboursement du capital se trouve effectué à l'expiration des seize années.

A cette époque, le Gouvernement, ou les établissemens publics, ou tout autre contractant devient entièrement propriétaire de la partie des colonies pour laquelle il aura souscrit, et par conséquent maître d'y placer à perpétuité telles personnes qu'il voudra, ainsi que nous venons de le dire, ou d'en disposer à son gré.

Il résulte de ce mode d'emprunts que, malgré l'étendue des entreprises et l'importance des capitaux qu'elles exigeaient, la Société n'a jamais eu à demander aucune somme en argent au Gouvernement, et que, bien loin de lui coûter quelque chose, elle lui aura encore procuré, au contraire, une économie de plus de 100 fr. par chaque individu qu'elle aura reçu à son compte pendant seize années, et le droit de placer *gratis* et à perpétuité, après l'expiration de ce terme, un nombre d'individus égal à celui pour lequel on aura souscrit originairement, en ne payant alors que 12 francs à l'entrée de chacun d'eux, pour le montant de son trousseau.

De tels résultats répondent victorieusement

à ceux qui ont cru que ces colonies étaient à la charge de l'État.

Après avoir fait connaître ainsi les réglemens et statuts qui dirigent les opérations de la Société, nous devons examiner le but qu'elle se propose et la marche qu'elle a suivie pour y parvenir.

Bases sur lesquelles sont établies les colonies de bienfaisance.

Nous allons parler d'abord des colonies agricoles *libres*, où des familles indigentes sont reçues en formant des espèces de ménages de six à huit personnes, et en satisfaisant aux conditions réglées par les statuts.

Il est essentiel de remarquer qu'ainsi que l'annonce la seule dénomination de ces colonies, les souscriptions, pour y être admis, sont entièrement libres et volontaires. Elles ne sont autre chose qu'une espèce de fondation dont le but est d'offrir des moyens de secours et d'existence aux infortunés qui demandent à en profiter par leur travail; on pourrait, à cet égard, les comparer à d'autres fondations bienfaisantes, et pour prendre ici un exemple qui nous soit connu, nous citerons l'*Hospice des Incurables*, à Paris, fondé pour quatre cents individus, qu'on peut remplacer à perpétuité, moyennant 8,000 f. une fois payés, pour chaque individu; tandis qu'ici il suffit, comme nous le verrons par la suite, de payer moins de la moitié de cette somme, pour faire recevoir un ménage de six à huit personnes, qui peuvent être remplacées à perpétuité.

Ces colonies ont encore le précieux avantage de prévenir ces actes de désespoir de l'ouvrier laborieux, qui, ne trouvant plus dans sa patrie les moyens de subsistance indispensables pour sa malheureuse famille, ne peut la soustraire à l'opprobre de la mendicité qu'en allant chercher au delà des mers les ressources qu'il espère trouver dans des colonies étrangères, où le plus souvent il se voit réduit à se mettre en état de domesticité pour de longues années, après avoir épuisé en frais de voyage et de trajet maritime le peu qui lui restait.

Enfin, on peut considérer l'établissement d'une colonie libre comme une espèce d'acensement ou bail à rente, avec aliénation à toujours de la propriété du fonds, moyennant une faible redevance, qui ne se paie que pendant seize ans au bailleur, lequel se charge encore de faire les avances nécessaires pour la mise en valeur de l'exploitation.

Après avoir bien établi le caractère et le but de la fondation des colonies *libres*, nous allons examiner le système adopté et suivi pour les établir, les administrer et en recueillir les résultats qu'on espérait.

Nous passerons ensuite à un semblable examen pour les colonies *forcées*, et nous donnerons ultérieurement la description des divers établissemens dont la création a été provoquée par les succès obtenus dans l'application du système que nous aurons exposé.

COLONIES LIBRES.

Principes et mesures adoptés pour leur établissement et leur gestion.

D'après les statuts de la Société et pour atteindre le but qu'elle s'est proposé en établissant des colonies libres, elle a réglé ainsi qu'il suit l'évaluation en maximum des dépenses nécessaires pour l'établissement d'un ménage de six à huit individus dans une habitation ou petite ferme à laquelle on attache 3 bonniers et demi (environ 3 hectares $\frac{1}{2}$) de terre attenans.

Construction d'une maison . .	500 florins.
Instrumens aratoires et mobilier.	100
Habillement.	150
Deux vaches	150
Défrichement et semences pour la première année.	400
Provisions pour la première année	50
Autres fournitures.	50
Chanvre et laine à filer	200
Acquisition de 3 bonniers (hectares) de landes.	100
Total . . .	1,700 fl. (1).

Ces calculs avaient été établis avant la formation de la colonie de *Frederick's-Oord*. Leur exactitude a été constatée par les faits; car la Société a pu passer des marchés pour la construction des habitations, moyennant une somme qui se rapprochait plus de 400 que de 500 fl. Différens autres objets ont aussi coûté moins que l'évaluation, et c'est ainsi qu'on écono-

(1) Le florin vaut 2 fr. 11 cent.; le *cent* de florin vaut 2 centimes environ.

mise actuellement 2 et demi pour 100 sur les 400 fl. portés pour le défrichement.

Les statuts défendent d'ailleurs de payer, dans aucun cas, aucune somme en sus de l'estimation.

La maison, la grange et les étables sont sous le même toit et occupent environ 50 pieds de terrain en profondeur. La façade de la maison d'habitation est sur la route; elle a 25 pieds de front. La maison comprend une chambre principale d'environ 15 pieds carrés, une chambre à coucher attenante, trois autres petites chambres à coucher par derrière, et un grenier pour mettre les outils et les effets de la famille. La grange et les étables occupent environ 24 pieds carrés; par derrière sont les lieux d'aisance et le trou au fumier ou réservoir, qui sert à recueillir tout ce qui peut faire des engrais.

Les fondations de ces bâtimens sont en briques, de même que les murailles de la maison d'habitation. La grange et les étables sont closes par de bonnes planches goudronnées, elles sont couvertes en roseaux avec des faitières en tuiles, et la partie de la maison qui sert à l'habitation l'est en tuiles. (Voir *le plan lithographié ci-joint*, Pl. I.)

La plupart des colons étant, lors de leur

arrivée, étrangers aux travaux de l'agriculture, on a reconnu qu'il serait imprudent de les abandonner d'abord à leurs propres moyens, en les mettant de suite en jouissance des 3 hectares et demi de terre attachés à leurs habitations; d'après cette considération et les leçons de l'expérience, il est établi en principe qu'on ne leur accordera cet avantage que lorsqu'ils auront prouvé, par leur aptitude au travail, qu'ils peuvent en jouir sans préjudice. Jusqu'à cette époque, on ne leur laisse cultiver que 25 à 30 ares de terre, et ils sont employés comme journaliers aux travaux agricoles qui se font en commun. Ils sont payés à la journée pendant les six premières semaines, et ensuite à la tâche; ce qui leur fait acquérir promptement l'habitude du travail, puisqu'alors elle devient nécessaire pour obtenir un sort meilleur et indépendant. Originairement, on donnait à chaque ménage une vache et dix moutons : mais il a été décidé depuis qu'on leur donnerait une seconde vache, au lieu de dix moutons, comme présentant plus de ressources, tant pour le profit que pour le fumier; enfin, et par suite des raisons que nous venons d'exposer, on ne livre ces vaches que quand ils sont à même de les bien soigner : jusque-là elles sont placées dans des étables communes, et tournent au profit commun (1).

---

(1) L'intérêt que mérite cette partie essentielle du sort des colons nous détermine à entrer ici dans les détails qui les concernent.

Sur dix fermes des colonies libres, on en réserve une pour y réunir les dix-huit vaches des neuf fermes circonvoisines; elles sont nourries et soignées par un colon choisi par les neuf colons propriétaires desdites vaches, qui sont tenus de supporter chacun leur part dans les frais d'entretien et de nourriture.

Le terrain appartenant à la ferme où sont placées ces vaches est d'abord entièrement cultivé en trèfle; ensuite, on le convertit en pâture pour nourrir les vaches au vert pendant l'été, et l'on choisit, à cet effet, la ferme dont le terrain est le plus favorable à cette destination.

Le trèfle récolté sur ce terrain peut suffire à la nourriture des dix-huit vaches dans une bonne année; dans le cas contraire et dans les années où on le laisse en pâture pour les vaches (ordinairement quatre années), chaque petite ferme fournit 50 verges de son terrain propres à la culture de ce fourrage.

Pour l'hivernage, chaque colon est tenu d'envoyer à la ferme une certaine quantité de paille, et de contribuer aux provisions nécessaires pour assurer la nourriture des vaches; les comptes relatifs à l'hivernage se règlent au printemps de chaque année, dans les formes et avec la

Mesures adoptées pour l'admission à l'arrivée des colons à la colonie. (*Extraits des réglemens.*)

« En arrivant, les colons reçoivent des vête-
» mens, ainsi que les ustensiles de ménage et
» les instrumens aratoires qui leur sont néces-

---

régularité adoptées pour tous les comptes des colonies.

Les colons viennent traire leurs vaches deux fois par jour, à des heures fixes, et le lait leur appartient.

Il résulte de cette mesure que les vaches sont toujours en bon état, et que les produits deviennent d'autant plus avantageux qu'il est reconnu que dix-huit vaches réunies dans une étable fournissent beaucoup plus d'engrais et sont tenues plus économiquement que séparément.

Enfin, chaque colon se trouve avoir moins de terre à affecter à la nourriture de ses vaches, et il lui en reste d'autant plus pour les autres produits.

Cependant, pour répondre au but vers lequel tend constamment la Société de bienfaisance, et qui comprend tous les moyens de coopérer au bien-être et à l'émulation du colon, elle donne la jouissance des deux vaches, dans leur habitation, aux colons auxquels on reconnaît l'aptitude nécessaire pour les bien soigner ; ils y mettent alors cette attention particulière qui semble appartenir plus spécialement à l'esprit de propriété.

» saires (1); des vivres suffisans et, de plus, » des avances en argent pour achats divers, » tant que leur champ ne suffit pas à leurs be- » soins. Mais tout ce que la Société fournit aux » colons, en meubles, ustensiles aratoires, » vêtemens, etc., pour assurer leur subsistance, » est une avance qui leur est faite, et dont ils » doivent acquitter successivement la valeur. » La Société en obtient le remboursement par » des retenues hebdomadaires, proportionnées » à ce que gagne le colon; mais ces retenues » ne peuvent jamais s'élever, par semaine, au » delà de 3 flor. (6 fr.) pour un homme fait » et pour les jeunes colons; elle ne peut excéder » 75 cents (1 fr. 50 c.) sur le salaire d'un » enfant de moins de douze ans, 1 florin » (2 francs) sur celui d'une fille de douze ans, » 2 flor. 25 cents (4 fr. 50 c. environ), sur » celui d'un garçon de quinze ans. Tout ce » qu'un jeune colon gagne de plus dans le » cours de chaque semaine est, pendant la » première année, remis en entier à sa dispo- » sition, et pendant les années suivantes la » moitié de cet excédant lui est payée, et

---

(1) Voir la note D pour la désignation de ces objets, telle que l'établit le réglement.

» l'autre moitié est placée à son profit personnel dans une caisse d'épargne, pour lui » être restituée avec les intérêts, dès qu'il at» teindra sa vingtième année, ou à son départ » de la colonie. A cet effet, chaque colon est » porteur d'un livret sur lequel sont inscrits » ces divers articles.

» Chaque ménage profite aussi du gain que » lui procurent la filature, le tissage du lin et » de la laine, et d'autres ouvrages manuels, » dont la Société fournit aux colons les ma» tières premières, et dont le débit est assuré » dans la colonie même.

Loyer.

» Les chefs de famille ont la jouissance de » l'habitation qui leur a été remise, ainsi que » des 3 bonniers et demi de terrain et de leurs » dépendances, jusqu'au décès du dernier mou» rant des deux ; ils en paient pour loyer 50 fl. » annuellement, à partir de l'entier défriche» ment, et moins avant cette époque. Au moyen » de cette rente, la Société est tenue des grosses » réparations et de l'impôt foncier (1).

---

(1) Elle a été déclarée exempte d'impôt pour seize ans, à partir du défrichement, ce qui fait à peu près vingt ans.

» Si, à leur décès, les chefs de famille laissent » des enfans mineurs, la Société leur continue » la même jouissance, et charge du soin de » leur garde des chefs de ménage.

» Les orphelins, enfans-trouvés ou abandon» nés placés à la colonie, et ceux qui y ont » perdu leurs parens, peuvent y demeurer jus» qu'à l'âge de vingt ans, à moins de mariage » consenti avant cet âge ou d'appel sous les » drapeaux de la milice nationale, ou enfin » d'enrôlement volontaire dans l'armée de terre » ou de mer.

» Les économies de la Société servent à éta» blir gratuitement de nouvelles familles indi» gentes. »

La culture commence par un défonçage dont on porte la profondeur jusqu'à 3 et même 4 pieds, suivant la nature du terrain ; ce dernier degré de profondeur est préféré particulièrement dans les terres humides, parce qu'il favorise l'imbibition des eaux à travers le sol, que l'on entoure, comme dans le pays de Waës, de fossés, dont les déblais servent, soit à rehausser sa superficie, qui est généralement bombée, soit à la composition des *composts*, soit encore à former des levées, sur lesquelles on fait des plantations qui y réussissent parfaitement, sans nuire, par leurs racines, aux productions voisines.

La culture se suit pour les procédés et les instrumens aratoires, en prenant encore pour modèle celle du pays de Waës, où l'on a généralement recours à des défonçages périodiques. Quant aux engrais, comme on n'a point les mêmes ressources pour se les procurer que dans le pays de Waës, en raison de ses communications navigables avec plusieurs grandes villes, on emploie, pour en obtenir en suffisante quantité, des moyens extraordinaires qui font l'objet de la note E, en raison de leur étendue et de l'importance qu'ils présentent (1).

Excédant des produits sur les dépenses.

Par suite des bons effets qui résultent du concours des défonçages périodiques, de l'abondance et de la nature des engrais, l'expérience a constaté que les produits moyens pouvaient être évalués ainsi qu'il suit pour chacune des petites fermes :

---

(1) Voir la note E pour les détails de cette culture et les engrais.

400 boisseaux de pommes de terre, à 10 sous(1) le boisseau. . . . . 200 flor.

40 *id.* de blé ou seigle, à 32 sous. 64

60 d'orge, à 28 sous. 84

Légumes du jardin. 25

Produit de deux vaches. 100

Gagné à filer. 100

Total de l'évaluation des produits. 573 flor.

Voici, par contre, l'évaluation des dépenses annuelles d'une famille composée soit de six personnes d'un âge mûr, soit de six enfans au dessus de six ans et de deux personnes d'un âge mûr.

150 boisseaux de pommes de terre pour manger, à 10 sous. . . . . 75 flor.

20 *id.* pour planter, à 10 sous. . . 10

48 boisseaux de pommes de terre, 20 boisseaux de farine d'orge, et achat de deux cochons pour engraisser. 62

5 boisseaux de seigle pour semer. 8

A reporter. . . . 155 flor.

(1) Le son de Hollande vaut à peu près 10 centimes et le florin 2 francs.

Report. . .	155 flor.
5 boisseaux d'orge.	7
60 aunes de toile à 10 sous l'aune.	30
Achat d'étoffe commune en laine pour vêtemens.	36
Façon des habillemens.	13
Consommation de pain, beurre, huile ou chandelles et autres petits objets, à raison de 3 flor. par semaine.	182
Rente ou loyer annuel payé à la Société.	50
Total des dépenses.	473 flor.

L'excédant des produits sur la dépense est donc de 98 flor., ou environ 200 fr. On peut dès lors observer que le profit net du colon étant de. . . . . 98 flor.
après avoir payé à la Société un loyer annuel de. 50
il convient d'ajouter ensemble ces deux sommes pour former l'intégralité du produit des 3 bonniers ½, qui se trouve ainsi porté à. . . . . . 148 flor.

Ce qui fait environ 42 flor. par bonnier ou

hectare exempt d'impôt, le Gouvernement en ayant fait la remise pendant vingt ans.

Pour assurer ces résultats, et surtout le recouvrement des avances faites d'abord aux colons, on a recours, au besoin, à des moyens coactifs, en imposant à ceux qui, par paresse ou négligence, manquent à leurs obligations en négligeant leurs travaux, la peine de n'être plus traités que comme de simples journaliers travaillant pour l'utilité générale de l'établissement, moyennant un salaire qui n'est payé qu'en monnaie de plomb n'ayant cours que dans la colonie, et sur lequel on fait les retenues nécessaires pour se rembourser des avances. Nous donnerons à cet égard un exemple complétement détaillé en parlant de la colonie forcée de Wortel.

Les colonies libres peuvent aussi offrir des ressources d'un grand intérêt dans des momens de calamités imprévus : aussi lors des grandes inondations de 1824, la commission permanente envoya à M. le gouverneur de la province d'Anvers six bulletins d'admission *gratis* dans la colonie libre pour autant de familles, et un pareil nombre à M. le gouverneur de la Flandre orientale, en leur annonçant que, vu les circonstances, ils pouvaient n'avoir aucun égard aux réglemens, qui restreignaient le nombre des individus à sept ou huit par petite ferme. MM. les gouverneurs profitèrent avec empressement d'une proposition aussi charitable, en envoyant dans les colonies libres des familles dont les habitations avaient été anéanties par l'inondation, et qui regardèrent un tel refuge comme un bienfait de la Providence.

COLONIES FORCÉES.

Le second objet de la Société de bienfaisance étant, comme nous l'avons dit, de former des colonies agricoles forcées pour les mendians valides, afin de parvenir ainsi à extirper la mendicité, elle a adopté à cet effet, comme base de ses opérations, la construction d'un grand édifice central destiné au logement de mille individus, admissibles depuis l'âge de six ans jusqu'à celui de soixante. Elle a attaché à cette colonie environ 600 bonniers (hectares) de terre, qui sont divisés en exploitations de 35 à 40 bonniers, qui ont chacune un bâtiment convenable établi le long des chemins ou avenues qui coupent la colonie, en prenant pour point à peu près central le grand édifice dont nous venons de parler. On répartit les mendians dans ces diverses exploitations, suivant le besoin qu'elles en ont, et ils travaillent, sous la direction d'un chef d'exploitation, qui demeure dans la ferme, et qui lui-même est soumis aux avis d'un sous-directeur des travaux champêtres, qui dirige les assolemens et les opérations principales. Ces fermes contiennent la quantité de bestiaux nécessaire pour les faire valoir, et ont ordinairement deux chevaux chacune. La grande quantité de bras affectés à chaque exploitation permet d'y adopter, comme aux colonies libres, le système de culture suivi généralement dans le pays de Waës, dont nous avons cité la fertilité, et où l'on fait subir aux terres, tous les cinq ans, un profond labour à la bêche ou nouveau défonçage de 15 ou 18 pouces de profondeur (1), ce que le cultivateur exécute en retournant chaque année un cinquième des terres qu'il exploite, et sur lequel il prépare de suite et recueille dans leur temps les récoltes auxquelles les défrichis sont les plus favorables.

(1) Le cultivateur se sert, à cet effet, d'une bêche qui a sa partie inférieure en fer de bonne qualité, et dont le manche se termine par une espèce de poignée évidée, qui donne plus de force et de facilité.

Gestion et travaux des colonies forcées.

Les travaux des colonies forcées sont généralement donnés à la tâche; ils s'exécutent en commun et sous la même direction, jusqu'à ce que le colon devienne locataire par suite de sa bonne conduite et de son aptitude au travail.

A son entrée dans la colonie forcée, le mendiant reçoit gratuitement un vêtement uniforme neuf et complet. Comme on ne suppose pas que celui qui s'est adonné à la mendicité, dont les compagnes ordinaires sont la paresse et l'ignorance, ait l'habitude du travail, on n'exige pas que, pendant les quinze premiers jours de son arrivée, le colon puisse, par son industrie, subvenir à ses frais d'entretien. C'est un temps d'épreuve que l'on consacre à lui donner la connaissance des travaux auxquels il se trouve appelé, et pendant lequel il est nourri gratuitement. Après ces jours d'expérience, il peut être en état de gagner par semaine une somme proportionnée à ses forces, à son âge, à son sexe. Les hommes sont attachés aux travaux agricoles, les femmes et les enfans s'occupent de ceux qui sont les moins fatigans, comme binages, sarclages, etc., et lorsqu'ils sont d'une constitution faible, on les emploie aux travaux de la maison et aux fabrications.

Pour tout ce qui concerne le personnel des colons, la tenue et la discipline sont établies sur le système militaire. Les colons sont divisés en compagnies, en pelotons, en sections et escouades, et tous les préposés supérieurs sont, autant que faire se peut, choisis parmi d'anciens militaires.

La comptabilité de la Société vis à vis des colons est tenue d'après le même système : chacun d'eux a son livret, qui présente chaque semaine le dépouillement exact des livres du magasinier et des surveillans des travaux. Le colon y est d'une part crédité de ses salaires et d'autre part débité des livraisons qu'on lui fait en vêtemens, ustensiles aratoires et vivres, ainsi que de la portion qu'il doit supporter dans les divers frais généraux de l'établissement, et des paiemens qu'on lui fait en une monnaie de convention, qui est en plomb, et est reçue comme argent chez le boutiquier de la colonie, auquel il est défendu de vendre des liqueurs spiritueuses.

A moins d'une paresse répréhensible et qu'on ne tolère pas, le gain du colon surpasse le montant de sa dépense; cet excédant est alors divisé en trois parts : un tiers lui est remis comptant, le deuxième tiers est placé à une caisse d'épargne, pour lui être remis à la sortie de l'établissement, mais au lieu de sa destination, ce qui lui évite la débauche trop fréquente des sorties, et le dernier tiers est réservé à la Société, afin de lui permettre de faire face aux dépenses imprévues.

Quelques hommes à cheval, des surveillans répandus dans le contour de la colonie, des récompenses accordées aux personnes qui ramènent les colons fugitifs, le costume particulier que portent ceux-ci, sont autant de moyens qui retiennent les colons dont l'intention serait d'abandonner l'établissement.

D'ailleurs, la Société de bienfaisance est loin de vouloir anéantir dans leur cœur le désir de retour vers la grande société ; elle veut seulement que leur zèle, leur aptitude au travail et leur amélioration morale en fassent désormais des citoyens utiles. Aussi chaque année il sort de ces établissemens environ un cinquième des détenus, que leur bonne conduite a fait mettre en liberté ; et l'on en voit souvent qui préfèrent au doux penchant qu'on a pour la liberté la faculté de séjourner encore aux colonies.

Ainsi le détenu se trouve arrêté dans ses projets d'évasion par la certitude d'améliorer son sort et d'obtenir sa liberté au moyen d'une bonne conduite, à laquelle tout contribue à le rattacher.

Outre l'encouragement qui résulte d'un salaire proportionnel au travail, les colons sont encore stimulés par la faculté d'obtenir des récompenses. Ceux qui se distinguent par leur bonne volonté et leur aptitude acquièrent la certitude de recevoir trois genres de décorations, en médailles de cuivre, d'argent et d'or, qui se distribuent chaque année. Les médailles de cuivre se donnent aux colons qui ont montré le plus d'assiduité au travail et la meilleure conduite; elles leur donnent droit à sortir de la colonie les dimanches sans être obligés de demander la permission. La médaille d'argent se donne à ceux qui peuvent prouver les plus fortes épargnes; elle leur donne droit à la sortie sans permission les dimanches et les jours ouvrables, dans les temps de récréation. La médaille d'or se donne à ceux qui peuvent prouver un gain net annuel de leur travail de 250 florins, et elle exempte de tous les assujettissemens établis par le réglement : les colons de cette dernière catégorie deviennent alors francs-tenanciers.

On peut néanmoins priver les colons de ces décorations et de ces priviléges, ou les leur interdire pour un ou plusieurs jours, s'ils ont tenu une conduite assez mauvaise pour que le directeur en chef juge la punition méritée ; mais les moyens d'émulation ne se bornent pas aux décorations dont on vient de parler; on y ajoute l'admission dans la colonie libre, et enfin une réserve de places dans la classe des chefs d'exploitation, pour les sujets qui se distinguent éminemment. Mais, pour les mendians près desquels le sentiment de leur propre intérêt et les moyens d'encouragement sont impuissans, on a recours à des voies de rigueur, qui, au surplus, sont rarement nécessaires, ainsi qu'on pourra le reconnaître dans l'exposé que nous ferons de tous les détails relatifs à la gestion des colonies existantes, et qui comprendront les observations que comportent les moyens de correction employés tant pour les colonies libres que pour les colonies forcées.

Première colonie de Frederick's-Oord.

Maintenant que nous avons exposé le système adopté pour les colonies agricoles, nous devons passer à son application.

Aussitôt que la Société de bienfaisance se fut

organisée, elle reçût des souscriptions et des dons volontaires, qui, pour l'année même où elle se constitua (1818), montèrent à 68,000 flor. (environ 136,000 fr.), et on souscrivit de plus pour 26,000 aunes de toile à fournir pour l'établissement.

Elle fonda sans retard sa première colonie libre et lui donna le nom de *Frederick's-Oord* (*Champ de Frédéric*), en mémoire du zèle avec lequel ce prince avait coopéré au succès du projet qu'on mettait ainsi à exécution.

Pour rendre l'expérience du système adopté d'autant plus utile et plus frappante, cette colonie fut établie dans les landes immenses et désertes de la province de Drenthe, la plus pauvre des dix-huit provinces qui composaient alors le royaume des Pays-Bas (1). La Société y acheta les terrains qui lui étaient nécessaires

---

(1) Effectivement, cette province, qui présente une superficie de 223,852 hectares, ne compte qu'environ cinquante mille habitans, et ne paie que 75,000 fl. (150,000 fr.) de contribution foncière; tandis que la province de Frise, qui lui est limitrophe, et dont la superficie est de 280,732 hectares de superficie, ce qui ne fait qu'environ un cinquième de plus, compte à peu près deux cent mille habitans, c'est à dire le quadruple, et

pour commencer ses opérations, et fit construire d'abord cinquante-deux habitations ou petites fermes contiguës, ayant chacune 3 $\frac{1}{2}$ bonniers de terre attenans et conformes à la description que nous en avons donnée en parlant de l'organisation des colonies libres.

En 1819, on comptait vingt-deux mille souscripteurs, dont un grand nombre ajoutèrent des dons volontaires au montant de leurs souscriptions, de sorte que leur produit total fut de 82,500 fl. (165,000 fr.).

L'état des choses devint dès lors si satisfaisant, la prévision des calculs se trouva si bien justifiée, que le Gouvernement et plusieurs administrations publiques traitèrent avec la Société

---

paie 1,321,391 fl. de contribution foncière, ou près de dix-huit fois plus que la province de Drenthe.

Enfin, la population n'est que de vingt-deux habitans par 100 hectares dans la province de Drenthe, tandis qu'elle est de deux cent vingt et un dans la province de la Flandre occidentale, qui doit sa prospérité aux anciens défrichemens du pays de Waës, et qui paie 1,887,850 florins, c'est à dire plus de vingt-cinq fois autant que la province de Drenthe, quoique n'ayant qu'un quart de plus en superficie. (Voir les notes à l'appui du discours prononcé à la deuxième Chambre des États-Généraux, par M. *Warin*, député d'Amsterdam, et imprimé à Bruxelles en 1827.)

pour qu'elle prît un certain nombre d'indigens, d'orphelins ou enfans-trouvés et de mendians aux prix établis par les statuts, et qui présentaient un taux inférieur à la moitié de ce qu'il en coûtait dans les établissemens publics.

La Société, afin de subvenir aux dépenses de premier établissement nécessaires pour répondre aux demandes qu'on lui adressait, dut recourir, comme nous l'avons dit, à des emprunts, qu'elle réalisa, en donnant pour gages aux prêteurs les engagemens contractés envers elle.

En 1819, elle emprunta ainsi 28,000 flor.
En 1820. 100,000
En 1821. 121,000

Elle s'occupa dès lors du sort des mendians valides en leur affectant une colonie fondée sur des principes de répression conformes au système que nous avons exposé dans le chapitre des colonies forcées en général.

Pour remplir ses vues à cet égard, elle fit, en 1822, l'acquisition d'environ 600 bonniers de landes à Ommerschans, à quelque distance de la colonie de Frederick's-Oord, et elle fit construire au centre de ces landes un vaste édifice destiné au logement de mille mendians au moins. Autour et à l'extérieur de cet édifice, se trouvent l'infirmerie, la chapelle, qui sert en même temps d'école, la blanchisserie, la boulangerie, un poste militaire et les logemens du directeur de l'établissement, et du sous-directeur chargé des travaux champêtres (1).

On a construit à des distances égales, le long des grands chemins qui coupent la colonie en divers sens, une vingtaine de fermes occupées par des *chefs d'exploitation*, qui dirigent les travaux des terres dépendantes de la colonie. Chaque ferme se compose d'une maison avec une grange, qui sert en même temps à renfermer une centaine de moutons, une étable pour seize vaches, une écurie pour deux chevaux, et elles ont chacune une exploitation de 35 à 40 hectares, dont généralement plus de moitié est employée en terres labourées, soit à la charrue, soit à la bêche, et la plus faible moitié en prairies artificielles et pâturages.

Quarante à cinquante colons sont attachés à chaque ferme et y travaillent sous la surveil-

---

(1) Nous ne donnerons pas ici de plus amples détails sur cet édifice, parce que nous y suppléerons en parlant des bâtimens construits deux ans après pour la colonie forcée de Wortel, et qui présentent plus d'avantages sous le rapport de l'économie et des dispositions intérieures.

lance du chef d'exploitation dont nous venons de parler, et qui est choisi dans les meilleures familles des colonies libres, où il a fait un bon apprentissage.

Les chefs d'exploitation reçoivent du sous-directeur, chargé des travaux champêtres, les instructions convenables pour la conduite des assolemens et des procédés qui doivent assurer les meilleurs produits.

Cette première colonie pour la répression de la mendicité fut bientôt peuplée. La colonie libre reçut en même temps une augmentation de plus de cinquante nouvelles petites fermes; mais ce fut dans les années 1823, 1824, 1825 que l'on voulut donner à cette colonie un essor vraiment remarquable.

A cette époque, et d'après les propositions qui lui avaient été faites par le Gouvernement, en raison des grands avantages qu'il y trouvait, la Société de bienfaisance s'était engagée envers lui à se charger simultanément de l'entretien de quatre mille orphelins ou enfans-trouvés, de quinze cents mendians et de deux mille cinq cents indigens, aux prix et conditions fixés par l'ordonnance du Roi du 6 novembre 1822, que nous avons citée plus haut. Pour placer ces huit mille individus, il fallait créer de nouveaux établissemens analogues à la condition de chacun d'eux.

La Société fit alors l'acquisition d'environ 3,000 bonniers de bruyères à Veenhuisen, à peu de distance de Frederick's-Oord; elle y fit élever, avant la fin de 1825, deux vastes bâtimens, dont chacun peut contenir mille à douze cents orphelins, un troisième pour mille mendians, et elle fit construire dans le pourtour extérieur de ces édifices des logemens pour environ trois cents familles indigentes ou appartenant à des militaires vétérans; elle parvint ainsi à former pour cette colonie trois établissemens, dont voici la désignation.

Le premier se compose de :

1°. Une institution pour les orphelins, enfans-trouvés ou abandonnés;

2°. Une institution pour des ménages d'ouvriers;

3°. De salles, chambres pour logemens de mendians reconnus aptes pour l'établissement.

Le deuxième comprend :

1°. Un dépôt de mendians;

2°. Une institution pour des ménages de vétérans dont le Gouvernement paie la pension.

Le troisième renferme :

1°. Une autre institution pour les orphelins, enfans-trouvés ou abandonnés ;

2°. Une autre institution pour des ménages d'ouvriers ;

3°. Une institution pour des ménages de vétérans.

La contenance de ces trois établissemens est de plus de 1,000 bonniers de terre, dont la plus grande partie est maintenant en pleine culture.

La Société trouva le moyen de faire face à toutes les dépenses qu'exigeaient ces nouvelles entreprises et celles qui étaient déjà commencées ou effectuées, avec une somme d'environ 4 millions et demi de florins, provenant 1°. d'emprunts successifs qui s'élevaient à environ 3,800,000 flor., remboursables en seize ans par voie d'amortissement; 2°. d'environ 700,000 flor. produits tant par les souscriptions volontaires que par les exploitations agricoles et les engagemens annuels déjà contractés par le Gouvernement et des établissemens publics pour des placemens d'indigens et de mendians.

On ne peut mieux indiquer l'emploi de cette somme qu'en exposant les avantages qu'en a su tirer la Société de bienfaisance.

En 1829, six colonies libres établies à Frederick's-Oord présentaient, sur une étendue d'environ 3 lieues, quatre cent seize petites fermes divisées en cinq sections, dont chacune a des bâtimens particuliers pour la sous-direction, le magasin, la fabrique, l'école et autant de demeures de surveillans qu'on y compte de fois vingt-cinq fermes. Environ 1,200 bonniers y étaient livrés à la culture ; deux mille deux cent soixante-huit indigens y trouvaient une honorable existence, et des plantations bien faites et en bon état marquaient et ornaient tous les alignemens que formaient les avenues et les chemins ou grandes rues qui divisent les colonies. A Ommerschans, les 613 bonniers de terre affectés à la colonie forcée étaient défrichés et en bon état de culture. On y voyait, outre l'édifice central habité par mille mendians et ses bâtimens accessoires, dix-huit grandes fermes habitées par un égal nombre de familles chargées de la surveillance et de la direction des travaux d'exploitation, et dont la population s'élevait à une centaine d'individus.

Pour mieux assurer le maintien de la discipline dans les divers établissemens, la Société avait établi, près le dépôt d'Ommerschans, une colonie spéciale de *punition* (*stras-kolonie*), destinée aux mauvais sujets qui troublent l'ordre; ils y sont soumis à des règles plus rigoureuses pour leur coucher et leur nourriture; ils y travaillent sans salaire, et subissent la peine de réclusion solitaire même (s'il est besoin) dans un lieu obscur, mais alors pour quelques jours seulement, et ils séjournent dans cette colonie jusqu'à ce qu'on les croie suffisamment corrigés.

Quant à la colonie sise à Veenhuisen, plus de la moitié des 2,800 bonniers de terre qui en dépendent était aussi défrichée et en bon état de culture. La population de ses trois établissemens montait, au mois de janvier 1829, à quatre mille cent quinze individus, parmi lesquels on comptait deux mille trente-six orphelins ou enfans abandonnés, sept cent quatre-vingt-cinq mendians, trois cent dix personnes appartenant aux familles d'indigens, et cinq cent soixante-cinq appartenant à celles des vétérans. Environ vingt-quatre grandes fermes y étaient occupées par des chefs d'exploitation, et un égal nombre d'habitations par des personnes attachées à l'établissement.

Pour compléter les avantages de l'établissement des orphelins à Veenhuisen dont nous venons de parler, la Société avait établi non loin de là, à Wateren, une autre colonie destinée à perfectionner, tant pour l'agriculture que pour l'industrie, l'instruction de jeunes gens choisis parmi les meilleurs sujets de l'établissement des orphelins ; elle a attaché à cette colonie 42 bonniers de terre dont partie est en champs de petite culture, partie en prairies artificielles, et partie en pépinières variées et très remarquables par la manière dont elles sont soignées. Cette colonie compte une centaine de jeunes gens choisis comme nous venons de le dire, et c'est parmi eux qu'on doit prendre en grande partie les chefs d'exploitations. Elle est dirigée par un élève de M. *de Fellenberg*, à l'instar de son bel établissement d'Hofwill.

Nous ne croyons pas devoir terminer ce que nous avons à dire de l'établissement de Veenhuisen pour les orphelins ou enfans abandonnés, sans insister sur les éloges qu'il mérite de plus en plus, et nous ne pouvons mieux faire à cet égard que de transcrire ici les expressions de M. *Édouard Mary*, que j'ai déjà nommé, et qui était d'autant plus apte à en juger, qu'il avait vu précédemment les mêmes orphelins dans le grand et bel édifice qui leur était consacré à Amsterdam.

« Je les ai vus autrefois (dit-il) entassés dans une maison située au centre d'Amsterdam, qui en contenait quatre mille. Ils avaient pour costume des vêtemens mi-partis rouge et noir, d'un effet assez singulier. Ils recevaient une instruction primaire, mais pas assez industrielle pour que la plupart de ceux qui sortaient de cette maison ne vinssent à retomber à la charge de la Société. Il était d'ailleurs difficile de maintenir, parmi ce grand nombre d'enfans en bas âge, cette exacte propreté si essentielle à leur santé. Il en est autrement ici : à leur arrivée, ils sont nettoyés et jetés dans un bain ; on leur enlève leurs anciens vêtemens pour leur en donner de neufs. Ceux qui se trouvent atteints de maladies de peau sont séquestrés de leurs camarades jusqu'à ce qu'un traitement en ait fait disparaître les traces et ne laisse point craindre qu'ils puissent propager un mal contagieux. Des ministres de divers cultes soignent leur instruction religieuse. Des maîtres particuliers leur donnent les connaissances élémentaires et morales utiles à leur situation future. Pendant le beau temps, les enfans sont appliqués à des travaux légers d'agriculture ; pendant les intempéries des saisons, à des travaux d'ateliers. On dirige ainsi vers un travail productif leurs mains et leur jeune intelligence. On cherche cependant à varier leurs occupations, afin de ne pas fatiguer leur attention, et on les réunit dans des écoles d'instruction primaire, le matin, avant les travaux champêtres, et le soir, quand ils sont terminés. C'est sans doute à l'air pur qu'ils respirent, à la propreté qui règne parmi eux, à la frugale abondance de leurs repas, à l'heureuse division de leurs occupations, toujours proportionnées aux forces de l'âge et du sexe, que l'on peut attribuer la bonne constitution dont ils jouissent. J'ai trouvé leur infirmerie presque déserte, elle n'était même occupée que par des enfans d'une santé faible et dont on voulait ménager les moyens. Deux bâtimens réservés pour la demeure des enfans sont, de même que l'édifice occupé par les mendians, construits sur le plan de celui d'Ommerschans: ils en diffèrent seulement en ce que ce dernier a un étage, tandis que les autres se composent d'un seul rez-de-chaussée. Plus de salubrité, plus de facilité dans le service ont été les suites de ce nouveau mode de construction. Du reste, on remarque dans ces établissemens même système pour l'administration, la surveillance et la division des fermes d'exploitation. Nous ne répéterons donc pas les renseignemens que nous avons déjà donnés à cet égard. »

Les enfans sont admis dans ces établissemens dès l'âge de six ans, et les quittent à dix-huit. Ils doivent avoir été vaccinés avant leur entrée. On y pose en principe que le surplus de leur travail dans les dernières années peut rembourser les avances que les premières exigent. Il s'agit seulement d'appliquer avec discernement leurs facultés industrielles et de les porter vers l'agriculture, qui saura donner de l'habileté à la main, en même temps qu'elle fortifiera le tempérament. Cependant, comme la plupart des enfans qu'on envoyait aux colonies étaient encore dans un âge trop tendre pour pouvoir être employés aux occupations qui réclamaient l'entier développement des forces physiques, la Société a eu soin d'y placer en même temps d'autres personnes qui, par leur âge et leur vigueur corporelle, fussent capables d'exécuter les travaux les plus rudes; ce sont les mendians les plus capables entre ceux admis dans le troisième établissement, et les indigens ou les vétérans logés dans les demeures qu'on a construites dans le pourtour extérieur des trois grands édifices. Chaque famille a sa chambre particulière, qui n'a point de communication avec les autres. Partagés en ménages, il règne parmi eux cet esprit de famille, qui leur fait meltre en commun le produit de leur travail. Ainsi que les mendians, ils ne sont considérés que comme ouvriers salariés, et ils sont rétribués en raison de leur ouvrage journalier.

Dans les divers établissemens dont nous venons de parler, les deux sexes sont constamment séparés, tant dans les bâtimens d'habitation qu'aux travaux des champs et aux ateliers formés dans l'intérieur.

L'hiver, on occupe les individus qui s'y trouvent à filer, à tisser et à confectionner tous les effets d'habillement dont ils font usage.

Les mendians, pour ce qui concerne le travail, sont divisés en trois classes salariées, suivant leur force physique et leur bonne volonté, à six ou cinq ou quatre sous de Hollande.

Pour les autres colons, les travaux se font généralement à la tâche ou à la pièce.

Les colons qui forment les colonies libres travaillent pour leur propre compte, ainsi qu'on l'a déjà dit.

La variété des états auxquels appartenaient les colons avant leur entrée fait que tous les travaux de charronnage, menuiserie, charpente, forge, serrurerie et construction, sont exécutés par eux et coûtent ainsi très peu.

A ce que nous avons dit des divers établissemens formés jusqu'en 1829 par la Société de bienfaisance, nous devons ajouter qu'elle poursuit encore de nouveaux travaux sur 1,542 bonniers de bruyères, qu'elle a acquis dans le voisinage de ses établissemens actuels et à Diever, où elle a déjà formé des canaux de transport et des rigoles d'irrigation.

Nous terminerons ce qui regarde les colonies septentrionales ou de la Hollande en soumettant à nos lecteurs trois tableaux, qui forment, pour ainsi dire, pour la fin de 1829, le résumé de ce que nous avons exposé à ce sujet. Ce sont :

1°. Celui de la population de ces colonies;

2°. Celui des travaux et de leur produit;

3°. Celui de la situation financière desdites colonies.

Population des colonies des provinces du Nord (Hollande).

Voici quelle était la population des six établissemens qui composaient les colonies du Nord, au 1er. janvier 1829.

La colonie entière d'Ommerschans comprenait mille deux cent cinquante individus, savoir :

Dépôt de mendians.	976
Colonie de punition.	87 (1)
Grandes fermes.	103
Employés et leurs ménages.	84
	1,250
Les colonies libres de Frederick's-Oord contenant quatre cent seize petites fermes.	2,300
Les trois établissemens de Veenhuisen.	4,115
L'institut de Wateren.	150
Total. . . .	7,815

En 1820, l'ensemble des établissemens qui composaient les colonies de Frederick's-Oord possédait environ 7,000 bonniers de terre, dont près de 3,000 étaient défrichés ; on y comptait environ mille vaches, cent cinquante génisses, cinquante veaux, près de cinq mille moutons.

La récolte faite en 1828, en céréales, sarrasin, pommes de terre, colza et lin avait été évaluée à environ 150,000 flor., non compris le produit des bestiaux et des jardins légumiers attachés à chaque ferme, celui de belles pépinières et de vastes plantations, et il est essen-

(1) Ce n'est guère qu'un pour cent individus.

tiel d'observer que les produits doivent s'accroître avec les défrichemens successifs qui restent encore à faire sur plus de moitié des terres acquises.

Situation financière des colonies du Nord.

RECETTES.

Rétributions ou rentes annuelles en vertu de contrats duement en forme, et sur lesquelles les contractans gagnent plus de moitié, comparativement à ce qui leur en coûterait dans les établissemens publics.

1°. Pour les cinq mille deux cent cinquante orphelins et mendians ; au taux moyen de 35 flor. par tête, ci.	183,750 flor.
2°. Pour les deux mille trois cents individus de la colonie de Frederick's-Oord, à raison de 22 et-demi flor. par tête, ci. . . .	51,750
3°. Prix de location de quatre cents petites fermes, à raison de 50 flor. chaque.	20,000
Souscriptions volontaires annuelles, à raison de 2 flor. 50, dont la moyenne a été jusqu'ici de. .	35,000
Total.	290,500 flor.

Report. . . 290,500 flor.

DÉPENSES.

Intérêts de 5 pour 100 sur 3,800,000 fl. empruntés au moyen de la délégation, jusqu'à due concurrence, des intérêts ou rentes énoncés ci-dessus.	190,000
Il reste net. . .	100,500 flor.

On doit prélever, sur l'excédant des produits, l'amortissement de 4 pour 100 du capital emprunté, qui monte à 152,000 flor.; mais on a vu, page 64, que, d'après l'expérience de plusieurs années, le produit total des 3 bonniers et demi de terre attachés à chaque petite ferme s'élevait annuellement à 148 flor., dont 50 flor. payés à la Société pour loyer, et 98 flor. pour le produit net du fermier; nous avons vu également que cette somme de 148 flor. constituait ainsi, pour chaque bonnier, un produit de 42 flor. Si on ne considère que le bénéfice particulier du fermier, qui s'élève à 98 flor., on trouvera que chaque bonnier lui vaut un profit annuel de 28 flor. : si l'on réduit cependant cette somme à celle de 24 fl. par bonnier, quoique les terres soient cultivées suivant le même système, et que l'ouvrier soit logé, nourri et entretenu également, on aura, pour les 3,000 hectares actuellement en culture dans les colonies du Nord (et dont le nombre doit s'accroître chaque année), un produit net annuel de 72,000 flor., qui, ajoutés aux 100,500 flor., restant net calculé ci-contre, donneraient un excédant total de 172,500 flor. sur les dépenses; mais, sans préciser ici cette somme, on voit que l'excédant du revenu des colonies s'élève bien au delà des 4 pour 100 affectés à l'amortissement de l'emprunt, qui doit se trouver ainsi remboursé en seize ans.

Les calculs que nous venons d'établir pour toutes les colonies du Nord n'ont été faits que sur les bases des colonies libres; mais on sent bien qu'en les appliquant aux colonies forcées, où les frais d'entretien sont moindres et où le cultivateur ne jouit pas de revenus par suite de sa position même, on reste au dessous de la vérité et dans les limites de la plus sévère modération. Au reste, ce que nous allons exposer des produits de la colonie forcée de Wortel, qui a donné en 1829 un produit brut de 75 flor. par bonnier, peut encore servir de moyen de contrôle à nos calculs.

COLONIES DE LA BELGIQUE.

Colonie libre de Wortel.

Les succès remarquables qu'obtenaient les colonies fondées en 1818 dans la Hollande excitèrent, en 1822, l'émulation des provinces méridionales (Belgique), qui, pour s'assurer des avantages pareils, organisèrent une Société pour laquelle on adopta les principes, les réglemens et les statuts qui avaient si bien réussi pour les colonies de la Hollande.

Cette nouvelle Société, à l'instar de celles du Nord, commença par fonder une colonie libre au milieu des landes de la Campine, non loin de l'ancien château d'Hoogstraët, où il existait un dépôt de mendicité provincial, pour lequel on avait récemment adopté le système des colonies agricoles, en faisant travailler les détenus à la culture des terres.

Ainsi la colonie de *Wortel* a été fondée près d'un dépôt de mendicité, comme moyen préférable; elle est située dans les vastes landes qu'on trouve entre les deux routes qui, partant de Breda, vont, l'une à Anvers, l'autre à Turnhout, à environ 12,000 mètres de l'une et 15,000 mètres de l'autre.

La Société fit, dès 1822, l'acquisition de 532 bonniers de terre, et les travaux commencèrent en 1823.

On a naturellement profité, pour l'établir, de l'expérience que présentaient, pour des opérations de ce genre, les colonies de la Hollande.

La nouvelle colonie eut aussi le grand avantage de se voir donner pour directeur le capitaine *Van den Bosch*, frère du général de ce nom, auquel on devait les établissemens de la colonie de Frederick's-Oord, et qui en avait exercé les fonctions de directeur avec le zèle et les talens les plus remarquables.

Le capitaine *Van den Bosch* avait acquis, en travaillant avec son frère, une instruction et une expérience précieuses, et qui promettaient les plus grands avantages à la nouvelle colonie qu'il venait diriger.

Je dus apprécier le fruit que je pouvais recueillir d'une telle circonstance et de la faculté d'examiner, dans tous ses détails, une colonie, qui, encore peu étendue, présentait une comptabilité moins compliquée, et permettait ainsi de constater plus positivement ses recettes, ses dépenses et leur résultat. Ces considérations me déterminèrent à faire à la colonie de Wortel un voyage tel qu'il pût me mettre à même d'en avoir une connaissance complète.

J'étais muni d'une lettre de recommandation de M. le duc *d'Ursel*, que j'ai cité au commencement de ce mémoire, et j'eus l'avantage d'être accompagné dans ce voyage par M. *Olbrechts*, inspecteur des contributions directes et indirectes de la province d'Anvers, dont la rare instruction, la connaissance parfaite des localités et la grande obligeance me laissèrent d'autant moins à désirer, qu'il voulait bien me servir d'interprète (1).

Je trouvai dans M. le capitaine *Van den Bosch*, directeur de la colonie, le zèle et l'empressement le plus obligeant et même le plus prévenant, pour me donner, sur les colonies qu'il dirige, tous les documens qui pouvaient être utiles, soit en mettant ses registres à ma disposition, soit en me conduisant lui-même sur les localités que je désirais visiter.

Voici le résultat des renseignemens qu'un administrateur aussi recommandable m'a mis à même de recueillir.

La colonie libre de Wortel compte actuelle-

---

(1) J'ai dû cette bienveillance de M. *Olbrechts* aux recommandations zélées de M. *Hillemacher*, son beau-frère, caissier de la compagnie des quatre canaux.

ment cent vingt-cinq habitations ou petites fermes, qui ont chacune 3 bonniers et demi de terre (environ 3 hectares et demi), une maison pour le sous-directeur, une filature, un magasin, une école, qui sont dans sa partie centrale, et cinq maisons de surveillance réparties par sections de vingt-cinq petites fermes chacune.

On a aussi adopté les mesures dont nous avons rendu compte en parlant des colonies libres du nord, pour l'admission, l'arrivée des colons et leur installation dans les petites fermes. Ceux qui sont étrangers aux travaux agricoles ne sont de même mis en jouissance des deux vaches et des terres (à l'exception d'environ 25 à 30 ares qu'on leur abandonne dès leur entrée) que lorsqu'on leur a reconnu l'aptitude convenable pour les bien soigner.

Jusque-là ils sont employés comme journaliers; on leur accorde d'abord la nourriture *gratis* pendant les six premières semaines, pour leur donner le temps de se mettre au fait des travaux, et après ce temps ils sont payés à la tâche.

Du reste, les colons sont payés de tous les travaux qu'ils exécutent, lors même qu'ils travaillent à leurs propres fonds, et tout chef de famille qui est reconnu posséder les connaissances agricoles nécessaires a le droit de surveiller, conjointement avec le maître de section, le travail qui s'exécute sur ses terres, et il reçoit dans cette circonstance le même salaire que s'il travaillait. Cette mesure a le double avantage d'assurer une bonne surveillance et une prompte instruction.

Chaque colonie est divisée par quartiers, qui renferment chacun vingt-trois à vingt-quatre familles : il y a un surveillant par quartier, et chaque quartier reçoit, par rapport aux travaux champêtres, deux sous-divisions, dont chacune porte le nom de section. La section comprend onze à douze familles, qui reçoivent l'instruction d'un maître de section, choisi parmi les colons les plus intelligens et possédant les connaissances suffisantes en fait de culture.

Les maîtres de quartiers sont sous les ordres d'un sous-directeur entièrement au fait des travaux agricoles, et qui a les qualités d'un bon cultivateur.

A la pointe du jour, les colons sont tenus de se rendre devant la maison du sous-directeur, où se fait l'appel, ceux qui manqueraient à ce devoir perdraient le salaire de leur journée ; l'appel fait, chaque maître de section conduit ses gens sur les lieux où doivent s'exécuter les travaux, et le samedi les colons rassemblent toutes les matières propres à fournir de l'engrais.

Les travaux champêtres ont fait jusqu'ici la principale et même l'unique occupation des colons mâles en âge de s'y livrer; car les immenses défrichemens qui ont eu lieu dans les colonies n'ont pas permis d'employer les bras à d'autres genres de travaux; il a même fallu et il faut encore, à diverses époques, recourir à des ouvriers étrangers.

Quant aux femmes, qui ne sont point habituellement livrées aux travaux de culture, elles s'occupent des soins du ménage, et emploient le reste du temps à filer, ainsi que les filles.

Pour faire connaître quelle fut, grace à ces mesures et à cette administration, la marche et le résultat des travaux de la colonie de *Wortel* depuis sa fondation jusqu'en 1829, époque de la visite que nous y fîmes, nous croyons ne pouvoir mieux faire que de citer ici ce qu'en ont rapporté deux personnes dont on ne peut qu'apprécier le témoignage : l'une est M. *de Lépine*, riche habitant de Bruges, qui, ayant visité plusieurs fois les premiers travaux, écrivit à la Société de bienfaisance, en s'exprimant ainsi :

« Après avoir plusieurs fois visité la colonie » de *Wortel* en 1822, dans un temps où c'était

» encore un désert, et où l'on en commençait
» le défrichement, je l'ai vue deux fois cet été
» (1823), à l'époque de la moisson et de la ré-
» colte des pommes de terre, et lorsqu'un grand
» nombre de maisons en étaient déjà habitées.
» Ce spectacle m'a tellement frappé, et j'ai
» éprouvé une telle satisfaction à l'aspect des
» belles et riches récoltes de ces champs, qui
» naguère étaient en friche, que je donne à la
» Société de bienfaisance la somme de 5,000 fl.:»
et bientôt après il y a ajouté un autre don aussi élevé (1).

L'autre personne, dont nous devons encore citer le témoignage, est M. le chevalier de *Kirckhoff*, qui avait visité lui-même toutes les colonies : voici l'extrait de ce qu'il dit dans le mémoire qu'il a publié à ce sujet en 1827.

« A cette époque (1822), ces lieux, qui ne
» présentaient que des landes incultes, virent la
» main de l'homme venir les arracher à leur an-
» tique stérilité; des chemins furent créés et les
» bas-fonds comblés; des fossés larges et pro-
» fonds séparèrent les terrains affectés à chaque
» habitation, et procurèrent aux eaux un écou-

(1) Extrait du journal *le Philantrope*, et du Rapport de la Société pour 1823.

» lement facile. Ces ouvrages terminés, on com-
» mença le défrichement sur le tiers du terrain
» assigné à chaque ménage. (Les deux autres
» tiers furent défrichés, dans le cours des deux
» années suivantes, par les colons eux-mêmes,
» aux frais de la Société et sous la surveillance
» de la Direction, afin de leur apprendre ainsi
» peu à peu les travaux agricoles, et de les
» mettre à même de gagner un salaire avanta-
» geux.)

» Le sol fut bêché jusqu'à plus d'une demi-
» aune (1) de profondeur; une partie des mottes
» de bruyère qui avaient été enlevées avant
» cette opération furent brûlées, leurs cendres
» répandues sur la terre et ensevelies par la
» herse; une autre partie, après avoir servi de
» litière aux quatre cents moutons que possé-
» dait la Société, étant mélangée par couches
» superposées avec du fumier de cheval et de la
» chaux vive, laissé ensuite pendant quelque
» temps réuni, cet ensemble finissait par devenir
» un excellent engrais. On est parvenu à fumer
» une étendue de 45 ares sur chacune des vingt-
» quatre petites fermes, au moyen de 25 livres
» de cet engrais jointes à la cendre des mottes de

(1) Ce qui faisait environ deux pieds.

» bruyère, et à la fin de septembre on y sema du
» seigle. On a obtenu de différentes manières,
» pendant le cours de l'hiver, un engrais suffi-
» sant pour planter, au printemps suivant, en
» pommes de terre et légumes le reste du ter-
» rain déjà défriché. . . . .
» . . . .

» Je ne pouvais revenir de ma surprise en
» voyant cette quantité de maisons bâties pro-
» prement, réunissant toutes les conditions sa-
» nitaires, et environnées de champs couverts
» de seigle, de pommes de terre et d'autres pro-
» ductions alimentaires, sur une terre où, en
» chassant quelques années auparavant, je n'a-
» vais vu que bruyères et un sable aride et
» désert. Ce coup-d'œil ravissant touchait vive-
» ment ma sensibilité; je ne pouvais contenir
» mon enthousiasme, enthousiasme qui doit
» naître chez tout homme sensible qui visite ce
» refuge du malheur, où les larmes du pauvre
» peuvent s'essuyer, et où son cœur peut s'ou-
» vrir à la plus douce espérance; car l'homme
» valide et laborieux n'y trouve pas seulement
» un entretien suffisant, une existence aisée,
» mais il peut encore y parvenir par son travail
» à se faire une sorte de fortune.

» J'ai pénétré dans toutes les habitations,

» dont la propreté était recherchée ; j'ai re-
» marqué que partout le pain était bon, les
» pommes de terre excellentes, la nourriture
» saine, les colons bien vêtus, leurs vaches bien
» nourries ; les hommes et les garçons travail-
» laient dans les champs, des femmes et des
» jeunes filles s'occupaient de la filature et d'ou-
» vrages de main ; j'ai interrogé chaque ménage
» sur son sort, tous unanimement m'ont assuré
» être heureux : aussi toutes les figures annon-
» çaient la santé et le contentement ; je ne
» pouvais me lasser d'admirer un spectacle
» aussi touchant ; il faut réellement avoir vu
» cet établissement pour pouvoir se faire une
» idée exacte de sa prospérité, de l'aisance et
» de l'état de bonheur des colons, et, chose sur-
» tout étonnante, c'est la propreté, la disci-
» pline et l'ordre qui se font observer chez ces
» gens sortis, depuis peu de temps, de la mi-
» sère et de la saleté (1). »

En visitant moi-même cette colonie, je dus partager les impressions qu'avait si bien exprimées M. le chevalier *de Kirckhoff*.

---

(1) Voir le *Mémoire sur les Colonies de bienfaisance de Frederick's-Oord et de Wortel*, par le chevalier de *J.-J.-L. de Kirckhoff* : Bruxelles, 1827, pag. 23 et 25.

Lorsque M. *de Kirckhoff* fit son voyage, il ne vit que les petites fermes de la colonie libre n°. 1, qui, fondée la première, permit un choix plus favorable parmi les indigens que la Société admettait; mais dans la colonie n°. 2, établie depuis, je dus remarquer l'aspect regrettable que présentaient en grande partie les terres de cette colonie, par leur défaut de culture et l'envahissement des mauvaises herbes qui en résultait.

J'exposai franchement mon observation à M. le directeur de la colonie, qui me fit observer que cet inconvénient ne devait être que momentané, qu'il tenait en grande partie à ce que les petites fermes de cette colonie étaient des dernières occupées et affectées à des colons encore novices, qui, par cette raison, avaient été attachés comme journaliers à des travaux communs par suite de la mesure prudente érigée en principe, d'après laquelle (et ainsi que nous l'avons exposé en parlant des colonies libres en général) on n'y admet les colons à la jouissance des terres qui leur sont destinées que lorsqu'ils ont été reconnus aptes à les bien cultiver. Il ajouta que cet inconvénient devait être plus sensible à la colonie libre de Wortel qu'ailleurs, à cause de la trop grande humidité du sol où elle fut établie (1), et il m'a paru d'ailleurs qu'on croyait généralement que les établissemens publics de la Belgique qui contenaient des indigens avaient cherché à se purger en quelque sorte de la partie de leur population la moins capable de travailler et la plus difficile à conduire, en les envoyant à la colonie de Wortel.

Ces explications sur la cause du mal ne me détournaient point des réflexions que me suggérait un état de choses dont la gravité pouvait s'accroître et devenir désastreuse. Il m'était même facile de juger de la peine réelle qu'en éprouvait M. *Van den Bosch*; mais cette peine n'altérait point chez lui l'espèce de sécurité que lui donnait, pour le rétablissement de l'ordre nécessaire à la marche d'une institution si digne de succès, l'effet qu'il attendait des mesures de répression qu'il avait provoquées aussitôt qu'il eut reconnu l'impuissance des moyens ordinaires de surveillance et de direction.

Dans mon désir de m'éclairer, je n'hésitai

(1) Voir ci-après, page 133, l'observation que j'ai eue à faire relativement à cet inconvénient après avoir quitté la colonie de Wortel.

pas à recourir à la loyale bienveillance qu'il me témoignait, pour me mettre à même de juger l'étendue du mal, la nature des mesures qu'il comptait employer pour le combattre et les résultats qu'il en devait attendre. Voici ce que j'eus à reconnaître sous ces trois points de vue, d'après des documens que la tenue régulière des comptes et de la correspondance de la colonie mettait à même de recueillir.

Le relevé comparatif de la valeur des récoltes des colonies libres et forcées pour l'année 1829 me fournit en grande partie les preuves que je cherchais sur l'étendue du mal qui existait dans les colonies libres, et sur les avantages remarquables que présentait, au contraire, la gestion de la colonie forcée.

La colonie libre n°. 1, qui, ayant été fondée la première, avait permis quelque choix pour les indigens qui y furent placés, comptait soixante-dix petites fermes; elle avait 245 hectares de terre en culture, et renfermait six chevaux, cent dix vaches, deux taureaux, vingt-quatre génisses ou bouvillons et soixante et onze chèvres. La récolte avait valu 9,721 flor.; ce qui faisait un peu plus de 40 fl. (80 fr.) par hectare; la colonie libre n°. 2, dont l'établissement était plus récent, et à laquelle il paraît que les établissemens publics existans antérieurement avaient envoyé les individus dont ils avaient voulu se débarrasser, comptait cinquante-cinq petites fermes et 204 hectares de terre cultivés; elle renfermait seulement neuf vaches, cent soixante-dix-huit moutons et quatre porcs; sa récolte n'avait produit, vu le mauvais état de la culture et l'envahissement des mauvaises herbes, qu'environ 3,500 flor.; ce qui faisait près de 18 flor. (36 fr.) par hectare, et cet état de choses était d'autant plus regrettable, que le mauvais exemple des colons de cette dernière colonie avait influé sur la conduite de ceux de la première. En opposition avec cet état de choses, le produit des terres cultivées de la colonie forcée, qui ne consistaient encore qu'en 270 hectares, avait été de 21,111 fl.; ce qui faisait environ 75 flor. (150 fr.) l'hectare, non compris les plantations, les pépinières et les semis. Le bétail consistait en cent soixante vaches, environ huit cents moutons, et il y avait douze chevaux pour les divers travaux.

Les terres de la colonie forcée, qui n'avait été établie qu'à la fin de 1825, produisaient ainsi, grace à leur bonne exploitation, près du double des terres de la colonie libre n°. 1, et à peu près le quadruple des terres de la colonie libre n°. 2, quoique celle-ci n'eût qu'un cinquième de terre de moins en culture. On voit ainsi la supériorité des avantages que procuraient les moyens qu'on y employait.

Après avoir ainsi constaté les résultats comparatifs des produits, nous allons reconnaître les mesures qu'ils ont suggérées à la Société de bienfaisance, pour remédier au mal qui menaçait d'envahir les colonies libres et les en préserver désormais.

Mais, pour bien saisir l'ensemble de ces mesures, il faut se rappeler que, d'après les dispositions originairement adoptées pour les colonies libres, les 3 bonniers et demi (ou hectares) de terre qui entourent chaque maison et composent autant de petites fermes étaient cultivés, sous la surveillance de la Direction des colonies, par la famille indigente qui occupait chaque ferme. Les produits servaient à sa nourriture, et à celle des deux vaches ou moutons que la Société lui remettait à son entrée dans les colonies.

La Société fournissait en outre, comme supplément et par forme d'avances, tout ce qui manquait, dans les commencemens, pour l'entretien et la nourriture de chaque famille et de son bétail.

Il faut observer ici qu'en fondant la colonie de Frederick's-Oord la Société permanente et le Directeur avaient eu soin de n'admettre, dans les petites fermes qui furent concédées les premières, que des indigens habitués aux travaux agricoles, qui formèrent ainsi une espèce de noyau d'instruction et d'exemple pour les colons qui furent admis subséquemment, et dont nous avons vu que le nombre avait occupé jusqu'à quatre cent seize petites fermes; mais en établissant la colonie libre de Wortel, on crut que l'exemple donné par celles de la Hollande suffirait, malgré leur éloignement, pour l'émulation et le travail des colons, et on ne prit pas les mêmes précautions pour ne recevoir d'abord que des indigens au fait des travaux; cependant l'éloignement des colonies libres de la Hollande rendit leur exemple d'autant moins efficace, qu'ainsi que nous l'avons déjà dit, les communes et les maisons de détention de la Belgique, dont l'industrie est très active et qui recevaient de très fortes indemnités pour les indigens qu'elles faisaient travailler, envoyèrent à Wortel le rebut des sujets qu'elles contenaient.

D'après ces dispositions originaires, les mesures bienfaisantes de la Société ne procuraient les avantages qui les avaient fait adopter qu'autant que les colons y répondaieut par leur travail ; mais elles perdaient leur fruit pour ceux qui, par leur fainéantise et leur défaut de bonne volonté ou d'aptitude, négligeaient la culture qui leur était confiée.

Les rapports du capitaine *Van den Bosch* ayant fait connaître les abus et le préjudice qu'on éprouvait, à cet égard, la commission permanente de la Société, voyant que la réunion des dettes particulières résultant des avances faites, au meilleur marché possible, formait une somme déjà considérable, qui, s'accroissant sans cesse, aurait fini par compromettre son capital et même l'établissement, sentit qu'il était urgent de prendre sans différer les moyens qui lui parurent les plus propres à remédier au mal.

Après avoir médité sur ce qu'il y aurait à faire pour concilier l'intérêt et le bien-être des colons, but principal de l'institution, avec la conservation des établissemens coloniaux, la commission permanente de la Société de bienfaisance a jugé devoir rapprocher, autant que cela était possible, le système d'administration des colonies d'indigens libres de celui qui régit celle de répression de la mendicité; car la prospérité toujours croissante de ce dernier établissement était bien faite pour engager à prendre ce parti.

Ayant reconnu que, quelle que fût la surveillance que l'on pût exercer sur les colons libres, une grande partie de leurs terres était plus ou moins mal cultivée, et que les produits ne répondaient point à l'attente de la Société; qu'en outre le bétail qu'on avait confié aux colons, et qui était la cause principale de l'augmentation de leur dette, étant, chez beaucoup d'entre eux, mal nourri et mal soigné, dépérissait sensiblement, et n'était, par cela même, que d'un très faible produit pour chaque famille: craignant que les justes plaintes que les surveillans ne cessaient d'adresser à ce sujet aux colons n'occasionassent un mécontentement qui aurait pu donner lieu à des désordres, l'Administration des colonies a cru devoir reprendre immédiatement la culture des terres qu'elle avait confiées, sous sa surveillance, aux familles indigentes, et faire travailler à la journée les colons en retard pour les travaux et pour leurs dettes, en suivant strictement les ordres de la Direction pour tous les travaux agricoles. Quant à ceux qui, par suite de leur bonne conduite, de leur intelligence et de leur travail, avaient été émancipés, c'est à dire, à qui on avait précédemment abandonné l'exploitation de leur ferme, moyennant 50 flor. par an qu'ils paient à la Société pour le loyer de leur maison et des 3 ½ bonniers ou hectares de terre qui l'entourent, ceux-là sont restés maîtres de leur exploitation et continuent d'être assimilés à des fermiers ordinaires. Cependant il y en a eu parmi eux quelques uns à qui il a fallu reprendre la direction de leur ferme par suite de leur incapacité ou de leur négligence.

Le salaire d'une famille, qui, d'après cette nouvelle mesure, s'élève de 3 à 7 flor. par semaine, suivant le nombre de personnes dont elle se compose, est payé en monnaie de plomb, qui n'a cours que dans l'établissement, afin d'empêcher que les colons n'en fassent un mauvais usage en le dépensant au dehors, tandis qu'ils peuvent se procurer dans les magasins de l'Administration et dans les boutiques de l'établissement tout ce qui leur est nécessaire.

La Société a repris le bétail qu'elle avait remis à chaque colon, et l'a placé dans des étables, conformément à la mesure dont nous avons déjà parlé, et de manière à diviser l'engrais nécessaire aux différentes parties du sol et suivant leur nature.

Par suite de ce changement dans le mode d'administrer les colonies libres, tous les produits du sol et le bétail appartiennent maintenant à la Société, et servent à l'approvisionnement de ses magasins.

Déjà les modifications apportées au réglement des colonies libres s'annoncent comme devant produire d'heureux résultats : la culture se perfectionne dans toutes ses parties ; le bétail, qui était une charge pour les colons, est maintenant bien nourri, bien soigné, et procurera bientôt de notables bénéfices à la Société. En employant les mêmes moyens que ceux dont les succès sont assurés, comme on le voit, dans la colonie forcée, on doit obtenir le même résultat.

En définitive, d'après ce concours de circonstances et de mesures, le régime des colonies libres de la Belgique se trouve fixé ainsi qu'il suit :

Les indigens au fait des travaux agricoles sont les seuls qu'on met en possession des terres qui dépendent de leur habitation et dont le premier défonçage se fait aux frais de la Société, et on les met de même en jouissance de deux vaches, s'ils sont reconnus aptes à les traire et à les bien soigner.

Pour les colons auxquels on ne reconnaît pas l'aptitude nécessaire, l'expérience a prouvé que la faveur de jouir des terrains et des vaches leur serait plus onéreuse que profitable; le colon pourrait alors se décourager, il s'endetterait de plus en plus et tromperait ainsi l'attente de ceux qui voulaient améliorer son sort. La Société suit, à leur égard, une conduite dictée par les leçons de l'expérience.

A leur arrivée dans la colonie, les familles entrent en possession de l'habitation; mais on ne leur donne pas la jouissance des terres qui en dépendent; on ne leur en abandonne qu'environ 25 ares.

Pour le surplus, la Société commence par considérer les membres de chaque famille comme de simples journaliers; ils sont payés à la journée pendant les six premières semaines, et ensuite à la tâche; ce qui leur fait acquérir promptement l'habitude du travail, puisque c'est de là que dépend l'amélioration de leur sort. On ne leur délivre de même les vaches que quand ils sont à même de les bien soigner : jusqu'à cette époque, elles sont placées dans des étables communes et tournent au profit commun.

La Société fait aux colons les avances qui leur sont nécessaires pour leur mobilier, leurs vêtemens, leurs instrumens aratoires (conformément aux détails que nous en avons déjà donnés), ainsi que pour leur subsistance, et elle en retient le montant sur leurs salaires, dont l'excédant leur est payé en une monnaie fictive, qui n'est reçue qu'aux magasins et dans les boutiques de la colonie, pour éviter toute dépense abusive d'ailleurs.

Quand une famille a acquis les connaissances nécessaires et l'habitude du travail, et dès l'instant que sa conduite mérite la confiance de la Société, celle-ci lui abandonne la jouissance du terrain dont sa ferme est entourée; elle lui remet aussi les deux vaches pour lui fournir des engrais et améliorer son revenu; enfin elle la regarde dès ce moment comme locataire et la met sur le même pied que dans les colonies libres de la Hollande.

Nous avons cru devoir récapituler, comme nous venons de le faire, tout ce qui concerne le régime actuel des colonies libres de Wortel, parce qu'ainsi que l'ont prouvé les comptes qu'a rendus la Société pour les six premiers mois de 1830 elle a obtenu les résultats qu'elle devait espérer des mesures dont nous venons de parler. Effectivement, en appliquant à ses colonies libres des moyens pareils à ceux dont elle s'était servie avec tant d'avantage pour ses colonies forcées, le succès devait être le même.

Nous pouvons ainsi conclure de cet ensemble d'observations que le système adopté actuellement pour les colonies libres de la Belgique présente l'exemple le meilleur à suivre.

Quant à l'état sanitaire, on ne peut avoir de meilleure preuve de l'influence salutaire des travaux agricoles sur la santé d'une population qui naguère était en proie à la misère et aux maladies qu'elle occasione, qu'en donnant l'état de mortalité ci-après, relevé sur les registres de l'établissement.

Du 1er. avril 1825 jusqu'au 31 mars 1826 il y a eu. . . . . 9 décès.

Du 1er. avril 1826 au 31 mars 1827. 4 décès.

Du 1er. avril 1827 au 31 mars 1828. 5 décès.

Et cela sur environ 550 individus : ce n'est pas un centième par an..... Il n'existe nulle part de proportion plus satisfaisante pour l'humanité.

Nous allons maintenant examiner ce qui concerne spécialement la colonie forcée de Wortel, dont nous venons déjà d'indiquer les bons résultats.

Colonie forcée de Wortel.

A l'instar de ce qui s'était passé pour les colonies du nord, la Société conclut, en 1823, pour les colonies du midi (la Belgique) un traité avec le Gouvernement pour l'admission de mille mendians qui devaient être pris dans les dépôts de la Belgique, et à raison de 35 florins par individu, payables par chaque année.

Elle fonda dès lors une colonie forcée ou de répression, à laquelle elle attacha 516 bonniers de terre, dont elle fit l'acquisition dans les communes de Ryck-Worsel et Merxplas, près Wortel; elle y fit construire un bâtiment dont nous allons donner la description, à cause des avantages qu'il présente, tant sous le rapport des distributions intérieures que sous celui de l'économie.

Cet établissement, qui a été ouvert aux mendians le 25 août 1825, forme un carré oblong avec un rez-de-chaussée seulement, surmonté d'un beau grenier, qui sert à resserrer les approvisionnemens de tout genre. Les deux côtés les plus longs ont chacun 596 pieds, les deux autres 467 pieds, chacun hors d'œuvre.

La largeur de l'édifice entre les murs est de 18 pieds. Au milieu de la façade principale, du côté de l'entrée, est un bâtiment double à deux étages et un grenier, de 129 pieds de longueur sur 39 pieds d'épaisseur hors murs et en saillant à l'extérieur.

La construction qui forme le milieu de la façade de derrière a la même épaisseur et la même longueur, retraitée de 10 pieds à l'avant-corps et saillante à l'intérieur.

Quatre cuisines sont construites en avant-corps sur les deux faces latérales, à l'intérieur de la cour.

Ce bâtiment renferme douze salles doubles, avec des chambres intermédiaires pour les gardiens, de sorte que, de chacune de ces chambres, les gardiens peuvent surveiller deux salles à la fois.

Chaque grande salle a 64 pieds de long sur 18 de large et est destinée à recevoir quarante à cinquante mendians, qui couchent séparément dans autant de hamacs (1), qu'on relève chaque matin au plafond et qu'on redescend le soir, de

---

(1) Ce mode de coucher nous paraît si préférable pour les détenus en général, que nous lui avons consacré une note spéciale, indiquée par la lettre (M).

sorte que ces salles servent à la fois de dortoirs, d'ateliers de travail et de réfectoires.

Tout le pourtour est garni de coffres contigus, qui forment bancs fixes tenant aux murs et qui servent à la fois aux mendians de siéges et d'armoires pour leurs effets.

Quelques bancs et quelques tables mobiles complètent l'ameublement de ces salles, qui sont éclairées pendant la nuit par des lampes attachées au plafond, et sont chauffées l'hiver par des poêles.

Le bâtiment double, sur la façade principale, se compose d'un logement pour le directeur qui a quatre pièces, d'un vestibule au rez-de-chaussée, d'une cuisine et de deux autres pièces au premier étage; d'un logement pour le sous-directeur, composé de trois pièces à l'étage; de deux chambres pour les teneurs de livres; au rez-de-chaussée, des logemens pour le pharmacien, le chirurgien, le tailleur, le cordonnier et la lingerie; enfin d'une buanderie et de deux magasins de comestibles à l'étage.

Le bâtiment de derrière renferme, au rez-de-chaussée, une école servant en même temps et provisoirement d'oratoire, un magasin, une salle de bains, une filature, une tisseranderie et une chambre pour le chef du travail; à l'étage, deux salles, l'une pour l'infirmerie des hommes, l'autre pour celle des femmes ; deux autres salles pour les individus atteints de maladies suspectes, et quatre autres pièces pour les infirmiers et pharmaciens. Le passage qui est au milieu de la façade du bâtiment de devant, et par lequel entrent les voitures, a 11 pieds de largeur, celui qui est au milieu du bâtiment de derrière en a 5.

La cour de cet établissement, qui est très vaste, est coupée dans le milieu par un jardin palissadé, qui sert à séparer le quartier des hommes de celui des femmes, de manière à ce qu'ils ne puissent avoir aucune espèce de communication entre eux.

Dans cet établissement se trouvent aussi deux salles de police, deux boutiques, une pour les hommes et une pour les femmes : les boutiques sont pourvues de tabac, de beurre, de thé, de café, de bière, etc. Tous les objets dont la vente est autorisée sont énoncés et tarifés dans une affiche appliquée à chacune des boutiques, et celles-ci ne sont ouvertes que pendant les heures de récréation. Cet édifice contient aussi un corps-de-garde qui peut loger vingt-cinq militaires, afin d'y avoir recours au besoin (1). La boulangerie

(1) Voir le plan lithographié ci-joint, Pl. II.

est construite à l'extérieur du bâtiment et à une distance suffisante pour prévenir toute espèce de danger du feu.

Enfin la Société de bienfaisance a tâché, autant qu'il lui a été possible, de prévoir tout ce qui pouvait assurer la salubrité et le bon ordre général d'un pareil établissement.

Le grand bâtiment est presque tout construit en briques, il a été donné à l'entreprise et a coûté 78,000 flor. (environ 156,000 fr.); mais la Société avait fourni à l'entrepreneur un million de briques qui avaient été fabriquées par les colons, et que l'on peut évaluer à 10,000 francs.

Exploitation.

On a adopté pour la colonie forcée de Wortel le mode d'exploitation dont nous avons rendu compte en parlant de la colonie forcée d'Ommerschans : ainsi on devait y établir des fermes d'exploitation pour chaque quantité de 30 à 40 hectares de terres en culture, et faire occuper ces fermes par des chefs d'exploitation choisis parmi les colons libres les plus habiles, comme devant être chargés de diriger la culture sous la surveillance et d'après les instructions d'un sous-directeur des travaux.

La première de ces fermes fut construite en

régie et coûta 2,534 flor. ; trois autres, dont les devis furent établis sur le modèle de la première, furent adjugées et coûtèrent ensemble 7,500 fl. ; chacune devait contenir le ménage du chef d'exploitation, deux chevaux, seize vaches et de soixante à cent moutons ; mais M. le capitaine *Van den Bosch*, ayant reconnu la difficulté de maintenir l'ordre parmi les mendians qu'il avait été obligé de placer dans ces fermes, faute d'avoir encore assez de sujets propres à être chefs d'exploitation, a préféré, pour la suite, établir, au lieu de ces fermes, qui coûtaient moyennement 2,500 flor., des logemens propres seulement à recevoir les bestiaux et qui ne lui ont pas coûté plus de 600 flor. chacun : ils consistent en une bergerie pour soixante à cent moutons, une vacherie pour quinze à dix-huit vaches, une écurie pour deux chevaux, un fourneau où se préparent les *sops* ou rations chaudes qu'on donne aux vaches trois fois par jour, et un grenier.

Les hommes et les femmes attachés ainsi à ces fermes retournent manger et coucher au grand établissement, où les deux sexes sont constamment séparés, et il ne reste qu'un homme à la ferme pendant la nuit, en cas d'accident imprévu.

La culture des terres se fait aussi, pour cette

colonie, en prenant pour modèle autant qu'il est possible celle du pays de Waës, que nous avons déjà citée comme adoptée par les colonies dont nous venons de parler, et au sujet desquelles nous avons renvoyé à la note (E), comme étant consacrée aux principaux procédés de cette culture et aux détails qui concernent les engrais, pour lesquels on emploie dans la colonie forcée de Wortel des soins et des moyens que leur intérêt et les explications qu'ils exigent nous font reporter à cette même note (E), comme devant être consultée à leur égard.

Sur les terres les plus rapprochées du grand bâtiment, qui sont défrichées depuis l'origine de l'établissement et les mieux fumées, on a essayé avec succès le colza, et on commence à y faire venir du lin.

En 1829, la colonie forcée avait 250 bonniers de bruyères défrichées et en culture, dont l'assolement est sexennal, sans jachères.

On y comptait cent soixante vaches, huit à neuf cents moutons et douze chevaux.

La profondeur des défonçages, l'abondance et la qualité des fumiers et amendemens y donnent aux terres un degré de fécondité remarquable.

On y recueille une grande quantité de pommes de terre, qu'on emploie en grande partie pour l'hivernage des vaches et des moutons; en 1829, on en avait récolté dix mille sacs, qui contenaient chacun un hectolitre et demi (1).

On ne les donne aux vaches que cuites (2), avec une livre de sel pour dix vaches; elles sont nourries à l'étable toute l'année avec des *sops*, ou rations cuites, dans lesquelles on mêle du fourrage, et notamment de la spergule (3), et qu'on leur donne trois fois par jour.

En 1829, la récolte de spergule, de navets

---

(1) Le moyen employé pour conserver les pommes de terre mérite une description spéciale et fait partie de la note E.

(2) J'ai remarqué que, dans les contrées les plus renommées par leur culture et le produit des beurres, les rations pour les vaches se donnaient cuites.

(3) La spergule fait l'objet d'une des cultures les plus habituelles et les plus soignées de la Campine et du beau pays de Waës; semée au printemps, elle donne un excellent fourrage, et semée immédiatement après les premières récoltes (ainsi que cela se pratique généralement), elle donne une fauche abondante, et sert ensuite jusqu'aux gelées à la pâture des vaches, auxquelles elle est très favorable; le regain pousse encore avec tant de rapidité que les vaches sont mises en pâture, attachées à un piquet.

et de carottes assurait des ressources suffisantes pour hiverner le nombreux bétail de la colonie, et deux années d'expérience ont prouvé qu'on pouvait se passer de foin.

En général, l'agriculture fait des progrès étonnans dans cette colonie; on y cultive avec succès le seigle, l'avoine, le sarrasin, les pommes de terre, les choux, les pois, le colza, le lin, les navets, les carottes, le trèfle, la spergule : on commence à y essayer la culture du froment. On se propose de donner une plus grande extension à la culture des betteraves, des choux, de la luzerne, du sainfoin, et particulièrement du colza et du lin, qui paraissent convenir au sol amélioré de cette colonie.

Les plantations que l'on a faites sur les bords des chemins ont très bien réussi et produisent un bel effet.

La plupart des terres qui dépendent de cette colonie sont entourées d'une large levée faite avec des déblais de fossés d'assainissement, qui a 4 ou 5 pieds d'élevation, et sur laquelle on a planté des sapins, des bouleaux, des hêtres, destinés à empêcher les vents d'entraîner le sable des bruyères sur les terrains cultivés.

Dans cette même année 1829, la colonie forcée de Wortel, quoique n'ayant pu recevoir ses mendians qu'au 25 août 1825, a couvert ses dépenses et satisfait à toutes ses fournitures, à l'exception de 1,000 hectolitres de blé et de seigle, qu'il a fallu acheter, n'en ayant récolté que 1,000, parce qu'il n'y avait encore que 250 bonniers de terre défrichés et en pleine culture. Cependant le chapitre des dépenses contient celles qu'ont exigées les travaux considérables faits pour les semis et les plantations qui sont encore improductives; ces travaux méritent d'autant plus d'être considérés que les semis se font sur des labours profonds à la bêche, parce que l'expérience a constaté qu'ils prenaient alors en un ou deux ans une force qu'ils n'auraient eue qu'en six ans par des labours à la charrue.

Il y a déjà eu 40 bonniers semés en pins de cette manière.

Après avoir parlé de la culture, nous allons examiner le régime intérieur de l'établissement.

Régime intérieur de la colonie forcée de Wortel.

Conformément aux mesures dont nous avons déjà rendu compte, chaque mendiant admis dans cette colonie est habillé, chaussé, entretenu et reçoit plusieurs fois par jour une soupe ou une bouillie composée surtout de pommes de terre, de pois, haricots; les salaires sont de 6 ou 5 ou 4 sous de Hollande par jour (ce qui fait le double en sous de France) suivant l'assiduité et l'aptitude au travail : ce salaire est ainsi réglé pour que le détenu soit stimulé, sans considérer son sort comme un métier plus utile qu'un autre; on en retient un tiers pour l'établissement, un autre tiers est placé dans une caisse d'épargne et leur est remis à leur sortie, mais à leur destination, afin d'éviter qu'ils ne le dépensent en débauche en partant, et l'autre tiers leur est payé directement avec la monnaie de plomb de la compagnie.

Si lorsque leur conduite les a mis dans le cas d'obtenir leur liberté, ils préfèrent rester dans l'établissement, leurs salaires deviennent égaux à ceux des autres journaliers.

Ils peuvent aussi participer aux genres de récompenses dont nous avons parlé dans l'article qui concerne les colonies forcées en général; enfin ils peuvent passer aux colonies libres et y devenir locataires.

A ces moyens employés pour l'émulation des bons sujets, on joint des moyens de sévérité plus positifs pour les paresseux.

Si, par exemple, le colon admis dans la seconde classe travaille avec un haut degré d'activité, il entre dès la semaine suivante dans la première; si, au contraire, il montre de la paresse, il est rejeté dans la troisième classe et obtient un moindre salaire. Ainsi le zèle reçoit sa récompense, et l'inertie sa punition : cette manière d'agir a, de plus, l'avantage de simplifier la comptabilité.

Quant aux moyens répressifs, la colonie forcée de Wortel n'ayant encore qu'une existence récente, qui ne lui avait pas permis de prendre tout le développement qu'ont acquis les établissemens successifs de la colonie forcée de Frederick's-Oord en Hollande, il n'y existe point encore d'établissement pareil à celui que j'ai vu dans cette dernière colonie, dont il a été parlé sous la dénomination de colonie de punition (*Stras-kolonie*), page 80.

Cette circonstance me fit demander à M. le capitaine *Van den Bosch* quels étaient les moyens de répression qu'il employait pour maintenir l'ordre que je voyais parmi les mendians, il me répondit qu'il lui suffisait ordinairement d'envoyer ceux dont on avait à se plaindre à un peloton qu'il me fit voir, et qu'on appelle *peloton de punition* : ce peloton est employé, sous une surveillance rigoureuse, aux travaux les plus désagréables, et ceux qui le composent sont coiffés d'un bonnet rouge, qu'ils ne doivent pas quitter. Il me disait que ce genre d'humiliation leur était si pénible, que la crainte de le subir suffisait généralement au maintien de l'ordre et de l'activité des travaux. On ne réservait des peines plus sévères qu'à ceux qui résistaient à ce moyen ou commettaient des fautes graves contre la discipline et l'ordre, ou se rendaient coupables de quelque délit.

A mon retour à Paris, je parlai de cette circonstance remarquable à quelques personnes dont je devais estimer les lumières, et qui révoquèrent en doute de tels résultats. Leur doute me fit craindre à moi-même de m'être laissé prévenir par des réponses à des questions que j'aurais eu le tort de ne pas assez préciser, et désirant acquérir à cet égard une entière certitude, je pris le parti d'adresser à M. le capitaine *Van den Bosch* une lettre spéciale, en réclamant de nouveau l'obligeance qu'il m'avait déjà si bien prouvée, et dont je ne saurais être trop reconnaissant.

Il voulut bien m'honorer d'une réponse que je crois devoir transcrire ici littéralement, comme ne laissant plus aucun doute sur les résultats que ses soins, toujours si judicieux, ont su obtenir du moyen le plus simple, le plus facile et en même temps le plus exemplaire pour le choix des voies de répression : on y verra en même temps quelles sont les punitions plus graves, lorsqu'on est obligé d'y recourir.

Lettre de M. le capitaine Van den Bosch, *directeur des colonies agricoles de Wortel.*

Wortel, le 5 novembre 1829.

« Monsieur,

» J'ai eu l'honneur de recevoir la lettre que vous avez bien voulu m'écrire sous la date du 10 octobre dernier, et comme je pense, Monsieur, que vous serez de retour à Paris, je m'empresse de vous faire parvenir les renseignemens ultérieurs que vous me demandez sur nos colonies de bienfaisance.

» Vous désirez connaître, Monsieur, « quels » moyens de répression je suis obligé d'em- » ployer dans notre colonie *forcée* pour les » mendians qui, malgré la réduction et même » la suppression de leur paye, persistaient à » ne pas travailler ou cherchaient à troubler » l'ordre. »

» Dans les deux cas, les mendians sont punis de la salle de police pour un terme plus ou moins long, d'après la gravité de la faute. Le mendiant qui, à la salle de police, persiste à ne pas travailler, ne reçoit pour nourriture que de l'eau et une livre de pain par jour; on le tient dans un isolement complet et sans occupation quelconque; les plus méchans même ne résistent pas à ce régime au delà de trois jours. Je dirai d'ailleurs qu'il est rare que j'aie recours à cette mesure de rigueur, puisque même la conduite du mendiant devient honnête du moment qu'on parvient à lui inspirer du goût pour le travail et à lui donner la conviction que ses destinées dépendent absolument de lui-même. Quant au bon ordre, il n'y a eu qu'une seule tentative pour le troubler; c'est depuis ce temps que j'ai séparé des autres mendians ceux qui se montraient les plus incorrigibles. J'en ai formé une classe séparée, où ils portent un bonnet rouge comme une distinction humiliante. Je dois à l'honneur de nos mendians de dire qu'ils craignent plutôt cette humiliation que toute autre punition; en général, je ne puis assez me louer de l'effet d'une mesure aussi simple. Le *peloton de punition*, comme on l'appelle vulgairement, se compose ordinairement de quinze à vingt-cinq individus et les déserteurs en font partie. Je les passe en revue tous les trois mois pour en faire sortir ceux qui ont fait preuve de repentir.

« Quel est le manger employé et la quantité » donnée pour la distribution de vos mou- » tons ? »

» Chaque ferme (c'est toujours de la colonie forcée qu'il s'agit) a son troupeau, ses bêtes à cornes, comme une étendue de terre de 30 à 40 bonniers. Chaque troupeau se compose de cinquante à cent vingt individus, selon la nature du sol affecté à la ferme. Les engrais des différens bétails d'une ferme sont mêlés ensemble; dans ce mélange l'engrais des moutons est dominant pour les terres argileuses et compactes, tandis qu'au contraire c'est le fumier des bêtes à cornes qui domine dans celui destiné aux terres légères et sablonneuses. Je dirai encore que, pendant six mois de l'année, les moutons trouvent leur nourriture dans les bruyères, et que pendant l'hiver ils sont nourris de pommes de terre et de paille. On a soin de donner en outre journellement une livre de sel pour cent individus, et j'attribue en partie à cette particularité que, sur un troupeau de plus de six cents bêtes, nous n'avons fait presque aucune perte, et cela depuis l'existence des colonies.

» Le poids moyen de leur toison, sans être

lavée, est d'un kilo. ou de 2 livres, ancien poids du pays.

» Quelque temps avant que les brebis donnent leurs agneaux, elles reçoivent une nourriture plus substantielle que les autres moutons, soit en avoine, soit en seigle, qu'on leur continue jusqu'à l'été. Du reste, elles suivent absolument le régime adopté pour les autres moutons. Je n'élève ordinairement qu'une centaine d'agneaux par an, parce que j'y trouve rarement mon compte. Je réussis mieux en achetant à l'arrière-saison de jeunes moutons d'un an, qu'à la fin de la deuxième ou troisième année je vends pour la boucherie à peu près le double de ce qu'ils m'ont coûté. Les moutons désignés à cet effet reçoivent après la seconde coupe du trèfle, le vieux gazon pour pâturage.

» Quant aux ménages établis dans les colonies libres, ils sont au nombre de quatre-vingt-deux, qui forment une population de cinq cent soixante-quatre individus, et voilà comme j'espère répondre aux questions que vous m'avez fait l'honneur de m'adresser, Monsieur. Veuillez, je vous prie, disposer de moi dans toutes les circonstances où je pourrai vous être utile, et agréer les expressions de mes sentimens les plus distingués avec lesquels j'ai l'honneur d'être, etc., etc. »

Cette lettre ne peut plus laisser de doute sur la nature des moyens employés, et il ne peut y avoir de meilleure preuve de leur efficacité pour ramener les mendians et les vagabonds à des principes honnêtes, que le fait suivant, qu'il est important de constater.

Il est sorti de la colonie forcée, dans les quatre années qui ont précédé la fin de 1829, trois cent vingt-six mendians jugés assez convertis sous le rapport moral, et assez expérimentés dans le travail pour être rendus à la société. Sur ce nombre, vingt-deux seulement ont été ramenés à la colonie comme se livrant encore à la fainéantise et au vagabondage. Ainsi, dans un laps de quatre années seulement, cette colonie a, pour ainsi dire, régénéré pour l'ordre social trois cent quatre individus, qui précédemment le dégradaient et lui étaient à charge.

Quant aux mœurs, les hommes et les femmes vivent dans des quartiers à part, et sont toujours séparés et éloignés pour les travaux. Pendant les récréations, ils se promènent dans la cour commune, séparée, comme nous l'avons dit, en deux grandes divisions par un jardin long, mais étroit, qui n'est clos que par des grilles en bois : les hommes et les femmes peuvent alors se parler, quoique éloignés. Il s'établit ainsi quelques liaisons, qui ne peuvent amener la débauche, mais qui ont, au contraire, un bon résultat, parce que beaucoup d'hommes deviennent plus propres et ont leur linge blanchi et raccommodé par les femmes. Quand il s'agit de leur sortie de l'établissement, on a soin de faire partir les hommes les premiers, et il est rare que les liaisons qu'on se proposait de continuer ne soient pas rompues. Les mendians ou vagabonds détenus qui ont acquis quelques talens se font un plaisir d'en donner des leçons aux jeunes gens, et j'ai vu des maîtres de musique et même un maître d'armes. On a aussi placé dans la cour des hommes une grande perche à tirer l'oiseau pour leur récréation.

On a attaché un aumônier catholique à cet établissement, et quoique le directeur soit de la religion protestante, il existe entre eux un parfait accord, qui ne permet point à l'hypocrisie de devenir un moyen de faveur.

Le capitaine *Van den Bosch*, inspecteur des deux colonies, regrette beaucoup qu'elles soient éloignées d'une grande route ou d'un canal. Sous ce dernier rapport, j'ai observé, en allant voir le dépôt d'Hoogstraët, après avoir quitté

Wortel, que cette colonie est voisine de la Merk, rivière autrefois navigable, mais qui, depuis, a été obstruée par des usines construites sur son cours, et il m'a paru qu'on pourrait aisément la rendre praticable pour une navigation en petites sections par des écluses latérales aux barrages des usines; ces écluses coûteraient d'autant moins qu'on pourrait les établir en briques à très bon compte (1): cette amélioration pourrait favoriser encore des moyens d'assainissement, notamment pour la colonie libre, dont le sol est trop humide; car il serait facile de faire à peu de frais des rigoles d'écoulement, qui aboutiraient dans la retenue ou partie du lit de la rivière inférieure à la première écluse et à la chute qu'elle racheterait. (Voir ce qui a été dit, page 103.)

Cette opération serait d'autant plus utile que la rivière de Merk, après avoir reçu quelques autres cours d'eau, passe à Bréda, où elle est assez volumineuse pour servir à tendre les inondations de cette place forte et pour donner lieu à une grande navigation très active jusqu'à la mer.

---

(1) J'ai cité des exemples de ce procédé facile et peu dispendieux dans mon ouvrage sur les canaux navigables précité (page 481).

On doit encore observer ici que, comme aux colonies du nord, tous les chemins ou avenues sont bordés par des plantations en bon état, prises dans les pépinières, et en essences de chênes, hêtres, blancs de Hollande (*populus alba*) et pins. J'ajouterai à ce que je viens de dire sur ma visite aux colonies de Wortel, qu'ayant été visiter ensuite les travaux agricoles du dépôt de mendicité d'Hoogstraët et ceux d'une espèce de colonie agricole fondée par des frères de la Trappe, à trois lieues de Wortel et près la route d'Anvers, toutes mes observations ont été en faveur de la colonie forcée de Wortel (1).

---

(1) L'établissement des Trappistes dont il s'agit ici fut fondé, en 1792, par un don de 106 bonniers de terre au profit de religieux de cet ordre émigrés de France. Ce don fut fait pour tout le temps que leur communauté existerait dans cet établissement, et accompagné des autres dons nécessaires pour leur installation.

On y pratique aussi les défonçages profonds ; on y cultive principalement pour fourrages en vert la spergule et le genêt épineux ; on fait de celui-ci plusieurs coupes dans l'année, et on l'enfouit au bout de deux ans ; l'hivernage se fait avec des navets, des carottes, pommes de terre, tourteaux, et on donne de l'avoine aux brebis ; on a mis 3 bonniers en potager très bien cultivé. On est parvenu à

Je ne parle point de celles que j'ai eues à faire en visitant la colonie agricole et industrielle que les Frères Moraves ont établie à Zeyst, au milieu des landes qui sont situées entre Utrecht et Amersfort, à cause de la nature particulière de leur institution.

Effectivement, d'après les principes que professe cette congrégation, les plus riches s'imposant eux-mêmes des contributions volontaires pour le bien-être de la communauté, on est dispensé d'y observer cette économie régulière que le système des colonies agricoles de bienfaisance rend absolument indispensable, et on ne peut ainsi établir d'analogie dans la direction et les

---

obtenir du froment dans les champs les premiers cultivés, et on emploie avec succès pour la culture du lin l'engrais liquide mêlé de déjections animales, en le répandant sur le champ au moment de le semer. On a employé de même avec succès la cendre pour cette récolte.

J'ai remarqué ces particularités comme de nouvelles preuves des effets des défrichemens bien suivis pendant plusieurs années ; car le sol est si pauvre que les seules plantations qui aient réussi ont été des pins pour les grands bois, et le bouleau pour les taillis ; ces plantations comprennent environ 60 bonniers.

résultats d'établissemens si différens par leur nature. (On peut voir, dans la note (K), relative aux différens genres de colonies agricoles existantes en Europe, ce qui concerne celles des Frères Moraves.)

Nous terminerons ce chapitre, comme celui des colonies du nord, par l'exposition de quelques tableaux sur l'état des choses à la fin de 1829.

Le premier a rapport au nombre des employés dans les établissemens de Wortel ;

Le second regarde les travaux et leurs produits ;

Le troisième présente l'état de situation financière.

Voici le tableau des employés des deux colonies :

1°. *Colonie libre.*

1 curé ;
1 sous-directeur des travaux agricoles ;
1 teneur de livres et garde-magasin ;
1 maître d'école ;
1 surveillant pour la propreté des maisons ;
4 surveillans des travaux agricoles ;
4 domestiques de labour ;

1 boutiquier, qui ne peut vendre aucune liqueur spiritueuse;
1 maître boulanger;
1 meunier.

2°. *Colonie forcée.*

1 inspecteur;
1 adjoint-directeur;
1 sous-directeur de l'intérieur;
1 sous-directeur des travaux agricoles;
2 teneurs de livres;
1 garde-magasin de l'intérieur;
1 médecin;
4 gardes-salles;
1 buandière;
1 aumônier;
4 commandans de travaux de première classe;
5 *idem* de deuxième classe;
4 domestiques de labour;
1 maître d'école;
2 boutiquiers, qui ne peuvent vendre aucune liqueur spiritueuse;
1 maître boulanger.

(*Nota.* Les surveillans disent qu'ils aiment mieux avoir à surveiller trois cents hommes que cent femmes.)

Situation financière des colonies du Midi.

RECETTES.

Les colonies du Midi, qui contiennent quinze cent cinquante individus, ont nécessité une dépense de 785,000 flor. (environ 1,570,000 fr.), dont 135,000 flor. en souscriptions volontaires, et 650,000 flor. en emprunts; il en résulte que la dépense a été, pour chaque individu, d'une somme de 1,094 fr., qui doit être remboursée au bout de seize ans au moyen de l'amortissement de 4 pour 100 par an du capital emprunté.

La Société reçoit des établissemens publics, par suite de traités, pour sept cent cinquante mendians (1) recueillis à la colonie forcée, à raison de 35 flor. par tête. . . . . 26,250 flor.

Pour huit cents individus existans dans les colonies libres, à raison de 22 flor. ½ par individu. . . . 18,000.

Location de cent petites fermes à 50 flor. chaque. 5,000

Souscriptions volontaires annuelles, à raison de 2 fl. 50 c., dont la moyenne a été de. 30,000

Total. . . 79,250 flor.

(1) Leur nombre doit être porté à mille.

Report. . . 79,250 flor.

DÉPENSES.

Intérêts à 5 pour 100 sur 650,000 flor. empruntés aux mêmes conditions que pour les colonies du nord. . . . . 32,500 flor.

Il reste net. . . . 46,750 flor.

sur lesquels il faut déduire 4 pour 100 du capital emprunté pour son amortissement.

On peut faire ici, pour le produit de la terre, des calculs analogues à ceux qui ont été établis précédemment pour la Hollande. Il en résulterait que, pour les 506 bonniers ou hectares qui composent les colonies du Midi, le revenu annuel à ajouter aux 46,750 flor. trouvés pourrait être d'environ 24 flor. par bonnier qui serait mis en culture, outre ceux qui sont déjà cultivés. On voit que, même sans cette addition, l'excédant des recettes sur les dépenses couvre largement les 4 pour 100 de l'amortissement.

Aliénés appliqués à des travaux agricoles à Gheel, province d'Anvers.

Après avoir visité Wortel, je n'ai point voulu quitter la Campine sans y reconnaître un exemple d'un autre genre des ressources que présentent les travaux agricoles pour le bien de l'humanité.

J'ai été, à cet effet, visiter Gheel, bourg d'environ six mille cinq cents habitans en grande partie cultivateurs, situé à cinq lieues de Turnhout, et où, par suite de diverses circonstances qui se sont succédé, des aliénés sont placés chez les cultivateurs, qui les occupent, suivant leur force et leur âge, à des travaux champêtres.

La liberté qu'on leur laisse, le grand air, leurs occupations de culture, la vie paisible qu'ils mènent rendent à beaucoup de ces infortunés les facultés que les adversités, les chagrins et tant d'autres causes leur avaient fait perdre.

Bruxelles, Anvers et beaucoup d'autres villes, au lieu de tenir les aliénés indigens et qui ne sont point dangereux, renfermés dans un hospice, où l'état de ces malheureux ne fait ordinairement qu'empirer, les envoient et les mettent en pension chez des cultivateurs à Gheel. Les hospices y paient 90 florins par individu et les habillent, et y trouvent une très grande économie, outre les avantages qu'ils recueillent sous le rapport de l'humanité.

L'arrivée des insensés à Gheel est accompagnée de circonstances d'un grand intérêt : ils sont d'abord déposés dans une pièce attenant à l'église, où un ecclésiastique, dont le zèle s'est en quelque sorte façonné à leur infirmité, leur donne les consolations qu'offre la religion, et les exhorte, ordinairement avec succès, à participer à des prières analogues à leur état; ils sont ensuite répartis chez les cultivateurs, qui, malgré la modicité de la pension, les recherchent et en prennent le plus grand soin. Les aliénés les plus aisés sont ordinairement en pension chez les plus riches cultivateurs, et se livrent aussi, comme les indigens, aux travaux de l'agriculture : ils ont généralement l'air satisfait et sont avec leurs hôtes comme en famille. Il n'y a, pour ainsi dire, pas d'exemple qu'aucun aliéné se soit livré à des excès, et on en a vu rester vingt ans dans la même ferme sans avoir jamais manifesté le dessin de la quitter, et travaillant sans s'ennuyer (1).

Nous avons cru devoir placer ici cette digression, à cause du rapport qu'elle a avec le sujet qui nous occupe, et parce que nous aurons à la rappeler en parlant du sort déplorable de la

---

(1) Ces détails sont amplement confirmés dans la *Description géographique, historique et physique du Pays-Bas;* par M. J.-J. de Gloet (page 323), et par le *Journal d'agriculture des Pays-Bas.*

plus grande partie des aliénés indigens en France, qui sont encore renfermés dans des prisons, pêle-mêle avec d'autres détenus qui empirent leur état par les mauvais traitemens que provoquent de leur part les actes insensés de ces malheureux.

Observations générales pour les voyageurs.

Les colonies ont été établies dans de vastes landes et isolées d'autres cultures, tant pour avoir les terres à meilleur marché que pour rendre leur exemple plus frappant et plus utile : ainsi, pour arriver à celles de Frederick's-Oord, la voie la meilleure à suivre est de s'embarquer à Amsterdam, de descendre au port de Zwol et de faire ensuite plusieurs lieues à travers des landes fatigantes.

Il y a maintenant dans l'établissement une auberge comme celles du pays, où on trouve rarement du pain blanc, du vin et de la viande non fumée. Les colonies de Wortel sont aussi au milieu des landes de la Campine, qu'il faut traverser pendant plusieurs lieues, soit qu'on parte d'Anvers, soit qu'on parte de Bréda. Il n'y a point encore d'auberge dans cet établissement, et il faut aller coucher dans une petite ville du voisinage, où il n'en existe qu'une du genre de celles dont nous venons de parler.

La langue française est entièrement inconnue dans ces contrées, et un Français qui ne sait pas le hollandais ne peut se faire entendre que de MM. les directeurs, dont le zèle et l'obligeance vont au devant de tous les documens qu'on peut leur demander.

On ne saurait trop remarquer et apprécier les bons effets de la tenue toute militaire des colonies pour l'ordre, la discipline et l'exacte comptabilité, même dans les plus petits détails.

Il en résulte généralement une soumission, une régularité dans la conduite et une émulation pour les travaux, qui influent même sur ceux qui en paraissent le plus éloignés à leur entrée.

Les grandes fermes présentent, par leurs différentes exploitations, les moyens de comparaison les plus favorables pour un système d'amélioration progressive.

Les petites fermes, bien tenues, présentent des avantages analogues pour la petite culture.

On y voit des ménages qui ont de cinq à six enfans, chez lesquels tout annonce la satisfaction et la santé.

Toutes les petites fermes qui sont placées près les grands alignemens ont un petit parterre de fleurs entre la façade de leur habitation et la plantation qui borde le chemin, et les soins remarquables donnés au choix ainsi qu'à la culture des fleurs de ce parterre présentent une preuve agréable de cette émulation dont nous venons de parler.

On ne saurait trop observer la recherche et le beau résultat des soins donnés à l'établissement des orphelins à Veenhuisen; pour celui deWateren, nous verrons plus loin que l'archiduc Charles d'Autriche en fonde un pareil, afin de former des sujets capables pour ses belles et vastes possessions.

Les semis et les pépinières sont tenus avec le plus grand soin, surtout pour les sujets exotiques que l'on veut acclimater et propager; j'ai remarqué, entre autres, une plantation de dix-sept mille jeunes mûriers faite par ordre de la commission permanente, et qui, au surplus, m'a paru souffrir beaucoup de la température et de la fraîcheur du climat; mais ils n'en prouvaient pas moins les soins avec lesquels on cherchait à surmonter les difficultés qu'on trouvait à les faire prospérer.

Les plantations ordinaires, qui consistent

principalement en hêtres, en chênes, en ypréaux ou blancs de Hollande (*populus alba*), et en arbres verts, ne laissent rien à désirer pour leur bon état et leur bel effet, en bordant et dessinant tous les chemins ou rues des diverses colonies. D'après des essais encourageans, les plantations doivent se multiplier en servant à borner et entourer en partie les champs des petites fermes, comme on le voit dans le pays de Waës, où l'on consacre à des plantations remarquables par leur beauté les levées que l'on forme avec les déblais des fossés de clôture ou d'assainissement.

Cet exemple est suivi dans les colonies libres et forcées, et doit ajouter un jour une grande valeur à leurs résultats actuels.

On ne doit pas dissimuler qu'il existe, dans les grandes villes qui possédaient les principaux établissemens pour la répression de la mendicité et la bienfaisance publique, une espèce de critique et d'opposition contre le système des colonies agricoles de bienfaisance, parce qu'elles y ont perdu des chances de profits pour leur intérieur : c'est ainsi qu'il y eut même une révolte à Amsterdam lorsqu'on voulut retirer de son bel hospice pour les enfans-trouvés ceux que l'on voulait transporter à l'établissement de Veenhuisen, qui a ensuite été reconnu comme bien plus avantageux, même par ceux qui d'abord l'avaient blâmé le plus vivement; cependant les critiques, dans les grandes villes, subsistent toujours, en raison de l'influence ordinaire de l'intérêt particulier; mais les faits y répondent complétement. Nous allons le reconnaître de nouveau en faisant ci-après le résumé des observations que nous venons d'exposer.

Résumé des faits que présentent les colonies de bienfaisance.

Nous croyons devoir, pour résumer les observations que présentent les faits que nous venons d'exposer, commencer par ceux qui concernent la Hollande.

On voit, par les tableaux statistiques qui font l'objet de la note A, que ce pays n'avait guère que le dix-huitième du territoire et le quinzième de la population de la France (1); il était déjà pourvu

(1) La population de la Hollande était de 2,100,000 h.

Celle de la Belgique, de...	3,175,000	3,400,000
Celle du duché de Luxembourg, de	225,000	
TOTAL, lors du recensement de 1821.		5,500,000 h.

Le territoire de l'ancien royaume des Pays-Bas se did'établissemens de bienfaisance remarquables à la fois par leur nombre et leur bonne administration ; il entreprenait des travaux de la nature la plus importante, et par la quantité de bras qu'ils exigeaient et par l'accroissement de prospérité qu'ils promettaient ; enfin il avait outre mer des colonies peuplées d'environ neuf millions de sujets de la métropole, qui pouvaient offrir aux indigens qui manquaient encore d'ouvrage dans le sein de la mère-patrie des chances d'occupations lucratives, pareilles à celles que d'autres peuples vont rechercher par des émigrations annuelles, même dans les colonies étrangères. C'est au milieu de ce concours de circonstances qui paraissaient si favorables pour prévenir ou secourir les malheurs qu'enfante la misère, qu'on a vu le peuple le plus renommé pour la sagesse de ses calculs adopter et développer de

---

visait ainsi qu'il suit :

9 Provinces du midi, en lieues carrées marines.	691.83
9 Provinces du nord, *idem*.	1041
TOTAL.	1732.83

Ce qui fait environ trois mille cent soixante-quatorze habitans par lieue carrée, tandis que cette même proportion n'est en Angleterre que de mille six cent cinquante-six, en France que de mille cinq cents, en Autriche de mille cent vingt, et en Russie cent quatre-vingts.

plus en plus, guidé alors par les leçons de l'expérience, le système des colonies agricoles de bienfaisance.

On peut rendre un nouvel hommage à la sagesse de ses prévisions, en contemplant les résultats qu'il en a obtenus.

Nous allons commencer par les considérer sous le rapport de l'économie.

La Société de bienfaisance a épargné au Gouvernement ou aux établissemens publics plus de 100 fr. par an pour chacun des individus dont ils seraient restés chargés sans les moyens qu'elle leur a offerts. Nous avons vu que les colonies du nord de la Hollande avaient recueilli dans leur ensemble environ sept mille cinq cents indigens : ce serait donc une économie de 750,000 fr. par an pendant les seize premières années, après lesquelles les emprunts hypothéqués sur les redevances contractées au profit de la Société, se trouvant remboursés par la voie d'un amortissemeut de 2 pour 100 assuré, le Gouvernement ou les établissemens publics, ou tous autres souscripteurs deviennent propriétaires du fonds sur lequel les colons avaient été établis, et peuvent en disposer à leur gré.

Pouvant alors les y maintenir, ou les y remplacer sans redevance, le bénéfice doit être porté dès lors aux 200 fr. environ que chaque individu aurait coûté dans les établissemens publics, et ce bénéfice s'élèvera, à cette époque, à 1,500,000 fr. à perpétuité, après une économie de 750,000 fr. par an pendant les seize premières années : il faut compter de plus le bénéfice des belles plantations, qui présenteront plusieurs milliers de pieds d'arbres par colonie.

En outre de ces économies au profit du Gouvernement, ou des communes, ou des établissemens publics, il faut observer qu'à l'expiration des seize années qui suivront le défrichement, on imposera sur les landes, auparavant exemptées de taxes et alors converties en excellentes cultures, une contribution foncière qu'on peut évaluer à 5 fl. par bonnier : de sorte que cet impôt, si on le calcule pour 1,200,000 bonniers ou hect. de bruyères, sur plus de 1,350,000 qu'en renferme le royaume des Pays-Bas, peut finir par rapporter annuellement une somme de 6,000,000 flor. (plus de 12,000,000 francs). Il est naturel de penser que la totalité des terres incultes ne passera pas tout à la fois à l'état de terres productives; mais si on ne calcule d'abord que la contenance actuelle des colonies de bienfaisance et les terrains vagues que leur exemple a porté et portera à défricher, on pourra évaluer à la moitié de la somme indiquée le revenu annuel que les Pays-Bas doivent recueillir sous peu d'années (1).

Ne perdons pas de vue non plus les calculs que nous avons faits au chapitre du *Produit net des terres cultivées par les colons*. Nous y avons trouvé la preuve positive d'un gain de 28 flor. par an et par bonnier, au profit des indigens qui composent les petites fermes. Il est donc juste de dire, en supposant même que ce bénéfice ne s'élève pas plus haut, que la richesse publique s'augmenterait annuellement de 16,800,000 flor. (près de 33,000,000 fr.), en ne la calculant que sur la moitié des terrains en friche des Pays-Bas.

A ces avantages pécuniaires il faut en ajouter d'autres. Il y aura, quelques années après la période fixée, plus de 100,000 pieds d'arbres d'alignement à couper dans les colonies agricoles de la Hollande, principalement en essences de chêne, de hêtre, de peuplier de Hollande (*populus alba*), et plusieurs centaines de bonniers ou hectares plantés en bois susceptibles d'aménagement.

---

(1) Voir, sur la progression et les résultats déjà obtenus d'un tel exemple, la note (E) précitée.

Enfin les vastes terrains de ces colonies présenteront des propriétés où l'on pourra établir tous les genres d'amélioration que l'on voudra, soit qu'on y établisse des fermes-modèles et instituts agricoles, soit qu'on les fasse servir à des applications nouvelles de procédés utiles, ou à des semis et plantations d'arbres exotiques qu'on voudrait acclimater. Alors on ne serait pas exposé à voir des essais, qui peuvent être fort intéressans pour l'avenir, périr avec la génération qui les a créés, comme cela arrive malheureusement si souvent pour les propriétés particulières, et comme nous en verrons des exemples bien regrettables en parlant de la France.

Nous avons également vu la Belgique, pourvue d'établissemens de bienfaisance encore plus remarquables, puisqu'elle possède le plus beau qui ait existé jusqu'à présent, suivre l'exemple des colonies du nord, dont une expérience de quatre ans constatait la haute utilité : après avoir commencé de même par fonder une colonie libre peu considérable, elle l'a augmentée et elle a établi ensuite, pour répondre aux propositions du Gouvernement, une colonie forcée destinée à recevoir mille mendians; les constructions de cette dernière colonie n'ayant été terminées qu'à la fin d'août 1825, elle n'a pu créer de travaux productifs qu'en 1826 ; cependant dès 1829 ses recettes couvraient ses dépenses, à l'exception de 1,000 hect. de seigle et blé qu'il fallut acheter, parce qu'il n'y avait encore que 250 hect. de terre défrichés sur 520, et désormais sa marche doit nécessairement être progressive, à l'exemple de celle qu'a suivie en Hollande le système qu'elle a adopté.

Il est aisé d'appliquer, pour les mille quatre cent cinquante individus que les colonies de Wortel ont recueillis, des calculs tels que ceux dont nous venons de détailler les avantages pour les sept mille cinq cents individus recueillis dans les colonies du nord. Il n'est pas moins aisé de faire à leur égard des observations analogues aux précédentes pour ce qui regarde la coupe des pieds d'arbres d'alignement et des bois susceptibles d'aménagement, ainsi que le parti qu'on pourra tirer ultérieurement des vastes territoires dépendans de ces colonies.

On doit encore attribuer aux succès des colonies agricoles de bienfaisance l'inexécution d'un décret organique de 1821, qui ordonnait l'érection de deux établissemens pénitentiaires qui devaient être fondés, l'un dans les provinces du nord, l'autre dans les provinces du midi du royaume des Pays-Bas, et dont la construction aurait nécessité de la part de l'État des frais bien plus considérables pour des résultats bien inférieurs, et on a pu aussi donner aux deux parties de la maison de Gand, qui avaient été originairement destinées aux mendians et aux indigens privés de travail (transportés depuis aux colonies), de nouvelles destinations pour les prisonniers pour dettes, pour les militaires, pour les forçats [ce qui a fait supprimer le bagne d'Anvers], et même pour les criminels mis en jugement et pour les condamnés à la peine capitale jusqu'à leur exécution.

Enfin, grace à ces colonies, il ne restait plus, dès 1826 [ainsi que l'a constaté le rapport officiel aux Etats-Généraux] (1), aucun mendiant valide dans les dépôts qui les renfermaient précédemment, excepté dans celui d'Hoogstraëte, parce qu'ils y étaient occupés à des travaux agricoles, ainsi que nous l'avons déjà dit.

En passant aux considérations d'économie politique, nous voyons que la richesse publique se sera augmentée du produit, non pas seulement de la quantité des hectares de terre dépendans des colonies que le genre de culture le plus fruc-

---

(1) Voir la note (C) déjà citée, qui concerne le rapport annuel pour tous les établissemens existans.

tueux aura fait passer de l'état de landes stériles et malsaines à celui de terres d'une fertilité remarquable, mais aussi des terres de même nature qu'un exemple aussi encourageant aura fait défricher et fertiliser de même dans les provinces circonvoisines (1).

Sous le rapport de la morale, la Société de bienfaisance aura rendu, chaque année, à l'ordre social, comme lui devenant désormais utiles, plusieurs centaines d'individus qui, précédemment, n'y apportaient que la honte, l'inquiétude et des charges d'une progression effrayante.

Enfin, la colonisation des indigens présente dans son ensemble des avantages infinis ; elle débarrasse la grande société de nombreux désagrémens et du spectacle affligeant d'une misère que le désir du gain rend souvent rebutante par des infirmités ou des plaies simulées, dont trop souvent de malheureux enfans se trouvent victimes ; elle tarit en même temps la source de la véritable misère et celle de l'immoralité.

Effectivement, les pauvres réunis en colonies peuvent être dirigés vers la morale avec plus de succès que lorsqu'ils sont disséminés et entiè-

---

(1) Nous venons d'indiquer la note (E) comme relative à ce sujet.

rement livrés à leurs vices ; leur existence est plus relevée, puisqu'elle est le fruit d'un travail qui tend à les régénérer et au physique et au moral, et ils peuvent ainsi rentrer dans la société comme membres utiles, au lieu d'y être à charge et avilis. La population et la production s'entr'aident réciproquement : les colonisations, en rendant la distribution des secours plus judicieuse et plus équitable, les rendent par cela même plus efficaces et d'autant plus méritoires qu'ils tendent alors à transformer en génération de véritables citoyens la génération actuelle des mendians ; ce qui est extirper la mendicité jusque dans ses racines.

De ces nombreux avantages résultent encore l'accroissement du bien-être de l'agriculteur, qui opère celui de la richesse et de la force nationale, et la garantie la plus honorable de la sécurité publique. Et quel concert de bénédictions la Société de bienfaisance ne mérite-t-elle pas en sauvant ainsi tant de membres infortunés de l'ordre social du dernier degré de l'opprobre et du malheur, et en devenant en quelque sorte pour eux une nouvelle Providence ! Enfin, combien un si bel exemple ne doit-il pas inspirer de reconnaissance à l'humanité et d'émulation aux Gouvernemens !

DEUXIÈME PARTIE.

RECHERCHES COMPARATIVES SUR LES DIVERS MODES DE SECOURS PUBLICS, DE COLONISATION ET DE RÉPRESSION DES DÉLITS, AINSI QUE SUR LES MOYENS D'ÉTABLIR AVEC SUCCÈS DES COLONIES AGRICOLES EN FRANCE ET LA NÉCESSITÉ D'Y RECOURIR.

INTRODUCTION.

D'après les considérations que j'ai exposées dans l'avant-propos de cet ouvrage, et qu'il serait superflu de répéter, je dois maintenant diriger tous mes soins, tout mon zèle à rechercher les diverses applications que l'on pourrait faire en France d'un système dont nous venons de reconnaître la marche et les succès pour le soulagement de l'indigence, l'existence assurée de l'orphelin, et l'extirpation de la mendicité, en augmentant simultanément le bien-être individuel et la richesse du pays; mais en se livrant à de telles recherches, en réfléchissant sur la nature et le résultat des moyens que nous avons vus si favorables, dans les colonies forcées, pour la conversion de l'homme livré au vice; en portant l'attention plus particulièrement sur l'efficacité de cette *colonie de punition* (*stras-kolonie*), qui, en assujettissant le détenu à une discipline plus rigoureuse, suffit à la fois à l'intimidation et à la correction même des plus mauvais sujets dans un si grand nombre de vagabonds réunis; quand à des faits si remarquables on réunit les idées que suggèrent les sujets de comparaison existant dans d'autres pays, on découvre alors un champ si vaste d'observations élevées que (comme je l'ai déjà dit) j'hésiterais à le parcourir, et serais arrêté par l'idée de l'insuffisance de mes moyens, si je ne m'étais préalablement assuré que je pouvais être constamment guidé et soutenu dans la marche que j'ai à y suivre par des faits constatés et des autorités authentiques. Ce n'est donc qu'avec de tels appuis que je vais me livrer successivement à l'exposé et à l'examen des circonstances et des faits qui pourront prouver :

1°. La supériorité des avantages du système des colonies agricoles intérieures sur tout autre moyen de secours pour l'indigence, et de répression pour la mendicité et le vagabondage;

2°. Les résultats que pourrait avoir pour la France l'application de ce système, non seulement pour le secours des indigens, l'extinction de la mendicité et l'assurance d'un sort pour les orphelins; mais aussi pour donner aux forçats libérés une existence qui, même en ne la considérant que comme transitoire, présenterait à la fois des garanties pour leur amélioration morale et pour la sécurité de la société, relativement aux inquiétudes qui, dans leur position actuelle, les accompagnent malheureusement et les constituent pour ainsi dire en état d'hostilité contre l'ordre public.

Enfin, d'après de tels antécédens et l'empire de circonstances dont nous allons reconnaître la gravité, je crois devoir rechercher encore (en prenant toujours pour base des faits comparatifs existans) quels pourraient être les moyens et les résultats de l'application du système des *Colonies de punition* aux individus détenus par jugemens correctionnels, pour lesquels l'article 41 de notre *Code pénal* établit un *maximum* de cinq ans de détention *dans une maison de correction.*

J'ose espérer que ces recherches, quelque hardies qu'elles puissent paraître au premier coup-d'œil, seront accueillies avec intérêt quand on voudra bien réfléchir sur la nature des motifs qui me les inspirent.

Effectivement, qui ne gémirait sur cette violation constante du *Code pénal* qui fait placer les condamnés correctionnellement dans les mêmes prisons que les criminels condamnés à la réclusion (peine infamante) et même aux travaux forcés; tandis qu'ils ne devraient être mis que dans des *maisons de correction* pour cinq ans et au dessous ?

A la peine que fait éprouver une telle prévarication se joint encore celle qui résulte de la juste punition que la société subit à ce sujet : effectivement les condamnés par jugemens correctionnels, étant jetés ainsi dans des prisons où ils sont mêlés avec des criminels consommés, y trouvent de véritables institutions de criminalité : il en résulte une augmentation de récidives dans cette classe de coupables (qu'on aurait pu convertir en se conformant à la loi), qui va jusqu'à plus d'un tiers en trois ans (L).

Ainsi la société subit, chaque année, comme punition de son injustice, un accroissement, et dans le nombre des délits qui lui sont préjudiciables, et dans les dépenses qu'elle est obligée de supporter pour les détenus ; charge dont l'accroissement est d'autant plus grand que le condamné correctionnel, pris en récidive, est alors puni d'un emprisonnement qui peut durer au moins dix ans.

A ces causes, qui augmentent d'une manière si regrettable l'encombrement des prisons, il doit s'en joindre encore une autre, à laquelle on ne peut rien opposer, vu son principe, nous voulons parler du plus grand nombre d'emprisonnemens, soit perpétuels, soit à longues années, qui doit résulter des modifications que la marche actuelle de la civilisation réclame chaque jour plus impérieusement dans les dispositions de notre *Code pénal* relatives à la peine de mort.

L'urgence est ici d'autant plus pressante et plus grave, qu'il s'agit de choisir entre ces modifications et l'impunité du crime que le juré ne croirait pas passible de la peine de mort; peine qu'il ne pourrait cependant écarter que par une déclaration de non-culpabilité, qui ajouterait au scandale de cette impunité le danger de renvoyer dans la société le criminel encore enhardi par son acquittement.

Il faut observer en même temps que les emprisonnemens qui résulteront des modifications importantes dont il s'agit ici, exigeront des mesures particulières et telles que l'indique ce système d'établissemens dits pénitentiaires, qui a été adopté pour remplacer la peine de mort, par les peuples qui en ont ordonné la restriction ou même l'abrogation; mais de tels établissemens exigent, comme nous le verrons quand nous aurons à en parler, des constructions plus vastes, plus soignées, une surveillance très active et qui nécessite des agens nombreux; enfin un ensemble beaucoup plus dispendieux.

Ces considérations ajoutent encore aux réflexions qu'appellent ces inconvéniens déjà si déplorables de l'insuffisance de nos prisons en nombre et en dispositions intérieures; enfin nous ne devons pas terminer l'exposé sommaire de ces inconvéniens sans appeler encore l'attention sur cette nécessité à laquelle on se trouve réduit, par le défaut d'emplacemens spéciaux, de mettre aussi dans les prisons et parmi des malfaiteurs inhumains une grande partie de ces infortunés frappés du malheur le plus digne de pitié; nous voulons parler de ces aliénés, qui le sont si souvent par suite de chagrins et d'infortunes, et dont un traitement conforme aux principes de l'humanité aurait pu adoucir ou même guérir les maux, tandis que leur sort empire encore par les mauvais traitemens que leur infirmité provoque de la part d'individus incapables de commisération.

Nous n'avons indiqué ici que sommairement ce concours d'inconvéniens, mais en nous réservant d'en faire ressortir bien plus vivement les désastres lorsque nous traiterons spécialement de chacun d'eux.

Toutefois on peut déjà reconnaître que rien n'est plus digne de la méditation des publicistes, du zèle de la philantropie, de la sollicitude du

Gouvernement que la recherche des moyens les plus propres non seulement à arrêter les progrès menaçans d'inconvéniens si graves, mais aussi à en diminuer l'intensité actuelle, et même à en tarir une des sources principales, en rendant propres à les régénérer les punitions infligées aux individus que la justice ne condamne qu'à des peines correctionnelles : ce sont des motifs aussi puissans qui m'ont fait présumer que je pouvais, sans être taxé d'idées exagérées et déplacées, rechercher les avantages qu'on pourrait retirer à cet égard du système de colonies forcées qu'on érigerait en *colonies de punition*, en les accompagnant de toutes les mesures que réclamerait la sûreté publique.

Mais des considérations aussi étendues et les diverses assertions qui les accompagnent exigent des motifs et des preuves d'un caractère propre à les justifier. Sans me dissimuler la difficulté d'une telle tâche et ce que j'y laisserai à désirer, d'après les bornes que je reconnais à mes moyens, je me rassurerai cependant en puisant mes documens à des sources qui, j'espère, ne seront point rejetées, d'après le compte que j'en dois rendre ici.

Ayant eu l'honneur de siéger pendant dix années à la Chambre des Députés, j'ai dû, pendant ce laps de temps, chercher à m'éclairer sur les questions d'intérêt public qui pouvaient y être soulevées. Parmi les documens que j'ai recherchés à cet effet, j'ai constamment placé les rapports et les décisions que présentaient chaque année les sessions du Parlement d'Angleterre, celles du Congrès et des principales législatures des États-Unis d'Amérique et la session des États-Généraux du ci-devant royaume des Pays-Bas. Dans ce but, je me suis procuré régulièrement les principaux documens officiels de ces sessions, qui, au surplus, sont en grande partie consignés dans l'*Annual Register* anglais. Les trois Gouvernemens que je viens de citer étant ceux chez lesquels les questions qui nous occupent ont été discutées avec le plus de maturité et l'expérience acquise par les faits les mieux constatés, c'est dans les rapports et les débats qui ont eu lieu dans leurs chambres législatives que je prendrai, en les relatant, les observations sur lesquelles j'appellerai l'attention et fonderai les idées que je soumets à des lumières plus étendues, inspiré par le désir de leur offrir quelques matériaux utiles.

Quant à ce qui concerne le ci-devant royaume des Pays-Bas, nous avons déjà vu, tant dans la première partie de ce mémoire qui concerne ses colonies de bienfaisance, que dans les notes (A,

B, C, D, E), tout ce que ce pays présente de relatif à la question qui nous occupe. Nous n'avons rien de plus à y ajouter.

Pour l'Angleterre et les États-Unis d'Amérique, l'obligation de ne point compliquer le texte même de ce mémoire, et de ne point lui faire dépasser les bornes dans lesquelles je dois le restreindre, me détermine à consacrer une note particulière à ce qui concerne chacun de ces Gouvernemens.

Ainsi j'établirai dans la note (G), relative à l'Angleterre, les observations que présentent les divers systèmes qu'elle a suivis depuis le règne d'Élisabeth, 1°. pour sa taxe des pauvres, si désastreuse même dans ses modifications les plus judicieuses en apparence; 2°. pour ses déportations, en commençant par celles des malfaiteurs dans les colonies de l'Amérique du Nord; moyen que le génie de cette grande reine avait voulu faire coïncider avec la taxe des pauvres, pour réprimer la mendicité dans la mère-patrie, la débarrasser des plus mauvais sujets et peupler en même temps des colonies qui ne pouvaient lui être utiles qu'en cessant d'être désertes. On verra quelle influence cette mesure exerça sur l'émancipation de ces colonies, en leur inspirant la plus vive indignation de ce qu'elles étaient considérées comme le réceptacle de tout ce que la population de la métropole avait de plus vil et de plus impur.

Nous y considérerons ensuite la direction qui, après l'indépendance des États-Unis d'Amérique, fut donnée au système de déportation à la Nouvelle-Galles du sud, à Botany-Bay, Sidney, etc. Nous reconnaîtrons ses énormes dépenses, les nombreux inconvéniens qui en résultèrent, tant que la marche des choses laissa ces colonies sans autres moyens de développement, et nous verrons que cette mesure, si dispendieuse, perdit toute efficacité lorsque d'autres circonstances tenant à la marche progressive de l'activité industrielle de la métropole, eurent transmis à la colonie les résultats de leur puissante influence.

Cette même note exposera ce qui concerne le système actuel des émigrations de l'Angleterre au Canada; en remarquant ses progrès, on aura occasion d'observer à quel point il profite à l'accroissement de puissance de la nation qui se trouve dans ces contrées la rivale redoutable de l'Angleterre.

Cette partie de nos observations servira de

base à ce que nous aurons à dire au sujet d'Alger, et des moyens de colonisation que ce pays peut offrir à la France.

Nous devrons parler encore des pontons, espèce de bagnes flottans, établis tant en Angleterre qu'aux îles Bermudes, afin de reconnaître aussi cette partie des recherches comparatives dont nous nous occupons. Après avoir ainsi passé en revue les divers moyens employés par l'Angleterre pour arriver au but qu'elle se proposait, nous verrons que, forcée de reconnaître leur insuffisance, elle eut enfin recours au système pénitentiaire, tant recommandé par *Howard*, mais qui est encore loin d'y remplir toutes les conditions désirables.

Enfin, après avoir établi sur des faits ces divers points de comparaison, et sans vouloir diminuer la part que les colonies d'outre-mer doivent avoir dans les calculs de la politique, il nous suffira d'un seul exemple pour prouver la supériorité des avantages que présente, sur ce système, celui des colonies agricoles dans l'intérieur même de la mère-patrie, comme exigeant bien moins de sacrifices et offrant une perspective plus certaine d'accroissement dans le bien-être individuel et dans la richesse du pays.

On trouvera dans la note (H) ce qui concerne

les Etats-Unis d'Amérique, et notamment leurs établissemens pénitentiaires ; on y reconnaîtra successivement les différens degrés qu'a parcourus leur système jusqu'aujourd'hui, depuis sa première adoption, suggérée par le philantrope *Howard* d'après les inspirations qu'il avait puisées à cette belle maison de détention de Gand dont nous avons déjà parlé, et qui fait l'objet de la note B.

Après avoir passé en revue les inconvéniens que l'expérience a fait reconnaître dans les premiers établissemens pénitentiaires, nous examinerons les perfectionnemens les plus récens et les derniers rapports, jusques et y compris celui qui vient d'être fait au mois de février dernier. Nous serons obligés de remarquer que ce n'est que le fouet à la main, même dans celle d'un agent subalterne, ou par de semblables châtimens, poussés quelquefois jusqu'à l'excès, qu'on est parvenu à maintenir jusqu'à présent dans ces établissemens la discipline rigoureuse qui concourt à leur célébrité. Nous fixerons aussi l'attention sur cette considération importante, que le système pénitentiaire peut rendre la peine proportionnellement plus rigoureuse, en raison de la plus grande moralité et du plus grand repentir des détenus ; enfin les observations que contiendra cette note donneront lieu à conclure de même que pour l'Angleterre, en faisant ressortir la supériorité du système des colonies forcées à l'intérieur pour les détentions correctionnelles de cinq ans et au dessous, système qui réunirait au genre d'administration le plus recommandable une économie qu'aucun autre moyen n'a pu égaler encore et qui, par dessus tout, atteindrait le but principal, la conversion des coupables, avec des mesures qui ne répugnent ni à l'humanité ni à la raison.

La note (J) concerne, sous ce même rapport, ce qui est relatif aux prisons aujourd'hui les plus vantées de plusieurs États, telles que celles de Lausanne et de Genève, dont nous verrons que les dépenses sont telles, d'après le système adopté, que les frais de construction reviennent à 6,500 fr. pour chaque individu à renfermer.

Pour continuer de suivre la même marche, en dégageant le texte du mémoire de ce qui pourrait le compliquer et lui faire dépasser les bornes qu'il doit avoir, je consacrerai aussi une note spéciale (K) à l'exposé des différens genres de colonies agricoles qui existent dans plusieurs États de l'Europe : je ne dois en donner que des détails sommaires pour éviter des digressions trop longues; cependant j'insisterai plus particulièrement sur les colonies militaires de la Suède, parce qu'elles contiennent les cinq sixièmes de l'armée suédoise en temps de paix, et qu'elles ont servi de type à celles de la Russie ; et sur la colonie de la Sierra-Morena, en Espagne, qui contient environ 9,000 hectares et six mille colons, parce que son terrain aride et montueux, formant le contraste le plus frappant avec les plaines humides où sont établies les colonies des Pays-Bas, nos points de comparaison deviendront ainsi plus variés et d'autant plus positifs, que la colonie de la Sierra-Morena présente aujourd'hui un établissement qu'on peut considérer comme le premier institut agricole de l'Espagne, là où il n'existait qu'un désert, véritable repaire de brigands qui faisaient l'effroi du voyageur et des contrées circonvoisines.

On verra, par l'ensemble de cette note, qu'on pourrait réduire la question fondamentale qui nous occupera dans cette deuxième Partie aux simples termes que voici : « La France veut-» elle imiter le Grand-Frédéric, Marie-Thérèse, » Catherine II? La France peut-elle imiter l'Es-» pagne, la Suède, le Danemarck, la Bavière, le » Holstein, etc.?» Mais ce n'est point ainsi qu'on doit répondre à des questions qui tiennent à des considérations aussi importantes. J'emploierai donc pour les examiner et les résoudre dans toute leur étendue les documens que présentent à cet égard, et avec des avantages notables, diverses localités que j'ai visitées dans des voyages que j'ai faits pendant le temps qu'a duré ma mission à la Chambre des Députés, avec le but de recueillir quelques documens qui pussent m'y être utiles.

Enfin, et conformément au même plan, la note (L) comprendra tout ce qui concerne la France en documens statistiques et autres, que j'ai puisés dans les bureaux des divers Ministères, pendant la durée de ma députation.

Après avoir fait connaître ainsi les bases qui nous serviront d'appui et la marche que nous nous proposons de suivre, nous allons examiner successivement dans la deuxième Partie de ce mémoire :

1°. Les circonstances qui prouvent que l'établissement des colonies agricoles en France y est encore plus désirable et même plus nécessaire qu'il ne l'était en Hollande et en Belgique;

2°. Les avantages qui en résulteraient, en suivant les exemples donnés, pendant dix ans et avec des succès progressifs en Hollande, pour le secours de l'indigence, le sort des orphelins ou enfans abandonnés, la retraite d'anciens militaires, la répression du vagabondage et l'extirpation de la mendicité;

3°. Les moyens que ces colonies peuvent aussi offrir pour recueillir les forçats et les réclusionnaires libérés, mis en état de surveillance perpétuelle;

4°. Les résultats qu'on pourrait obtenir de l'application du système des *colonies agricoles de punition* aux détentions par suite de jugemens correctionnels, dont la durée doit être depuis et y compris un an jusques et y compris cinq ans.

Après avoir ainsi constaté les avantages que la France peut recueillir de l'établissement des colonies agricoles, nous reconnaîtrons la possibilité et les moyens les plus favorables pour l'exécuter.

Enfin nous terminerons par un résumé des diverses considérations qui auront établi l'utilité, la possibilité et la nécessité d'adopter le système des colonies agricoles en France.

EXAMEN DES CIRCONSTANCES QUI RENDENT L'APPLICATION DU SYSTÈME DES COLONIES AGRICOLES PLUS DÉSIRABLE ET MÊME PLUS NÉCESSAIRE EN FRANCE QU'IL NE L'ÉTAIT EN HOLLANDE ET EN BELGIQUE.

Nous avons considéré, pages 12, 21 et 27, la forte proportion de la classe indigente avec la population dans le ci-devant royaume des Pays-Bas, et celle des terres incultes avec la superficie totale du territoire, en renvoyant, pour tous les calculs et les détails, aux tableaux statistiques insérés dans la note (A).

Quant à la France, nous devons maintenant établir les observations qu'elle présente sous les mêmes rapports, en les appuyant également des calculs de statistique analogues, pour lesquels nous renvoyons de même à une note (L) qui les renferme.

On verra, d'après les chiffres, que la masse des terres incultes en France est de 7,184,475 hect. sur une superficie territoriale de 53,674,614 hectares. C'est donc une proportion d'environ un septième pour les terrains non cultivés (1).

---

(1) La quantité des terres incultes indiquée dans ces tableaux est au dessous de la vérité par suite du système

D'après le dernier recensement officiel fait

---

que suivent presque toutes les communes qui possèdent la plus grande partie de nos landes, d'en déguiser la connaissance réelle pour se soustraire soit à des contributions, soit à des chances de réclamation qui leur paraîtraient léser, ce qu'elles regardent comme leur intérêt particulier. C'est par suite de ce système, adopté aussi pour des propriétés particulières, qu'à l'époque où M. le comte *Chaptal* a publié son excellent ouvrage sur l'industrie française (1819), l'indication des terres incultes de la France n'était portée qu'à 3,841,000 hectares, d'après les calculs que présentaient alors les opérations du Cadastre, qui, au surplus, n'étaient encore faites que dans moins du tiers des communes de la France; mais, depuis cette époque, le mode d'opérer s'est perfectionné de manière à donner officiellement le calcul que l'on voit ici; cependant, on doit encore le regarder, ainsi que nous le disons, comme au dessous de la quantité réelle, parce que, dans beaucoup de communes propriétaires de vastes landes, leur étendue a encore été déguisée par des erreurs et même par des indications fautives des employés du Cadastre, qu'une économie peut-être trop rigoureuse n'a pas toujours permis de choisir parmi des géomètres aussi capables et aussi zélés qu'ils auraient dû l'être pour une opération dont cette note fait bien ressortir l'importance, en prouvant qu'avec plus de soins elle a fait découvrir environ 4,000,000 d'hectares de terres vagues qui auraient resté vouées à l'improduction, et dont une très grande partie peut être livrée à une culture productive pour le particulier et pour l'État.

pour 1827 et déclaré seul authentique pour cinq ans, la population est de trente et un millions huit cent quarante-cinq mille quatre cent vingt-huit ames. Des recherches faites avec soin en 1829 (à défaut de calculs officiels) ont fait présumer qu'il y avait en minimum un million huit cent soixante mille indigens, ce serait environ le dix-septième de la population (1); mais cette proportion, qu'on croit au dessous de la vérité, doit être devenue, pour quelque temps, plus forte par l'effet des dernières commotions politiques.

Il résulte des calculs comparatifs que présentent les tableaux statistiques en question que si l'on ne considérait que la proportion des nécessiteux et des terrains vagues en France et dans le ci-devant royaume des Pays-Bas, comme

(1) Comme il n'existe point de calculs exacts à l'égard de la quantité des indigens dans un grand nombre de départemens et même de grandes villes, l'auteur a dû rester au dessous de ce qu'il a cru la vérité en adoptant les calculs qui avaient été faits, dans le même but, en 1829 par M. le comte *de Villeneuve*, qu'il a déjà cité p. 8 de cet ouvrage, comme s'étant occupé lui-même des questions dont il s'agit ici, et qui, ayant été successivement préfet dans plusieurs départemens, avait réuni les renseignemens de sa propre administration à ceux qu'il avait pu recueillir d'ailleurs.

cette proportion est beaucoup moins forte dans ce dernier pays que dans le premier, on serait porté à en conclure que l'établissement des colonies agricoles intérieures était plus nécessaire pour nos voisins qu'il ne l'est chez nous; mais, comme nous l'avons déjà observé, ce ne serait envisager la question que d'une manière très incomplète et lui donner une solution tout à fait erronée. En effet, n'avons-nous pas à opposer aux indications qui résultent des calculs que nous venons de faire, au désavantage de la Hollande et de la Belgique, la nature, la grandeur et l'efficacité des ressources variées qu'elles possédaient pour obvier aux inconvéniens que présentaient la forte proportion de la classe indigente et celle des terrains vagues? Il suffira de rappeler à ce sujet ce que nous en avons dit au commencement de ce mémoire, pour établir, comme nous le devions dès lors, celles des observations comparatives dont nous devons nous occuper maintenant.

Ayant eu à reconnaître d'abord qu'aucun pays en Europe ne présentait, proportionnellement à sa population, plus de ressources en travaux publics que le ci-devant royaume des Pays-Bas, à l'époque où on y a adopté le système des colonies agricoles, nous avons dû citer les principales entreprises dont l'exécution s'y effectuait alors, notamment en canalisation. Les dépenses qui y étaient affectées et qui ont été, en grande partie, fournies par le syndicat d'amortissement montaient à peu près à la somme totale des grands travaux publics que nous avons à terminer en canalisation, et qu'on peut évaluer à environ 80 millions, savoir : 6 millions restant à dépenser sur les emprunts spéciaux dont ils ont été l'objet, et environ 74 millions de fonds encore nécessaires au delà des emprunts, et qui doivent faire l'objet d'allocations spéciales dans le budget de l'État, qui n'y a consacré pour cette année (1831) que 8 millions (1). Notre population étant plus que quintuple de celle qu'avait le royaume voisin, il en résulte que les grands travaux offraient à la classe ouvrière une proportion à peu près quintuple de celle que nous offrons à la nôtre en ce moment.

Cette circonstance mérite d'autant plus d'être

---

(1) L'ouvrage que nous avons déjà annoncé (page 17) contiendra les détails relatifs aux canaux de l'un et de l'autre pays et au syndicat d'amortissement qui, dans le royaume des Pays-Bas, a mis à même de subvenir aux dépenses considérables que nécessitaient de si grands travaux.

remarquée que, dans le cours des sept années finissant en 1830, il a été dépensé en France environ 150 millions en travaux publics, savoir: 130 millions environ pour les travaux de canalisation ordonnés par les lois de 1821 et 1822 sur un développement d'environ 600 lieues, et 20 millions, tant pour la restauration du canal de Saint-Quentin, que pour les trois chemins de fer contigus, qui présentent un développement de 140,000 mètres entre Lyon et Roanne, en passant par Saint-Étienne. Il doit encore être employé, comme nous venons de le dire, pour la confection de ces travaux environ 80 millions, dont 6 millions restant des emprunts, et 74 à payer par l'État, sur lesquels il n'alloue que 8 millions pour 1831; mais lorsque ces travaux, qui vont diminuer à partir de cette même année, seront achevés, il faudrait en quelque sorte les remplacer par des travaux équivalens pour assurer à la classe ouvrière le même degré d'occupation, si on veut éviter les chances inquiétantes de son manque de travail; on peut observer, à cet égard, ce que promettent la sagesse et le zèle du Gouvernement en faisant concourir tous les moyens d'assurer l'ordre, d'écarter les perturbations, et de consolider de plus en plus la confiance publique, cette source féconde, mais indispensable des grandes entreprises auxquelles il faut des capitaux qui doivent être aliénés pour plusieurs années, et qui, par cela même, présentent à la classe ouvrière le gage le plus assuré de son bien-être; gage qui est en même temps d'autant plus important que de tels travaux assurent encore après eux de nouvelles chances à la prospérité publique (1).

Mais tout en espérant ce qu'on doit attendre d'un Gouvernement sage et éclairé, nous avons encore à calculer le degré de supériorité de la proportion des grands travaux qui offraient de l'occupation à la classe ouvrière dans le royaume des Pays-Bas, à l'époque de l'adoption des colonies agricoles de bienfaisance, avec celle que la France peut présenter à cet égard, et cette différence de proportion des grands travaux dans

(1) Déjà nous pouvons citer des faits à l'appui de ces espérances. Le canal de Roanne à Digoin, qu'une loi proposait vainement depuis 1827 à l'émulation particulière, vient d'être adjugé et va être mis en construction : c'est une dépense de 6 millions. Des offres sont faites pour la concession de chemins de fer d'un vaste développement, tels que ceux de Paris à Dieppe, à Orléans, à Tours; et on projette encore d'autres travaux importans pour différentes localités.

les deux pays nous oblige de reconnaître la grande différence en moins de la nôtre.

La deuxième espèce de ressources, qui mettait le royaume des Pays-Bas à même de soulager les indigens et de réprimer la mendicité, consistait dans ses établissemens de bienfaisance. Nous avons vu qu'il en renfermait de si remarquables, qu'aucun pays de l'Europe ne l'égalait encore à cet égard, et ce royaume avait déjà poussé si loin le système équitable et humain des classifications pour les détenus, qu'il était adopté même pour le bagne d'Anvers, où on avait établi quatre classes distinctes de détenus. (Voir la note A.)

Pour compléter ici ce que nous avons déjà dit à ce sujet, nous ajouterons que ce royaume comptait, pour subvenir aux besoins des 745,652 nécessiteux que nous avons cités, page 12 :

Institutions de secours à domicile.	5,129
—— de secours en alimens. . . .	36
—— de charité maternelle. . . .	4
Hospices.	724

En somme, 5,893 établissemens de bienfaisance, dont l'actif montait à près de 20,000,000 f. et qui distribuaient pour plus de 16,000,000 f.

de secours de toute nature ; avant les colonies agricoles (1), il y existait 7 dépôts de mendicité.

Enfin, nous avons vu que telle était la sollicitude exemplaire du royaume des Pays-Bas pour secourir l'infortune, qu'il avait mis, par un article de sa Charte, les administrations de bienfaisance et l'éducation des pauvres au rang des objets qui méritaient le plus l'attention du Gouvernement, et qu'aux termes mêmes de cette Charte, il fut posé en principe qu'on rendrait chaque année aux États-Généraux un compte détaillé de ce qui les concernait (page 28).

Nous voudrions rapporter ici le compte annuel rendu pour 1826, en exécution de cette clause ; mais l'étendue de ce document nous forçant à le renvoyer dans une note spéciale (C) à la fin de ce Mémoire, nous nous contenterons d'en donner à présent un résumé sommaire.

Résumé du rapport du ministre de l'intérieur des Pays-Bas aux États-Généraux, en 1826, sur les établissemens de bienfaisance.

Le nombre des institutions tendant à préve-

---

(1) Voir, pour les détails, le tableau spécial faisant partie de la note A.

nir l'indigence était, à la fin de 1826, non compris les caisses de secours mutuels, au nombre de cent soixante-quatorze, cent vingt-quatre monts-de-piété et cinquante caisses d'épargnes.

Les capitaux de ces institutions s'élevaient à 6,979,676 fl. 74, dont 4,208,668 fl. 43 ½ pour les monts-de-piété et 2,771,608 fl. 30 ½ pour les caisses d'épargnes (1).

Un capital de 7,000,000 fl. était affecté à ces deux espèces d'établissemens.

Les institutions de bienfaisance étaient au nombre de six mille quatre cent deux, non compris les caisses de secours mutuels.

Le nombre des individus qui avaient participé aux secours ou auxquels il avait été donné une instruction gratuite, ou qui avaient obtenu du travail, s'était élevé à 977,616; ceux qui avaient versé des fonds aux caisses d'épargnes étaient au nombre de dix-huit mille trente-cinq.

Les dépenses des institutions de bienfaisance, non compris celles qui ont pour objet de prévenir l'indigence, s'étaient élevées à 10,983,169 fl. 58 ¼ : leurs ressources avaient produit 11,091,816 fl. 89 ¼.

Enfin, il était constaté, dans ce rapport, qu'il

---

(1) On a déjà vu que le florin valait à peu près 2 fr.

n'existait plus aucun mendiant valide dans les dépôts de mendicité, parce que tous ceux qui étaient en état de travailler avaient été transportés dans les colonies agricoles de bienfaisance.

Si nous observons qu'il s'agit ici d'un pays dont la population ne fait pas le cinquième de la nôtre, quelle différence nous trouverons en comparant ce bel ensemble de moyens qu'il a recueillis et mis en action par une bienfaisance, une charité dont le zèle est à la fois actif, éclairé et bien dirigé, avec ce que nous trouvons dans nos documens officiels pour les dépenses publiques affectées à des objets si importans. En établissant une telle comparaison, on remarque du côté de la France une infériorité bien humiliante. En effet, voici à quoi se réduit ce que porte notre budget annuel pour les secours accordés par l'État jusque et compris 1828 :

Hospice des aliénés de Charenton.		40,000 fr.
Institut pour les Sourds-muets.	Paris.. 70,000 Bord^x. 52,233	122,233
Institut pour les Aveugles.		68,000
Hôpital des Quinze-Vingts. . . .		210,000

Sociétés maternelles.		100,000fr.
Secours généraux aux bureaux de charité, aux hospices, maisons d'éducation, institutions de bienfaisance, et secours éventuels à des personnes dans l'indigence, et qui ont des droits à la bienveillance du Gouvernement.		360,000
Dépôts de mendicité.	971,519f.	1,194,834(1).
Secours effectifs en alimens.	20,616	
Ateliers de charité. .	202,699	

Il est vrai que, dans plusieurs départemens, les conseils généraux, et, dans les plus grandes villes, les conseils municipaux suppléent à une insuffisance aussi regrettable en s'imposant encore d'autres centimes additionnels à leurs contributions ; mais nous n'en avons pas moins à remarquer la déplorable différence qui existe

(1) Ces trois derniers articles réunis ont été portés en bloc à 1,530,000 fr. dans le budget pour 1831, vu l'accroissement des besoins. (Voir, pour ces calculs, le Compte rendu aux Chambres pour 1828, page 134 ; et le Budget pour 1831, pages 187 et 188).

entre l'ensemble des moyens que les Pays-Bas offraient, lorsqu'ils ont établi comme préférables encore les colonies agricoles intérieures, et ceux auquels nous sommes pour ainsi dire réduits.

Il serait injuste toutefois d'attribuer la pénurie de nos établissemens publics de bienfaisance à un manque de zèle charitable en France. En effet, nos hospices, nos hôpitaux et plusieurs institutions semblables, parmi lesquelles on doit distinguer les secours à domicile dans la ville de Paris, dont l'organisation peut servir de modèle, attestent, ainsi que nous l'exposerons en détail dans la suite, que le zèle charitable anime un grand nombre de cœurs dans notre pays, et on le reconnaît aussi par les tentatives faites dans quelques grandes villes pour soulager l'indigence et réprimer la mendicité ; mais ce qui manque, ce sont des mesures bien méditées et dirigées dans leur ensemble de manière à donner toute l'efficacité possible aux secours de la charité particulière, qui, bien qu'infatigable, est trop souvent irréfléchie dans le choix de ses moyens. C'est ce qui fait que ce zèle, qui rend de si grands services aux malades et aux infirmes dans les hôpitaux, dans les hospices, qui exigent des mesures méditées et coordonnées pour leur administration (1), se trouve perdre ses bons effets pour les moyens qui concernent les secours propres à soulager en général l'indigence et à réprimer la mendicité ; car, à cet égard, il est sans cesse contrarié par la dissidence dans les idées et les mesures, qui résulte naturellement de la différence des localités, de l'influence et des dispositions quelquefois divergentes des autorités ou des particuliers, et il s'établit ainsi une variété de méthodes et de procédés à l'adoption desquels les bonnes intentions président bien plus souvent que l'expérience et la réflexion. Ainsi, faute d'un système général, qui combine et arrête d'avance tous les élémens nécessaires pour as-

---

(1) Tout en reconnaissant que dans ces pieux asiles l'indigent malade reçoit tous les soins dus à son état avec d'autant plus de soulagement et de consolation qu'ils sont généralement administrés par ces sœurs de charité, dont on ne peut jamais trop admirer le dévouement ni trop apprécier les bienfaits, cependant nous devons encore dire que ces établissemens sont en grande partie plus remarquables par leur étendue et leur importance numérique que par leur distribution, et nous reconnaîtrons aussi combien nous sommes en arrière pour ce qui concerne les aliénés; nous constaterons ainsi quels priviléges ils doivent avoir sur nos soins.

surer aux secours publics et aux aumônes la plus utile destination, on laisse subsister et se perpétuer des inconvéniens que préviendrait l'unité de vues et de mesures, en donnant aux efforts du zèle charitable une efficacité qu'ils ne peuvent trouver que dans le concours de moyens homogènes.

Il nous reste maintenant à établir quelle différence il existe entre ce que possédaient les Pays-Bas en moyens de colonisation outre mer et ce que peut faire la France à cet égard, pour prouver combien, sous ce nouveau rapport, les colonies agricoles intérieures y sont encore plus désirables pour ce dernier pays.

Effectivement, nous avons déjà porté notre attention sur ces belles et vastes colonies où le royaume des Pays-Bas comptait plus de 9 millions de sujets, et qu'il était de son intérêt de peupler et d'agrandir. Nous avons parlé notamment de la prépondérance de ces colonies dans l'Océanie, de cette ville de Batavia citée comme la plus considérable des Indes-Orientales après Calcutta.

Nous avons vu aussi que le général *van den Bosch*, qui avait résidé dans l'île de Java, et s'y était doublement distingué en y acquérant le grade de général dans le Génie militaire et en y sextuplant la valeur des terres qu'il y avait cultivées, avait composé sur les colonies du royaume des Pays-Bas un ouvrage justement estimé, où il ne faisait aucune mention favorable d'idées relatives aux déportations ou émigrations de la métropole dans ces colonies, tandis qu'il insistait sur les avantages des colonies agricoles intérieures avec un zèle tel que la reconnaissance publique l'a signalé comme leur fondateur (page 41).

Son avis à cet égard était d'autant plus remarquable, qu'il avait pu apprécier à Batavia les travaux d'agriculture chinois, dont on connaît la réputation.

Ces colonies offraient aussi à la mère-patrie des bénéfices importans pour la classe ouvrière. Ceux qui concernent Amsterdam et Rotterdam ont trop de notoriété pour avoir besoin d'être détaillés. Nous avons cité, page 23, au sujet d'Anvers, un exemple qui peut seul suffire pour cette ville : Gand avait dans son sein plus de soixante manufactures de filatures et tissages de la plus grande beauté, presqu'entièrement employées pour les colonies, et sa population s'était ainsi élevée, depuis 1815 jusqu'en 1830, de 61,775 habitans à 81,941.

Mais, outre les émigrations qu'elle effectuait

dans les colonies d'outre mer que nous avons déjà mentionnées, l'industrieuse activité de la Hollande en opérait encore d'autres dans les États-Unis d'Amérique, en y prévoyant des chances de bénéfices qui allaient jusqu'à décider le Hollandais à une sorte d'expatriation. Le rapprochement de circonstances analogues nous en fera citer un exemple remarquable.

Une compagnie hollandaise, qui s'était établie dans l'État de New-Yorck, y avait pris une telle consistance comme colonie, qu'elle fit don à cet État de 100,632 acres de terre pour contribuer à la construction du grand canal Érié, qui devait traverser en partie son territoire, où elle avait fondé une ville qu'elle avait nommée *Amsterdam* (1).

On peut concevoir quelle nouvelle importance acquérait dès lors (1817) cette colonie, puisque le canal Érié, qui a 150 lieues de longueur, a généralement triplé la valeur des terrains circonvoisins, et a influé si puissamment et si activement sur la population des villes situées sur son littoral, qu'elle s'est élevée dans

---

(1) Voir ci-après l'article relatif à Alger, où il est fait mention de cette colonie, comme exemple à consulter.

une proportion étonnante, dont voici quelques exemples. New-Yorck, qui comptait en 1816 100,619 habitans, comptait en 1830 plus de 200,000 ames; Albany, qui en 1820 renfermait 12,500 habitans, en compte aujourd'hui plus de 24,000; et Rochester, qui en 1815 n'avait que 331 ames, en compte maintenant environ 12,000 (1).

---

(1) L'auteur puise ces citations dans les documens officiels qu'il a recueillis pour l'histoire du canal Érié, dont il donnera les détails dans l'ouvrage dont il a déjà annoncé la prochaine publication; cette histoire présentant à la fois, d'une part, ce que peut l'énergie de l'esprit public, puisque l'État de New-Yorck, dont la population n'était alors que de 1,400,000 ames, entreprit et exécuta en huit ans, à lui seul (sur le refus du Congrès) ce beau canal, qui avait été estimé environ 23,000,000 fr. et en coûta plus de 52,000,000, dont le remboursement sera effectué en moins de dix ans; et prouvant, d'autre part, ce que peut un seul bel exemple, puisque les États-Unis, qui jusqu'alors n'avaient pu, faute d'un zèle soutenu, mettre à fin aucune grande entreprise de ce genre, animés et instruits alors par l'expérience, ont, depuis cette époque, mis en construction plus de 4,000,000 de mètres de canaux et 1,200,000 mètres de chemins de fer, dont la majeure partie est déjà terminée, et dont l'ouvrage mentionné donnera la description. On y verra aussi quelle émulation doivent inspirer de telles entreprises dans cet

Enfin, nous avons vu la population éclairée et le Gouvernement hollandais réputé par la sagesse de ses calculs, admettre malgré toutes les ressources et les espérances que nous avons énumérées, le système des colonies agricoles intérieures comme étant effectivement préférable à tout autre. Ces dernières considérations résolvent encore la question relative à la proportion des terres incultes, puisque, sous ce rapport, la France est dépourvue des ressources étendues que les colonies du royaume des Pays-Bas offraient à la population indigente surabondante.

Effectivement, ce que nous pouvons appeler notre dénuement relativement aux colonies d'outre mer mérite d'être remarqué, soit qu'on

---

État de New-Yorck, qui ordonna un deuil général à la mort de *De Witt-Clinton*, considéré comme auteur du canal Érié, et fit assister le corps législatif à ses funérailles en reconnaissance du grand service qu'il avait rendu à sa patrie. Aussi, l'État de New-Yorck, indépendamment des grands avantages que nous venons de signaler, recueille-t-il déjà de ses canaux un revenu net annuel qui dépasse 11,500,000 fr., ainsi que l'établit le rapport de la commission des voies et moyens, du 26 février 1831, au chapitre *des canaux*, dont l'ouvrage précité donnera entière connaissance.

le considère sous le rapport national, comme nous le faisons ici, soit qu'on le considère sous le rapport politique, comme nous le ferons plus loin en traitant plus particulièrement de la nécessité d'un système de colonies agricoles pour la France.

Il suffit, pour apprécier cette observation, de donner un coup-d'œil sur l'état si restreint de la statistique de nos faibles colonies (1): on y voit que la population totale de ces colonies est de 305,160 individus (ce qui ne fait que moitié de celle de Saint-Domingue seule au moment de la révolution (qui rapportait plus de 50,000,000 f. *nets*), il ne s'y trouve que 39,671 blancs, sur la tête desquels les amis des noirs, qui se trouvent dans nos assemblées législatives, suspendent souvent l'épée de Damoclès, et leurs produits pour la métropole ne montent qu'à environ 7,000,000 fr., balancés par des dépenses supérieures.

On avait tenté des moyens de colonisation à la Guiane, qui est celle de toutes ces colonies dont l'importance est la plus susceptible de s'accroître, et nous y avions fait en 1763 une

(1) Voir le tableau statistique de ces colonies (noté 2 *bis*) dans la note L relative à la France.

grande expédition dont nous aurons à rappeler les désastres; mais, dans son rapport au Roi pour l'année 1826, M. le comte *de Chabrol,* alors chargé du ministère de la marine, sur lequel il a jeté de nouvelles lumières, observe, en parlant de la Guiane et de l'établissement de la Mana (à 50 lieues sous le vent de Cayenne), qu'on le regardait comme le plus susceptible de prospérité, fait connaître que cet établissement n'avait pour noyau que trois familles qu'on y avait importées du Jura, et que des frais tels que ceux qu'elles ont exigés ne pourraient être faits pour d'autres familles de cultivateurs; il dit à ce sujet « qu'il faut établir, comme chose possible, qu'à » dater de 1827, si de nouvelles familles fran» çaises sont admises à prendre part à la colo» nisation, tout ce qui pourra être fait pour » elles consistera à leur fournir gratuitement » un passage sur les vaisseaux du Roi, tel que » l'ont obtenu les trois familles du Jura, des » bois pour la construction de leurs logemens » sur le lieu qui aura été assigné à des terres » propres à être cultivées (1). »

---

(1) Budget détaillé du ministre de la marine pour l'exercice de 1827, page 71.

C'est donc avec raison que nous employons ici l'expression de dénuement en parlant du défaut de moyens de colonisation que nous présentent nos possessions outre mer, et qui doit exister encore long-temps, quoique la conquête d'Alger puisse y suppléer un jour, en considérant toutefois comme réalisables les avantages qu'on peut en espérer.

Observations relatives à la colonisation d'Alger.

Comme il s'est élevé, au sujet de cette conquête, des controverses nombreuses et contradictoires entre des personnes distinguées par leurs lumières, et que notre but est de faire prévaloir les avantages des colonies agricoles, même sur ceux dont il peut être question pour la colonisation d'Alger, nous allons admettre ici comme positives les espérances, d'ailleurs contestées, qui peuvent être regardées comme les plus favorables, soit sous le rapport de la possession, soit sous celui de la colonisation de ce pays. Nous éviterons ainsi le reproche d'avoir atténué en quoi que ce soit le point de comparaison qui doit nous servir.

Parmi les différentes questions qui sont nées du fait même de la conquête, on s'est demandé d'abord si la possession n'en serait pas contestée à la France. Il importe donc de commencer par traiter cette question d'où dépend tout le reste : or, nous espérons démontrer, à ce sujet, que non seulement il est de l'intérêt de la France, mais encore qu'il peut importer à l'Europe que nous restions maîtres de cette contrée.

En effet, puisque la France a conquis à elle seule et anéanti ce repaire de pirates puissans, qui, depuis trois siècles, ne connaissaient d'autre vocation, d'autres moyens d'existence que le brigandage envers le commerce et la traite des esclaves chrétiens; puisqu'après l'inefficacité des moyens les plus redoutables employés par les autres puissances pour réprimer l'arrogance et les déprédations de ces barbares, elle a seule fait disparaître la tache aussi humiliante que préjudiciable qu'imprimait à la civilisation de l'Europe cette traite des blancs qu'elle tolérait sous ses propres yeux et presque dans son sein, au moment même où elle faisait retentir de toutes parts ses proclamations philantropiques et la rigueur de ses mesures armées pour l'abolition de la traite des nègres; enfin, puisque c'est à elle seule que la France a si bien mérité pour la sécurité et la dignité européennes, tout doit concourir à lui assurer des avantages qui, s'ils sont d'une haute importance pour elle, offrent aussi des gages plus certains, des garanties plus positives à cette même dignité, à cette même sécurité de l'Europe (1).

---

(1) On doit se rappeler la grande et inutile expédition de Charles-Quint, les bombardemens de Louis XIV, d'autant plus terribles que c'était le célèbre Duquesne qui employait pour la première fois les bombes sur mer; les expéditions funestes des Espagnols en 1775, en 1783 et 1784; enfin, dernièrement, les congrès des puissances européennes, en 1814 à Vienne, en 1815 à Paris, en 1818 à Aix-la-Chapelle, avaient vainement opiné pour mettre fin à cette piraterie, fondée en partie sur la traite des esclaves blancs; et la belle expédition du lord Exmouth, en 1816, n'avait eu d'autre résultat effectif, sous ce rapport, que d'obtenir le rachat des esclaves sardes à raison de 3,000 fr. par tête, et celui des esclaves napolitains à raison de 6,000 fr. par tête; ce qui, en définitive, équivalait à une prime d'encouragement pour ces pirates. Aussi cette expédition avait-elle été suivie de travaux de fortifications et d'appareils de batteries qui rendirent Alger inexpugnable par mer, et accrurent encore l'arrogance de ces barbares qui s'y croyaient invincibles.

Avec de tels points de comparaison, il n'est pas sans intérêt d'établir ici ce qu'a coûté à la France et ce que lui a valu cette glorieuse expédition; et d'ailleurs, cette der-

A l'appui de ces considérations, on doit en ajouter une qui intéresse vivement l'ordre social de l'Europe, et sur laquelle on ne peut trop

---

nière considération se rallie à notre sujet. Elle y a employé en forces de terre environ 37,000 hommes, dont seulement 334 de cavalerie, 2,300 d'artillerie et 1,300 du génie.................... 37,000

Et en forces maritimes, environ 27,000 marins de toutes classes........... 27,000

Total... 64,000

11 vaisseaux de ligne, 24 frégates, 7 corvettes de guerre, 8 bombardes, 16 bricks et 7 bateaux à vapeur.

L'ensemble de l'expédition lui a coûté en dépenses de tout genre pour le ministère de la guerre.................. 23,500,000 fr.

Pour le ministère de la marine....... 25,000,000

Total.... 48,500,000 fr.

Elle en a retiré en espèces métalliques.....	48,684,527 f.	55,684,527 fr.
En laines et denrées évaluées au plus bas prix.	3,000,000	
700 pièces d'artillerie en bronze............	4,000,000	

Bénéfice net.... 7,184,527 fr.

A quoi il faut ajouter 800 bouches à feu en fonte, une im-

insister : c'est la nécessité de donner une espèce de déversoir à la surabondance progressive de la population de la France, d'offrir un aliment aux imaginations ardentes qui s'irritent de l'inoccupation où les réduit l'encombrement de tous les états dans toutes les classes, et qui fermentent ainsi ensemble au péril de l'ordre public, faute de points sur lesquels elles puissent se diriger comme vers un but encourageant.

On doit observer, à cet égard, que la France a perdu, en 1763, le Canada et la Louisiane, vastes contrées où les traditions encore existantes et nombre de localités attestent, ainsi que nos souvenirs, ce qu'étaient dès lors et ce que pouvaient devenir les émigrations utiles à la métropole. Elle a encore perdu, dans la révolution, cette colonie de Saint-Domingue qu'elle avait su rendre plus productive à elle seule que toutes les autres possessions européennes dans les Antilles. Enfin, les derniers traités de paix, qui ont terminé ses longues

---

mense quantité de projectiles de tout genre et la valeur des propriétés publiques, qui, dans la capitale, comprennent la moitié des maisons ; ces dernières seules sont estimées 50,000,000. (Voir, pour tous ces détails, l'ouvrage de M. le baron *Juchereau de Saint-Denis.*)

guerres, à la suite desquelles sa population prenait une nouvelle force expansive, ne lui ont laissé que quelques possessions où la nature du climat et l'isolement de toute protection efficace ne lui permettent aucun système d'émigration assuré. La Guiane a cependant été citée quelquefois à ce sujet, et on a voulu même combiner des plans ; mais on ne peut oublier les résultats déplorables de l'expédition faite en 1763 dans un tel but, expédition qui coûta 26,000,000 f., et par suite de laquelle on transporta effectivement dans cette colonie 12,000 Français, qui se trouvèrent, un an après, réduits à 2,000 par le cours désastreux de l'insalubrité du climat, de la misère, de la famine et du désespoir. (Voir ce que nous venons de dire p. 193.)

Ainsi, la France ne peut donc présenter aucune issue favorable à la surabondance progressive de sa population si nombreuse, on peut même dire si encombrée, tandis que, naturellement ardente, elle se trouve ainsi livrée à l'excitation qui en résulte pour tant d'imaginations fougueuses, n'a-t-on pas lieu de craindre alors que la concentration, la compression de tant d'élémens susceptibles de fermenter entr'eux ne provoquent des explosions dont les effets peuvent rejaillir à des distances indéterminées ?

Sur des questions aussi graves, il suffit d'interroger la déclaration spontanée que proclamèrent à Francfort, le 1er. septembre 1813, les plénipotentiaires des puissances européennes alors alliées contre la France (1).

---

(1) Voici le système et les expressions mémorables qu'ils y établissaient :

« Les souverains (alliés contre la France) désirent que » la France soit *grande, forte* et *heureuse*, parce que la » puissance française, *grande* et *forte*, est une des bases » fondamentales de *l'édifice social*; ils désirent que la » France soit *heureuse*, que le commerce français re- » naisse ; que les arts, les bienfaits de la paix refleuris- » sent, *parce qu'un grand peuple ne saurait être tran-* » *quille qu'autant qu'il est heureux* : les puissances con- » firment à l'Empire français une étendue de territoire » que n'a jamais connue la France sous ses Rois. (Décla- » ration de puissances alliées, en date de Francfort, le » 1er. décembre 1813). » Et cependant, par les traités subséquens à une telle déclaration, qui, par la foi qu'on lui devait, contribua éminemment à leurs succès ultérieurs, ces mêmes puissances, dont chacune accroissait encore sa prépondérance relative et la somme de ses intérêts acquis, enlevaient à la France ses principales colonies pour les donner à l'Angleterre, et réduisaient le peu qu'on lui laissait à une existence chétive et précaire, subordonnée aux caprices de sa rivale; elles refoulaient en même temps à l'intérieur une population, devenue plus

Les événemens mémorables qui ont suivi l'abnégation des principes que cette déclaration admettait comme base de la tranquillité de l'Europe prouvent incontestablement ce que nous venons d'avancer, qu'il est autant de l'in-

---

expansive, en ouvrant et faisant rétrograder cette ligne frontière consacrée par des traités séculaires regardés comme la base de l'équilibre européen, depuis lesquels ces puissances avaient cependant étendu les leurs de la manière la plus étonnante, sans aucune compensation pour la France; elles exigeaient en même temps que, d'une part, la France fît sauter Huningue, et que, d'autre part, elle fît construire, à leur gré et à ses frais, sur la ligne frontière ennemie, opposée à celle qu'on violait chez elle, des places fortes d'où l'on pouvait sortir pour entrer sur son territoire à volonté et sans coup férir. N'était-ce pas, en quelque sorte, jeter l'épée de Brennus dans la balance que de vouloir tendre ainsi le ressort de l'indignation publique chez un peuple où il venait d'acquérir une nouvelle trempe et une nouvelle énergie? C'était, aux termes mêmes de la déclaration, en bannir la tranquillité et provoquer par là des événemens tels que ceux dont les mêmes puissances paraissent aujourd'hui tant calculer les résultats, qui pourraient encore devenir redoutables à leur sécurité, si leurs systèmes de dépression politique et d'humiliation envers la France continuaient à prévaloir dans leurs conseils, malgré la manifestation de leurs principes en 1813.

térêt des puissances que de celui même de la France de lui voir des moyens de colonisation propres à occuper la superfétation de son active population.

Et ne peut-on point observer encore que, d'après les progrès de la civilisation, les puissances étrangères doivent considérer comme un avantage pour elles-mêmes la colonisation d'un pays barbare, qui; au lieu de n'exister qu'au préjudice et pour la ruine du commerce, offrira de nouveaux moyens d'échange et accroîtra lès débouchés de l'industrie, en raison du progrès de son bien-être?

Pour ne rien laisser d'incomplet dans cette partie de nos recherches comparatives, nous allons passer en revue les avantages que la France peut retirer de sa nouvelle conquête, avec d'autant plus de moyens de les apprécier, que nous avons à dessein donné, dans la note G relative à l'Angleterre, les détails que comportent les divers systèmes qu'elle a successivement pratiqués pour les déportations et, en dernier lieu, pour l'émigration volontaire au Canada, sous la direction et au moyen des encouragemens du Gouvernement. En effet, la connaissance de ces systèmes et de leurs résultats peut offrir les leçons les plus instructives (celles de l'expérience) pour les questions principales qui peuvent s'élever au sujet de la colonisation d'Alger.

La régence d'Alger, qui n'est séparée de la France que par un trajet sur mer de 130 lieues, comprend, avec ses dépendances, un territoire dont la largeur moyenne, du nord au sud, est d'environ 75 lieues de 25 au degré, et la longueur, de l'est à l'ouest, d'environ 225 lieues communes. Elle est traversée dans cette longueur par les monts Atlas, distans de la mer de 40 lieues à peu près.

Les eaux y sont abondantes, et on attribue cet avantage à la quantité d'arbustes touffus qui couvrent le sol jusque sur la cime des plus hautes montagnes. Les puits s'y trouvent généralement à peu de profondeur (15 à 20 pieds), en raison de la nature argileuse du sous-sol. Cette facilité de se procurer de l'eau, et les rivières qui descendent de l'Atlas, en traversant un terrain d'une vaste étendue et d'une déclivité généralement constante, présentent de grandes ressources pour l'irrigation d'une terre naturellement fertile et des plus faciles à cultiver (1).

---

(1) On peut citer ici comme point de comparaison les espèces de merveilles que les Maures ont créées par

Le climat de cette contrée la rend propre à tous les produits intertropicaux, excepté le café. L'olivier y croît naturellement : greffé, il pourrait y produire à l'âge de dix ans. Cette culture peut, en prenant quelqu'extension, fournir à la France, outre les 500,000 fr. d'huiles comestibles qu'Alger nous expédiait, le complément de nos besoins que nous tirions aussi de l'étranger, et qui s'élève à une valeur d'environ 5,000,000 fr. par an.

Les laines africaines peuvent, d'après leur souplesse et leur élasticité, prévaloir sur la concurrence de celles de la Russie méridionale. Il en est de même pour la qualité des blés dans les années où l'importation serait nécessaire.

Alger pourrait aussi nous fournir une grande partie des soies brutes que nous importons annuellement de l'étranger, jusqu'à concurrence

---

leur système d'irrigation dans le royaume de Valence, par suite desquelles la luzerne se fauche jusqu'à dix fois dans la même année; et il n'est pas sans intérêt de faire remarquer, à ce sujet, que la régence d'Alger se trouve dans les mêmes circonstances de climat et d'action combinée de l'humidité et de la chaleur.

d'environ 50,000,000 fr.(1), notamment en soies fortes que nous allons acheter en Italie.

Ses mines de plomb, qui n'ont encore été que grossièrement exploitées, et qui donnent jusqu'à 80 livres de plomb par quintal de minérai, et qui paraissent ainsi comparables à celles d'Almeria en Espagne, pourront aussi avec succès approvisionner la mère-patrie qui en tire tous les ans pour environ 7,000,000 fr. d'Angleterre.

On y cultiverait encore avec avantage les cotonniers des Florides et de Géorgie, dont on vante la qualité supérieure, puisque, dans la classification des climats d'Europe et d'Amérique, Alger peut être placé, sous le rapport de la température, sous la même ligne que ces États américains. Cette amélioration opérerait une diminution dans les 34,000,000 de kilogrammes de coton que la France tire annuellement de l'étranger.

La population de ce pays est d'environ 800,000 ames, composée pour la grande par-

(1) M. *Camille-Beauvais*, dans le domaine des Bergeries, près Villeneuve-Saint-Georges, cultive avec succès le mûrier nain pour des vers à soie, et le général *Berthezène* en a importé beaucoup de plants de l'Ardèche pour Alger.

tie de Maures (1), dont la vie est nomade, et que rien ne saurait assujettir à un travail pénible et régulier, circonstance qui assure à des colons étrangers des chances d'occupation utiles en gains journaliers.

Toutes les ressources naturelles que nous venons d'énumérer, soit existantes, soit en expectative, fournissent des moyens variés d'opérer la colonisation de la nouvelle conquête de la France, et doivent nécessairement y attirer des cultivateurs. Il est vrai que le prix de la journée n'y est, moyennement, que de 12 à 15 sous; mais la vie y est à si bon compte, que ce léger gain y procure plus de moyens d'existence que ne le ferait un salaire triple en France.

On peut citer, comme des exemples qui promettent quelque succès dans la colonisation d'Alger, ce que fit jadis la France dans la Louisiane, le Canada, l'Acadie et nombre de localités, où les traditions encore existantes rappellent les souvenirs les plus honorables pour notre nation. Il est aussi digne de remarque que l'Ile-de-France, l'Ile-Bourbon, les colonies françaises

(1) Les Cabyles, considérés comme indigènes, ont été refoulés dans les montagnes par les Maures lors de leur invasion : ils sont peu civilisés et généralement pasteurs.

dans les Antilles étaient mieux administrées et plus florissantes qu'aucune des îles à sucre appartenant aux Anglais et aux Hollandais. On se rappelle encore très bien que Saint-Domingue avait mérité le nom de reine des Antilles, et nous venons de voir que cette île si florissante produisait à elle seule plus que toutes les autres colonies européennes des mêmes parages.

Enfin, pour ne rien omettre de tout ce qui tend à faire valoir l'importance que peut acquérir progressivement la colonie d'Alger, nous rappellerons ici les pages de l'histoire ancienne, qui nous apprennent que la fertilité de la côte septentrionale de l'Afrique la faisait considérer comme un des greniers de la république romaine, et que cette république regarda le royaume de Numidie (presqu'entièrement composé de la régence d'Alger et de ses dépendances tributaires) d'abord comme un de ses plus puissans alliés sous Massinissa, qui, à l'âge de quatre-vingts ans, *monté à cru* sur son cheval, conduisait encore à la victoire cette cavalerie numide qu'il avait rendue si célèbre, et, en dernier lieu, comme un de ses plus redoutables adversaires sous Jugurtha, qui, par sa valeureuse et longue résistance, donna une telle importance à sa défaite, que Marius et Sylla s'en disputèrent l'honneur et en firent la source de cette rivalité cruelle qui coûta tant de sang aux Romains.

Mais en donnant ainsi à notre tableau toutes les couleurs qui peuvent l'animer et faire ressortir la plus brillante perspective, nous ne nous méprenons pas sur la nature des mesures qui peuvent seules conduire à des succès. Loin de nous des illusions telles que celles qui firent les désastres des trop fameuses entreprises de la compagnie du Mississipi, de celles de l'Acadie, de l'expédition de 1763 à la Guiane, qu'on désignait sous le nom de *France équinoxiale*. Que l'expérience nous instruise, que la prudence médite et mette à profit ses leçons. Sachons ainsi reconnaître qu'ici tout projet doit être subordonné au laps de temps et aux mesures qui doivent affermir le pouvoir et baser la sécurité chez un peuple brave, jaloux de sa vie vagabonde et indépendante, et qui peut encore par cela même rester accessible aux tentations de larcin et du pillage.

Tout établissement de colonie *forcée* pourrait lui donner, sous ce rapport, des moyens d'autant plus dangereux que des colons vicieux seraient des auxiliaires forcenés pour toute idée tendante à la déprédation. On voit, d'ailleurs, dans la note relative à l'Angleterre, ce qu'un tel système de colonisation lui a valu dans l'Amérique du Nord dont il provoqua en grande partie l'émancipation, et ce qui lui en a coûté depuis dans la Nouvelle-Galles du Sud, où elle regrette en quelque sorte de l'employer. Cependant l'Angleterre n'avait point à redouter dans ces contrées une population indigène aussi formidable, pour les résultats de tels moyens, que pourraient l'être les Maures d'Alger, et d'un autre côté la prépondérance de sa puissance maritime lui assure des relations faciles et constantes en temps de guerre comme en temps de paix; circonstance bien différente à notre égard et qui doit avoir une grande influence dans nos questions de colonies forcées outre mer, par la gravité qu'acquerraient en temps de guerre leurs inconvéniens, déjà si grands en temps de paix.

Mais en même temps quels encouragemens peuvent être donnés, quelles espérances peuvent être justement conçues pour des entreprises de colonisations libres et volontaires!

Nous venons de rappeler ce que l'administration française avait su faire pour la colonie de Saint-Domingue; qu'on réfléchisse sur l'exemple de cette colonie fondée par des Hollandais aux États-Unis et rendue si prospère même dans un pays étranger, que nous avons cité page 189, à cause de son analogie avec le sujet qui nous occupe ; qu'on voie encore l'essor qu'ont pris des entreprises de colonisations libres dans le Canada, que nous citons aussi par le même motif dans la note de l'Angleterre.

Confions-nous donc à la sagesse du Gouvernement pour encourager et déterminer des colonisations libres à Alger, soit au moyen d'essais et d'expériences tels que ceux des fermes-modèles qu'il a déjà fondées, soit ensuite par des concessions à la fois lucratives et pour lui et surtout pour les concessionnaires, ainsi que le fait l'Angleterre au Canada, sous un climat et à une distance bien moins favorables, mais auxquels la mère-patrie s'efforce de suppléer par les belles entreprises que nous verrons (note G) qu'elle y fait exécuter à ses frais.

En laissant ainsi à nos espérances sur Alger toute la latitude que peuvent leur donner les moyens de colonisations libres entreprises par l'émulation particulière, favorisée par les concessions et la protection du Gouvernement, et en consultant ce que nous avons déjà dit au sujet du royaume des Pays-Bas, et ce que nous exposons dans la note de l'Angleterre, relativement à son expérience des colonisations d'outre mer, qu'elle a poussée au plus haut degré, considérons en même temps que, quels que soient les avantages dont nous venons de développer toute l'étendue, sans chercher en aucune manière à les restreindre, nous avons lieu de reconnaître, par des exemples recommandables et par des faits positifs, combien leur sont supérieurs ceux que présentent les colonies agricoles. Il suffit de rappeler et méditer à cet égard ce que nous avons exposé, dans la première partie de cet ouvrage, relativement aux colonies agricoles de la Belgique et de la Hollande, et ce qu'offrent les points de comparaison que nous avons dû établir dans la note G concernant l'Angleterre. Cette note renferme pour le système des colonisations outre mer tout ce que l'expérience peut fournir de plus digne d'une grande nation et de plus instructif, et cependant, avec un tel concours de documens, l'Angleterre elle-même finit par rechercher les avantages que peuvent donner les colonies agricoles intérieures.

Nous pouvons donc conclure ici de tout ce qui précède, et ainsi que nous l'avions posé en thèse, que le système des colonies agricoles intérieures est encore plus désirable et même plus nécessaire en France qu'il ne l'était pour la

Hollande et la Belgique, nous réservant de prouver ultérieurement la nécessité absolue que les circonstances actuelles imposent à la France d'adopter ce système. Nous consacrerons à cette considération importante un article spécial, après avoir exposé en détail ce qui concerne l'étendue de ses avantages et la possibilité de l'exécuter.

Objections contre l'établissement des colonies agricoles en France.

Nous avons déjà vu, page 35 et suivantes, que les travaux de l'agriculture étaient tellement préférables aux travaux industriels pour secourir l'indigence ou réprimer le vice, que l'Angleterre avait interdit tout travail industriel productif dans ses établissemens de détention, comme tendant à les ériger en manufactures ruineuses pour l'ouvrier honnête, qui ne pourrait en soutenir la concurrence avec toutes les charges dont il est passible.

Nous avons aussi exposé quels avaient été le plan et le but des opérations de la Société de bienfaisance du royaume des Pays-Bas (page 31), son organisation (page 42), les réglemens et statuts (page 45), auxquels nous avons consacré une note spéciale D, qui en renferme le texte. Nous ne pouvons que renvoyer à ces documens consacrés maintenant par une heureuse expérience pour les exemples que nous devons nous proposer, car rien n'empêche que nous suivions la même marche pour obtenir de semblables résultats.

Nous avons cru essentiel d'établir d'abord ces observations générales comme étant d'un caractère fondamental. Nous allons maintenant établir successivement les considérations qui se rattachent plus spécialement aux applications particulières du système des colonies agricoles, en commençant, comme nous l'avons déjà fait, par ce qui concerne les colonies libres, pour passer ensuite aux colonies forcées.

Après avoir prouvé, comme nous l'avions annoncé, que, sous tous les rapports, l'établissement des colonies agricoles est bien plus désirable et même plus nécessaire en France qu'il ne l'était en Hollande et en Belgique lorsque ces deux pays l'ont adopté, nous avons lieu de reconnaître que les objections contre son exécution en France sont les mêmes que celles qui avaient été faites en Hollande et en Belgique contre ce système, et les succès d'une expérience devenue incontestable ont complétement détruit ces objections, et démontré, ainsi que nous l'avons vu, combien on avait eu raison de ne pas s'y arrêter ; il serait donc superflu d'y revenir ici, les ayant déjà exposées et réfutées, tant particulièrement page 35 et suivantes, que généralement dans l'ensemble de la première partie de notre ouvrage : on a pu y remarquer, notamment dans ce que nous avons dit de la prospérité agricole du pays de Waes, dont la culture sert de modèle à celle des colonies agricoles, la belle réponse qu'offre ce pays à ceux qui craignent que la concurrence des terres défrichées et des nouveaux cultivateurs ne préjudicie à ceux qui existent déjà, puisque ce pays, jadis désert et inculte, porte la population de la province de la Flandre orientale, dont il fait partie, à la proportion rurale la plus forte qu'on connaisse, celle de 221 habitans par 100 hectares, et jouit du plus haut degré de bien-être agricole, en ne le devant qu'à des défrichemens de terrains effectués anciennement par des établissemens religieux, qui formaient dans leur origine des espèces de colonies libres.

Afin de continuer maintenant le plan que nous avons adopté, nous allons passer à ce qui concerne spécialement l'établissement des colonies agricoles en France.

Pour ce qui regarde les procédés qu'il convient d'employer, la première partie de notre ouvrage ayant complétement exposé ceux dont une expérience de dix années a prouvé le succès en Hollande, et que la Belgique s'est décidée à imiter, nous renvoyons aux détails que nous avons donnés de ces divers procédés, en nous réservant de prouver ultérieurement qu'ils peuvent être également usités et pratiqués avec succès en France lorsque nous traiterons spécialement des moyens d'exécution; car nous devons les considérer successivement et dans leur ensemble, pour les mieux constater sous le rapport agricole, sous le rapport économique ou financier, sous celui du zèle charitable et de la légalité, et enfin relativement à la nécessité où se trouve aujourd'hui la France de recourir à ces moyens.

Pour en revenir à la marche que nous avons à suivre actuellement, nous allons commencer par ce qui concerne les avantages que la France peut recueillir du système des colonies libres, et nous passerons ensuite à ceux que lui présenterait celui des colonies forcées.

Avantages que la France peut recueillir des colonies libres.

En suivant l'ordre des idées qui peuvent nous guider pour l'établissement des colonies libres en France, nous devons citer d'abord des exemples mémorables par l'étendue de leur développement progressif et par leur antiquité; nous devons ainsi rappeler que ces beaux et vastes établissemens religieux, qui portèrent si haut la richesse et la puissance du clergé, furent dans leur origine de véritables colonies libres.

Effectivement, lorsque le christianisme, en s'établissant dans les Gaules, en expulsa par ses bienfaisantes lumières et la beauté de sa morale les ténèbres et les fléaux de la barbarie, de pieux cénobites se réunirent et formèrent entr'eux des espèces de colonies, où ils se vouaient aux travaux agricoles les plus opiniâtres, pour livrer à la culture et rendre productifs, tant pour leur propre existence que pour celle du pauvre, des terrains que des ravages successifs avaient depuis long-temps condamnés à l'improduction; ils donnaient ainsi à la fois les exemples les plus utiles et les plus instructifs pour le bien-être et la civilisation de leur patrie.

Quelles difficultés n'eurent-ils pas à surmonter dans le dénuement où ils se trouvaient de toute espèce de secours, et cependant quels succès récompensèrent leurs louables efforts !

Ce fut avec de tels commencemens qu'ils donnèrent à leur richesse ce développement qui la rendit si célèbre ; et s'ils ne surent pas se préserver ensuite des abus les plus contraires à leurs primitives et respectables institutions, devons-nous moins apprécier des moyens dont la nature originaire produisit un si grand bien ?

On peut remarquer encore que ce furent des colonies agricoles qui servirent à fonder, à soutenir avec éclat ces ordres à la fois religieux et militaires, qui, au moyen de concessions de terrains, s'engageaient à combattre au besoin les Infidèles : tels furent les illustres chevaliers de Rhodes et de Malte; telles sont encore aujourd'hui les belles commanderies des ordres militaires espagnols, qui, malgré des suppressions considérables, sont toujours les principales récompenses des militaires espagnols les plus distingués.

C'est encore à un moyen analogue à celui des colonies libres que les grands du royaume de France recoururent quand ils voulurent tirer parti de ces grands fiefs dont ils s'assurèrent la propriété incommutable.

Effectivement, ils atteignirent leur but en cédant les terrains qui les composaient à de véritables colons, qui s'obligeaient à les défricher en les prenant, moyennant une rente, avec l'espoir de recueillir un bénéfice propre à assurer d'abord leur existence et ensuite l'éducation de leur famille.

Enfin, et de nos jours, l'Europe a vu la plupart des nations civilisées qui la composent rechercher et trouver dans le système des colonies agricoles libres de nouveaux moyens de bien-être et même de puissance.

Le mérite des conceptions et le succès des entreprises qui ont été formées à cet effet sur tant de localités diverses, et suivant des modes différens, nous ont paru tellement dignes de fixer notre attention et d'exciter notre émulation, que nous leur avons consacré une note spéciale, à laquelle nous renvoyons, comme prouvant, par les exemples qu'elle contient, que la question qui nous occupe se réduisait à cette simple expression, que nous avons déjà consignée page 170.

« La France veut-elle imiter le grand Frédéric, Marie-Thérèse et Catherine II? La France peut-elle imiter l'Espagne, la Suède, le Danemarck, la Bavière, etc. (1)? »

Il deviendrait humiliant de laisser en doute l'affirmative quand elle peut être déterminée chez nous avec des avantages supérieurs à ceux que nous avons constatés en Hollande et en Belgique, et sans éprouver plus de difficultés pour les moyens d'exécution, ainsi que nous devons le démontrer ultérieurement, conformément à l'annonce que nous en avons déjà faite.

Quand nous avançons, comme nous le faisons ici, que nous pouvons retirer des colonies agricoles des avantages supérieurs à ceux qu'en ont obtenus la Hollande et la Belgique, nous devons nous appuyer de preuves qu'il serait bien malheureux et bien difficile de récuser.

Nous observerons donc ici, quant aux colonies libres, que leur plus haut degré d'utilité, si ce n'est même leur nécessité, semble, indépendamment des nouvelles circonstances où nous nous trouvons, être suffisamment démontré par ces émigrations au Nouveau-Monde de familles honnêtes et laborieuses, dont la progression accuse de plus en plus le défaut de mesures

(1) Voyez la note K.

propres à les préserver d'un acte de véritable désespoir, en leur procurant dans des colonies libres des travaux qui assureraient leur bien-être au sein de leur patrie, en leur offrant l'encouragement et la satisfaction de coopérer à l'enrichir au lieu d'y être exposées à cette honte de lui être à charge et d'y mendier, à laquelle, à défaut des colonies libres, elles ne peuvent se soustraire que par une expatriation dans un autre hémisphère, où souvent le défaut d'asile et la misère les réduisent à un sort aussi malheureux que l'esclavage.

Il suffit, pour se convaincre de cette déplorable progression dans le nombre de ceux qui sont réduits à une telle extrémité, de jeter un coup-d'œil sur les relevés officiels qui n'en présentent encore qu'une partie : voici ce que dit à ce sujet M. *Ségur*, secrétaire des conseils généraux du commerce et d'agriculture dans un article qu'il a fait insérer dans les *Annales d'agriculture* (N°. 4, 6 avril 1831), au sujet de la colonisation d'Alger.

« Le tableau suivant fera connaître dans quel » rapport avaient lieu les départs pour l'Amé- » rique, et pour combien chaque nation y coo- » pérait.

ANNÉES.	ALLEMANDS.	SUISSES.	FRANÇAIS, la plupart Alsaciens.
1825-1826, et les premiers mois de 1827............	100	400	1,500
Derniers mois 1827........	550	650	[illegible],500
1828.........	850	2,050	3,600
1829.........	1,100	2,400	4,300
Six premiers mois de 1830..	450	1,000	3,550 (1)
TOTAL des émigrations effectuées par le Havre.....	3,050	6,500	15,450
	25,000		

(1) Des documens plus récens portent le nombre des émigrans, pendant les six derniers mois, à plus de 3,000, et on doit remarquer qu'il ne s'agit ici que des émigrations faites par le port de Havre.

» Les Suisses et les Allemands se dirigeaient » principalement vers les États-Unis par la voie » de New-Yorck, Boston, Philadelphie, Baltimore, Charleston et la Nouvelle-Orléans. » Quant aux Français, ils prenaient la route du » Mexique, de l'Amérique du Sud, et surtout de » Quazacoalco. On a compté que les départs » pour Buénos-Ayres se sont élevés à 1,000 environ, répartis ainsi qu'il suit :

» En 1825. 200,
» En 1826. 300,
» En 1827. . . . . . 500.

» Excepté les Suisses et quelques Allemands » qui partaient avec l'intention d'exploiter pour » leur propre compte, presque tous les émigrans » contractaient des engagemens avec des entre- » preneurs de colonisations. C'est ainsi que la » plupart des Français qui se dirigeaient vers » Buénos-Ayres s'obligeaient à travailler pendant » cinq ans au profit des spéculateurs qui avaient » payé les frais de leur voyage. »

D'autres familles épuisent ordinairement le peu qui leur reste, après avoir lutté long-temps contre la misère, pour payer leur passage: qu'on juge alors de leur position à leur arrivée dans cet autre hémisphère après une traversée sur des vaisseaux marchands, où ils se trouvent trop souvent entassés comme le seraient des animaux.

Ah! s'il existe encore chez quelqu'homme de bien un doute sur les vœux qu'il devrait former pour l'établissement des colonies agricoles libres en France, c'est qu'à coup sûr il ne se fait point l'idée de l'impression qu'on éprouve en voyant des familles laborieuses et honnêtes s'embarquer pour déserter le sol natal, parce qu'il refuse à leurs pressantes supplications un travail qui puisse apaiser leurs besoins, c'est qu'il n'a pas vu ces familles présenter sur la physionomie de ceux qui sont dans l'âge avancé les dégradations de la misère, de ceux d'un âge mûr les signes de la résignation du désespoir, tandis que l'enfant encore en bas âge regarde, avec un sourire qui navre l'âme, la nouveauté du spectacle qu'offrent à ses yeux innocens les appareils qui doivent le diriger vers un sort semblable à l'esclavage, si ce n'est pas vers une mort prématurée.

Serions-nous donc insensibles à l'intérêt que doivent inspirer des familles qui prouvent, en se sacrifiant ainsi, jusqu'où vont leur vocation pour le travail, leur aversion pour l'avilissement? Que la patrie cesse de traiter en marâtre des enfans dignes d'elle, en réfléchissant, dans son propre intérêt, que, pour une famille capable d'une résignation si pénible, bien d'autres, poussées aux mêmes extrémités, préfèrent se familiariser avec la honte et lui deviennent à charge, si ce n'est même dangereuses; qu'elle calcule combien elle peut rendre utiles pour elle-même ces êtres intéressans, en s'occupant des moyens de les rendre doublement heureux.

Tel est le but, tel est l'effet des colonies agricoles libres, où l'admission d'une famille indigente n'exige qu'une souscription annuelle de 45 francs par individu pendant seize ans, durant lesquels on reçoit un loyer de 100 francs par chaque petite ferme de 7 arpens, et après lesquels le souscripteur devient propriétaire et de l'habitation et des terres que cette famille a fait passer de l'état inculte et sans valeur à l'état de culture et de valeur de première classe (1).

---

(1) Revoir la page 45 et suivantes, ainsi que les calculs d'après lesquels la mise complète en état d'une petite ferme avec 3 bonniers et demi (3 hect. et demi environ) de terres défrichées, y compris les avances pour mobilier, instrumens aratoires et semences, coûte à la Société de bienfaisance moins que 1,700 florins (environ 3,400 francs), d'estimation originaire, mais réduite depuis, et qu'on en retire annuellement, pendant seize ans, 1°. pour la souscription, à raison de 22 flor. et demi (45 fr.) par tête, pour un nombre moyen de sept individus par famille établie, 157 flor. (environ 315 fr.), 2°. pour loyer annuel, 50 flor. (100 fr.); ce qui fait par an un total d'environ 415 fr., sur lesquels on paie, 1°. pour l'intérêt du capital employé, 170 fr., 2°. pour l'amortissement, à raison de 4 pour 100 dudit capital, qui s'opère ainsi en seize ans, 136 fr.; total, environ 306 fr. : de sorte qu'il reste un boni d'environ 100 francs par an pendant seize ans, après lesquels le capital étant remboursé, il n'y a plus de souscriptions à payer, et la pro-

Sachons donc imiter ainsi tant d'autres peuples qui nous donnent aujourd'hui l'exemple à cet égard, tandis que nous les avions devancés en civilisation, et appliquons-nous particulièrement à suivre les belles leçons que nous donne l'expérience du peuple hollandais.

Parmi les divers avantages qu'il a su recueillir de ses colonies libres, et que nous avons constatés, nous devons considérer attentivement ceux qui se rapportent plus particulièrement aux vétérans militaires et aux orphelins ou en-

---

priété reste entière et à perpétuité entre les mains du souscripteur.

Ainsi le souscripteur, qui a joui du bonheur de sauver de la misère et de rendre heureuse une famille indigente, mais honnête et laborieuse, a, en définitive, payé en seize années une somme totale d'environ 5,040 fr., qui lui valent, à l'expiration des seize années, une petite ferme bâtie, avec 3 hect. et demi de terres en culture de première classe.

Or, nous verrons, en parlant particulièrement des moyens d'exécution, que, d'après les estimations faites dans les principales localités où sont situés nos 7 millions et plus d'hect. de terres incultes, les dépenses pour créer des établissemens semblables n'y dépasseraient pas celles que l'expérience a constatées suffisantes en Hollande, et que les produits n'y seraient pas moindres.

fans abandonnés, parce que notre position sociale et nos mœurs doivent rendre encore plus importans chez nous les moyens de coloniser ces deux classes d'individus. Nous allons parler d'abord des militaires vétérans.

Application du système des colonies libres aux militaires vétérans.

Nous avons vu, page 81, que la colonie de Weenhuisen, qui contient trois genres d'établissemens, comptait, dans sa colonie libre, proprement dite, 565 individus appartenant à la classe des vétérans militaires, et on doit se rappeler en même temps que les colonies du nord, dont celle de Weenhuisen fait partie, ne concernent que la Hollande, dont la population n'est que d'environ 2,500,000 habitans, et dont l'état militaire n'existe que sur le pied restreint qui convient à une nation dont la puissance est presqu'entièrement maritime (1); nous avons vu que ce ne fut qu'après plusieurs années d'expériences antérieures qu'on s'y est décidé à établir

(1) L'engagement ou le service du conscrit n'est que de cinq années : dans la première seulement, il reste onze mois sous les drapeaux ; dans les quatre autres, il n'y passe qu'un à deux mois pour le temps des manœuvres, à l'exemple de la landwehr prussienne.

des vétérans en colonies, et les résultats ayant réalisé toutes les espérances, nous devons établir ici des points de comparaison bien faits pour nous prouver quels avantages nous pourrions recueillir en imitant cet exemple.

Effectivement, on sait que la position géographique de la France fait essentiellement dépendre sa puissance de celle de son armée de terre; elle doit être toujours à même de la présenter à ses amis ou à ses ennemis dans un état propre à leur inspirer les sentimens qui conviennent à sa dignité, à sa sécurité : aussi l'esprit national ne veut-il rien négliger à cet égard, et l'organisation de notre conscription le prouve assez. Mais puisqu'en vertu de cette organisation (et surtout du nouveau mode de remplacement), la presque totalité des braves qui marchent sous nos drapeaux doit être composée de cette classe de cultivateurs si bien accoutumée au travail, à la fatigue, à la sobriété et à cette pureté de mœurs qui donne tant d'énergie au moral et au physique, puisqu'ils nous apportent ainsi de nouveaux moyens d'assurer et notre sécurité et la gloire de nos armes, pourquoi la patrie reconnaissante ne chercherait-elle pas aussi à leur procurer les moyens de retraite les plus conformes à leur première et honorable profession, et par conséquent à leurs habitudes et à leur goût? pourquoi ne convertirait-elle pas en véritable récompense une retraite qui prendrait éminemment ce caractère dès qu'elle présenterait à ces braves de nouveaux moyens de satisfaire ce désir, cet honneur d'être utiles, auxquels ils avaient voué jusqu'au sacrifice de leur existence.

Si aux leçons que nous donne à cet égard un peuple toujours réfléchi dans ses calculs il fallait encore joindre les exemples qu'inspira la grandeur des idées, nous renverrions à ce que nous disons, dans la note (K), des colonies de vétérans fondées par Marie-Thérèse, lorsque, portant enfin avec éclat cette couronne impériale que le dévouement des braves Hongrois avait affermie sur sa tête lorsqu'elle n'avait plus d'autre appui que la générosité de leur caractère, elle voulut donner à son armée les témoignages de reconnaissance qu'elle crut les plus dignes d'elle.

Mais nous n'avons pas besoin ici de considérations aussi élevées, et nous nous réservons d'y revenir ultérieurement, lorsqu'en résumant les avantages qui peuvent résulter du développement du système des colonies agricoles nous établirons ceux qu'il pourrait offrir pour des dotations décernées aux récompenses de premier ordre, à l'instar des commanderies militaires espagnoles, et nous livrerons alors à des guerriers consommés les réflexions qu'on pourrait faire sur les moyens de tirer parti de ce même système, pour donner à une portion de notre armée quelques uns des avantages que la landwehr prussienne présente pour l'économie, pour le bien-être et la conduite du soldat, et même pour les officiers qui préféreraient sûrement l'intérêt que présentent les soins agricoles à la vie qu'ils sont réduits à mener dans certaines garnisons; ce qui rendrait ainsi le service du soldat encore plus utile, sans atténuer son esprit militaire.

Mais ici les calculs les plus simples suffiront pour prouver la supériorité des avantages que nous trouverions à établir des colonies libres pour les vétérans militaires, à l'exemple de la Hollande.

Effectivement, on voit, par le budget de 1831, que nous comptons, y compris la succursale d'Avignon, 4,168 invalides, depuis le grade de colonel jusqu'à celui d'élève-tambour, et que le prix de chaque journée revient pour eux au taux moyen de 2 fr. 45 c. à Paris, 2 fr. 5 c. à Avignon pour les officiers, et à 1 fr. 96 c. à

Paris, et 1 fr. 64 c. à Avignon pour les sous-officiers et soldats. On voit qu'ainsi le vétéran revient, dans l'Hôtel des Invalides à Paris, à 705 fr. par an, et à Avignon à 573 fr., tandis que le vétéran hollandais ne revient, comme nous l'avons vu, qu'à 90 fr. par an, à cause des avantages qu'on retire de la culture de la colonie où il est placé, dans un pays où la vie est généralement plus chère qu'en France : l'adoption des mêmes moyens présenterait ainsi une économie d'au moins 600 f. par individu pour Paris et d'environ 490 pour Avignon. Si donc on calcule que sur nos 4,168 vétérans, plus de moitié pourrait profiter de l'adoption de ces colonies, on voit qu'il en résulterait une économie d'environ 1,200,000 fr. pour l'État, en augmentant de beaucoup le bien-être de ces braves ; on peut bien s'assurer de ce dernier avantage, et même du succès de la mesure, à la simple inspection de la recherche et des soins qui règnent dans les petits jardins que cultivent dans les entours de l'Hôtel des Invalides quelques uns d'entr'eux, et qui sont enviés par tous les autres.

Conformément à ce que nous avons annoncé, nous allons nous occuper maintenant de l'application du système des colonies libres à des établissemens d'orphelins ou enfans abandonnés.

Application de ce système aux enfans abandonnés.

Les devoirs qu'impose le sort de ces infortunés, sous le rapport de la charité chrétienne et même sous celui de l'économie politique, doivent nous rappeler ici, avec le plus haut intérêt, les succès qu'a eus pour eux l'application de ce système dans cette même Hollande, dont la prudence et le zèle charitable leur avaient, dès l'origine de sa prospérité, affecté dans Amsterdam le plus bel hospice de ce genre qui ait encore existé. Nous ne pouvons nous dissimuler que, pour la France, les mœurs y rendent bien plus nécessaires qu'en Hollande les établissemens destinés à recevoir les enfans abandonnés ; car, depuis une cinquantaine d'années, leur nombre y a triplé, ainsi qu'il résulte des documens officiels ci-après :

Tableau de la progression du nombre des enfans trouvés existant en France.

	enfans au dessous de douze ans.
Au 1er. janvier 1784.....	40,000
1789.....	45,000
1798.....	51,000
1809.....	69,000
1815.....	84,600
1816.....	87,700

	enfans au dessous de douze ans.
Au 1er. janvier 1817.....	92,200
1818.....	98,000
1819.....	99,300
1820.....	102,100
1821.....	106,400
1822.....	109,300
1823.....	111,800
1824.....	116,700
1825.....	119,900
1826.....	On n'a pas pu se procurer
1827.....	les chiffres exacts pour ces
1828.....	années ; mais, d'après les
1829.....	états envoyés par le plus
1830.....	grand nombre des départe-

mens, on peut porter la quantité des enfans trouvés à 125,000 pour l'année 1830.

On voit, en prenant la moyenne des dépenses indiquées au Tableau statistique, n°. 3, qui concerne les enfans trouvés, et dont nous parlerons plus loin, que leur entretien établit une charge publique, qui, pour le nombre de 125,000, dépasse en total 10,000,000 f., et qui menace de s'accroître avec ce nombre, si des moyens, au premier rang desquels il faut placer la religion et la morale, ne viennent pas arrêter une progression encore bien plus inquiétante pour la position à venir de cette classe dans la société, que pour les dépenses qu'elle exige dans son enfance.

Un tel accroissement fait naître ainsi des réflexions qui se rattachent trop positivement aux questions qui nous occupent pour que nous nous dispensions de nous y arrêter un moment. Nous croyons devoir répondre d'abord aux observations qu'on pourrait faire sur la différence que l'on remarque généralement, pour le nombre des enfans abandonnés, dans les États qui leur consacrent des établissemens spéciaux: tels sont presque tous les États catholiques, où, dès lors, le nombre des enfans est nombreux et progressif, tandis qu'il est bien moins considérable dans la majeure partie des États protestans, où ils sont même exclus des dépenses publiques; ceux-ci écartant ces dépenses bien moins encore pour ce qu'elles seraient en elles-mêmes qu'en raison de l'influence qu'ils leur supposent sur les mœurs, en familiarisant avec le vice, avec la perte des sentimens paternels et des liens de famille. On cite à l'appui de ces idées l'exemple de Londres, dont la population dépasse 1,250,000 âmes, et qui n'entretient qu'un hospice pour les orphelins, qui n'y sont qu'en petit nombre (1),

(1) Cet hospice (*foundling-hospital*) ne contient qu'environ 200 enfans, et un nombre à peu près pareil est

tandis que Paris, dont la population n'est que de 816,486, suivant le dernier recensement de 1829, reçoit chaque année plus de 5,000 enfans abandonnés, dont les deux cinquièmes environ proviennent de l'hospice de la Maternité, où l'on reçoit les femmes qui veulent y faire leurs couches au compte de la charité publique et pour l'utilité des cours d'accouchemens.

Mais, pour bien juger cet exemple de Londres, il faut observer que, d'après un *bill* de 1762, rendu dans le but d'arrêter la mortalité parmi les enfans abandonnés, qui était alors des

---

placé à la campagne, sous la surveillance d'un inspecteur; ils y restent avec leurs nourrices jusqu'à quatre ans; le Parlement alloue souvent des secours à l'hôpital des enfans abandonnés; mais on n'y admet que les enfans des femmes dont la conduite a subi favorablement un examen préalable par une commission *ad hoc*. Les garçons, après avoir été élevés dans l'établissement jusqu'à l'âge de douze à treize ans, sont placés en apprentissage ou dans la marine, et reçoivent, à leur sortie, si l'on en est content, une gratification qui n'excède jamais 10 livres sterl.; les filles sont dressées aux ouvrages de couture ou de cuisine, et placées à quatorze ans.

Les recettes de cet établissement s'élèvent, année moyenne, à 13,250 liv. sterl.

trois cinquièmes, chaque paroisse est chargée de pourvoir aux secours qui leur sont nécessaires, et qui se trouvent ainsi faire partie de la taxe des pauvres (1). On conçoit alors la cause de la différence qui existe entre le nombre des enfans abandonnés, pourvus de secours généraux dans les deux villes, quoiqu'en Angleterre la proportion des enfans naturels avec les enfans légitimes soit d'un sur douze (2); tandis qu'en France elle n'est que d'un sur treize à quatorze. Cette proportion varie dans les divers départemens, d'après l'influence qu'exercent sur les mœurs, soit les grandes villes pour leur détérioration, soit la vie agricole pour leur conservation. Il eût été trop long de donner à ce sujet un tableau relatif à chaque

---

(1) Il existe des établissemens de charité remarquables pour ceux qui survivent à une première enfance pénible, notamment l'hospice du Christ, fondé en 1552 par Édouard, et où près de 1,200 jeunes garçons et autant de jeunes filles trouvent une éducation qui va jusqu'à des leçons de musique et de dessin. Le Gouvernement a encore alloué, dans le dernier budget (1830), 31,483 liv. st. à l'hospice des enfans abandonnés.

(2) Ce calcul résulte d'un rapport sur les *Friendly-Societees*, publié en 1827 par un comité du Parlement anglais.

département ; nous avons cru suffisant d'établir, dans le Tableau statistique, n°. 3, l'état comparatif de ce qui concerne les six départemens où les enfans abandonnés sont les plus nombreux et les six où ils le sont le moins.

On doit observer, en consultant ce tableau, que la faible proportion de la dépense et de la mortalité pour le département de la Seine tient à la bonne administration du conseil général des hospices, qui choisit les nourrices et dirige la plus grande partie des enfans vers la haute Bourgogne par le coche d'eau d'Auxerre, sur lequel les nourrices font quarante lieues, moyennant un droit de passage de 3 francs.

La faible proportion du nombre pour les départemens de Seine-et-Oise et de Seine-et-Marne tient à ce que ces deux départemens envoient leurs enfans à Paris.

Dans le département du Rhône, la modicité des dépenses provient du grand nombre de femmes d'ouvriers qui prennent des nourrissons à meilleur marché.

La faible proportion des enfans abandonnés dans les départemens montueux, et surtout dans les deux derniers de ce Tableau (Haut-Rhin et Vosges), tient entièrement à la pureté des mœurs; car, dans ces deux départemens, la misère est telle qu'il s'y fait chaque année de nombreuses émigrations pour l'Amérique.

J'ai vu au Havre et à Paris des mères venues de ces départemens, qui, en s'embarquant sur des bâtimens marchands, où elles devaient être au plus mal, aimaient mieux allaiter ainsi leurs enfans à bord et outre mer que de les livrer aux soins étrangers, soins qu'ils auraient trouvés dans la charité publique si elles les eussent abandonnés ; quant aux principales considérations communes à tous les départemens, nous avons à dire, pour suppléer à un Tableau général, que les dépenses générales relatives aux enfans trouvés montent, année moyenne, à plus de 8,000,000, et qu'en outre plusieurs départemens s'imposent encore sur leurs centimes facultatifs, en raison de l'insuffisance des allocations faites tant sur les centimes centralisés au Trésor que par les Hospices ou les grandes communes, suivant ce qui est dit en note au bas du Tableau que nous citons ici.

Pour ce qui concerne particulièrement la ville de Paris, nous devons encore faire ici une remarque du plus haut intérêt, c'est que le nombre des enfans abandonnés chaque année y est à peu près le même qu'en 1788, malgré la progression de la population, qui, suivant le recensement fait en 1829, s'élevait à 816,486, tandis qu'elle n'était que d'environ 650,000 en 1788, et malgré le plus grand nombre de circonstances nuisibles aux mœurs, telles que les petits spectacles et les bals populaires.

Il est naturel de rechercher la cause à laquelle on doit attribuer principalement ce nombre stationnaire des enfans abandonnés dans la capitale d'un royaume où la quantité totale des enfans abandonnés a triplé dans la même période, durant laquelle sa population totale ne s'est accrue que d'environ un quart, et il est bien satisfaisant de la reconnaître dans l'efficacité des soins et du zèle que déploient les dames qui composent la Société de la charité maternelle, non pas seulement pour l'œuvre charitable à laquelle elles se consacrent spécialement, celle de secourir et soigner les pauvres femmes qui font leurs couches en restant dans leurs ménages, mais aussi pour porter l'édification et propager l'amour du bien ainsi que la honte du mal dans ces classes malheureuses qui encombrent les réduits misérables où leur charité les conduit (1).

(1) Cette Société, fondée par l'infortunée Marie-Antoinette peu de temps avant notre révolution, avait cessé d'exister pendant son cours; elle a été rétablie et a pour protectrice et pour présidente la Reine, dont la bienfai-

Quoi de plus puissant en effet que le spectacle,

---

sance était déjà si connue, et pour vice-présidente madame la baronne *Pasquier*. Les quarante dames qui la composent se partagent les divers quartiers de Paris, et chacune d'elles se fait un devoir de remplir personnellement sa charitable mission.

Cette Société ne coûte à l'État qu'une allocation de 40,000 fr., qui a été dernièrement (session de 1831) critiquée dans la Chambre des Députés par des personnes qui ignoraient entièrement ce qu'elle évite de scandale et de dépenses relativement aux enfans abandonnés; le surplus des secours qu'une sage distribution rend si efficaces, qui monte à environ 60,000 francs par an (ce qui fait, au total, environ 100,000), provient de souscriptions de ces dames et de dons volontaires. Combien est louable et modique une telle dépense en comparaison des bienfaits qui en résultent, et qui sont d'autant plus remarquables pour la ville de Paris que les mères indigentes devraient y être plus portées qu'ailleurs à abandonner leurs enfans à la charité publique, d'après les soins que leur assure l'Administration des hospices, et qui sont tels que, comme on le voit dans le Tableau n°. 3, la mortalité n'y est guère que de trois sur cent, d'après la bonne gestion de l'institution dite le Bureau des nourrices, dont les dépenses annuelles montent à environ 900,000 fr., et qui ne coûte que 32,000 fr. de frais d'administration, y compris les honoraires de trois inspecpecteurs, pour la nourriture et l'entretien d'environ onze mille enfans en nourrice ou en sevrage.

que l'éloquence d'une vertu si méritoire et si touchante! Quoi de plus exemplaire que leur résultat, en faisant prévaloir l'amour maternel sur la crainte des besoins les plus nécessiteux chez nombre de mères qui, soutenues, encouragées par des soins si recherchés, préfèrent alors nourrir elle-mêmes leurs enfans, quoiqu'elles eussent pu compter, en quelque sorte, sur les sages mesures d'une administration paternelle, si elles les eussent abandonnés!

Les recherches auxquelles nous avons dû nous livrer relativement à cette progression du nombre des enfans abandonnés nous ont fourni une preuve bien positive des effets restrictifs de cette crainte des mères sur le sort des enfans abandonnés, dont la plupart des Etats protestans font la base de leurs motifs pour les exclure des secours de la charité publique, et nous croyons devoir la faire connaître, afin de n'écarter aucune des objections qu'on peut nous faire et auxquelles nous avons à répondre.

En 1792, à l'époque où la France eut à subir le régime dit de la république, des républicains, si désintéressés dans leurs bruyantes déclamations, eurent grand soin de faire salarier, pour en profiter, les places d'administrateurs des hospices jusqu'alors gratuites et purement honorifiques: dès lors ils s'en emparèrent; ils y mirent tout en quelque sorte au pillage, et le nombre des enfans abandonnés, qui, en 1790, avait été de 5,842, se trouva réduit en 1793 à 3,199, parce qu'en 1792 il en était mort 2,170 sur 4,934, nombre déjà réduit par suite des décès de 1792; et, en l'an IV, le nombre des enfans abandonnés ne fut que de 3,122, sur lesquels il en périt 2,907 dans la même année. On voit combien l'idée du mal-être et du danger de leurs enfans arrêtait les mères, disposées d'ailleurs à les abandonner, quand elles voyaient ces désastres aussi scandaleux, on peut dire aussi cruels, et qui se faisaient ressentir dans toutes les parties de l'Administration des hospices, dont les chefs salariés, devenant les *points de mire* pour leurs confrères en déclamations désintéressées, restaient souvent moins de temps dans leurs emplois que les malades dans les hôpitaux (1).

Mais enfin, ces abus révoltans cessèrent avec le Gouvernement qui les avait fait naître, et

(1) Voir, pour tous ces détails, le beau rapport fait, en 1816, par M. le comte *Pastoret*, intitulé : *Rapport fait au Conseil général des hospices par un de ses membres, sur l'état des hôpitaux, des hospices et des secours à domicile à Paris.*

aujourd'hui les soins que reçoivent ces enfans abandonnés dans la capitale peuvent être cités comme des exemples à imiter; nous avons insisté sur l'efficacité du zèle de la Société de la Charité maternelle pour restreindre la progression du nombre des enfans abandonnés dans la ville de Paris, parce qu'en prouvant ainsi la puissance d'un moyen si honorable et si moral, nous devons en même temps reconnaître les inconvéniens des moyens coercitifs.

Effectivement, ils auraient pour résultat en France de nous ramener à une époque au moins semblable à celle où *saint Vincent de Paule* parvint à fonder le premier hospice, et les premiers établissemens pour les enfans abandonnés, en exposant ces infortunés dans une réunion de personnes charitables, et pour citer un exemple encore plus déterminant à cet égard par le rapprochement des circonstances, nous rappellerons ici que lorsqu'en 1823 le Gouvernement du royaume des Pays-Bas, s'occupant d'un système général d'amélioration pour les lieux de détention et les hospices, voulut supprimer en Belgique les secours alloués jusqu'alors aux enfans abandonnés, il fut obligé de les rétablir par l'espèce de révolte que suscita l'indignation publique en voyant l'exposition des enfans convertie en un affreux infanticide : c'est ce qui ne manquerait pas d'arriver en France.

Nous devons donc reporter et fixer notre attention sur cette progression de plus en plus inquiétante du nombre des enfans abandonnés en France. Suivant les lois de la mortalité, il doit en rester à l'âge de six ans, où on le reçoit dans les colonies, environ 70,000; en réduisant ce nombre de près d'un tiers pour ceux qui auront ou dépassé ces calculs, ou trouvé des moyens d'existence *assurés*, il en resterait environ 50,000, qui, dépourvus de la protection et des soins des auteurs de leurs jours, implorent les secours de la société et la mettent dans l'alternative de s'occuper de leur sort, ou de les voir par la suite recourir à des moyens qui peuvent lui être bien plus onéreux si ce n'est dangereux : tandis qu'avec le système des colonies agricoles ils peuvent accroître la richesse de l'État en reconnaissance de l'existence assurée qu'ils en auront reçue, ainsi que le prouve l'établissement agricole de Weenhuisen, dont nous avons exposé les détails et les résultats, page 81 et suivantes.

Le désir d'obtenir des résultats si intéressans et pour l'humanité et pour l'économie publique a fait adopter dans les principaux États d'Allemagne des établissemens analogues : en Suisse, à Hofwill et près de Genève, près de Hambourg, près Berlin, à Frederichs-Feld (1); mais ces divers établissemens ne sont formés que pour tâcher d'imiter celui de Weenhuisen, où le prince Charles, archiduc d'Autriche, a envoyé, comme nous l'avons dit, des sujets pour s'y instruire, afin de former ainsi des élèves agricoles pour ses vastes possessions.

L'exemple de ce bel établissement est d'un intérêt encore plus grand pour la France, en raison de l'accroissement progressif du nombre des enfans abandonnés, dont nous ne pouvons nous dissimuler les dangers si nous n'y apportons remède; et quel autre moyen pourrait être mis en parallèle avec ce système de

---

(1) En parlant de la Prusse, on se rappelle que le Grand Frédéric avait fait établir, à Berlin et dans les principales villes où étaient ses plus belles garnisons, des établissemens destinés à recevoir, même sous le secret, les femmes enceintes, qui pouvaient y rester un mois après leur accouchement, et qui recevaient en sortant 50 écus pour un garçon et 16 écus pour une fille. Il évitait ainsi la honte et la prostitution, qui étaient sévèrement punies.

colonies agricoles, qui, en assurant le bien-être de l'orphelin, en fait un citoyen, qui devient utile au lieu de rester à charge et inquiétant? Peut-être même un jour trouverait-on parmi ces êtres privés de tous parens des sujets propres et disposés à aller propager les bienfaits de l'agriculture et de la civilisation dans cette colonie d'Alger, dont nous avons parlé en raison des chances avantageuses qu'elle pouvait offrir par la suite.

Il nous reste à rappeler, avant de terminer ce qui concerne les colonies libres, ce qu'elles peuvent offrir de ressources du plus grand prix dans des calamités imprévues, et nous en avons cité un exemple page 65; mais ce qu'il importe surtout de bien considérer, c'est que leur succès exige, pour être assuré, un ordre, une discipline, une fermeté sans lesquels les abus y paralyseraient les bienfaits.

Colonies forcées pour la répression de la mendicité et du vagabondage.

Conformément au plan que nous avons adopté, nous allons passer à ce qui concerne les colonies forcées.

Nous avons vu quels avantages leur système a procurés à la Hollande d'après une expérience de huit années, et ce qu'il assurait à la Belgique après une pratique qui, cependant, n'était encore que de quatre ans. Nous avons constaté ainsi combien ces deux contrées, différentes en positions topographiques et pour le caractère de leurs habitans, devaient s'applaudir d'avoir créé des colonies forcées pour l'extirpation du vagabondage et de la mendicité, comme moyen préférable non seulement aux dépôts de mendicité, qui y étaient alors au nombre de sept, et qui ont été depuis supprimés comme devenus inutiles, mais aussi aux beaux établissemens de charité que le royaume des Pays-Bas possédait et qui n'avaient encore été surpassés nulle part; enfin, nous avons reconnu d'abord quelle économie et ensuite quelle utilité l'État devait recueillir de ces établissemens. L'adoption, l'exécution de ce système ne peuvent manquer d'avoir les mêmes résultats en France si l'on veut employer les mêmes moyens.

A cet égard, nous ne saurions trop considérer combien nous avons de motifs de plus que la Hollande et la Belgique pour recourir à ces moyens, que la simple volonté du *mieux* a rendus si efficaces dans l'une et l'autre de ces contrées.

Quoique la mendicité ait toujours été considérée en France comme un fléau pour l'ordre social, ainsi que l'atteste notre ancienne législation, qui la rendait passible des peines les plus sévères, et on pourrait même dire cruelles, pour les récidives; quoique notre *Code pénal* actuel la qualifie délit et la punisse comme tel (1), bien loin d'avoir, comme la Hollande et la Belgique, des établissemens propres soit à la prévenir, soit à la réprimer, nous sommes, sous ce rapport, dans une espèce de dénuement affligeant, et qui exige un remède de plus en plus urgent. A cet égard, un grand élan avait été donné par Napoléon lorsqu'il se vit au faîte de sa prospérité.

Voici les ordres spéciaux que donnait lui-même au ministre de l'intérieur, sur un sujet

---

(1) Voir, dans la note L relative à la France, l'article qui se rapporte à ces dispositions pénales.

aussi important, cet homme si célèbre par la grandeur de ses vues.

Extrait d'une Lettre de Napoléon *au Ministre de l'intérieur* (1).

« Fontainebleau, 24 novembre 1807.

»Monsieur *Crêtet*... je fais consister la gloire de mon règne à changer la face du territoire de mon Empire. L'exécution de ces grands travaux (*d'utilité et d'embellissement pour la ville de Paris et beaucoup de canaux dans l'intérieur de la France*) est aussi nécessaire à l'intérêt de mes peuples qu'à ma propre satisfaction. J'attache également une grande importance et une grande idée de gloire à détruire la *mendicité*. Les fonds ne manquent pas; mais il me semble que tout cela marche lentement, et cependant les années se passent. Il ne faut point passer sur cette terre sans laisser des traces qui recommandent notre mémoire à la postérité. Je vais faire une absence d'un mois, faites en sorte qu'au 15 décembre

---

(1) Cette lettre contenait d'autres dispositions relatives aux canaux navigables et aux mesures d'art et de finances propres à assurer leur exécution, que nous ferons connaître et apprécier dans l'ouvrage dont nous avons déjà annoncé la prochaine publication.

vous soyez prêt sur toutes ces questions, que vous les ayez examinées en détail, et que je puisse, par un décret général, porter le dernier coup à la mendicité. Il faut qu'avant le 15 décembre vous ayez trouvé, sur le quart de réserve et sur le fonds des communes, les fonds nécessaires à l'entretien de soixante ou de cent maisons pour l'extirpation de la *mendicité;* que les lieux où elles seront placées soient désignés et le réglement mûri. N'allez pas me demander encore trois ou quatre mois pour avoir des renseignemens, vous avez de jeunes auditeurs, des préfets intelligens, des ingénieurs de ponts et chaussées instruits, faites courir tout cela et ne vous endormez pas dans le travail ordinaire des bureaux. »

» Il faut également qu'à la même époque tout ce qui est relatif à l'administration des travaux publics soit prévu et mûri, afin qu'on puisse préparer tout de manière qu'au commencement de la belle saison la France présente le spectacle d'un pays *sans mendians*, et où toute la population soit en mouvement pour embellir et rendre productif notre immense territoire. »

Par suite de ces dispositions, il intervint en 1808 un décret qui ordonna de créer un dépôt de mendicité par département, et, pour y satisfaire, on fonda plusieurs de ces dépôts, et les départemens à la population desquels ils étaient affectés furent obligés de contribuer à leurs dépenses en s'imposant à cet effet des centimes additionnels en proportion de la part qu'on leur supposait dans l'utilité de ces établissemens.

Mais il n'y eut pas un seul de ces départemens qui n'en demandât enfin la suppression, soit qu'ils n'atteignissent nullement le but proposé, soit que ces départemens voulussent se soustraire aux charges nouvelles que cette fondation leur imposait.

On les supprima donc presque tous, six seulement ont été conservés : tels sont, pour Paris, les dépôts de Saint-Denis (1) et de Villers-

(1) M. le docteur *Villermé*, dans le savant Mémoire qu'il a lu, le 29 novembre 1824, à l'Académie, sur les diverses chances de mortalité, a établi que, pendant les années 1815, 1816, 1817 et 1818, la mortalité avait été dans le rapport d'un sur trois par an pour le dépôt de Saint-Denis, un sur dix-huit à Saint-Lazare, un sur quarante dans les prisons de Paris qui renferment les prévenus de crimes; dans les bagnes, elle a été, pendant les dix années expirant en 1826, d'un sur vingt-six dans celui de

Cotterets, dont le premier est un véritable cloaque de dépravation physique et morale, et l'autre, aussi dégoûtant dans son ensemble, est affecté aux indigens invalides; les autres ne sont, dans le fait, que de véritables hospices où il ne se trouve que des invalides ou des infirmes. Il suffit de citer parmi eux l'établissement du dépôt du Jura, qui n'est même dirigé que par ces *Sœurs de la charité* qu'on retrouve partout où l'humanité manque de secours. On a tâché de subvenir aux besoins nés de la suppression des dépôts par la fondation de 19 *maisons centrales*, ainsi nommées parce qu'elles servent de réceptacle à tous les condamnés, soit correctionnellement, soit à l'emprisonnement, soit même à la réclusion et aux travaux forcés pour un certain nombre de départemens. C'est un devoir pénible, mais impérieux, de signaler les graves inconvéniens qui existent dans ces maisons, inconvéniens tels que les lieux destinés à faire naître le repentir dans l'ame du coupable

---

Brest, et d'un sur soixante dans celui de Lorient, où l'on ne plaçait que des militaires employés aux travaux du port : de sorte qu'il faisait observer que la détention au dépôt de Saint-Denis équivalait presqu'à une condamnation à mort.

n'ont d'autre effet que de le pousser encore davantage dans la carrière criminelle où il n'a fait quelquefois que débuter.

Ce devoir, nous le remplirons ultérieurement quand il s'agira des questions relatives aux détenus correctionnellement : il suffit, pour notre objet actuel, de faire remarquer qu'il ne peut y avoir d'exemple plus frappant de notre dénuement d'établissemens charitables et propres à prévenir ou réprimer la mendicité, que cette obligation de confondre les mendians, les vagabonds et les jeunes condamnés avec des coupables de toute espèce, qui, réunissant entr'eux tous les genres de perversité, *perfectionnent* l'instruction criminelle de ceux qui ne sont point encore leurs égaux en scélératesse (1).

Que penser de ce que doit faire la France, si à un tel état de choses on oppose ce qui se pratiquait dans les Pays-Bas non seulement

(1) Louis XVIII avait rendu, en 1815, une ordonnance qui devait remédier à des inconvéniens si funestes ; mais les grands événemens qui survinrent alors la firent perdre de vue : néanmoins, nous croyons intéressant d'en donner le texte à la note (L) relative à la France, vu la sagesse de ses dispositions et leur coïncidence avec les vues dont nous nous occupons.

dans des circonstances analogues, mais même pour des cas plus graves. Ainsi on poussait dans ce royaume les idées si justes et si humaines de classification et de séparation jusque dans les bagnes, comme nous aurons occasion de le faire observer en parlant du bagne d'Anvers.

Il est vrai que nous nous occupons d'améliorations essentielles; mais dans l'état où se trouve encore la majeure partie de nos établissemens de détention, les mendians et les vagabonds relaps y croupissent, s'y familiarisent avec les vices les plus affreux, et deviennent de plus en plus indignes d'être rendus à la Société. Si donc, en entrant dans la classe des prisonniers, ils cessent ainsi de contribuer au scandale extérieur, l'humanité ne peut que se révolter davantage à l'idée d'une dégradation qui accroît encore l'horreur de la captivité.

Le mendiant placé dans les colonies agricoles y devient au contraire un cultivateur utile; il se régénère, pour ainsi dire, en se plaçant dans une classe d'hommes laborieux, au lieu d'être livré à la dépravation, à une mort lente, mais cruelle, par un emprisonnement dont on vient de voir les résultats ordinaires.

Un ensemble de circonstances si importantes pour l'humanité et pour l'ordre social ne pouvait manquer de fixer l'attention et d'exercer le zèle de publicistes à la fois philantropes et éclairés.

Nous citerons ici, à l'appui de ces observations, les paroles mêmes du vénérable rapporteur habituel de la Société pour l'amélioration des prisons (M. *Barbé-Marbois*, membre de la Chambre des Pairs), dont l'expérience est ici d'un grand poids, et qui, depuis 1823, a demandé, dans chacun de ses rapports annuels, la création de colonies agricoles, en s'appuyant sur l'exemple de celles qui existaient dans le royaume des Pays-Bas. En dernier lieu, il insistait encore plus vivement sur l'adoption d'un semblable système pour la France, en le réclamant comme une nécessité que nous ne pouvions plus méconnaître.

« Les colonies intérieures, disait-il, semblent » être aujourd'hui le plus facile moyen de sou» lagement que le Gouvernement puisse em» ployer en faveur des familles indigentes, d'au» tres pays nous en donnent l'utile exemple. » La Bavière, la Russie y ont d'abord consacré » des sommes considérables, et sont amplement » indemnisées de leurs avances : elles le sont » par l'avantage d'avoir mis en valeur des terres » incultes et stériles par la diminution des

» crimes et des frais de justice. Enfin, il faut » mettre au dessus de tous ces avantages celui » d'arracher au désordre et aux besoins nombre » de familles désormais propriétaires, et qui, » d'ennemies qu'elles étaient de l'ordre social, » en deviendront de nouveaux appuis et de zé- » lés défenseurs par la reconnaissance qu'ins- » pire un grand bienfait.

» L'exemple de la Hollande mérite surtout » d'être cité, parce qu'il est le plus récent et » parce que les succès se sont moins fait at- » tendre qu'ailleurs. »

Nous avons encore à citer sur le même sujet un ensemble de suffrages également recommandables par leur unanimité et par le caractère de celui qui leur a servi d'organe.

Lorsque, par suite des inconvéniens que l'état de choses dont nous venons de parler présentait pour la capitale, il fut question en 1829 d'y établir une maison de refuge pour en extirper la mendicité, M. *Cochin* (d'une famille si connue par des établissemens de bienfaisance de premier ordre), ayant été nommé rapporteur d'une commission choisie à cet effet parmi les personnes les plus distinguées par leurs lumières et leur philantropie, s'exprimait ainsi dans son rapport imprimé et distribué par l'avis unanime de cette commission :

« Plusieurs de MM. les souscripteurs, non » contens de déposer des souscriptions, ont » envoyé aussi divers écrits et même des livres » contenant des projets sur l'extinction de la » mendicité. *J'ajouterai qu'ils sont tous explici-* » *tement unanimes sur la nécessité d'arriver à* » *fonder des colonies de défrichement à l'inté-* » *rieur de la France pour occuper les mendians* » *valides et les prisonniers.* Ce vœu est tellement » prononcé, que le Conseil jugera probable- » ment convenable d'autoriser des dépenses » pour encourager à l'étude de ce sujet de mé- » ditations, et pour fournir les moyens d'aller » chercher et de rapporter en France quelques » renseignemens satisfaisans sur ce qui a été » produit dans le royaume des Pays-Bas par ce » genre de secours publics (1).

---

(1) On peut remarquer ici que le voyage de l'auteur de cet ouvrage aux colonies agricoles de la Hollande et de la Belgique réalisait un vœu aussi recommandable au moment même où il était émis, quoique n'ayant pu le connaître avant son départ. Puisse-t-il avoir ainsi contribué à remplir des vues si estimables et si dignes de succès !

» J'insiste d'autant plus sur ce point que les
» calculs posés tout à l'heure vous ont fait voir
» que, sur 2,000 mendians à Paris, 1,500 se-
» raient réduits à la prison ou à une position
» équivalente, même après la fondation de la
» maison de refuge; que, sur les 500 admis à
» l'épreuve de la maison de travail, 100 et peut-
» être plus retourneront à leurs primitives ha-
» bitudes de débauche et de paresse, et devront
» être légalement rétablis en prison.

» Or, s'il résulte de nos calculs que les me-
» sures répressives du délit de mendicité abou-
» tissent en définitive à augmenter le nombre
» des prisonniers, il est évident qu'en s'occu-
» pant d'éteindre la mendicité, il faut aussi s'oc-
» cuper de l'amélioration du sort des prison-
» niers : ces deux questions sont connexes et
» inséparables. »

Cette citation prend un caractère d'autorité incontestable quand on considère attentivement les circonstances auxquelles elle se rapporte. C'était le magistrat distingué, alors chargé des fonctions de préfet de police de Paris (M. *Debelleyme*), qui signalait lui-même la nécessité d'y établir pour les mendians une maison de détention ou de refuge, dont le projet et le plan avaient été adoptés à cause de l'importance du but qu'on se proposait, et qui paraît n'avoir été manqué que par l'élévation des dépenses qu'il exigeait par sa nature. Effectivement, il fut constaté qu'il faudrait réaliser un capital de 1,500,000 fr. pour créer un établissement qui n'aurait pu recevoir que 300 détenus : l'élévation de cette somme intimida beaucoup de ceux qui auraient pu souscrire ; cependant il y eut encore pour plus de 600,000 fr. de souscriptions, dont plusieurs devaient se renouveler pendant un certain nombre d'années, et il est bien essentiel pour les idées qui nous occupent d'observer qu'en adoptant le système des colonies forcées, il aurait suffi, pour recueillir 1,000 mendians et les ramener au bien autant que possible, d'une souscription annuelle de 70,000 fr. pendant seize années, après lesquelles les souscripteurs n'auraient plus rien eu à payer et seraient devenus propriétaires de 1,000 hectares de terre, passés de l'état inculte à celui de culture de premier ordre, ainsi que des bâtimens construits pour opérer ces résultats.

En établissant, comme nous venons de le faire, qu'il n'en coûterait annuellement que 70 fr. par individu dans les colonies agricoles forcées, nous nous fondons sur ce que cette allocation suffit en Hollande, où tout est généralement plus cher qu'en France ; et comme la dépense moyenne des détenus dans nos maisons centrales est annuellement de 217 fr. par individu, ainsi que nous le verrons plus loin en traitant spécialement de ce qui concerne nos établissemens de détention, il en résulte qu'en adoptant le système des colonies forcées l'État économiserait environ 140 fr. par an, pendant seize ans, pour chaque mendiant placé dans ces colonies, au lieu d'être détenus comme ils le sont à présent, et qu'à l'expiration de ces seize années, il serait propriétaire d'autant d'hectares de terre en bonne culture qu'il aurait placé de mendians dans ces colonies, et ce calcul donne lieu à un rapprochement trop remarquable pour l'omettre. Le budget présenté aux Chambres pour 1832 porte l'allocation des dépenses nécessaires pour les dépôts de mendicité, les secours et les ateliers de charité à 2,230,000 francs.

A cette somme, portée au budget au chapitre des *Dépenses départementales fixes* sur les six *centimes* $\frac{5}{6}$ centralisés au Trésor, il se joint d'autres allocations considérables, qu'une grande partie des départemens s'impose sur leurs *centimes facultatifs*, en raison de l'insuffisance des sommes portées au budget des dépenses fixes ; mais en ne comptant même que ce qui est payé sur les centimes centralisés, on voit que si l'allocation *fixe* était convertie en une souscription annuelle de 2,200,000 fr. pendant seize ans, cette souscription suffirait pour recueillir dans des colonies forcées 30,000 mendians avec les avantages que nous venons de rappeler.

Enfin, si, au sujet de ces calculs comparatifs, on veut récapituler les bénéfices que la Hollande a retirés de l'établissement de ses colonies agricoles, que nous avons constatés d'après des comptes officiels, on reconnaît que la Hollande, qui n'avait environ que le $\frac{1}{12}$ de la population de la France, a peuplé ses colonies intérieures de 7 à 8,000 individus, qui peuvent livrer à la culture, dans un espace de seize années, une étendue de 7 à 8,000 hectares.

Si donc on voulait appliquer ces exemples à la France, et faire, à son égard, un calcul proportionnel, on aurait à observer qu'ayant une population douze fois plus nombreuse, elle pourrait recueillir dans ses établissemens environ 100,000 individus, qui, à l'expiration de seize années, ou, si l'on veut, même de vingt, pour donner encore plus de latitude aux vraisemblances, procureraient environ 100,000 hectares de terre en bonne culture, dont l'État pourrait disposer dans son plus grand intérêt.

En calculant ainsi l'économie et les avantages que l'application du système des colonies forcées présenterait à l'État pour chaque mendiant qui y serait soumis, au lieu d'être détenu dans des maisons centrales, qui sont encore en général de vrais foyers de corruption, des espèces d'écoles de criminalité, nous désirons appeler l'attention sur le Tableau statistique (N°. 1) relatif à la population de la France, qui porte à plus de 75,000 le nombre des mendians, et à environ 1,853,000 celui des indigens en 1829 (1), et nous avions déjà eu lieu de faire observer que ce nombre s'est inévitablement accru dans les dernières commotions politiques qui ont déplacé tant d'intérêts, frois-

---

(1) Nous devons prévenir ici que ce Tableau n'est point officiel, quant au nombre des indigens et des mendians; mais on peut néanmoins compter sur son exactitude approximative, ayant été présenté par M. le vicomte *de Villeneuve* (alors préfet du département du Nord, après l'avoir été de celui de la Loire-Inférieure) à l'appui du Mémoire dont nous avons fait l'éloge, page 8, et cet administrateur, justement réputé, s'étant servi, pour ce Tableau, tant des documens qu'il avait recueillis dans divers départemens que de ceux qu'il avait trouvés près de la haute administration; cependant, nous aurons à citer des preuves de son insuffisance.

sé tant d'individus et suspendu tant de travaux.

Sûrement les bons artisans qui savent que les travaux ne peuvent avoir d'activité qu'en raison de la sécurité de ceux qui les font faire et les paient seconderont puissamment la sagesse et la fermeté du Gouvernement pour rétablir cette sécurité ; mais il faut toujours un certain temps pour raffermir la confiance quand elle a été ébranlée, et comme on doit prévenir l'extrême désespoir, on ne peut disconvenir que l'application du système des colonies forcées pour la répression de la mendicité est bien plus nécessaire en France qu'il ne l'était dans le royaume des Pays-Bas, qui possédait auparavant, comme nous l'avons dit, des institutions et des établissemens de charité et de détention, tels qu'il n'en existait nulle part de plus beaux et où l'on voyait notamment sept dépôts spéciaux de mendicité, qui ont disparu et ont été remplacés par les colonies forcées, comme étant bien plus avantageuses, tant pour l'économie que pour l'amélioration du détenu.

Ayant eu déjà lieu d'observer que l'application du système des colonies libres était de même plus nécessaire en France qu'il ne l'était dans les Pays-Bas, et en restreignant nos calculs à ce qui concerne la Hollande, parce que les colonies agricoles qui y étaient fondées, depuis huit ans, à l'époque dont nous parlons (1829), ont acquis une expérience et un développement positifs, devons-nous insister sur ce que pourrait valoir à la France l'imitation des exemples que lui offre ainsi la Hollande, si elle voulait employer les mêmes moyens en ce qui concerne les indigens, les vétérans militaires, les orphelins qui sont reçus dans les colonies libres, et les mendians qui sont détenus dans les colonies forcées.

Nous avons vu, à cet égard, que la Hollande, dont la population n'est que de 2,814,281 (1), compte dans ses colonies agricoles 7,800 individus appartenant aux classes précitées. (*Voir* la page 88.)

Pendant seize années, elle trouve pour chaque individu une économie des deux tiers de ce qui lui en aurait coûté dans les établissemens publics, et, à l'expiration des seize années, les colonies agricoles et les terres qui en dépendent appartiennent aux souscripteurs, qui y trouvent ainsi, pour chaque individu qui aura

(1) Voir la note A et le Tableau statistique qu'elle contient.

été placé et aura profité de la souscription, environ un hectare de terre qui sera passé de l'état inculte à l'état de culture de premier ordre par des travaux constamment bien dirigés, bien exécutés et favorisés par des amendemens abondans. Si donc la France, dont la population s'élevait, lors du dernier recensement fait en 1827, à 31,845,422 ames, faisait, proportionnellement à cette population, ce que la Hollande a fait proportionnellement à la sienne, en ayant déjà bien d'autres institutions et établissemens publics et de charité que ceux qui existent chez nous, la France, au bout de seize années, pendant lesquelles elle aurait économisé par chaque individu à peu près les deux tiers de ce qu'il aurait coûté dans les établissemens publics actuels (ce qui, pour environ 80,000 individus, ferait par an plus de 10,000,000 fr. de moins en charges publiques supportées de diverses manières), et on aurait acquis environ 100,000 hectares de terre, dont l'état de culture de premier ordre porterait la valeur à au moins 1,000 fr. chaque (ce qui forme un total d'environ 100,000 fr.), et nous avons vu, page 144 et suivantes, qu'un tel résultat, en se trouvant réalisé pour la Hollande, en avait amené d'autres encore plus importans pour l'agriculture, pour l'humanité, pour la sécurité et la prospérité de l'État. Nous nous réservons d'insister plus amplement sur ces considérations quand nous aurons à faire la récapitulation des avantages que la France peut retirer de l'application du système des colonies agricoles.

Application du système des colonies agricoles aux forçats libérés.

Après avoir établi les avantages qui appartiennent plus spécialement aux applications de ce système, déjà faites par la Hollande pour les cas et dans les circonstances que nous avons fait connaître, nous devons maintenant examiner, ainsi que nous l'avons annoncé, ce que ce même système aurait de praticable et d'avantageux pour d'autres cas et d'autres circonstances, qui en réclament non moins impérieusement les bienfaits importans.

Nous allons examiner d'abord ce qui concerne les forçats libérés, et pour établir notre jugement à cet égard, nous considérerons successivement, 1°. l'état actuel des choses, ses inconvéniens, ses dangers pour l'ordre social; 2°. les moyens d'y obvier par l'application du système de colonies, que nous désignerons sous le nom de *colonies de réhabilitation ;* 3°. les résultats, sous le rapport pécuniaire et surtout sous celui de l'humanité et de la sécurité publique.

Pour ce qui concerne l'état actuel des choses, nous commencerons par faire observer que, suivant le compte annuel du ministre de la justice, le nombre moyen des forçats détenus dans les bagnes est d'environ 10,500, dont à peu près 2,000 le sont à perpétuité.

D'après le dernier de ces comptes, le nombre des condamnés aux travaux forcés en 1829 a été de 1,306, savoir : 273 à perpétuité et 1,033 à temps, dont 488 pour 5 ans et le surplus pour de 5 ans à 20 ans.

Quant aux condamnations à la réclusion dans la même année, il n'y en a eu qu'une à perpétuité; il y en a eu 1,221 pour de 5 ans jusqu'à 12 ans et 806 pour 5 ans : total, 1,806.

Nous nous sommes procuré le Tableau synoptique N°. 4, que nous devons à la bienveillance de M. le comte *d'Argout*, ministre des travaux publics, et qui constate que le nombre des forçats et autres libérés placés sous la surveillance de la police, qui se trouvent en France, s'élevait au 25 avril dernier (1831) à 38,865.

Un tel nombre doit paraître alarmant quand on réfléchit sur la position dans laquelle se trouve, à l'égard de l'ordre social, le forçat libéré.

Sous ce rapport, c'est en quelque sorte en vain qu'aux yeux de la justice il a satisfait à la vindicte publique et expié son crime par la peine qui lui a servi de châtiment; pour l'ordre social, où la sécurité individuelle et celle de la famille passent avant tout, il reste passible de l'espèce de réprobation et d'effroi qui se rattachent au souvenir de son entrée et de la durée de son séjour dans le bagne: il n'est que trop notoire qu'à son départ et son entrée, il a subi des traitemens qu'on croit nécessaires à la sûreté du bagne, mais qui ajoutent encore à l'ignominie de sa punition; il n'est encore que trop notoire que nos bagnes, qui n'ont éprouvé que récemment (1830) la séparation des condamnés à perpétuité, qui sont maintenant envoyés exclusivement à Brest, sont, malgré la surveillance la plus active, des espèces de cloaques, où ce que le vice a de plus abject et le caractère criminel de plus effronté fermente comprimé sous la crainte des châtimens rigoureux qu'on juge nécessaires pour empêcher leur explosion. A sa sortie d'un tel lieu, rien ne garantit ni le repentir, ni la conversion du forçat; rien même n'assure qu'il n'est pas sorti du bagne encore plus vicieux qu'il n'y est entré : aussi police, comme responsable de la sécurité p blique, ne le laisse-t-elle sortir qu'avec une cartouche jaune qui relate son crime, sa détention, sa sortie et le lieu où il doit se rendre directement pour y rester sous la surveillance de l'autorité.

Cette mesure, où toute autre qui y suppléerait, et sans laquelle la tranquillité publique pourrait être compromise, doit signaler le forçat libéré à la honte et à la méfiance dans le lieu qu'il a cru devoir choisir pour sa résidence. Il s'y trouve ainsi encore marqué du sceau de la réprobation, et celui-là même dont le châtiment et le repentir ont opéré la conversion peut voir refuser ses services et se trouver sans ressource par suite de la crainte qu'il inspire.

Il en résulte qu'on doit considérer généralement comme en état d'hostilité contre l'ordre social cette classe d'êtres, qui, après avoir déjà commis un crime, et ayant été initiés, pendant leur détention dans le bagne, à ses pratiques les plus habiles et les plus hardies, se trouvent dans l'affreuse alternative de mourir de faim ou de commettre une mauvaise action; et cette idée, à la fois affligeante et inquiétante, n'est que trop souvent confirmée par les interrogatoires mêmes des forçats libérés pris en récidive ; car on en voit beaucoup qui, en recevant comme une chose désirée par eux leur condamnation à une détention qui leur assurera le morceau de pain dont ils étaient privés en se conduisant bien, annoncent qu'à l'expiration de leur peine la même cause leur fera subir encore le même malheur et donner le même scandale.

A l'appui de ces considérations, déjà si dignes de réflexions profondes, l'auteur doit citer la réponse qui lui fut faite, lorsqu'en recevant dans les bureaux du ministère le Tableau des libérés dont il est ici question, il témoigna sa surprise de ce qu'il s'en trouvait alors (25 avril 1831), 1,840 dans le département de la Seine, tandis qu'il leur est interdit d'approcher de la capitale dans un rayon de douze lieues : le chef de bureau, qui avait l'obligeance de lui remettre ce Tableau, lui fit observer que c'était le restant de 4 à 5,000 libérés qui avaient trouvé moyen de se trouver à Paris à l'époque du jugement des ministres, et qu'on obligea ensuite à quitter la capitale, mais par des moyens successifs, pour éviter des rassemblemens tumultueux de leur part : d'où on doit conclure qu'il peut se trouver en France plus de 30,000 individus, qui, par suite de leur position, sont aux aguets et prêts à être fauteurs des tumultes perturbateurs, et leur affluence pour les derniers événemens de Lyon vient encore de le prouver.

Quelles chances d'inquiétudes pour la sécurité particulière, d'attaques contre l'ordre public! Quel encouragement pour le grand nombre de ceux qui croient trouver dans des émeutes, les uns des occasions de pillage, d'autres des moyens de changer un ordre de choses contraire à leur intérêt, à leur ambition, à leurs systèmes! Et l'étranger lui-même ne peut-il pas calculer que ce sont nos troubles intérieurs qui lui offrent le moyen le plus sûr et peut-être même le seul d'arrêter l'élan de notre prospérité, de la faire rétrograder et de diminuer ainsi notre puissance relative?

Mais en même temps quel concours de motifs puissans pour faire espérer que le Gouvernement, qui nous donne tant de preuves de son zèle, prendra, dans les circonstances actuelles, les moyens de remédier à un état de choses qui est à la fois si affligeant pour l'humanité et si menaçant pour l'ordre social!

Et parmi ces moyens comment ne pas apprécier celui qu'a réclamé la majeure partie de nos départemens, c'est à dire la colonisation des forçats libérés? Dans le rapport qu'a fait sur ces votes nombreux M. *Barbé-Marbois*, dont nous avons déjà cité l'autorité, si respectable par ses lumières et sa propre expérience, ne concluait-il pas dès 1823, ainsi que nous l'avons vu, à ce qu'on eût recours à la colonisation agricole, quoique l'expérience n'en fût encore que très récente en Hollande? Quelle force de plus doivent prendre des argumens tels que les siens, aujourd'hui qu'une pratique d'environ dix ans a confirmé les espérances qu'on avait conçues! Si, au spectacle que présente cette simple expérience de dix années, on oppose, comme nous le faisons plus complétement ailleurs, celui qu'on voit dans la note G relative à l'Angleterre, des inconvéniens qu'ont éprouvés les divers systèmes de colonisation par transportation forcée qu'a essayés, depuis Élisabeth jusqu'à nos jours, cette nation si célèbre par son esprit public et sa puissance maritime; enfin, si on se rappelle ce que nous avons dit au sujet de la colonisation d'Alger, on restera convaincu que le vœu si généralement émis en France pour la colonisation des forçats libérés ne peut se réaliser convenablement que par l'application du système des colonies agricoles, et il est facile de reconnaître qu'elle peut s'effectuer avec facilité et même avec avantage pour l'État.

Effectivement, en suivant les exemples que donnent les colonies forcées, soit pour la construction des bâtimens, comme plus économiques et facilitant par leurs distributions les moyens de classifications; soit pour l'exploitation, comme présentant l'emploi d'un grand nombre de bras et les produits considérables de la petite culture; enfin, pour cette tenue et cette discipline militaires, qui assurent l'ordre et donnent un esprit de corps et d'émulation, même à des êtres qui en paraissaient entièrement incapables, on conçoit quel avantage aurait un tel établissement pour le forçat libéré, qui, en sortant du bagne, aurait la certitude d'y trouver des moyens d'existence proportionnés à son travail (d'après les règles dont nous avons parlé), et de mériter par sa conduite des certificats, qui, après un laps de temps, que fixeraient les réglemens comme nécessaire pour pouvoir en juger, lui seraient délivrés à sa sortie et seraient en quelque sorte pour lui un acte de réhabilitation; circonstance d'un si grand intérêt, qu'elle nous semble devoir motiver pour ces colonies le titre de *colonies de réhabilitation;* car un tel titre contribuerait encore par lui-même à l'efficacité de la mesure.

Sans prétendre tracer ici un plan d'exécution

qui exigerait de profondes méditations, nous pouvons, en nous rappelant ce qui a été dit du bagne d'Anvers qui avait quatre classes, y compris celle de grace, nous faire une idée de ce que présenteraient l'ensemble et le résultat d'une telle colonie.

Le forçat libéré qui y arriverait dirigé par l'inconvénient de n'avoir d'autre titre à produire que cette espèce d'*exeat*, dont nous venons de parler, et qui le mettrait alors bien plus en état de réprobation dans le lieu de sa résidence, serait placé dans la classe d'admission avec les notes qui lui auraient été délivrées à sa sortie du bagne. Ces notes serviraient de renseignemens sur le degré de surveillance qu'il exigerait, et la séparation des salles servirait à l'effectuer; il passerait de cette classe dans une autre qu'on pourrait appeler classe de bonne conduite, lorsqu'il aurait mérité d'y être admis; de la classe de *bonne conduite*, il passerait à la dernière classe qu'on appellerait de *réhabilitation*, et ce serait au sortir de celle-ci qu'il recevrait un certificat, qui, constatant les preuves données de sa conversion, le rendrait ainsi apte à rentrer dans le corps social, affranchi d'une réprobation dont il resterait passible sans un tel moyen. Si de telles mesures étaient adoptées, il y a lieu de croire que le forçat ayant, même pendant sa détention au bagne, la certitude d'influer sur son sort à venir par des notes bonnes ou mauvaises, chercherait à éviter ces dernières ; et pour rendre plus efficace une disposition conforme au but de la justice, on pourrait encore établir une classe de grace, comme il en existait une au bagne d'Anvers; mais en faisant passer les forçats, jugés dignes d'y être admis, dans la classe de réhabilitation de la colonie agricole dont nous venons de parler, et où ils n'exigeraient pas le tiers de ce qu'ils coûtent au bagne; car, d'après les comptes portés au budget de la marine, leur journée coûte moyennement 250 fr. (tout compris).

Cette économie servirait d'autant à compenser l'excédant qui pourrait se trouver entre les dépenses de l'établissement et le produit du travail des forçats libérés, auxquels il faudrait, pour leur émulation, payer les deux tiers de ce produit, savoir : un tiers directement payable chaque semaine, un tiers en réserve pour leur sortie, en laissant un tiers pour l'établissement.

Au surplus, il y a lieu de présumer que le forçat étant accoutumé à un travail pénible, ses travaux, bien surveillés, bien dirigés dans les colonies agricoles, seraient assez productifs pour compenser ainsi les frais de l'établissement.

Nous pouvons citer, à l'appui de cette idée, l'exemple d'un camp de 650 condamnés au boulet, que l'auteur a vus travaillant à Glomel à la tranchée du point de partage du canal de Nantes à Brest, au compte d'un adjudicataire, qui, comme de raison, n'adoptait cette mesure que parce qu'il y trouvait du bénéfice, et les détails que nous allons donner de ce camp dans l'article ci-après mettront à même d'en juger.

A ces considérations purement pécuniaires, il faut joindre ce que l'État et l'ordre social gagneraient à diminuer ainsi le nombre des récidives; on peut en juger en consultant l'article qui concerne les bagnes dans le Tableau synoptique, n°. 5, concernant la France, et qui présente la statistique de divers établissemens de détention à l'appui des observations qu'ils comportent.

On y voit que, dans les dix années expirées en 1827, le nombre des récidives a été de 27 p. 100 sortis, et que, dans les dix années finies en 1828, il a été de 33 p. 100; ce qui fait un accroissement de près d'un quart dans le nombre des récidives pour une seule année de plus en rapprochement du moment où nous parlons. Il en résulte de fortes dépenses de plus pour l'État; car les condamnations pour récidives entraînent des détentions plus longues, mais surtout de graves préjudices et même des dangers pour l'ordre social ; effectivement le forçat libéré peut être porté au meurtre par l'espoir de rendre plus difficiles les preuves nécessaires pour sa condamnation, qui, vu le cas de récidive, doit devenir plus rigoureuse : tout concourt donc à prouver la nécessité d'établir pour les forçats libérés des colonies agricoles, qu'on qualifierait de *réhabilitation*, d'après les résultats si désirables qu'on pourrait en obtenir, et ce que nous allons dire dans l'article ci-après achevera de prouver qu'on peut le faire avec facilité et sécurité.

Application du système des colonies forcées aux punitions militaires et aux condamnations par jugemens correctionnels.

Réponse aux objections relatives à la difficulté de la surveillance et aux dangers de l'évasion.

Après avoir établi les avantages que la France serait sûre de recueillir en imitant les exemples qui lui ont été donnés par la Hollande pour les cas que nous avons particulièrement signalés jusqu'ici, et après avoir reconnu la nécessité de recourir à un système pareil pour le sort des forçats libérés, l'auteur doit, conformément à ce qu'il a annoncé dans l'introduction de la deuxième partie de cet ouvrage (page 157 et suivantes), aborder maintenant les considérations non mõins importantes que présente l'application du système des colonies forcées à la punition des délits militaires, ainsi que de ceux qui font l'objet de condamnations correctionnelles à des détentions depuis et y compris un an, jusque et y compris cinq ans.

Il est essentiel de commencer par prévenir les objections que l'on peut faire contre ces applications du système des colonies forcées, en raison de la difficulté de surveiller, de maintenir dans la discipline et de faire travailler convenablement des hommes qui ont déjà surmonté la crainte du châtiment, et enfin pour rassurer contre leur évasion, qui peut devenir un objet d'alarme pour la contrée. Pour bien répondre à ces objections, nous n'emploierons, comme en toute autre circonstance relative à notre sujet, et ainsi que nous l'avons annoncé (page 158), que des faits exïstans et des autorités authentiques. Nous allons donc prendre pour point de comparaison l'exécution de travaux tout aussi assujettissans, tout aussi essentiels et difficiles à surveiller que ceux des colonies agricoles forcées, soit par leur nature, soit par la disposition et le nombre des individus employés.

C'est ainsi qu'on a vu nombre de travaux faits et bien exécutés par des prisonniers de guerre placés dans des camps composés de tentes ou de baraques informes; nous en citerons particulièrement de très remarquables qui ont été exécutés par des prisonniers espagnols, parce qu'on les regardait comme les plus opposés au travail et comme les plus disposés à la révolte. Cependant ils ont été employés par milliers sans danger pour le pays et avec utilité, notamment à des travaux de canalisation. L'auteur a vu les travaux d'un de leurs camps en baraques au point de partage de la partie du grand canal de Bretagne, qui joint la Loire à la Vilaine, en partant de Nantes et aboutissant à Redon. Il a su qu'avec des moyens de surveillance bien entendus mais faciles, ils s'y étaient bien comportés : ce sont des prisonniers espagnols, qui, au nombre de 4 à 5,000, ont en grande partie creusé les beaux bassins d'Anvers et fait les terrassemens des fortifications de la citadelle qui commande cette ville, et l'auteur a appris par M. le général *Bernard*, dont il a déjà cité la recommandable autorité, et qui dirigeait les travaux de la citadelle d'Anvers, et de M. *de Bourges*, actuellement ingénieur en chef, directeur des canaux de Briare, de Loing et d'Orléans, qui dirigeait les travaux du bassin d'Anvers, que ni l'un ni l'autre n'avaient eu de sujets de plaintes des prisonniers espagnols qu'ils avaient employés; qu'ils en avaient même été très satisfaits, malgré leur grand nombre, en employant à leur égard, d'un côté, des mesures de discipline militaire bien assurées par une fermeté juste et la crainte des peines qui devaient atteindre les infractions; de l'autre, l'espoir d'améliorer leur sort en raison de leur activité pour le travail (1).

(1) Nous devons citer ici un fait qui prouve que le concours de ce dernier moyen est nécessaire pour assurer le succès et la bonne exécution des travaux. M. *Boistard*, ingénieur d'ailleurs d'un grand mérite, et qui avait précédé M. *de Bourges*, pour la direction des travaux de creusement, l'ayant négligé en ne donnant aux prisonniers qu'un faible salaire fixe qui ne les stimulait point par l'espoir d'améliorer leur sort en raison de leurs travaux, ils les exécutaient si mal et avec tant de négligence que M. *Boistard* ne voulait plus employer ces prisonniers, qui, au contraire, satisfirent complétement M. *de Bourges* pour ces mêmes travaux, lorsqu'il leur eut assuré une

Le concours de ces deux moyens et sans l'emploi de voies plus rigoureuses avait suffi pour maintenir dans l'ordre et faire bien travailler des hommes mal disposés par eux-mêmes ; enfin, la surveillance de militaires à cheval, qui ne devaient point faire de quartier aux déserteurs, suffisait pour prévenir les évasions; cependant, c'était dans un pays dont la population était en grande partie disposée à les favoriser, en raison de son grand attachement aux pratiques du culte catholique, qui se trouvait froissé et contrarié par l'occupation militaire des Français ; tandis qu'il présentait un sujet d'intérêt pour le prisonnier espagnol qui souffrait pour cette religion.

On peut encore citer, comme un exemple de l'efficacité d'une surveillance confiée à des militaires qu'on sait bien déterminés à en remplir les devoirs, l'exemple du petit nombre de militaires qui suffit pour escorter des colonnes entières de prisonniers de guerre; il en est de même pour les colonnes de jeunes conscrits, dont un si grand nombre, marchant contre leur gré, peut désirer s'échapper en traversant des localités fa-

---

paie *à la tâche*, dont la vérification et la répartition se faisaient avec des individus choisis parmi eux.

vorables à l'évasion; mais, pour en revenir à des exemples fournis par des circonstances plus conformes à celles qui font le but de nos recherches, nous citerons les travaux qu'effectuent les condamnés militaires.

Nous pouvons d'abord établir, comme observation générale, que déjà les militaires condamnés, soit aux travaux forcés, soit au boulet, sont employés à des travaux de fortifications ou à d'autres, pour lesquels le maintien de la discipline et la répression des évasions sont assurés par des moyens qu'il serait facile et suffisant d'employer aux colonies forcées, pour ceux-mêmes qu'on oblige actuellement à traîner le boulet par suite d'une condamnation spéciale. Ce moyen pourrait être suppléé par d'autres moins rigoureux: telle serait par exemple l'espèce d'entraves, dont on se sert au bel hospice général de Saragosse, pour prévenir l'évasion des aliénés, que, dans des vues d'humanité, on laisse vaguer dans les vastes emplacemens (très grandes cours bien plantées) que renferme ce magnifique établissement; leur étendue est telle que ces cours sont traversées par un chemin public pour en éviter le détour, avec un factionnaire à chacune de ses extrémités, qui suffit alors pour empêcher l'évasion, et un poste militaire pour assurer la tranquillité (1).

On pourrait encore employer, *au besoin*, un collier de force en fer, garni à l'intérieur, ayant un crochet recourbé à sa partie correspondante à la nuque du cou, et dont *Howard* donne la description et le dessin, comme étant en usage pour les criminels employés à Berne au nettoiement des rues. Au surplus, le seul but de ces indications est de donner quelques idées des moyens qu'on pourrait employer, *au besoin*, pour intimider ou punir ceux qui voudraient s'évader, sans rien préjuger à leur égard.

Mais nous pouvons citer à l'appui des réponses qui nous occupent ici que des condamnés militaires sont employés à des travaux de canaux, où ils sont contenus et dirigés par les seuls moyens que nous avons vus être suffisamment rassurans dans les colonies forcées de la Hollande et de la Belgique.

Ainsi, des condamnés militaires ont été employés avec succès aux premiers travaux, très difficiles, du point de partage du canal d'*Ille* et

(1) Voir la description de ce procédé dans la note L, relative à la France.

Rance, et ils s'y étaient assez bien comportés pour mériter d'être amnistiés lors du mariage de Napoléon avec l'archiduchesse Marie-Louise. Des condamnés militaires, répartis en plusieurs divisions où ils étaient baraqués, ont travaillé avec succès au canal du Blavet, qui exigeait des creusemens dans le roc, et faits en lit de rivière : ce sont des condamnés militaires qui font les ouvrages de terrassement du canal de Niort à La Rochelle, auquel le Gouvernement a encore récemment alloué 190,000 fr. pour 1832. Environ 300 condamnés militaires sont employés aux travaux à Bellecroix ; mais en ne faisant que citer ces divers travaux, nous devons porter une attention plus particulière à un camp de 650 condamnés, établi dans les landes immenses de Glomel, où ils creusent la tranchée de près de 23 mètres de profondeur en maximum, qu'il a fallu pratiquer, et qui va être incessamment terminée, au point de partage de la partie du canal de Nantes à Brest, qui doit rejoindre ce premier de nos ports militaires avec ceux de Lorient et de Nantes.

Ce beau canal évitera ainsi le trajet par mer entre ces ports, dont la durée est incertaine en temps de paix, et qui, en temps de guerre, donnait lieu à des prises et pertes de munitions, qu'on a vues égaler, dans une seule année, le montant de ce qu'aura coûté ce canal, qui doit en même temps vivifier le pays et faire arriver à Brest les beaux bois de construction du Haut-Rhin, et les produits de nombre de fonderies de premier ordre, par la grande ligne navigable dont il fait partie, et qui remonte jusqu'à Bâle et Strasbourg.

L'auteur de cet ouvrage ne devait pas manquer d'examiner les principales localités de cette belle ligne navigable, dans la visite qu'il a faite de tous les canaux exécutés ou en exécution en France, pour en rendre compte dans la suite de son *Traité sur les canaux navigables*, dont il a déjà annoncé la prochaine publication : dès lors il a dû reconnaître par lui-même le camp de 650 condamnés dont il parle ici, et il a été si bien secondé à cet égard, comme pour tout ce qui concerne les grands et pénibles travaux de cette partie du canal de Nantes à Brest, par M. *de Kermel*, ingénieur en chef des ponts et chaussées, au zèle duquel on doit l'établissement et la bonne tenue de ce camp, qu'il croit devoir en faire connaître les principaux détails, comme présentant un exemple remarquable de colonies forcées du genre dont il propose l'adoption.

Description d'un camp de 650 déserteurs employés à creuser la tranchée de Glomel, au point de partage du canal de Nantes à Brest.

M. *de Kermel* a proposé et a établi, avec un zèle exemplaire, ce camp de condamnés, pour suppléer à l'embarras où le mettaient l'apathie et la méfiance de l'habitant de ces contrées, qui regardait le résultat qu'on voulait obtenir comme une véritable folie, ainsi que le peu de bras disponibles dans une contrée misérable, dont la population allait en grande partie chercher son existence dans les cantons du littoral de la Bretagne. Au milieu de ces dispositions défavorables, et dans un lieu que la misère et le défaut de communications rendaient presque désert, il lui fallut organiser les travaux nécessaires pour creuser un biez de partage de 4,100 mètres de long avec une tranchée de 3,185 mètres, dont la profondeur allait jusqu'à $22^m,468$ dans un terrain peu solide : de sorte qu'il y fallait pratiquer des talus de $1^m,50$ de base sur un mètre de hauteur, coupés par des banquettes horizontales d'un mètre de largeur à chaque hauteur de $2^m,50$, et il a trouvé, dans l'établissement du camp dont il s'agit, le moyen le plus sûr pour faire exécuter des travaux qui présentaient tant de difficultés. Voici quels ont été le plan et les mesures qui ont assuré le succès qu'il désirait, et au moyen desquels plus de 21,000,000 de mètres cubes de terre avaient été extraits de la tranchée, lors du dernier compte rendu des travaux jusqu'en 1830.

Le camp des condamnés consiste en une grande baraque en charpente couverte en genêts et paille, et close dans le bas par des murs en gazons provenant des landes environnantes.

Sa forme est celle d'un rectangle, ayant extérieurement 80 mètres de longueur sur 54 mètres de largeur.

La largeur intérieure des salles est de $5^{m},50$.

Les pièces destinées aux condamnés, la chapelle et l'infirmerie occupent les deux grands côtés du rectangle et une grande partie d'un des petits côtés. L'autre petit côté est destiné au logement des militaires et des gendarmes. Au centre de la cour est un petit massif carré, de 5 mètres de côté, contenant deux cuisines pour les condamnés, une cuisine pour les gendarmes et une autre pour l'infirmerie. Un petit bâtiment extérieur et parallèle à l'aile nord, construit en terre et couvert en paille, renferme le logement des agens, le magasin aux vivres et celui d'habillement, ainsi que le logement du chirurgien attaché à l'établissement. Pour éviter des fondations dispendieuses peu compatibles avec cet établissement temporaire, il n'existe point d'étage, le tout est au rez-de-chaussée.

La précipitation avec laquelle il a fallu improviser cette construction au milieu d'un hiver rigoureux, jointe à la difficulté des transports et à la nécessité de faire venir de loin des charpentiers plus adroits que ceux des campagnes voisines, a rendu le premier établissement plus dispendieux. Cependant, ces dépenses n'ont été que d'environ 30,000 francs, y compris l'ameublement, consistant en hamacs, couvertures, bidons, gamelles, etc.

Ce camp, ainsi établi, peut contenir 700 condamnés (1).

La nécessité reconnue d'un établissement de ce genre pour parvenir à exécuter un si grand travail dans le délai fixé a fait éprouver à l'administration des pertes assez fortes, mais bien moindres que celles qu'aurait exigées l'entretien de ces condamnés par le Gouvernement, sur un autre point où leur travail n'aurait pas

---

(1) Cette dépense de premier établissement ne reviendrait ainsi qu'à environ 50 fr. par condamné.

été aussi utile; on en a la preuve par le résultat offert pour les six années de travail, depuis le 1er. janvier 1824 jusqu'au 31 décembre 1829.

RÉSULTATS MOYENS POUR SIX ANS.

Nombre moyen d'hommes présens à l'atelier.

Ce nombre ayant été moindre dans les premières années, mais ayant été de 650 en 1828 et 1829, donne, pour terme moyen. . . . 346

Nombre moyen de journées par an.

De travail.	32,179	132,532
De relâche pour saison d'hiver et mauvais temps, vu la nature des travaux, et pour fêtes, etc.	71,245	
De paresseux ou punis. . . .	4,456	
D'hôpital ou d'infirmerie, vu l'insalubrité du creusement d'une tranchée aussi profonde.	24,652	

Les dépenses faites par l'administration pour l'entretien de l'établissement et la nourriture des condamnés, tant les jours de travail que ceux du repos, ont produit, comparées à la dépense qui serait résultée de l'emploi des ouvriers du pays pour un même nombre de jour, un déficit moyen de 62,925 fr. 46 c. (1).

Les condamnés étant des militaires déserteurs en punition, leur discipline est confiée à un officier de gendarmerie, qui commande les postes pour prévenir les évasions, tant au camp que sur les travaux. Les peines encourues sont réglées par le décret d'organisation de 1809.

L'entrepreneur des travaux du point de partage est obligé d'employer les condamnés aux déblais de la coupure lorsque la saison le permet. En général, il les occupe à la tâche, au moyen de marchés dont l'agent comptable a connaissance. Les métrages sont faits tous les

(1) Ce déficit pour six années donne 10,500 fr. par an : le nombre des condamnés détenus ayant été moyennement d'environ 500 pendant chacune des six années, il en résulte que, pour chacun d'eux, l'excédant de ce qu'il a coûté (tout compris) sur ce qu'a valu son travail, n'est que d'environ 21 francs par an pour des travaux dont la difficulté et surtout la nature obligeaient de perdre dans l'année un nombre de journées supérieur à celui qu'on pouvait employer : combien un tel exemple présente d'encouragement pour les colonies agricoles où les travaux seraient bien plus faciles à exécuter, à surveiller, bien moins susceptibles d'interruption, et pourraient être en même temps plus lucratifs !

mois contradictoirement par l'entrepreneur et le conducteur chargé de la surveillance de l'entreprise, et qui désigne les parties du travail dont il faut d'abord s'occuper.

L'insalubrité des travaux a déterminé l'établissement d'un hospice à Rostrenen.

Cet hospice est confié aux soins des Sœurs du Saint-Esprit, et un médecin est attaché à l'établissement ; d'après l'importance qu'on devait y attacher, les premiers frais d'installation dans cet édifice ont été faits par l'administration des ponts et chaussées, qui alloue 1,600 fr. par an aux Sœurs pour leur nourriture. Le mobilier a été fourni par la Guerre, qui paie, à raison d'un fr. par jour, le temps que les condamnés y passent. Les malades y sont proprement dans des salles vastes et bien aérées ; l'édifice (ancien couvent) est entouré de jardins et d'une cour où les convalescens se promènent.

Pour l'utilité du camp, deux jardins principaux ont été défrichés dans les landes, d'ailleurs entièrement stériles, qui l'environnent; les soins remarquables donnés par les détenus à cette culture et les moyens d'engrais que donne un tel établissement produisent des résultats dont l'aspect étonne au milieu d'un vaste plateau dénué de toute végétation ; on y voit entr'autres des choux et des carottes d'une beauté extraordinaire et des pommes de terre très bonnes. Ces légumes sont d'une grande ressource pour l'amélioration de leur nourriture. Les carrés de choux peuvent en produire dix à douze milliers. La superficie du terrain ainsi défriché et mis en jardin potager est d'environ 2 hectares, et s'il n'y en a pas davantage, c'est que cette quantité suffit à toute la consommation légumière du camp; cependant, ce terrain, avant d'être cultivé, ne produisait qu'une bruyère rase, sans herbe, excepté dans quelques parties marécageuses. La nature du sol est une argile contenant très peu de terre végétale.

Le nombre des militaires préposés à la garde des condamnés varie avec leur nombre. Il y a eu dans le commencement 60 gendarmes; mais ce nombre, détaché des compagnies de toute la Bretagne, faisant tort au service des départemens, l'expérience a permis de le réduire à 20. Le complément des militaires nécessaires au service a été pris dans les régimens en garnison à Saint-Brieuc, Brest ou Quimper.

Les seules mesures prises à cet égard consistent dans le bien-être des hommes dans l'établissement, autant que la localité le permet, et la crainte des peines qu'ils encourent lorsqu'ils désertent. Les évasions isolées au camp sont assez difficiles, à cause de la garde qui s'y fait jour et nuit ; mais sur les travaux, où il faut les disséminer sur une grande étendue, il est fort difficile de les empêcher tout à fait. Néanmoins elles sont très rares, parce qu'elles n'aboutissent à rien pour le condamné qui s'évade, qu'à le conduire à des peines plus longues et plus sévères. (Voir ce qui a été dit à ce sujet, page 40.)

L'auteur terminera ces détails, en disant que c'est principalement l'aspect de ce camp, de ces travaux exécutés par des condamnés libres, sans boulet, sans autre signe pour être reconnus que leur vêtement uniforme, et ne présentant que l'image d'ouvriers attachés à leurs travaux, qui l'a décidé à aller reconnaître lui-même les colonies forcées de la Hollande, pour s'éclairer davantage, par d'autres faits également positifs, sur les idées qu'il émet ici.

A des faits aussi remarquables, nous croyons superflu d'ajouter un exemple que cite *Howard* de l'efficacité d'une surveillance bien entendue, en parlant de la conduite des prisonniers qui furent employés aux travaux de construction de la prison d'Oxford. En renvoyant au surplus à ce que nous disons dans la note H, relative aux États-Unis, au sujet de semblables travaux à la construction de la prison d'Auburn, effectuée de même par des prisonniers, nous allons revenir à ce qui se rapporte directement aux cas dont nous nous occupons spécialement dans cet article pour l'application du système des colonies forcées, dont le camp des condamnés établis à Glomel, et y travaillant depuis six ans, nous offre un exemple si encourageant (1).

---

(1) En citant, comme nous venons de le faire, des exemples aussi favorables relativement aux condamnés militaires, nous ne devons pas moins porter en même temps nos observations sur ceux qui sembleraient les contredire : tel est celui qu'on pourrait voir dans un camp de 250 condamnés, qui ont été employés aux travaux du canal de Berry. Ce camp, d'abord établi entre Dravant et le Rhimbé, pour les travaux du point de partage de la partie de ce canal qui va de Saint-Amand à Bourges, fut ensuite transporté près Sancoins pour le creusement de la tranchée du point de partage de la branche de ce canal, qui se dirige vers la Loire au Bec-d'Allier; mais l'ouverture de cette tranchée, qui devait aller jusqu'à 14 mètres de profondeur, fit surgir des eaux jaillissantes, et, faute d'issue, parce que les terrains au dessous étaient encore en litige pour les indemnités, elles firent bientôt un marécage de cette localité, que l'auteur n'a pu traverser à cheval qu'avec la plus grande peine. Dès lors le découragement s'empara des condam-

Pour ce qui concerne les compagnies de discipline, il y en a huit en France, qui se composent moyennement de 2 à 300 hommes chacune; on y envoie, pour un temps assez considérable, les militaires dont l'inconduite résiste aux punitions qui sont infligées à la résidence des corps dont ils font partie; nous allons faire ici deux observations tellement frappantes qu'elles doivent suffire pour faire préférer à ce moyen de punition celui de la détention dans une colonie forcée.

---

nés; ils avaient recours à tous les moyens possibles et en employèrent même de dangereux pour leur santé, dans le but de se faire mettre à l'infirmerie; mais telle était l'insalubrité des travaux auxquels ils cherchaient ainsi à se soustraire, qu'ils y étaient attaqués du scorbut; dans moins d'un an, il en mourut 72 sur 250, et les gendarmes préposés à leur garde étaient eux-mêmes victimes de la contagion : alors on abandonna ce camp, qui était construit en baraques, à peu près dans la forme de celles de Glomel, mais mieux recrépies et couvertes ; il était placé à mi-côte, au dessus de cette espèce de marécage, dont on n'avait point eu à prévoir la formation, qui a tenu à une circonstance unique ; il en recevait ainsi les exhalaisons, et un tel exemple peut servir d'instruction pour le choix des localités quand on veut établir un camp, mais sans atténuer les avantages que présentent les autres exemples que nous venons de citer.

Effectivement, 1°. le militaire arrivé au fort dans lequel est consignée la compagnie de discipline, où il subit pour punition la privation de sa liberté, s'y trouve livré à une oisiveté dont il n'est que trop facile de calculer les déplorables effets parmi des hommes déjà livrés à l'inconduite, et qui finissent par se familiariser avec les vices les plus infames. On conçoit dès lors quel degré de corruption peuvent acquérir de plus la majeure partie de ceux qu'on punit ainsi!

Ce degré de corruption est d'autant plus regrettable que, renvoyés dans d'autres corps, à l'expiration de leur peine, ils peuvent y devenir des espèces de pestiférés pour ces jeunes couscrits sortis purs de leurs foyers champêtres, mais souvent simples et faciles, qui, en changeant les travaux si constamment actifs de la campagne contre des exercices qui laissent, surtout dans les mauvaises saisons, de grands intervalles d'oisiveté, peuvent être accessibles aux moyens par lesquels les mauvais sujets, sortis encore plus corrompus des compagnies de discipline, chercheraient à les séduire et à les familiariser avec leurs honteuses et coupables habitudes.

2°. Si un militaire était envoyé à une colonie

forcée au lieu de l'être à une compagnie de discipline où il reste oisif, inutile, et où il devient plus vicieux, il trouverait dans la première un travail *forcé*, qui deviendrait un moyen de punition bien plus sûrement efficace pour lui, et qui, en le rendant plus apte au service, meilleur au moral, serait en même temps utile au pays; quant aux moyens coercitifs qui seraient nécessaires pour assurer de tels résultats, on peut se rappeler l'efficacité de ceux dont nous avons parlé au sujet de la colonie de punition établie dans les colonies de la Hollande (voir la page 80).

Les mêmes considérations quant aux principes, les mêmes moyens quant à l'exécution, s'appliquent avec encore plus d'importance à ce qui concerne les condamnés militaires aux travaux publics ou au boulet, et ce que nous avons déjà dit au sujet du camp de Glomel nous dispense d'insister de nouveau à cet égard.

Nous observerons seulement, sous le rapport du résultat économique, que, d'après le compte rendu par le ministre de la guerre, les frais d'arrestations des déserteurs sont annuellement de 70 à 80,000 fr., y ayant une gratification de 25 fr. pour l'arrestation de chaque déserteur ramené dans son corps ou dans les ateliers de condamnés: leur nombre moyen est d'environ

3,000 par an ; les traitemens des agens, des surveillans employés pour les condamnés au boulet, de 50,000 fr., et que, vu le peu de dépense de premier établissement et d'entretien, et l'utilité des travaux agricoles dont le camp de Glomel donne l'exemple, il y aurait sûrement une grande économie à établir les déserteurs en colonies forcées pour des travaux agricoles et de défrichemens, quand ils ne seraient pas réclamés pour des travaux de fortifications; nous devons faire observer ici que ceux de canalisation se terminent et vont devenir rares, ainsi que les entreprises dont l'étendue comporterait des travaux de condamnés, après la confection des 600 lieues de canaux, que le Gouvernement doit livrer à la navigation sous deux ou trois ans, si on ne retarde point l'allocation des fonds complémentaires reconnus nécessaires(1). Enfin, on doit encore remarquer qu'on a supprimé en 1829 et 1830 le bagne de Lorient, qui était réservé aux militaires condamnés au boulet, et auxquels il faut donner une autre destination. Après avoir constaté, ainsi que nous l'a-

(1) Il doit être inutile d'observer ici que l'ouvrage que nous avons déjà eu lieu d'annoncer plusieurs fois contiendra tous les détails relatifs à ces canaux.

vions promis, la possibilité d'appliquer avec des avantages bien faits pour déterminer le système des colonies forcées aux punitions militaires, nous devons nous occuper de ce qui concerne l'application de ce même système aux condamnés par jugemens correctionnels, pour des détentions depuis et y compris un an, jusque et y compris 5 ans, en laissant de côté les condamnations au dessous d'un an, comme ne devant pas compenser par l'utilité des travaux, pendant une détention aussi courte, les frais de déplacement joints à ceux d'entretien des condamnés pour moins d'un an.

Application des colonies forcées aux détentions correctionnelles.

Nous avons déjà fait connaître sommairement, page 159 et suivantes, la puissance des motifs qui nous déterminaient à rechercher les avantages que pourrait avoir, sous tous les rapports, cette application; nous devons maintenant examiner successivement l'importance des résultats qu'on en obtiendrait et même la nécessité d'y recourir, dans l'état actuel des choses, pour les détentions par suite de jugemens correctionnels.

On sait qu'aux termes de l'article 40 du *Code pénal*, le condamné correctionnellement *doit être renfermé dans une maison de correction et y être employé à l'un des travaux établis dans cette maison, selon son choix;* mais, faute d'établissemens spéciaux pour ce genre de punition, ceux qui sont condamnés à la subir sont généralement renfermés dans les maisons centrales dont nous avons déjà parlé, avec des prisonniers condamnés au criminel. Il en résulte une espèce de violation de la loi, que nous avons déjà signalée et qu'on ne saurait trop déplorer, soit qu'on la considère en elle-même et sous le rapport de la justice et de l'humanité, soit qu'on en examine les résultats pour l'administration et l'économie politique; nous devons entrer à cet égard dans l'exposé de quelques faits qui prouveront combien il est important de remédier à un mal qui menace de devenir de plus en plus funeste; et pour faciliter l'explication et la vérification de ces faits, nous avons joint ici, sous le n°. 5, un Tableau synoptique (1)

---

(1) Ce tableau a été dressé d'après les documens officiels que présentent les comptes annuels des ministres de la justice et de l'intérieur (ce dernier étant chargé de l'administration et des dépenses des établissemens de dé-

des établissemens de détention dont il est question dans cet ouvrage, avec des colonnes qui se rapportent aux diverses observations que nous avons à faire.

En considérant d'abord ce qui se rapporte plus directement à la violation de la loi, nous devons faire observer que le nombre des détenus dans les diverses maisons centrales et les prisons, à la fin de 1829, était d'environ 34,000, parmi lesquels il s'en trouvait environ 13,500 (dont près de 3,000 de 21 ans et au dessous), qui, n'étant condamnés que correctionnellement, auraient dû, comme nous venons de le dire, n'être détenus que dans des maisons de correction et employés à l'un des travaux établis dans cette maison, à leur choix: il en résulte que plus de 13,000 individus ont à réclamer contre la société pour raison d'une violation dont on les rend victimes, avec d'autant plus d'injustice et d'inhumanité, qu'au lieu de leur infliger, conformément à la loi, un châ-

---

tention); ces documens et ceux qu'on a bien voulu communiquer à l'auteur dans les bureaux du ministère de l'intérieur, enfin les rapports faits à la Société royale pour l'amélioration des prisons, constatent également les faits que nous allons exposer.

timent propre à les corriger, on leur fait subir une peine bien autrement rigoureuse, qui doit les pervertir davantage et même les familiariser avec le crime, en les mettant en communication journalière avec des scélérats consommés, qui se font un jeu et une sorte d'honneur criminel de les rendre aussi dépravés qu'eux.

Nous avons déjà insisté sur les effets désastreux d'une telle confusion d'individus à corriger avec des individus qui doivent les porter aux crimes; mais puisque nous avons eu à citer ici le grand nombre de jeunes gens de 21 ans et au dessous qu'on expose ainsi à des chances si certaines d'une dépravation plus grande, nous ferons observer combien on doit regretter un tel régime pour ces êtres qui, dans l'aveuglement de l'inexpérience et de la vivacité de la jeunesse, ont pu s'égarer, et dont l'âme, encore accessible aux bons sentimens, pourrait être arrachée au vice, au crime même par l'heureuse influence d'une discipline sévère, combinée avec les leçons de la morale et l'habitude du travail, préservatif si puissant contre le mal; mais tel est le régime des maisons centrales, que même le travail qu'on y donne aux détenus correctionnellement est accompagné de circonstances tendantes à leur corruption et présentant des observations qui achèvent de prouver ce que nous avons déjà dit sur la préférence qu'on doit donner aux travaux agricoles.

Effectivement, les travaux industriels qu'on donne aux détenus sont au compte d'un entrepreneur, qui calcule, dans son intérêt, que le travail du détenu sera mieux fait et lui sera plus profitable en raison de la plus grande durée de sa détention, qui est déterminée par son degré de criminalité : ainsi, ce sont les plus criminels qui sont les plus recherchés, les mieux traités par l'entrepreneur ; il les stimule par des gratifications hebdomadaires qu'il leur remet directement, en les ajoutant au salaire fixé par les réglemens pour la journée, dont un tiers est payé au détenu, un tiers mis en réserve pour sa sortie et un tiers reste à l'entrepreneur, qui a, de plus, le grand avantage (bien préjudiciable à l'ouvrier honnête et libre qui ne peut soutenir une telle concurrence) d'avoir 20 pour 100 de rabais sur les prix du commerce pour l'estimation de sa fabrication dans le marché qu'on fait avec lui ; ce qui lui donne une grande latitude pour les gratifications aux détenus devenus plus habiles en raison d'une détention plus longue. Ainsi, moins la détention est longue, parce que le détenu est moins coupable, plus il est délaissé par l'entrepreneur, et cependant comme il est établi que le temps des prisonniers appartient à cet entrepreneur, on ne peut en affecter suffisamment aux instructions qui pourraient être utiles et favoriser en même temps l'amélioration morale et la position du détenu après l'expiration de sa peine : c'est beaucoup quand on peut obtenir qu'on donnera une heure par jour à l'instruction des plus jeunes, pour leur montrer à lire et à écrire, étant admis en principe que le temps du détenu appartient à l'entrepreneur.

Comme ces gratifications au détenu qui travaille au gré de l'entrepreneur vont jusqu'à 3 et 4 fr. par semaine, il peut les amasser dans un but coupable; mais, habituellement, il les dépense de manière à accroître encore sa dépravation et même celle des autres, par la contagion des mauvais exemples qu'il leur donne.

L'administration devant lui procurer les moyens les moins dangereux de dépenser son argent, il est d'usage que tous les dimanches on ouvre dans la prison une cantine bien fournie de viandes de toute espèce et de mets recherchés pour ceux qui ont le plus à dépenser ; à l'appui de ce qu'a vu lui-même l'auteur à ce sujet, il va citer ici le compte que rendent d'un repas de détenus MM. *Gustave de Beaumont* et *Alexis de Toqueville*, jeunes magistrats, attachés l'un au ministère public à Paris, l'autre au tribunal de Versailles, dans la notice sur le système pénitentiaire, qu'ils ont publiée avant de partir pour les États-Unis d'Amérique pour y remplir la mission qui leur était confiée par le ministère de l'intérieur, d'y reconnaître ce qui concernait les établissemens pénitentiaires (1):

---

(1) L'auteur, en lisant cette notice, dont il n'a eu connaissance qu'après le départ de ces messieurs, regretta d'y voir combien étaient erronés les renseignemens qu'on leur avait donnés sur l'état actuel de la maison de Gand, en leur faisant croire qu'*il n'en restait rien que le souvenir d'un bien qui n'existe plus* (page 26 de cette brochure), tandis qu'elle est encore aujourd'hui l'établissement de ce genre dont l'ensemble présente le plus d'avantage, et que les Anglo-Américains eux-mêmes ont déclaré avoir pris pour modèle de leurs établissemens pénitentiaires, ainsi qu'on peut le voir dans la note B, note déjà citée comme consacrée à cette maison, parce qu'elle était trop peu connue en France, et parce qu'elle prouvait la haute idée que la Belgique attachait aux colonies agricoles, puisqu'elle adoptait leur système, alors même qu'elle possédait déjà une maison où les mesures répressives de la mendicité étaient réunies aux moyens de détention les

« Doutant nous-mêmes qu'un pareil ordre de » choses pût exister comme on le disait, nous » avons pris la peine d'aller à Poissy, un di- » manche, à l'heure du repas des détenus : nous » ne saurions rendre l'impression profonde et » pénible qu'a fait naître en nous la vue du ré- » fectoire. Qu'on se figure plusieurs centaines » d'hommes dont presque tous avaient les stig- » mates de la corruption et du vice imprimés » sur la face, occupés gaiement à manger et

---

mieux entendus jusqu'alors. Par exemple, on peut voir dans cette note que les abus dont nous gémissons ici n'y existent pas, à cause de la discipline ferme et régulière qui règne dans la maison, et qui est une suite, 1°. des classifications des détenus et du silence absolu dans les réfectoires ; 2°. de la sage précaution qui fait mettre à la cantine une taxe en sus du prix réel des vivres recherchés et dont le profit tourne en gratifications ; 3°. de la règle qui réduit la portion du détenu dans son salaire du 1/3 au 1/8, en raison de la durée de sa détention et de sa criminalité ; 4°. et enfin, parce que, pour le genre du travail, on y occupe les détenus à tout ce qui concerne les toiles de l'armée, de manière à procurer à l'état un excédant annuel d'environ 100,000 fr. sur ce que coûte l'établissement, qui renferme plus de 1,200 détenus. (Nous avons déjà fait observer combien de tels exemples mériteraient d'être imités en France, et avec spécialité, pour diverses fournitures de l'armée. (Voir, p. 24.)

» à boire, dans l'oubli grossier de leur position
» et de leur ignominie ; on les voyait réunis
» par sociétés autour de tables bien servies, pa-
» raissant avoir le vin à discrétion, tant les pré-
» cautions sont mal prises pour en empêcher
» l'abus : tous parlaient haut, riaient, fumaient,
» jouaient entr'eux. On avait enfin le coup-d'œil
» d'un immense cabaret : la seule différence,
» c'est que ce lieu était peuplé de misérables,
» et que la joie, au lieu d'y être franche et
» naïve, y était contrainte et ordurière. Nous
» restâmes long-temps en contemplation devant
» ce spectacle ; nous ne fûmes tirés des ré-
» flexions qu'il faisait naître en nous, que par
» la voix de notre conducteur, qui, se mépre-
» nant sur la cause de notre silence, nous
» assura avec candeur qu'il n'existait pas à
» Poissy de maison bourgeoise où l'on fît de
» meilleurs dîners. »

On conçoit quels désordres doivent résulter d'orgies pareilles ; ce qui les rend encore plus déplorables, c'est leur influence sur les jeunes gens, qui, en raison de la vivacité de leur âge, deviennent les plus turbulens et les plus incorrigibles ; d'après ce que disent les magistrats que nous avons déjà cités, il n'y a pas eu à Poissy une seule révolte dont ils n'aient été les principaux agens ; et comment pourrait-il en être autrement quand on livre ainsi la fougue de leur âge aux suggestions et à l'exemple du crime? La peine la plus sévère est celle du cachot; mais elle les punit sans les corriger. Le grand nombre de ceux qu'il faut y mettre force à en mettre plusieurs ensemble dans le même ; alors d'autres principes de désordres y fermentent encore davantage.

Ce qui tient au coucher des détenus dans cette maison, et qui est maintenant généralement adopté, mérite aussi d'être observé. On se sert de ce qu'on appelle des *galiotes* : ce sont des espèces de boîtes dont le fond est sanglé ; on y place le lit, qui se compose d'un matelas, un traversin, une paire de draps, une ou deux couvertures, suivant la saison ; pendant la journée, la galiote se dresse contre la muraille. Ce coucher a le double inconvénient d'engendrer beaucoup de vermine, malgré tous les soins qu'on emploie pour y remédier, et de favoriser les habitudes vicieuses d'individus déjà corrompus. On peut voir, dans la note (M), combien le hamac serait préférable sous tous les rapports.

Il résulte de cet ensemble d'inconvéniens que le plus grand nombre des détenus libérés, sortant de la prison encore plus pervertis, retrouvent dans la société des besoins dont ils étaient affranchis pendant leur détention, et que ne pouvant pas espérer des occasions de satisfaire leur goût pour la débauche, ils tombent en récidive; de sorte qu'on en voit qui, entrés jeunes dans cette funeste carrière, sont détenus pour la troisième et même la quatrième fois, et c'est ainsi que nous voyons dans le Tableau n°. 5, dressé d'après le compte officiellement rendu par le ministre de la justice, que le nombre des récidives, pour la maison de Poissy, est de 99 pour 100 relativement à celui des sorties, en prenant une année moyenne des dix dernières.

Voici maintenant ce que coûte à l'État le condamné correctionnellement, qui se trouve ainsi livré à une contagion morale si funeste.

L'adjudicataire de la nourriture et de l'entretien avait reçu, jusqu'en 1829, 42 centimes par jour et par détenu, outre un tiers retenu sur le prix de leur journée de travail; mais le Gouvernement paie en outre les employés, les réparations et diverses menues dépenses, ce qui peut être évalué à environ 10 centimes par jour, et porte ainsi le prix de la journée à 52 c.; cependant le terme de l'adjudication étant expiré en décembre 1830, on a procédé, le 8 dudit mois, à une nouvelle adjudication au rabais. Aucun adjudicataire ne s'est présenté, en raison de la stagnation des travaux, et les soumissionnaires actuels ont demandé, pour continuer le service, 68 centimes par jour, et une diminution dans les charges : en y ajoutant les 10 cent. en sus qui restent à la charge de l'État, comme nous venons de le dire, le détenu coûtera par année à peu près le quadruple de ce que coûte un détenu dans les colonies forcées, où il se corrige et où il convertit des terres sans produit en terres de première culture, et cela y compris les frais de premier établissement, qui, pour la maison de Poissy, ont été à environ 1,100,000 fr., quoique le terrain et des bâtimens dont on a tiré parti appartinssent déjà à l'État.

Telles sont les observations que présente une de nos maisons centrales, placée sous la surveillance de préfets qui n'arrivaient au département de Seine-et-Oise qu'après avoir fait connaître la supériorité de leurs talens administratifs ; ce qui prouve assez que le mal tient au système suivi et au défaut de classification des détenus ; d'où il en résulte malheureusement que, dans les autres maisons centrales ou prisons, des circonstances analogues produisent des abus plus ou moins semblables à ceux que nous signalons, ainsi que nous l'avons reconnu nous-mêmes dans plusieurs que nous avons visitées.

A l'appui de ces considérations et de la nécessité d'une classification des détenus, le Tableau n°. 5, que nous venons de citer, contient des observations remarquables. On y voit que, parmi les maisons centrales, celle qui présente le moins de récidive est celle de Cadillac (1), parce que n'ayant été ouverte qu'en 1822, avec des distributions convenables, et ne contenant que 315 femmes, elle n'éprouve pas ainsi cette confusion de coupables encore novices en quelque sorte, avec d'autres chez lesquels le vice ou le crime est invétéré; tandis que les maisons centrales qui présentent le plus de récidives sont celles qui se rapprochent le plus de la capitale, en raison de la quantité de malfaiteurs de profession et d'individus déjà repris de justice, qui trouvent moyen d'y abonder. Par suite de cette déplorable affluence et de la population de la capitale, le grand nombre des condamnés correctionnellement à l'emprisonnement par les

(1) C'est par faute d'impression que le nombre des récidives pour cette maison est porté dans ce Tableau à 0,24, n'étant réellement, d'après celui du ministre, que de 0,14.

tribunaux de Paris donne lieu, pour ces maisons, à un encombrement encore plus sensible et plus inévitable que celui auquel les autres sont exposées; et c'est ainsi qu'on voit les récidives pour Bicêtre s'élever jusqu'à cette proportion de 106 pour 100 sorties, qui est telle qu'elle a besoin d'être expliquée. On voit, par la note mise au bas du même Tableau, qu'une proportion si tristement étonnante tient à ce qu'on a calculé, pour le nombre des sorties, l'année moyenne des dix dernières, et on conçoit d'ailleurs combien les détenus doivent y acquérir encore de perversité, en observant que le local qui leur est affecté n'a été disposé que pour 400, et qu'on y renferme cependant 650 condamnés; les uns, correctionnellement, à un an et plus de détention; les autres, criminellement, à la réclusion ou aux travaux forcés : de sorte que, faute d'emplacement, on est obligé d'en faire coucher trois dans deux lits rapprochés, et de faire coucher dans les corridors, sur la paille, avec une seule couverture, ceux qui ne travaillent pas. (Voyez le *Rapport fait à la Société royale pour l'amélioration des prisons*, le 16 janvier 1829.) Enfin, comme celui qui travaille ne peut, étant gêné comme il l'est, y gagner moyennement qu'environ 22 francs par an, il est ainsi bien prouvé que ce n'est pas l'intimidation qui peut le plus empêcher les récidives, car ici elle devrait être à son comble, et que c'est la dépravation qui les engendre.

En se reportant à ce qui concerne l'ensemble des récidives dans le Tableau n°. 5, on y voit que leur proportion s'est accrue, de 1828 à 1829 (en calculant pour chacune de ces années l'année moyenne des dix dernières), savoir : pour les maisons de correction assujetties au régime des maisons centrales, de 0,25 à 0,46 ; pour l'ensemble des dix-neuf maisons centrales de 0,31 à 0,38, et pour les bagnes, de 0,27 à 0,33 : de sorte que les forçats libérés, malgré le malheur de leur position, que nous avons dû faire ressortir en parlant d'eux, comme les mettant souvent dans l'alternative de la faim ou d'un délit, parce qu'on repousse leur travail, présentent encore proportionnellement moins de récidives que les maisons centrales, qui, elles-mêmes, en présentent moins que les maisons dites de correction, mais qui sont assujetties à leur régime.

C'est donc surtout aux emprisonnemens par suite de jugemens correctionnels qu'il faut appliquer ces expressions d'un ministre (M. *de Martignac*), dans le rapport fait le 30 janvier 1830 à la Société royale pour l'amélioration des prisons : « Nos prisons punissent et ne corrigent pas. » Nous voyons que les faits prouvent ici que, bien loin de là, elles tendent à corrompre davantage et à rendre plus aptes au crime celui qui n'avait encouru qu'une condamnation correctionnelle.

Le dernier compte rendu par le ministre de la justice, en 1830 pour l'année 1829, rend encore plus frappantes l'exactitude et l'importance de ces observations, en constatant la progression des récidives, notamment pour ceux qui avaient subi des condamnations correctionnelles.

Le ministre rappelle d'abord ce principe que la loi, en infligeant des peines, doit vouloir qu'on ne perde jamais de vue l'amélioration morale des condamnés, et il observe qu'*il importe de constater soigneusement le mal; car, lorsqu'il sera bien connu*, dit-il, *le remède deviendra plus facile.*

Pour l'accroissement du nombre des récidives en 1829, nous allons extraire littéralement de son rapport ce qu'il contient à ce sujet :

« Il était de 756 en 1826, de 893 en 1827, de » 1,182 en 1828 ; il est maintenant de 1,334 (1),

(1) On voit ainsi que l'acroissement a été de plus des deux tiers en quatre ans.

» savoir : 1,157 hommes et 177 femmes. Cette » augmentation porte principalement sur les » individus qui avaient précédemment subi la » peine des travaux forcés et des peines correc- » tionnelles; le nombre des accusés libérés de » la réclusion, sur la totalité des accusés en ré- » cidive, 171 seulement étaient poursuivis » pour des crimes contre les personnes, ce qui » fait 13 sur 100. Ce rapport était de 12 en » 1828 et de 11 en 1827.

» 227 individus ont été accusés d'assassinat » en 1829 : parmi eux se trouvaient 25 condam- » nés libérés, 9 avaient précédemment subi les » travaux forcés, 3 la réclusion, 13 des peines » correctionnelles.

» Sur les 89 condamnés à mort, 20 se trou- » vaient en état de récidive, 7 avaient encouru » les travaux forcés, 2 la réclusion, 11 *des con-* » *damnations correctionnelles.*

» Parmi les 1,334 accusés qui ont récidivé, » 942 avaient déjà été condamnés pour vol; » 1,084 étaient poursuivis pour le même crime » en 1829. Ainsi, comme on l'a fait observer » dans le compte de 1828, le penchant au vol » est toujours celui qui se manifeste le plus » parmi les condamnés libérés. Pour certains » individus, le vol est en quelque sorte *un mé-*

» *tier, et loin de s'amender par les châtimens qui*
» *leur sont infligés, leur perversité s'accroît et*
» *se propage dans les prisons où ils sont détenus.*

» Outre les accusés en récidive dont je viens » de parler, 4,425 prévenus qui se trouvaient » dans le même état ont été jugés, en 1829, par » les tribunaux correctionnels. Parmi eux se » trouvaient 3,467 hommes et 958 femmes.

» Sur la totalité de ces prévenus, 3,242 avaient » précédemment subi une seule peine, 727 » avaient été condamnés deux fois, 260 trois » fois, 94 quatre fois, 41 cinq fois, 23 six fois, » 14 sept fois, 9 huit fois, 15 de neuf jusqu'à » cinquante-sept fois.

» En additionnant ensemble les accusés et les » prévenus en récidive jugés en 1829, on trouve » pour total 5,759.

» Parmi les accusés en récidive, 967 n'avaient » subi qu'une seule condamnation quand ils » ont été jugés de nouveau, 259 avaient déjà » été condamnés deux fois, 76 trois fois, » 17 quatre fois, 11 cinq fois, 1 sept fois, et » 1 huit fois. Sur les huit condamnations que » ce dernier avait précédemment encourues, » sept étaient correctionnelles et une infamante; » il a été la neuvième fois condamné aux tra- » vaux forcés à temps.

» La proportion de ceux qui ont été l'objet

» de nouvelles poursuites dans l'année de leur » mise en liberté est de 25 sur 100 pour les » forçats libérés, de 28 pour les condamnés qui » avaient subi la réclusion, de 37 pour les » condamnés à l'emprisonnement d'un an et » plus; de 42, pour les condamnés à d'autres » peines correctionnelles.

» D'autres tableaux marquent l'âge des indi- » vidus en récidive lors de la première con- » damnation et de la dernière. Il en résulte que, » sur 5,759 condamnés libérés, 1,669 n'avaient » pas encore atteint 21 ans quand ils ont com- » mis leur première faute. C'est, comme en » 1828, plus du quart.

» Si tant de jeunes gens, loin d'être corrigés » par un premier châtiment, ne rentrent dans » la société que pour s'y livrer à de nouveaux » méfaits, on doit l'attribuer en partie à ce » qu'ils sont confondus dans les prisons avec » d'autres condamnés plus expérimentés dans » le crime, qui achèvent de les pervertir. Il se- » rait donc bien vivement à désirer qu'on pût » désormais séparer les détenus dont l'âge laisse » encore quelqu'espoir, de ceux dont on n'a » plus à attendre qu'un repentir aussi rare que » tardif (1). »

---

(1) Ce passage du rapport prouve quelle serait l'utilité

Aux documens officiels que présente le ministre de la justice, nous devons joindre ceux qui se trouvent dans les comptes rendus par le ministre de l'intérieur, ainsi que dans le budget, relativement à l'accroissement de dépenses que nécessite chaque année celui des condamnations, presqu'entièrement dû à la progression des récidives parmi les détenus par jugemens correctionnels, qui, comme nous venons de le voir, s'est accrue de plus d'un tiers depuis 1825 jusqu'en 1829.

Voici le relevé des dépenses que présentent, relativement à l'entretien des détenus dans les maisons centrales et les prisons départementales, les comptes rendus et les budgets présentés aux chambres pour les années ci-après :

---

de maisons de refuge pour les détenus, au moment où ils sortent du lieu de leur détention et où ils doivent éprouver le plus de difficultés à trouver de l'ouvrage ; ces maisons de refuge seraient organisées de manière à leur en procurer en raison de leur bonne conduite : c'est ainsi qu'il en a été établi une à Lyon, par le seul zèle charitable d'un simple particulier, dont nous parlerons plus loin, et dont nous avons admiré sur les lieux les soins et les bons résultats.

	MAISONS CENTRALES.	PRISONS départementales pour entretien général.
1825. Entretien des détenus. .	2,985,000 f.	
Nourriture extraordin.	23,000	
Indemnités payées à des prisons départementales pour les détenus qu'on mettait, faute de place, dans les maisons centrales..	306,591	
TOTAL pour 1825.	3,314,591 f.	3,588,627
1828. Entretien des détenus. . .	3,351,196 f.	
Fournitures extraordin.	11,021	
Indemnités comme ci-dessus.	292,185	
TOTAL pour 1828.	3,654,402 f.	3,799,000
Budget pour 1832 (d'après les dépenses faites en 1831).		
Entretien des détenus...	3,900,000 f.	
Fournitures extraordin.	60,000	
Indemnités pour détenus dans des prisons départementales, comme ci-dessus.	180,000	
TOTAL pour 1832 (d'après les dépenses faites en 1831). .	4,140,000 f.	3,867,000
Si de ces dernières sommes on déduit ce qui est calculé ci-dessus pour les dépenses faites en 1825.	3,314,591	3,588,627
on reconnaît qu'il y a eu, pour les cinq années écoulées depuis 1825 jusqu'en 1831, un accroissement en dépense de.	825,409	278,373

Faisant, au total. 1,103,782
ce qui revient à plus de 200,000 f. par an.

On peut encore observer, d'après ces calculs positifs, que cet accroissement de 1,103,782 fr. de dépenses, dans les cinq années dont il s'agit, est le septième de ce qui était dépensé à leur origine, c'est à dire en 1825, et qu'en ayant à prévoir ainsi un accroissement d'un septième tous les cinq ans, on pourrait doubler en trente-cinq ans la dépense actuelle, qui, comme on le voit, monte à 8,016,000 fr., dont 4,149,000 fr. pour l'entretien des détenus dans les maisons centrales, et le surplus pour l'entretien de ceux qui sont dans les prisons départementales, indépendamment de l'accroissement des frais de justice, qui, suivant le compte du ministre, s'élèvent à environ 3,500,000 fr., et dont la progression devrait être proportionnée à celle que nous calculons ici pour les condamnés : d'où il résulte que la marche actuelle des choses affligeantes dont nous nous occupons ici donnerait le triste présage d'une dépense honteuse d'environ 24,000,000 fr. dans trente-cinq ans, si elle devait continuer.

Ainsi, sous le rapport pécuniaire, comme sous celui de la sécurité publique, et pour l'ordre social, il est prouvé que l'État subit, comme nous l'avons annoncé dans l'introduction de notre deuxième partie, la juste punition de sa prévarication à la loi envers les condamnés par jugement purement correctionnel, puisqu'ils sont livrés et à une peine plus rigoureuse que celle que la loi prescrit, et à une confusion avec des criminels qui devient pour eux un moyen de plus grande corruption, au lieu d'en offrir un de correction; tellement que leurs récidives, se propageant dans une proportion supérieure à toutes les autres classes, deviennent vraiment effrayantes; cependant, loin de nous tout désir de provoquer, à l'appui des idées que nous émettons, une sensibilité irréfléchie, ni d'élever des doutes sur le zèle de l'Administration.

Notre unique but est et doit être de nous conformer au principe fondamental, si justement rappelé par le ministre de la justice dans son dernier rapport que nous venons de citer, et, comme il le veut, de *constater soigneusement le mal, parce que, lorsqu'il est bien connu, le remède en est plus facile.*

Maintenant que nous avons sondé la plaie, cherchons donc le meilleur moyen de la guérir; et en considérant les efforts qu'a faits jusqu'à présent l'Administration, jugeons bien ce qu'elle peut faire encore, et si ses moyens sont suffisans pour atteindre son but, ou si la force des circonstances ne lui impose pas l'obligation d'en rechercher d'autres.

Parmi les améliorations qui prouvent son zèle, il en est qui présentent des inconvéniens dont on ne pourrait se dispenser de calculer l'importance. Tels sont ceux qui se rattachent aux travaux industriels confiés aux détenus, avec les motifs les plus louables, mais qui rappellent ce que nous avons déjà dit du principe établi par le Gouvernement anglais, qu'on ne devait pas ériger en manufactures des maisons de détention où le détenu, n'ayant aucune charge à supporter, peut travailler moyennant un salaire dont la modicité exclurait la concurrence des établissemens particuliers qui, ayant à acquitter sur leur gain les dépenses de loyer, d'entretien, d'avances pour les matières premières, de patentes, etc., et à courir encore des chances de perte, se trouveraient ruinés et réduits à envier le sort du détenu, sans le déshonneur et la dépravation qui l'accompagnent. Nous avons renvoyé à la note G, qui concerne l'Angleterre, les détails relatifs à la pratique des travaux improductifs que ce Gouvernement a généralement adoptés d'après les motifs dont un administrateur (M. le comte *d'Argout*), qu'on s'applaudit de voir au nombre de nos ministres, signalait lui-même l'importance dans la séance du 24 janvier 1828, au sujet d'un rapport à la Société royale pour l'amélioration des prisons pour l'année 1827.

Le Ministre (M. *de Martignac*) qui faisait ce rapport y annonçait, comme un sujet de satisfaction, que, sur une population moyenne de 17,800 détenus dans les 19 maisons centrales, 14,800 avaient eu une occupation constante; que le produit de leurs travaux s'était élevé à 1,455,000 fr., ce qui avait fait ressortir, pour chacune de leur journée, un salaire moyen de 0,33 c.; il observait que sur cette somme il avait été remis directement aux détenus par semaine un tiers, ce qui avait fait pour l'année environ 500,000 fr., qui se trouvaient généralement dissipés en un ou deux jours ; que le denier de poche provenant du tiers mis en réserve, et qui avait été remis aux détenus sortans, lequel montait à environ 63 fr. pour chaque détenu, avait été dépensé en débauches à la porte même de la maison (1).

Voici les expressions que dictait à M. le comte *d'Argout*, sur cette partie du rapport, la sage prévoyance d'un habile administrateur.

---

(1) Par les rapports subséquens, on voit que la journée du détenu s'est augmentée, et que son denier de poche, à sa sortie, montait moyennement à 70 fr.

« Ces dix-neuf établissemens, renfermant
» 19,400 ouvriers, ne sont-ils pas des manufac-
» tures susceptibles de nuire aux industries éta-
» blies comme aux industries nouvelles? La dif-
» férence de condition entre l'ouvrier condamné
» et l'ouvrier libre est, relativement à la société
» comme aux individus eux-mêmes, tout en fa-
» veur des premiers. »

Il cite le parti qu'avait pris l'habile directeur du dépôt de Nîmes, qui y avait établi des ateliers de travail dont le succès fut tel, que les ouvriers extérieurs ne pouvaient plus soutenir la concurrence sans perdre leur nécessaire. Sur leurs plaintes, dont on reconnut la justice, il fut décidé que les objets manufacturés au dépôt ne pourraient être vendus qu'aux prix les plus élevés du commerce; et ces observations sont d'autant plus intéressantes, que, comme nous l'avons déjà dit, le détenu gagne en raison de son habileté, qui elle-même est proportionnée à la durée de sa détention, c'est à dire à son degré de culpabilité : ainsi, les comptes rendus pour les prisons de Paris constatent qu'à la maison de Saint-Lazare, où sont détenues les femmes condamnées criminellement et aux travaux forcés, chaque femme travaillant gagne moyennement plus de 106 fr. par an, tandis qu'aux Madelonnettes, où elles n'étaient détenues que correctionnellement et pour moins de temps, elles ne gagnaient qu'environ 22 fr. par an. Quelle est la malheureuse ouvrière à l'aiguille qui, même en se perdant les yeux par son travail, peut espérer soutenir la concurrence d'une détenue criminelle de Saint-Lazare, sans tomber elle-même dans la misère?

Nous citons ici un exemple relatif aux femmes, comme nous avons cité plus haut l'exemple relatif aux hommes, que présente le sort du détenu criminel à Poissy, qui, en raison de son gain, proportionné, comme nous l'avons vu, à la durée de sa détention et par conséquent de sa culpabilité, peut y faire des orgies tous les dimanches; tandis que le détenu correctionnellement à Bicêtre n'y gagne qu'environ 22 fr. par an (1).

Au sujet de cette concurrence du travail du condamné par la justice avec celui de l'ouvrier honnête, nous devons encore faire observer qu'elle est plus particulièrement fatale à celui-

(1) Voir, pour les journées des détenus à Bicêtre, aux Madelonnettes et à Saint-Lazare, le bel ouvrage sur la *Statistique de Paris*, par M. *Chabrol de Volvic*, préfet du département de la Seine.

ci dans les grandes villes, près desquelles les maisons centrales et les prisons sont ordinairement établies, et où l'affluence des indigens est en même temps le plus redoutable; enfin, au sujet de la dépense des détenus pendant l'année 1827, le Ministre expose, comme un avantage, que chaque journée n'est revenue qu'à 0,91 c., c'est environ 330 fr. par an; ce qui fait plus du quadruple de ce que coûte le détenu dans les colonies agricoles pendant seize années seulement, après lesquelles l'Etat trouve un bénéfice d'un hectare de terre mis en culture du premier ordre par chaque détenu.

Quel contraste présentent ainsi, sous tous les rapports, nos maisons centrales avec ces colonies forcées, qui maintiennent le détenu dans la discipline, lui donnent l'habitude du travail, lui assurent un pécule proportionné à sa conduite, et sont en définitive productives pour l'Etat.

Ces observations deviennent encore plus frappantes au moment même où nous les consignons ici; effectivement, elles trouvent une nouvelle force dans une discussion à la Chambre des députés, au sujet de la pétition des tisserands et des cordiers de la ville d'Agen, qui s'y plaignent de ne pouvoir soutenir la concurrence des métiers établis dans la maison centrale d'Eysses, d'après l'infériorité du prix de la main-d'œuvre, qui y est fixé beaucoup trop bas, et l'exemption de toutes les charges que l'industrie libre supporte; ils disent que leur industrie est presque exclusivement exploitée dans cette maison, où il n'y avait que trente métiers en 1815, et où il y en avait trois cents en 1831. (*Moniteur* du 30 novembre 1831.)

L'honorable rapporteur de cette pétition (M. *Dumon*, qui avait aussi fait le rapport sur les modifications du *Code pénal*) observait que les plaintes de ce genre se renouvellent très souvent, et qu'elles méritent toute l'attention de la Chambre.

Un honorable député, qui se distingue par son zèle et ses connaissances, M. le comte *Delaborde*, a invoqué dans cette discussion, et comme propre à éviter la concurrence dont on se plaignait, l'exemple de l'Autriche, où les détenus, renfermés dans des maisons dites d'économies, y sont employés à la confection d'objets nécessaires aux troupes, mais avec des états-majors considérables qu'il faut payer. D'après la supériorité des avantages que présente, relativement à ces établissemens, la maison de Gand, qui fait l'objet de la note B, soit pour l'économie de son administration, l'ordre et la discipline qui y règnent, soit pour ses sages mesures de mettre une taxe sur les denrées qui ne sont pas de première nécessité, pour la faire profiter à des gratifications, et enfin pour diminuer la part du détenu dans le prix de sa journée, depuis le tiers jusqu'au huitième, en raison de sa culpabilité, nous croyons, comme nous l'avons déjà dit, que cette maison offre les exemples les meilleurs à suivre ; et ce sont ces motifs qui nous ont en grande partie décidés à en donner une description complète.

Au surplus, ces questions importantes ayant été renvoyées à MM. les Ministres de l'intérieur, des travaux publics et de la justice, il nous reste encore à observer que les distinctions faites, et qui sont applicables, avec tout l'avantage dont elles sont susceptibles, aux condamnés criminels dont la détention plus longue doit rendre l'habileté plus grande, n'atténuent point ce que nous avons eu à observer en parlant des détenus par jugemens qui ne sont que correctionnels.

Nous ne devons voir, dans la digression que nous venons de faire relativement aux travaux des détenus, qu'un motif de plus de rendre hommage au zèle du Gouvernement pour diminuer les maux contraires au vœu de la loi, qui se rattachent encore à leur sort.

A cet égard, les rapports faits par le Ministre de l'intérieur à la Société royale pour l'amélioration des prisons constatent que, depuis 1814 jusqu'à la fin de 1826, on avait restauré quarante cinq prisons de chef-lieu de département; qu'il y en avait dix-neuf en construction, et qu'on avait aussi restauré cinquante-trois prisons de chef-lieu d'arrondissement.

On avait mis en état de recevoir les détenus plusieurs maisons centrales; quelques unes étaient établies dans des édifices anciens dont on changeait les dispositions, et d'autres avaient été construites entièrement. Telles étaient celle de Melun; celle de Nîmes, ouverte en 1820; celle de Riom, ouverte en 1821; celle de Caen, ouverte en 1822; celle de Cadillac, ouverte en 1822; celle de Haguenau, ouverte en 1822; et le budget de 1831 alloue 750,000 fr. *à valoir* sur les travaux d'achèvement qui s'exécutent aux maisons centrales de Beaulieu, Clermont, Clairvaux, Embrun, Fontevrault, Rennes, Riom, Limoges, Melun, Laon et le Mont-Saint-Michel, qui sont évalués 2,500,000 fr. (1)

(1) Si ces estimations ne sont pas dépassées de moitié

en sus du crédit alloué. Enfin ces rapports constatent que, de 1814 à 1830, on avait consacré à des dépenses de constructions et d'améliorations de prisons et de maisons centrales la somme de 27,680,000 fr.; ce qui fait plus du triple de ce qu'ont coûté les colonies agricoles de la Hollande, qui contiennent 7 à 8,000 individus et qui au bout de seize ans auront remboursé, par un amortissement bien assuré sur leurs produits, les capitaux et les intérêts de ce qu'elles ont coûté, et qui offriront alors, en toute propriété, 8,000 hectares de terre en culture de premier ordre, valant au moins 8,000,000 fr.

Mais il est essentiel d'observer encore qu'outre ces dépenses générales effectuées par le Trésor, nombre de départemens en avaient fait d'autres considérables et d'urgence, avec des centimes facultatifs; pour en donner une idée, nous citerons l'exemple d'un des départemens les moins riches, celui des Hautes-Pyrénées.

On voit, dans le même rapport, que ce département, dont la contribution foncière ne

---

en sus, au moins, en définitive dans leur ensemble, elles fourniront un exemple encore nouveau jusqu'à présent pour ce genre de constructions.

s'élève qu'à 870,000 fr., s'était ainsi imposé et avait dépensé, de 1816 à 1827, une somme de 433,000 fr. pour ses prisons (1).

Nous n'entrerons point ici dans les détails des exemples qu'un grand nombre d'autres départemens ont donnés de leur zèle à seconder les vœux de la justice et de l'humanité pour un but qu'elles rendaient si recommandable. Nous nous con-

---

(1) A la vérité, ce département était un de ceux qui prouvaient le plus l'état affreux où nos prisons étaient livrées pendant ces longues et terribles guerres qui absorbaient toutes les ressources. Nous en citons ici la preuve, parce qu'elle sert en même temps à constater le point de départ de l'administration pour les améliorations qu'elle a opérées. Voici ce que disait, dans ce rapport, M. le comte *d'Argout*, en parlant de la prison de la tour du château de Pau, qu'avait habité Henri IV.

« Je l'ai vue (en 1816) encombrée de 70 prisonniers ; » sexes, âges, crimes, tout était confondu : la maladie » la plus honteuse dévorait la majeure partie des dé- » tenus, qui tombaient en lambeaux ; des enfans même » étaient atteints de ce fléau, dont ils auraient dû igno- » rer jusqu'au nom. »

Il donnait ensuite des détails encore plus affreux sur le cachot inférieur où l'on enfermait les mutins, qui se révoltaient souvent par l'excès du désespoir, et M. le comte *d'Argout* ajoutait que douze années écoulées n'avaient point affaibli l'impression qu'il en avait reçue.

tenterons de faire observer, à cet égard, que d'après le compte ci-après relaté, les départemens se sont encore imposés à 2,851,439 francs sur leurs centimes additionnels facultatifs pour 1828, et qu'ils devaient continuer pour 1829; mais nous devons citer plus particulièrement les efforts de la capitale. Il suffira, pour en donner une juste idée, de faire remarquer que dans le compte rendu, le 29 janvier 1830, pour l'année 1829, par le Ministre de l'intérieur à la Société royale pour l'amélioration des prisons, il a exposé, entr'autres preuves de cette amélioration, quant à ce qui regarde Paris, que cette ville s'est fait autoriser, par une loi du 28 juin 1829 (1), à dépenser une somme de 11,179,997 fr. pour ses prisons; et il entre dans des explications desquelles il résulte qu'elle doit porter le nombre de ses prisons et maisons de détention jusqu'à treize, pour assurer ainsi la séparation des sexes, de la jeunesse, des détenus pour dettes, des détenus provisoirement,

---

(1) Cette loi, rendue d'après une délibération du conseil général du département de la Seine pour sa session de 1828, autorise la ville de Paris à s'imposer, pendant huit ans, 2 centimes additionnels à ses trois contributions directes.

des criminels, forçats condamnés, jusqu'à leur départ, et des prostituées (1).

Les belles dispositions arrêtées par la ville de Paris, rapprochées du compte lumineux rendu sur l'état intérieur de ses prisons en 1829, par M. *Richardière*, leur inspecteur adjoint, présentent des observations trop remarquables, relativement au but qui nous occupe, pour ne pas être exposées ici.

M. *Richardière* établit, dans ce compte, qu'au 1er. avril 1828 le nombre total des détenus dans les prisons de Paris était de 4,171, dont les trois quarts appartenaient aux classes ci-après : pour vols 1,265, dont 152 enfans au dessous de seize ans; pour mendicité, 1,079; pour vagabondage 451, et par suite de prostitution 515 (2).

---

(1) D'après les mécomptes inévitables dans ces sortes de devis, il a été reconnu nécessaire, en exécutant les travaux, d'y apporter des modifications et des augmentations de dépenses, d'après lesquelles on doit s'attendre à voir ces dépenses s'élever en définitive à environ 16,000,000 fr.

(2) Le compte rendu par M. *Richardière* présente encore d'autres documens qu'il est bon de citer à l'appui d'observations que nous avons eu lieu de faire dans d'autres articles : ainsi, il constate que le nombre des individus sous la surveillance de la police, qui se trou-

Il résulte de ce dénombrement que c'est pour loger plus convenablement, plus conformément à ce que réclament la justice et l'humanité, environ 4,000 détenus, que la ville de Paris reconnaît devoir faire et s'imposer une dépense estimée à 11,179,997 fr., qui en définitive s'élevera jusqu'à environ 16,000,000 fr.; ce qui présente pour chaque détenu, qui était déjà placé quoique mal, un capital d'environ 4,000 fr. en sus de ce qui avait été dépensé originairement pour sa prison actuelle : c'est donc une

---

vaient à Paris en 1828, ne s'élevait en totalité qu'à 924, et on voit, par le Tableau statistique n°. 5, qu'il était, au 25 avril 1831, de 1,840, restant de 4 à 5,000 qui avaient trouvé les moyens de se rendre à Paris pour l'époque du procès des Ministres (voir la page 166); ce qui donne une preuve de plus de la disposition des condamnés libérés et du danger de leur affluence vers Paris, ou tout autre lieu de trouble, quand ils espèrent en trouver; on voit aussi, dans ce compte, que le nombre des vagabonds et des mendians détenus à Paris s'élevait à environ 1,500, et il y en avait, de plus, 7 à 800 à Villers-Cotterets; beaucoup d'autres vaguaient encore dans Paris, et cependant le Tableau statistique de la population n°. 1 ne porte leur nombre qu'à 1,500 pour le département de la Seine. C'est encore une preuve de ce que nous avons déjà dit de son insuffisance, qui est encore bien plus notable d'après les derniers événemens de la capitale.

espèce de complément de valeur locative annuelle, montant à environ 200 fr. par individu, qui coûte de plus pour son entretien environ 250 fr. Ce calcul de complément de loyer se trouve confirmé, et par l'estimation que nous avons déjà citée pour la maison de refuge proposée par M. *Debelleyme*, qu'on a reconnu devoir coûter environ 1,500,000 fr. pour pouvoir contenir 300 individus, et encore par le devis mis au concours d'une prison-modèle, pour servir de *maison de correction* aux femmes condamnées du département de la Seine, et qui n'en doit pas contenir plus de 400; le concours a eu lieu entre six architectes; le prix a été remporté par celui qui a présenté le devis le plus satisfaisant sous le rapport de l'économie, comme sous celui des distributions intérieures; l'adjudication des travaux a été faite le 29 septembre 1827, pour 2,918,987 fr. 31 c. Mais, en exécutant les travaux, on a reconnu, comme nous venons de le dire, la nécessité de modifications nouvelles et d'augmentations de dépenses qu'on peut évaluer à environ moitié en sus; ce qui représente, pour chaque femme, un capital d'environ 8,000 fr. équivalant à un loyer de 400, outre son entretien, qui monte à plus de 200 fr. On a vu que, dans les colonies forcées hollandaises et belges, le détenu ne coûtait (y compris les frais de premier établissement) que 70 fr. par an durant seize années, après lesquelles les établissemens coloniaux, terres et bâtimens appartiennent aux souscripteurs; et comme parmi les 4,000 détenus dénombrés ci-dessus, il y en a au moins 2,000 qui auraient pu être placés dans des colonies forcées, tels que les 1,500 vagabonds et les mendians, puisque les vieux et infirmes sont envoyés à Villers-Cotterets, et 500 parmi les condamnés correctionnels, l'adoption du système des colonies forcées aurait pu économiser à la ville de Paris plus de 500 fr. par individu pour chaque année pendant seize ans; ce qui aurait fait environ un million d'économie par an pendant seize ans, après lesquels cette ville aurait été entièremens propriétaire des établissemens coloniaux, contenant 2,000 hectares de terre en culture de premier ordre, dont elle aurait pu disposer dans son plus grand intérêt.

Nous avons cru devoir présenter ce calcul, parce que, d'après des considérations importantes que nous allons développer, il peut, jusqu'à un certain point, servir de comparaison pour les dépenses éventuelles des départemens.

Effectivement on peut considérer que Paris ne renferme dans ses prisons que moins du huitième de la totalité des détenus en France pour un an et plus, qui se monte actuellement de 33 à 34,000, non compris les bagnes.

Les prisons de Paris n'étaient pas proportionnellement plus défectueuses que celles des départemens, et même cette ville contenait des établissemens de détention qui n'existent encore que dans un très petit nombre de départemens, et qui sont vivement réclamés par l'humanité, parce que leur défaut est une des causes les plus affligeantes de l'encombrement des prisons; nous voulons parler des établissemens nécessaires pour les êtres les plus dignes de pitié, pour les aliénés. On voit, par le compte rendu dont nous venons de parler, que le Ministre y signale comme un des abus les plus déplorables cette détention confuse des aliénés avec d'autres détenus; il expose qu'il en existait 9,000 en France, dont 1,500 étaient placés convenablement à Paris, tant à Bicêtre, pour les hommes, qu'à la Salpêtrière pour les femmes; 1,500 étaient placés dans huit maisons spéciales dans divers départemens; pour le reste (5,700), un très petit nombre était précairement dans les hospices non spéciaux, qui les repoussent par le trouble qu'ils y apportent, faute de local particulier, et le très grand nombre était relégué dans le fond des prisons; et c'est ainsi que, dans le compte précédent de cette même Société des prisons, d'honorables pairs de France rapportaient en avoir vu sept couchés sur la paille dans la prison de Dunkerque, plusieurs livrés à eux-mêmes et abandonnés dans la prison de Charolles, etc. Qu'on juge du sort de ces infortunés livrés ainsi à l'emportement de prisonniers non seulement incapables de commisération, mais susceptibles de tous les actes de la brutalité la plus cruelle. Quel contraste entre de telles idées et celles que suggère ce que j'ai eu à dire (p. 140) de ce bourg de Gheel, où la bonté de l'habitant, cherchant à adoucir leur triste sort, parvient à en faire des cultivateurs dociles, même quand leurs soins charitables ne parviennent pas à les guérir par l'exercice salubre des travaux champêtres! Il est vrai qu'en entrant dans des détails si pénibles le Ministre cherche à en adoucir l'amertume en annonçant qu'on a fondé pour les aliénés vingt-cinq nouveaux établissemens spéciaux, qui seront entretenus par les fonds départementaux; mais la plupart ne sont encore qu'en projet. J'ai visité le plus avancé de tous, celui d'Orléans, dont la première pierre a été posée avec grand apparat en 1825 par Madame la duchesse de Berry, et dont, par cette raison, on avait pressé le plus la construction, pour laquelle on a cherché à imiter (non d'une manière complète, à cause du défaut d'emplacement et des dépenses, mais comme exemple à suivre), la belle maison de Saint-Yon, à Rouen, dont j'aurai à faire plus loin l'éloge; mais cet établissement d'Orléans est encore loin d'être terminé; et, préparé pour 200 aliénés, on assure que les dépenses montent déjà à environ 500,000 fr., quoique le terrain et quelques constructions appartinssent déjà à l'État (1). Ainsi quels délais, quelles dépenses, et cependant quelle urgence pour remédier à des maux si affligeans! On peut s'en faire une idée encore plus juste en observant les détails sur les causes de folie que contient la *Statistique de Paris*, due à M. *Chabrol de Volvic*, et dont nous avons déjà parlé.

On y voit que sur 1,000 aliénés on en compte, pour dénuement et misère, 71 parmi les hommes, 37 parmi les femmes; pour malheur et revers de fortune, 129 parmi les hommes, 27 parmi les femmes; pour chagrin, 73 parmi les hom-

(1) Le département du Loiret s'est encore imposé, dans la dernière session de son conseil général, à 30,000 fr. pour cet établissement.

mes, 99 parmi les femmes; pour ambition, 38; pour orgueil, 25; pour événemens politiques, 11; tous ceux-ci parmi les hommes seulement; et, parmi les femmes, pour frayeur 29; pour amour contrarié, 61; pour jalousie, 23. Or, on ne peut se dissimuler combien les traitemens bons ou mauvais peuvent adoucir ou empirer de telles aliénations.

Enfin et pour compléter ces détails, nous dirons encore que, sur ce même nombre, on compte en aliénés, par abus de liqueurs, 126 hommes et 99 femmes; ce qui donne une preuve de plus du besoin d'une bonne éducation populaire et de la répression du vice.

Mais il est nécessaire de porter ses prévisions sur d'autres circonstances, qui, si elles ne peuvent être plus intéressantes pour l'humanité, le sont peut-être encore plus pour la justice et l'ordre social.

Les modifications que le *Code pénal* vient de subir convertissent en détention d'autres modes de punition, tels que le bannissement et celui de la déportation, dont le système devait être abandonné en principe, d'après les expériences faites par l'Angleterre de ses dépenses, de ses nombreux inconvéniens et de son inefficacité, ainsi que l'expose la note G relative à ce pays;

mais les modifications qui doivent principalement fixer notre attention et déterminer nos calculs sont celles qui suppriment la peine de mort pour certains crimes, et celles d'après lesquelles la déclaration par le jury qu'il y a des circonstances atténuantes peut faire descendre la peine d'un degré ou même de deux, pour les cas où elle est encore prononcée; car ces dispositions équivalent presqu'en définitive, dans leur ensemble, à une suppression entière de cette peine. Effectivement, on doit prévoir combien il deviendra rare que, dans un jury, la majorité de sept contre cinq se prononce pour une peine que le plus grand nombre craindrait d'avoir à se reprocher, comme alarmant leur conscience ou leur imagination. Et ici on se tromperait fort si on ne calculait, pour les chances d'accroissement des emprisonnemens, que le nombre de ceux qui subissaient la peine de mort; on sait combien de jurés se refusaient à l'appliquer, et préféraient de pieux parjures, en niant la culpabilité dont ils avaient cependant la conviction, parce que leur déclaration affirmative aurait été suivie du dernier supplice. C'est ainsi qu'on voit, dans les comptes rendus, en 1830, pour la justice criminelle, que la moyenne des acquittemens pour les accusations était de 53 pour cent accusés de meurtre, de 72 pour cent accusés d'incendie, de 75 pour cent accusés d'empoisonnemens, tandis que cette proportion n'est que de 30 sur cent accusés pour vol et de 20 à 25 sur cent accusations tendantes à des emprisonnemens correctionnels.

Mais en supprimant la peine de mort, les législateurs ont été guidés par des principes qui recommandent en même temps, et chaque jour de plus en plus, le système pénitentiaire. Ce système, qui, comme nous l'avons déjà dit, fut vivement recommandé aux Anglais par *Howard*, lorsqu'il en eut observé les premiers exemples dans la maison de Gand, fut d'abord essayé par eux, après la perte des colonies de l'Amérique du Nord, mais bientôt perdu de vue par l'espèce d'enthousiasme qu'inspira, à cette époque, l'idée d'une colonie pénale dans la Nouvelle-Galles du Sud.

On voit, dans la Note (H) relative aux États-Unis, que, prenant pour modèle la maison de Gand, d'après les conseils philantropiques d'*Howard*, et ainsi qu'ils le reconnaissent eux-mêmes, ils ont adopté et pratiqué dans divers Etats de l'Union américaine ce système qui, chez eux, pouvait se recommander d'autant plus que l'homme y manquant au travail, la journée d'un bon journalier se paie moyennement un dollar et demi [environ 7 fr. 95 cent.] (1), de sorte que ces divers États peuvent trouver, dans le travail des détenus, une compensation et même un bénéfice sur les dépenses élevées qu'exige un tel système. Tout en rendant hommage aux idées philantropiques qui doivent présider aux constructions et aux mesures que commande en quelque sorte ce système, nous n'en sommes pas moins obligés de calculer les dépenses qu'il exige, afin de prendre les mesures nécessaires.

Nous avons déjà eu lieu d'observer que la ville de Londres ayant voulu construire une prison pénitentiaire, destinée à renfermer 500 détenus, y avait dépensé environ 10,000,000 fr.; ce qui, en joignant à l'espèce de valeur locative qui en résulte pour chaque individu ce que coûtent annuellement sa nourriture, son entretien, et les frais de l'établissement, faisait ressortir la dépense totale qui le concernait à une somme égale au traitement d'un lieutenant de marine royale en non-activité, ainsi qu'on le voit dans la note (G) que nous avons déjà citée. Les prisons de Genève, de Lausanne, construites dans

---

(1) Suivant M. *Warden*, ancien consul américain à Paris, auquel on doit un bel ouvrage sur la statistique et politique des États-Unis d'Amérique.

le même système, mais bien moins complétement, présentent des calculs inférieurs, d'après cette différence et le bas prix des constructions dans ce pays; celle de Lausanne, destinée à 104 détenus, a coûté 481,000 fr., et celle de Genève, qui en contient 54, a coûté 280,000 fr.

Sans prétendre qu'on doit adopter ces calculs comme inévitables, nous observerons cependant que, pour donner à des établissemens de ce genre l'ensemble nécessaire au but que la justice et l'humanité réclament, on ne peut guère espérer dépenser proportionnellement beaucoup moins que les sommes que nous venons de voir la ville de Paris s'imposer pour améliorer ses prisons, et qui présentent une moyenne de 6 à 8,000 fr. de frais de premier établissement pour chaque détenu : dès lors, quelles dépenses nous sommes obligés de prévoir pour des établissemens nouveaux, surtout en observant que, dans ce même compte rendu à la Société royale pour l'amélioration des prisons, le Ministre, après avoir dit qu'indépendamment des allocations votées par divers départemens pour leurs prisons sur leurs centimes facultatifs, ajoute, en parlant des 900,000 fr. pour les maisons centrales, qui sont alloués chaque année sur les centimes centralisés au Trésor, que cette allocation, pour l'année précédente, avait donné le moyen de placer 500 détenus de plus, et que *malheureusement cette fatalité, pour le placement, se trouve à peine en rapport avec le nombre accru, dans l'année suivante, des condamnés à un an de détention et plus;* il observe aussi dans ce même rapport que la mortalité, diminuant par les améliorations, n'éclaircit plus autant les rangs.

Ainsi donc, les 900,000 fr. alloués chaque année, pour améliorations et constructions nouvelles aux maisons centrales, ne font que satisfaire à la nécessité de placer ce nombre progressif des condamnés, que nous avons déjà vu signalé, avec tant de raison et d'une manière si pressante, par le dernier compte du Ministre de la justice.

Il en résulte qu'il reste à pourvoir aux dépenses nécessaires:

1°. Pour opérer les classifications, sans lesquelles les prisons continueraient d'accroître la dépravation des détenus au lieu de les corriger;

2°. Pour les établissemens spéciaux pour les aliénés, dont le sort est si affreux dans les prisons où on est obligé de les renfermer encore;

3°. Pour des prisons construites suivant le régime pénitentiaire, qui, ayant à remplacer désormais la peine capitale, doivent présenter au malfaiteur une intimidation telle qu'elle offre à la société une garantie équivalente : or, nous venons de voir, et on reconnaît complétement, dans la Note (G) relative à l'Angleterre, combien ce système exige de dépense de premier établissement, de surveillance, de gestion, puisqu'il y est établi, d'après un rapport officiel, que, toutes ces dépènses comprises, un détenu dans la maison de Milbank coûte à l'État autant qu'un lieutenant de marine royale en disponibilité (environ 1,600 fr.). Les idées se trouvent ainsi reportées sur ce que nous avons dit des dépenses de la ville de Paris, qui a cru devoir consacrer des dépenses qui s'éleveront, en définitive, à environ 16,000,000 fr., à donner à ses prisons les moyens de renfermer, avec les conditions réclamées par la justice et l'humanité, environ 4,000 détenus qui étaient déjà logés, et qui ne font pas la huitième partie du nombre total des détenus pour un an et plus, existans en France, qui excédait 34,000 en 1829, non compris les bagnes. Quelle extension prennent ainsi les calculs que la prudence prescrit, en sachant qu'il n'y a pas encore un seul établissement de ce genre pour lequel il n'y ait eu d'abord des promesses, des devis, des suppositions pour lesquels l'exécution a fait éprouver, en définitive, des dépassations de dépenses, qui, généralement, ont été de moitié en sus.

De tels calculs ramènent d'eux-mêmes aux observations comparatives que présente ce que nous avons exposé relativement aux colonies forcées; il résulte de ce qu'on y a vu que, sur les 900,000 fr. d'allocation annuelle pour les améliorations ou constructions des dix-neuf maisons centrales, il suffirait, en leur laissant encore 200,000 fr., de prendre 700,000 fr. par an, et pendant seize ans seulement, pour subvenir aux frais de premier établissement, et pour loger et entretenir 10,000 détenus, et qu'après les seize années, pendant lesquelles cette allocation de 700,000 fr. aurait été faite, l'État serait devenu propriétaire d'au moins 10,000 hectares de terre, passés de l'état de landes improductives en terres de culture de premier ordre, qui pourraient lui valoir au moins 10,000,000 fr. L'État aurait de plus économisé, pendant chacune de ces années, environ 1,500,000 fr., que ces 10,000 détenus lui auraient coûté de plus dans les maisons centrales, où nous avons vu qu'ils coûtent moyennement 220 à 250 fr., y compris les dépenses non supportées par l'entrepreneur adjudicataire.

Mais en examinant cette question avec toute

l'attention qu'elle mérite, on reconnaît que ces résultats pécuniaires sont encore loin d'être les plus importans : effectivement, en adoptant une telle mesure, l'État atteindrait de la manière la plus prompte, la plus économique et la plus efficace de toutes, le but que la justice et l'humanité lui prescrivent, sous peine de préjudice et de dangers dont l'imminence s'accroît de jour en jour.

Effectivement, la transportation qu'on ferait, dans des colonies agricoles forcées, de 10,000 individus jusqu'alors détenus dans les maisons centrales, donnerait les moyens de pratiquer, dans celles auxquelles on laisserait leur destination et leur caractère actuels, les classifications de sexe, d'âge et de culpabilité, et de faire disparaître ainsi cet encombrement, qui accroît à la fois le supplice du repentant et la dépravation du vicieux. Ce ne serait qu'alors qu'on pourrait réellement corriger en punissant et répondre aux vœux de l'humanité et aux dispositions du *Code pénal*. On pourrait, dans celles de ces maisons que de telles mesures pourraient laisser entièrement vacantes, former des établissemens spéciaux pour ces aliénés dont nous avons esquissé le sort déplorable, en laissant à la charité le pinceau qui doit en peindre toute l'horreur. A cet égard, nous devons citer ici, comme nous l'avons annoncé, le bel exemple que présente ce qui s'est fait pour la maison dite de *Saint-Yon,* sise dans un faubourg de Rouen, et qui, après avoir été originairement le chef-lieu des Frères de la Doctrine chrétienne, et ayant servi de dépôt de mendicité après le décret de Bonaparte que nous avons cité, a été convertie en maison spéciale pour les aliénés, où nous avons observé, avec une véritable jouissance, des distributions, des soins et un ensemble de bonne administration qui nous ont paru dignes d'être pris pour modèle, et nous croyons, par cette raison, devoir en donner ici une idée sommaire.

Cette maison, par la grandeur de son emplacement et le parti qu'on a su en tirer, présente, pour les aliénés non dangereux, des cellules ayant chacune une porte sur un des vastes corridors qui font le pourtour des différens corps de bâtimens, et des fenêtres munies de barreaux arrangés en losange, de manière à dissimuler leur malheureuse destination, avec une sortie sur de belles cours bien plantées et pourvues de promenoirs couverts pour les mauvais temps. En parcourant les chemins de ronde qui contournent ces belles cours, qui ne sont séparées les unes des autres que par des grilles en bois, et laissent ainsi la vue s'étendre, je n'ai pu m'empêcher de me rappeler ce bourg de Gheel où j'avais vu presque tous les aliénés travailler à la terre favorablement pour eux, utilement pour leurs bons hôtes, et je ne croyais pas me faire illusion en pensant que la plus grande partie des aliénés que je voyais vaguer dans ces belles cours sans querelles, sans actes de méchanceté, auraient pu travailler comme les aliénés de Gheel et pour l'amélioration de leur état et même pour l'utilité de leurs charitables hôtes (1).

---

(1) En ayant à rappeler ici le sort et le traitement des aliénés à Gheel, déjà cité, l'auteur cède au désir d'en donner une idée plus complète, en faisant connaître quelle en fut l'origine :

Une jeune fille bien née, appartenant à une famille respectable, avait eu le malheur de se livrer à un ravisseur dont elle fut bientôt abandonnée; elle en devint folle et fut enfermée; mais étant parvenue à s'échapper, elle arriva de nuit à Gheel, où sa déplorable position intéressa une famille de bons cultivateurs, qui la reçurent chez eux, et parvinrent à la guérir en la faisant participer à leurs travaux pour la dissiper. Rappelée à la raison par leurs soins, elle ne voulut plus avoir d'autre séjour ni d'autre existence que d'y consacrer à des êtres affligés du malheur qu'elle avait si bien connu des secours pareils à ceux qu'elle avait reçus. Des soins si pieux eurent un succès assez fréquent pour qu'elle laissât,

Ce bel établissement, destiné à contenir 400 aliénés hommes et femmes, mais dans des bâtimens séparés, possède des corps de logis, avec jardins bien plantés, destinés à environ 50 pensionnaires qui paient depuis 1,000 fr., jusqu'à 1,500 fr.; parmi eux, quelques uns, qui appartiennent à des familles pour lesquelles la connaissance de leur sort aurait des conséquences nuisibles, sont admis à payer moins, d'après

---

en mourant, dans ce pays l'idée d'une sainte, et l'invocation à sainte *Dymphe* (tel était son nom) est encore considérée comme un moyen d'influence sur l'aliéné et comme un espoir de plus pour sa guérison. Au surplus, l'auteur ne se permet cette citation que parce qu'il peut faire observer à ceux qui la critiqueraient que les Anglo-Américains, qu'on nous cite souvent, en ont fait un article spécial d'un rapport très remarquable fait, en 1830, à la législature, pour la construction et l'organisation d'un hospice d'aliénés; enfin, et pour achever de donner à ce trait l'intérêt que les Anglo-Américains y ont attaché, il observera encore qu'il existe à la Salpêtrière une folle qui a eu le même sort que *Dymphe*. Fille d'un honnête négociant de Cantorbéry, enlevée par un jeune lord débauché, qui l'abandonna, en partant de Paris où il l'avait amenée et en fuyant aux États-Unis, afin de se soustraire à la poursuite de ses créanciers, elle devint folle et fut placée à la Salpêtrière. Son existence consiste à marcher précipitamment d'une extrémité de la cour à l'autre,

des preuves de leur défaut d'aisance. Les soins, même les plus habituels, ceux qui se rattachent plus spécialement au traitement, comme les bains et les douches, présentent la recherche la plus charitable, la mieux entendue, et ajoutent à ce que nous avons déjà dit, en citant cette maison comme un modèle d'établissement pour les aliénés et comme supérieur, dans son ensemble, à celui d'Amsterdam, malgré sa réputation méritée.

---

cherchant toujours ce qu'elle ne peut trouver, se cachant la figure quand on la regarde, et ne s'arrêtant que quand la lassitude l'y force : elle semble chercher alors, en baissant les yeux vers la terre, si elle n'y trouvera pas enfin son tombeau. Quel contraste entre ces deux exemples ! Enfin, lorsqu'en 1828 on fit à Bicêtre de grands travaux pour l'amélioration du local destiné aux aliénés, on employa plusieurs de ces infortunés pour les transports, les remblais et déblais considérables qu'on avait à faire, et il fut avéré que, pendant la durée de cet exercice, ils donnèrent bien moins de signes de folie et se sont laissés aller à moins d'actes fâcheux : de telles réflexions, en s'accordant avec ce qu'a dit le célèbre *Pinel* au sujet du traitement des aliénés, nous ont paru mériter une note dont elles pourront faire excuser la longueur, puisqu'il s'agit ici de caractériser les mesures qu'il est indispensable de prendre pour satisfaire l'humanité, en évitant aux aliénés le sort affreux auquel le défaut d'établissemens spéciaux les condamne.

D'autres maisons, qui deviendraient de même vacantes, pourraient être disposées pour ces établissemens pénitentiaires si généralement désirés, et actuellement si indispensables par les modifications du *Code pénal* qui, comme nous venons de le voir, supprimant en quelque sorte, de fait, la peine capitale, exigent un mode d'emprisonnement qui présente à la fois l'intimidation nécessaire pour arrêter le grand coupable et les moyens les plus propres à réaliser ce but de pénitence qui sert à qualifier l'établissement et à garantir ainsi ce que réclament la sécurité publique, l'humanité et cette religion, dont on ne peut méconnaître l'empire sans saper l'ordre social.

Enfin, ce moyen paraît non seulement le plus favorable, mais encore le seul à employer avec un succès assuré, pour arrêter et même pour faire rétrograder la marche, jusqu'à présent si épouvantablement progressive, de la partie de notre budget la plus rigoureusement exigible et la plus affligeante pour la dignité du pays, comme pour cette classe des contribuables qui la supportent péniblement; nous voulons parler de la majeure partie de ces petits propriétaires composant 8,000,000 de cotes de 20 fr. et au dessous, qui paient d'avance leur contribution foncière pour une récolte à faire, et que trop souvent ils ne font pas; car cette charge est déplorable pour eux, puisqu'elle ne s'acquitte qu'en centimes additionnels des contributions directes déjà si élevés. (V. la p. 319.)

Au milieu de tant d'avantages si déterminans, nous ne devons pas nous dissimuler, néanmoins, les réclamations qu'on fera, au nom de la sécurité publique, relativement aux difficultés que doivent présenter la surveillance et la direction de détenus, dont on doit par dessus tout redouter et prévenir l'évasion.

Nous opposerons d'abord à ces réclamations, en ce qui concerne le lieu même de la détention, qu'il n'offre pas plus de difficultés dans la surveillance, et peut-être moins de danger pour la sûreté publique, étant placé dans un lieu isolé, dont toutes les approches peuvent être surveillées, même dans la plus grande distance qu'aurait à franchir le détenu échappé, que dans l'intérieur ou à la proximité d'une grande ville, parce qu'alors les moyens de surveillance extérieure sont très restreints, et que les résultats de l'évasion sont bien plus redoutables, si elle tient à quelque circonstance de force majeure, comme on vient d'en voir à Bristol une épreuve si terrible, qu'elle suffit pour servir d'exemple. Pour un lieu isolé, quelques bouches à feu chargées à mitraille et dirigées sur ses entours auraient bientôt arrêté, si ce n'est prévenu une évasion.

On pourrait encore entourer les maisons qui renferment les détenus d'une enceinte de bonnes palissades, dans l'intervalle desquelles on lâcherait de ces chiens de garde qui inspirent aux prisonniers la terreur la plus répressive; quant à ce qui concerne la surveillance extérieure pour les travaux, nous rappellerons également ce que nous avons dit à ce sujet, en renvoyant à la note N pour les moyens particuliers de prévenir ces évasions.

Pour ce qui regarde la surveillance et les moyens d'empêcher l'évasion du détenu sur le lieu de son travail, nous prierons le lecteur de se rappeler ce que nous avons déjà dit au sujet des colonies de punition, ainsi que des camps de prisonniers de guerre ou de condamnés militaires que nous avons vus occupés à des travaux bien plus difficiles et moins circonscrits, et ce que nous disons encore, dans cette même note, relativement aux moyens corporels qu'on peut employer avec la plus grande efficacité, soit envers les individus dont on aurait à redouter l'évasion, soit encore pour servir de punition et inspirer aux indociles une intimidation salutaire.

En passant ainsi en revue les moyens auxquels on peut recourir au besoin, nous ne saurions trop insister sur ceux qu'on doit employer journellement, sans cesse et partout, pour le maintien de l'ordre, de cette discipline militaire qui, comme nous l'avons déjà observé, forme à l'obéissance, donne l'esprit de corps et d'émulation à ceux-là mêmes qu'on en croirait les plus incapables. A cet égard, tout dépendra des qualités du Directeur, de la bonne tenue, de la fermeté des préposés; pour ces derniers, nous regarderions le choix parmi des sous-officiers comme une mesure tellement essentielle que nous proposerions qu'on fît une mesure ou article réglementaire du choix de ces préposés parmi des sous-officiers du génie militaire ou de l'artillerie, comme bien familiarisés avec les qualités et les habitudes qui peuvent faire marcher le mieux et le plus conformément à l'exactitude militaire des individus qu'il est si nécessaire de familiariser avec la discipline. Ce que nous venons de dire, pour l'application du système des colonies agricoles aux nouveaux cas pour lesquels nous avons reconnu que cette application présenterait les avantages les plus importans, nous met à même de calculer encore qu'il pourrait y avoir environ

40 à 50,000 individus attachés aux colonies forcées pour les cas divers dont nous parlions.

En reconnaissant, comme nous l'avons fait, que de telles colonies étaient bien plus propres à satisfaire aux vœux de l'humanité, aux ordres de la justice et aux considérations d'économie publique, que les peines infligées par condamnations pour les militaires, et que les détentions par jugemens correctionnels, qui s'effectuent avec confusion dans des prisons d'où le détenu correctionnellement sort après y avoir reçu toutes les impressions de l'exemple et des leçons du crime, nous avons lieu de reconnaître en même temps que ce serait encore un moyen d'ajouter, dans un laps de temps de seize ans, 40 à 50,000 hectares de terre (portés à un état de culture de premier ordre) aux 100,000 hectares dont nous avons déjà parlé, ce qui présenterait, en totalité, environ 150,000 hectares valant au moins 150,000,000 fr.; et comme il s'agirait généralement d'opérations faites au profit de l'Etat, une valeur aussi considérable pourrait présenter des ressources puissantes pour coopérer à des opérations pareilles à celles que faisait, comme nous l'avons dit, l'institution financière appelée *syndicat d'amortissement* dans le ci-devant royaume des Pays-Bas, et auquel ce royaume a dû ses plus grands travaux, que l'élévation de leurs dépenses aurait empêché d'entreprendre sans un tel moyen.

Nous allons terminer ce que nous avions à dire sur les applications que pourrait avoir en France le système des colonies agricoles, récapitulant les avantages qui doivent le faire préférer à tout autre moyen pour les divers cas que nous avons considérés.

Nous avons vu d'abord, au sujet des colonies libres, que nous avions un bien plus grand besoin d'en établir que n'en avaient la Hollande et la Belgique quand elles les ont adoptées, et que nous pourrions en tirer de plus grands avantages; nous l'avons prouvé en parlant de la surabondance actuelle de notre population ouvrière et indigente, de la progression du nombre des familles laborieuses que la misère force à aller s'aventurer chaque année par des émigrations au Nouveau-Monde. Nous pouvons y ajouter le nombre des réfugiés auxquels nous sommes dans le cas de donner hospitalité et secours, et qui en trouveraient de bien moins onéreux pour nous et de bien plus satisfaisans pour eux dans des colonies agricoles: tels sont des colons de Saint-Domingue, des Egyptiens, des Espagnols, des Polonais, des Italiens, auxquels nous payons plusieurs millions, et qui quelquefois, vu leur oisiveté et leur position, ont pu coopérer aux inquiétudes pour la tranquillité publique. Nous avons fait des observations analogues au sujet des enfans abandonnés d'après l'accroissement de leur nombre, qui a triplé chez nous depuis quarante ans, et nous avons vu quel avantage avaient des établissemens, tels que celui de Veenhuisen, qui rendent les garçons de bons cultivateurs et les filles de bonnes ménagères, sur tous autres établissemens, tels, par exemple, que les hospices d'orphelins à Londres que nous avons cités et qui coûtent bien plus cher.

Pour ce qui concerne les vétérans militaires, nous avons vu aussi combien notre système militaire, notre conscription, les nouvelles restrictions apportées au remplacement, rendaient plus important pour nous d'établir des colonies de vétérans, qu'il ne l'était pour la Hollande, où elles ont cependant si bien réussi, et nous avons cité les belles idées et les grandes mesures prises à cet égard par Marie-Thérèse; nous pouvons observer, qu'on pourrait même en faire un motif d'émulation de plus pour prolonger les bons services des militaires qui gagnent plusieurs chevrons. Quant aux colonies forcées, nous avons eu également à reconnaître, relativement aux exemples donnés par la Hollande, que nous étions bien plus dénués qu'elle d'établissemens qui pouvaient en tenir lieu, et nous éprouvons chaque jour davantage la nécessité d'y recourir pour la sécurité publique.

Nous avons terminé ce que nous avions à dire au sujet des exemples que nous avait déjà donnés la Hollande par ses mesures et ses succès, en reconnaissant que si nous voulions les imiter dans les proportions de notre population à la sienne, et nous pouvons dire encore dans celles de nos autres moyens, nous pourrions faire passer, dans un laps de temps de seize ans, environ 100,000 hectares de terres vagues et sans produit à l'état de terres en culture de premier ordre, qui vaudraient au moins 100,000,000 fr.; et enfin nous avons reconnu, par des calculs analogues, que les nouveaux modes d'application de colonies forcées que nous proposions pourraient ajouter encore environ 50,000 hectares aux 100,000 dont nous venons de parler. Ces dernières observations doivent paraître d'autant plus essentielles qu'on peut observer qu'au besoin il ne serait pas nécessaire d'attendre l'expiration de seize années, pendant lesquelles l'amortissement doit rembourser les dépenses faites pour les colonies, pour vendre les terres qui seraient mises en état de pleine valeur; car huit ou dix ans suffiraient pour les rendre telles, et alors la vente pourrait s'en faire à la charge d'acquitter ce qui serait dû pendant les dernières années restant à expirer sur les seize, c'est à dire 4 pour 100 d'amortissement pour chacune desdites années; mais en reconnaissant cette faculté, nous laisserons subsister l'ensemble des calculs que nous venons de faire, d'après ceux qui ont été réalisés en Hollande.

En définitive, et vu l'urgence des circonstances, nous avons cru reconnaître dans les nouveaux modes d'application que nous venons de proposer les moyens les plus prompts et les plus efficaces pour répondre à des vœux si généralement émis au nom de la justice et de l'humanité. Effectivement, des colonies forcées ainsi établies satisferaient à la fois à ce qu'on désire pour la classification d'âge, de sexe, de culpabilité, et pour la facilité de la surveillance (ainsi qu'on peut le voir par la simple inspection du plan n°. 2); pour le genre de travail le plus favorable à l'amélioration du détenu, le plus utile pour l'Etat, le plus exempt de vicissitudes et de toute concurrence nuisible pour l'ouvrier honnête; enfin pour la plus grande économie. En émettant ainsi des idées encore nouvelles avec le but que nous avons déjà annoncé de les soumettre à des lumières supérieures, nous avons espéré que de tels motifs nous préserveraient de tout reproche de présomption et nous en avons surmonté la crainte (1).

MOYENS D'EXÉCUTION.

Après avoir considéré, comme nous venons de le faire, les divers avantages que pourrait avoir en France l'application du système des colonies agricoles, il est de notre devoir de rechercher et de faire connaître les circonstances et les moyens d'exécution qui doivent en assurer les succès.

Pour constater la nature et l'existence de ces moyens, nous allons reconnaître 1°. la quan-

(1) D'après l'intérêt particulier que présentent tous ces calculs, nous avons cru devoir devancer dans la note (O) ce que nous nous proposons d'exposer avec tous les développemens nécessaires dans l'ouvrage sur les canaux navigables, dont nous avons annoncé la prochaine publication, et qui doit traiter aussi des chemins de fer, cette note contenant l'exposé sommaire de ce qui concerne *la base*, *la marche* et les résultats d'une telle institution.

tité de terres incultes qui se trouvent sur notre territoire; 2°. leurs diverses natures; 3°. les moyens d'exploitation les plus propres à en tirer le meilleur parti possible; 4°. les mesures légales qui doivent en assurer le succès; 5°. et enfin la nécessité d'y recourir.

Quantité des terres incultes existant en France.

On voit, par le Tableau n°. 2 (précité p. 173 et 174), que, sur une superficie de 52,874,614 hectares que présentent ensemble les quatre-vingt-six départemens de la France, il en existe d'incultes 7,185,475 hectares, c'est à dire environ la septième partie du territoire. Mais, comme nous l'avons fait observer dans la note à l'appui de la citation que nous venons de rappeler, cette supputation peut encore être regardée comme insuffisante, quoique faite d'après les documens officiels résultant des opérations effectuées sur les lieux mêmes par les agens des contributions directes, contradictoirement avec les délégués des communes.

Nous devons insister plus particulièrement ici sur cette observation, en citant plusieurs exemples qui l'appuient.

Ainsi, le département de l'Ardèche avait d'abord porté le nombre de ses terres vaines et vagues à 61,598 hectares; l'État n°. 2, dont il vient d'être question et qui a été dressé d'après les documens déposés aux finances, les fait monter à 137,501 : différence, 26,324 hectares; et cependant la correspondance du préfet a porté ultérieurement cette quantité à 163,825 hect. Ce même État ne porte la totalité des terres incultes du département des Hautes-Alpes qu'à 249,106 hectares, et le préfet l'a portée depuis aux deux tiers de la superficie du département; ce qui ferait environ 369,000 hectares.

Le préfet du Cantal présente comme inculte le tiers de sa superficie, tandis que cet État n°. 2 ne fait mention, à ce titre, que du dixième de cette même superficie, etc.

On voit, par ces exemples qui ne sont pas les seuls, qu'ainsi que nous l'avons déjà observé, les communes font en général tout ce qu'elles peuvent pour empêcher qu'on arrive à la connaissance exacte des landes et des terrains incultes qu'elles renferment, afin de se soustraire à des chances d'impositions ou d'autres réclamations.

On peut se faire une idée des inexactitudes qui se sont trouvées à cet égard dans les premières opérations cadastrales, quand on remarque que M. *Poussielgue*, inspecteur général des finances, observe, dans l'ouvrage qu'il a publié, en 1817, sur le cadastre, que plusieurs communes avaient obtenu d'en faire elles-mêmes l'opération sur le terrain, prétendant y trouver plus de célérité et d'économie, ce que l'expérience a complétement démenti quant à l'économie. M. *Poussielgue* observait, dans ce même ouvrage, qu'il n'y avait encore, à cette époque (1817), qu'un quart du territoire cadastré; ces circonstances expliquent d'autant plus les contradictions qui se trouvent entre les supputations faites anciennement et les résultats connus aujourd'hui, que, comme nous l'avons déjà dit, le désir d'une économie mal entendue a souvent fait employer, pour faire les opérations sur le terrain, des géomètres qui n'avaient pas le zèle et le talent qu'exigeait une opération de cette importance.

Ainsi, bien que le Tableau n°. 2, que nous citons ici, ait été dressé sur les documens officiels existans dans les bureaux du Ministère des finances, et qui ont été rédigés d'après les opérations cadastrales faites contradictoirement dans chaque canton entre les délégués des communes et les agens des contributions directes, nous pouvons encore le considérer comme insuffisant pour la quantité réelle des terres vaines et vagues qui existent en France.

Au surplus, nous ne devons pas nous en étonner, quand nous avons lieu de reconnaître dans la note G, relative à l'Angleterre (qui n'a pas moitié de notre territoire), que son cadastre, commencé en 1789, n'a pu être terminé que récemment, et que ce laps de temps a été jugé nécessaire pour lui donner toute l'exactitude désirable, et constater qu'environ deux cinquièmes de son territoire étaient encore incultes.

Il est certain que, dans cette grande quantité de terres vaines et vagues, il en existe qui, dénuées de tout moyen de végétation, sont condamnées à rester improductives : tels sont les rochers, les crêtes des grandes chaînes de montagnes, les ravins, et les pentes trop escarpées ; mais il en est beaucoup, même parmi celles que le premier coup-d'œil rangerait dans cette dernière classe, qui, n'étant pas entièrement dépourvues de terre végétale, pourraient être utilement complantées en pins, ainsi qu'un grand nombre de plages où cette espèce d'arbres réussit parfaitement. Ces plantations seraient d'un produit important par le menu bois et la résine que l'on retire, tous les trois ou cinq ans, des pins, en attendant les ressources qu'elles présenteraient à la marine et au commerce, quand les arbres auraient atteint leur croissance.

Cette grande quantité de terres vaines et vagues offre généralement autant de chances de produit, et dans nombre d'endroits des chances bien plus avantageuses, et que les landes où on a établi les colonies agricoles de la Hollande et de la Belgique (en choisissant celles qui paraissaient les plus pauvres pour mieux faire ressortir l'exemple qu'on voulait donner), et que ces terres jusqu'alors incultes, soit des montagnes de la Sierra-Morena, soit des contrées vastes et variées, où nous voyons, dans la note K, que tant d'autres États ont établi avec succès des colonies agricoles ; nous aurons même lieu de reconnaître, ci-après, que, dans nos landes, il en est beaucoup qui pourraient devenir aussi productives que les terres de Normandie, au moyen d'une culture convenable.

A l'appui de ces observations, nous allons donner d'abord quelques extraits de la correspondance de plusieurs préfets, dont les départemens comptent la plus forte proportion de terres incultes, telle que nous l'avons trouvée dans les bureaux du Ministère, qui ont bien voulu nous en aider.

Hautes-Alpes.

« Le plus grand bien que le département des Hautes-Alpes puisse attendre de l'Administration se réaliserait principalement dans la mise en valeur des graviers ou des limons immenses qui couvrent les bords de ses rivières. La Durance, le Drac, les deux Buesch se chargent d'un limon fertile qu'ils déposent sur leurs bords. Quand il est pur, le défrichement en est peu coûteux et les produits des premières années compensent le prix des travaux. Quand il est chargé de graviers, ce défrichement est plus dispendieux; mais il n'en est pas moins productif. »

« L'obstacle qui s'oppose à ce que ces terrains soient mis en valeur (*et alors la production du département serait presque doublée*) est la dépense qu'occasionerait la confection de digues indispensables pour les mettre à l'abri des inondations. »

« Sous l'administration des intendans, de grands travaux ont été exécutés, et c'est à ces travaux qu'une foule de communes doivent les plus belles portions de leur territoire. »

« Le préfet proposait d'*autoriser les communes à céder leurs communaux aux particuliers.* »

« Quant aux marais, ils formeraient, la plupart, d'assez bonnes prairies. »

(Des observations analogues s'appliquent au département des Basses-Alpes.)

Cantal.

« On évalue les terrains en friche dans le Cantal *à un tiers de la superficie. Ce sont presque partout des terrains couverts de bruyères* (1). Il n'y a presque point de marais. Les communes dénuées de ressources sont condamnées à rester dans l'état actuel, tant que les propriétaires ne pourront pas entreprendre des travaux aussi pénibles que dispendieux pour rendre ce sol ingrat productif. Ils ne font ordinairement cultiver partiellement qu'une année sur vingt, trente, quarante, même soixante ans. Dans l'intervalle, on les laisse en jachère. »

« Quant aux terrains appartenant aux communes, les Conseils municipaux, malgré les représentations souvent réitérées qui leur ont été faites par l'Administration, sont peu disposés à distraire la moindre partie des biens restés en commun, ces biens dussent-ils excéder de beaucoup les besoins pour la dépaissance des troupeaux. »

---

(1) Ce qui prouve des moyens de végétation.

Lot-et-Garonne.

Le préfet, en parlant des terres qui restent incultes, dit qu'on doit s'en prendre à l'impéritie ou à l'inconstance des personnes qui se sont livrées à leur culture, plutôt qu'au terrain lui-même. Ces landes forment généralement des pâturages, qui, pour n'être pas de la première qualité, n'en sont pas moins regardés par les habitans du pays comme propres à la nourriture de leurs bestiaux. L'établissement de prairies artificielles rendrait inutiles d'aussi grands pacages et permettrait de défricher ces vastes landes pour les soumettre à des assolemens réglés; mais cela supposerait une population infiniment plus forte que celle de ces contrées.

Bouches-du-Rhône.

Les alluvions de la Durance qui ne sont pas dans son lit sont d'une fertilité prodigieuse. Celles qui sont encore dans le lit de la rivière sont très sablonneuses, mais très propres à la culture de la garance lorsqu'elles peuvent être mises en valeur.

Des Chartreux dont le monastère était sur le bord de la rivière projetaient la mise en défense de ces terrains lorsque la révolution est survenue, on pourrait reprendre ces projets.

Les alluvions du Rhône sont, pour tout le département, d'une grande production, même celles qui sont encore sujettes aux inondations, quand elles ne contiennent pas cette quantité de sel marin qui rend le sol de la partie inférieure et maritime de la Camargue presque tout à fait improductif.

Cette partie, ainsi que les lagunes de cette contrée, pourrait être fertilisée par l'adoption d'un système de submersion analogue, sous quelques rapports, à celui qui donne aux bords du Nil leur prodigieuse fertilité. Plusieurs projets ont été présentés, à cet égard, au Gouvernement par les ingénieurs du département et de l'arrondissement d'Arles.

M. le baron *de Rivière*, correspondant de la Société royale d'agriculture, a publié, sur cette importante localité, un Mémoire d'un grand intérêt et cité avec un éloge mérité par M. le Vte. *de Villeneuve* dans sa belle *Statistique* de ce département.

Les marais et les prairies marécageuses se trouvent surtout entre les branches du Rhône et entre sa branche orientale et la Crau, ce sont des alluvions de ce fleuve d'un niveau trop bas pour avoir un écoulement naturel; quelques unes pourraient être desséchées par des moyens faciles et naturels. L'achèvement du canal d'Arles à Bouc pourra produire ce résultat pour une partie de celles de la rive gauche.

Plusieurs sociétés particulières travaillent de concert à rendre à l'agriculture environ 6,000 hectares de terre entre l'ancien bras et le bras actuel du Rhône, à son embouchure, au moyen d'endiguages établis d'une part contre l'invasion des eaux salées de la mer, d'autre part contre l'irruption du Rhône, et en colmatisant l'intérieur par des dérivations facultatives dans les momens où le Rhône charrie le plus de troubles.

Comme les relais de mer présentent, sur beaucoup de points de notre littoral, des moyens d'accroissemens notables pour l'État, nous devons faire remarquer encore ici qu'à l'embouchure du Rhône, l'État a acquis, dans les quinze dernières années, environ 400 hectares de relais qu'il a vendus avantageusement.

Divers préfets observent que, sans de nouvelles mesures pour les communaux, on attendrait en vain une amélioration réelle dans leurs contrées. Si l'on veut en acquérir la preuve, il suffit de demander quels sont les propriétaires dans le pays que l'on parcourt, partout on assignera aux communes les terrains incultes, et aux particuliers ceux qui sont couverts de bois ou cultivés.

Et c'est un système aussi absurde, aussi contraire à l'état présent de la civilisation, que l'on voudrait conserver!... De son anéantissement dépend la prospérité d'une grande partie du pays.

Avec le goût de la propriété, le besoin d'instruction se propagera; les mœurs, en devenant plus polies, deviendront plus pures; la religion, mieux comprise, sera plus universellement répandue et produira un effet plus certain; ses ministres seraient plus respectés si, d'après ce système, on les rendait usufruitiers d'une portion de terrain suffisante pour leur assurer une honnête aisance; ils donneraient à la fois une utile impulsion aux doctrines religieuses et aux améliorations agricoles, et nous verrions ainsi marcher de front tout ce qui peut contribuer au bonheur de la société.

Nous terminerons ici les extraits de la correspondance de MM. les préfets, ceux qu'on vient de voir étant applicables à d'autres localités analogues, et pouvant suffire pour faire connaître les idées de l'Administration départementale; mais nous croyons devoir y ajouter des documens plus généraux, que nous avons été à même de recueillir dans plusieurs contrées avec le secours de personnes dont les lumières, la connaissance des localités et le zèle doivent inspirer une entière confiance, et que, par cette raison, nous croyons devoir désigner ici.

Tels sont les documens que nous avons acquis en visitant, il y a quelques années, les canaux alors existans, et plus récemment les six cents lieues environ de canaux actuellement en construction, aidés du zèle obligeant et éclairé de MM. les ingénieurs des ponts et chaussées, chargés de ce travail (1).

En nous réservant de faire ressortir le mérite trop peu généralement apprécié des travaux de ces Messieurs, dans l'ouvrage dont nous avons annoncé la prochaine publication, et qui doit contenir la description de chacun de ces canaux, nous devons exprimer ici notre reconnaissance envers eux pour la bienveillance avec laquelle il nous ont aidés de leurs lumières pour

---

(1) M. *Becquey*, alors directeur général des ponts et chaussées, et dont j'avais l'honneur d'être le collègue, comme membre de la Chambre des députés, avait bien voulu me recommander particulièrement à MM. les ingénieurs, d'après la connaissance qu'il avait du but de mes voyages.

toutes nos recherches. Nous avons pu aussi trouver, quant aux moyens d'exécution, l'instruction la plus désirable près de plusieurs de nos honorables collègues de la Société royale d'agriculture et particulièrement de ceux auxquels elle a bien voulu nous adjoindre plusieurs fois pour des missions, soit à des fermes expérimentales, telles que celles de Grignon, près Versailles, et des Bergeries, près Villeneuve-Saint-Georges, où MM. *Bella* et *Camille Beauvais* donnent des exemples que les meilleurs cultivateurs des environs s'empressent de reconnaître et d'imiter, et qui ont fondé récemment des réunions agricoles annuelles, à l'instar de celles auxquelles on a attribué tant d'avantages en Angleterre; soit dans des missions au domaine d'Harcourt, comme contenant plusieurs centaines d'hectares de landes pierreuses et infertiles, plantés, il y a environ vingt ans, en arbres verts de diverses natures; missions dans lesquelles j'avais à profiter des rares connaissances de mon honorable collègue, M. *Michaux*, avantageusement connu par son bel ouvrage sur les arbres de l'Amérique du Nord, auquel on doit l'importation de trente-deux variétés utiles de ces arbres, par suite des nombreux voyages qu'il a faits par ordre du Gouvernement dans les États-Unis d'Amérique, dont il a parcouru, pendant des années entières, les plus belles forêts. Enfin, nous avions encore, pour nous aider à profiter de ces moyens d'instruction, les idées que nous procurait l'avantage d'être, depuis long-temps, membres de la Compagnie propriétaire du canal de Briare, ainsi que de son Administration, qui comprend, outre le canal, environ 8,000 arpens en terres, bois et étangs dans le pays, que la grande quantité de ses terres incultes avait fait nommer *Gâtinais*, et où cette Compagnie fait tous les ans des défrichemens et de grandes plantations de diverses natures, où on compte environ 60,000 pieds d'arbres d'alignement sur le littoral du canal (1). Enfin,

---

(1) Nous citons ici particulièrement ce canal, parce qu'il prouve que le zèle suffit pour créer une colonie, même à l'improviste. Effectivement, ce canal (le premier à point de partage qui ait existé) ayant été construit, de 1638 à 1642, par une association de propriétaires qui n'ont reçu aucun secours du Gouvernement, présente, pour son administration, des traditions d'autant plus intéressantes pour l'objet qui nous occupe ici que les anciens comptes constatent qu'il a fallu improviser, en quelque sorte, dans des lieux alors déserts une colonie de nombreux ouvriers généralement inexpérimentés, mais si bien organisés, si bien dirigés, qu'on a même

nous avions les leçons de notre propre expérience, quelqu'imparfaites qu'elles pussent être, dans une exploitation rurale qui comprenait l'éducation de chevaux, de moutons à longue laine et à laine fine, des plantations de divers genres, et qui nous a valu l'honneur d'être admis dans la Société royale d'agriculture.

Ce n'est donc qu'à l'aide de ce concours de documens relatifs aux diverses parties de la France, où se trouve la plus grande quantité de ses terres incultes, que nous croyons pouvoir

---

devancé le délai de quatre ans qui avait été imposé à la compagnie; ce qui lui a valu une récompense de Louis XIII, avec une lettre de félicitation que l'on a conservée dans les archives. Cependant il avait fallu construire des étangs ou réservoirs, qui contiennent plus de 22 millions de mètres cubes d'eau; former des rigoles alimentaires, parmi lesquelles on doit remarquer celle dite de Saint-Privé, qui n'a que 5 pieds de pente sur un développement de 22,000 mètres; dériver par cette rigole des eaux de la rivière de Loing et les faire arriver, à 81 pieds au dessus du lit naturel de cette rivière, au haut des 7 écluses accolées de Rogny, qui rachètent cette chute de 81 pieds, presque perpendiculaire, et jusqu'à présent la plus forte de ce genre qui existe; enfin, il a fallu construire le canal, qui a 54,000 mètres de long et 40 écluses.

les considérer comme présentant généralement moins de difficultés à surmonter que les landes où ont réussi les colonies agricoles de la Hollande et de la Belgique, et qui, comme nous l'avons vu, furent choisies parmi les plus stériles en apparence pour rendre l'exemple du succès plus positif.

En exceptant les rochers, les crêtes des chaînes de montagnes dépourvues de terre végétale, et les pentes trop escarpées, on peut généralement tirer utilement parti de nos 7,000,000 d'hectares de terres incultes, en adaptant à leurs diverses natures les moyens qui peuvent leur être le plus favorables.

Nous ne pouvons entreprendre de signaler ici les localités qui exigeraient des travaux spéciaux, et tels que des endiguages ou des colmates, à l'exemple de la Hollande, où nous en avons vu les résultats les plus étonnans; tels encore que des irrigations à l'exemple des canaux de *Craponne*, de Provence et de celui d'*Alaric*, qui a conservé le nom de son créateur depuis quatorze siècles et à travers tant de changemens, en fécondant la vaste et belle plaine de Tarbes; tels enfin que des desséchemens, comme ceux des étangs de Marseillette et de Capestang, au canal du midi, assainis et rendus cultivables par des procédés opposés (1). Il suffira, pour le but qui nous dirige, de présenter les moyens qui se rapportent au système d'opérations le plus généralement applicable avec succès à des colonies agricoles, telles que celles de la Hollande.

En renvoyant, pour ce qui concerne les départemens des Landes et de la Gironde, à ce qui a été publié, au sujet de leurs terres incultes, par M. *d'Haussez*, qui avait été successivement préfet de l'un et de l'autre, et qui, d'après la connaissance qu'il avait du territoire, proposait d'y établir des colonies agricoles, nous traiterons particulièrement de ce qui concerne la Bretagne, comme présentant l'ensemble le plus complet des divers exemples à créer et à suivre pour les divers genres de colonies agricoles.

On compte, dans les cinq départemens qui composent l'ancienne province de Bretagne, près de 1,000,000 d'hectares de terres incultes et qui sont de bonne qualité, excepté la crête même de la chaîne des montagnes granitiques qui la traversent de l'est à l'ouest, et dont

(1) Voir, pour les détails concernant ces canaux et ces étangs, ce que nous en avons dit dans notre ouvrage précité sur les canaux de France et d'Angleterre, chez *Bachelier* et madame *Huzard*, libraires, à Paris.

les pentes peuvent cependant, pour la plupart, recevoir des plantations(1). Les plateaux, sans présenter autant de fécondité que les vallées, sont néanmoins propres à des cultures, qui, pour être variables suivant les diverses natures du terrain, n'en seraient pas moins susceptibles de produire, et quant aux vallées, qui sont très nombreuses, on reconnaît dans les lieux où la culture existe, qu'on pourrait rendre la plus grande partie des terrains qu'on y laisse incultes aussi féconds que ceux de Normandie.

Des circonstances très remarquables achèvent de commander l'attention et doivent exciter l'émulation particulière, ainsi que le zèle du Gouvernement, pour ce qui concerne cette belle province. On trouve encore dans son intérieur des contrées dont l'habitant est aussi étranger au langage, aux habitudes et aux idées du reste de la France, que tels insulaires qui font l'objet de remarques citées comme curieuses par les voyageurs. Les habitans de ces

---

(1)		hect.		
	Finistère......	300,000		
	Morbihan....	293,133	hect.	
	Côtes-du-Nord.	193,333	893,900	(V. le Tab. n°. 2).
	Ille-et-Vilaine..	75,017		
	Loire-Inférieure	91,817		

contrées sont francs, braves, hospitaliers, constans dans leurs affections, probes, fidèles à leur parole, et attachés à leurs usages, à leur routine, au point qu'on voit des villages qui ont encore le costume et la coiffure qu'on portait du temps de la reine Anne; et cette disposition va chez eux jusqu'à une espèce d'apathie, qui fait que, dans les campagnes, ils ne se nourrissent communément que de farine de sarrasin délayée avec du lait ou de l'eau, cuite sur une tuile de fer. Leurs habitations, hors les villes et les forts villages, ne consistent qu'en huttes construites en terre, couvertes en jonc, et ne formant qu'une seule pièce, où gîtent ensemble la famille, sa vache et son porc quand elle en a un.

Ils cultivent, à la proximité de cette habitation, des champs de sarrasin, et dans quelques endroits seulement des pommes de terre au milieu de landes immenses, qui ne servent ordinairement qu'au parcours de quelques moutons chétifs, et à travers lesquelles on fait quelquefois jusqu'à dix et douze lieues sans rien rencontrer que des bruyères, des ajoncs et des genêts dont la végétation prouve cependant le parti qu'on pourrait tirer du sol; mais enfin cette vaste province, jusqu'à présent isolée en quelque sorte du reste de la France, doit acquérir une nouvelle existence en recevant de nouveaux moyens de fécondité et des sources encore inconnues de richesse et de bien-être, par cent cinquante lieues de canaux navigables, qui vont la traverser tant dans sa base principale du sud au nord, en allant de Nantes à Saint-Malo, que de l'ouest à l'est, en joignant, avec des communications intermédiaires, comme celle du port de l'Orient, notre beau port de Brest au port de Nantes, que d'autres canaux joignent à Paris et vont joindre au Rhône et au Rhin.

A ces canaux de la Bretagne se réunissent encore plus de cinquante lieues de rigoles alimentaires, qu'on pourra facilement rendre flottables à volonté, de sorte que les débouchés les plus favorables se présenteront de toutes parts aux produits que donneront les diverses contrées de la Bretagne, qui seraient en même temps fécondées par la facilité des transports des amendemens marins, qu'on sait être les plus puissans et les plus aisés à employer de tous ceux dont l'agriculture peut faire usage (1).

---

(1) Peu d'exemples suffiront pour prouver les avantages que de telles communications doivent assurer : nous avons vu la corde de bois, qui coûtait plus de 40 fr. à Brest, ne valoir que 4 fr. à Carhaix, ville qui n'en est distante que de 16 lieues, faute de communications, que

Cette dernière observation établit, pour la Bretagne, de tels points de comparaison avec le comté de Norfolk, qui passe pour le plus productif de l'Angleterre, que nous ne devons pas les omettre ici : le comté de Norfolk était anciennement considéré comme infertile et même plus généralement que ne l'est la Bretagne; l'emploi des amendemens salins vivifie tellement ses terres que l'agriculture y a pris le développement qui le fait citer comme le mieux cultivé de l'Angleterre (1).

---

cette ville va acquérir par le canal qui s'embouche à Brest.

A Pontivy (Morbihan), le bois a presque doublé aussitôt qu'on a ouvert la navigation, quoiqu'encore imparfaite, du canal du Blavet, qui fait communiquer cette ville avec Lorient.

Entre Nantes et Rédon (Ille-et-Vilaine), nous avons vu des terrains dont la valeur avait triplé en peu d'années, parce qu'ils étaient près de la partie du canal de Nantes à Brest qui joint la Loire à la Vilaine.

(1) Pour donner une idée de la culture de cette contrée, nous citerons les belles exploitations de M. *Coke*, à Olkam, qui a su porter à un produit net de 40,000 l. st. (environ 500,000 fr.) des terres qui ne rapportaient que 2,200 l. st. en 1780; résultats qui sont honorablement avérés par les grandes réunions que ce patriarche de l'agricul-

L'analogie de la Bretagne avec le comté de Norfolk avait déjà frappé *Arthur Young* lors de son voyage agricole en France pendant les années 1782, 1788, 1789 et 1790. Voici ce qu'il y disait à ce sujet.

« La vaste province de Bretagne est peut-être un des exemples les plus frappans que l'Europe puisse nous fournir de l'importance d'un bon cours de récoltes. Une grande partie de cette province est cultivée, même régulièrement cultivée, quelque barbare qu'en soit la culture; mais elle est sous un cours de récoltes si abominable, qu'elle paraît absolument en friche.

---

ture anglaise appelle chez lui chaque année, et dans lesquelles on compte environ trois cents agriculteurs qui visitent pendant trois jours tout ce qui dépend de ses exploitations en bâtimens, instrumens aratoires, bestiaux, et devant qui on exécute diverses expériences; enfin, ces réunions assistent à des distributions de prix d'encouragement, au nombre desquels il en est un qui n'est jamais gagné, c'est un prix de 100 l. st. (2,500 fr.) pour celui qui indiquera dans les cultures de M. *Coke* une plante qui leur soit nuisible (1).

(1) Ces faits, que j'avais recueillis lors de mes recherches pour ce que j'avais à dire dans mon ouvrage précité au sujet des cent canaux navigables qui ont enrichi la nation anglaise, ont encore été constatés récemment dans un ouvrage dont M. *Molard*, membre de l'Académie des sciences, a donné la traduction.

Ce fut pour moi un spectacle étonnant de voir une si misérable agriculture dans une province telle que la Bretagne, qui jouissait de quelques uns des plus beaux priviléges du royaume, qui possédait les plus belles fabriques de toiles de l'Europe, et qui, partout environnée de la mer, avait abondance de ports et un commerce brillant; mais la Flandre elle-même, en suivant un ordre de culture tel que celui de la Bretagne, deviendrait misérable. Une grande partie de cette province est propre au sainfoin; cependant on n'y en voit pas. Chaque acre que j'y vis était excellent pour les turneps et le trèfle, et *conséquemment propre au genre d'agriculture du comté de Norfolk*; mais il n'y a que du genêt et de la fougère, des bruyères et du grain; rien pour la nourriture d'hiver des bestiaux et des moutons, excepté de la paille. Rien ne prouve d'une manière plus frappante le défaut d'instruction des habitans de cette contrée, que de voir en friche la moitié d'une province où l'on peut avoir des terres à rentes perpétuelles pour 10 sous le journal. »

La nature des rentes dont parle ici *Arthur Young* a pu contribuer fortement à maintenir l'état des choses qu'il déplore si justement. Effectivement, ces rentes étaient dues, dans une grande partie de la Bretagne, par des baux à rente perpétuelle dits à *domaines congéables*, parce que le propriétaire conservait le droit de rentrer dans le bien, en remboursant au tenancier toutes les améliorations qu'il y avait faites. Il en résulte, d'une part, que ce tenancier multiplie les clôtures en haies, qui gênent l'exploitation, pour donner plus d'extension à la somme qu'il faudrait lui rembourser, et d'autre part qu'il est arrêté dans l'idée de mieux cultiver, par la crainte de faire naître chez son bailleur le désir de rentrer dans son champ, en le voyant plus productif.

Les effets de ce déplorable système commencent cependant à diminuer, car maintenant des propriétaires plus éclairés, fatigués de voir leur bien donné à une rente très modique, sans aucune chance d'accroissement à leur profit, exercent leurs droits de rentrer en possession, en remboursant au tenancier la valeur des accroissemens qu'il a faits. Il y a même des particuliers qui achètent de ces rentes pour se mettre aux droits de ceux à qui elles appartiennent, afin de rentrer en possession du bien arrenté, en remboursant les accroissemens du tenancier; et on m'a cité quelqu'un qui, après avoir fait les affaires d'une famille propriétaire de beaucoup de biens de cette nature, s'était procuré très légalement 150,000 livres de rentes en achetant de ces rentes et rentrant ensuite en possession de terres mal cultivées, qu'il affermait alors à des prix avantageux. Nous joindrons à ces exemples si frappans, vu le but qui nous occupe, des observations qui le justifieront et prouveront ce que peuvent devenir des établissemens agricoles en Bretagne.

Il suffit, pour en avoir une juste idée, de comparer son littoral, où les hommes sont robustes, les animaux bien nourris et forts, avec l'intérieur, où les hommes et les animaux sont chétifs, les champs presque sans culture. Tel est le résultat de ce triste état des choses pour l'intérieur de la Basse-Bretagne que, dans les trois départemens qui la composent, plus d'un tiers du terrain est en friche, malgré les encouragemens que devrait donner l'aspect du littoral, où on doit distinguer particulièrement, pour leur belle culture, quatre cantons, qui sont celui de Roscoff, dans le Finistère, où la nourriture du bétail est très recherchée et très abondante, et par suite les bestiaux les plus beaux de toute la Bretagne, grace aux choux à vache, qui y sont énormes, aux ajoncs, aux prairies artificielles, surtout au trèfle et à la culture des panais et gros navets; la presqu'île de Lézardrieux, canton de l'arrondissement de Lanion (1). On voit, dans plusieurs communes de cet arrondissement, situées sur le versant au midi, du côté du Morbihan, des exemples qui se retrouvent ailleurs et qu'il est bon de remarquer. Quelques riches particuliers, quoique non domiciliés dans la commune, spéculent sur les profits qu'ils peuvent tirer des commu-

(1) La Société d'agriculture de Lannion a favorisé avec succès l'élève des bestiaux et l'amélioration des races, notamment pour les chevaux. Dès 1757, les États de Bretagne avaient fondé à Rennes une Société d'agriculture, d'arts et de commerce: elle avait obtenu de grandes améliorations pour les bestiaux, surtout pour les chevaux, dont la race a éprouvé pendant la révolution une grande dégénération, mais qui s'est arrêtée et se trouve remplacée, par une tendance sensible à une amélioration bien importante à cause des qualités de vigueur et de facilité à se nourrir, qui caractérisent la race des chevaux bretons.

Dans ces derniers temps, cette même Société a donné de nouvelles preuves de son zèle, et M. *de Lorgeril*, alors maire de Rennes, et l'un des correspondans de la Société royale d'agriculture, a secondé ses efforts par son zèle et surtout par ses succès en divers genres; mais nous verrons, en parlant des biens communaux, à quel point leur régime actuel paralyse les exemples les plus encourageans.

naux, en y lâchant de nombreux bestiaux et des chevaux, et ils se procurent ainsi un bénéfice annuel de 15 à 1,800 francs, quoique n'ayant qu'un faible territoire : nous citerons encore Plogastel, près Brest, où l'on voit de toutes parts des jardins légumiers qui servent aux approvisionnemens de Brest, et les environs de Saint-Brieux; on trouve, dans divers cantons, des choux d'une grosseur extraordinaire.

On doit remarquer aussi comme présentant une bonne culture les environs des principales villes, qui prouvent ce qu'on pourrait obtenir des landes communales qui limitent les terres cultivées; mais dans la presque totalité de l'intérieur de cette vaste péninsule, les bestiaux sont très chétifs, dépourvus pendant l'hiver des alimens qui leur seraient nécessaires; ce qui oblige à en vendre une grande partie à vil prix aux Normands, qui les rétablissent, en leur donnant une nouvelle valeur dans leur beau pays.

Dans le département des Côtes-du-Nord, la partie cultivée présente une richesse agricole qu'on doit principalement à la culture des graines de plantes textiles, au commerce des bestiaux et des jeunes chevaux, du miel, de la cire et du beurre, dont on fabrique environ 4,000,000 de kilog., sur lesquels on en exporte environ un million.

La Société d'agriculture de Saint-Brieux a distribué des graines de plantes à fourrage, telles que ray-grass, rutabaga, panais, chicorée sauvage, grande pimprenelle; elle a fait venir des taureaux du Cotentin, du Poitou et de la Vendée; elle a aussi établi un rucher et ouvert un cours pour répandre les bonnes méthodes pour l'éducation des abeilles; mais ce cours a été peu suivi. La culture du trèfle rouge de Hollande a été reconnue comme plus convenable en général que celle du ray-grass, qui n'a pas paru très nourrissant. Il n'en a pas été de même du turneps qui est très bien venu, ainsi que le colza.

Le pays est en petite culture, et on y suit de temps immémorial l'assolement ci-après : première année, on sème du sarrasin; deuxième, du seigle ou du froment; troisième, de l'avoine, et après deux ou trois rotations pareilles, on laisse la terre se reposer pendant six et quelquefois dix ans.

La culture du lin s'est aussi répandue dans un canton voisin, grace à l'exemple donné par le desservant de Lanfarin.

Le défrichement des landes était l'objet que cette Société regardait comme principalement désirable, elle a dirigé ses vues et ses efforts vers le défrichement des landes de l'arrondissement de Loudéac, qui est peut-être de toutes les contrées celle qui a le plus besoin d'encouragement, étant éloignée de la mer, privée de toute communication, ayant une population misérable et environnée de landes immenses; mais jusqu'à présent tous les efforts ont été inutiles, par suite de l'*apathie* qui résulte de la misère du pays, fruit de l'entêtement des communes. Il est vrai qu'une partie de ces landes est située sur la crête même de la chaîne de montagnes qui traverse la Bretagne; mais les pentes de cette chaîne présentent des localités favorables à de vastes plantations, les plateaux et surtout les vallées pourraient être cultivés avec un grand profit.

Ces diverses citations, qu'on pourrait accompagner de beaucoup d'autres pour prouver les succès et les profits qu'on obtient des terres bien cultivées, ceux qu'on pourrait recueillir des terres incultes prennent une nouvelle force quand on remarque combien celles-ci trouveraient de ressources dans la quantité d'amendemens marins que les canaux permettront de transporter, à peu de frais, dans l'intérieur.

Tels sont le varec, plante marine, les goëmons, plantes croissantes dans des larges et des étangs. On les fauche; on les met en tas pour leur faire subir une première fermentation, on les porte ensuite sur le champ et on les enfouit avec le labour. On se sert encore de la tongne, c'est ainsi qu'on appelle un dépôt de vase que la mer laisse dans les plages d'une pente douce où elle monte à une certaine hauteur. Il s'y trouve, à chaque marée, une couche d'environ six lignes, qu'on enlève avec empressement pour s'en servir au besoin. La tongne est si recherchée, qu'il faut une permission motivée sur l'état du cultivateur, pour l'enlever. Le salin est un dépôt plus chargé de sel.

Comme en parlant plus particulièrement de la Bretagne, nous avons commencé par faire remarquer l'analogie que des agronomes réputés lui avaient trouvée avec le comté de Norfolk, le plus célèbre de l'Angleterre pour ses succès et sa richesse agricoles, nous allons terminer par un exemple concernant une des parties les moins favorables de ses terres incultes, pour prouver le parti qu'on en pourrait tirer. Cet exemple est celui que présente une espèce de colonie agricole que des Frères trappistes y ont fondée en 1818, à l'ancienne abbaye de Meilleraie (1), après avoir séjourné depuis 1792 à

(1) Près la petite ville de Nort, sur la rivière d'Erdre,

Ludworth, en Angleterre, où leur supérieur (1) avait étudié et leur avait fait pratiquer les méthodes et l'usage des instrumens aratoires reconnus les plus utiles.

Il doit être superflu de faire observer ici qu'amenés par notre sujet à citer, pour la Bretagne, un exemple d'introduction de culture anglaise qui a fait fructifier des landes dans une de ses parties les plus ingrates, et qui présente ainsi un moyen de comparaison de plus pour nous éclairer, nous n'avons d'autre but que de constater des faits uniquement relatifs à l'agriculture, et tels qu'ils ont été reconnus sur les lieux mêmes en 1829, sans nous immiscer dans aucune autre question.

Nous allons donc, afin d'exposer dans un ordre convenable les détails agricoles intéressans pour notre but, faire connaître successivement : 1°. quel était l'état des lieux lorsque les Frères trappistes vinrent s'y établir en 1818;

---

qui, à 5 lieues de là, se jette dans la Loire à Nantes, par une vaste et belle embouchure, et forme ainsi, dans ce trajet, un des plus beaux biez du canal de Nantes à Rédon et à Brest.

(1) M. l'abbé *Saulnier*, d'abord chanoine de la cathédrale de Sens, et connu ensuite sous le nom de *Dom Antoine*.

2°. la marche qu'ils ont suivie, les procédés et les instrumens aratoires qu'ils ont importés; 3°. les améliorations successives qu'ils ont créées; 4°. l'état où se trouvait cet établissement en 1829.

Après avoir pris possession de l'ancienne abbaye de Meilleraie, qui était abandonnée depuis vingt-cinq ans, le supérieur dirigea d'abord ses soins sur les moyens d'assurer la subsistance de ses religieux, qui étaient alors au nombre de soixante, tant Français qu'Anglais et Irlandais, et il avait à surmonter, à cet égard, de grandes difficultés.

En effet, les terres dépendantes de l'abbaye étaient de nature maigre et froide, et à l'époque de la rentrée des frères, la moitié à peu près était en landes incultes; l'autre, mal cultivée, était remplie de chiendent, et avait été laissée sept ou huit ans en genêts, en raison du système de rotation habituel dans le pays. Le sol, varié, offre, tantôt une terre assez profonde, demi-argileuse, mais en général sèche et aride, tantôt une terre de bruyère de 5 ou 6 pouces de profondeur, sur une espèce de poudingue friable, mais noyé dans une glaise qui le rend presque imperméable.

Pour défricher un semblable terrain, on l'a

d'abord retourné à la charrue; à force de labours, on a détruit toutes les plantes parasites, et on a pratiqué des rigoles souterraines pour l'écoulement des eaux et l'aissainissement du sol.

Les amendemens employés pour échauffer et engraisser cette terre maigre et froide consistèrent d'abord principalement en quantité de joncs coupés et de bruyères pelées, que l'on allait chercher au loin pour les faire pourrir, soit en les mettant sous les bestiaux comme litière, soit en les exposant dans les chemins, soit en en faisant des tas par couches alternativement superposées avec des gazons, des curages de fossés et de terres, auxquels on mêlait de la chaux; on employait aussi la poudrette, la charrée et du noir animal (résidu des raffineries de sucre), mais en petite quantité, à cause de l'élévation de son prix. Par la suite, et en continuant d'employer ce genre d'amendement, on y a joint successivement, avec les plus grands soins, les fumiers de cheval, des bestiaux, dont les étables offrent des recherches remarquables à cet égard, et enfin l'engrais liquide et celui des latrines.

Les instrumens aratoires dont on se sert pour les cultures sont la charrue anglaise sans avant-train, la charrue à deux versoirs, des herses fortes avec les dents en fer, les faibles seules étant en bois, le rouleau à grand cylindre, le scarificateur, l'extirpateur, et le semoir, seulement pour les semences de printemps et d'été: tous ces instrumens se fabriquaient dans l'établissement et on suit, pour la grande culture, une rotation d'assolemens de sept ou huit ans, et jamais on ne fait deux blés de suite.

Les animaux dont le travail ou le fumier sert à l'agriculture consistent en bœufs, vaches, chevaux, cochons et moutons, dont on verra le nombre ci-après. On les nourrit avec du foin, du ray-grass, de la paille, de l'ajonc pilé, des pommes de terre, dont on donne aux chevaux même, au lieu d'avoine, sans que cela nuise à leur bon état et à leur travail.

Les céréales et plantes cultivées par les Frères sont le froment, le seigle, l'avoine, le sarrasin, la vesce, le colza, la pomme de terre, le chou-cavalier, le trèfle, le ray-grass, le turneps, le rutabaga et autres racines.

Ils ont obtenu, dans ces divers genres, des récoltes remarquables. Le colza a été par eux implanté dans un pays où il était entièrement inconnu, et le succès de cette culture va toujours croissant. Ils ont aussi, dans ces derniers temps, essayé avec avantage celle du pavot, à laquelle ils se proposaient de donner une certaine extension. Quant aux pommes de terre, on en divise la récolte en trois parts : la première sert à la nourriture des religieux, la deuxième est donnée aux pauvres, et la troisième aux chevaux, qui, comme nous venons de le dire, s'en trouvent très bien.

Aucune récolte n'a encore été aussi profitable que celle de ces tubercules, à la culture desquels on consacre des soins particuliers. Le terrain où ils poussent est largement fumé, et l'engrais leur est superposé. On les plante, on les chausse et on les récolte à la charrue. A cette plante on fait succéder du froment sans remettre de l'engrais, mais en ayant soin de labourer en travers pour mêler et distribuer également le fumier. Le chou-cavalier est d'une grande ressource en hiver et au printemps pour la nourriture des bestiaux. On vient aussi d'essayer la culture du ray-grass d'Italie, qui a paru plus fort et plus vivace que celui d'Angleterre. Une autre importation très intéressante est celle du houblon de Belgique, qu'on a fait venir avec soin et qui sert à faire de la bière dans un pays privé de toute ressource pour la fabrication des boissons. A toutes ces cultures, on a réuni les diverses prairies artificielles, qui ont également prospéré.

Au moyen d'améliorations successives, le jardin potager a été porté à plus de 7 hectares, entièrement clos de murs et bien plantés d'arbres fruitiers des meilleures espèces.

On a su tirer un double avantage d'un étang de 6 hectares, situé près de l'habitation : il a été utilisé pour l'arrosement du jardin par des canaux, des pompes et des réservoirs nombreux, qui, par des moyens ingénieux, distribuent les eaux partout où l'utilité s'en fait sentir. Les mêmes eaux se réunissent ensuite pour alimenter deux moulins, qui servent aux besoins de la maison et du pays.

Un autre étang de 40 hectares a été défriché : on en tire en abondance du froment, du sarrasin, de l'avoine et des légumes ; une partie est en prairie. Il est entièrement entouré d'un fossé avec une large levée et planté d'arbres fruitiers.

Les Frères pourvoient aussi, par leur industrie, à tout ce qui est nécessaire à leur entretien et à leurs travaux, et ils se livrent à tous les métiers nécessaires pour établir les appareils et instrumens dont ils doivent se servir. Ainsi leur établissement contient une brasserie, une tannerie, une forge, des ateliers de menuiserie, charronnage, tissage, etc. : ces moyens mettent aussi les Trappistes à même d'exercer leur charité envers les pauvres des pays environnans.

D'après ce concours de moyens, cet établissement, si délabré en 1818, contenait en 1829 près de deux cents Frères de la Trappe, leur nombre s'étant accru avec les ressources de l'établissement, qui comprenait dans son ensemble :

1°. Une église;

2°. Une maison d'habitation;

3°. Un jardin de plus de 7 hectares;

4°. Deux moulins; un appareil pour faire le gruau à la manière anglaise ;

5°. Des écuries et des étables remarquables par les précautions qui y sont observées pour les fumiers;

6°. Une laiterie, avec toits à porcs à proximité ;

7°. Un étang de 6 hectares ;

8°. Un étang de plus de 40 hectares, défriché et rendu à l'agriculture ;

9°. Plus de 50 hectares de landes défrichés et cultivés;

10°. Une brasserie ;

11°. Une forge;

12°. Une tannerie;

13°. Différens ateliers;

14°. Trente vaches à lait du Cotentin, trente élèves, dix bœufs, dix chevaux, quarante à soixante cochons, la plupart des meilleures races;

15°. Deux cents moutons, race mérinos;

16°. Un choix remarquable d'instrumens aratoires perfectionnés.

De tels résultats nous ont paru mériter d'être particulièrement observés comme une preuve de la possibilité de fonder avec succès des établissemens agricoles en Bretagne, et du parti que l'on peut tirer des landes de cette vaste contrée, où les terres même les meilleures, et en cela très supérieures à celles dont il s'agit ici, ne sont généralement mises en culture productive qu'à de longs intervalles de cinq ou six, ou même quelquefois de sept à huit ans, par le défaut d'engrais et de rotation bien entendue. Il en résulte qu'alors les prairies y sont maigres, brûlées en été, noyées en hiver; les bestiaux y sont chétifs et dégénèrent faute de nourriture suffisante; enfin les instrumens aratoires y sont si grossiers, qu'ils sont hors d'état de bien opérer.

Il est vrai qu'on pourrait nous objecter ici, au sujet des frais qu'entraînent les défrichemens, qu'on ne trouverait pas des travailleurs à aussi bon marché que les Trappistes, d'après leur grande frugalité, puisqu'ils ne se nourrissent que de pain et de légumes cuits à l'eau; mais nous pouvons répondre par la plus-value comparative des résultats qu'ils ont obtenus, avec l'état où étaient les choses lorsqu'ils ont commencé leurs travaux: car on trouve, dans un tel accroissement de valeurs de divers genres, une large compensation et même des bénéfices notables, en admettant ce qu'il faudrait dépenser de plus pour des ouvriers, qui, d'ailleurs, ne coûteraient pas beaucoup plus que les Trappistes, si on suivait, comme on le propose, la marche et les exemples que nous donnent, à cet égard, les colonies agricoles de la Hollande et de la Belgique, où l'ouvrier trouve tout ce qu'il lui faut dans les produits de l'établissement, et n'a qu'un faible salaire.

En observant ici cet exemple du succès qu'a obtenu, dans une des contrées les plus ingrates de la Bretagne, l'introduction de la culture anglaise, nous devons d'autant plus nous rappeler que les Anglais eux-mêmes ont été chercher leurs leçons chez les Belges, qu'à la proximité de la Bretagne et dans cette Vendée, qui lui ressemble sous tant de rapports, un agronome belge a importé, depuis quelques années, la culture belge avec de grands avantages.

M. *Van Casteele* a créé, dans les marais de la Vendée, une espèce de colonie agricole belge, il y a même transporté à grands frais des familles entières de Flamands; et ses succès ont été si marqués, que des départemens voisins ont cherché à imiter son exemple et en ont obtenu des effets très satisfaisans.

Leurs procédés sont les mêmes que ceux de M. *Van Casteele*, qui malheureusement n'était que fermier, et pour un temps trop limité; les instrumens et tout l'attirail aratoire furent pareils à ceux qui existent dans les fermes de la Flandre même. On ne peut faire un plus juste éloge de ce système qu'en exposant ses résultats, qui prouvent son excellence mieux que toutes les discussions.

Nous croyons donc intéressant d'entrer ici dans quelques détails à ce sujet. Dès 1826, M. *Van Casteele* récolta, sur le tiers d'une ferme des environs de Luçon, louée 1,600 fr., quarante-cinq tonneaux (675 hectolitres) de graine de *colza*, qui, vendus à 22 fr. l'un, produisirent une somme de 15,000 fr., et les trois années de 1828, 1829 et 1830, quoique calamiteuses pour la France, ont rapporté une valeur brute de 50,000 fr. Un autre propriétaire de la même ville, qui adopta exactement le même genre de culture, récolta, la même année, dans une ferme cultivée par un métayer flamand, six tonneaux de cette graine. Le même propriétaire est parvenu à retirer d'une petite ferme, louée antérieurement 600 fr., une si grande quantité de produits, que leur réalisation a fourni une somme de 12,000 fr. à partager par moitié entre lui et son fermier (1). Dès lors, le prix élevé de ces graines, la facilité de leur culture, leur abondant rapport éveillèrent l'attention de plusieurs propriétaires, au point que la récolte de 1830 a pu livrer au commerce 180 tonneaux de colza (2,700 hectol.). Il faut observer que ces succès, qui prouvent jusqu'à l'évidence que la France offre au moins autant d'avantages qu'aucun autre pays pour les entreprises agricoles, ont été obtenus sans avoir fumé ni engraissé le sol d'une manière extraordinaire.

La Société d'agriculture de Paris a récom-

---

(1) A ces avantages se joint encore celui qu'on trouve dans l'emploi des tourteaux qu'on fait avec les résidus du colza ; ils sont tellement favorables pour la nourriture des bestiaux et les engrais, que des spéculateurs anglais viennent dans nos ports en charger des bâtimens pour leur pays.

pensé par des médailles d'or l'industrie et le zèle de M. *Van Casteele* et de M. *Beaussire* de Luçon, dont l'exemple a été suivi par plusieurs propriétaires. Tel est l'accroissement de la culture du colza, que les plantations effectuées faisaient espérer, pour la récolte de 1831, environ 7,500 hectolitres (500 tonneaux) de graines. Cette progression rapide prouve déjà qu'elle restera dans notre pays, dont la température lui est encore plus favorable, comme l'ont observé quelques cultivateurs, que celle de la Flandre, qui semblait en jouir exclusivement.

Ne doit-on pas, en présence de pareils résultats, désirer, dans l'intérêt du pays, des propriétaires et de la classe ouvrière, de voir se propager l'adoption de la culture introduite par M. *Van Casteele?* Il est à souhaiter que d'autres spéculateurs belges, imitant leur compatriote, viennent apprendre à nos agriculteurs quel parti on peut tirer d'un sol souvent mal cultivé et quelquefois entièrement négligé. Ils prouveront alors que nous aurions plus d'avantage à améliorer la culture de nos propres terres, qu'à aller fonder, avec d'énormes frais, des colonies à l'extérieur, exposées à tous les inconvéniens que nous signalons dans la note G, en parlant de la colonisation des condamnés et des indigens anglais.

Mais c'est surtout aux questions importantes qui nous occupent, que de telles observations doivent s'appliquer, quand elles nous prouvent, d'un côté, que de simples Trappistes, d'autre côté, que des agronomes éclairés ont fait, dans leur propre intérêt et avec un succès remarquable, ce que nous proposons de faire pour établir des colonies agricoles, à l'exemple de celles qui ont réussi en Hollande et en Belgique, où elles étaient bien moins nécessaires que chez nous.

Nous sommes loin de nous dissimuler les difficultés de premier établissement, car nous n'en contesterons même aucune; mais nous demanderons si elles seront même aussi grandes que celles qu'il a fallu vaincre et dont on a triomphé dans des circonstances bien plus difficiles, et qui ont prouvé la réalité de cet antique adage, *omnia vincit labor improbus* : telles ont été les difficultés que présentaient presque toutes les entreprises de canaux dans des contrées tantôt désertes, tantôt peuplées d'habitans apathiques, inexpérimentés, maladroits et paresseux; cependant des particuliers en ont fait exécuter sans se laisser intimider : nous avons déjà cité l'espèce de colonie qu'il avait fallu improviser pour le canal de Briare.

Comment ne pas penser, quand il s'agit de difficultés vaincues, à ce canal du midi, dont le point de partage a été exécuté dans des montagnes escarpées, couvertes de forêts qui semblaient alors impénétrables, et où le génie de *Riquet* seul avait pu deviner la réunion des deux mers, méditée depuis des siècles, et l'effectuer en employant jusqu'à dix mille ouvriers pour transformer cinq torrens dévastateurs en un fleuve majestueux et bienfaisant, alimenté par un immense réservoir de 400 hectares, lequel a 100 pieds de profondeur à sa chaussée? Mais tout récemment n'avons-nous pas entrepris, ne terminons-nous pas actuellement six cents lieues de canaux dont la plupart traverseront de ces contrées où l'habitant, en quelque sorte abruti par l'excès de la misère, semble dépourvu des facultés nécessaires pour un travail utile? Nous avons vu nous-mêmes le zèle de MM. les ingénieurs chargés de ces beaux travaux créer et faire marcher avec succès des ateliers nombreux, tels que ceux du souterrain du canal de Bourgogne, où on a employé jusqu'à trois mille ouvriers, de celui du canal du Nivernais, où les désastres d'éboulemens dus à d'anciennes opérations vicieuses sont venus multiplier les difficultés des creusemens à voûter, et cet atelier, d'un nouveau genre, qu'il a fallu créer pour le pont-canal sur l'Allier, qui, ayant 1,300 pieds de long entre les deux têtes de ses maçonneries, doit être fini en 1832, et pour lequel tous les genres de travaux se trouvaient réunis et nécessaires. Cependant les bras manquaient au point que MM. les ingénieurs chargés de l'exécution avaient été obligés de faire afficher des demandes d'ouvriers, même dans les cabarets de Paris, et nous avons vu des individus ainsi recrutés, différant en tout les uns des autres en extérieur et en costume, dirigés, façonnés et employés avec succès à cette grande construction, où il y a eu, dans de certains temps, jusqu'à quinze cents ouvriers. Pour tous ces grands travaux et bien d'autres que nous pourrions citer, il a fallu créer, organiser, improviser, pour ainsi dire, de véritables colonies pourvues de toutes les ressources nécessaires dans des contrées jusqu'alors inhabitées.

MM. les ingénieurs ont su prouver, comme l'avaient fait primitivement les auteurs du canal de Briare, et vingt ans après, mais plus brillamment, le créateur du canal de Languedoc, que le véritable zèle surmonte les plus grandes difficultés; c'est ainsi que nous les avons vus appeler des mineurs étrangers pour faire jouer les mines dans les souterrains, faire venir des montagnards et surtout des Auvergnats pour les grands travaux de terrassemens; nous avons vu ces robustes et sobres ouvriers vivre en payant 6 fr. par mois pour leur coucher et pour qu'on leur trempât deux fois par jour une soupe, qui n'était autre chose que de l'eau, où on mettait un peu de beurre avec du sel et des herbes qu'on y faisait bouillir, et dans laquelle ils faisaient tremper deux fois par jour le pain nécessaire pour rassasier leur vigoureux appétit. Ils ne buvaient point de vin, et cependant, avec une si sobre nourriture, ces mêmes hommes gagnaient jusqu'à 3 et même 4 fr. par jour en travaillant à leur tâche, parce qu'un seul d'entr'eux en faisait plus que trois ouvriers du pays; mais leur exemple instruisit enfin ceux-ci et les rendit plus habiles, plus zélés, et par cela même plus utiles pour les autres et plus heureux. Il en serait de même pour des colonies agricoles, et quand tant d'autres pays l'ont prouvé chez eux, comment la France méconnaîtrait-elle des exemples si variés dans leur nature et cependant si généralement heureux dans leurs résultats, comme on le voit dans la note K ?

Placée sous un ciel et sur un territoire plus

généralement favorables, la France, qui vient de faire tant de sacrifices pour établir de grandes communications, apprécierait-elle moins ce que doit être pour elle la prospérité agricole, cette base principale de son bien-être, de sa prospérité peut-être, même aujourd'hui de sa sécurité; tandis que les grandes communications, malgré leur importance incontestable, n'en sont en quelque sorte qu'un accessoire?

Quelle puissance devraient avoir chez nous et près de notre Gouvernement de telles considérations, quand on remarque celle que leur donnait le Grand Frédéric pour son royaume, bien éloigné cependant de lui offrir des ressources égales aux nôtres! Voici les instructions que cet illustre souverain donnait à son surintendant, au sujet de l'agriculture.

Extrait d'une lettre de Frédéric II au surintendant de son royaume.

« De toutes les professions, c'est celle qui est
» la plus utile à l'homme dans un Etat, qui le
» nourrit, qui l'enrichit; et la force réelle d'une
» nation est celle qui a pour base l'agriculture,
» parce qu'elle est au dessus de tous les acci-
» dens étrangers.

» Si j'avais un homme qui me produisît deux » épis de blé, au lieu d'un, je le préférerais à » tous les génies politiques. » (*Mot attribué à un roi par le philosophe Swit.*)

» Les relations de la Chine parlent de la cérémonie d'ouvrir les terres que l'empereur fait tous les ans, on a voulu exciter les peuples au labourage par cet acte solennel; de plus, l'empereur est informé, chaque année, du laboureur qui s'est le plus distingué dans sa profession; il le fait mandarin de huitième ordre; il a le droit de manger chez le vice-roi et son nom est mis en lettres d'or dans une salle publique.

» Chez les anciens Perses, le huitième mois nommé *Chorem-rus*, les rois quittaient leur faste pour manger avec les laboureurs, regardant ces institutions admirables pour encourager l'agriculture. Tout, en effet, dépend et résulte de la culture des terres; elle fait la force intérieure des Etats; elle y attire la richesse du dehors.

» Toute puissance qui vient d'ailleurs que de la terre est artificielle et précaire, soit dans le physique, soit dans le moral. L'industrie et le commerce qui ne proviennent pas également d'un pays, surtout en premier lieu, sont au pouvoir des nations étrangères, qui peuvent ou les disputer par émulation ou les ôter par envie, soit en établissant la même industrie chez elles, soit en supprimant l'exportation de leurs matières premières ou l'importation de ces matières en œuvre.

» Vous accorderez donc, Monsieur le surintendant, une protection aux campagnes plutôt qu'aux villes; je regarde les unes comme des mères et des nourrices toujours fécondes, et les autres comme des filles souvent ingrates et stériles.

» C'est à la racine que je veux arroser l'arbre, les villes ne pouvant être florissantes que par la fécondité des champs.

» Favoriser les arts et négliger l'agriculture serait ôter les fondemens d'une pyramide pour en élever le sommet.

» Vous favoriserez la multiplication de toutes les espèces de productions par la circulation la plus libre : tous les hommes tiennent alors ensemble aux campagnes et aux villes. Les provinces se connaissent et se fréquentent. Les prés favorisent le labourage par les bestiaux qu'ils engraissent. La culture des blés encourage celle des vins en fournissant une substance toujours assurée à celui qui ne sème ni ne moissonne, mais plante, taille et cueille.

» Une fois l'agriculture perdue, plus d'industrie, plus de commerce, plus d'arts mécaniques, plus de sciences, plus de bons principes, de police et d'administration; car tout se tient dans la nature et dans la politique.

» Vous aurez, pour cette partie du peuple qui est si nécessaire à l'Etat, les sentimens qu'avait le bon Henri IV, et que j'ai moi-même, lorsqu'il voulait *que tous les laboureurs eussent le dimanche une poule au pot* (1). »

Et quand c'est le plus grand politique et le premier militaire de son siècle qui parle ainsi de l'agriculture et qui rend un hommage si sincère à ce mot de Henri IV, que sa simplicité même fait encore ressortir, n'avons-nous pas lieu d'observer que ce mot réunit à tout le charme que lui donne la bonté toute l'importance que pouvait y attacher encore le génie? Rappelons-nous à ce sujet comment Henri IV et Sully surent faire succéder si promptement en France tant de prospérité et de puissance à tous les genres de désastres. Ce grand ministre, le plus économe de tous ceux qui ont régi la France, nous apprend lui-même, dans ses *Mémoires*, que quand

---

(1) Voir les *Œuvres de Frédéric* et la traduction de ses lettres, par le chevalier ***, sous le titre de *Lettres d'un Souverain philosophe*. Paris, 1784.

le roi lui demanda de chercher tous les moyens d'augmenter ses finances, *au lieu d'y faire tous les retranchemens dont les prétendus zélés ne cessaient de l'entretenir*, il rechercha ceux qui devaient réellement diminuer la proportion des charges, en accroissant la richesse publique par les encouragemens donnés à l'agriculture et en créant de grandes communications. Le roi et son ministre, tout en appréciant la fondation d'une colonie au Canada sous le nom de *Nouvelle-France* que l'on dut au zèle et à l'intrépidité de Pierre Gruel, sieur de Mons, qui en prit possession en 1604 avec deux vaisseaux partis du Havre, dirigèrent de préférence dans l'intérieur du pays leurs généreuses mesures. Henri IV n'accepta point les offres que lui firent les Maures pour venir défricher nos terres incultes quand ils furent expulsés, à la suite d'une révolte, du royaume de Valence, où ils avaient cependant établi des irrigations et des cultures admirables: il préféra laisser à ses propres sujets les avantages inappréciables de l'émulation pour les travaux agricoles.

Pour mieux les encourager, il fit venir, au moyen de grandes récompenses, des ingénieurs étrangers, et notamment l'ingénieur hollandais, *Bradley*, alors très réputé pour opérer de grands desséchemens, et il donna le bel édit de 1599 pour les propager; il favorisa les genres de culture les plus utiles et planta des mûriers dans ses propres jardins; le zèle fut porté au point qu'on planta dans les places publiques de tous les villages, de tous les hameaux, des arbres dont, à l'époque de notre révolution, on voyait encore, dans beaucoup d'endroits, l'ombrage séculaire protéger, tantôt les réunions des habitans, tantôt leurs danses champêtres au jour de leur fête. Enfin, le système de *la poule au pot* ayant prévalu, il étouffa tous les germes de l'esprit de parti, anima toutes les espérances, et par suite les effets de la sécurité : alors la plus grande aisance du riche rendit plus certains le bien-être et les profits de celui qui l'était le moins, en lui assurant des gains plus élevés et plus multipliés. Les charges ne furent plus pour ceux qui les supportaient qu'une portion bien moindre d'un revenu qui s'accroissait, et Sully, en disant que *pâturage et labourage sont les deux mamelles de la France*, trouvait à la fois le secret de remplir les coffres du trésor en rendant plus abondantes les sources les plus fécondes, et de vivifier la prospérité et la puissance du pays en secondant les vœux de Henri IV pour la poule au pot du paysan.

En invoquant des traditions si mémorables, nous devons faire observer que leur application serait aussi encourageante, et pourrait même être encore plus immédiatement avantageuse dans les circonstances actuelles, qui réclament de grands travaux avec encore plus d'urgence que du temps de Henri IV.

Par exemple, les desséchemens ne sont pas moins désirables et leur succès serait plus assuré, d'après les beaux exemples que nous a donnés la Hollande, qui a conquis sur les eaux des contrées entières pour en faire de riches prairies. Les plantations ne sont plus seulement un avantage, elles sont devenues des nécessités pour certaines montagnes qui ont été déboisées et dépouillées, pour certaines plages trop mobiles; et nos acquisitions modernes en arbres exotiques les rendraient à la fois plus praticables et plus utiles.

La mise en valeur des terres incultes n'a jamais été réclamée plus vivement; ses avantages n'ont jamais été plus assurés, d'après les résultats étonnans qui ont suivi les défrichemens de ce beau pays de Vaës, que nous avons déjà cité, comme présentant le plus haut degré de prospérité agricole que l'on connaisse; d'après ceux qu'on obtient de nos jours dans la Campine en suivant un si bel exemple, et enfin d'après ceux des colonies agricoles de la Hollande, fondées, comme nous l'avons vu, dans les landes les plus ingrates de sa province la plus pauvre, sur le même système de culture progressive en perfectionnement et, par suite, en prospérité.

A la vérité, les desséchemens et les plantations ne se trouvent point compris dans les exemples dont nous nous sommes occupés jusqu'à présent, comme constatés par l'expérience; mais leurs avantages n'en sont pas moins désirables pour des parties de nos terres incultes, où le mode de culture suivi pour l'établissement des colonies agricoles dont nous avons parlé pourrait être pratiqué avec succès.

Sans nous écarter dans de trop longs détails, nous pouvons donner ici un aperçu de l'étendue des avantages qu'on pourrait tirer aujourd'hui de ces deux beaux moyens pour les desséchemens. Comme nous avons déjà cité les étangs de Marseillette et de Capestang desséchés, le premier par écoulement, le second par atterrissement, et les entreprises dont on s'occupe pour livrer à la culture environ 6,000 hectares. dans la Camargue, par des moyens combinés d'endiguage contre la mer, et d'écoulement pour les eaux du Rhône, nous allons citer ici, comme exemples d'un autre genre, quelques uns des desséchemens que l'on dut aux idées et aux travaux de l'ingénieur *Bradley*, que, comme nous l'avons dit, Henri IV avait déterminé par ses largesses à venir donner en France des leçons de son expérience pour les desséchemens, et qui dirigea plusieurs grandes opérations pour dessécher les vastes marais du Poitou, de l'Aunis, de la Saintonge, parmi lesquels on doit citer entr'autres un marais dit du Petit-Poitou, qui s'étend du nord au midi, depuis le canal dit des Hollandais, jusqu'à la terre, et qui contenait près de 6,000 hectares.

Dans l'espace de quinze années, il se fit ainsi de grands desséchemens à la suite desquels une société de propriétaires et de capitalistes entreprit, en 1654, le desséchement de toute la partie des marais situés sur la rive droite de la Sèvre. A cette fin, on creusa un canal appelé le *canal de Vic*, dont les eaux, coulant parallèlement au lit de la Sèvre, vont se jeter dans la partie inférieure de cette rivière à l'anse du Braud. Sur ce canal, on a construit deux ponts-aquéducs, au moyen desquels les eaux de l'Autyse et de la Vendée vont se perdre dans la Sèvre sans se mêler avec les siennes. Celui de l'Autyse se nomme simplement l'*Aquéduc*, et celui de la Vendée, le *Gouffre.* Ce canal de Vic sert à l'assainissement d'une superficie de 2,900 hectares qu'on appelle le *marais de Vic*, dont le desséchement a été terminé en 1662.

Le marais de Doix-et-Écoué, au nord de celui de Vic, auquel il est contigu, et le petit marais de la Bourne-de-Chaise, entre l'Autyse et l'île de Maillezais, furent desséchés à la même époque.

Dans le même temps, on dessécha encore 6,313 hectares de la partie orientale du bassin de la Sèvre sur la rive gauche de cette rivière, appartenant aujourd'hui à l'arrondissement de La Rochelle. Le plus considérable de ces desséchemens est celui de Tangon, qui contient 3,246 hectares.

Grace à ces opérations faites dans le bassin de la Sèvre, 20,000 hectares autrefois plongés dans les eaux nourrissent à présent une population nombreuse que ces desséchemens ont fait naître, et fournissent des pâturages abondans à des milliers d'animaux utiles. Ils ont vu remplacer des plantes stériles ou nuisibles par des récoltes abondantes; et des plantes nourricières ont fourni à la consommation de contrées moins fertiles une grande masse de subsistances dont la circulation a procuré au

27

commerce des bénéfices immenses ; enfin ils ont coopéré à enrichir l'État par les contributions de toute espèce qu'ils lui ont payées. 16,553 hectares restent encore à dessécher dans le bassin de la Sèvre, savoir : 1850 dans le département des Deux-Sèvres, 3,658 dans l'arrondissement de La Rochelle et dans le département de la Vendée, 6,389 hectares à l'orient du bassin et 4,656 à l'occident (1).

Nous croyons devoir terminer les citations d'exemples à suivre pour les desséchemens par quelques détails sur un mode facile et économique d'endiguage, qui peut les favoriser dans les plages maritimes, et que nous avons remarqué dans le Finistère, comme se rapprochant des procédés qui sont pratiqués dans la Hollande, mais beaucoup plus en grand.

Dans le Finistère, le genêt commun (à balai) acquiert une élévation et une force de tige extraordinaires. Les fascines de cette espèce que l'on emploie aux dunes sont rangées jointivement, enfoncées du bas dans le sable, et main-

---

(1) Ces détails sont extraits de la *Statistique du département de la Vendée*, par notre honorable collègue de la Société royale d'agriculture, M. *Cavoleau*, qui avait été secrétaire général de ce département.

tenues verticalement par des perches transversales. Elles ont ordinairement 1^m60 à 2^m. de longueur, sur 0^m50 de circonférence, et sont garnies de trois liens. Une expérience calculée sur une longueur de 1,255 mètres de fascinage exécutés avec surveillance, au moyen de 8,300 fascines, établit le prix du mètre courant à 80 centimes, savoir :

Pour fourniture de genêt rendu à pied d'œuvre.	60 c.
Pour main-d'œuvre et pose, tout compris. . . .	20
	80 c.

Lorsqu'un fascinage est affleuré par les apports sablonneux, afin de gagner encore sur le littoral, c'est à dire pour mettre le front de la digue sous une plus grande influence d'humidité qui contrarie le soulèvement et la volatilisation des sables, on forme, tout près et en avant de la dernière ligne affleurée, un nouveau fascinage, planté sur le talus extérieur, mais dont la tête s'élève encore au dessus du relief adjacent. C'est ainsi que l'on gagne successivement par degrés de la largeur et de la hauteur pour le rempart artificiel.

Pour ce qui concerne les plantations, elles sont, comme nous venons de le dire, réclamées comme une nécessité pour des montagnes, pour de grandes pentes qu'on a déboisées pendant notre révolution, non seulement en arrachant les bois, mais encore en les livrant au parcours et à la dent radicalement destructrice des chèvres et des moutons. Ces dévastations ont fait disparaître des sources, changé les influences atmosphériques, livré le pays à l'impétuosité des vents, à une chaleur d'autant plus brûlante dans l'été, qu'elles ont diminué l'abondance des rosées, et, dans la mauvaise saison, à des affluences d'eaux destructives, parce qu'elles ne trouvent plus ni infiltrations ni obstacles.

La petite quantité de terre végétale, de détritus dont on peut encore tirer parti exige souvent qu'on fasse, avec des soins extrêmes, des rigoles horizontales pour retenir le peu de substances propres à favoriser la végétation, et il faut encore d'autres mesures pour garantir soit les semis, soit les jeunes plants : alors on a lieu d'espérer des succès en plantant des arbres verts, et maintenant ils peuvent présenter de si grands avantages à cet égard, que nous croyons devoir donner, sur les espèces les moins difficiles pour les terrains et les plus utiles pour leurs qualités, des détails que nous puiserons en partie dans notre propre expérience, d'après diverses plantations de ce genre que nous avons faites depuis environ vingt-cinq ans, mais surtout dans nos communications avec notre honorable collégue M. *Michaux*, dont nous avons déjà cité les rares connaissances, en parlant des missions qui nous ont été communes, notamment pour les grandes plantations d'arbres verts faites avec succès, depuis plus de vingt ans, dans les vastes landes pierreuses, réputées infertiles, du domaine d'Harcourt, appartenant actuellement à la Société royale d'agriculture.

Le pin maritime ou de Bordeaux est celui qui prend le mieux dans les terres les plus ingrates. C'est lui qu'on plante de préférence pour fixer les dunes, et il a très bien réussi dans les landes du midi; mais il peut être atteint de la gelée dans les lieux humides; il a moins de densité que les autres, son bois éclate au feu, et par ces deux raisons il se vend moins cher. Il meurt quand on le laisse atteindre quarante ans et ne peut donner de beau bois.

L'épicéa donne de bon bois propre à la planche pour construction, et a le grand avantage d'être, par son élasticité, très propre aux vergues des vaisseaux. On s'en sert en France et en Angleterre pour cet usage.

Le pin du nord ou sylvestre est très préférable au pin de Bordeaux, qui se vend moins bien, prend moins de croissance, est bien moins compacte, et paraît plus sujet aux attaques d'un insecte qui, quelquefois, détruit des parties entières de forêt (1).

Le mélèse, plus difficile pour la fraîcheur du terrain, est d'une excellente qualité pour les principaux usages. On l'emploie avec un grand avantage pour les constructions hydrauliques et les conduites d'eau; sa qualité résineuse lui donne une sorte d'imperméabilité qui le fait durer très long-temps dans l'eau, et on s'en est servi avec succès pour des portes d'écluses du canal du midi.

Nous devons parler plus en détail du pin connu sous le nom de pin du lord Weymouth (*pinus strobus*), en raison de ses qualités; il résiste aux plus fortes gelées; on en a planté avec un grand succès sur les côtes du nord de l'É-

(1) Dans notre dernière députation pour visiter les bois d'Harcourt (en 1831), nous fûmes chargés, M. *Michaux* et moi, de constater la cause qui avait fait périr, depuis deux à trois ans, plus de 2,000 pieds de pins maritimes, de l'âge de quinze à vingt ans, dans quelques massifs de ces bois, et nous avons constaté que c'était la larve de cet insecte (*scolytus piniperda*).

cosse, pour les abriter contre la violence et le froid des vents, qui rendaient cette contrée improductive. Il a bien rempli ce but, et c'est un exemple qui doit le recommander pour les bords de la mer, surtout en Bretagne.

M. *Michaux*, en visitant, dans ses nombreux voyages, les grandes forêts de l'Amérique du Nord, l'a vu en bon état de végétation dans des terrains couverts d'eau et même dans toute espèce de terre.

La majeure partie des maisons de Boston sont construites et couvertes avec son bois et ont une bonne durée.

Cette espèce de pin, l'une de celles de l'Amérique qui offrent le plus d'intérêt, est connue, dans tous les États-Unis, ainsi qu'en Canada, sous le seul nom de *white pine*, pin blanc, à cause de la couleur de son bois, qui est toujours très blanc au moment où il vient d'être travaillé.

Près de Noridgewoch, sur la rivière de Kennebeck, dans un de ces marais où l'on ne peut avoir accès que dans le milieu de l'été, deux de ces arbres abattus y ont été mesurés et reconnus avoir, l'un 50 mètres (154 pieds) de longueur sur 1 mètre 45 centimètres (54 pouces) de diamètre à 1 mètre (3 pieds) de terre; et l'autre,

46 mètres (142 pieds) sur 1 mètre 14 centimètres (44 pouces) à même hauteur. Le *pinus strobus* y vient généralement à une grande élévation et d'une grosseur remarquable. Cet antique et majestueux habitant des forêts de l'Amérique du Nord est le plus élevé, comme le plus précieux des arbres qui les composent.

Dans le district du Maine et à la Nouvelle-Écosse, on a fréquemment rencontré des terrains abandonnés à cause de leur stérilité et on y a toujours observé que le *pinus strobus* était l'arbre du pays qui s'emparait le premier du sol, et qui, même en se trouvant isolé, résistait le mieux aux vents impétueux de l'Océan.

Dans tous les États du Nord, dont on peut évaluer les maisons à plus de cinq cent mille, la plus grande partie est presqu'entièrement construite en *pinus strobus*. C'est lui qui fournit les plus grosses pièces de charpente pour les églises et autres grands édifices.

Les magnifiques ponts en bois qui sont construits, l'un à Philadelphie, sur la Schuylkill, et l'autre à Trenton, sur la Delaware ; ceux qui unissent Cambridge et Charles-Town à la ville de Boston, dont l'un a 974 mètres (3,000 pieds de longueur, et l'autre 487 (1,500), sont faits en bois de *pinus strobus*, qu'on a préféré comme résistant le mieux aux alternatives de la chaleur et de l'humidité.

Il fournit encore généralement à la mâture des nombreux vaisseaux qui se construisent dans les États du Nord et du milieu, et il serait bien difficile de le remplacer pour cet objet dans l'Amérique septentrionale. Avant la guerre de l'indépendance, l'Angleterre faisait venir des États-Unis les mâts nécessaires à sa marine militaire et marchande. Nous verrons, dans la note G, qu'aujourd'hui elle donne un nouvel essor à ses exploitations dans le Canada par les grandes communications navigables qu'elle y établit, malgré des dépenses dont l'élévation a disparu pour elle devant leur grande utilité, car elle espère s'affranchir ainsi du tribut qu'elle payait aux forêts du nord de l'Europe.

Enfin, d'après la blancheur du *pinus strobus*, la facilité avec laquelle on peut le travailler et le poli qu'il peut prendre, on l'emploie en Amérique pour toutes les décorations des maisons, des vaisseaux et pour toute espèce de meubles.

Nous devons encore parler ici du *pinus australis*, en raison de ses avantages, quoiqu'encore peu connus en France.

Cet arbre précieux reçoit différentes dénominations, tant dans les pays où il croît, que dans ceux où il est exporté; mais M. *Michaux* lui a conservé, dans son bel ouvrage, la dénomination spécifique d'*australis* comme préférable à celle de *palustris*, sous laquelle cette espèce est décrite par les botanistes; car cette dernière donne une idée absolument fausse de la nature du sol où croît cet arbre.

C'est à peu de distance de Norfolk, dans la Basse-Virginie où commencent les landes américaines, *pine barrens*, que le *pinus australis* commence aussi à se montrer, lorsqu'on va vers le midi; car cette espèce est en quelque sorte inhérente à cette nature de terrain. On la retrouve ensuite sans interruption dans la partie basse des deux Carolines, de la Géorgie et des deux Florides, étendue de landes tellement vastes, qu'elles embrassent un espace de plus de 1,000 kilomètres (250 lieues) du N.-E. au S.-O., et de 150 à 200 kilomètres (40 à 50 lieues) de largeur, à partir du bord de la mer, dans les deux Carolines et dans la Géorgie.

La hauteur moyenne du *pinus australis* est d'environ 20 à 24 mètres (60 à 70 pieds) sur 40 centimètres (15 à 18 pouces) de diamètre, et sa grosseur est uniforme dans les deux tiers de son élévation. Quelques individus parviennent à de plus grandes dimensions; mais cela tient aux localités.

Ses feuilles, au nombre de trois dans chaque gaîne, longues d'environ 33 centimètres (1 pied), d'un beau vert, sont luisantes et réunies en paquets à l'extrémité des branches; lorsque cet arbre est parvenu à son entier développement, la matière résineuse y est assez abondante et répandue d'une manière plus uniforme que dans les autres espèces du même genre; il a plus de force, le grain en est fin et serré, et il est susceptible de bien se polir.

Le *pinus australis* sert à un grand nombre d'usages dans la Géorgie et les deux Florides, les huit dixièmes des maisons en sont entièrement construits. Il est très employé dans les constructions navales, et c'est de toutes les espèces de pins la plus estimée pour ce genre de travail.

Dans la Floride orientale, le *pinus australis* s'élève à une plus grande hauteur et couvre presque toute la surface du pays. C'est la seule espèce de pins des États méridionaux qui soit exportée en Angleterre.

Les services qu'on en retire ne se bornent pas à son bois, on en extrait la presque totalité des substances résineuses qui servent à la construction des nombreux vaisseaux des États-Unis, et forment en outre une branche importante de commerce avec les colonies des Indes-Occidentales et l'Angleterre.

Les produits résineux que donne le *pinus australis* sont au nombre de six, savoir: la térébenthine (*turpentine*), la raclure ou le ratissage (*sezaping*), l'esprit de térébenthine (*swint of turpentine*), la résine (*rosin*), le goudron (*tar*) et le bray (*pitch*) : les deux premiers sont introduits dans le commerce tels que la nature les donne, et les autres sont le résultat de préparations par l'action du feu. M. *Michaux*, en donnant une description très complète du *pinus australis*, exprime le désir de le voir se propager dans les landes de Bordeaux, parce que la température de cette partie de la France et la nature du sol lui conviendraient très bien, et il y serait bien préférable au pin de Bordeaux : ainsi le *pinus strobus* partout, et le *pinus australis* dans les landes, dont le climat est plus tempéré ou moins exposé aux fortes gelées, présenteraient d'importantes ressources de plus pour la France.

Ces détails suffisent pour prouver que les desséchemens et les plantations peuvent encore faire participer aux bienfaits des colonies agricoles, même les parties de terres qui paraissent le moins leur convenir; car il suffirait, pour appliquer leur système à de telles localités, de lui faire subir quelques modifications, qui pourraient se rapprocher des moyens qu'on a employés pour établir, à si peu de frais, le camp baraqué où nous avons vu 650 condamnés travaillant à une tranchée de 69 pieds de profondeur, dont nous avons rendu compte, et qui ne devait durer que 5 à 6 ans. (Voir page 285 et suiv.)

Mais, tout en appréciant les avantages qu'on peut retirer des défrichemens, des endiguages et des plantations dans des lieux qui se refuseraient, par leur nature, à l'application immédiate du système de colonies agricoles, tel qu'il a été adopté et pratiqué avec succès en Hollande et en Belgique et dont nous nous proposons de suivre les exemples, c'est sur ces derniers moyens, maintenant consacrés par l'expérience, que nous devons reporter ici toute notre attention.

Nous avons exposé, sous leurs principaux rapports, les considérations relatives à l'exploitation, et nous pouvons remarquer sans illusion que nous pourrions obtenir, dans des établissemens de colonies agricoles, plus d'avantages que n'en peuvent offrir celles de la Hollande, parce que, comme nous l'avons déjà dit, sous un climat et avec un territoire plus favorisés, nous pourrions ajouter bien des produits qu'elles ne peuvent atteindre à ceux que nous y avons cités, et à la valeur desquels il faut ajouter celle des belles plantations dont on ne jouit pas encore, et qui, par cette raison, ne sont pas entrées dans les revenus satisfaisans que nous avons calculés.

Tel est, par exemple, le maïs, que nous avons vu réussir au milieu des vastes landes qui font près de moitié du territoire du département des Landes, dans de petites fermes qui se louaient jusqu'à 100 fr. l'hectare, parce qu'on y semait, après une première récolte de blé, le maïs, qu'on y récoltait encore dans la même année, et avec lequel on avait semé une moitié du champ en turneps, qui faisaient nourriture d'hiver, et l'autre moitié en trèfle rouge, qui était bon à faucher au printemps suivant : de sorte que ces fermes paraissaient comme de petits *oasis* au milieu de landes immenses dont le terrain était cependant le même, mais qui restaient entièrement incultes, parce qu'il dépendait de biens communaux, dont nous déplorerons plus loin le régime désastreux, comme devenant de jour en jour plus intolérable.

Nous aurions encore, pour les plantations dans le midi, le chêne-liége, qui vient bien dans les plus mauvais terrains; le mûrier, dont nous avons vu, dans les colonies de la Hollande, 17,000 jeunes pieds lutter péniblement contre le climat et devant y succomber, quant à un produit réel, malgré les soins apportés à leur plantation (1). Dans une grande partie de nos contrées, nous pourrions cultiver la vigne avec avantage. Nous avons encore la riche variété de nos fruits, qui n'est pas assez appréciée, car la greffe des meilleures qualités n'est guère connue, dans nos départemens, que dans les jardins voisins des plus grandes villes.

Nous aurions presque partout les ressources immenses des moutons à laine fine, que la grande humidité du sol ne permet pas d'élever en Hollande avec autant de profit que chez nous ; il est encore bien d'autres ressources qui nous sont propres, et nous devons aussi faire mention des abeilles en raison de ce que leurs soins peuvent produire pour le bien-être du cultivateur. Nous citerons, à ce sujet, l'expérience que nous en avons faite, d'après l'exemple que nous avions trouvé dans un rucher de cent ruches et plus, qui appartenait au curé de Soisy-sous-Etiolle. Ce respectable pasteur nous dit, lorsque nous fûmes visiter son rucher, il y a environ 25 ans, qu'il en avait

---

(1) Le Grand Frédéric a cherché inutilement à établir l'éducation des vers à soie à Postdam, malgré les grandes plantations de mûriers qu'il avait faites, notamment aux avenues de *Sans-Souci*.

fait un des principaux agrémens de sa position avant la révolution, et que depuis il y trouvait le principal moyen de son existence. Ses ruches, presque toutes en bois et toutes pourvues à leur partie supérieure d'un chapeau qu'on enlevait pour recueillir le miel, lui rapportaient 20 francs par an l'une dans l'autre ; et d'après ses intéressantes instructions j'avais établi dans mon habitation rurale (département de Seine-et-Marne), un rucher octogone semblable à celui qui existait alors au Jardin du Roi. Les ruches étaient posées dans l'intérieur du rucher sur des tablettes placées tout contre les pans en toile imperméable qui le formaient, et les abeilles n'avaient qu'une sortie extérieure, au moyen de petites ouvertures pratiquées, à cet effet, dans le pan du rucher contre lequel elles étaient posées ; de sorte qu'on pouvait, en se plaçant dans l'intérieur, y observer, sans crainte d'être piqué, quelques ruches de verre placées parmi les autres et qui servaient à faire connaître l'intelligence de ce précieux insecte et toute l'utilité qu'on pouvait en tirer.

En observant ainsi que les colonies agricoles pourraient être encore plus productives en France que chez nos voisins, nous pouvons en même temps reconnaître qu'elles n'y exigeraient point des dépenses plus grandes.

Effectivement, pour celles des défrichemens et de première culture nous trouverions un grand nombre de très bons journaliers non seulement disponibles, mais qu'il faudrait même sans cela chercher à occuper de toute autre manière, parmi cette quantité d'ouvriers employés à la confection de 600 lieues de nouveaux canaux, qui auront fait dépenser à peu près 200,000,000 fr. au profit de la classe ouvrière et qui doivent être terminés le plus tôt possible, si l'Etat veut ne point manquer complétement à ses engagemens et ne point rester grevé d'intérêts nécessairement très onéreux, puisqu'ils résultent d'emprunts faits à une époque où le principal effet public était à 78 fr. pour 5 fr. de rente, et se trouver passible de primes et d'indemnités exigibles pour le retard de l'exécution de ces canaux. Quant aux constructions, leurs dépenses pourraient être moindres qu'en Hollande d'après les estimations qu'ont fait faire, dans des localités différentes, deux préfets réputés par leurs connaissances administratives et qui s'étaient occupés de recherches à ce sujet.

M. d'Haussez, dans le temps où il était préfet à Bordeaux, après l'avoir été du département des Landes, évaluait ainsi les frais de premier établissement, d'après des informations prises sur les lieux.

1°. Construction de la maison de ferme. 700 fr.
2°. Meubles et instrumens aratoires. . 200
3°. Vêtemens. 200
4°. Bestiaux. 100
5°. Culture et ensemencement pour la première année. 500
6°. Avances en vivres. 300
7°. Avances de diverses natures. . . . 100
8°. Lin, chanvre, lin à filer et à tisser, rouets, métiers. 150
9°. Acquisition de 6 hect. de landes. . 150

TOTAL. . . . . . . 2,400 fr.

M. le vicomte *de Villeneuve*, dans le temps où il était préfet du département de la Loire-Inférieure (ci-devant Bretagne), établissait des dépenses semblables ainsi qu'il suit :

1°. Construction d'une maison. . . 700 fr.
2°. Meubles et instrumens aratoires. 350
3°. Vêtemens. 250
4°. Achat de 2 vaches. 120
5°. Semailles et mise en valeur des terres. 800
6°. Avances en vivres. 200
7°. Avances de diverses natures. . . 180
8°. Lin et chanvre à filer et à tisser. 60
9°. Achat de 4 hectares de landes. . 240

TOTAL. . . . 2,900 fr.

Nous avons vu, page 54, que les dépenses pour ces neuf articles s'élevaient à 1,700 florins (3,400 fr.) pour les colonies de la Hollande et de la Belgique.

M. de *Villeneuve*, ayant voulu rendre plus complètes les observations comparatives, a fait faire aussi dans le Finistère et le Morbihan d'autres recherches d'estimations diverses que nous renvoyons, en cas qu'on veuille y recourir, à la note particulière (L).

Nous venons de constater que nous pouvions établir chez nous des colonies agricoles semblables à celles de la Hollande avec plus de facilité pour l'exploitation, plus d'avantages pour le produit et pour le bien moral, d'après le besoin que nous en avions et en même temps avec des dépenses qui pouvaient être moindres ; il nous reste à examiner ce qui concerne l'organisation, les réglemens et les diverses mesures qui doivent assurer la bonne administration d'une Société de bienfaisance instituée pour atteindre un si louable but, et ce que nous pouvons attendre, à cet égard, de notre zèle charitable et de notre esprit public; et enfin les ressources pécuniaires sur lesquelles on peut compter pour subvenir à toutes les dépenses.

Quant à ce qui concerne l'organisation et

les réglemens qu'il convient de donner à une telle Société, nous ne pouvons faire mieux que d'imiter, à cet égard, le bon exemple que nous donnent la Hollande et la Belgique, et nous en avons fait, par cette raison, l'objet d'une note spéciale (D), où l'on trouve toutes les dispositions qui concernent l'organisation, les moyens d'exécution, la marche habituelle et la comptabilité.

Mais il s'élève, relativement à la fondation de ces Sociétés de bienfaisance et aux ressources pécuniaires qui doivent les soutenir, des questions trop importantes pour n'être pas débattues.

Peut-on compter en France sur le degré de zèle charitable et d'esprit public qui ont été en quelque sorte l'ame et le principe de ces Sociétés en Hollande et en Belgique, et dont les souscriptions ont donné la faculté de faire les premiers essais et ont ensuite contribué aux moyens d'accélérer la prospérité des colonies?

Une telle question nous paraît devoir se résoudre en faveur de la France, d'après des considérations qu'on peut regarder comme positives, sans se faire illusion.

Nous conviendrons d'abord d'une vérité qu'on nous objecterait sûrement, c'est que nous ne pouvons, à cet égard, produire les preuves qu'on trouve ailleurs dans des établissemens charitables pour secourir l'honnête indigence, et pour prévenir ou réprimer la mendicité; toutefois, sous ce dernier rapport, nous citerons, quoique très récentes et encore imparfaites, les mesures prises à Paris, à Lyon, à Bordeaux.

A Paris, ces mesures ont eu pour objet une maison de refuge à laquelle on a donné le nom du magistrat qui en a proposé la fondation (*Belleyme*); mais cet établissement reste incomplet, parce que, comme nous avons déjà eu à le faire observer, il fallait dépenser environ 1,500,000 fr. pour recueillir 300 individus : dès lors les souscripteurs, intimidés par une dépense si élevée, ne se sont présentés que pour une somme de 600,000 fr.; mais la souscription aurait vraisemblablement atteint les 1,500,000 fr., si cette somme eût dû assurer le sort de 1,500 indigens, comme nous avons vu qu'on pourrait le faire au moyen de colonies agricoles.

S'il n'existe point encore chez nous d'établissemens spéciaux pour satisfaire aux vues charitables et essentielles que nous venons d'énoncer, tout prouve que c'est uniquement par suite de la légèreté de notre caractère, de la mobilité de nos idées, qui nous écartent des méditations et de la marche régulière qu'il faut suivre pour coordonner les moyens nécessaires à la fondation, à l'administration d'établissemens dont l'importance nous échappe ; nous préférons céder au désir de donner, à ceux qui se présentent comme malheureux et à des mendians, des secours trop souvent mal placés et presque toujours mal dissipés. Mais dès que la nature du malheur ou le degré de la souffrance nous détermine aux réflexions nécessaires pour assurer les moyens d'opérer leur soulagement, nous prouvons alors que le Français ne le cède à aucun autre peuple, les hommes en générosité naturelle, les femmes en charité chrétienne: toutes nos grandes villes attestent ces honorables sentimens par le nombre et la beauté des établissemens consacrés à l'humanité souffrante qu'elles contiennent, et surtout par la recherche des secours qu'elle y trouve et que rendent si efficaces et si consolans ces divers ordres de Sœurs de la charité, qui justifient de la manière la plus exemplaire le beau titre qu'on leur a donné.

Quand on porte ainsi ses observations sur ce bel ensemble d'œuvres charitables, on reconnaît qu'il n'existe pour ainsi dire pour lui aucun mode de s'exercer dont il ne donne l'exemple, quand les circonstances le mettent dans le cas de méditer et de coordonner ses moyens.

Ainsi on voit des villes où ce zèle rend même superflu pour les hospices l'exercice de celui des Sœurs de charité, comme à Orléans, où ce sont des Dames de la Société qui s'associent pour en remplir les fonctions dans les hospices, en s'y livrant, à tour de rôle, aux soins qu'elles y consacrent; dans cette même ville ce sont des filles qui, sans aucun vœu, sans aucun lien que l'esprit de charité, se consacrent pour leur vie (quoique libres de quitter) aux soins d'un hospice particulier où l'on reçoit toutes les infirmités, celles de l'aliénation, celles de la vieillesse, et où l'on donne les soins de la première éducation aux enfans de la classe indigente; nous y avons vu des leçons d'enseignement mutuel qui ne laissaient rien à désirer.

Dans d'autres villes, comme à Châlons-sur-Saône, on voit de véritables hôpitaux remarquables par leur beauté et surtout par la propreté qui y règne, entièrement soignés par des demoiselles appartenant aux familles les plus distinguées de la ville, qui se consacrent ainsi volontairement à des fonctions qu'elles cessent de trouver pénibles quand la charité les leur présente comme de célestes jouissances. Nous avons vu, en 1816, cet hôpital encombré de militaires français et étrangers, qui tous bénissaient les êtres angéliques dont les soins surpassaient pour eux tout ce qui n'aurait été suscité que par des vues humaines.

On voit dans plusieurs villes des établissemens, qui étonnent par la variété, la nature et la recherche des secours, n'avoir d'autre moyen d'existence que des dons annuels, sur lesquels on compte comme sur un revenu assuré.

Tel est à Lyon le bel hospice dit de l'Antiquaille, ainsi appelé à cause des traditions d'antiquité dont le souvenir se rattache au bel emplacement qu'il occupe.

Cet hospice, desservi pour une partie par quarante Sœurs hospitalières, pour une autre partie par vingt Frères et quelques employés supérieurs, recueille tous les genres d'infirmités. On y voit des aliénés placés avec les mesures les plus favorables à leur déplorable état, des vieillards, et jusqu'à des victimes de ces maladies dont la honte et les effets devraient arrêter les débauchés, ou du moins les empêcher d'empoisonner les autres.

Cependant cet hospice n'a aucun revenu fixe, il n'a pour dotation que les dons de la charité et les secours annuels de la haute Administration.

Comment parler des hospices de Lyon sans citer parmi le grand nombre de ceux qu'a fondés et dotés la charité des habitans de cette ville celui de la Charité ou de l'Aumône générale, que l'empereur Joseph II ne put s'empêcher d'admirer pour les soins qu'on y donne aux vieillards, aux femmes en couche, aux orphelins, et dans l'ancien cimetière duquel on voit cette épitaphe du cardinal Alponse de Richelieu, frère du puissant ministre de Louis XIII : *Pauper natus sum, paupertatem novi, pauper vixi, pauper morior, inter pauperes sepeliri volo ?*

Enfin, pour bien concevoir ce que peut la charité, on doit observer ce qu'elle a fait pour le bel Hôtel-Dieu de Lyon, qui peut être cité pour les hôpitaux, comme un modèle toujours bon à consulter, tant pour la beauté et la sagesse des distributions, que pour son administration (1).

---

(1) Cet hospice, le plus ancien qui ait existé dans les Gaules, fut fondé, en 1549, par Childebert, pour les pauvres passans. Des fondations pieuses et charitables, dues en grande partie aux corporations commerçantes, l'ont porté successivement à l'état admirable où on le

Pour Paris, on voit des exemples de tous les genres et non moins frappans : telle est l'Administration toute honorifique des Hôpitaux, dotée de plus de 5,000,000 fr. des bienfaits de nos aïeux; il suffit de voir comment se distribuent les secours à domicile dans cette grande ville, en consultant comme un modèle d'instruction le *Recueil des Réglemens* qui y préside et qui a été imprimé à deux mille exemplaires par ordre de cette honorable Administration. Il est difficile de savoir jusqu'où va la charité particulière en prodiguant les secours de ce genre d'après la quantité de ceux que la modestie laisse inconnus ; nombre d'institutions charitables, surtout pour

---

voit aujourd'hui. Il y existe plus de 2,000 lits en fer : on y reçoit, année moyenne, 12,000 individus, y compris les militaires et les femmes indigentes en couche. Dès 1716, des lettres-patentes de Louis XV témoignaient la protection particulière que méritait ce bel établissement, *où*, disait-il, *non seulement les pauvres malades de nos provinces et toutes sortes d'enfans exposés trouvent un asile assuré, mais où sont encore reçus les pauvres de toutes les nations du monde, et qui a fourni, dans tous les temps, des secours efficaces aux soldats et blessés des armées d'Italie et de Catalogne, jusque-là qu'il a été reconnu qu'on y avait reçu, pendant les dernières guerres, près de 25,000 soldats malades.*

la première enfance, n'ont d'autres soutiens que des dons et des quêtes annuelles, qui suffisent néanmoins pour les faire prospérer.

Il est vrai que *Paris* ne peut pas citer des dames allant dans des prisons porter les secours de la charité chrétienne aux malheureux dont elle peut faire encore la consolation et opérer la conversion, comme *Londres* cite madame *Frey* pour ses louables visites à *Newgate ;* mais, certes, on n'en regrettera pas la raison, en sachant qu'à *Paris* les dames qui remplissent une si admirable mission y mettent une telle pureté d'intention, une telle modestie, qu'elles se prescrivent entr'elles un si grand secret, qu'il n'est permis à aucune de révéler même le seul nom d'une de ses compagnes (1).

---

(1) Qu'il soit permis à l'auteur de cet ouvrage de citer ici un témoignage incontestable : il a eu le malheur de perdre récemment une épouse qui faisait partie de cette Société des prisons. Il ne l'avait appris que par M. *Moredu*, alors président du tribunal de première instance de Paris, dont l'intervention était nécessaire pour régulariser les fonctions de ces dames, et qui céda au désir de lui faire connaître l'efficacité du zèle avec lequel cette mère de famille employait la douce éloquence de la charité chrétienne à faire couler les larmes expiatoires du repentir chez des êtres condamnés pour des crimes, et qui

En citant ainsi divers exemples dont le nombre aurait pu être bien plus considérable, nous croyons avoir suffisamment prouvé à quel point le zèle charitable existe en France, et combien on peut compter sur lui quand on lui présente des moyens propres à fixer ses idées souvent trop irréfléchies, et ses actes souvent trop incohérens. Et quel moyen peut présenter, à cet égard, plus de conditions satisfaisantes, plus d'avantages réunis que le système des colonies agricoles, tel que l'ont suivi avec des succès si encourageans, et cette Hollande si sage dans ses opérations, et cette Belgique si vive dans les siennes, qui en avaient l'une et l'autre bien moins besoin que la France?

Enfin, nous répétons ici cette question, qui semble se résoudre par son seul exposé : la France, sous un ciel et avec un territoire plus favorisés, où elle compte plus de 7,000,000 d'hectares de terres incultes, au milieu d'une popula-

---

semblaient avoir voué leur existence à la plus affreuse dépravation; elle était aussi de cette Société de la charité maternelle, dont nous avons vu que le zèle édifiant était parvenu à rendre stationnaire à Paris le nombre des enfans abandonnés, tandis qu'il avait triplé en quarante ans dans le reste du royaume. (Voir page 238.)

tion surabondante et où il existe tant d'êtres qui réclament du travail au nom de la nécessité; enfin notre beau pays méconnaîtrait-il de tels exemples et ceux qu'ont donnés, à cet égard, Pierre-le-Grand, Catherine II, Frédéric II, Marie-Thérèse, et s'avouerait-il incapable d'imiter le Danemarck, le Hanovre, la Bavière, le Wurtemberg, et notamment l'Espagne, où les colonies agricoles de *la Sierra-Morena*, présentant, dans un sol rocailleux et brûlant, le contraste le plus frappant avec celui de la Hollande, sont devenues un modèle d'exploitation productive pour le pays; et la Suède, qui voit les cinq sixièmes de son armée conserver leur discipline et leur valeur militaires dans des colonies agricoles, dont le produit leur suffit, et d'où sont sortis les soldats de Charles XII? (Voir la note K.)

DE LA NÉCESSITÉ D'ÉTABLIR DES COLONIES EN FRANCE.

Après avoir fait connaître l'étendue des avantages que peuvent assurer à la France les divers genres d'établissemens de colonies agricoles dont nous avons successivement traité, ainsi que les moyens d'exécution qu'elle possède pour se les procurer, nous nous exposerions au reproche d'avoir omis la partie la plus essentielle de questions si importantes, si nous négligions de prouver la nécessité où nous nous trouvons actuellement de recourir à ces moyens.

Telle devient alors la gravité du sujet, qu'il oblige à étendre ses vues et à baser ses idées sur des considérations générales d'ordre social que l'histoire a consacrées, et sur des conditions spéciales de sécurité publique pour la France, dont tout nous prouve de plus en plus l'urgence.

Nous allons donc passer successivement à l'examen de ces considérations, et nous terminerons par celui des mesures qu'elles commandent.

De la colonisation considérée sous le rapport de la surabondance de la population.

Observations relatives aux peuples anciens.

Les peuples sur lesquels l'histoire dirige principalement notre attention présentent tous des observations qui prouvent la nécessité de préparer une sorte de destination nouvelle, on serait tenté de dire une sorte de déversoir, pour le trop-plein de la population quand elle devient surabondante relativement à ses moyens d'existence. C'est d'après des prévisions aussi importantes que la coutume d'établir des colonies dans des pays éloignés a été suivie d'une manière systématique par les nations de l'antiquité les plus sages, et dont la politique était la plus saine : ainsi en ont agi les anciens Égyptiens, les Phéniciens, les Grecs des États commerçans, les Carthaginois et même les Romains; et quoique les colonies que ces derniers ont fondées fussent principalement militaires, il serait très facile de démontrer qu'on s'en servait également d'une manière favorable au commerce.

Parmi les anciennes autorités qui existent à cet égard, on doit remarquer ce que dit *Aristote* en terminant ses observations sur la république de Carthage; il approuve fort la coutume qui y régnait d'envoyer de temps en temps des colonies en différens endroits, et de procurer ainsi aux citoyens des établissemens honnêtes. Par là, dit-il, on avait soin de pourvoir aux nécessités des pauvres, qui sont, aussi bien que les riches, membres de l'État; on déchargeait la capitale d'une multitude de gens oisifs et fainéans, qui la déshonorent et souvent lui deviennent dangereux; on prévenait les mouvemens et les troubles en éloignant ceux qui y donnent lieu pour l'ordinaire, parce que, mécontens de leur fortune présente, ils sont toujours prêts à remuer et à innover (1).

Les nations barbares qui envahirent et subjuguèrent l'empire romain ne cherchaient originairement que de nouveaux moyens d'existence pour une surabondance de population, qui ne trouvait plus sur son territoire des moyens de subsistance suffisans : c'est ce qu'attestent les auteurs anciens les plus estimés, en attribuant à cette cause les irruptions des barbares et leurs épouvantables ravages. Plusieurs d'entr'eux font même à ce sujet des observations remarquables : telle est celle que nous allons citer, d'après l'importance que lui donne *Machiavel.*

« Les peuples entre le Rhin et le Danube, sous un climat sain et qui favorise la santé et la population, multiplient à un tel degré, qu'un grand nombre est forcé de quitter le sol natal pour aller chercher à vivre ailleurs. Établis dans un autre pays, lorsqu'ils y deviennent encore trop populeux, voici comment ils s'y prennent pour se débarrasser de la partie surabondante

---

(1) Rollin, *Histoire ancienne,* page 115 du 1er. vol., édition in-4°.

de la population : ils la divisent en trois parties, composées chacune d'une égale portion de nobles, de riches et de pauvres. Ces trois divisions établies, elles tirent au sort, et celle qu'il désigne quitte le pays et va chercher fortune ailleurs, laissant ainsi aux autres plus de territoire et de moyens de subsistance. »

Gibbon croit que *Machiavel* suppose pour ce cas une régularité d'opérations et de système plus grande qu'elle n'existait ; mais le docte *Malthus* pense qu'il n'a pas beaucoup erré à cet égard, et que ces peuples étaient contraints, par la prévoyance de la nécessité, de se débarrasser de la population surabondante ; ce qui, suivant lui, donna lieu à cette loi des Germains dont parlent *César* et *Tacite*, et qui ne permettait pas de rester plus d'un an en jouissance des même terres.

Machiavel a aussi beaucoup écrit pour prouver qu'il eût été bien moins onéreux et plus certain de fonder des colonies dans les pays conquis, que d'y construire des forteresses. *Jean de Witt*, que nous avons déjà cité (page 10) comme ayant porté la Hollande à l'apogée de sa prospérité, et qui fut l'un des plus grands et des meilleurs hommes d'État qui aient existé, recommandait fortement les colonies comme refuge pour ceux que le commerce n'avait point favorisés, comme champ fertile aux hommes dont les talens n'avaient pu être récompensés dans leur patrie par manque de protection, et comme pouvant seconder les hospices et autres établissemens charitables, qu'il prévoyait pouvoir se trouver par la suite trop obérés par la quantité des secours à donner.

Ces observations sur la nécessité des colonies destinées à la surabondance de la population prennent une nouvelle force quand on réfléchit sur l'atrocité des mesures différentes qu'ont prises des peuples très célèbres, pour prévenir les dangers de cette surabondance, leurs mœurs et les principes de leur Gouvernement étant opposés aux relations commerciales et par suite au système de fonder des colonies utiles à la métropole.

Ainsi, les lois de *Lycurgue* ayant en quelque sorte proscrit le commerce et voué aux esclaves les arts, les états mécaniques, les professions industrielles et *même l'agriculture*, afin que les Spartiates consacrassent exclusivement leurs facultés physiques et morales à l'état militaire, toute relation extérieure autre que l'esprit de conquête, et par conséquent toute idée de colonisation, était interdite. D'après de telles dispositions, cette république, pour prévenir les dangers de la surabondance de la population, avait recours à des moyens qui nous feraient frémir : ainsi, chez les Spartiates, l'infanticide était une des lois de *Lycurgue*. D'après ces lois, « sitôt qu'un enfant était né, les anciens de » chaque tribu le visitaient : s'ils le trouvaient » bien conformé, fort et vigoureux, ils lui as» signaient son héritage ; dans le cas contraire, » *ils le condamnaient à périr* et *le faisaient* » *exposer.* » (*Plutarque*, *Lycurgue*, page 47 ; *Rollin*, édition in-4°., vol. 1er., page 26), et on peut se faire une idée de la nature des décisions qui présidaient à ces infanticides, en se rappelant quelle éducation devaient recevoir les enfans qu'on présumait ainsi assez forts pour bien servir une république qui ne voulait avoir pour citoyens que de vigoureux guerriers.

Nous allons transcrire ici ce que dit à ce sujet le savant *Rollin*. (*Vol. précité.*)

« La patience et la fermeté des jeunes Lacédémoniens éclataient surtout dans une fête que l'on célébrait en l'honneur de Diane, surnommée *Anthia*, où les enfans, sous les yeux de leurs parens et en présence de toute la ville, se laissaient fouetter jusqu'au sang sur l'autel de cette inhumaine déesse, et quelquefois même expiraient sous les coups sans pousser un cri ni même un soupir : c'étaient leurs parens même qui, les voyant tout couverts de sang et de blessures et près d'expirer, les exhortaient à persévérer constamment jusqu'à la fin. *Plutarque* nous assure qu'il avait vu *de ses propres yeux* plusieurs enfans perdre la vie à ce cruel jeu : c'est de là qu'*Horace* donne l'épithète de *patiente* à la ville de Lacédémone : *Patiens Lacedæmon*, et qu'un autre auteur fait dire à un homme qui avait souffert trois coups de bâton sans se plaindre : *Tres plagas spartana nobilitate concoxit.* »

Nous allons encore citer ce respectable auteur, pour faire connaître quel était l'autre moyen que prenaient les Spartiates pour se débarrasser de la surabondance du nombre de leurs esclaves, qui était multiple du leur, et que, d'ailleurs, ils ne ménageaient pas dans les combats, là où il y avait des hommes à sacrifier.

«*Lycurgue* laissa tous les arts et tous les métiers aux esclaves et aux étrangers qui habitaient Lacédémone, et ne mit entre les mains des citoyens que le bouclier et la lance, leur imposant la loi de passer dans l'oisiveté tout le temps de leur vie qui ne serait point consacré à la guerre. Sans parler du danger qu'il y avait à souffrir que le nombre d'esclaves nécessaire à la culture des terres dépassât de beaucoup celui des maîtres, ce qui fut souvent une source de séditions, dans combien de désordres un tel loisir ne devait-il pas plonger des hommes désœuvrés et sans occupation ? » (*Même vol.*, page 41.)

«Non seulement les Lacédémoniens enivraient leurs esclaves (pour les faire paraître en cet état devant leurs enfans, afin d'inspirer à ceux-ci une grande horreur d'un vice aussi bas et aussi honteux), mais ils les traitaient avec la dernière barbarie, et croyaient pouvoir s'en défaire par les voies les plus violentes, sous le prétexte qu'ils étaient toujours prêts à se révolter. *Thucydide* rapporte que, dans une occasion, 2,000 de ces ilotes disparurent tout d'un coup sans que l'on sût ce qu'ils étaient devenus (page 42).» Voici comment le savant auteur du *Voyage d'Anacharsis* rend compte de cet événement.

« On voulait enrôler et faire partir pour la Thrace de ces ilotes dont la jeunesse et la valeur inspiraient sans cesse des craintes bien fondées. On promit en conséquence de donner la liberté à ceux d'entr'eux qui s'étaient le plus distingués dans les guerres précédentes, il s'en présenta un grand nombre, on en choisit 2,000 et on leur tint parole. Couronnés de fleurs, ils furent solennellement conduits aux temples : c'était la principale cérémonie de l'affranchissement. Peu de temps après, dit *Thucydide*, on les fit disparaître, et personne n'a jamais su comment chacun d'eux avait péri. »

Quelle affreuse idée nous donnent ces républicains si vantés, de ce que peut inspirer le danger d'une population surabondante !

Nous avons pour autre exemple d'inhumanité, pris chez un peuple dont les mœurs et les principes de Gouvernement sont entièrement opposés, celui que présente la Chine. Dans ce vaste empire, dont l'habitant est si sobre, la surabondance de la population fait autoriser l'infanticide, au point que de grandes mesures de police ont été jugées nécessaires pour diminuer l'horreur qu'inspirait le nombre énorme de ses innocentes victimes : ainsi, à Canton et à Pékin, les expositions d'enfans nouveau-nés se font dans les rues, et des chariots ont la destination spéciale de les enlever le matin, pour en faire disparaître l'affreux spectacle. Dans nombre de contrées de ce vaste empire, on les noie pour leur éviter de plus longues souffrances.

C'est ainsi que l'infanticide est habituel chez la plupart des peuples sauvages.

Observations relatives aux peuples modernes.

Si les peuples les plus célèbres de l'antiquité, chez lesquels cependant les guerres d'extermination, l'esclavage et les maladies contagieuses étaient des causes de mortalité si actives, ont été obligés de rechercher dans des systèmes de colonisation un moyen qu'ils croyaient nécessaire pour prévenir les dangers d'une surabondance de population; si une telle mesure trouve des preuves frappantes de sa sagesse dans la barbarie même de celles qu'employèrent d'autres peuples pour y suppléer, quelles réflexions ne doivent pas faire à cet égard les peuples modernes de l'Europe chez lesquels les progrès de la civilisation restreignent de plus en plus les chances de mortalité et accroissent journellement celles d'une plus grande population !

Parmi les résultats actuels de la civilisation européenne, nous devons considérer particulièrement ici ceux qui tiennent au développement progressif de l'industrie manufacturière, qui, en multipliant les moyens de bien-être pour toutes les classes dans l'intérieur, y favorisent les mariages imprudens, et qui, en étendant sa puissante activité à l'extérieur pour acquérir de nouvelles richesses au pays, exposent à diverses chances d'adversité : de sorte que cette industrie éprouve, au milieu des avantages immenses et incontestables qu'on lui doit à l'intérieur et à l'extérieur, le sort qui semble attaché à toutes les entreprises de l'homme, celui de faire naître des vicissitudes nouvelles, même en créant des avantages nouveaux, comme pour lui servir de frein dans des efforts trop orgueilleux, en lui rappelant l'imperfection inhérente à sa nature, et lui rendant ainsi plus sensibles et plus précieux les préceptes de la sagesse.

Le résultat des vicissitudes et des crises de l'industrie manufacturière au milieu même de ses plus grands succès devient aujourd'hui si frappant que, bien que nous ayons déjà appelé dans cet ouvrage l'attention sur ce grave sujet, nous croyons devoir l'y fixer ici d'une manière plus positive.

Nous avons vu (p. 408) que le grand Frédéric recommandait, il y a plus de 50 ans, ce genre d'observations au surintendant de son royaume, dans les instructions qu'il lui donnait relativement à la protection particulière qu'il devait à l'agriculture, en raison de la constance de sa prospérité ; mais il est encore bien plus essentiel aujourd'hui d'observer qu'effectivement la population manufacturière est exposée à manquer d'emploi et de subsistance par des causes malheureusement nombreuses. Il suffit d'un simple changement dans la mode, dans les usages; de droits établis à l'étranger sur des exportations de matières premières, ou sur des importations de marchandises manufacturées; des progrès d'une industrie rivale à l'extérieur ou de spéculations exagérées : cette partie de la population peut être ruinée par une guerre, et surtout par des commotions de l'ordre social; car, ces commotions, en ôtant la sécurité aux classes aisées qui font travailler, et par leurs moyens acquis et même par les ressources de leur crédit, paralysent et tarissent dans leurs sources principales les moyens d'occupation nécessaires à l'existence de la classe ouvrière.

Effectivement, les garanties de l'ordre social peuvent seules donner la confiance nécessaire pour faire travailler l'homme pour sa postérité, faire les grandes entreprises, les canaux, etc.

Observations relatives à l'Angleterre.

Nous avons eu lieu de remarquer, page 36 et suivantes, quelle importance l'Angleterre donnait à ces considérations, en condamnant ses établissemens de détention à des travaux improductifs, pour éviter leur concurrence aux ouvriers honnêtes, dont la position nécessiteuse et grevée de charges ne pourrait la soutenir, et nous avons rappelé ces mêmes considérations, en parlant ensuite de ce qui devait se rapporter à nos propres établissemens de détention pour délits, afin de prouver la préférence qu'on devait donner aux travaux agricoles.

On reconnaît aujourd'hui en Angleterre que la sûreté de l'empire dépend de la tranquillité de la multitude, et dans un ouvrage récent très estimé, l'auteur observe que s'il s'élevait parmi les manufactures du Lancashire un système de révolte, comme dans les contrées méridionales, il pourrait s'ensuivre une crise nationale générale. Une masse aussi imposante ne pourrait, dit-il, être *dragonnée* et contrainte par la force à l'obéissance.

Ces observations nous ont paru soulever des questions si graves pour le sujet qui nous occupe, que nous avons cru devoir traiter particulièrement, dans la note (G), de ce qui concerne, sous ce rapport, cette nation, parce qu'elle est à la fois la plus célèbre qui ait jamais existé, tant pour sa puissance maritime et coloniale, que pour le développement de l'industrie humaine, et celle où il existe cependant le plus d'alarmes pour ce qu'elle appelle elle-même la plaie honteuse du paupérisme ; tandis qu'elle surpasse jusqu'à présent, à elle seule, toutes les autres nations réunies en puissance maritime, en colonies outre mer et en moyens de transmigration pour la population indigente (1).

Un tel résultat nous imposait le devoir d'en rechercher les causes dans des faits dégagés de toute prévention, comme de toute hypothèse.

C'est ce que nous avons tâché de faire en exposant successivement, dans cette note et suivant leur ordre de dates, les divers genres de colonisation dont l'Angleterre a conçu les systèmes et fait l'expérience, depuis le règne d'Élisabeth jusqu'à nos jours.

En renvoyant à cette note, pour ce qui concerne le tableau historique et les principaux détails des divers moyens de colonisation qu'a employés, comme le croyant dans son plus grand intérêt, cette nation que nous venons de citer comme la plus célèbre qui ait encore existé pour la puissance coloniale et maritime, et qui mérite de l'être également pour son esprit public, nous allons simplement rappeler ici, pour

---

(1) Voir le tableau des colonies anglaises, n°. 7.

ordre dans notre marche, les principaux résultats qu'elle a définitivement obtenus.

Nous ferons observer d'abord que son système de transmigration forcée aux colonies de l'Amérique du Nord, originairement dû à Élisabeth, pour remplir le double but de débarrasser la mère-patrie de ses mauvais sujets et peupler ses colonies, en même temps que, par suite de mauvaises mesures mises en pratique par ses prédécesseurs, elle créait la taxe des pauvres, a eu, d'une part, les plus fâcheux résultats pour ses colonies, dont elle a mérité l'indignation, et a contribué en grande partie à provoquer l'insurrection, et, d'autre part, n'a pu empêcher le paupérisme de s'accroître par l'aliment même qu'il trouvait dans une taxe qui, en définitive, était une prime assurée pour la fainéantise et un encouragement aux mariages les plus misérables, puisque l'émolument dans la taxe s'accroissait avec le nombre des enfans.

Nous citerons ici d'abord, au sujet du système de déportation aux colonies, l'autorité d'un des publicistes les plus réputés de l'Angleterre, le lord *Bacon*, dont le génie semblait prévoir l'influence qu'aurait ce système sur la catastrophe que fit éprouver à l'Angleterre l'insurrection de ses colonies de l'Amérique du Nord, où elle effectuait alors ses déportations.

Nous prouverons ensuite, par des faits authentiques, combien les progrès que le commerce manufacturier doit à l'emploi des machines ajoutent encore à l'importance des mesures propres à prévenir les chances d'inoccupation et de misère qui peuvent en résulter pour l'ouvrier laborieux et honnête, même quand on peut se flatter qu'elles ne seraient que momentanées, et nous terminerons par des réflexions sur la préférence qu'en Angleterre même on commence à donner aux colonies agricoles.

Voici comment s'exprime le lord *Bacon*, au sujet de la colonisation par voie de déportation :

« Fonder un nouvel État avec la lie d'un État » corrompu, c'est, selon lui, un crime, une fo- » lie. Au lieu de réformer les anciens vices par » ce changement de lieu, vous ne faites, selon » ce philosophe, que répandre au loin la cor- » ruption qui vous ronge, l'ulcère dont vous » êtes dévorés. Là n'iront pas s'établir les hom- » mes honnêtes que l'aspect du crime épou- » vante; là croupira éternellement la fange » sociale, qui fermentera par son agrégation.

» Vous serez contraints à d'énormes dépenses » pour maintenir dans la paix ces bataillons de » bandits, ces armées d'hommes sans lois et » sans mœurs. Il ne résultera de votre tenta- » tive avortée qu'une honteuse et lointaine pri- » son, dont les tristes geoliers, impuissans » législateurs d'une société impassible, porte- » ront les vains titres de gouverneurs, d'offi- » ciers et d'administrateurs publics. »

On pourra reconnaître, dans les détails historiques que contient la note G relativement à l'Angleterre, combien les idées du lord *Bacon* étaient remarquables et justes, et combien les moyens qu'il combat ont été infructueux, et pour la répression des délits et des crimes, et pour mettre un terme aux progrès du paupérisme.

Les observations comparatives que présente sous ces deux rapports l'Angleterre ne sauraient être trop méditées, et quelques faits généraux et authentiques suffiront pour le prouver.

On voit, par les tableaux officiels que présente cette note G, quelle progression a éprouvée la taxe des pauvres, et quelle est celle du nombre des crimes et délits ; mais nous devons faire observer, relativement au sujet qui nous occupe plus particulièrement ici, que cette progression des délits et des crimes se fait principalement sentir dans les contrées les plus manufacturières, tant en raison de la substitution des machines au travail manuel, qu'en raison de la variation dans les chances de ventes et de débit.

En 1810, le comté de Middlesex avait un criminel sur 991 habitans, tandis que le pays de Galles n'en comptait qu'un sur 2,391 ; en 1820, ce comté en comptait un sur 421 habitans, et le pays de Galles un sur 2,406. L'Angleterre réunie à ce dernier pays en comptait un sur 1,039.

De 1825 à 1829, le département de la Seine a compté, année moyenne, un accusé prévenu de crimes sur 1,275 habitans, tandis que la France n'en a compté qu'un sur 4,505, que le département de la Creuse n'en a compté qu'un sur 13,312, et que celui de l'Ain n'en a compté qu'un sur 9,489.

Il est notoire que la population qui ne peut exister que par son travail se pervertit par la misère bien plus facilement dans les grandes villes que dans les campagnes, et c'est dans ces agglomérations de population que la tentation et même l'émulation du vice et du mal ont le plus d'action et présentent le plus de dangers.

Déjà des circonstances alarmantes avaient fait ressortir l'importance de ces considérations en Angleterre; d'abord lors des crises résultant de la dépression dans la valeur des produits après la paix, parce que la guerre y avait exagéré ces valeurs, et depuis, lors de la crise résultant de l'exagération dans les entreprises en 1825 et 1826, parce que l'Angleterre s'était flattée de conquérir, par l'insurrection, le monopole du commerce de l'Amérique du Sud, où elle a au contraire enfoui des capitaux immenses par des entreprises irréfléchies dans un pays où l'anarchie devait d'autant plus résulter de l'anéantissement de tout pouvoir et du déchaînement de toutes les passions, que trois siècles de paix non interrompue avaient laissé ces vastes contrées étrangères aux idées, aux pratiques des peuples plus civilisés.

Quoique la commotion politique récente qui vient d'ébranler le continent européen ait été bien moins sensible en Angleterre, qui, seule, a pu diminuer son armée de terre quand toutes les autres puissances augmentaient les leurs, qui, seule, n'a pas eu besoin d'emprunter, tandis que les autres puissances contractaient des emprunts dont l'ensemble se monte à environ 14 cents millions, la dépression de la prospérité continentale influe encore assez sur celle de l'Angleterre pour y susciter de nouvelles alarmes, que les événemens de Bristol n'ont que trop justifiées.

Cependant, la sagesse du système qu'elle a

adopté pour la colonisation du Canada, en fondant l'accroissement des ressources et de la puissance de la métropole sur la prospérité de la colonie; la grandeur admirable et exemplaire des mesures qu'elle a adoptées pour en assurer le succès portent déjà leurs fruits, comme on le reconnaît par les détails que nous donnons, à cet égard, dans la note (G), d'après des documens authentiques; et cependant l'Angleterre éprouve encore l'insuffisance de ce système pour remédier immédiatement aux dangers dont l'accroissement du paupérisme signale de plus en plus l'imminence: il en résulte que des publicistes, justement estimés chez une nation qui sait juger les hommes d'État, font observer la préférence qu'on doit encore attacher aux colonies agricoles. C'est ainsi que l'année dernière a vu se succéder deux éditions d'un ouvrage spécial, dont la Société royale et centrale d'agriculture a chargé l'auteur qui parle ici de lui faire un rapport; ce qui lui a donné lieu d'y faire ressortir l'émulation que doit inspirer à la France cet exemple chez une nation qui surpasse toutes les autres réunies en puissance maritime ainsi qu'en moyens de transmigration, puisqu'elle possède 52 colonies situées dans toutes les parties du monde, et où elle compte plus de 100 millions de sujets. (*Voir* le Tableau statistique, n°. 7.)

Observations particulières à la France.

En insistant sur ce que nous venons de dire au sujet de l'Angleterre, et en renvoyant à la note (K) pour ce qui regarde d'autres peuples qui ont adopté le système des colonies agricoles avec un succès remarquable, quoique dans des genres et sur des sols divers, nous devons faire observer ici qu'aujourd'hui la France est de tous les peuples de l'Europe celui pour lequel les inconvéniens et les dangers de la surabondance de population sont les plus sensibles, on pourrait dire les plus imminens; car elle éprouve, à cet égard, les résultats d'un concours de circonstances qui, même sans se réunir et se donner ainsi respectivement une force plus grande, suffiraient, en se présentant séparément, pour réclamer toute la sollicitude du Gouvernement et tous les vœux du pays.

Et d'abord, de toutes les observations que nous venons de faire sur la nécessité de prévenir les inconvéniens de la surabondance de la population indigente, il n'en est aucune qui ne soit applicable à la France aussi positivement, aussi essentiellement qu'aux pays par lesquels nous les avons vues adoptées. Nos annales le prouvent, même pour nos anciens temps : effectivement, dès que la France eut fait succéder les premiers bienfaits d'une civilisation quoiqu'encore incomplète aux maux qu'avaient enfantés l'invasion et la domination des Barbares qui ravagèrent long-temps et l'Empire romain et les Gaules, il lui fallut jeter des essaims de son ardente population jusque dans l'Orient, malgré les difficultés des trajets maritimes ; elle eut, depuis, ses longues guerres intestines et sa lutte constante contre l'Angleterre, alors en possession, soit par elle, soit par les alliés de sa rivalité, d'une partie de notre territoire actuel.

A peine la naissance des lettres, des arts et du commerce eut-elle encore accru sa population en raison d'un plus grand développement de bien-être, que cet accroissement de population contribua à l'effervescence des troubles et des guerres de religion, auxquelles, après quelques années de paix, succédèrent les guerres glorieuses, mais enfin ruineuses en finance et en hommes, qui signalèrent le long règne de Louis XIV. La France, cherchant à se relever de cette triste position, crut trouver des ressources et un aliment pour son active et malheureuse population dans des entreprises hasardeuses pour le Nouveau-Monde, qui furent conçues et dirigées avec une telle ardeur qu'elle excluait la réflexion : c'est ainsi que se firent nos grandes expéditions, et au Canada, dans cette Acadie dont les Anglais se crurent obligés de déporter les habitans tant ils conservaient d'attachement pour les Français ; et dans cette Louisiane, que nos spéculations comptaient peupler, en fertilisant les immenses rives du Mississipi, pour y créer une nouvelle France.

Cependant, à la fin du règne pacifique de Louis XV, pendant lequel la population de la France avait pris un nouvel essor, la ruine déplorable de sa marine lui fit perdre et la Louisiane et ses colonies de l'Amérique septentrionale, aliment si nécessaire, et qui pouvait devenir une ressource si efficace pour une population qui, avec la vivacité de son caractère national, ne pouvait éprouver de progression en nombre sans en éprouver une encore plus forte en besoin d'exercer son activité.

Dès lors quelles chances se préparèrent pour notre révolution et quelles réflexions font naître ces traditions qui attestent, même aujourd'hui, dans tant de localités, ce que furent et ce que pouvaient devenir les Français dans ce Canada, dans cette Louisiane où se développent actuellement tant de moyens de prospérité et de puissance! Quels regrets quand on observe en même temps que la France avait su rendre sa colonie de Saint-Domingue plus riche, à elle seule, que toutes les autres des Antilles réunies, ce qui lui avait fait donner, même chez l'étranger, le titre de reine des Antilles! (*Voir* la note L.)

Aujourd'hui, notre patrie agitée, qui a tant prouvé combien la surabondance de sa population exigeait de prévisions, combien les colonies pouvaient, à cet égard, lui offrir de ressources; enfin, notre peuple qui, dans les circonstances actuelles, est celui qui a le plus grand besoin de cette espèce de déversoir, s'en trouve entièrement privé d'après la nature des colonies qu'il possède (1), et le temps qu'exige la colonisation d'Alger pour réussir. Déjà nous avons reconnu, en parlant de cette conquête (p. 192 et suiv.), que les questions de colonisation pour la France n'étaient plus seulement des questions d'intérêt particulier pour elle, mais que les circonstances en avaient fait une question d'intérêt européen, d'après les termes même de cette déclaration, que les plénipotentiaires des puissances européennes alors alliées contre la France proclamèrent à

---

(1) *Voir* le tableau de ces colonies, n°. 6.

Francfort, le 1er. septembre 1813, qui fut peut-être le moyen le plus favorable à leur succès, et dont nous avons donné le texte page 200, en y joignant les réflexions qu'elle comporte.

En rappelant ici les considérations que nous avons fait valoir et que nous venons de citer pour prouver la nécessité de coloniser Alger dans un système propre à féconder les ressources qu'il peut présenter à la France, et dont l'Angleterre donne actuellement l'exemple dans le Canada, après plusieurs siècles d'expérience ailleurs, nous devons aussi faire remarquer que ces mêmes considérations s'appliquent avec une toute autre importance à la nécessité où nous nous trouvons aujourd'hui de recourir au système des colonies agricoles.

Nous avons prouvé, dans les pages précitées, que nous étions maintenant privés de tout autre moyen de colonisation prompt et efficace, nous nous appuierons encore, pour faire apprécier le besoin que nous en avons, sur l'autorité d'un publiciste français, que l'Europe considère généralement comme le diplomate le plus habile de notre époque. M. le prince *de Talleyrand*, à son retour en France sous le régime qu'on appela le *Directoire*, a fait ressortir, avec les lumières et les talens qui lui appartiennent, l'espèce de nécessité où se trouvait la France de rechercher des moyens de colonisation, après une révolution qui avait excité tant de passions et d'ambitions, froissé tant d'intérêts, et fait tant de mécontens; et quand on pense que le Mémoire où il faisait ressortir ces considérations fut approuvé par l'Institut et inséré dans ses *Mémoires*, et qu'on se rappelle en même temps l'influence qu'avaient déjà reconquise les talens de M. *de Talleyrand*, lorsqu'on décida l'expédition d'Égypte, il est permis de croire qu'une idée aussi vaste, aussi digne du chef de l'entreprise, ne fut point étrangère à la nécessité d'un grand plan de colonisation, et les Anglais, dans leurs prévisions politiques, toujours habiles, avaient su en juger ainsi.

Depuis cette mémorable époque, la nécessité d'un moyen de colonisation pour la France et le défaut de ressources extérieures (vu le temps qu'exige celle d'Alger) se sont encore aggravés.

Nous avons perdu définitivement Saint-Domingue, qui donnait un mouvement de plus de 500 millions et un bénéfice net de 50 millions à la France; nous avons perdu l'Ile de France, etc., ainsi que les bénéfices de nos expéditions presqu'exclusives (tant elles étaient favorisées) en Espagne et dans l'Amérique du Sud; la mauvaise foi dans nos envois, plus encore que la guerre d'Égypte, a fait prévaloir sur nos fournitures pour la Turquie, qui les préférait à toutes autres, celles des Anglais, qui, jusqu'alors, en étaient en quelque sorte exclus.

A l'intérieur, il y a superfétation, fièvre de changement et d'envie dans les divers États; dans les principales villes, l'affluence des individus dépourvus de moyens d'existence, la diminution des travaux concourent pour y appeler la misère, et fournir ainsi au vice et même au crime de nouveaux moyens de se recruter. Les premiers besoins de la vie, celui qui peut aller jusqu'à rappeler le supplice d'Ugolin, la faim, fournissent des moyens d'émeutes aux perturbateurs, et il est bien plus important et plus facile de les prévenir que de les réprimer.

Au milieu de tant de chances de perturbations, le scepticisme pour le bien devient tel qu'on voit la vertu ne paraître plus au vulgaire qu'une duperie et le culte de l'intérêt devenir exclusif : dès lors, tous les vrais moyens de prospérité, les mœurs, les bases même de l'existence sociale peuvent être atteints de plaies incurables; enfin, il faut un déversoir à un débordement dont on est d'autant plus menacé que la surabondance de la population, sans moyens d'existence assurés, doit encore s'accroître nécessairement par un désarmement que font présager la sagesse des vues de notre Gouvernement et plus encore l'impossibilité où sont les puissances européennes de faire la guerre, sans risquer de compromettre leur propre sûreté, puisqu'on peut reconnaître que ces puissances ont emprunté 1,400,000,000 f. depuis les événemens de juillet 1830, même sans avoir eu besoin de mettre des troupes en campagne.

Nous croyons ne point nous laisser aller à l'illusion en faisant observer ici que le système des colonies agricoles offre, à cet égard, toutes les conditions désirables et qu'il ne pourrait être suppléé par aucun autre.

Nous nous en référons d'abord à ce que nous avons constaté dans les articles précédens et d'après des documens authentiques, tant sur les résultats des colonies agricoles en Hollande, où elles ont même dépassé les premières espérances que sur le prompt succés des essais encore récens de la Belgique, et sur les diverses applications que ce même système pourrait avoir en France pour les cas où il a été pratiqué en Hollande, en présentant alors à notre pays la faculté d'acquérir en seize années 150,000 hectares de terres passées de l'état inculte et improductif à l'état de culture de premier ordre, s'il voulait faire, proportionnellement à ses facultés, ce que la Hollande a fait proportionnellement aux siennes, et, enfin, nous nous référons encore à ce que nous avons dit au sujet des *colonies de punition* pour suppléer en partie à nos établissemens de détention que le système pénitentiaire ne pourrait remplacer sur une grande échelle, sans des dépenses ruineuses; établissemens encore tels qu'un observateur éclairé qui les aurait visités pourrait y voir la meilleure méthode de familiariser avec les crimes les plus horribles, et croire ne pouvoir en trouver une école plus efficace que cette réunion confuse de condamnés de tout âge, de toute espèce, auxquels on associe cependant ceux même que notre *Code pénal* ne condamne qu'à une peine *correctionnelle*, en raison du peu de gravité du délit.

De la quantité des terres susceptibles de produire, que les communes laissent incultes, et de l'étendue des préjudices qui en résultent.

Nous avons déjà vu, au sujet des terres que les communes laissent incultes, combien elles avaient cherché à en déguiser l'étendue, puisque les travaux faits pour le cadastre, depuis 1817, avec plus de soin qu'antérieurement, ont déjà doublé la quantité d'hectares qu'on leur supposait alors. Cependant, on voit, par le travail de la Commission du budget pour 1832, que le cadastre n'est entièrement terminé que pour 31,000,000 d'hectares : d'où il résulte que cette grande opération doit exiger encore 50 millions de dépenses et environ huit années (1).

On peut en conclure qu'il y aura encore lieu de constater de nouvelles insuffisances pour les désignations de biens communaux dans les cantons où les opérations ne sont pas terminées, puisque ces terres n'y sont réellement bien connues que par ceux qui cherchent à les dissimuler, et que leur superficie réelle ne peut être bien établie que par les dernières opérations sur le terrain.

Comme il est très essentiel de bien apprécier le degré d'importance qu'on doit attacher à la mise en valeur de cette immense quantité de terres incultes, quoique susceptibles de produire, qui fait une partie notable de la totalité de notre territoire, nous allons considérer combien sont déplorables les résultats de leur état actuel ; nous reconnaîtrons ensuite les moyens de le remplacer par un ordre de choses propre

---

(1) Voir le *Rapport de la Commission du budget pour 1832*, chap. du *Ministère des finances*.

à créer des chances assurées de bien-être individuel et de richesse publique.

En observant d'abord l'état misérable des communes qui possèdent de grands communaux incultes, on reconnaît que le plus sûr des moyens d'améliorer leur pénible situation est, sans contredit, d'assurer le défrichement de leurs landes et le desséchement de leurs marais; mais l'insuffisance de leurs ressources ne leur permet pas de faire elles-mêmes ces travaux, et il en résulte une apathie absolue. On a quelquefois émis le vœu que les communes pussent donner des défrichemens à forfait, moyennant une jouissance temporaire; mais il a été reconnu que les défrichemens n'opéreront le bien qu'on doit en attendre que quand il y sera procédé par concession définitive en faveur de ceux qui s'en chargeront, parce que ce n'est qu'ainsi que l'émulation particulière peut être stimulée par l'espoir de bénéfices qui puissent surpasser les sacrifices nécessaires, soit en dépenses premières, soit en attente des produits rémunérateurs.

Cependant, tant que l'on conservera le mode actuel de possession, les grands communaux présenteront de tristes déserts; souvent des sables brûlans dans l'été, des marais pendant l'hiver, un pays malsain pendant toute l'année.

Les détracteurs des innovations fondent leur opposition sur la stérilité du sol qu'on laisse inculte : à les entendre, ce sol, rebelle à la culture, ne rendrait jamais assez pour payer les soins du cultivateur.

Mais, s'il en était ainsi, les tentatives de défrichement qui ont eu lieu dans nombre de terrains incultes possédés par des particuliers n'auraient pas été suivies, et bientôt, las de donner des soins inutiles à une terre ingrate, l'homme l'aurait rendue à son état primitif. On peut se convaincre, au contraire, que la culture s'étend et réussit partout où il est permis de la porter : d'où l'on doit conclure qu'elle n'est pas sans profit et sans avantage.

Par exemple, on voit, même parmi des landes immenses, des villages où résident un grand nombre de familles, et quelquefois des propriétaires fort riches. Dans les propriétés de ceux-ci, on voit des cultures très productives, et près des chétives cabanes des plus pauvres, qui renferment cependant plus d'habitans que ne semble en réclamer la culture du champ qui les entoure, on remarque plusieurs genres de récolte croissant simultanément sur le même terrain; et malgré la disproportion du nombre des membres de la famille avec l'étendue de la terre qui doit servir à leur nourriture, ils trouvent encore à vivre après que le propriétaire du fonds a prélevé sa part sur la totalité des produits.

On sait qu'un arpent de terre cultivé fournira plus d'herbage que le terrain le plus étendu, quand le pâturage en est commun.

On sait aussi que, dans les pays de petite culture, une métairie de 10 hectares occupe ordinairement dix travailleurs. En ne portant qu'à 200 francs la dépense de chacun de ces individus, ils gagnent annuellement une somme de 2,000 francs. Que l'on joigne à cette somme le revenu que pourraient donner au moins 20 hect. de terre qui ont une valeur réelle égale aux 10 qui sont en culture, mais qui sont réservés pour fournir des engrais ; revenu que l'on peut évaluer au plus bas à 200 francs, et l'on aura un intérêt de 2,000 francs, représentant un capital de 40,000 francs, seulement pour l'exploitation.

Mais c'est en vain qu'on connaît ainsi tant de faits, tant de points de comparaison encourageans : nul ne peut s'établir sur un terrain communal, ni soigner ce qui est la propriété de tous; nul ne peut même entreprendre une chose utile à la généralité, sans être certain de trouver une résistance irréfléchie, mais constante, de la part du dernier membre de cette espèce de diète où chacun exerce avec jalousie un droit absolu de *veto*. Il faudrait une même volonté pour soumettre tout à un régime utile; mais qui produira cette volonté? Pour l'obtenir, il faut le concours de tous les ayant-droit; et ceux-ci, pour se déterminer, ne suivront que l'inspiration de leur intérêt privé, qu'ils confondent avec l'aveugle caprice d'une routine absurde.

Ainsi, tout ce que les efforts de l'industrieux, du laborieux cultivateur ont de plus méritoire et peuvent avoir d'encourageant, vient se briser, expirer contre la limite que lui oppose, comme un rocher inébranlable, cette force d'inertie que produisent l'apathie et l'envieuse opposition d'un intérêt indivis qui aime mieux se sacrifier lui-même que d'en faire prospérer d'autres. On voit ainsi nombre de déserts misérables et insalubres que forme dans notre beau territoire, et au préjudice national, cette immense étendue des biens communaux, que les communes ont encore induement accrue par l'envahissement de presque toutes les terres vagues que possédaient l'ancien clergé et les anciens seigneurs, auxquels elles n'appartenaient qu'à titre onéreux de voirie et de justices locales, charges qui, se trouvant aujourd'hui supportées par l'État, doivent le saisir de leur juste compensation (1).

Il est donc bien certain qu'un avenir plus heureux pour les habitans des contrées encore incultes ne saurait se développer qu'après l'anéantissement du système si fatal de la propriété communale. C'est par là qu'il faut commencer, parce qu'aucune modification avantageuse ne peut être introduite dans l'ordre actuel tant qu'un propriétaire, impuissant pour faire le bien, tout-puissant pour l'empêcher, est toujours là pour repousser de son sol tout homme zélé qui aurait la pensée de l'améliorer. Ce propriétaire, c'est cette masse de la population, peu éclairée même prise individuellement, ignorante et disposée à s'opposer au bien lorsqu'elle

---

(1) Les cinq départemens qui composaient l'ancienne Bretagne furent seuls et nominativement exceptés, par l'article 10 de la loi du 10 juin 1793, de la réserve que contient cette loi sur les biens communaux en ce qui concerne les terres qui étaient possédées ci-devant, soit par le clergé, soit par les émigrés, soit par le domaine, réserve dont les dispositions ont été violées par un très grand nombre de communes, qui ont fait des envahissemens énormes sur les terrains ainsi réservés à l'État, et qui peuvent donner lieu à des rentrées en jouissance du plus grand intérêt.

est réunie. Voyez-la prête à se lever avec fureur contre le téméraire qui oserait manifester la prétention d'utiliser les portions les moins précieuses de ce sol infertile, et s'irriter contre ceux même qui se bornеraient à ne pas partager ses préventions. Espérez-vous la faire concourir à l'exécution de projets qu'elle n'examine, qu'elle ne juge qu'à travers ses préjugés? Jamais elle n'accueillera ces projets. Il faut que, sans lui tenir compte de sa manière de voir, une main puissante, celle du Gouvernement, brise ce vain échafaudage d'une propriété illusoire, en le remplaçant par un revenu positif (1). Son droit et ses devoirs à cet égard ne peuvent être douteux, d'après les principes professés par nos jurisconsultes les plus habiles, notamment par *Henrion de Pansey*, qui s'exprime ainsi :

« Les biens communaux sont grevés d'une » substitution perpétuelle, et les communes » sont toujours réputées mineures.

» Cette minorité n'est rien moins qu'une fic- » tion, puisqu'il n'y a pas de corporation d'ha-

(1) L'alinéa qui précède est extrait de l'ouvrage de M. *d'Haussez*, ancien préfet des départemens de la Gironde et des Landes, sur les terres incultes de ce dernier département.

» bitans qui ne renferme des individus au des-
» sous de la majorité, et que ces mineurs,
» membres de la famille, ont dans le patrimoine
» commun un droit égal à celui des majeurs.
» Cette observation est du docteur *Balde. Uni-
» versitas*, dit ce jurisconsulte, *restituitur in
» integrum, propter minores et pupillos qui in
» eâ sunt.* »

Aussi lisons-nous dans les Lois romaines : *Res publica minorum jure uti solet, ideòque auxilium restitutionis implorare potest* (1) ; et dans le préambule de la Déclaration de 1652 : « Les paroisses et communautés sont réputées mineures. »

D'autres publicistes vont encore plus loin en disant : « On se plaît à comparer les communes » à des mineurs, il y aurait plus de justesse à » les comparer à des personnes interdites (2). »

M. *Henrion de Pansey* s'exprime encore ainsi : « Nous l'avons déjà dit, les biens de chaque » commune appartiennent aux habitans futurs » comme aux habitans actuels. Ceux-ci n'ont

(1) Liv. IV, C. *Quibus causis majores*, etc.

(2) Opinion de M. *Laîné*, ancien président de la Chambre des Députés et membre de la Chambre des Pairs, lors de la discussion du *Code forestier*.

» qu'une propriété grevée, c'est à dire qu'ils » ne possèdent qu'à la charge de conserver et » de transmettre à ceux qui viendront après » eux.

» Les biens communaux appartiennent, quant » au sol, à la commune; et aux habitans, quant » au produit annuel.

» Ainsi, tout partage du fonds des bois com» munaux est interdit aux habitans. Ce serait » de leur part une entreprise sur la propriété de » l'individu moral, que l'on nomme commune.»

Enfin, il est bien reconnu que les biens des communes ne sont pas le patrimoine de la génération actuelle. Les membres de ces communautés meurent, le corps moral ne périt pas. Le domaine de ce corps est un héritage laissé par les devanciers non seulement aux membres actuels, mais aussi et au même titre à ceux qui doivent leur succéder. C'est le bien d'une succession indéfinie de générations, dont la génération présente n'a que l'usufruit. Partager un tel domaine dans l'intérêt exclusif des copropriétaires du moment, ce serait déshériter l'avenir pour doter le présent, et méconnaître le principe applicable aux biens de main-morte. Mais on doit considérer en même temps que des concessions temporaires ne présenteraient pas des compensations suffisantes pour déterminer l'émulation particulière, d'après le montant et la durée des sacrifices nécessaires pour un défrichement productif; de plus, on serait exposé à voir, à l'expiration des jouissances, ces biens restés en état de biens de main-morte retomber dans les chances de détérioration dont les exemples sont si nombreux.

Comme il est ainsi constant que le mode actuel de possession est de tous le plus désastreux, puisqu'il condamne les terres qu'il régit à la stérilité et les usufruitiers de ces terres à l'indigence, en préparant le même sort pour les générations à venir, il est du devoir de l'État, tuteur légal de ces diverses générations, de mettre un terme à un tel état de choses, et il ne peut le faire valablement que par une aliénation perpétuelle, qui non seulement accroîtrait la masse des produits, et avec elle celle des occupations favorables à la classe ouvrière, mais qui, en outre, convertirait en citoyens attachés à tous les intérêts de la société, parce qu'ils seraient appelés à y participer, des êtres que l'on y trouve toujours indifférens, quelquefois même opposés; espèce de bâtards politiques placés entre la servitude ancienne, dont ils sont délivrés, et la liberté, dont les conditions auxquelles on attache leur existence ne leur permettent pas de jouir.

EXAMEN DES MESURES NÉCESSAIRES POUR LIVRER A LA CULTURE LA GRANDE QUANTITÉ DE TERRES SUSCEPTIBLES DE PRODUITS QUE LES COMMUNES LAISSENT INCULTES, ET POUR ASSURER A LA FOIS LEUR BIEN-ÊTRE, L'ÉTABLISSEMENT DES COLONIES AGRICOLES, ET DE NOUVEAUX MOYENS DE CRÉDIT PUBLIC.

Après avoir constaté, comme nous l'avons fait successivement, l'étendue des divers avantages que la France pourrait trouver dans l'établissement des colonies agricoles, les moyens d'exécution favorables sous le rapport des exploitations, et enfin la nécessité où nous nous trouvons de recourir à ce genre de colonisation, il nous reste à considérer les moyens d'acquérir la quantité de terres incultes nécessaire pour donner à ces colonies le développement qu'elles doivent avoir pour satisfaire aux diverses conditions que nous avons établies.

On pourrait répondre d'abord aux graves questions qui s'élèvent à cet égard, que l'on est à même de faire en France comme on a fait en Hollande et en Belgique, qu'on doit chercher parmi les terres incultes celles que l'on pourrait acquérir; mais, dans ces deux pays, les communes qui possèdent de tels biens ne sont point, comme celles de la France, entêtées à les conserver incultes au préjudice de leur propre bien-être, par suite d'une routine aveugle, qui paralyse une grande partie des ressources du pays. Nous nous trouvons ainsi conduits à des considérations d'économie politique dont nous allons tâcher de faire apprécier l'importance.

Nous ferons observer d'abord que les terres incultes qui appartiennent à des particuliers leur présentent des chances d'amélioration qu'ils sauront mieux apprécier, et dont ils s'empresseront de profiter quand ils auront devant eux les leçons et les exemples des colonies agricoles. Ainsi le bien-être individuel et la prospérité publique trouvent là une expectative qui doit porter à diriger les acquisitions à faire pour les colonies agricoles vers des terres incultes pour lesquelles cette expectative n'existe pas : telles sont celles qui appartiennent à l'État, telles sont celles qui appartiennent aux communes, qui forment la très majeure partie de nos 7,000,000 d'hectares et plus de terres incultes.

Nous n'avons que peu de choses a dire pour les terres incultes qui appartiennent à l'État, parce que, d'après les documens qu'on a bien voulu nous communiquer dans les buréaux de la Direction générale de l'enregistrement et des domaines, l'État ne possède qu'environ 40,000 hectares de terres incultes (non compris la Corse); la majeure partie se trouve dans l'ancienne province de Bretagne, que nous avons déjà signalée comme la plus propre à recevoir, avec succès, des colonies agricoles. On en compte, dans le département du Morbihan, 24,671 hectares, dans celui d'Ille-et-Vilaine 1,700, dans celui de la Vendée, qui est limitrophe, 5,160: le reste est très disséminé.

Il est certain que l'État doit chercher à tirer tout le parti possible de ces terres incultes pour des colonies agricoles; mais elles seraient loin de suffire à ce qui est désirable; on pourrait encore objecter, avec raison, qu'il a des moyens d'accroître ce genre de ressources par des relais de mer, auxquels plusieurs parties de notre littoral présenteraient des dispositions favorables, pour peu qu'on voulût y employer quelques uns des soins que la Hollande a donnés aux siens (1), et qui lui ont fait conquérir sur l'Océan

---

(1) Nous avons précédemment fait connaître, en parlant de la Hollande, plusieurs de ces beaux exemples

même de vastes espaces qu'elle a su convertir souvent en prairies de la plus grander ichesse. On doit même remarquer que des travaux de ce genre pourraient faire l'objet de colonies forcées, ou, mieux encore, de camps de condamnés, tels que ceux dont nous avons parlé.

L'État pourrait aussi trouver de grandes ressources dans la recherche et le recouvrement des terres vaines et vagues qui appartenaient autrefois au clergé et aux émigrés ou au Domaine, et que la plupart des Communes ont envahies, ainsi que nous l'exposerons ci-après; mais ces derniers moyens entraîneraient de longs retards, et nos maux exigent un prompt remède; tout porte ainsi à diriger les vues sur la quantité des terres que les communes laissent incultes, et qui, comme nous l'avons déjà dit, font la plus grande partie de ces 7,000,000 d'hectares dont nous avons donné le tableau (n°. 2). Mais alors les questions d'économie politique prennent la plus haute importance, et méritent une attention qu'on ne saurait trop apprécier: effectivement on peut y trouver, comme l'annonce le titre de cet article, non seulement le moyen d'assurer le bien-

---

dont nous avions été témoins, soit pour les travaux actuels, soit pour les résultats des travaux anciens.

être des communes et de donner aux colonies agricoles tout le développement désirable, mais aussi les moyens de créer de nouvelles ressources pour le crédit public, auxquelles les circonstances actuelles donnent un caractère d'urgence, notamment pour la confection de plus de 600 lieues de canaux navigables que l'État s'était chargé de terminer dans des délais expirés, aux termes de traités sanctionnés par des lois spéciales en 1821 et 1822.

Il est prouvé, par l'ensemble des considérations auxquelles nous avons dû nous livrer, que les communes laissent sans culture et même en état de détérioration une immensité de terrains qui seraient susceptibles de produire, s'ils étaient cultivés ou plantés; qu'elles se privent ainsi du revenu et des avantages qu'elles pourraient en tirer soit pour l'instruction primaire et l'éducation des enfans, soit pour les secours dus aux pauvres infirmes, soit pour des travaux habituels et favorables à l'habitant et à la commune, tels que des chemins vicinaux, des édifices utiles, soit enfin pour tout ce qui pourrait coopérer au bien-être individuel et à la richesse du pays; que, de plus, elles grèvent les générations futures des préjudices résultant des détériorations qu'elles ne préviennent pas, et que même elles commettent souvent : car, par exemple, on a vu des montagnes entières déboisées par les parcours destructeurs de bestiaux chétifs dans des biens communaux, au grand préjudice de toute la contrée, qui perdait ainsi des abris contre les vents, contre les intempéries de l'atmosphère, et même des sources d'eau devenues nécessaires.

Malgré un état de choses si préjudiciable, tant que les mises en vente dépendront de la volonté ou, pour mieux dire, du caprice routinier des communes, elles seront paralysées, et les terres incultes resteront ainsi improductives. Une longue suite d'années de sollicitations, d'exhortations pressantes de la part de l'Administration supérieure n'a pu surmonter ni l'apathie ni l'aveugle routine des communes, malgré la misère qu'elles en éprouvent et les préjudices de tout genre qui en résultent pour le pays (1).

---

(1) L'auteur citera ici un seul exemple parmi beaucoup d'autres, parce qu'il suffit pour faire juger de l'apathie des communes.

Lorsqu'il visita la Bretagne, étant frappé de l'aspect de cette misère de quantité de communes au milieu de landes où l'on voyait des preuves remarquables d'une végéta-

Les préfets des départemens où ces terres incultes ont le plus d'étendue n'ont fait que de vains efforts pour leur mise en culture, et ceux de l'ancienne province de Bretagne, convaincus qu'il n'y avait aucun autre moyen à employer, avaient sollicité des mesures législatives pour leur vente.

Il y a lieu de remarquer, à cet égard, que la vente pourrait être légalement effectuée sur la demande en licitation d'un seul des individus

---

tion féconde, il en témoigna souvent sa surprise, et voici entr'autres réponses celle que lui fit le sous-préfet de Rédon au sujet d'une commune des plus misérables et entourée de plusieurs milliers d'hectares de terres incultes où tout prouvait cependant la force de la végétation : « Un cultivateur très expérimenté, et qui était » parvenu à mettre en parfaite culture les terres d'une » commune peu éloignée, par suite d'une jouissance de » vingt années, était venu proposer à celle dont il s'agit » ici, de lui louer de même ses terres pour vingt années, » en convenant d'abord d'un fermage qui serait doublé » au bout de dix ans, tiercé au bout de quinze ans, et » porté à 26,000 fr. au bout de vingt ans. Le conseil de » cette commune, ayant été convoqué par l'Autorité administrative pour délibérer sur des offres si avantageuses, » les rejeta, préférant sacrifier de si grands avantages » à la désastreuse routine de consacrer de si bonnes » terres au ravage destructeur du parcours de quelques » bestiaux chétifs. »

ayant droit dans ce déplorable indivis (art. 460, 827 et 688 du *Code civil*); elle pourrait encore être provoquée pour cause d'utilité publique, car elle ne peut être invoquée à plus juste titre; enfin, on pourrait rappeler la loi du 13 mars 1813, qui avait ordonné la vente des biens communaux, même en rapport; mais nous devons remarquer que cette loi, en ordonnant que, quel que fût le prix de l'adjudication versé à la caisse d'amortissement, les communes ne recevraient de cette caisse que des rentes équivalentes au revenu net du bien vendu, avait ainsi établi une sorte de spoliation d'une portion du prix, parce que la plus grande partie des biens, étant mal louée ou mal mise en valeur, présentait un produit effectif très inférieur au produit possible. Effectivement, nous nous sommes assurés, dans les bureaux de la Direction de l'enregistrement et des domaines, qu'il y a eu de ces biens dont le prix a été payé en rentes qui ne représentaient qu'un pour cent du montant de l'adjudication des biens vendus; on voit ainsi combien cette loi était différente de la mesure dont il s'agit ici.

Nous croyons donc que, vu l'ensemble des circonstances dont nous venons de reconnaître l'importance, il y a lieu de s'arrêter aux considérations ci-après.

Il est incontestable, en droit commun, que le tuteur d'un mineur grevé de substitution, qui laisserait ainsi les biens dont il n'est qu'usufruitier non seulement sans aucun soin ni produit, mais même en état de détérioration, serait dans l'obligation de prendre les mesures nécessaires pour faire cesser un tel état de choses, sans quoi il encourrait sa révocation, que le subrogé tuteur serait tenu moralement et légalement de provoquer.

Il est de principe que l'État est le tuteur légal et immédiat des communes, le curateur à la substitution dont sont grevés les biens communaux envers les générations à venir; de plus, les devoirs du Gouvernement s'accroissent de tout ce que lui prescrivent ici les plus hauts intérêts de l'économie politique, du bien-être général, et nous pouvons encore dire aujourd'hui de l'ordre social et de la sécurité publique. Tout lui impose donc l'obligation de prendre les mesures nécessaires pour faire cesser un état de choses si reprochable, et le moyen le plus efficace, le seul même qui soit sûr, c'est la vente aux enchères des terres incultes dépendantes des biens communaux avec placement du prix en rentes sur l'État.

Effectivement, toute jouissance qui ne serait

que temporaire ne pourrait offrir assez de compensation aux dépenses, aux efforts nécessaires pour effectuer les défrichemens avec un succès assuré. L'émulation pour de telles entreprises se trouverait arrêtée par l'inquiétude, et d'ailleurs, sans aliénation, ces terres resteraient en état de main-morte, elles priveraient ainsi l'État de droits de mutation importans et seraient exposées à redevenir incultes, puisqu'on a vu des communes ruiner entièrement des communaux plantés.

Aucun partage ne pourrait se faire sans lésion et même sans violation des droits acquis aux générations futures, puisque tout copartageant pourrait détériorer sa portion afférente, ou la vendre et en dissiper le prix.

La vente par adjudication, moyennant un prix placé en rentes sur l'État, est conforme à ce que prescrit la jurisprudence pour les biens de mineurs et à ceux que recommande la nature des biens communaux ; elle crée, au profit de la commune, un revenu qui lui assure de nouveaux moyens de bien-être, et qui la rattache plus positivement à l'ordre public ; elle donne en même temps à ses habitans plus d'aisance et de moralité, et par conséquent plus de bonheur, en leur offrant des travaux productifs : en même temps, les biens ainsi rendus à la culture, à la circulation accroîtront, par leurs produits et leurs mutations, la prospérité agricole, les revenus de l'État, et donneront une nouvelle base à sa sécurité, en assurant à la classe indigente les travaux les plus constans et les plus utiles au pays.

D'après ce concours de circonstances si essentielles, nous dirons même si urgentes pour tout ce qui tient au bien-être individuel, à la prospérité agricole, à la richesse et à la sécurité du pays, qu'on ne peut laisser en souffrance par le maintien d'un abus dont la loi suprême, le *salus populi*, réclame impérieusement l'anéantissement, nous demandons s'il n'y a pas nécessité de prendre des mesures législatives dont l'ensemble assurerait, d'une part, des ressources devenues indispensables pour la population surabondante et la classe ouvrière, ainsi que pour le développement et les avantages importans que nous venons d'exposer, et d'autre part un moyen spécial de crédit public qui pourrait satisfaire à des allocations dont nous ne saurions trop considérer l'urgence.

Nous voulons parler des 80,000,000 f. (environ) qu'exigent les engagemens pris par l'État pour terminer les grands travaux de canalisation ordonnés par les lois de 1821 et 1822, qui devaient être terminés en 1830 et 1832, dont la confection doit faire cesser des intérêts onéreux, puisqu'ils résultent d'emprunts contractés à une époque où le cours des rentes cinq pour cent était coté à 78 fr. On reconnaît l'importance de ces allocations, en observant qu'elles auraient en outre pour résultat :

1°. De satisfaire à des conditions de crédit public essentielles à remplir, de restreindre les demandes d'indemnités qu'ont droit de former les bailleurs de fonds (comme appelés à participer aux produits), en raison du retard des travaux, passé l'époque fixée par les traités ;

2°. De continuer avec activité des travaux qui occupent, depuis plusieurs années, une très grande quantité d'ateliers nombreux, auxquels il faudrait, vu les circonstances, donner quelqu'autre destination, si l'on faisait cesser ces travaux, faute de fonds suffisans (1).

---

(1) On convient généralement que pour terminer ces grands travaux, il est indispensable de recourir à des moyens extraordinaires de crédit public, autrement il faudrait établir dans le budget annuel des allocations qui surchargeraient le redevable d'une manière d'autant plus onéreuse et regrettable, que chaque année de retard

3°. Créer de nouveaux produits pour l'État et de nouveaux moyens de prospérité pour le pays, par l'ouverture de plus de 600 lieues de canaux, qui doivent faire communiquer entr'eux l'est et l'ouest, le nord et le midi, et mettre ainsi en rapport avec nos principaux ports de commerce les frontières même les plus éloignées, et ces canaux auront enfin, relativement au but qui nous occupe principalement ici, l'avantage de vivifier, en les traversant, des contrées où se trouvent de vastes terrains incultes, propres à recevoir des colonies agricoles qui acquerraient un grand accroissement de valeur par la seule ouverture de si belles communications.

---

présentera, comme charge de plus, des intérêts considérables et des primes additionnelles à servir, des chances d'indemnités à subir, faute d'exécution dans les délais convenus avec les bailleurs de fonds, des détériorations dans les travaux restés en souffrance et en même temps la privation des produits importans que ces canaux doivent donner annuellement, bien moins encore par leurs péages et l'augmentation de l'octroi de navigation sur les fleuves et rivières, dont ils doivent établir la communication, que par les consommations de tout genre qu'ils favoriseront par leurs transports, soit en importations, soit en exportations.

En présence de circonstances aussi urgentes, nous laissons néanmoins loin de nous la présomption de chercher à préciser des mesures qui exigent de graves méditations ; mais cependant, et vu le but qui nous dirige, nous croyons pouvoir soumettre à des lumières supérieures les idées qu'indiquent les termes ci-après, au sujet desquels nous devons rappeler que les biens communaux comprennent, en très grande partie, les 7,000,000 et plus d'hectares de nos terres incultes qui forment environ un septième de notre territoire. (V. le tableau N°. 2.)

«Toute terre vaine, vague, non cultivée, dépendant de biens communaux, quelle que soit sa dénomination (sauf l'exception ci-après), serait mise en vente suivant le mode prescrit pour l'aliénation des biens de l'État, du moment où elle aurait fait l'objet d'une soumission au chef-lieu du département. Cette soumission, toutefois, ne donnerait d'autre droit au soumissionnaire que la préférence sur les mises à prix, qui, lors de l'adjudication, n'excéderaient pas d'un vingtième le montant de la soumission; le *minimum* en serait fixé à vingt années du revenu présumé au moment où elle serait faite.

» Seraient seules exceptées les terres qui auraient été constatées nécessaires pour servir de pâture à la quantité de bestiaux existans dans les communes, après avoir été mises en état convenable.

» Le prix des terres ainsi vendues serait payé au trésor public, aux termes qui auraient été fixés (1), et jusqu'à leur acquittement l'acquéreur servirait à la commune venderesse l'intérêt à 4 pour 100, sans aucune retenue quelconque, l'État donnerait à la commune, pour les sommes qui lui seraient payées, des rentes à 4 pour 100, exemptes de toute réduction, et qui seraient prélevées sur les rentes rachetées par la Caisse d'amortissement, et qui excèdent sa dotation (2).

»Le prix de ces ventes serait ensuite versé à une

---

(1) On pourrait établir l'échéance, comme par la loi du 13 mars 1813, sur la vente des biens communaux.

(2) En prélevant ces rentes sur celles de 3 pour 100 au taux de 75 francs, qui ont été rachetées par la Caisse d'amortissement, on ne pourrait craindre d'atténuer en quoi que ce soit ni le cours de la rente, ni la solidité du crédit public, puisque les rentes ainsi prélevées ne seraient point remises dans la circulation, et que la Caisse d'amortissement, qui rachète annuellement environ 6 millions de rentes de plus, aurait racheté, dès la première année, des rentes au moins équivalentes à celles qui auraient été prélevées.

caisse spéciale, dite *des travaux publics*, exclusivement affectée aux paiemens ci-après : 1°. et par privilége spécial aux dépenses nécessaires pour l'entière confection des canaux que l'État s'est obligé de construire et de livrer à la navigation par les lois de 1821 et de 1822 ;

» Subséquemment, aux dépenses nécessaires pour la confection de tous les autres travaux pour lesquels l'État aurait déjà pris des engagemens.

» 2°. Aux travaux d'intérêt général pour lesquels les localités s'obligeraient à contribuer pour deux tiers.

» 3°. Aux grandes communications, et par préférence aux grandes lignes navigables (1).

---

(1) En parlant des grandes lignes navigables, il ne s'agit pas tant de réunir par des communications intérieures deux ports de mer, que de rapprocher les contrées intermédiaires des ressources que chacun d'eux présente pour le concours des capitaux et des entreprises favorables aux exportations et aux importations : c'est ainsi qu'en parlant des canaux d'Angleterre, dans notre ouvrage précité (page 17), nous avons donné le profil de la grande ligne navigable de Londres à Liverpool, comme ayant fait plus que doubler la valeur originaire de chacun des canaux qui la composent ; car, pour quelques uns, elle est même décuplée, et comme ayant fait établir d'autres canaux

« Cette même caisse pourrait, au besoin, faire les avances nécessaires pour fonder des colonies agricoles ; elle recevrait, par suite, du trésor, les sommes qui proviendraient de la vente des biens qui, par le moyen des colonies agricoles établies au profit du Gouvernement, auraient passé de l'état de landes incultes à celui de terres en culture du premier ordre (1). »

Elle pourrait émettre des obligations de 1,000 francs portant intérêt à 4 pour 100, payables aux époques qui seraient déterminées par la loi. Ces obligations serviraient, au besoin, à acquitter les paiemens des dépenses au fur et à mesure

---

d'embranchemens navigables, dont le développement est sept fois plus considérable que celui de cette ligne, qui est de 264 milles anglais (environ 425,000 mètres).

(1) Nous avons reconnu précédemment que si la France voulait suivre les exemples de la Hollande, en leur donnant le développement qu'ils peuvent avoir chez elle, elle serait à même de convertir, dans un laps de seize années, environ 150,000 hectares de terres incultes en terres de culture de premier ordre, pouvant valoir 150,000,000 fr., après avoir, dans le laps des seize années, remboursé sur les produits les frais de premier établissement et d'entretien de tout genre des individus placés dans les colonies, où ils auraient, durant ce temps, coûté deux tiers de moins que dans nos établissemens de détention actuels.

de leur exigibilité, à l'instar du syndicat d'amortissement qui existait dans le royaume des Pays-Bas, et auquel il a dû ses plus beaux travaux, tels que ceux du canal à vaisseaux d'Amsterdam au Helder, qui a coûté 20,000,000 fr. pour un trajet d'environ 20 lieues, par lequel on évite, comme nous l'avons vu, les détours et les hauts-fonds du Zuyderzée et du Pampus.

Nous terminerons ces diverses observations par celle qui, à elle seule, nous semble devoir résoudre affirmativement toutes ces questions.

Laisser subsister l'état de choses actuel serait paralyser en quelque sorte les avantages importans que l'application du système des colonies agricoles pourrait assurer à la France et compromettre la sécurité du pays.

Faire vendre et mettre dans la circulation les biens que les communes laissent incultes et en état de main-morte à leur préjudice, à celui des générations futures et à celui de l'État, c'est donner aux divers avantages dont ce système est susceptible tout le développement désirable et possible. Alors indépendamment des nombreux avantages dont nous avons constaté l'importance, l'État pourrait s'en procurer d'autres qui contribueraient encore éminemment à la prospérité publique et à sa puissance.

Telles seraient les destinations qu'on donnerait à des colonies agricoles, pour en faire soit des fermes expérimentales où les méthodes les plus utiles seraient suivies et conservées sans craindre de voir les résultats et la tradition de l'expérience s'anéantir avec les générations qui les ont vues naître, soit pour de nouveaux assolemens, soit pour des acclimatations de plantes et d'arbres exotiques.

On pourrait même, dans les terrains les moins propres à la culture, remplacer les bois appartenant à l'État qu'on a été obligé de vendre, et regarnir des montagnes dont le déboisement est devenu un désastre pour des contrées entières, par les changemens qui en sont résultés dans l'atmosphère, l'impétuosité des vents et la disparition des sources d'eau nécessaires, désastres que l'on a dû principalement au parcours destructeur des bestiaux dans les biens communaux. On pourrait établir de grandes dotations militaires, à l'instar des commanderies des ordres militaires en Espagne, qui seraient à la fois les plus encourageantes et les plus honorables qu'on puisse assigner à une aussi belle carrière, et les plus conformes à ce que peuvent faire désirer l'économie et la dignité d'un grand État.

Enfin, on acquerrait ainsi les moyens de former des colonies militaires dans le genre de celles où la Suède place, avec plus d'avantages pour eux, et presque sans frais pour le pays, les cinq sixièmes de son armée ; colonies d'où sont sortis les soldats de Charles XII, et qui, comme nous l'avons dit, ont fourni les infatigables travailleurs qui ont creusé dans le granit le canal de Gotha, avec ses trente-cinq écluses, en grande partie accolées, que doivent bientôt franchir les vaisseaux qui voudront éviter par son trajet les contours et les inconvéniens du passage du Sund. De telles colonies, en y apportant les modifications que pourrait exiger la différence des localités, présenteraient à l'État une grande économie en temps de paix, et maintiendraient le soldat dans l'esprit de discipline, dans l'aptitude au service, en lui offrant les occupations les plus dignes du militaire lorsqu'il n'est pas en présence de l'ennemi ; elles seraient en même temps les plus conformes à ses goûts, et bien plus favorables à son physique, à son moral, que le séjour dans certaines garnisons (1),

---

(1) Les détails que contient la note (K) sur les colonies militaires de la Suède, de la Russie, des vétérans, fondées par *Marie-Thérèse;* sur la landwehr prussienne, et sur les commanderies militaires espagnoles, peuvent offrir, pour l'organisation et les avantages des colonies

où l'oisiveté, l'ennui, le besoin de passer son temps dans les cafés ou les cabarets, présentent tant de désagrémens et d'inconvéniens.

Résumé et conclusion.

Pour suivre dans notre ouvrage la marche qui nous a paru la plus propre à atteindre le but que nous proposions, nous avons dû nous occuper d'abord de constater les faits existans qui, d'après un succès progressif pendant plusieurs années, pouvaient nous offrir des points de comparaison positifs chez deux peuples différens par leur position topographique et surtout par leur caractère national, qui déjà n'étaient, comme nous l'avons vu, dépassés par aucun autre peuple pour les ressources qu'ils offraient proportionnellement à la classe ouvrière, soit en grands travaux publics, soit en colonies extérieures, soit surtout en beaux établissemens de bienfaisance, et dont l'esprit public était tel sous ce dernier rapport, que ces établisse-

---

militaires en France, des documens dont nous laissons ici à tant de militaires distingués par leur expérience, leur amour de la gloire du pays et du bien-être du soldat, le soin de juger le mérite; mais nous avons cru ne pas devoir négliger de parler ici d'établissemens susceptibles d'une si haute importance dans les circonstances actuelles.

mens faisaient l'objet d'un article spécial dans la Charte constitutionnelle, qui leur était alors commune : circonstance qui doit avoir éminemment contribué à déterminer les premiers essais qu'ils ont faits des colonies agricoles de bienfaisance dans leurs landes les plus improductives, pour rendre ces essais plus assurés.

Tel a été l'objet du Mémoire sur les colonies agricoles de la Hollande et de la Belgique qui forme la première partie de notre ouvrage, que nous avons terminée par un résumé des avantages importans que présentent ces établissemens, en observant que l'on pourrait en obtenir de semblables en France, en y fondant des établissemens du même genre.

Dans la deuxième partie, nous avons recherché et constaté les diverses applications qu'on peut faire de ce système en France, et les avantages de tout genre qu'on pourrait en retirer, mais en nous conformant au plan que nous avions indiqué au commencement de cette deuxième Partie, c'est à dire en passant successivement de l'examen d'un mode d'application à un autre, et toujours après avoir résumé tout ce qui concernait celui dont nous nous étions occupé d'abord, pour nous former ainsi une espèce de point de départ et d'appui pour le mode d'application dont nous devions nous occuper ensuite : ainsi nous n'avons pris pour base de nos considérations que des faits existans ou des autorités authentiques. Mais, pour ne point compliquer le texte même de l'ouvrage par des articles divergens les uns des autres, nous avons renvoyé et exposé dans des notes spéciales les observations principales que présentaient les peuples qui marchent en première ligne de la civilisation, soit pour prévenir le paupérisme, soit pour la répression de la mendicité et des délits, soit pour les colonisations extérieures, soit enfin pour des colonies agricoles de divers genres.

Après avoir passé en revue, dans un ordre convenable, les différens genres d'application désirables et praticables pour la France, ainsi que l'importance qu'auraient leurs résultats, nous avons reconnu les moyens d'en assurer les succès, tant sous le rapport des exploitations que sous celui de l'étendue que ces succès pourraient avoir, d'après la nature et la grande quantité de terres incultes existant en France. Nous avons ensuite examiné quelles étaient les mesures à prendre pour en déterminer le mode; enfin nous avons considéré la nécessité où le concours des circonstances dans lesquelles se trouve actuellement la France la mettait de recourir à ces moyens.

C'est donc en marchant ainsi de faits en faits et de preuves en preuves que nous avons constaté que l'application du système des colonies agricoles en France pouvait y présenter les divers avantages dont voici le résumé.

Les colonies libres satisferaient à la fois aux vœux de l'humanité, aux besoins de la société et à la sollicitude du Gouvernement, en offrant à l'honnête indigént privé de travail des moyens de secours qui peuvent le préserver de la misère, peut-être même du désespoir, de leurs déplorables suites, et lui procurer une honnête existence; elles présenteraient pour les cas de calamités imprévus le genre de refuge et les ressources les plus efficaces. Ainsi, dans la crise actuelle, elles pourraient, mieux que tout autre moyen, décharger les grandes villes de cette surabondance de population ouvrière dénuée de travail, dont la misère influe sur la détresse générale des autres ouvriers, et par sa concurrence pour le bas prix de la main-d'œuvre et par la stagnation du travail, qui résultent toujours de l'inquiétude.

Ces colonies satisferaient également aux vœux,

au but de la véritable charité, à ses plus douces jouissances, en assurant à ses secours une direction plus conforme à ses sublimes inspirations. Effectivement, en plaçant le malheureux dans les colonies agricoles, elle l'assiste de la manière la plus favorable à son amélioration physique et morale, et en même temps la plus économique et la plus productive, tant pour lui-même que pour la societé; de sorte qu'elle se réserve ainsi d'autant plus de moyens pour les secours à domicile, qui sont si précieux, et même les seuls qu'elle puisse efficacement employer pour les pauvres que la maladie, leur âge, leurs infirmités ou leur position de famille ne permettraient pas de placer dans des colonies agricoles.

La charité trouverait encore dans ces mêmes colonies l'asile et le mode d'instruction les plus propres à remplir ses vues bienfaisantes pour le sort présent et futur de l'orphelin; enfin, et ce qu'elle doit surtout considérer, elle serait sûre que ses aumônes n'auraient plus l'inconvénient blâmable et dangereux de soutenir la fainéantise et de fournir même souvent des encouragemens à la débauche, au vice, et de porter des parens ainsi pervertis à rendre leurs enfans victimes de leurs barbares recherches pour exciter la pitié.

Les *colonies de vétérans* offriraient au soldat (d'après les exemples que nous en avons cités) la perspective d'une récompense, qui serait à la fois la plus conforme à ses goûts, la plus favorable à son existence et la plus honorable, puisqu'il y trouverait la jouissance d'être encore utile à son pays, et on doit considérer encore aujourd'hui que les nouvelles mesures prises relativement à la conscription, pour en écarter les remplaçans, imposent au pays le devoir de donner une telle perspective à une carrière que tant de citoyens estimables se trouvent présentement obligés de suivre.

Enfin, comme nous l'avons dit, de telles colonies pourraient appeler des établissemens plus considérables et dignes de servir à la fois de retraites et de récompenses aux officiers les plus distingués, à l'instar de ce que furent jadis, dans divers pays, et de ce que sont encore aujourd'hui en Espagne les *commanderies militaires*.

Les *colonies forcées* satisferaient à la morale, à la sécurité et à la dignité de la société, en faisant disparaître de son sein la mendicité, le vagabondage, et en la préservant ainsi des vices et même des crimes qui en résultent.

Des *colonies de réhabilitation* pour les forçats et les réclusionnaires libérés les mettraient à même de rentrer dans l'ordre social avec des garanties de leur amélioration, ces colonies les ayant rendus aptes aux travaux les plus propres à leur assurer des ressources ultérieures et assez productifs par eux-mêmes pour leur procurer, à leur sortie, des moyens de subsister, après avoir cependant au moins compensé leurs dépenses pendant le temps qu'ils y auraient passé. Tout, dans ces colonies, concourrait ainsi au bien de la société sans lui imposer aucune charge réelle, et nous rappellerons à l'appui de cette assertion les détails que nous avons donnés sur les dépenses des détenus du camp de 650 condamnés, qui ont travaillé, pendant six ans, à une tranchée de 69 pieds de profondeur et de plusieurs milliers de mètres de long. (Voir page 284 et suivantes.)

Cet exemple et nombre d'autres du même genre que nous avons cités, joints à ce que nous avons dit des mesures préservatrices des révoltes et des évasions (p. 281, et note N), nous ont mis à même de prouver quel parti on pourrait tirer, pour la discipline militaire, pour l'amélioration du mauvais soldat, pour l'honneur de l'armée ainsi que pour le bien du pays, de *colonies militaires forcées* ou de *camps de punition*, où seraient placés et les soldats qu'on envoie actuellement dans des compagnies dites de discipline, d'où ils sortent ordinairement encore plus mauvais sujets qu'ils n'y sont entrés, et où ils deviennent une sorte de peste pour les conscrits dans les corps où on les fait ensuite rentrer, et les soldats condamnés par jugement militaire, en variant la nature des travaux ou même des camps, suivant la classification des condamnés, d'après leur culpabilité.

Nous avons vu que des réflexions sur des moyens d'exécution du même genre seraient applicables, en y apportant toutefois les modifications convenables, à des établissemens de *colonies de correction*, qui seraient destinées à recevoir les condamnés, par jugemens *correctionnels*, à une détention d'un à cinq ans, et qui sont maintenant renfermés avec des criminels dans nos maisons centrales, où, bien loin de se corriger, ils se pervertissent encore plus, au point qu'il est prouvé, par le tableau statistique officiel n°. 5 (déjà cité), qu'il y a des maisons centrales pour lesquelles on compte jusqu'à quatre-vingt-dix-neuf récidives sur cent sorties.

On a pu reconnaître, au contraire, par ce que nous avons exposé au sujet des colonies forcées, et on peut voir, par la seule inspection du genre de bâtiment adopté pour elles (Pl. 2), combien les classifications y sont faciles à établir, en maintenant cependant toute la surveillance désirable, et on peut ainsi reconnaître combien les instructions morales et religieuses peuvent s'y pratiquer avec efficacité, malgré le grand nombre des détenus. Ainsi, de tels établissemens feraient cesser et le scandale d'une prévarication flagrante contre les dispositions du Code pénal, et le préjudice notable que cette prévarication fait éprouver tant à l'ordre social qu'à l'État, par l'accroissement effrayant du nombre des récidives qui en résultent et qui donnent lieu à des détentions plus longues et plus dispendieuses, ainsi que nous l'avons vu (p. 298 et suiv.).

Ce serait diminuer notablement la partie de notre budget qui est, à notre honte, la plus constamment progressive, celle des frais de justice criminelle et de détention. (*Voir* la p. 318.) Nous avons fait remarquer à ce sujet que déjà, d'après notre dernier budget, les seules dépenses d'entretien des détenus montent, dans l'année, à plus de 10,000,000 fr. pour environ 40,000 détenus, y compris les forçats, et qu'elles sont progressives (p. 308). Nous avons vu que les dépenses de construction et de premier établissement étaient si énormes, qu'on pourrait les qualifier d'effrayantes quand on y joint l'idée de celles que doit nécessiter le système pénitentiaire, dont nous avons vu que nous ne pourrions plus nous passer pour l'intimidation des grands coupables, d'après les restrictions apportées à l'application de la peine capitale.

Effectivement on a vu que le pénitentiaire de Millbank, à Londres, construit pour contenir 500 cellules et autant de détenus, avait coûté près de 10,000,000 fr., et que la construction d'une prison-modèle, à Paris, rue de la Roquette, doit revenir à 10,000 fr. par détenu, tandis que nous avons constaté, d'un autre côté et par opposition, que les frais de construction des bâtimens, pour une colonie forcée destinée à contenir 1,000 individus, ne coûtaient pas 200,000 fr. et que chaque détenu n'y coûtait que 70 francs par an, pendant seize ans, après lesquels toutes les dépenses de premier établissement et d'entretien se trouvant remboursées par l'excédant des produits sur les dépenses annuelles, les souscripteurs devenaient propriétaires de la colonie et d'autant d'hectares de terre passés de l'état inculte à l'état de culture de premier ordre et valant au moins 1,000 fr. qu'il y avait eu de colons placés dans l'établissement.

Nous avons vu aussi (p. 285 et suiv.), relativement aux colonies de punition pour des condamnés à des travaux forcés, qu'un camp de condamnés qui avaient travaillé, pendant six ans, à creuser une tranchée de près de 4,000^{m}. de longueur, et dont la profondeur allait jusqu'à un *maximum* de 69 pieds, avait coûté moins de 40,000 fr. pour tous les frais de premier établissement et de construction, et que chaque condamné n'y coûtait moyennement à l'État que moins de 25 fr., en sus du profit que donnait son travail; mais, au moment même où nous faisons notre résumé, nous voyons dans la présentation du budget pour 1832 un nouveau sujet de comparaison encore plus sensible. Effectivement, le Gouvernement et les Chambres, dans la sagesse de leurs prévisions, ont ordonné une dépense de 18,000,000 fr. à faire en 1832 pour des travaux d'utilité publique susceptibles d'offrir des ressources aux souffrances de la classe ouvrière. A Dieu ne plaise que nous cherchions ici à atténuer les éloges dus à une mesure si sage et si bienfaisante; mais il entre cependant dans notre sujet de rappeler que la totalité des dépenses qui ont suffi pour créer et mettre dans leur état de prospérité actuelle les colonies agricoles de bienfaisance de la Hollande n'a pas dépassé 9,000,000 de francs, qui doivent être remboursés en seize ans sur les produits, et que ces colonies contiennent près de 8,000 individus; nous reconnaissons dès lors qu'une somme de 18,000,000 fr. aurait suffi pour recueillir et faire passer de l'état de détresse à celui de cultivateurs heureux 15,000 individus, en assurant en même temps à l'État, 1°. le remboursement par amortissement en seize années, et le paiement des intérêts du capital, qu'il n'aurait ainsi fait qu'avancer, d'après le système d'opérations financières dont nous avons rendu compte; 2°. pendant seize années, une économie d'environ 180 fr. par individu et par an, sur ce qu'ils auraient coûté dans les établissemens publics actuels (ce qui ferait près de 1,500,000 fr. par an, et de 24,000,000 fr. pour seize ans); 3°. à l'expiration des seize années de colonisation, 15,000 hectares de terre passés de l'état improductif à l'état de culture de premier ordre, et représentant une valeur qui pourrait égaler les 18,000,000 fr. de première mise.

De telles réflexions nous semblent appeler encore des considérations non moins importantes. Effectivement, on reconnaît que le système des colonies agricoles pourrait (en les accompagnant des mesures de sécurité publique dont nous avons déjà parlé) être appliqué à des attentats plus répréhensibles que les cas de condamnation correctionnels auxquels nous nous sommes bornés. Alors on pourrait, pour satisfaire à la vindicte publique et à l'intimidation des condamnés pour récidives, ou des coupables condamnés aux travaux forcés, établir pour eux des espèces de colonies forcées ou des camps spéciaux qui seraient destinés à effectuer, soit des desséchemens par lesquels nous pourrions assainir et livrer à la culture 5 à 600,000 hectares de marais qui désolent, par leur insalubrité, les populations circonvoisines ; soit des travaux d'endiguage et des relais de mer, pour lesquels une grande partie de notre littoral présenterait autant d'avantages que celui de la Hollande, dont nous avons vu qu'elle a tiré un parti si admirable (1). Ainsi ceux-là même qui auraient attenté criminellement contre l'ordre social et leurs concitoyens pourraient trouver la punition et même l'expiation de leurs attentats dans

---

(1) On pourrait même, pour ce dernier genre de travaux, établir des pontons, tels que ceux qui sont aux Iles Bermudes, et dont nous avons parlé dans la note (G) relative à l'Angleterre, et tels que celui du même genre que nous avons vu à l'embouchure du grand canal maritime d'Amsterdam au Helder, où on renfermait pendant la nuit des militaires condamnés, qui allaient travailler à terre pendant le jour.

On aurait ainsi, pour la punition et l'intimidation des grands coupables, des camps de desséchement ou des pontons de relais de mer, qui produiraient sur eux les effets salutaires que le général *Brisbane* a su tirer des compagnies de défricheurs, qu'il a établies dans la Nouvelle-Galles du Sud, et qui seules ont pu, par leur intimidation, rétablir l'ordre et la subordination dans la colonie. (*Voir* la Note G.)

des travaux réparateurs de leurs torts, en raison de leurs difficultés et de leur grande utilité.

Nous avons déjà reconnu que l'établissement de colonies de correction, en débarrassant nos maisons centrales des condamnés correctionnels qui s'y trouvent mêlés avec des criminels, diminuerait et ferait cesser ainsi un encombrement funeste au physique et au moral des détenus, et qu'on serait alors à même de consacrer quelques uns des établissemens actuels de détention aux aliénés, à ces êtres si dignes de pitié, et dont cependant on aggrave si cruellement le sort en les renfermant, faute d'établissemens spéciaux, dans les maisons centrales ou même dans des prisons, où ils se trouvent livrés aux mauvais traitemens de criminels sans commisération et capables de pousser jusqu'à la barbarie l'impatience que leur fait éprouver l'état de ces malheureux. Le concours des établissemens de colonies plus rigoureuses pour la punition et l'intimidation des coupables de crimes rendrait de même disponibles plusieurs de nos prisons ou maisons centrales pour les établissemens pénitentiaires, devenus indispensables par les modifications du Code pénal.

Les colonies de correction et de punition satisferaient donc à ce que réclament à la fois la justice, l'humanité, l'économie publique, la sécurité sociale et les devoirs imprescriptibles de la religion, pour assurer et la correction de celui qui n'est que vicieux et n'a commis que des délits, et même l'expiation du crime par le repentir et la peine résultant de travaux qui, en raison de leurs difficultés et de leur utilité, seraient la plus grande réparation possible du préjudice commis par de plus grands coupables.

Après avoir reconnu l'étendue de ces divers avantages, nous avons constaté les moyens de les réaliser, tant sous le rapport des dispositions charitables et des mesures de bienfaisance, que sous celui des travaux nécssaires pour les différens modes d'exploitation, et surtout sous celui de la quantité et de la nature des terres incultes qui se trouvent sur notre beau territoire.

Sous ce dernier rapport, nous avons dû considérer particulièrement (d'après les autorités de publicistes célèbres) les droits, les devoirs du Gouvernement à l'égard de la grande quantité de ces terres qui restent improductives par l'obstination invinciblement routinière de communes, qui voient d'un œil apathique leurs habitans croître sans aucune éducation, végéter dans la misère, et périr souvent dans l'inanition, au milieu de vastes landes dont les plantes parasites et les cultures particulières limitrophes attestent cependant les ressources et les forces végétatives; mineurs insensés pour leur propre bien-être, et même dans le cas de l'interdiction à l'égard des générations auxquelles sont substitués ces biens qu'ils laissent se détériorer, et qui font ainsi à l'État, leur tuteur légal et immédiat, un appel qu'il ne pourrait méconnaître sans récuser le plus beau des droits et des devoirs, celui de tutelle, ou la plus impérieuse des lois dans les circonstances actuelles, celle du *salus populi!*

Nous avons vu qu'en prenant les mesures que lui prescrivaient ces devoirs incontestables, l'État serait alors à même de donner au système des colonies agricoles un développement tel qu'il pourrait coopérer éminemment non seulement à accroître et assurer la prospérité agricole, mais encore à créer de nouveaux moyens de crédit public, de dignité et de puissance nationale.

Effectivement, le Gouvernement serait alors à même d'établir des colonies militaires et de faire, pour ainsi dire, surgir dans notre beau pays, à la place de plusieurs millions d'êtres misérables et souvent inquiétans, autant de cultivateurs exercés aux travaux les plus favorables pour eux et pour leur patrie, à laquelle ils seraient alors attachés par leur propre bien-être, et qu'ils affranchiraient des sacrifices que lui imposent des importations de produits agricoles exotiques que peuvent donner notre climat, notre sol, et que les comptes présentés par l'Administration des douanes estiment à environ 200,000,000 f. par an. Ces millions de nouveaux cultivateurs, jouissant d'une existence exempte des vicissitudes attachées aux travaux industriels, offriraient à nos manufactures des achats, des bénéfices bien autres et bien plus sûrs que tous ceux qu'elles peuvent attendre de l'extérieur, qu'une guerre, un changement dans les habitudes ou les simples progrès d'une industrie rivale peuvent compromettre et même anéantir d'un jour à l'autre.

La France donnerait ainsi chez elle-même une toute autre célébrité à un adage pareil à celui que proclame l'économie politique dans cette Angleterre, dont le commerce extérieur paraît cependant si merveilleux, *England is England's best customer* (l'Angleterre est le meilleur chaland de l'Angleterre).

Le succès des colonies agricoles, la plus-value de leurs produits sur les dépenses qui mettrait à même de rembourser toutes celles-ci en seize ans, seraient d'autant plus assurés que, comme nous l'avons vu, les contrées où elles sont le plus nécessaires vont être traversées par 600 lieues de nouveaux canaux navigables. Ces colonies présenteraient encore les institutions agricoles les plus économiques, les plus productives, et en même temps les plus instructives, tant par la variété et la bonne direction des travaux que par la permanence de ceux qui exigent une certaine durée pour éclairer l'expérience; elles formeraient ainsi des cultivateurs laborieux et intelligens, qui, au moyen d'avantages encourageans pour eux, pourraient être employés ensuite avec succès dans des colonies extérieures, comme par exemple à Alger, pour y fonder des établissemens agricoles, qui alors, inspirant la confiance, exciteraient l'émulation particulière et prépareraient ainsi à la mère-patrie de nouveaux débouchés pour les produits de ses manufactures, et pour sa population lorsqu'elle deviendrait encore surabondante, d'après son accroissement; la France y trouverait en même temps de nouveaux moyens de richesse et de puissance en y employant les moyens qu'après plusieurs siècles d'expérience l'Angleterre proclame comme les plus favorables à la métropole, en même temps qu'ils sont les plus dignes de l'humanité; moyens qui consistent à travailler dans la colonie même (1) au bonheur, à la sécurité de ses colons, qui deviennent alors autant de con-

---

(1) Il suffit, pour prouver ce que doit être un tel système et ce que peut la progression du bien-être dans les colonies pour les débouchés et la richesse de la métropole,

sommateurs et de sujets fidèles pour le pays auquel ils doivent leur bien-être.

En terminant ici notre résumé, nous croyons pouvoir faire observer que, parmi les projets de colonisations extérieures ou de conquêtes qui ont excité jusqu'à présent le plus d'enthousiasme, aucun n'a encore présenté un ensemble d'avantages plus importans et en même temps plus assurés et plus faciles : puissions-nous, en en présentant le tableau, avoir atteint le but que nous nous étions proposé, celui de répondre aux vues de la Société royale et centrale d'Agriculture, et voir ainsi les mesures que nous avons indiquées mériter l'intérêt du pays et la protection du Gouvernement! Puissions-nous surtout voir de telles considérations, jointes à celles que nous allons incessamment publier, en traitant, comme nous l'avons annoncé, des canaux navigables et de leur influence actuelle

---

de voir ce que nous disons, dans la note (G), au sujet de la colonisation du Canada, et d'observer que les États-Unis d'Amérique ont reçu en 1830 de l'Angleterre pour 133,981,000 fr. de ses produits; tandis qu'en 1767, époque où cette république faisait partie des colonies des Indes-Occidentales de l'Angleterre, en subissant alors un joug oppresseur, les exportations de cette métropole n'allaient pas à 40,000,000 fr. pour la totalité de ces colonies.

sur le bien-être des peuples et la puissance relative des États, faire diversion aux dissensions publiques, aux irritations réciproques des diverses classes et réaliser ainsi chez nous ce qui s'est passé dans les États-Unis d'Amérique !

Là on avait vu aussi les fédéralistes et les anti fédéralistes acharnés les uns contre les autres et souvent prêts à en venir aux mains. Un seul grand exemple de prospérité publique, la construction du beau canal Érié, qui a cent cinquante lieues de long, qui coûta 52,000,000 fr., fut construit par le seul État de New-York, et dont nous donnerons, par cette raison, l'histoire détaillée, a suffi pour prouver à toute l'Union américaine quelle différence on devait mettre entre le mérite et le bonheur de consacrer ses facultés à la prospérité et à la puissance du pays par le bien-être réciproque de ses concitoyens, et l'aveuglement présomptueux et reprochable qui porte les citoyens à se livrer, par une jalousie malentendue, à ces dissensions aveugles, qui inquiètent, qui affaiblissent le pays par un malaise général. A la vue du bel exemple que nous venons de citer, l'émulation pour le bien public devint si générale dans toute l'Union américaine, que plus de 4,000,000 de mètres de canaux, et plus de 1,200,000 mètres de chemins de fer, dont nous donnerons la description, furent mis presque immédiatement en construction, et dès lors les fédéralistes et les antifédéralistes, éclairés par l'expérience et réunissant leurs idées et leurs efforts pour le bien public, ont oublié ou, pour mieux dire, regardé comme des erreurs coupables ces animosités réciproquement préjudiciables, auxquelles ils s'étaient antérieurement livrés.

En voyant de tels exemples, considérons encore, pour mieux en sentir le prix, que nous resterions exposés à subir rapidement l'excès du mal si nous n'y apportions les remèdes les plus prompts et les plus efficaces; et tels sont ceux que nous avons indiqués.

Ne nous dissimulons pas à cet égard que toutes les classes souffriront et inquiéteront tant que nous verrons dans un si grand nombre de localités, et surtout dans nos grandes villes des milliers d'hommes sans travail, que nous condamnons en quelque sorte à la misère, puisque nous ne pouvons la leur éviter qu'en les réduisant à consommer le moins possible de nourriture et d'habillemens; ainsi nous arrêtons dans sa source même l'essence des productions les plus vivifiantes qui puissent exister; et tandis que nous nous disputons souvent sur des sujets de peu d'importance, le danger devient de plus en plus menaçant; des illusions présomptueuses et jalouses nous font perdre de vue les plus grands principes, de manière que la société, dans sa disposition actuelle au désordre, pourrait être exposée à une violente dissolution par l'effervescence virulente de ces parties morbifiques que nous voyons, pour ainsi dire, entassées dans nombre de localités, et qui nous alarment continuellement : devons-nous donc hésiter à les purifier, à les évacuer en leur donnant une issue qui les ferait servir à vivifier ces travaux agricoles si favorables aux bonnes mœurs, à la vigueur, au bien-être individuel et sur lesquels reposent l'amour de la patrie, la puissance et la véritable splendeur des nations?

Guidés par des motifs si nombreux et si puissans, sachons satisfaire à ce que réclament à la fois le bien du pays, notre honneur et l'impérieuse nécessité, en donnant chez nous, comme il est reconnu que nous en avons la faculté, une nouvelle extension, un nouvel éclat aux beaux exemples par lesquels d'autres pays ont secondé les vœux de l'humanité en fondant avec succès les colonies agricoles de divers genres dont nous avons parlé; considérons que nous pourrions convertir ainsi, pour notre belle patrie, une époque de crise inquiétante en une époque de prospérité progressive, et transmettre enfin le caractère le plus digne de la reconnaissance publique à cette influence que les destinées de la France exercent sur celles de l'Europe, au dire même de ses autres puissances de premier ordre (1).

(1) Voir le texte même de la déclaration de ces puissances (page 200).

NOTES.

NOTE A. *TABLEAUX STATISTIQUES concernant le ci-devant royaume des Pays-Bas.*

1°. POPULATION ET TERRITOIRE EN 1829. — *HOLLANDE.*

DIVISIONS POLITIQUES.	SUPERFICIE en HECTARES.	POPULATION.	POPULATION par 100 hectares.	TERRES INCULTES.	INDIGENS.
PROVINCES SEPTENTRIONALES.				hectares.	
1. HOLLANDE SEPTENTRIONALE (Zuiderzée). [Chefs-Lieux, Harlem, Amsterdam.]	229,200	380,725	166	28,290	83,100
2. HOLLANDE MÉRIDIONALE (Bouches de la Meuse). [Chef-Lieu, La Haye.]	277,830	413,425	149	8,625	41,092
3. ZÉLANDE (Bouches de l'Escaut). [Chef-Lieu, Middelbourg.]	158,036	122,821	78	6,210	8,252
4. BRABANT SEPTENTRIONAL (Bouches du Rhin). [Chef-Lieu, Bois-le-Duc.]	484,896	324,071	67	188,025	22,374
5. UTRECHT (Zuiderzée). [Chef-Lieu, Utrecht.]	127,617	111,240	87	12,765	14,191
6. GUELDRE (Yssel supérieur). [Chef-Lieu, Arnheim.]	517,098	269,926	52	210,105	19,180
7. OVERYSSEL (Bouches de l'Yssel). [Chef-Lieu, Zwoll.]	329,961	153,458	47	148,695	6,580
8. DRENTHE (Ems occidental). [Chef-Lieu, Assen.]	223,852	49,715	22	152,490	1,976
9. GRONINGUE (Ems occidental). [Chef-Lieu, Groningue]	205,059	146,990	72	2,760	7,577
10. FRISE (Frise). [Chef-Lieu, Lewarden.]	260,732	189,656	73	7,935	23,179
	2,814,281	2,162,027 *	813	865,900	227,501

Il est juste de remarquer qu'une si forte proportion de territoire sans culture est due en partie à ce que la Hollande renferme une grande quantité de pays submergés et de vastes lacs, tels que la mer de Harlem, qui a quinze lieues carrées.

* Le recensement de 1815 donnait, pour la totalité de la population du royaume des Pays-Bas, 5,424,002 habitans; celui de 1825 a donné 6,013,478 ames. J'ai suivi, pour 1829 et pour le calcul des terres incultes, la savante *Statistique du royaume des Pays-Bas*, récemment publiée par MM. Balbi et de la Roquette.

DIVISIONS POLITIQUES.	SUPERFICIE en HECTARES.	POPULATION.	POPULATION par 100 hectares.	TERRES INCULTES.	INDIGENS.
PROVINCES MÉRIDIONALES.				hectares.	
1. BRABANT MÉRIDIONAL (Dyle). [Chef-Lieu, Bruxelles.].	307,733	469,257	156	1,380	112,387
2. ANVERS (Deux-Nèthes). [Chef-Lieu, Anvers.].......	282,293	325,147	115	72,795	22,636
3. FLANDRE ORIENTALE (Escaut). [Chef-Lieu, Gand.]...	298,370	658,003	221	1,380	66,725
4. FLANDRE OCCIDENTALE (Lys). [Chef-Lieu, Bruges.]..	317,422	542,009	171	8,625	83,500
5. HAINAUT (Jemmapes). [Chef-Lieu, Mons.]..........	377,390	515,180	137	3,450	104,220
6. NAMUR (Sambre-et-Meuse). [Chef-Lieu, Namur.]...	345,610	180,711	52	58,995	25,980
7. LIÉGE (Ourthe). [Chef-Lieu, Liége.]...............	282,593	515,000	111	41,055	59,446
8. LIMBOURG (Meuse-Inférieure). [Chef-Lieu, Maëstricht.]	455,316	307,177	67	139,725	40,958
9. LUXEMBOURG (Forez). [Chef-Lieu, Luxembourg.]....	626,343	274,812	44	168,360	2,299
	3,293,670	3,887,296	1,074	495,765	518,151

On voit, par ce tableau, que la proportion des Indigens avec la population est d'un huitième* ; cette proportion est plus forte qu'en Hollande, où elle n'est que d'un dixième ; mais la Belgique possédait des établissemens de bienfaisance plus nombreux et plus vastes, tels, en un mot, qu'il n'en existait nulle part de plus beaux.

* Ce nouveau calcul nous fournit l'occasion de relever une erreur typographique à la page 21 de ce Mémoire ; à la ligne 22, *au lieu de* 1 sur 88, *lisez* 1 sur 8.

2°. POPULATION des Prisons et Maisons de détention de la Hollande et de la Belgique, en 1827.

INDICATION DES PRISONS ou MAISONS DE DÉTENTION, ET DU LIEU OU ELLES SONT SITUÉES.	NOMBRE DES DÉTENUS.		TOTAL.
	Hommes.	Femmes.	
HOLLANDE. (Population : 2,162,000 habitans.)			
Maison de détention de Lewarden........	464	105	569
Idem de Bois-le-Duc....................	589	53	642
Maison de détention militaire de Leyde.....	550	»	550
Maison de correction à Amsterdam........	130	11	141
Idem à Gouda..........................	149	35	184
Idem à Leyde..........................	91	14	105
Idem à Rotterdam......................	121	41	162
Idem à Alkmaër........................	100	29	129
Idem à Vollenhoven....................	35	16	51
Population totale des prisons de la Hollande	2,229	304	2,533
BELGIQUE. (Population : 3,816,000 habitans.)			
Maison de force et de détention à Gand....	902	201	1,103
Idem à Vilvorde.......................	790	201	991
Maison de détention militaire à Alost......	280	»	280
Maison de correction à Saint-Bernard....	1,125	467	1,592
Population totale des prisons de la Belgique	3,097	869	3,966
TOTAL GÉNÉRAL............	5,326	1,173	6,499

Rapport des détenus à la population libre de la Hollande : 1 sur 909 habitans.
Idem de la Belgique : 1 sur 962 habitans.

Le taux moyen de la dépense journalière pour chaque détenu, dans ces établissemens, était de 32 cents par jour, faisant environ 65 centimes de notre monnaie : c'est 237 fr. 25 centimes par an.

3º. TABLEAU des Institutions pour Secours publics qui existaient en 1826 dans le royaume des Pays-Bas.

	ADMINISTRATIONS ET SOCIÉTÉS			
	pour Secours à domicile.	pour Distribution d'alimens.	de Charité maternelle.	Hospices.
Nombre des Institutions...	5,129	36	4	724
Individus secourus.........	745,652 *	22,056	1,448	41,172
Frais d'administration.....	656,483 fl.	» fl.	» fl.	932,407 fl.
Secours de toute espèce....	4,792,256	82,421	13,493	3,158,749
Revenus de Propriétés.....	2,841,670	»	1,628	2,869,917
Souscriptions et Dons.....	»	59,843	7,756	»
Collectes................	1,297,280	»	550	368,559
Subsides des Communes...	1,397,051	21,481	3,600	810,895
Subsides des Provinces et de l'État................	10,146	»	»	86,735

* Ce nombre total de 745,652 individus secourus se partageait ainsi qu'il suit : 227,601 pour la Hollande, dont la population était de 2,302,000, ce qui établissait un rapport d'environ 1 sur 10 ; et 518,151 pour la Belgique, dont la population était de 3,816,900, ce qui établissait un rapport d'environ 1 sur 7 1/3.

Outre les institutions locales désignées ci-dessus, il en existait d'autres pour tout le royaume, qui se composaient principalement de l'Hospice militaire de Leyde et de l'Hospice de Messine, ouvert aux filles des militaires devenus invalides ou morts au service de l'État. Le nombre des individus secourus, dans ces derniers établissemens, a été de 2,433; le total des dépenses, de 1,134,232 florins.

Dépôts de mendicité qui existaient dans le ci-devant royaume des Pays-Bas, avant l'établissement des colonies agricoles forcées.

Le *Compte rendu en* 1822 pour les dépôts de mendicité qui existaient dans le ci-devant royaume des Pays-Bas s'exprime en ces termes :

Dans la vie commune, on compte un décès sur environ 31 personnes. Il en est autrement dans *les dépôts actuels de mendicité* : il en existe *sept* dans notre royaume, et ils sont placés à Mons, Namur, Hoogstraëte, La Cambre, Bruges, Reckeim et Hoorn en Hollande. Depuis 1811 à 1822, c'est à dire depuis 12 ans, on y a compté 17,709 individus, dont 1,987 sont décédés dans ce même intervalle. C'est donc un décès sur 8 personnes ; ce qui égale la mortalité moyenne des Hôpitaux de Paris (1). Dans quelques dépôts, comme dans celui de Mons, elle a été d'un sur 3 en 1817, et dans celui de Hoorn d'un sur 4 en 1818.

La population de tous les dépôts a donné, dans ces 12 années, 6,477,844 journées d'entretien et 464,406 journées de maladie ; ce qui fait à peu près une journée de maladie sur un peu moins de 14 journées d'entretien ; et cependant, nous devons regarder la salubrité de ces dépôts comme supérieure à celle des dépôts de mendicité de la France, puisque sur une population moyenne de 661 individus, dans celui de Saint-Denis près Paris, la mortalité

---

(1) *Bulletin de la Société médicale d'Émulation de Paris*, janvier 1812, pages 26-27 ; *Ibid.*, page 33.

annuelle a été, pendant 1816, 1817 et 1818, terme moyen, de 192 un tiers.

Nous rappelons ici qu'il est établi, dans le *Compte rendu pour* 1826, qui fait l'objet de la note C, que tous les mendians valides ont été transportés aux colonies agricoles forcées.

Bagne d'Anvers.

Nous croyons devoir ajouter à cet article la description du bagne d'Anvers, qui a été supprimé par suite de la création des colonies agricoles forcées, ainsi qu'il a été dit dans le mémoire. Il était établi dans l'enceinte de la citadelle, entouré de murs et fermé par des grilles de fer ; il y formait un établissement séparé.

Il contenait 900 condamnés, qui, pendant le jour, s'occupaient de la fabrication de différens objets, tels que la filature de coton, la tisseranderie, etc., suivant leur profession respective, et pour lesquels on y avait établi des ateliers et plusieurs mécaniques anglaises. La nuit, les salles à coucher étaient éclairées par des réverbères, et les forçats étaient couchés sur des lits de camp auxquels étaient fixées leurs chaînes. En hiver, ils étaient enveloppés de grands capots d'herbages qui les garantissaient du froid. Ces salles, au nombre de quatre, étaient classées comme il suit : 1°. salle de punition ; 2°. salle de repentir ; 3°. salle d'espérance ; 4°. salle de grace.

Les condamnés étaient divisés en deux classes, savoir : les civils, qui étaient habillés de rouge, et les détenus militaires condamnés pour désertion ou insubordination, dont l'habillement était brun clair. Ceux de la dernière se trouvaient dans une salle à part, et étaient aussi distingués des autres relativement à la surveillance.

La classification particulière des détenus se faisait en raison de leur conduite et de la durée de leur peine.

Des gardes placés intérieurement veillaient sans cesse et se relevaient de quatre en quatre heures, et suivaient tous les mouvemens des condamnés, afin de prévenir leur évasion et le bris de leurs fers, dont la visite avait lieu trois fois la nuit et plusieurs fois le jour, à des époques indéterminées, par les gardes qui faisaient leur ronde à cet effet.

Il y avait dans l'intérieur du bagne un hospice pour les forçats malades, où ils trouvaient, quoique toujours gardés à vue d'œil et conservant leurs chaînes, de bons lits, une nourriture saine et les soins que l'humanité et leur état exigeaient.

NOTE B.

MAISON DE FORCE DE GAND.

(MODÈLE.)

Motifs et but de cette Note.

Nous avons cru devoir consacrer une note spéciale à la maison de force de Gand, d'après l'intérêt remarquable que présente ce bel établissement pour diverses questions qui se rattachent essentiellement au but que nous nous proposons.

D'abord il importait, ainsi que nous l'avons dit, de constater positivement qu'à l'époque où le royaume des Pays-Bas et ensuite la Belgique, pour ce qui la concernait plus particulièrement, adoptèrent, comme étant encore préférable, le système des colonies agricoles, ils possédaient cependant déjà le plus bel établissement qui eût encore existé, pour assurer à la fois le secours dû à l'indigence honnête, la répression nécessaire pour le vagabondage et la mendicité, la punition et l'amélioration morale des détenus pour délits.

Il n'était pas moins important de faire connaître les beaux exemples que présente cette maison de force, soit pour la sagesse et la supériorité du génie bienfaisant qui a présidé à sa construction, puisque ce n'est qu'en l'imitant en partie que l'Angleterre et les États-Unis d'Amérique ont élevé leurs établissemens pénitentiaires en se conformant à cet égard aux indications philantropiques d'Howard, qui, après avoir visité tous les lieux de détention, d'emprisonnement et les hôpitaux existans en Europe, leur proposa la maison de Gand comme un modèle à imiter, soit pour l'intérêt des distributions, soit pour la marche de l'administration. Il est bon de rappeler ici ce qu'il disait à cet égard en 1778 et en 1781, à l'appui de la sagesse des réglemens qu'il faisait connaître en détail : « Ceux qui assistent aux travaux, au dîner des prisonniers admirent la régularité, la décence et l'ordre » avec lesquels tout s'y exécute; aucun bruit, aucune » querelle ne s'y fait entendre; on n'y remarque aucune » confusion, et cet assemblage de détenus robustes et » disposés à la turbulence paraît gouverné avec plus de » facilité, plus d'aisance, qu'une assemblée d'hommes » sages et instruits ne le serait dans la société. »

Ce témoignage d'Howard est d'autant plus remarquable qu'il prend le caractère d'une parfaite impartialité, et qu'il fait ressortir toute l'importance d'une bonne administration, quand on voit ce qu'il disait lorsqu'il vint visiter ce même établissement en 1783, après que l'empereur Joseph II en eut fait changer l'administration et même fait vendre les instrumens de fabrication, d'après la préférence qu'il portait à la Maison de Vilvorde qu'il avait fait construire, au lieu de terminer celle de Gand (1). *Howard,* en déplorant les résultats de ces changemens funestes, disait alors : « Aussi, les suites d'une adminis-» tration si *dégénérée* se font-elles déjà remarquer. L'as-

---

(1) Joseph II voulant créer un monument dont on lui fût redevable, et en doter le Brabant autrichien en cédant aux idées d'innovation qui le préoccupaient, suspendit la construction de la partie de la maison de Gand qui restait à terminer, ainsi que nous allons l'exposer en donnant les détails de ce bel édifice, et fit construire à Vilvorde, sur le bord du canal de Bruxelles, et à deux lieues de cette ville, une autre maison de force dont l'édifice présente un vaste triangle. La plus longue façade est d'environ 610 pieds et la plus courte de 67 ; la première, exposée extérieurement au couchant, a, pour chaque étage, quatre vingts fenêtres de 2 pieds sur 1 de large. Il y en a autant sur l'autre côté qui donne sur la cour. Chacune de ces fenêtres appartient à une chambre de 6 pieds et demi de long sur 5 et demi de large et 8 de haut ; ces chambres sont sur deux rangs et séparées par un corridor de 8 pieds, sur lequel elles s'ouvrent toutes. Chacun des deux autres côtés est disposé de même, indépendamment de la partie destinée au gouverneur et à l'administration. L'édifice entier doit contenir environ mille chambres ou cellules, pour retirer les détenus séparément, et présentait aussi des exemples à consulter pour les établissemens pénitentiaires : nous pourrions donc citer encore la maison de Vilvorde à l'appui de nos observations comparatives sur les établissemens que possédait déjà le royaume des Pays-Bas ; mais l'ensemble de la maison de Gand, dont l'administration a repris sa première régularité, méritait, à tous égards, la préférence pour ce que nous avions à exposer relativement à notre but.

» pect des prisonniers est entièrement changé, et l'on ne » sera point étonné d'apprendre que le quart de ceux qui » habitent la maison était dans les infirmeries. » (Voir l'ouvrage d'Howard.)

Mais les anciens réglemens ayant repris toute leur vigueur, et s'étant encore perfectionnés par les leçons d'une sage expérience, la maison de Gand peut être regardée aujourd'hui comme n'étant encore surpassée (si même elle est égalée) par aucun autre établissement de ce genre, quand on la considère dans son ensemble, soit pour la belle entente de la grandeur qui règne dans les dispositions de l'édifice, soit pour la sagesse de l'administration; car on y trouve pour chaque nature de détention tout ce qui peut le mieux seconder les vues de l'humanité, l'amélioration morale des détenus et la sécurité sociale, soit enfin sous le rapport de l'économie publique, puisque cette administration, déjà si louable dans ses principes, a encore l'avantage de produire à l'état un bénéfice *net* qu'on évalue à environ 100,000 fr. par an sur les fournitures qu'on y confectionne pour l'armée, avec une supériorité de qualité reconnue.

Enfin, et pour confirmer ce que nous disons ici des exemples que présente cet établissement, en le considérant dans son ensemble, nous citerons la réponse remarquable que fit à l'auteur de ce Mémoire M. le gouverneur de la province de la Flandre-Occidentale, lorsqu'en recevant de lui l'autorisation nécessaire pour qu'on lui fît connaître la maison de Gand dans tous ses détails, il crut pouvoir profiter de la bienveillance que lui témoignait un administrateur aussi distingué pour lui demander si, en visitant un établissement si célèbre, il n'aurait pas cependant à y observer quelques inconvéniens, puisque nulle institution humaine n'en peut être exempte.

M. le gouverneur lui répondit alors qu'il n'en connaissait qu'un, mais qui, faute de prudence, pourrait devenir très grave : c'était « que le sort du détenu pouvait y être » tel que la pénalité perdît pour lui son caractère de ré- » pression et d'intimidation. »

Quel éloge, après soixante ans d'expérience, que cette seule crainte d'un inconvénient si excusable dans son principe, et si facile à réprimer dans ses abus, et quel intérêt ne doit-on pas mettre à bien connaître un si bel objet de comparaison !

Nous allons donc donner la description de cet établissement, en commençant par celle de l'édifice, que nous ferons suivre de l'exposé des réglemens et de l'administration.

Description de l'edifice.

La conception des projets et la rédaction des plans d'après lesquels la maison de Gand a été construite sont dues au comte Vilain XIII ; ils furent adoptés par les États de Flandre, et ce beau monument fut érigé, en 1772, en vertu de l'octroi (1) de l'impératrice Marie-Thérèse, du 17 janvier de cette même année.

Le choix que l'on fit d'abord de l'emplacement répondit à la grandeur des vues ; l'édifice fut fondé près le canal de Gand à Bruges (2) et entre ce canal et la Lys, où il prend

---

(1) Terme par lequel on désignait alors les décrets impériaux.

(2) Ce canal vient d'être converti en canal maritime de Gand à Terneuse, ainsi que nous l'avons dit page 14.

son origine, de manière à pouvoir dériver de cette rivière et déverser ensuite dans le canal les eaux qui pouvaient servir à l'utilité et même à la beauté de l'établissement: effectivement il fut décidé, dès lors, que l'on établirait les conduits et les tuyaux nécessaires pour amener les eaux dans des bassins placés dans les principales cours de l'établissement et à des fontaines pratiquées dans ses diverses parties, d'où elles seraient élevées par des pompes dans les étages supérieurs.

L'édifice en lui-même forme un vaste octogone, dont chaque secteur ou compartiment converge vers un octogone central, d'où les préposés de l'administration peuvent, sans en être aperçus, inspecter ce qui se passe dans chacun des huit compartimens concentriques destinés à autant d'établissemens différens par leur nature et leur but.

D'après ces belles dispositions, la maison de Gand devait présenter dans son ensemble tout ce que pouvait désirer la justice pour la punition et la correction du coupable, et l'humanité pour le secours du malheur.

Il n'y eut que cinq des huit compartimens compris dans le plan octogone achevés sous le règne de Marie-Thérèse. La construction des trois autres fut interrompu par son successeur qui, dominé, ainsi qu'on vient de le voir, par le désir de créer lui-même un autre établissement, négligea la confection de celui-ci, qui n'a été terminé qu'en 1824, comme nous le dirons plus loin.

D'après la différence de ces deux époques de construction, le plan lithographié que nous donnons de l'ensemble de l'édifice présente deux teintes : l'une, plus foncée, indique les cinq compartimens terminés dès l'origine; l'autre, moins foncée, indique ceux qui n'ont été construits qu'en dernier lieu (1).

Le premier des cinq compartimens construits dès l'origine servait de cour et de bâtiment d'entrée, les quatre autres formaient quatre quartiers; le quartier criminel, le quartier des mendians, le quartier des femmes, le quartier des pensionnaires et des boursiers.

Dans ce dernier quartier, la partie affectée aux boursiers était construite sur une échelle peu étendue, parce qu'elle n'avait éte destinée qu'aux bourses fondées par les États de Flandre, qui avaient résolu, pour servir d'exemple, de contribuer à cette belle fondation, *sans charger cependant la province*, en établissant vingt bourses faisant une somme de 1,200 florins (2,400 fr.) par an *sur leurs émolumens*.

Ainsi cette maison était à la fois destinée aux criminels des deux sexes, aux mendians, aux vagabonds, enfin à des boursiers, et à des pensionnaires volontaires.

Comme destinée aux criminels, son titre, son but était celui de maison de détention et de correction.

Relativement aux mendians et aux vagabonds, elle avait pour but la répression du vagabondage et l'extinction de la mendicité, de manière à ce que cette classe de détenus devait y puiser l'amour du travail et la pratique d'une profession utile.

Enfin, comme destinée à des pensionnaires volontaires, c'est à dire à ceux qui pouvaient payer pension, et à des boursiers, c'est à dire à ceux qui n'en avaient pas la faculté,

---

(1) Voir le plan lithographié, Pl. III.

cette maison présentait une espèce d'institution d'arts et métiers pour le secours des véritables pauvres qui, privés de moyens suffisans pour élever leurs enfans, sont obligés de les laisser croupir dans l'oisiveté. On ne pouvait trouver un moyen plus efficace pour aller au devant des besoins d'une jeunesse qui doit être utile, et qui, faute du nécessaire, ne peut y parvenir et cesser d'être aux prises avec la misère et le vice qu'autant qu'on lui procure des avances et des secours indispensables.

L'ensemble de ce bel établissement paraît encore plus admirable tant par sa conception que par son importance matérielle, quand on le compare avec ceux du même genre qui existaient à l'époque de sa fondation. Aujourd'hui même, il est encore un des monumens de la charité les plus recommandables; mais nous avons vu, en parlant des colonies agricoles, ce qu'elles présentent de plus avantageux sous les rapports qui nous occupent.

Pour bien faire apprécier le mérite de cet établissement, nous allons décrire d'abord la partie construite dès l'origine; nous passerons ensuite à la description de l'autre, en nous appuyant sur l'exactitude reconnue de l'ouvrage qu'a publié, en 1828, sur la maison de Gand, M. Lenormant, attaché à l'administration supérieure de cette maison, et en nous référant au plan lithographié que nous venons d'indiquer, et qui a été fait d'après celui qui est joint à son ouvrage.

A droite, en entrant, N°. 1, on trouve le logement des directeurs et des officiers de police et de discipline : c'est là que doivent s'adresser ceux qui ont à traiter quelques affaires relatives aux détenus; ce bâtiment est encore destiné à la conservation des vivres, des habillemens, des fournitures, des registres, et de tout ce qui concerne l'entretien et la police des gardes et des détenus en général et en particulier.

Le rez-de-chaussée à gauche, N°. 2, est occupé par le directeur des manufactures et fabriques; au dessus de la porte est la chambre de conférence. C'est là que se tient l'assemblée du gouverneur et des administrateurs; à côté de cette chambre loge le commis préposé à la garde des archives. Au N°. 3, le rez-de-chaussée est destiné à l'assortiment, la préparation de la teinture des fils et des autres matières premières; le premier étage sert de magasin pour toutes ces matières, et dans la partie supérieure des deux remises et du bâtiment à droite, vis à vis du N°. 3, on renferme les objets manufacturés et fabriqués. Dans la cour d'entrée on séchait les fils et les autres matières premières. Au bout de cette cour, il y a une seconde porte pour arriver dans la cour qui forme le centre de l'octogone N. O. P. Q., elle sert de communication avec les différens quartiers où sont enfermés les détenus; les deux emplacemens à droite et à gauche du N°. 4 servent de logement et de corps-de-garde aux officiers subalternes et aux gardes de la maison; dans ces chambres il y a une clochette qu'on nomme cloche-d'alarme, et qui communique, par des fils d'archal, à toutes les places où il y a des sentinelles et des gardes de police. Les autres chambres qui ne sont pas occupées par les militaires servent de logement aux sous-maîtres. Chaque enclos a sa boutique : la première, N°. 5, au rez-de-chaussée, a son entrée à côté de la porte de l'enclos à gauche; elle n'a d'autre communication avec l'intérieur de cet enclos qu'une ouverture ou fenêtre grillée par des barres de fer ; cette fenêtre ne s'ouvre qu'à des heures réglées, pour y passer la bière, le beurre, le fromage et autres objets qu'il est permis aux détenus de se procurer avec modération et en payant.

Le premier et le second étage au dessus de la boutique n'ont aucune vue ni communication vers le centre de l'octogone. Au N°. 6, est l'entrée du premier enclos fermé par deux portes, au milieu desquelles est suspendue une herse, comme cela se pratique aux portes des villes de guerre : cette herse doit servir d'arrêt dans le cas où les détenus voudraient forcer la première porte et s'emparer des clefs du portier, qui est entre les deux, pour se rendre maîtres de la seconde porte, qui sert de sortie. L'entrée est observée par un garde, qui est relevé toutes les deux heures ; la seconde ne peut s'ouvrir que lorsque la première est fermée : dans chaque porte il y a une petite ouverture, par laquelle le portier est obligé de regarder avant d'ouvrir ; cette précaution s'observe avec la plus grande exactitude, surtout à la porte qui donne dans l'enclos, et pour plus grande sûreté on l'a entourée d'un grillage de bois de la hauteur de 8 pieds, dans lequel il est défendu aux détenus d'entrer sous des peines très rigoureuses. A côté de la porte d'entrée, du côté de l'octogone, est l'escalier qui conduit aux greniers et au corps-de-garde, qui sert pour observer la police de l'enclos et la direction de la herse ; une sentinelle y est toujours en faction à la fenêtre qui donne sur l'enclos ; elle voit et même peut entendre de là tout ce qui se passe. Il y a dans cette même chambre, du côté de l'octogone, une autre fenêtre, qui communique aux logemens des gardiens et des autres officiers, qu'on avertit, au besoin, par la cloche d'alarme : celui qui est de faction est aussi chargé de la direction d'une autre cloche qui sert à donner aux détenus le signal du réveil, du travail, de la récréation et, enfin, de la retraite, aux heures fixées par les officiers de police ; cette sentinelle a continuellement la vue sur tout l'enclos. Les détenus étaient renfermés, la nuit, chacun séparément dans une chambre : on avait pensé que ce moyen seul suffirait pour prévenir toute tentative d'évasion ; mais l'expérience a prouvé, depuis, que ces précautions n'étaient pas suffisantes. On a donc jugé nécessaire de placer la garde, après la retraite sonnée, dans l'enclos, jusqu'au premier réveil, et on a ordonné que la sentinelle se posterait au milieu de la cour ; cet arrangement a eu l'efficacité désirable pour la tranquillité et le bon ordre. Pendant la nuit, le corps-de-garde se tient au dessus de l'infirmerie qui communique également avec la cloche d'alarme ; quand elle se fait entendre, tous les officiers et gardes doivent prendre les armes et se rendre au dessus de la porte d'entrée, pour examiner de là ce qui cause du trouble, et y remédier aussitôt ; l'infirmerie des détenus de cet enclos est au premier étage. Les Nos. 8, à droite et à gauche, dans la partie du plan A. B., sont des bâtimens qui ont chacun quatre étages, partagés en plus de deux cent quatre-vingt-quatre petites chambres, pour renfermer les détenus pendant la nuit, chacun selon son numéro ; toutes ces chambres sont de la longueur de 7 pieds sur 5 et demi de largeur, et de même forme. Chacune contenait anciennement un lit de 6 pieds et demi de long et 2 pieds et demi de large, auquel on a substitué des hamacs pourvus d'une paillasse, d'un matelas, d'un oreiller, d'une paire de draps, de deux couvertures pendant l'hiver et d'une pendant l'été. Il y a encore, dans chaque chambre, des pots de nuit, un petit banc pour s'asseoir, une table à charnière, qui sert pour fermer la fenêtre grillée, pratiquée dans la porte, pour l'inspection extérieure et l'air; enfin, une petite armoire ménagée dans l'épaisseur du mur pour servir aux détenus à garder leurs ustensiles ou autres effets qui leur appartiennent, ainsi que leur pain, viande, etc. Toutes les semaines, ils changent de chemise, et tous les mois de draps. Chaque étage a son corridor qui communique à toutes les chambres qu'il contient; ce corridor est large de 7 pieds, et est à jour, pour qu'on n'en éprouve aucun inconvénient, même pendant les temps les plus rigoureux de l'hiver. Les quatre escaliers N°. 9 communiquent avec les corridors de tous les étages. A l'extrémité du bâtiment à gauche, au N°. 10, sont les latrines, divisées en quatre étages; elles font face à la porte, et sont en vue de la sentinelle: d'après la prop eté qu'on observe, et la faculté d'avoir de l'eau en abondance à chaque étage, on ne s'est jamais aperçu, même au milieu des plus grandes chaleurs de l'été, qu'elles laissassent exhaler la moindre odeur. Le bâtiment en face de la porte, au plan d'élévation C. D., sert à différens usages. On renferme dans le rez-de-chaussée les détenus incorrigibles et indisciplinés. On avait pratiqué, au N°. 11, des ouvertures par lesquelles les détenus qui y travaillaient recevaient le jour: c'était là que se tenaient les charpentiers et les faiseurs de sérans; cette place était fermée aussitôt après la prière du soir; c'est aussi là que se déposaient les ustensiles.

Les N°s. 12 et 13 étaient occupés par les fileurs de

laine et de coton; on avait été obligé de les déplacer du grand atelier, parce que la fumée des lampes noircissait le coton.

Les Nos. 18 et 19 étaient destinés à mettre les huiles et la houille pour l'hiver. Toutes ces places étaient sous la direction du prévôt (1), qui était chargé de porter aux détenus qui les occupaient ce dont ils avaient besoin, et de faire nettoyer leurs logemens.

Le premier étage de ce bâtiment sert à différens usages. On y trouve la cuisine, qui a 30 pieds de long sur 26 de large; elle a une pompe, un garde-manger, et tous les ustensiles qui lui sont nécessaires; à chaque côté de la cheminée sont des fourneaux de différentes grandeurs : l'un sert à bouillir la viande, et l'autre à faire la soupe; cette viande se livre par entreprise, et on la distribue à raison d'une demi-livre par tête. La quantité est ordonnée par écrit tous les jours par les officiers de police, en raison du nombre des détenus. La qualité et le poids étaient vérifiés par les officiers de police (2), en présence des inspecteurs et des cuisiniers; après cette vérification, toute la masse de la viande qui servait de provision pour les deux jours suivans était mise aux fourneaux. Le bouillon se conserve dans des pots de terre dans le garde-manger No. 3; le lendemain, on prend la moitié du bouillon pour en faire la soupe,

---

(1) Actuellement sous la direction du magasinier.

(2) Les denrées qui entrent actuellement dans l'établissement sont reçues par le magasinier du ménage, en présence de deux détenus : par là on évite la fraude, tant de la part du magasinier que de celle du fournisseur.

et on séparait la moitié de la viande froide en autant de portions qu'il y avait de têtes.

Le réfectoire est contigu à la cuisine, et n'a d'autre communication avec elle que par deux grandes ouvertures dites vulgairement *passoirs*, par où l'on passe le manger de la cuisine dans ce réfectoire, qui a 126 pieds de long sur 26 de large; l'on peut y servir dix-huit tables, chacune de vingt couverts; il reste entre chaque rangée de tables une allée pour le passage des inspecteurs de la police chargés du maintien du bon ordre. Au bout de ce réfectoire est la chapelle N°. 5; on y dit la messe les dimanches et les fêtes fériées, et tous les détenus catholiques sont obligés d'y assister, ainsi qu'au sermon (le réfectoire sert alors de nef). Dans le second étage de ce bâtiment on trouve les manufactures et les fabriques; de même que le premier, il a 26 pieds de large, est divisé en quatre parties : les deux premières sont des chambres qui servent à déposer les outils des tisserands; la troisième, au dessus de la cuisine, longue de 30 pieds sur 26 de large, est la chambre où se tient le directeur des fabriques pendant les heures du travail : c'est dans cette pièce qu'on distribue les matières premières et que chaque détenu est obligé de déposer le résultat de son travail, qu'on vérifie proportionnellement à la quantité qu'il en avait reçue, et en raison du temps qu'a nécessité son ouvrage, afin de constater ce qui lui est dû en sus de sa tâche. On trouvait aussi dans cette chambre une balance et deux ourdissoirs, dont l'usage est de faire la chaîne pour les métiers : cette chambre avait une porte de communication avec le grand atelier, dans lequel étaient placés les métiers des tisserands de toile, de coton et de laine ; mais l'expérience ayant fait penser, quoiqu'à tort, que les métiers établis dans les souterrains ou au rez-de-chaussée avaient un grand avantage sur ceux qui sont établis dans les chambres hautes, on avait réformé cette destination en partie, et on les avait établis provisoirement dans le corridor du bas, où l'on avait construit une douzaine de métiers de 4 à 4/5 jusqu'à ce qu'on pût occuper le second enclos, où on a obvié à ces inconvéniens. Le grand atelier fut alors occupé par les bobineurs et espollineurs, qui préparaient le fil pour la navette des tisserands, ainsi que pour les cordonniers, les tailleurs, et ceux qui faisaient les filets pour la pêche du hareng, ainsi que pour leurs apprentis.

Ce grand atelier était chauffé par un poêle; son entrée était à droite en arrivant.

Tous les corridors, les chambres, les ateliers, et généralement tout le bâtiment, depuis le haut jusqu'en bas, sont voûtés, et leur construction ne contient aucune matière combustible, à l'exception des toits, où les détenus n'ont aucun accès; les escaliers qui conduisent au grenier sont du côté de l'octogone, au N°. 20 du plan. Dans chaque corridor, on a pratiqué deux pompes pour la commodité des prisonniers. Après la construction du bâtiment, on s'aperçut qu'on n'y avait pas réservé de place convenable pour sérancer le chanvre, qui est *mêlé,* lorsqu'il est encore brut, avec beaucoup de terre, et jette, en le battant, une poussière très incommode: on avait donc été contraint de séparer cet atelier de tout autre et de le construire en bois, d'une manière adaptée à cette main-d'œuvre. Il fut provisoirement construit à côté de la porte à droite en entrant; il existe encore et il a 20 pieds de longueur sur

12 de largeur, et peut contenir cinq ouvriers avec leurs outils.

Dans le second compartiment ou enclos (actuellement appelé deuxième quartier), on renfermait autrefois les mendians valides et les autres condamnés pour fautes légères ou déréglement de mœurs (1) : il est construit et distribué de la même manière que le précédent; le rez-de-chaussée N°. 21 est d'un pied plus bas que les autres bâtimens, et de la largeur de 15 pieds sur une longueur de 222 pieds et demi, sans aucune séparation, et au lieu d'être ouvert par devant, comme les autres étages, il a de petites fenêtres qui se ferment avec des châssis de vitres. Tout ce long emplacement était destiné pour les tisserands, dont les métiers peuvent être de moyenne largeur : ceux qui préparaient les navettes avaient leur place auprès des métiers qu'ils devaient pourvoir, et un seul inspecteur, dont la vue s'étendait d'une extrémité à l'autre, suffisait pour maintenir le bon ordre; au milieu se trouvait un passage, afin de faciliter aux sous-maîtres l'accès de chaque métier. Les trois étages au dessus de celui-ci sont faits sur le même modèle que ceux du premier bâtiment, ainsi que les corridors, les chambres et tout ce qui y est relatif; et comme le rez-de-chaussée n'a point de murs de séparation ou de refend, on a soutenu les trois étages avec des piliers et voûtes croisées : cette partie était composée

---

(1) Ils ont été depuis transportés aux colonies agricoles forcées, comme moyen plus efficace.

de deux cent cinquante chambres separées, et pouvait contenir au moins quatre cents détenus, quelques unes ayant plusieurs hamacs, qu'on y place trois à trois, et non deux à deux, comme ayant moins d'inconvéniens pour les mœurs. Dans le corps du bâtiment (C. H.) qui fait face à l'entrée, se trouve la boulangerie, composée de deux fours, où l'on cuit le pain des détenus de la maison et des gardes. Sous le bâtiment, à droite, l'on avait pratiqué un aquéduc N°. 22, qui communiquait l'eau de la Lys à ce quartier, destiné à la préparation des fils et des laines, ainsi qu'à la teinture (1).

Le troisième enclos renfermait les filles et les femmes; il est de la même grandeur que le premier, mais avec cette différence que les chambres sont plus grandes, et servent encore pour y placer plusieurs hamacs, et avec les précautions ci-dessus, dans une chambre. Voir, sur le plan, l'aile I. K.

Les corridors à gauche sont de la longueur de 189 pieds sur 6 de largeur; au milieu, il y a huit grandes chambres de 22 pieds sur 16 de large.

Ce bâtiment consiste encore en quarante chambres de 10 pieds et demi sur 8 pieds trois quarts de largeur.

Les corridors à droite sont de 235 pieds de longueur sur 6 de largeur; au milieu, huit chambres de 22 pieds de longueur sur 16 de largeur; à côté de l'escalier, quatre chambres de 16 pieds sur 12 de largeur et soixante-quatre

---

(1) Depuis long-temps cet aquéduc a été bouché sur la réclamation de quelques manufactures d'indiennes contiguës à l'établissement.

chambres de 10 pieds et demi de longueur sur 8 pieds trois quarts de largeur.

Le réfectoire est de 120 pieds de longueur sur 27 de largeur.

Cette partie servait autrefois, comme encore aujourd'hui, pour laver le linge de tous les détenus; on a fait au milieu de chaque aile, au rez-de-chaussée, deux grandes places avec des cheminées, pour servir de buanderie N°. 23; on a construit, au centre de cet enclos ou compartiment, un bassin N°. 24, dont l'eau se renouvelle continuellement par un aquéduc voûté, qui prend sa naissance dans la rivière de la Lys N°. 25, et conduit l'eau jusqu'à ce bassin, lequel se décharge par un conduit plus bas et se termine au canal N°. 26. Cet aquéduc, dont la section est de 18 pieds, sert aussi à décharger les eaux venant de la Lys dans le canal; il est conduit au milieu de l'octogone avec les produits adjacens de tous les enclos.

Tous les bâtimens sont doubles sous le même toit, sans cependant avoir la moindre communication ensemble, de sorte que les détenus d'un enclos ne peuvent voir ni entendre ceux de l'autre.

Sous le toit du troisième, en dehors, à côté de la chapelle N°. 27, était le logement de l'aumônier, faisant partie du quartier des femmes (1), et, quoique sous le même toit, il n'avait pas la moindre communication avec elles. Le reste (M.) était destiné pour les volontaires pensionnaires dont le logement consiste en quatre étages, N°. 28. Cha-

---

(1) Le ministre protestant et l'aumônier catholique n'habitent pas l'établissement; ils en ont cependant le droit. Le logement cité plus haut sert actuellement de magasin.

que chambre est longue de 8 pieds et demi sur 7 et demi de large (1).

N°. 30 est la chapelle destinée aux employés de la maison; sous ladite chapelle se trouvent des caveaux pour mettre les charbons et autres provisions.

Ce bâtiment est entouré d'un mur de clôture très élevé ; il avait coûté au Gouvernement 600,000 florins (environ 1,200,000 fr.), indépendamment du terrain qui coûta un souverain d'or la verge (environ 34 fr. le mètre carré), mais cette dépense ne comprit que les compartimens que nous venons de décrire; car, ainsi que nous l'avons déjà observé, les trois compartimens restans de l'octogone ne furent pas construits sous le règne de Marie-Thérèse; ils ne le furent qu'en 1825, Joseph II, son fils et son successeur, ayant préféré de faire construire une nouvelle maison plutôt que de terminer le bel établissement de Gand où on supprima les fabriques qu'on y avait établies, et les prisonniers ne furent plus employés qu'aux travaux de la filature. La province fut imposée à 3,000 flor. par mois, qui, ajoutés au bénéfice prélevé sur leur travail, devaient assurer leur entretien (2).

État actuel de l'établissement.

Après la création des colonies agricoles forcées qui présentaient de nouvelles considérations pour les établissemens de détention, le Roi des Pays-Bas voulut ne pas

(1) Ce quartier est maintenant occupé par des criminels ; il peut contenir cent quarante-quatre individus.

(2) Voir la note que nous venons de donner, à ce sujet, au commencement de cet article.

laisser imparfait un édifice qui était considéré comme un chef-d'œuvre dans son genre et que les étrangers viennent admirer. Par une ordonnance royale du 27 septembre 1824, il fut ordonné que les trois parties ou compartimens de l'octogone de la maison de Gand qui restaient à construire seraient immédiatement achevés ; il fut ouvert, à cet effet, un crédit provisoire de 250,000 flor. (un peu plus de 500,000 fr.) au Ministre de l'intérieur, et la première pierre de cette nouvelle construction fut posée avec une grande solennité.

On donna plus d'extension aux dispositions qui avaient été primitivement destinées aux condamnés criminellement, en tirant parti, à cet égard, de celles qui, originairement affectées aux indigens, aux mendians et aux vagabonds, devenaient superflues et disponibles par l'établissement des colonies agricoles où ils étaient transportés : c'est ainsi qu'on a supprimé le bagne d'Anvers, quoique si bien ordonné qu'il y existait quatre classes de détenus qui ont été transférés dans la maison de Gand avec des mesures analogues pour leur classification. On fit en même temps dans les nouveaux compartimens les dispositions nécessaires et convenables, d'un côté, pour tous les genres de détention militaire, depuis les arrêts forcés jusqu'à la peine capitale, et d'un autre côté pour les détenus pour dettes avec chambres dites à la pistole pour ceux qui les paient, et on a eu soin de donner une entrée particulière à chacun de ces deux quartiers.

D'après ces nouvelles dispositions, nous allons donner ici les principales explications qu'elles comportent pour le plan d'ensemble de l'édifice qui fait l'objet de la planche 3, et que nous avons déjà indiqué et expliqué pour ce qui concernait les cinq compartimens construits sous le règne de Marie-Thérèse.

Le nouveau bâtiment se compose ainsi qu'il suit, et d'après les indications du plan (Planche III) :

A.A. Prison de première arrestation pour civil et militaire.

B.B. Les condamnés au dessous de six mois, qui se trouvent actuellement dans un des quartiers de l'ancien bâtiment.

C.C. Les militaires accusés de délits, justiciables du Conseil de guerre.

D.D. Les soldats condamnés par les chefs de corps pour discipline vulgairement appelée *provoost straf*.

E.E. Salle pour l'assemblée du Conseil de guerre ; le rez-de-chaussée sert aux cachots, où sont enfermés les militaires mis en jugement pour crimes emportant la peine des travaux forcés ou de la mort, et les condamnés à ces peines ; ces cachots ont une cour avec fontaines et latrines, et un escalier muni de toutes les sûretés nécessaires pour conduire sans autre détour les accusés dans la salle du Conseil.

F.F. Emplacement pour les sous-officiers de la garnison.

G.G. Pour des femmes ou filles condamnées correctionnellement à moins de six mois, et qui étaient précédemment dans le troisième quartier de l'ancien bâtiment.

H.H. Pour les femmes accusées devant la cour d'assises.

J.J. Pour les hommes accusés devant la même cour, qui étaient précédemment dans le premier quartier de l'ancien bâtiment.

K.K. Pour les prévenus de crimes et délits, précédemment placés dans le deuxième quartier.

L.L. Pour les condamnés à moins de six mois.

M.M. Quartier destiné pour les ateliers de tisserands et

tailleurs, ainsi que pour une partie des magasins de l'établissement.

N.N. Cour pour sécher le linge et les fils.

Les deux premiers quartiers et le quatrième sont habités par les condamnés aux travaux forcés à temps ou à perpétuité, avec séparation de ces deux classes; le troisième par les femmes.

Dans chacun d'eux se trouvent des ateliers où les prisonniers travaillent, ainsi qu'un réfectoire et une chapelle où le service divin est célébré les jours fériés.

La maison à droite, en entrant dans l'établissement, est habitée par le commandant; celle qui lui fait face par le directeur des travaux: c'est là que se trouve une partie de ses bureaux.

Au rez-de-chaussée, sont les cachots où l'on renferme les accusés au civil, en jugement pour la peine capitale, et ceux qui ont été condamnés. (Voir E.E. pour les militaires.) Les cachots sont pourvus de portes bien verrouillées en dehors et de grilles en fer qui donnent, pour chacun d'eux, sur une petite cour où il y a une fontaine et des latrines.

Le corps-de-logis entre la première et la deuxième cour est divisé de la manière suivante:

Le greffe à droite;

Le logement de l'adjudant à gauche;

La garde sous le greffe; au dessus du greffe est la demeure des employés.

En entrant dans la cour de l'octogone, on remarque au fond une chapelle, où anciennement on célébrait le service religieux pour les employés et la garnison de la maison qui, dans son origine, était composée de cent hommes, et est maintenant réduite à trente. Elle sert maintenant de magasin de fil.

De l'administration actuelle.

Nous croyons devoir entrer ici dans quelques détails sur le régime intérieur de cette célèbre maison, afin qu'on puisse mieux juger son mérite, les exemples qu'on peut y puiser, et par suite l'excellence des colonies agricoles de bienfaisance, puisqu'elles furent encore préférées, en raison de l'ensemble de leurs avantages, pour ce qui concernait les indigens et les détenus non criminels.

Nous avons vu, au commencement de la description que nous faisons ici de la maison de Gand, le bel éloge qu'en avait fait le philanthrope *Howard*, et les termes dont il se servait pour exprimer l'espèce d'admiration que lui inspirait sa bonne administration, lorsqu'il la visita en 1778 et 1781 ; nous avons fait connaître en même temps les regrets que lui firent éprouver, quand il la revit en 1783, les changemens funestes qu'elle avait éprouvés par suite de la prédilection de Joseph II pour la maison de Vilvorde qu'il avait créée. Après la mort de Joseph II, la maison de Gand vit ses anciens réglemens reprendre vigueur ; mais la série de troubles qui se succédèrent en Belgique influa nécessairement sur les résultats qu'ils devaient produire, et nous ne parlerons ici que de ce qui s'est passé depuis l'époque où les suites de notre révolution firent réunir la Belgique à la France.

Alors la maison de Gand se trouva dans les attributions de notre Ministère de l'Intérieur, et le Gouvernement profita des propositions qui lui furent faites par un fabricant qui méritait toute confiance, d'établir dans cette maison et d'y exploiter pour son propre compte une fabrique qui devait, sous sa direction, se placer de suite en premier ordre. Ce fabricant était M. *Liewin Bauwens* qui, après une expérience éclairée par la pratique de son état, avait poussé le zèle jusqu'à s'introduire comme ouvrier dans une des manufactures de l'Angleterre les plus réputées, d'où il avait importé en Belgique, sa patrie, le secret de procédés récemment découverts, et avait ainsi encouru une condamnation par contumace à être pendu, d'après l'excessive rigueur des lois qui existaient alors à cet égard en Angleterre.

Les propositions d'un fabricant aussi recommandable ayant été accueillies comme un nouvel avantage des plus désirables pour la maison de Gand, il fut fait un traité avec M. *Bauwens,* par suite duquel le produit des travaux devait lui appartenir, se chargeant de tous les frais et de pourvoir à l'entretien général des prisonniers, pour lesquels le Gouvernement français lui alloua, par journée d'homme condamné criminellement, 25 centimes, et pour ceux correctionnellement enfermés au dessous de six mois, 30 centimes, en accordant en plus 40 centimes pour chaque journée de malade à l'hôpital.

Après le sieur *Bauwens,* qui ne voulut point continuer aux mêmes conditions, vinrent MM. *Maes* et *Royer,* qui l'exploitèrent également à leur profit en recevant 45 centimes par journée de détenu.

Depuis, et en 1819, année où le Roi sanctionna par des ordonnances spéciales l'organisation de la Société de bienfaisance pour les colonies agricoles, il nomma une commission pour lui présenter un plan d'organisation générale des établissemens de détention, qui fût le plus avantageux possible tant pour l'État que pour les prisonniers.

Après un travail qui dura près de trois ans, cette commission acheva sa tâche difficile et la vit couronnée du plus heureux succès.

Le Roi adopta et valida ses projets en rendant un décret organique du 4 novembre 1821, concernant les prisons et établissemens de détention du royaume (1).

Par suite des dispositions de ce décret, la maison de Gand fut terminée, comme nous venons de le dire, et elle fut dès lors destinée au tissage de la toile nécessaire pour le service de l'armée, la confection des chemises, pantalons, guêtres, et autres objets de toile.

Au moment où je l'ai visitée (1829), elle comptait trois cent cinquante métiers de tisserands en pleine activité, qui occupaient environ sept cents individus, les autres étant employés comme tailleurs, bobineurs, fileurs, etc.

La population de la maison était alors composée de. . . . . 1,006 hommes,
216 femmes,

TOTAL. 1,222,

Dont 904 criminels,
201 femmes,
50 prisonniers, pour six mois et au dessous,
7 prisonnières *id.* *id.*
52 hommes non condamnés,
8 femmes *id.* *id.*

TOTAL. 1,222

(1) Nous ne donnons point ici le texte de ce décret, pour ne

Un fait étonnant, c'est que dans un si grand nombre d'individus on ne comptait que quinze malades à l'hôpital, encore ne l'étaient-ils que légèrement, et vingt-cinq autres que leur infirmité ou leur vieillesse empêchait de travailler; parmi les criminels, il s'en trouve plusieurs de condamnés à vie, flétris ou exposés.

Ces prisonniers, bien loin d'être confondus ensemble, sont, au contraire, tenus avec séparation et classification dans les divers quartiers, où ils sont l'objet de la plus stricte surveillance. Partout j'ai été frappé de l'ordre et de l'air de soumission qui régnaient, et je ne pouvais examiner sans surprise jusqu'où allaient les soins pour la propreté, qui y est portée au plus haut degré de recherche.

Il résulte de l'ensemble des dispositions dont nous venons de parler, et de la parfaite exécution des mesures qui leur sont relatives, que les prisonniers renfermés dans cette maison ne coûtent rien à l'État; ils pourvoient, par leur travail, à leur habillement, nourriture et couchage. Ils procurent même, par leurs travaux manufacturiers et leurs fournitures aux armées, un bénéfice *net* qui a dépassé, dans les dernières années, 50,000 fl. (1), environ

---

point augmenter encore le volume de cette note; mais nous devons l'indiquer comme un des meilleurs documens à consulter dans ce genre.

(1) Les maisons de force de Vilvorde, Bois-le-Duc, Leiden, Lewarden et Saint-Bernard sont administrées sur le même pied, et devraient également fournir des bénéfices au Gouvernement: cependant, depuis leurs établissemens, elles ont fait des pertes sensibles, surtout les prisons de Vilvorde et Lewarden; ce qui donne encore plus d'intérêt à ce que nous disions ici de l'administration de la maison de Gand.

(100,000 fr.) par an; enfin, on a su trouver les moyens d'employer utilement, même pour l'entretien et les réparations de la maison, ceux qui ne sont point condamnés au cachot, et ont exercé des états qui peuvent être utilisés, tels que des charpentiers, menuisiers, serruriers; de sorte que presque tous les travaux de la maison sont effectués par des détenus.

Les salaires sont généralement établis à la tâche et à la pièce; cependant il y en a qui le sont à la journée, tels que la paie de ceux qui ont la bonne conduite et l'instruction nécessaire pour servir d'écrivains : ils gagnent de 30 à 80 cents par jour. Les garçons de bureau gagnent de 25 à 30 cents; les garçons de magasins et ouvriers gagnent de 15 à 35 cents (le cent de florin vaut 2 centimes).

On compte, pour tous les travaux qui se font dans cette maison, vingt-trois genres différens d'ouvriers, y compris ceux qui sont employés aux réparations et entretiens, comme les charpentiers et les forgerons, qui gagnent de 30 à 40 cents par jour; et les tourneurs, qui gagnent de 30 à 50 cents par jour. Ces divers salaires sont payés en monnaie de zinc qui a cours à la cantine. Si le prisonnier en a économisé, on la lui change contre de la monnaie courante, quand il quitte la maison.

Cette mesure a été prise pour éviter tout moyen de corruption dans la maison.

On distingue les détenus en trois classes pour les salaires :

Les condamnés aux travaux forcés ne reçoivent que les trois dixièmes de leur salaire, dont la moitié en argent de poche et l'autre en masse de sortie;

Les condamnés à réclusion reçoivent les quatre dixièmes aussi par moitié ;

Les condamnés correctionnellement reçoivent les cinq dixièmes, dont deux dixièmes en argent de poche et trois dixièmes en masse de sortie. La masse de sortie est placée à une caisse d'épargnes, et chaque détenu sortant reçoit ce qui lui revient, quand il est rendu à sa destination.

Cantine.

Pour présenter ici l'ensemble de ce qui est relatif au personnel des détenus, nous ajouterons de suite à ces détails ceux qui concernent la cantine, parce qu'elle fait un objet spécial de surveillance, et donne une preuve de plus de l'esprit d'ordre qui règne partout. Les membres de la commission veillent à ce que le cantinier ne puisse altérer les denrées qu'il lui est permis de vendre ; la boutique est ouverte pendant les heures de récréation, et ce n'est qu'alors que les prisonniers peuvent s'y pourvoir de ce qui leur est nécessaire.

Une pancarte affichée indique le prix des diverses denrées ; celles de première nécessité y sont fixées au plus bas prix ; les denrées plus recherchées, et surtout les comestibles, sont élevés au dessus du prix réel de la ville : les bénéfices que le Gouvernement retire de cette élévation de prix peuvent monter à 3,000 flor. par semestre (6,000 fr.), qui sont mis en réserve pour être distribués en gratifications aux détenus qui se conduisent le mieux. Cette sage précaution excite l'émulation et prévient les orgies dégoûtantes qu'on voit dans plusieurs de nos maisons de détention, ainsi que nous aurons à l'observer en parlant d'elles : pour mieux assurer l'effet de cette mesure, le cantinier ne reçoit qu'un traitement fixe de 900 fr., et rend compte chaque semaine des marchandises qu'il ne représente pas en nature, au taux fixé par la pancarte, sans aucun bénéfice sur la vente même.

Composition de la maison depuis 1822. — Personnel et police.

1 commandant;

1 adjudant-commandant, aux appointemens de 1,000 flor., qui règle les rondes des sergens et le service des porte-clefs;

4 sergens;

1 portier;

24 porte-clefs vêtus d'un uniforme militaire, et divisés en deux classes. La première reçoit 24 flor. (48 fr.) par mois, et la deuxième 19 flor. (38 fr.), outre la nourriture et l'habillement aux frais du Gouvernement.

Il se fait six rondes chaque nuit, et sept factionnaires sont placés autour du mur d'enceinte.

Deux commis sont attachés au greffe, qui est sous la direction du commandant, et récemment on vient d'y adjoindre un garde-magasin, chargé de la distribution des vivres et objets d'habillement.

Outre les employés dont nous venons de parler, le commandant a encore sous ses ordres:

2 officiers de santé;

1 instituteur;

1 maître boulanger;

1 cantinier.

Le commandant est chargé de la police générale de la maison, de l'entretien et de la nourriture des prisonniers ; il est également dépositaire de tous les registres sur lesquels ils sont inscrits, le jour de leur entrée dans l'établissement ; de plus, il correspond avec le gouverneur civil de la province ainsi qu'avec le procureur du Roi qui, seuls, lui transmettent leurs ordres respectifs.

Cet établissement est sous les ordres d'une commission spéciale de surveillance, dont le gouverneur de la province est le président ; elle s'assemble deux fois par mois, et délibère sur les améliorations jugées convenables et proposées par le commandant.

L'administration générale de cette maison est sous les ordres immédiats du Ministre de l'Intérieur, et d'un administrateur attaché au même département, à qui l'on transmet les demandes relativement à la comptabilité : celui-ci, au nom du Ministre, donne les ordres à la commission précitée.

Deux membres de cette commission en sont détachés chaque mois pour visiter les prisonniers, et transmettre leurs réclamations, s'il y en a, à la prochaine session.

Indépendamment du personnel de la police, la direction du travail est confiée à un *directeur des travaux*, qui a sous ses ordres :

2 contre-maîtres ;

2 magasiniers ;

1 teneur de livres ;

1 deuxième commis ;

2 ouvriers pour la préparation du fil.

Ce directeur, pour ce qui regarde les travaux qui lui sont confiés, est entièrement indépendant du commandant de la maison, et dispose des prisonniers pour les travaux : c'est encore le directeur qui doit faire la demande à ce fonctionnaire, pour la translation d'un prisonnier d'un quartier à un autre. Le directeur, correspond, pour sa partie administrative, avec le gouverneur de sa province, et a même la faculté d'adresser directement ses réclamations, demandes ou propositions au Ministre de l'Intérieur.

C'est lui qui règle annuellement le travail de la maison, et s'engage à fournir aux différens corps de l'armée un certain nombre de chemises, pantalons, guêtres et autres objets de linge.

La matière première, telle que fil, etc., est achetée sur sa proposition ; il en règle les échantillons, qui sont déposés au bureau de la première division du gouvernement provincial, qui en fixe les prix et en met la demande en adjudication (1) : c'est lui et les contre-maîtres qui reçoivent ou rejettent ces objets.

Le directeur tient la comptabilité de tous les prisonniers, et verse le fond de leur masse de sortie entre les mains du receveur de la caisse d'épargne ; elle rapporte annuellement à chaque prisonnier 4 pour 100.

Les deux contre-maîtres sont constamment dans les ateliers : là, ils instruisent les apprentis tisserands, et surveillent, en général, le travail des prisonniers. Ce sont encore eux qui reçoivent chaque pièce de toile, l'exa-

(1) Depuis trois ans, cette manière de procéder a été abandonnée : il y a lieu de croire que c'est dans le but d'admettre dans l'approvisionnement des fils celui qui serait fourni en assez bonne qualité par des indigens ; ce qui procurerait à la fois des moyens de secours pour eux et de meilleur marché pour l'établissement.

minent scrupuleusement, punissent le détenu dont le travail est imparfait, ou, dans le cas contraire, le font inscrire pour une gratification qui n'excède jamais 7 flor. Cette gratification est payée sur le produit des cantines, dont nous avons parlé plus haut. Ces deux contre-maîtres sont toujours deux anciens fabricans; ils remplissent leurs devoirs avec une grande exactitude. Un de ces employés tient le livret de chaque prisonnier, où il inscrit hebdomadairement leur gain dans la colonne de la masse de sortie.

Entrée personnelle des détenus dans l'établissement.

Lorsqu'un prisonnier arrive dans cette maison pour subir la peine à laquelle il est condamné, on le conduit directement au greffe : là, après l'avoir toisé, on inscrit son signalement, la durée de sa peine et l'époque où elle expire; on le fouille et on lui ôte toute espèce d'instrumens tranchans, cordes ou autres ustensiles; quant à son argent, s'il en possède, il est échangé contre de la monnaie fictive. Cette opération terminée, et après l'avoir exhorté à se bien conduire, on le met entre les mains du sergent, qui le conduit immédiatement à l'hôpital, où il est visité par l'aide-chirurgien, qui décide s'il doit y rester ou entrer dans le quartier. Si le dernier cas a lieu, on lui fait prendre un bain, quand la malpropreté de son corps paraît l'exiger. Arrivé dans le quartier, il est dépouillé de tous ses habillemens et revêt les habits de la maison, qui consistent, pour l'hiver, en

Une veste à manches de gros drap gris,
Un pantalon de même étoffe,
Un gilet de dessous,

Trois chemises (1),

Deux paires de chaussons,

Une paire de sabots,

Une cravate et une casquette de feutre.

Les habillemens d'été sont composés d'un pantalon et d'une veste à manches de grosse toile. Tous ces objets d'habillement sont enregistrés sur un livret que l'on remet au prisonnier, et sont renouvelés au fur et à mesure du besoin qu'il peut en avoir; cependant s'il vient à être reconnu que le détenu ait détérioré les objets de propos délibéré, non seulement il est tenu de les remplacer à ses frais, mais encore est passible d'une sévère punition.

Le prisonnier, étant ainsi habillé, reçoit un numéro; on le conduit dans la cellule ou le cabanon qu'il doit habiter, où on lui lit les réglemens concernant la police de la maison.

Les effets qu'il avait sur lui lors de son entrée sont remis au greffe, enregistrés et mis en magasin jusqu'à sa sortie. Si son terme est éloigné, on les vend à son profit: le montant de la vente est inscrit sur son livret dans la colonne *masse de sortie*.

Le lendemain de l'incorporation des prisonniers condamnés, ils sont mis à la disposition du directeur des travaux, qui les classe, soit comme tisserands, tailleurs, fileurs ou bobineurs, etc.

Des mesures analogues sont pratiquées pour l'entrée des prisonnières, qui reçoivent pour leur vêtement:

Une jaquette de drap,

---

(1) Ils changent de linge le samedi de chaque semaine.

Une jupe de même étoffe, dont la durée est fixée à. 3 ans,
Une jupe de dessous. . . . . 2 ans,
Deux jaquettes de dicmet. . . . . 3 ans,
Deux autres jupes plus communes. . . . . . 3 ans,
Deux mouchoirs de cou. . . . . 2 ans,
Deux bonnets. . . . . 2 ans,
Le linge comme les hommes.

Nourriture.

Pain.

Après l'appel du matin, chaque prisonnier reçoit une demi-livre de pain de seigle. Ce pain se cuit dans l'établissement par un boulanger qui y est attaché, et revient au Gouvernement à raison de 3 cents par homme.

Nourriture.

La nourriture des prisonniers consiste en 1 et $\frac{6}{10}$ litre de soupe le matin, et un litre de pommes de terre apprêtées au souper, de la manière suivante :

Composition d'une soupe à la viande pour cent prisonniers.

6 livres de viande,
6 onces de graisse,
7 livres de légumes,
22 livres de pommes de terre,
7 livres de pain de froment,
5 livres de farine,
2 $\frac{33}{100}$ de sel,
3 mesures de poivre,
8 mesures de vinaigre.

Le coût de cette soupe est de 5 flor. 32 $\frac{76}{100}$, ou à raison de 5 cents $\frac{33}{100}$ (environ 10 centimes $\frac{2}{3}$) par homme.

Composition d'une soupe aux pois pour cent prisonniers.

37 livres de pois,
1 $\frac{95}{100}$ de beurre,
1 $\frac{56}{100}$ de sel.

Cette soupe coûte 4 fl. 20 c., ou 4 cents $\frac{20}{100}$ par homme (environ 9 centimes).

Composition du souper pour cent prisonniers.

75 livres de pommes de terre,
1 livre de graisse,
1 livre d'oignons,
1 livre de sel,
1 $\frac{1}{2}$ once de poivre,
1 litre de vinaigre.

Chaque individu reçoit la nourriture ainsi apprêtée, à raison de $\frac{3}{4}$ de livre par tête; ce qui revient à 2 $\frac{7}{100}$ de cents, de sorte que les deux repas, y compris le pain et l'entretien général, par jour et pour chaque prisonnier, reviennent à 11 cents $\frac{50}{100}$ (1). Ces denrées sont apprêtées par un cuisinier prisonnier, qui est aidé par deux autres qu'on choisit parmi ceux qui se conduisent bien et qui ne sont pas propres au tissage de la toile.

Infirmerie.

L'infirmerie est sous les ordres directs de M. *Wilson*,

---

(1) On a déjà vu que le cents de florin vaut, à très peu près, 2 centièmes de franc.

chirurgien estimé de cet établissement ; il a sous lui un aide-chirurgien : celui-ci habite la maison.

Dès qu'un prisonnier se plaint de quelque incommodité, il est de suite conduit à l'hôpital, où le chirurgien le visite et accorde ou non son admission : il le visite deux fois par jour, et prévient ainsi les maladies, qui sans cela seraient très communes dans une si grande réunion d'individus enfermés. Ce qui le prouve, c'est que ce médecin n'a perdu, depuis le 1er. juillet jusqu'au 31 décembre, sur une population de douze cent vingt-deux à treize cents individus, que douze hommes ! Ce qui ne fait pas un mort sur cent !

Le médecin prescrit la nourriture des malades ; elle ne vient pas de la cuisine commune des prisonniers : on leur donne aussi du vin, de la bière, et en un mot tous les adoucissemens que réclame leur position.

Service religieux,

Les jours fériés, les communions protestante et catholique assistent au service divin dans les quartiers où des chapelles affectées à leur culte respectif se trouvent établies : ainsi il y a un aumônier pour les catholiques et un pasteur pour les protestans, qui s'y trouvent seulement au nombre de cent. Pendant les heures du service divin, la garde de police reste constamment sous les armes ainsi que la garnison, composée d'un lieutenant et de trente-deux hommes.

Extrait du texte du Réglement de police et de discipline pour la maison.

ARTICLE PREMIER.

La discipline, qui consiste dans l'exacte exécution, sans réplique, de ce qui est ordonné par les supérieurs, et dans la punition de ceux qui négligent leur devoir, sera toujours observée, sans tolérance ou négligence de la moindre faute; cette rigoureuse sévérité doit obtenir de la plupart des hommes ce que les sentimens d'honneur et de probité n'ont pu faire.

ART. 2.

Nous voulons, en conséquence, que les commandans et employés soient respectés et obéis au suprême degré, sans la moindre réplique ni murmure; que les détenus exécutent exactement tout ce qui leur sera ordonné; la moindre désobéissance sera punie selon les circonstances.

ART. 3.

Ils obéiront de même, sans la moindre réplique, à leurs propres camarades qui sont établis comme sous-maîtres dans les ateliers, et feront tout ce qu'ils leur diront pour ce qui regarde leur ouvrage, leur propreté et habillement. Personne ne pourra quitter son ouvrage sans la permission du sous-maître, sous peine d'être puni, pas même lorsque sa tâche sera achevée; s'il ne veut point travailler pour surtâche, il sera tenu de s'enfermer dans sa chambre, sans pouvoir causer avec d'autres.

ART. 4.

Les sous-maîtres, dès qu'ils remarqueront quelque désobéissance ou négligence dans les autres, ou qu'ils auront connaissance de quelques mauvais propos tenus entre les détenus, soit à l'ouvrage ou ailleurs, contre le réglement ou contre les ordres, en feront rapport aussitôt aux sergens et aux gardes, *sous peine d'être punis eux-mêmes.*

ART. 5.

Chacun s'abstiendra de paroles ou actions impies et déshonnêtes, sous peine d'être puni........

ART. 7.

Celui qui en accusera un autre injustement sera puni de la même peine qu'aurait dû subir l'accusé, s'il se fût trouvé coupable........

ART. 11.

Tout détenu qui aura connaissance d'un complot, qui entendra faire quelque proposition de moyens à prendre pour briser ou pour ouvrir les portes, quand même ce ne serait que par manière de conversation, est tenu d'en faire son rapport, sous peine de vingt-cinq coups de bâton, fût-ce même qu'il ait refusé d'être du complot (1).

ART. 12.

Ceux qui en feront immédiatement rapport recevront une récompense et leur nom sera tenu secret...........

---

(1) Les coups de bâton sont abolis depuis le 1er. septembre 1820, et remplacés par la peine du cachot ou même de la camisole de fer, qui n'est réservée que pour les cas les plus graves, et dont nous parlerons plus loin.

ART. 20.

Ils ne pourront non plus avoir ni sur eux, ni dans leur chambre, aucun couteau, ciseau, canif, clou, ferraille, cordes, bât-de-feu ou autres matières semblables, sous peine de punition........

ART. 25.

On leur défend très expressément les jeux de cartes, ainsi que tous jeux de hasard; ils ne pourront non plus jouer de l'argent aux jeux qui leur seront permis........

ART. 27.

Ils sont tous obligés de se lever au premier son de la cloche, de s'habiller, et après que leur porte est ouverte de s'apprêter pour l'appel.

ART. 28.

Après l'appel et au coup de cloche, chacun se rend dans son atelier.

ART. 29.

A midi, au son de la cloche tous les détenus se rendront à leurs chambres, pour les nettoyer et mettre leurs literies à l'air, chacun devant sa chambre; ensuite ils prendront leurs petits pots de terre pour les porter au réfectoire, où la soupe leur sera distribuée.

ART. 30.

Après la table, le porte-clefs donnera le signal du départ, et les prisonniers sortiront en ordre du réfectoire; les balayeurs en ouvriront les fenêtres et nettoieront les tables et la place du réfectoire, qui sera ensuite fermé par le porte-clefs.

ART. 31.

Les détenus sont obligés de rapporter leurs literies dans leurs chambres après la table, et de faire leurs lits; ils pourront ensuite se promener dans la cour jusqu'au signal de l'ouvrage.

ART. 32.

Au signal de la cloche, chacun se rend en ordre et sans bruit à son ouvrage.......

ART. 35.

Au dernier coup de cloche, tous les détenus sont obligés de se rendre à leurs chambres; après quoi les sergens du quartier, avec deux gardes, feront le tour des chambres, pour voir si chacun s'y trouve; ils fermeront les verrous à clef, à mesure qu'ils se seront assurés de la retraite de chacun.

ART. 36.

Les clefs des chambres sont remises à la garde de nuit, qui fera exactement toutes les heures le tour des corridors jusqu'au son de la cloche du réveil.........

ART. 43.

Chacun des détenus, qui aura quelque chose à demander, sera tenu de s'adresser au sergent de son quartier, qui en préviendra l'adjudant: celui-ci transmet la demande au commandant, qui décide la question. Il est aussi défendu aux prisonniers d'adresser la parole au gouverneur ou autres personnes qui visitent l'établissement.

ART. 44.

Celui qui aura quitté son ouvrage sous ce prétexte sera puni, et quand ils le feront plusieurs ensemble tumultueusement, ils seront exemplairement punis.

Art. 45.

Il leur sera permis néanmoins de faire leurs plaintes avec soumission, chacun en son particulier, lorsque les commissaires du mois se trouveront dans le quartier......

Art. 51.

Il leur est défendu d'avoir du papier, plumes ou encre, et à tout employé de leur en prêter ou donner sans la permission du commandant.

(Il nous reste maintenant à faire connaître quelles sont les punitions auxquelles on a recours pour intimider ceux qui voudraient troubler l'ordre ou commettre des délits et pour châtier exemplairement ceux qu'elles n'arrêtent pas.)

Punitions infligées aux prisonniers.

Les punitions qu'on inflige maintenant aux détenus sont la privation de la liberté pendant les jours fériés; le cachot jusqu'à concurrence de trois mois, en n'ayant de jour à autre que du pain et de l'eau; enfin la *camisole de fer* pendant un certain temps : cette dernière punition n'est exécutée que rarement et sur l'ordre du commandant, qui en donne connaissance au gouverneur de la province; elle est la plus forte et très redoutée des détenus, qu'elle ne tarde pas de mettre à la raison. Cette camisole est composée de deux bretelles en fer, avec cercle et manchettes qui s'opposent à ce que le prisonnier fasse le moindre mouvement, et le forcent à être toujours couché. On enferme ceux qui sont ainsi traités au rez-de-chaussée, N°. 11, dont nous avons parlé; ils sont couchés sur la paille; on leur donne une ou deux couvertures, selon la saison. Aux heures des repas, on les détache, et chaque samedi ils changent de linge (1).

NOTE C.

Extrait du rapport sur l'état des Institutions de bienfaisance en 1826, *fait aux États-Généraux par le Ministre de l'intérieur, conformément à l'article* 228 *de la loi fondamentale (Charte).*

Ce rapport est divisé en trois chapitres : le premier a pour objet les institutions qui accordent des secours ; le second, celles qui ont pour but de diminuer le nombre des pauvres ; le troisième, celles qui tendent à prévenir l'indigence.

Ce rapport est terminé par une récapitulation succincte des divers chapitres.

(1) Ce dernier moyen a mis à même de supprimer les coups de nerf de bœuf ; ce châtiment, qui pouvait devenir barbare sous la main d'un exécuteur inhumain, ne faisait souvent qu'exaspérer le moral du détenu au lieu de l'amender : on en a dû l'entière suppression au gouverneur de la province (M. le conseiller d'État *Van Deorn*), à la bienveillance duquel je suis redevable des moyens que j'ai eus de recueillir les documens que j'ai cru devoir donner sur la maison de Gand, d'après les points de comparaison qu'elle peut offrir pour le bien de l'humanité, avec un ensemble d'avantages qui n'existent point encore ni en Angleterre ni aux États-Unis d'Amérique, aux établissemens pénitentiaires desquels ses dispositions cellulaires ont servi de modèle, ainsi qu'on le verra lorsqu'il y aura lieu d'en parler spécialement dans les notes relatives à chacun de ces pays.

Les tableaux joints à chacun de ces chapitres présentent des particularités dont il n'a pu être fait mention dans le texte.

CHAPITRE PREMIER.

DES INSTITUTIONS POUR LES SECOURS.

Des Administrations pour les secours à domicile.

Ces Administrations sont au nombre de 5,129; 745,652 individus ont participé à la distribution des secours : ce nombre d'individus est à celui de la population comme 123 $\frac{5}{100}$ à 1000.

En comparant le nombre des individus secourus avec celui de 1825, on remarquera une augmentation de plus de 42,000 individus. Il s'en faut de beaucoup que cette augmentation soit dans une proportion égale pour toutes les provinces; il y a même une légère diminution dans quelques unes.

Bien que l'accroissement de la population du royaume, que l'on évalue à 60,000 ames par année, doive faire accroître le nombre des nécessiteux, on attribue, dans plusieurs provinces, l'augmentation du nombre des individus secourus (qui surtout se fait remarquer dans les communes rurales) à l'état peu florissant de l'agriculture : il est difficile de lui assigner une cause certaine. Dans la province de Liége, l'augmentation doit être attribuée principalement à ce que, dans plusieurs communes, l'on n'avait porté sur le tableau de 1825 que les chefs de famille. Les dépenses se sont élevées à 5,448,739 fl. $\frac{1}{4}$, dont 656,483 fl. $\frac{1}{2}$ pour frais d'administration et paiemens des charges dont les biens sont grevés, et 4,792,256 fl. 36 $\frac{1}{4}$

pour les secours de toute espèce. Cette somme, divisée par le nombre des individus secourus, donne pour chacune 7 fl. 31.

Ces dépenses ont été couvertes par les revenus des propriétés et droits reconnus, qui se sont élevés à 2,841,670 fl. 28 $\frac{1}{4}$, pour le produit des collectes montant à 1,297,280 fl. 24 par les subsides fournis par les communes s'élevant à 1,397,051 fl. 26, et par les subsides des provinces ou de l'État montant à 40,146 fl. 01 ; ce qui produit ensemble un revenu de 5,546,147 fl. 79 $\frac{1}{4}$.

En comparant les dépenses et les ressources de cette année avec celles de l'année précédente, on remarquera avec satisfaction que, si les dépenses ont été plus considérables, les ressources se sont également accrues, et même dans une proportion plus forte.

L'augmentation des dépenses peut être attribuée en partie aux froids rigoureux qu'on a éprouvés dans le commencement de l'année 1826, et aux maladies qui ont régné dans quelques provinces.

L'accroissement des revenus provient en grande partie, ainsi que celui des individus secourus et des dépenses, des renseignemens obtenus sur quelques institutions qui n'étaient qu'imparfaitement connues.

Dans plusieurs provinces, cependant, la dotation s'est véritablement accrue non seulement par les dons et legs, mais aussi par des révélations de domaines usurpés et par la liquidation de l'ancienne dette constituée des provinces méridionales.

On évalue les dons et legs, pour l'année 1826, à 331,934 fl. 55, et les domaines relevés à 38 fl. 886.

Les secours accordés, soit à titre de gratification, soit

sur le fonds de non-valeur, s'élèvent à plus de 135,000 florins.

Des Commissions ou Sociétés qui distribuent les alimens et du chauffage.

Ces commissions ou sociétés sont au nombre de trente-six, dont trente-cinq sont établies dans des villes et communes des provinces septentrionales et une à Ettelbruck (grand-duché de Luxembourg), sur laquelle on n'a aucun renseignement.

Le nombre des Sociétés s'est accru de quatre et celui des souscripteurs de huit cents. Comme chaque souscripteur reçoit un certain nombre de cartes (représentant chacune une portion) dont il a la libre disposition, il est difficile de déterminer exactement le nombre des personnes qui ont eu part aux secours distribués. D'après les renseignemens obtenus, il aurait été distribué 2,311,465 portions.

La majeure partie de ces secours consiste en soupe, alimens chauds et en combustible. Les dépenses, y compris les frais d'administration, ont été de 82,423 fl. 85 $\frac{1}{2}$.

Les revenus se composent du produit des souscriptions, qui s'est élevé à 59,842 fl. 82 $\frac{1}{2}$, et de subsides qui ne sont accordés que dans quelques communes : ces derniers se sont montés, en 1826, à 21,481 fl. 03 : le total des revenus a été de 81,323 fl. 85 $\frac{1}{2}$; comparativement à 1825, ils sont augmentés de plus de 2,500 fl.

Des Sociétés qui fournissent des secours aux pauvres honteux.

Le mystère avec lequel ces Sociétés exercent leur bienfaisance s'est opposé jusqu'ici à ce que le Gouvernement obtînt des renseignemens : il en eût désiré sur le nombre des individus secourus, le montant des secours distribués et les ressources dont on dispose.

Le secret que ces associations doivent garder ne devrait pas s'étendre au delà des personnes.

Pour le moment, on doit se borner à indiquer les principaux établissemens de ce genre, qui paraissent être ceux d'Amsterdam, connus sous le nom de *Nedezig en Mandvasting* et de *Besefening van Deugdenkund* et celui de Rotterdam, connu sous la dénomination de *Nedezig en Menschlievend.*

Des Sociétés de charité maternelle.

On ne compte que quatre institutions de cette espèce, qui sont établies à Verviers, Harlem, Rotterdam et Leyde.

Quoiqu'elles aient toutes pour but de procurer aux femmes mariées nécessiteuses et recommandables par leur conduite les secours que leur état réclame lorsqu'elles sont en couches, elles ne sont pas cependant organisées de la même manière, et les secours qu'elles accordent ne sont pas partout les mêmes.

La Société de charité maternelle établie à Verviers donne les habillemens et les literies, tant pour la femme en couches que pour son enfant, 10 francs en argent, et en hiver des pommes de terre et du chauffage.

La valeur des secours accordés par cette même Société en nature et en argent, y compris les frais d'administration, s'est élevée, en 1826, à 3,000 fl., et le produit des souscriptions, des dons et des collectes à 3,022 fl. 50. Dans cette somme se trouve compris le don annuel de S. A. I. et R. Madame la Princesse d'Orange, protectrice de cette Société, qui s'élève à 472 fl. 50.

Le nombre des femmes qui ont reçu des secours de la Société de charité maternelle établie à Verviers en 1826 est de deux cent quarante.

La Société de Harlem reçoit un subside de la ville.

L'Institution de Leyde n'a pas de membres souscripteurs ; elle doit son origine à une ancienne fondation, et elle est la seule des quatre qui ait quelques propriétés dont les revenus, joints à un subside annuel de 3,600 fl. accordé par la ville, suffisent pour couvrir les dépenses.

Cette Institution est dirigée par huit dames.

Les femmes en couches, qui ont participé aux secours accordés par les quatre Sociétés en 1826, sont au nombre de quatorze cent quarante-huit.

Les dépenses de toute espèce, y compris les frais d'administration, se sont élevées à la somme de 13,492 fl. 91.

Les revenus ont produit 13,354 fl. 41.

La dépense divisée par le nombre des femmes secourues donne pour dividende 9 fl. 32.

Des Hospices.

On comptait, à la fin de l'année 1826, sept cent vingt-quatre établissemens de ce genre, et on remarquait dans le nombre des Hospices une augmentation pour quelques provinces et une diminution pour d'autres : l'augmentation résulte de ce que plusieurs administrations, qui avaient cru pouvoir se dispenser de donner les renseignemens qui leur avaient été demandés, ont déféré cette année à cette demande ; la diminution provient de la suppression de plusieurs établissemens.

La population des Hospices était, à la fin de 1826, de quarante et un mille cent soixante-douze.

Ce nombre d'individus est à la population du royaume comme 6 $\frac{74}{100}$ à 1000.

La population se divise ainsi qu'il suit:

Malades. 6,973,
Vieillards et infirmes 14,972,
Enfans . . . . 19,227.

Le nombre des vieillards et infirmes, et surtout celui des malades, a été plus fort en 1826 qu'en 1825; celui des enfans, au contraire, a éprouvé une diminution.

En comparant la population de 1826 à celle de 1825, on remarque qu'elle s'est accrue de 2,083.

Celle des Hospices, sur laquelle il a été donné cette année des renseignemens pour la première fois, est de 1,318 individus.

Les dépenses de toute espèce se sont élevées de 4,091,157 fl. 17: en divisant cette somme par la population, on obtient pour chaque individu celle à 99 fl. 37.

La dépense est plus élevée dans les provinces où il se trouve un plus grand nombre d'Hôpitaux, et moins élevée dans celles où il y a au contraire plus d'établissemens qui n'offrent qu'une habitation sans autre secours, ou seulement avec des secours de peu d'importance.

Les ressources de toute espèce provenant de revenus de propriétés, de droits reconnus, de collectes, des subsides des communes, de ceux des provinces ou de l'État, se sont élevées, en 1826, à 4,136,106 fl. 42.

En comparant les dépenses et les ressources de 1826 avec celles de l'année précédente, on remarquera un accroissement de plus de 70,000 fl., tant pour les revenus que pour les dépenses: cette différence est due, en grande partie, à ce que les renseignemens obtenus sur les Hospices sont plus complets.

L'augmentation des dépenses est une suite nécessaire de l'accroissement de la population; toutefois, la dotation s'est réellement accrue par les dons et legs, les révélations de domaines usurpés, la liquidation de l'ancienne dette constituée des provinces méridionales. Dans quelques provinces, le prix un peu plus élevé du seigle et d'autres produits a concouru à l'augmentation des revenus.

On peut évaluer les dons et legs à 95,232 fl. 61, et les révélations des domaines à 26,207 fl.

En ce qui concerne les Hospices d'insensés, on croit devoir ajouter que le nombre des insensés est d'environ 6,000, dont à peu près 3,000 sont à la charge des communes ou des institutions de bienfaisance.

Les établissemens, tant publics que particuliers, dans lesquels ils sont placés sont au nombre de quatre-vingt-treize; un grand nombre d'entre eux sont des Hôpitaux ordinaires ou des Hospices pour les vieillards et les orphelins; la présence des insensés nuit à la destination principale de ces sortes d'établissemens.

La guérison des insensés dépend en quelque sorte du local dans lequel ils sont traités, parce qu'il est indispensable de pouvoir les diviser en plusieurs classes, selon la nature et le degré de leur folie, et de pouvoir les distraire par des travaux, des occupations et des amusemens.

Il conviendrait de réunir dans un petit nombre d'Hospices assez spacieux, bien aérés et convenablement distribués, tous les insensés qui sont à la charge des communes ou des institutions de bienfaisance, et qui se trouvent maintenant dispersés dans un grand nombre d'établissemens où les moyens curatifs manquent. Ces vues occupent en ce moment le Gouvernement.

Du fonds d'encouragement pour le service militaire.

Le nombre des individus qui ont obtenu des secours, pendant l'année 1826, s'élève à 2,277, y compris la population de l'Hospice des Invalides de Leyde, s'élevant à 27 individus.

Les dépenses de toute espèce se sont élevées à 110,942 fl. 47, dont 32,858 fl. 19 ont été distribués en secours.

Il a été payé à l'Hospice, pour frais d'administration et à titre de supplément pour nourriture et habillement, 18,147 fl. 06.

Une somme de 15,034 fl. 45 a, de plus, été fournie par les Invalides mêmes, au moyen de leur pension et des secours qu'ils ont obtenus.

Les revenus se sont élevés à 99,132 fl. 80; ils se composaient des intérêts du capital primitif et des deux fonds dits de Waterloo, montant ensemble à 64,783 fl. 70, et des dons recueillis par les commissions de district, qui ont produit 34,349 fl. 10. Dans cette dernière somme se trouve celle reçue de Demerary, s'élevant à 447 fl.

Comme les dépenses se sont élevées, ainsi que nous l'avons dit plus haut, à 110,942 fl. 47, tandis que les moyens par lesquels il y devait être pourvu ne se montaient qu'à 99,132 fl. 80, le déficit a été couvert par le restant disponible des 20,000 fl. de dette active vendus en 1825, et celui du premier fonds de Waterloo; cependant, pour subvenir aux besoins du service courant, on a de nouveau vendu, en 1826, 20,000 fl. de dette active, qui ont rapporté 10,322 fl. 40.

Le capital se composait, au 31 décembre 1826, de 2,351 fl. 50 en inscriptions sur le Grand-Livre de la dette active, et de 104,361 fl. 68 restant disponible des fonds dits de Waterloo.

La maison de Leyde continue à être dirigée d'une manière satisfaisante.

De l'Hôpital royal de Messine (Flandre occidentale).

Cet Hospice est ouvert aux filles de militaires devenus invalides ou morts au service de l'État.

La population se composait, en 1826, de 156 enfans; les dépenses, y compris les frais d'administration, se sont élevées à 23,290 fl., dont 19,600 fl. pour entretien et nourriture de ces enfans.

Les revenus ont produit 24,220 fl.; ils se composaient de revenus de propriétés et droits reconnus, ainsi que des collectes.

La révision du réglement de cette maison a donné lieu à l'examen d'une question qui occupe en ce moment le Gouvernement.

Résumé.

5,895 institutions ont pour objet de distribuer des secours de tout genre; 812,761 personnes ont participé aux bienfaits de ces institutions.

Le nombre des individus qui ont été secourus est,

à l'égard de la population du royaume, comme 134 $\frac{13}{14}$ est à 1,000.

Les dépenses de ces institutions se sont élevées à 9,770,046 fl. 14 $\frac{3}{4}$; parmi les dépenses sont compris les subsides que les administrations des secours à domicile accordent aux écoles et aux ateliers de charité, et qui montent ensemble à la somme de 42,143 fl. 62.

Bien que cette somme fasse réellement partie des dépenses des institutions pour les secours, il convient de la déduire ici ; il reste, par conséquent, pour dépenses des institutions pour les secours, une somme de 9,727,902 fl. 52 $\frac{3}{4}$.

Les ressources par lesquelles on a pourvu aux dépenses ont produit 9,900,465 fl. 28 $\frac{1}{4}$.

Des Écoles pour les pauvres.

Il y avait, en 1826, 285 Écoles pour les pauvres, savoir : 237 dans les villes, et 48 dans les communes rurales. 56,617 enfans ont joui des bienfaits de l'instruction dans les Écoles ; plus de 90,000 autres ont été reçus gratuitement dans les Écoles ordinaires.

Dans les communes rurales de plusieurs provinces, il n'y a point d'Écoles spéciales pour les pauvres ; les maîtres des Écoles communales ou particulières reçoivent, pour les pauvres, une indemnité, soit de la commune, soit des administrations chargées de secourir les indigens à domicile..

Plus de 147,000 enfans appartenant à des familles indigentes ont reçu gratuitement l'instruction ; ce nombre est à celui de la population du royaume comme 24 $\frac{31}{100}$ est à 1,000, et est à celui des pauvres secourus à domicile comme 197 $\frac{54}{100}$ est à 1,000.

Les dépenses des Écoles, pour les frais d'administration, se sont élevées à 37,691 fl. 96, et celles pour frais d'enseignement à 209,483 fl. 61 $\frac{1}{2}$, ensemble à 247,175 fl. 57 $\frac{1}{2}$; cette somme, divisée par le nombre d'élèves, donne pour chacun 4 fl. 37.

Les revenus, qui se composent des propriétés, des collectes et des subsides accordés par quelques administrations chargées de secourir les pauvres à domicile, ainsi que des subsides des communes, des provinces de l'État, ont produit, en totalité, 245,381 fl. 67 $\frac{1}{2}$.

La Commission d'État nommée par arrêté du 3 janvier 1822 a fait un rapport fort détaillé sur la situation des Écoles; les vues qu'elle a communiquées font, en ce moment, l'objet d'un examen.

Des Ateliers de charité.

Ces établissemens sont au nombre de 34, y compris ceux d'Amsterdam et de Middelbourg, qui participent de la nature des dépôts de mendicité, parce qu'on y loge et nourrit les individus.

Le nombre des individus auxquels les ateliers ont procuré de l'ouvrage, pendant l'année 1826, s'est élevé à 6,169, dont 950 ont été logés et nourris.

Des commissions nommées par les autorités locales administrent la plupart des établissemens, sans qu'ils soient en rapport direct avec les administrations chargées de secourir les pauvres à domicile; les autres sont immédiatement placés sous la surveillance de ces administrations.

Les ouvriers s'occupent à filer du lin, de la laine et du coton ; à tricoter, à tisser du linge ; à fabriquer des étoffes d'habillement à l'usage des pauvres ; à faire des nattes, de la toile pour emballage et pour voiles.

On occupe les vieillards à défaire de vieux câbles pour calfatage.

Dans deux établissemens, savoir ceux d'Amsterdam et d'Anvers, on fabrique des tapis de poil de vache ; dans celui de Gand, des dentelles ; à Vlardingen, on fait des filets à l'usage de la pêche.

La dépense de toutes ces institutions s'est élevée, en 1826, à la somme de 406,703 fl. 52, savoir : pour frais d'administration, 37,999 fl. 76; pour achats d'outils et de matières premières, 78,347 fl. 38 ½; et pour salaire, 132,683 fl. 08 ½; dans cette dernière somme ne sont point compris les salaires de 780 individus, qui ont travaillé pour l'atelier de Zwol, par la raison que les travaux s'y font pour le compte d'un fabricant.

Le montant des salaires, divisé par le nombre des ouvriers, donne, pour chacun d'eux, 25 fl. 25 par année. On ne paie qu'une partie du salaire dans les établissemens où les individus sont logés ou nourris.

Parmi les ouvriers des divers ateliers se trouvent, en grand nombre, des vieillards qui ne peuvent être employés qu'à des ouvrages peu productifs.

Le montant des frais d'entretien et de nourriture des individus logés, divisé par leur nombre, donne, pour résultat, 72 fl. 88 par personne et par année.

Les revenus se sont élevés à la somme de 398,587 fl. 97,

dont deux tiers sont le produit des objets confectionnés ; l'autre tiers provient des subsides accordés par les administrations chargées de secourir les pauvres à domicile.

L'excédant des dépenses est couvert par la valeur des matières premières qui, à la fin de l'année, se trouvaient en magasin.

Des Dépôts de mendicité.

Il y avait, au commencement de 1826, 8 institutions de ce genre. Celle établie à Veere, ayant été supprimée par arrêté royal du 20 mai 1826, *les mendians valides ont été transférés dans les colonies de la Société de bienfaisance des provinces septentrionales*, et les invalides au Dépôt de mendicité de Hoorn.

La population moyenne des 8 Dépôts de mendicité a été, pendant l'année 1826, de 2,598 individus ; celle des 7 établissemens conservés était, au 31 décembre de la même année, de 2,804 individus, dont 271 étaient valides, et 2,533 invalides.

Le Dépôt de mendicité de la Cambre continue à se distinguer par ses écoles d'apprentissage.

Celui de Hoogstraëte, *qui est le seul où il se trouve encore des mendians valides*, continue avec succès le défrichement de terrains incultes.

Dans les autres établissemens, on occupe les mendians, autant que les circonstances le permettent, à la fabrication d'objets d'habillement et de couchage à l'usage de la maison.

A Hoorn, on fabrique aussi des tapis de poils de vache ; à Bruges, on tisse des toiles fines et on fait des dentelles.

Les dépenses pour l'agriculture et la fabrication, y compris la part du salaire sur les objets fabriqués, se sont élevées à 38,829 fl. 52.

La valeur des produits à l'usage des établissemens a été de 23,721 fl. 92 ½, et celle des produits vendus ou restés en magasin de 34,467 fl. 06.

Les bénéfices obtenus sur le travail se sont élevés à 22,359 fl. 53 ½.

Les dépenses de toute espèce, y compris la valeur des produits de l'agriculture et de fabrication à l'usage des maisons, se sont élevées à 193,757 fl. 36 ½.

En divisant cette somme par le nombre de journées, on trouve que les frais d'entretien ont été, par jour, de 14 $\frac{74}{100}$ c. par tête.

Les ressources par lesquelles on a pourvu aux dépenses montent à 182,033 fl. 63 ½.

Elles se composent des revenus des propriétés, du bénéfice obtenu sur l'agriculture et sur la fabrication, du prix de journées payées par les communes ou le Gouvernement, et des subsides accordés sur les fonds provinciaux.

Le Gouvernement s'occupe de la révision des réglemens, en exécution de l'arrêté royal du 12 octobre 1825.

Des Mendians.

Au 1er. janvier 1826, le nombre des Mendians placés soit dans les dépôts de mendicité, soit dans les établissemens des Sociétés de bienfaisance, était de 4,258.

On a arrêté dans le courant de 1826, et conduit dans ces différens établissemens 2,910 individus.

Il y a eu, dans ces mêmes établissemens, 44 naissances et 739 décès.

Le nombre des individus qui ont quitté les établissemens a été de 1,163.

Au 1er. janvier 1827, les Mendians placés dans les dépôts de mendicité *ou dans les établissemens des Sociétés de bienfaisance* étaient au nombre de 5,310.

Le nombre des mendians reclus, au 1er. janvier 1826, est à la population du royaume à la même époque comme $\frac{73}{100}$ est à 1,000.

Le rapport de la mortalité avec la population moyenne de tous les établissemens a été comme 14 $\frac{74}{100}$ est à 100.

De l'Établissement pour les Aveugles.

On ne compte qu'un établissement pour l'éducation de jeunes Aveugles ; il est établi à Amsterdam, et l'on en est redevable à une Société philanthropique.

L'Établissement ne compte ordinairement que trente à quarante élèves des deux sexes ; mais, afin de pouvoir en augmenter le nombre, il a été transféré dans un local plus vaste.

Les souscriptions annuelles couvrent à peu près les dépenses.

De la Société pour l'amélioration morale des détenus.

La direction de cette Société siège à Amsterdam ; elle a des sous-directions dans presque toutes les villes des provinces septentrionales où il se trouve des prisons.

Dans un grand nombre d'autres communes des mêmes provinces, elle a des correspondans. Les membres des sous-directions visitent les détenus, les encouragent au bien, et leur distribuent des livres dont la lecture est propre à les éclairer sur leurs devoirs religieux et sociaux.

Dans les prisons qui n'ont point d'ateliers, la Société fournit du travail aux détenus.

Elle les fait instruire par des maîtres dont elle paie les honoraires, lorsqu'il n'est pas pourvu à l'enseignement par l'Administration. A leur sortie de prison, elle distribue des secours aux détenus, les aide à se procurer du travail, et surveille ensuite autant que possible leur conduite.

DES INSTITUTIONS QUI TENDENT A PRÉVENIR L'INDIGENCE.

Des Monts-de-Piété.

Il y avait, à la fin de 1826, cent vingt-quatre Monts-de-piété. Les capitaux employés en prêts étaient de 4,208,068 fl. 43 ¼ ; ils ont offert, comparativement à l'année précédente, une diminution de plus de 600,000 fl.

Les bénéfices, déduction faite de tous frais, ont produit 238,683 fl. 13.

Plusieurs fermiers n'ont donné que des renseignemens inexacts sur le montant des capitaux ; il y a lieu de croire qu'ils excèdent de beaucoup la somme indiquée ci-dessus.

On s'occupe de la révision des réglemens, en exécution de l'arrêté royal du 31 octobre 1826 ; l'intérêt du prêt sera considérablement réduit ; les frais de vente des nantissemens seront aussi réduits.

Des Caisses d'épargnes.

On comptait, à la fin de 1826, quarante-huit Caisses d'épargnes, toutes établies dans les provinces septentrionales du royaume; cependant on en a érigé deux dans le courant de la même année dans les provinces méridionales, savoir : une à Gand et une à Tournay. Ces Caisses d'épargnes comptaient, à la fin de 1826, 18,035 participans.

Les capitaux montaient à 2,771,608 fl. 30 ½.

En comparant le nombre des participans de l'année 1826 avec celui de l'année précédente, on remarquera une augmentation de 2,585.

Les capitaux se sont accrus de 345,131 fl.

L'intérêt fixé par les Caisses d'épargnes est de 3, 4, 4 ½, jusqu'à cinq pour 100.

Des Caisses de secours mutuels.

Il se trouve dans quelques provinces un grand nombre de Caisses de ce genre, principalement instituées pour la classe ouvrière.

La plupart ont pour but de procurer, moyennant une très légère rétribution hebdomadaire, les secours de l'art en cas de maladie, et de pourvoir aux frais des funérailles. L'utilité de ces Caisses est incontestable, et vient de fixer l'attention du Gouvernement.

On espère être à même de rendre compte, dans le prochain rapport, du nombre de ces Caisses, de celui des participans qui s'élève, dans plusieurs villes, à plus de 10,000, et du montant des sommes qui y ont été versées.

Résumé.

Le nombre des institutions tendant à prévenir l'indigence était, à la fin de 1826, non compris les Caisses de secours mutuels, de 174, savoir : 124 Monts-de-piété, et 50 Caisses d'épargnes.

Les capitaux de ces institutions s'élevaient à 6,974,676 fl. 74, dont 4,208,668 fl. 43 $\frac{1}{2}$ pour les Monts-de-piété, et 2,771,608 fl. 30 $\frac{1}{2}$ pour les Caisses d'épargnes. Ces deux espèces d'institutions sont d'une nature bien différente, mais elles ont cela de commun que les individus en faveur desquels elles sont créées peuvent disposer des capitaux qui s'y trouvent, en faisant momentanément le sacrifice de leurs effets ou en retirant leurs épargnes.

On est redevable à ces institutions de l'existence d'un capital d'environ 7,000,000 fl., qui, mis en circulation, peut aider efficacement à prévenir l'indigence.

Conclusions.

Les institutions de bienfaisance sont au nombre de 6,402, non compris les Caisses de secours mutuels.

Le nombre des individus qui ont participé aux secours, auxquels il a été donné de l'instruction, ou qui ont obtenu du travail, s'est élevé à 977,616; ceux qui ont versé des fonds dans les Caisses d'épargnes sont au nombre de 18,035.

On manque de données sur le nombre des individus qui ont eu recours aux Monts-de-piété.

Les dépenses des institutions de bienfaisance, non compris celles qui ont pour objet de prévenir l'indigence, se sont élevées à 10,983,169 fl. 58 $\frac{1}{4}$, leurs ressources ont produit 11,091,816 fl. 89 $\frac{1}{4}$.

Les capitaux des institutions qui ont pour but de prévenir l'indigence, non compris les Caisses de secours mutuels, montent à 6,979,676 fl. 74.

Le nombre des individus secourus paraît être réductible, celui des individus auxquels on donne de l'instruction, ou qui obtiennent du travail, semble au contraire susceptible d'être augmenté.

Le Gouvernement ne négligera rien pour amener ces améliorations. Il compte à cet effet sur la coopération des États-Provinciaux et des administrations communales.

Cette intéressante Société comptait, au 31 décembre 1826, 4,880 membres.

Il est pourvu aux dépenses par des souscriptions.

Résumé du Rapport.

333 institutions ont pour but de diminuer le nombre des pauvres; 164,855 individus ont reçu de l'instruction ou obtenu du travail à l'aide de ces institutions.

Le rapport existant entre le nombre de ces individus et le nombre de ceux secourus à domicile est comme 221 $\frac{8}{100}$ à 1,000.

La dépense s'est élevée à 1,225,267 fl. 05 $\frac{1}{2}$, déduction faite de 23,720 fl. 99 pour la valeur des produits d'agriculture et de fabrication des dépôts de mendicité.

Les ressources ont produit 1,233,495 fl. 33, déduction faite de la même somme de 23,721 fl. 99 $\frac{1}{2}$.

NOTE D.

Réglemens et Statuts de la Société de bienfaisance pour les Colonies agricoles.

RÉGLEMENT DE LA SOCIÉTÉ DE BIENFAISANCE.

CHAPITRE PREMIER.

DES MEMBRES DE LA SOCIÉTÉ.

ARTICLE 1er. Chaque habitant des Pays-Bas peut être membre de la Société de bienfaisance.

ART. 2. Pour être admis *membre*, il faut être proposé par un Sociétaire et approuvé par la direction.

ART. 3. Personne ne peut être ni proposé, ni admis comme membre, s'il a à sa charge un jugement infamant. Un semblable jugement fait perdre le droit de membre à celui qui en a joui auparavant.

ART. 4. Chaque membre est tenu d'employer tous ses efforts pour coopérer à l'amélioration de l'état des pauvres, par tous les moyens convenables et licites.

ART. 5. Chaque membre doit payer une contribution de 52 sols (2 fl. 60 cents) des Pays-Bas (6 fr. 12 cent.), par année. Toutes les autres contributions sont entièrement volontaires.

ART. 6. Les contributions seront employées à des dépenses générales et fixes, telles que l'entretien des locaux nécessaires, l'encouragement des auteurs de journaux et autres écrits, traitant de sujets utiles et relatifs aux instructions pour l'assistance des pauvres, de même que l'encouragement en faveur de l'industrie, de l'amour du travail, et autres semblables, d'après les modifications à déterminer ultérieurement par des réglemens particuliers.

Art. 7. Chacun aura la faculté de donner sa démission de membre, afin d'être libéré de toutes les obligations qui y sont attachées.

CHAPITRE II.

DU BUT DE LA SOCIÉTÉ ET DE SES MOYENS.

Art. 8. Le principal but que la Société se propose est d'améliorer l'état des indigens et de la classe malheureuse des citoyens, par l'exécution de tels projets qui seront jugés convenir : principalement en leur procurant de l'occupation, la nourriture et l'instruction nécessaires pour les arracher à l'état de bassesse et de dépravation auquel ils se trouvent généralement abandonnés, et propres à les faire jouir des bienfaits de la civilisation, à les éclairer sur leurs devoirs, et à leur inspirer le goût du travail.

Art. 9. Les moyens dont la Société se servira doivent se borner à tout ce qui est au pouvoir des particuliers, et exécutable par chacun d'après les lois de l'État.

Art. 10. L'assistance à donner aux pauvres sera exclusivement la récompense de leurs travaux, et jamais on ne tâchera d'atteindre ce but par le moyen de l'aumône (en favorisant l'oisiveté).

Art. 11. Quant à l'instruction morale, on suivra les principes adoptés par les écoles publiques pour les pauvres dans les Provinces septentrionales.

CHAPITRE III.

DE L'ADMINISTRATION DE LA SOCIÉTÉ.

Art. 12. La direction de la Société sera confiée à deux commissions ; la première sera chargée de tous les travaux nécessaires pour atteindre le but prescrit, et la seconde devra veiller à l'observation des réglemens et aux intérêts des Sociétaires et des pauvres.

Art. 13. Les présidens et autres membres des commissions respectives exerceront leurs fonctions *gratuitement*.

PREMIÈRE PARTIE.

De la commission de bienfaisance.

Art. 14. La première de ces commissions sera composée d'un président et de douze membres : elle portera le nom de *commission de bienfaisance*.

Art. 15. Le président sera nommé à perpétuité, à la pluralité des voix, par tous les membres présens.

Art. 16. Le président fera convoquer les séances. C'est sur son ordre que la commission s'assemble et que ses séances se terminent.

Art. 17. Il choisit parmi tous les membres un premier et un second assesseur, pour l'aider dans ses fonctions : ceux-ci ne sont nommés que pour un an ; mais ils sont rééligibles. Un des autres membres de la commission exercera les fonctions de secrétaire dans les séances.

Art. 18. La surveillance sur toutes les affaires de la Société est recommandée au président : pour cet objet, il fait les propositions qui lui paraissent utiles, et il les fait adopter à la pluralité des voix.

Art. 19. La commission de bienfaisance se divise en quatre sections, savoir : une pour les finances, une pour l'instruction, une pour les travaux, et une pour la correspondance. Chaque section se compose d'un président et de deux membres. Le premier assesseur est le président de celle chargée de l'instruction, et le second assesseur est président de celle chargée des travaux.

Des réglemens particuliers détermineront ce qui sera d'ailleurs du ressort de leurs fonctions respectives.

Art. 20. Les membres sont nommés pour douze ans.

Pendant les douze premières années, le sort décidera chaque année lequel des membres cessera ses fonctions; par la suite, l'ancienneté de service déterminera cette époque.

Les membres qui quittent la direction sont rééligibles.

Art. 21. Pour remplir la place des membres qui ont quitté la commission, ou en cas d'absence, le président propose des membres de la Société. Celui-ci approuvé, l'on demande la ratification du choix à la commission de surveillance.

Art. 22. Dans le temps que la commission de bienfaisance ne tient pas séance, les occupations courantes journalières peuvent être confiées aux soins d'un nombre suffisant de membres (commission permanente).

Art. 23. Pendant l'absence de l'un ou des deux assesseurs, le président a la faculté de charger provisoirement d'autres membres de leurs fonctions, sous la même responsabilité que le réglement prescrit à l'égard des assesseurs mêmes.

DEUXIÈME PARTIE.

De la commission de surveillance.

ART. 24. La commission de surveillance est composée de vingt-quatre membres, y compris le président et le secrétaire.

ART. 25. La commission de surveillance est nommée par des électeurs. Chaque centaine de membres de la Société nomme un électeur qui remplit cette fonction pendant trois ans. Tous les électeurs ensemble nomment vingt-quatre membres parmi les Sociétaires pour l'espace d'une année : ceux qui quittent la commission sont rééligibles.

ART. 26. Les membres ainsi nommés choisissent parmi eux un président et un secrétaire.

ART. 27. Le président propose les objets à la délibération des membres et conclut au rejet ou à l'adoption à la pluralité des suffrages. En cas d'égalité de suffrages, le président a une voix décisive.

TROISIÈME PARTIE.

Définitions générales concernant les fonctions des deux commissions.

ART. 28. La commission de bienfaisance reçoit tous les projets relatifs à ses fonctions. Le président les examine avec son premier assesseur et les renvoie ensuite à la section, aux fonctions de laquelle appartient l'objet en question, pour en obtenir l'avis. Ensuite le projet est mis en délibération par le président, et adopté ou rejeté à la pluralité des voix.

Art. 29. Aucune résolution n'a de vigueur si elle n'est pas signée du président et contre-signée par le premier assesseur.

Art. 30. Si un projet proposé et adopté exige des dépenses extraordinaires, alors la résolution prise à cet égard par la commission sera communiquée par le premier assesseur aux Sociétaires, avec l'indication du but, des moyens et du mode d'exécution, et en les invitant à contribuer à volonté. Les contributions obtenues de cette manière ne peuvent être, en aucun cas, employées à d'autre but qu'à celui pour lequel elles sont destinées.

Art. 31. Si les fonds obtenus de la manière prescrite par l'article précédent ne suffisent pas pour l'exécution d'un projet dont l'utilité est reconnue, alors il sera permis à la commission de bienfaisance d'adresser une pétition à Sa Majesté, toutefois si la commission la juge nécessaire. Cependant cette pétition ne pourra contenir, ni par sa forme ni au fond, rien qui soit contraire aux lois de l'État ou à ce présent Réglement, et il doit y être observé le respect dû à la personne du Roi.

Art. 32. Si les contributions auxquelles se sont engagés les Sociétaires sont suffisantes, alors le second assesseur sera chargé par le président de son exécution.

Art. 33. Le premier assesseur est personnellement responsable vis à vis la commission de surveillance de l'emploi des fonds, qui ne peut jamais être contraire à ce qui est prescrit dans l'art. 30 de ce Réglement.

Art. 34. Le second assesseur est personnellement responsable vis à vis de la commission de surveillance de l'exécution de toute résolution où il s'agit de la disposition des fonds, si elle n'est pas revêtue du contre-seing du premier assesseur, et si ces fonds ne sont pas employés conformément aux résolutions.

Art. 35. Pour autant que ces fonds soient employés à l'acquisition de quelque propriété de valeur, alors celle-ci appartiendra à tous ceux qui y ont contribué, mais toujours d'après les conditions à fixer ultérieurement, pour que l'usufruit reste toujours à la Société en général. Cependant, en aucun cas, il n'en pourra être fait usage autre que celui de sa destination, sans l'approbation des propriétaires.

Art. 36. La commission de surveillance s'assemble annuellement le 12 mai, pour recevoir le compte des recettes et des dépenses, qui doit lui être rendu par la commission de bienfaisance, ainsi que les pièces justificatives y appartenant. Elle examine ou fait examiner l'état des projets exécutés, la situation des pauvres et autres institutions établies par la commission de bienfaisance. En cas d'approbation, elle décharge les membres de cette commission de toute responsabilité; dans le cas contraire, elle fait valoir le droit de ses commettans contre les contrevenans, en les traduisant, au besoin, devant les tribunaux ordinaires de justice.

Art. 37. Les autres objets sont déterminés par des réglemens particuliers.

Art. 38. Aucune commission ne peut prendre une résolution sans la présence de plus de la moitié de ses membres, ni à moins de la pluralité des voix.

CHAPITRE IV.

DES ALTÉRATIONS, AMENDEMENS OU AUGMENTATIONS A FAIRE A CE RÉGLEMENT.

Art. 39. Si l'une des deux commissions juge nécessaire qu'il soit fait des modifications dans le projet du Réglement, elle envoie la proposition à cet effet à l'autre commission, et si celle-ci est du même avis; mais, *dans aucun autre cas*, les membres de la Société seront invités à voter à domicile, par billets cachetés, pour l'adoption ou le rejet de la proposition. Ces billets seront envoyés à la commission de bienfaisance, et la pluralité des voix décidera.

Réglement indiquant les conditions auxquelles seront admis aux colonies libres de la Société de bienfaisance les familles indigentes, les orphelins, enfans pauvres, trouvés ou abandonnés, ou individus indigens isolés.

La commission de bienfaisance désirant procurer aux communes, aux administrations des pauvres, ou commissions des hospices, le moyen de s'affranchir de l'entretien absolu des pauvres, des orphelins, enfans trouvés ou abandonnés, charge si onéreuse pour elles; voulant aussi faciliter à toutes personnes charitables la douce jouissance de venir au secours de l'indigence, non par des aumônes infructueuses, mais par des dons bien entendus et productifs, porte à leur connaissance les conditions d'admission aux colonies libres de la Société.

Article 1er. Lorsqu'une commune, un corps militaire,

ou une réunion d'employés d'une administration civile dans une province, fournissent, dans l'espace d'une année, par les rétributions et dons des membres de la Société de bienfaisance, habitans de cette commune, faisant partie de ce corps militaire ou administration civile, la somme de 1,600 fl., fixée pour l'établissement d'un ménage, ils ont le droit de placer à la colonie une famille indigente.

Une commission locale pourra aussi user de ce droit, lorsque les rétributions et dons, non encore affectés, des membres de la Société demeurant dans les diverses communes qui ressortent de cette commission locale, s'élèvent à cette somme.

Une personne, ou plusieurs personnes bienfaisantes réunies, auront la même faculté en fournissant pareille valeur.

Art. 2. Une famille indigente, pour être admise, doit être pourvue des bras nécessaires pour trouver son existence par les travaux champêtres et de fabrication domestique; seront considérés comme capables de s'y livrer les enfans qui, âgés de plus de six ans, sont d'une bonne constitution.

Elle ne devra cependant pas se composer de plus de six à huit individus, pour qu'elle puisse être établie dans une même habitation.

Art. 3. L'admission des colons aura encore lieu par suite d'un contrat qu'une commune, administration de bienfaisance, ou conseil des hospices, passera avec la Société.

Ce contrat, ou la garantie dont il sera question plus

bas, doit être approuvé par la députation des États, et revêtu de la sanction royale.

Une ou plusieurs personnes charitables pourront, en donnant une hypothèque d'une valeur double du capital nécessaire, établir également des colons par suite de contrat.

Art. 4. On obtient l'établissement d'une famille indigente en s'engageant, par contrat, à payer pour elle, pendant seize années au plus, 23 fl. annuellement, et par tête.

Les rétributions des membres de la Société domiciliés dans la commune où siègent les administrations contractantes peuvent alors servir à l'acquit de cette somme, pourvu que ces administrations contractantes en garantissent le paiement annuel pendant cet espace de seize ans.

C'est par ces motifs, et pour qu'une faible diminution de ces membres ne donne pas lieu à un paiement supplétoire de la part des contractans, que cette affection de contributions au paiement de la somme de 25 fl. ne peut s'étendre à plus des trois quarts du montant des rétributions des membres existans à l'époque où la garantie est donnée.

Art. 5. Il ne sera même payé réellement qu'environ 15 fl. annuellement par tête, et pendant seize ans au plus, lorsqu'il sera contracté pour l'admission de six orphelins ou enfans pauvres, âgés de plus de six ans et de bonne constitution.

En effet, on aura le pouvoir d'y joindre deux familles indigentes, ainsi que deux personnes d'âge et sans enfans, ou, à leur défaut, une femme seule, qui seront chargées, comme chefs de ménage, du soin et de la garde de ces orphelins ou enfans pauvres.

Dans ce cas, on s'engagera à payer seulement, pour chaque orphelin ou enfant pauvre, et, au plus, pendant l'espace de seize ans, 60 fl. annuellement, et de cette manière on obtiendra l'admission gratuite de deux familles indigentes et des chefs de ménage.

Ces vingt-quatre individus environ seront divisés en trois ménages, et deux communes ou administrations pourront contracter conjointement avec la Société, pour fournir chacune trois orphelins ou enfans pauvres, et chacune placer alors gratuitement une famille indigente.

Art. 6. Lorsque l'on ne contractera que pour l'admission de six orphelins, enfans pauvres, trouvés ou abandonnés, âgés de plus de six ans, et de bonne constitution, sans vouloir y joindre deux familles indigentes, il suffira de prendre l'engagement de payer, pour chacun d'eux, 45 fl. annuellement, et pendant seize ans au plus.

Ils seront confiés de même aux soins et à la garde de deux personnes d'âge sans enfans, ou dont les familles sont peu nombreuses, et, à leur défaut, à ceux d'une femme seule, pour former ainsi un ménage.

Art. 7. Dans le cas des deux articles précédens, ces chefs de ménage sont préposés par les administrations ou personnes contractantes ; mais la commission permanente se réserve le droit de les accepter ou de les refuser, même de les renvoyer lorsqu'elle ne les trouve pas aptes à cet emploi ; si les contractans ne veulent ou ne peuvent faire usage de ce droit, la commission permanente nommera à ces fonctions.

Art. 8. Les communes, administrations ou personnes

charitables reprises aux articles 1er., 4, 5 et 6, auront seules, en se conformant aux dispositions suivantes, le droit de pourvoir au remplacement des familles indigentes, orphelins, enfans pauvres, trouvés ou abandonnés, qu'elles auront placés; de plus, aussitôt le paiement de la somme de 1,600 fl. effectué, aux termes de l'article 1er., ou lorsque l'admission aura eu lieu par contrat, dès l'expiration de seize ans et même auparavant. Si la somme fixée pour l'établissement d'un ménage a pu être acquittée en capital et intérêts, avant cette époque, la commission permanente délivrera aux communes, administrations, ou personnes charitables susdites, un acte authentique portant qu'elles peuvent, à perpétuité, disposer de l'habitation et des 3 ½ bonniers de terrain y adjacens, en faveur d'autres individus qui, respectivement, en jouiront dans la même forme, aux mêmes titres et conditions que les premiers établis.

Art. 9. Les paiemens annuels à faire pour placement de colons par contrat seront payables six mois d'avance et ne pourront jamais être diminués, même dans le cas où le nombre d'individus pour lesquels il a été contracté se trouverait incomplet.

D'un autre côté, s'il survient aux colons de nouveaux enfans, il n'en résultera aucune augmentation de rétribution.

Art. 10. En cas d'admission par contrat, la somme fixée pour l'établissement d'un ménage sera acquittée, en capital et intérêts, au moyen des rétributions ci-dessus, des dégrèvemens de rentes opérés par les remboursemens partiels, de même que pour les placemens que feront les ménages en acquit des avances qui ont été faites.

N'y sera pas comprise, néanmoins, la restitution des avances pour meubles et vêtemens, qui sera réservée pour en fournir de nouveaux aux colons qui, par la suite, viendront en remplacement.

Art. 11. Chaque année, il sera remis aux contractans un état de situation constatant ce qui aura été acquitté sur la somme fixée pour l'établissement des ménages placés par eux, et si l'entier acquittement a lieu avant le délai de seize ans, ils seront exempts de continuer toute nouvelle rétribution.

Art. 12. Les chefs de famille auront la jouissance de l'habitation qui leur aura été remise, ainsi que des 3 bonniers et demi de terrain y annexés et de leurs dépendances, jusqu'au décès du dernier des deux; ils en paieront pour loyer 50 florins annuellement, à partir de l'entier défrichement et moins avant cette époque.

Au moyen de cette rente, la Société est tenue des grosses réparations et de l'impôt foncier.

Art. 13. Si, à leur décès, les chefs de famille laissent des enfans mineurs, la Société leur continue la même jouissance et charge du soin de leur garde des chefs de ménage.

Art. 14. Les orphelins, enfans pauvres, trouvés ou abandonnés, placés à la colonie, et ceux qui y ont perdu leurs parens pourront y demeurer jusqu'à l'âge de vingt ans, à moins de mariage consenti avant cet âge, d'appel sous les drapeaux de la milice nationale ou d'enrôlement volontaire dans l'armée de terre ou de mer.

Art. 15. Les familles et les enfans admis à la colonie, qui s'y comportent bien et qui désirent y rester, ne peuvent être transférés ailleurs ni remplacés par d'autres.

Art. 16. Si, après due information, on laissait écouler trois mois sans pourvoir au remplacement des familles ou individus, dont les places sont vacantes par suite de décès, départ ou autre cause, la Société aura pour cette fois le droit d'en disposer.

Art. 17. La commission de bienfaisance emploiera, autant que possible, les économies qu'elle parviendra à faire, ainsi que des fonds sans destination, à l'établissement de nouvelles familles indigentes.

Elles seront choisies de préférence dans les communes qui, relativement à leur population et à leurs moyens financiers, présentent le plus grand nombre de Sociétaires et de donateurs.

Elles pourront, dans le même cas, être prises sous le ressort des commissions locales, dont les membres mettront le plus de zèle à seconder la Société.

Les communes n'acquerront pas alors le droit de disposer de ces places, auxquelles pourront être appelées, en cas de vacance, des familles indigentes, demandées à d'autres communes ou commissions locales qui se trouveraient dans l'hypothèse ci-dessus.

Chaque année, le nombre, la désignation et les motifs d'admission de familles ainsi établies, seront rendus publics.

Art. 18. On pourra aussi, sans qu'il faille soumettre pareil contrat à aucune approbation ni sanction, s'engager à placer à la colonie, pour une année ou jusqu'à renonciation réservée aux deux parties, un individu seul indigent, valide et âgé de plus de six ans.

Dans ce cas, le contrat sera nominatif et il sera payé pour cette personne 55 florins annuellement, tant qu'elle se trouvera à la colonie, et sans qu'elle puisse être remplacée.

Art. 19. Lorsque des communes, administrations ou personnes charitables voudront placer à la colonie des familles, enfans ou individus indigens, elles devront en faire une déclaration exacte à la commission locale sous le ressort de laquelle elles se trouvent. Cette pièce sera transmise, avec les observations de la commission, à la commission permanente, qui se réserve la faculté de décider s'ils peuvent y être admis, et, en cas d'affirmative, indiquera l'époque de leur arrivée.

Art. 20. Les contractans s'obligeront à transporter, à leurs frais, dans la colonie les individus qui y seront admis, en les faisant accompagner :

1°. D'un état certifié énonçant les noms de famille, prénoms, sexe, âge et lieux de naissance ;

2°. Relativement aux chefs de famille, d'un certificat de bonne conduite, délivré par l'administration communale du lieu de leur dernier domicile ; sans ce certificat, ils ne seraient pas reçus ;

3°. D'une feuille de route qui leur sera remise par leur commission locale et qui certifiera en même temps de la lecture, qui aura été donnée aux chefs de famille, du Réglement d'ordre intérieur.

Art. 21. Les administrations ou les personnes qui envoient des individus aux colonies conservent le droit d'exercer ou de faire exercer sur eux la surveillance attribuée à des tuteurs.

Réglement d'ordre pour les colonies libres de la Société de bienfaisance, et conditions auxquelles les chefs de famille contractent, tant pour eux que pour leurs subordonnés, l'engagement de se soumettre.

Des Objets remis aux colons.

ARTICLE 1er. Chaque famille aura la simple jouissance de 3 bonniers et demi de terrain, d'une maison de près de 8 aunes de long sur 7 et demie de large, bâtie en briques, et qui se compose d'une chambre commune, de quatre chambres à coucher, cave et grenier ; d'une grange de la même grandeur, annexée à l'habitation et renfermant une étable ; enfin de deux vaches et des moutons que l'on pourrait y joindre. (Voir les modifications énoncées dans le Mémoire, pages 57 et 112.)

Il sera perçu une rétribution de 5 cents par semaine pour chaque vache.

ART. 2. Tout ce que la Société fournit aux colons, en meubles, ustensiles aratoires et vêtemens ; ce qu'elle leur assure pour leur subsistance et hebdomadairement pour achats divers, est une avance qui leur est faite, et dont ils doivent successivement acquitter la valeur.

De la discipline.

ART. 3. Les colons obéiront au directeur et autres agens préposés par la Société de bienfaisance, pour tout ce qui concerne le travail, le maintien de la discipline intérieure et de l'ordre.

Pour leur conduite, ils se conformeront au présent réglement, dont ces mêmes agens sont chargés de surveiller l'exécution.

Les réglemens particuliers seront conformes à l'esprit de celui-ci.

Art. 4. La famille ou le colon coupable d'inconduite, de paresse, d'indiscipline, d'immoralité ou de faute grave, sera, sur la déclaration de sa culpabilité, prononcée par un conseil de surveillance, composé, dans chaque colonie, du sous-directeur, d'un cartenier et d'un colon, traduit devant un conseil de police, formé de quelques membres honoraires de la Société de bienfaisance. Celui-ci, après avoir pris connaissance du fait, pourra appliquer la punition établie, ou expulser de la colonie, ou renvoyer dans une autre colonie soumise à un régime sévère.

Des devoirs.

Art. 5. Chaque colon est tenu de se comporter avec honnêteté et décence, de s'interdire toute insolence envers les agens de la Société, de s'abstenir de toute injure, juremens ou médisance qui pourrait offenser son prochain, et en général de tout ce qu'il ne voudrait pas qu'on se permît à son égard.

Les parens sont en cela responsables du fait de leurs enfans et doivent leur donner l'exemple de l'ordre et de l'application ; les enfans doivent se montrer obéissans envers leurs parens et officieux envers tout le monde.

Art. 6. Tout ce qui blesse la pudeur dans l'habillement, le langage ou la conduite, est sévèrement défendu.

Art. 7. Les colons sont tenus de se faire instruire, ainsi que leurs enfans, dans les principes de leur religion et d'assister, comme ils le doivent, à l'exercice du culte divin.

Des prêtres commis par les chefs supérieurs des diocèses dont ressortent les colonies seront chargés de ces soins pour les catholiques.

Art. 8. Il est strictement défendu de gêner ou de railler qui que ce soit dans l'exercice des devoirs que sa religion prescrit.

Des travaux et des salaires.

Art. 9. Les travaux sont distribués par tâche en général; ils s'exécutent en commun et sous une même direction, et sont rétribués par des salaires.

Art. 10. Le colon qui, à l'heure fixée, ne se trouve pas au lieu qui lui a été désigné, qui n'a pas fourni sa tâche convenablement et en entier dans le temps marqué, ou qui la néglige, perdra tout ou partie de son salaire.

Des vêtemens et des meubles.

Art. 11. Les colons portent des vêtemens uniformes; ils doivent être décemment habillés, et observer ce qu'exige la propreté du corps: celui qui manque à cette règle n'est pas admis au travail.

Les parens doivent, à cet égard, surveiller leurs enfans.

Art. 12. Tant que les vêtemens, les meubles et les ustensiles aratoires, qui sont, pour la première fois, fournis par la Société, qui même en assure le remplacement en temps utile, ne seront pas devenus la pleine propriété de ceux qui en ont l'usage, on en fera la visite chaque semaine, et on veillera à ce qu'ils soient toujours tenus dans un bon état de propreté et d'entretien. C'est au moyen des productions de la terre que l'on s'acquittera peu à peu des avances de cette espèce.

Art. 13. Les colons sont responsables de toute perte ou détérioration qui pourrait arriver, par leur fait ou par leur négligence, tant à ces outils qu'aux outils ou matières qui leur sont confiés.

Le montant du dommage sera retenu sur leur salaire.

Art. 14. Aussi long-temps que leur champ ne suffit pas à leurs besoins, la Société fournit aux colons et leur assure, pour la suite, des vivres suffisans en pain et en pommes de terre, et de plus 1 fl. 25 cents par semaine, à chaque famille, pour achats divers.

La Société fournit ces objets, on en déduit hebdomadairement le montant sur le salaire.

Chaque famille prépare ses alimens.

Des récompenses.

Art. 15. Indépendamment du salaire fixé en argent, ceux qui se distinguent par leur bonne conduite et leur industrie reçoivent trois genres de décorations, en médailles de cuivre, d'argent et d'or : elles ne s'obtiennent que progressivement et sont décernées avec solennité.

La médaille de cuivre est la récompense de l'activité et de l'esprit d'ordre et d'économie.

La médaille d'argent est celle d'une industrie dont on a donné des preuves suffisantes et telle, qu'elle mette à même de pourvoir à sa subsistance et à son entretien par son propre travail.

La médaille d'or pourra être accordée à celui qui, par le produit de ses terres et de son bétail, est parvenu à gagner un revenu franc de 300 fl.

Art. 16. La commission permanente distribue elle-même ces médailles, sur la proposition du directeur et dans l'acte écrit qu'elle en remet à ceux qui les ont obtenues ; il est fait mention des prérogatives attachées à chacune d'elles.

Ceux qui obtiennent la médaille d'argent ou d'or sont dès lors considérés comme des locataires ordinaires. Ils peuvent choisir de cultiver leur terrain à eux seuls, ou continueront à le faire en commun, et ils ne sont plus soumis qu'aux dispositions qui concernent l'uniforme, l'enseignement et le service divin.

Art. 17. La commission permanente retire ces médailles lorsque, par une conduite opposée à celle qui les avait fait obtenir, on se montre indigne de la faveur qui avait été accordée.

Le directeur peut aussi interdire, pendant quinze jours, le droit de porter cette médaille, et par suite suspendre la jouissance des prérogatives qui y sont attachées.

Dispositions particulières aux ménages d'orphelins, d'enfans pauvres, trouvés ou abandonnés.

Art. 18. Les dispositions qui précèdent sont, pour autant qu'il n'y est pas dérogé dans les articles suivans, communes à ces ménages.

Les chefs y remplissent les devoirs de parens, et en exercent l'autorité sous la surveillance des agens de la Société.

Art. 19. Les enfans doivent être bien vêtus, bien nourris, et proprement couchés ; les ménages qui ne rempliraient pas exactement les obligations qui leur sont imposées, seront renvoyés de la colonie, et tenus d'obéir immédiatement à l'interdiction prononcée contre eux.

Art. 20. Indépendamment des vivres et de l'argent repris en l'article 14, la Société assure à ces ménages un supplément en viande et en beurre.

Art. 21. Tant que la Société en fait l'avance, elle en obtient le remboursement par des retenues effectuées sur le salaire hebdomadaire, et proportionnées à l'âge et au sexe des individus : ces retenues ne pourront jamais s'élever, par semaine, au delà de 75 cents sur le salaire d'un enfant de moins de douze ans, d'un florin sur celui d'une fille parvenue à l'âge de douze ans, d'un florin 25 cents sur celui d'un garçon de douze à quinze ans, d'un florin 50 cents sur celui d'un garçon déjà dans sa quinzième année. Tout ce que dans le cours de chaque semaine ils gagneront de plus sera, pendant la première année, remis en entier à leur disposition, et pendant les années suivantes la moitié de cet excédant leur sera payée, et l'autre moitié sera placée, à leur profit personnel, dans une caisse d'épargnes, pour leur être restituée avec les intérêts, dès qu'ils atteindront leur vingtième année, ou lors de leur départ de la colonie.

Art. 22. Dans le cas où la partie du salaire affectée ci-dessus au remboursement des avances en outre-passerait le montant, le surplus en sera remis aux chefs de ménage, et par contre ces derniers devront gagner, de leur côté, un florin 20 cents par semaine, pour y subvenir en cas d'insuffisance.

Art. 23. Un réglement particulier indiquera les rapports qui existeront entre les chefs de ménage et les individus confiés à leur garde, lorsqu'un ménage pourra, par le produit du champ qui lui est confié, suffire à ses besoins sans devoir réclamer davantage les secours de la Société pour son entretien.

Extrait d'une ordonnance du Roi du 6 octobre 1822, qui détermine ce qui est relatif à l'admission des orphelins ou enfans abandonnés, etc.

Article 1er. Les orphelins et les enfans abandonnés, dont le domicile de secours ne peut être déterminé, conformément à la loi du 28 novembre 1818, seront assimilés aux enfans trouvés.

Art. 2. Les enfans trouvés, les enfans abandonnés et les orphelins pourront être reçus dans les colonies de la Société de bienfaisance, aux frais des hospices établis pour ces enfans, et à défaut de semblables hospices, ou en cas d'insuffisance de leurs revenus, aux frais des communes dans le ressort desquelles ces enfans ont été exposés à la commisération publique, sauf les subsides à leur allouer sur les fonds provinciaux.

Art. 3. On pourra contracter, avec la Société de bienfaisance des Provinces méridionales, pour les sommes suivantes, savoir :

Pour un mendiant seul, à raison de 35 fl. par an.

Pour un enfant trouvé, un enfant abandonné ou orphelin âgés de plus de six ans, à raison de 45 fl. par an, en quel cas il sera reçu gratis trois mendians par chaque nombre de huit enfans.

Pour un ménage, à raison de 22 fl. 50 cents par tête.

Pour un enfant trouvé, un enfant abandonné ou un orphelin âgés de plus de deux ans, et n'ayant pas atteint six ans, à raison de 40 fl.; lesquels enfans, aussitôt qu'ils auront atteint leur sixième année, seront classés dans la seconde catégorie.

Il pourra être contracté, à la fois, avec la Société pour le placement d'un certain nombre d'enfans trouvés, abandonnés ou orphelins, et de mendians, pendant un certain nombre d'années, et ce sous les mêmes conditions et au même prix qu'il a été proposé de le faire par la Société de bienfaisance des Provinces septentrionales, sauf néanmoins la disposition ci-dessus, concernant les enfans qui n'ont pas atteint l'âge de six ans.

Art. 4. Les gouverneurs des Provinces méridionales feront connaître, aussitôt que possible, à toutes les administrations communales notre désir de voir engager les habitans, par tous les moyens convenables, à se rendre membres de la Société de bienfaisance.

Ils seront chargés, pour les villes et les communes où ils le jugeront utile, de demander des listes de souscriptions, d'autant plus que les souscriptions volontaires peuvent servir à diminuer les dépenses des communes pour leurs mendians.

Art. 5. Les États provinciaux auront la surveillance de l'administration des fonds à accorder aux hospices dans lesquels on entretient des enfans trouvés et abandonnés, et ils pourront nous proposer, en faveur de ces hospices, les secours qu'ils jugeront nécessaire de prélever sur les fonds mentionnés à l'article 14 de la loi du 12 juillet 1821 (*Journal officiel*, N°. 9), à condition :

a. Que les revenus de ces hospices et les subsides des villes soient, en premier lieu, employés à l'entretien des enfans ci-dessus mentionnés, pour les quotités qui y sont affectées en ce moment, à moins que, par des raisons d'équité, les subsides des villes fussent reconnus devoir éprouver quelque réduction ;

b. Que lorsqu'il aura été fait des contrats avec la Société des Provinces méridionales, et tant que le nombre des enfans à placer dans les colonies n'aura pas été épuisé dans une province, le subside ou la partie du subside à allouer par les États provinciaux sur les fonds provinciaux, ou par les administrations municipales sur les caisses communales, n'excède jamais la somme de 30 fl. par tête, à moins que ce soit pour placer les enfans dans les colonies, aux conditions dont on pourrait convenir, ou qu'il ne soit prouvé qu'ils peuvent être entretenus plus avantageusement ailleurs.

c. Que, dans ce dernier cas, les États provinciaux ou les administrations communales auront le choix de pourvoir aux besoins des enfans trouvés et abandonnés par des moyens reconnus économiques.

Notre ministre de l'intérieur et du Waterstaat dressera, en conséquence, pour les États provinciaux des Provinces méridionales, et soumettra à notre approbation une instruction qui portera, entre autres dispositions, que les principes adoptés aux paragraphes *b* et *c* seront applicables aux subsides accordés par les communes pour l'entretien des enfans trouvés et abandonnés, de telle manière que les sommes qui excéderont le prix ci-dessus fixé ne seront point admises aux budgets des communes.

Art. 6. Huit jours après que notre ministre de l'intérieur et du Waterstaat aura porté à la connaissance des divers gouverneurs, dans les Provinces méridionales, que les établissemens de la Société sont prêts à recevoir les mendians, lesdits gouverneurs feront une publication, qui rappellera que, d'après les lois de l'État, la mendicité est défendue, et avertira que ceux qui, huit jours après ladite publication, seront trouvés mendians, seront arrêtés sur-le-champ et livrés aux tribunaux, à moins qu'ils ne préfèrent être renvoyés à l'un des établissemens de la Société, où il leur sera donné du travail, et en retour pourvu à leur entretien, en leur accordant tel degré de liberté que comportera leur conduite : les gouverneurs feront, en même temps, connaître que les enfans des mendians, lorsqu'il ne sera pas jugé préférable de les laisser dans les communes, pourront les accompagner; enfin, que par leur travail, leur industrie et leur bonne conduite, les mendians obtiendront des droits à être traités avec douceur, de manière qu'ils auront uniquement à s'imputer à eux-mêmes les mesures rigoureuses qu'on pourrait prendre à leur égard.

Art. 7. Les administrations communales adresseront à notre ministre de l'intérieur et du Waterstaat des extraits de listes des personnes qui se présenteront volontairement pour être reçues dans les établissemens de la Société de bienfaisance, ces extraits contiendront :

a. Le nom ;

b. Le lieu de naissance ;

c. L'âge ;

d. La constitution physique ;

e. La profession ;

f. Le nombre de membres appartenant à une même famille.

Art. 8. A la réception de ces listes, notre ministre prénommé les fera parvenir à la Société de bienfaisance, accompagnées de l'indication des communes auxquelles les individus appartiennent; et s'entendra avec elle sur l'époque où ils pourront y être reçus, et sur la manière dont ils y seront transférés. Notre ministre susdit portera l'un et l'autre à la connaissance des administrations des communes intéressées, et les états députés feront ensuite les dispositions nécessaires pour que les individus dont il s'agit soient transférés aux colonies de la Société à l'époque fixée; après quoi, ils adresseront à notre susdit ministre un état nominatif de ces individus, ainsi que des enfans trouvés ou abandonnés et des orphelins, avec indication des hospices et des administrations pour les secours à domicile auxquels ils appartiennent.

Art. 9. Le paiement des sommes qui seront accordées de la manière susdite à la Société de bienfaisance lui sera garanti sur les revenus des établissemens de bienfaisance respectifs, sur les fonds des communes et, au besoin, sur les subsides à accorder sur les 6 cents additionnels à ajouter dans chaque province aux contributions directes, en vertu de l'article 14 de la loi du 12 juillet 1821 (*Journal officiel*, N°. 9). En conséquence de quoi, il sera passé des contrats entre cette Société et notre ministre de l'intérieur et du Waterstaat; ils seront revêtus de notre approbation.

Art. 10. En passant ces contrats, on aura égard à la proportion qui existera entre le nombre des mendians et celui des enfans trouvés, ainsi qu'à celle qui existera entre le nombre des orphelins et celui des ménages, afin de diminuer autant que possible les dépenses pour les enfans trouvés et abandonnés.

Art. 11. A l'avenir, les états députés des Provinces méridionales feront connaître à notre ministre de l'intérieur et du Waterstaat, dans le courant du mois de janvier, le nombre des enfans trouvés, des orphelins et des autres individus qui seront destinés pour les colonies de la Société.

Art. 12. Notre ministre susdit s'entendra alors, de la manière prescrite aux articles 8 et 9, avec la Société, relativement à l'époque où ces individus pourront être reçus dans les colonies, et fera ensuite, à cet égard, les contrats nécessaires avec la Société.

Notre ministre de l'intérieur et du Waterstaat est chargé de l'exécution du présent arrêté, dont il sera donné connaissance à la commission nommée par notre arrêté du 8 janvier 1822, N°. 36, et à la Société de bienfaisance dans les Provinces méridionales.

Donné à Bruxelles, le 6 novembre 1822, le neuvième de notre règne.

GUILLAUME.

Objets délivrés aux colons à leur entrée dans les colonies libres, et mesures prises pour assurer leur conservation et leur remboursement.

On leur délivre tous les objets d'habillement qui leur sont nécessaires; ils consistent, pour les hommes, en chapeau (pour le dimanche), casquette, habit, veste et pantalon de drap pour l'hiver, et les mêmes objets en toile bleue pour l'été, chemises de toile de lin, blouse de toile bleue, cravate, bas de laine, souliers et sabots. Les jeunes garçons reçoivent les mêmes objets, à l'exception du chapeau. Aux femmes l'on délivre des bonnets blancs, chemises, corsets, camisoles, jaquettes et jupons de flanelle, un jupon de dessous de revêche rouge, bas de laine, tabliers gris et quadrillés, jaquettes et jupons de siamoise, mouchoirs quadrillés, souliers, sabots, etc.; les filles reçoivent les mêmes objets, et les enfans au dessous de douze ans obtiennent de même tous les vêtemens nécessaires.

Quant au mobilier que l'on distribue aux colons, il consiste dans les objets suivans : lits, paillasses, coussins, tenant lieu de matelas, draps de lit, couvertures de laine et d'étoupe, pots de nuit, chaudrons, théières, cafetières, pots au lait, tasses, plats, assiettes, verres à boire, couteaux, cuillers, fourchettes, nappes, essuie-mains, saucières, miroirs, chaîne de cheminée, crocs de cheminée, chenets, pinces, pelle à feu, étouffoirs, cuvettes, bac au savon, pots de terre et de fer, seaux, tables, chaises, chaufferettes, terrines de chaufferettes, lampes, lanternes, balais, torchons, peignes à démêler, fins peignes, et enfin une armoire; les familles reçoivent de plus des rouets à filer, dévidoirs plians et à la main, haches et hoyaux, serpettes, bêches, fourches et brouettes, et, munies de tous ces effets, elles prennent possession de la ferme qui leur est assignée par M. le directeur, et dont l'exploitation des terres leur est confiée. Le reste du jour auquel la distribution de ces fournitures a eu lieu leur est laissé pour vaquer aux arrangemens de leur ménage et prendre connaissance des lieux qu'ils doivent habiter.

Toutes les fournitures que nous venons de détailler ne sont que des avances faites aux colons par la Société, et qui lui sont restituées petit à petit au moyen de retenues faites hebdomadairement, ainsi qu'on l'a vu dans le texte, sur les gains de chaque famille, et, en attendant, la propriété de ces objets reste à la Société, qui veille à leur conservation : les colons demeurent responsables de tous ceux qui se perdraient ou se détérioreraient par suite de leur négligence, vu qu'en pareil cas ils sont remplacés par d'autres dont les colons se trouvent également débités, et quant aux objets qui seraient dérobés, ils exposeraient les colons à être dénoncés et remis entre les mains de la justice.

A l'égard de la nourriture des colons, des distributions de pain et de pommes de terre sont faites régulièrement aux colonies. Elles ont lieu hebdomadairement et consistent, pour un ménage composé de sept individus, en 1 hectolitre de pommes de terre, 48 livres de pain, et 25 sols de Hollande, en cartes, qui sont reçues chez le boutiquier pour menus objets de ménage. Les familles composées de plus de sept membres reçoivent 8 livres de pain et trois quarts d'hectolitre de pommes de terre de plus que les autres familles de sept ou moins de membres. Les familles les plus nombreuses jusqu'ici n'ont été que de onze membres; et quoiqu'il semble qu'une aussi abondante distribution de vivres doive suffire aux besoins des familles les plus nombreuses, il est cependant arrivé qu'une plus grande quantité de pain ou de pommes de terre était demandée par les chefs de familles, et qu'on ne fit pas de difficulté de déférer à leur demande. Ceci a lieu surtout dans les premiers temps de l'établissement d'une famille, et l'expérience apprend que plus la situation des individus qui la composent, a été déplorable, plus leurs besoins sont grands dans les premiers jours où ils en sortent.

Les dépenses de premier établissement, telles que l'achat de 3 ½ bonniers de terre annexés à chaque ferme, la construction de la ferme, le défrichement et première mise en culture des terres, ensemencement en grains, etc., sont au compte de la Société et s'élèvent à la somme d'environ 1,300 fl. Quant à la dette contractée par les colons, elle se subdivise : la première consiste dans l'achat des vêtemens, des meubles et ustensiles qui leur sont fournis, lors de leur entrée aux colonies, et au jour où ils prennent possession de la ferme, elle est nommée *dette de seize ans*, parce que les colons ont seize ans pour s'en libérer : elle s'élève à peu près à 300 fl. On ne fait de retenue pour le recouvrement de cette dette qu'après l'acquittement total de la dette courante. Celle-ci consiste dans le prix des fournitures (après celles de premier établissement) en meubles, ustensiles aratoires, vêtemens, vivres et avances en argent faites aux colons, selon leurs besoins. Pour le recouvrement de cette dette l'on fait une retenue hebdomadaire sur le gain que font les colons, de manière cependant à ce qu'il leur reste toujours quelque chose en poche, et même s'il en est parmi eux à qui l'on ne peut rien retenir, en pareil cas on ne laisse pas que de les aider.

Outre les retenues dont nous venons de parler, il s'en fait encore une de 10 pour 100 sur les gains hebdomadaires de chaque colon. Ces 10 pour 100 servent à former le fonds d'administration destiné au paiement des employés aux colonies, à l'entretien et réparation des bâtimens, etc.; et lorsque toutes les dettes des colons se trouvent payées, ils peuvent devenir de véritables locataires, en payant annuellement un loyer de 50 fl. ou en cédant le tiers de leur maison.

Articles réglementaires relatifs aux inspecteurs et à la surveillance des colonies libres. (*Extraits du mémoire publié par M. le comte* de Kerverberg *sur la colonie de Frederick's-Oord.*)

Les fonctions des inspecteurs consistent à diriger les colons dans la pratique de l'agriculture, à avoir l'œil sur leur travail et sur leurs intérêts domestiques, en un mot à veiller, chacun dans le rayon qui leur est confié, à ce que toutes les dispositions prescrites et tous les ordres du directeur en second soient ponctuellement exécutés.

Tous les matins, à l'heure prescrite, les colons qui cultivent la terre se réunissent au son d'une cloche, et s'occupent pendant le reste de la journée de leurs travaux, sous la direction et la surveillance des inspecteurs qui leur sont préposés. Ils sont payés, d'après un tarif arrêté à cet effet, des travaux qu'ils exécutent pour la Société. De cette manière, ils gagnent successivement les 400 florins que la Société affecte à la mise en valeur des terres qui leur sont assignées.

Ces terres constituent la ferme qu'ils ont à exploiter : elle leur est remise en état de culture et ensemencée pour la première année : c'est à eux en tirer parti pour l'avenir.

En introduisant cet ordre il fut résolu de plus qu'une acquisition de six chevaux, avec les instrumens aratoires nécessaires, serait faite pour chaque colonie de cinquante ménages.

C'est la Société qui se charge du défrichement des terres; elle paie les colons qu'elle emploie à cet effet, tout comme elle paierait les étrangers, à raison des travaux qu'ils exécutent. Lorsque les terres sont mises en état de culture, c'est à dire après leur premier ensemencement, les colons eux-mêmes doivent les faire valoir ultérieurement.

Alors la maison et la terre sont remises en ferme aux colons. La rente que chaque ménage en paie est de 50 fl. par an. Les colons doivent de plus rembourser les avances qui leur sont faites en vêtemens et en meubles.

Les vaches restent la propriété de la Société. Le capital qu'il faut dépenser pour leur acquisition et celui qu'il faut pour remplacer celles qui viennent à manquer donnent lieu à une rétribution de 2 sous par vache, que les colons à qui elle profite paient par chaque semaine. La Société s'est de plus réservé une faible part dans le bénéfice que les colons trouvent dans la vente des veaux qu'ils obtiennent de leurs vaches.

Dans les premiers temps, la Société fournit aux colons la nourriture dont ils ont besoin. On avance jusqu'à la récolte, à chaque ménage, tous les jours, 6 livres de pain, vingt-cinq pommes de terre, indépendamment de 25 sous en argent par semaine. Le remboursement de cette avance s'opère par des retenues hebdomadaires sur le produit de ce que les colons gagnent, soit par leurs travaux champêtres, soit par les lins et laines qu'ils filent. Si le prix du travail excède le montant de l'avance, ils touchent l'excédant; s'ils gagnent moins qu'il ne faut pour effectuer ce remboursement, on use à leur égard des ménagemens convenables.

Après la première année, chaque ménage est tenu de cultiver, sous la surveillance de l'inspecteur et du sous-directeur, les terres qu'il tient en ferme de la Société. Si quelque famille est hors d'état de remplir à elle seule une pareille tâche, soit à raison du défaut de forces suffisantes, ou parce que l'habitude du travail agricole lui manque encore, la Société lui fournit l'assistance dont elle a besoin et dont elle doit payer le prix sur le produit de sa récolte. Tout colon qui, par son assiduité et son application, est parvenu au point de pouvoir s'acquitter de ses charges envers la Société, et qui n'en reçoit pas de secours, ni pour sa subsistance ni pour la culture de ses terres, a l'administration de ses propres intérêts. La Société lui remet une médaille d'argent, qu'elle peut lui retirer si sa conduite vient à changer. Tant qu'il conserve cette marque de confiance, ses relations avec la Société ne diffèrent en rien de celles qui existent ordinairement entre les fermiers et les propriétaires dont ils tiennent les exploitations en bail, si ce n'est d'après les dispositions prescrites par les réglemens à l'égard de l'instruction des enfans et par rapport aux vêtemens des colons.

Ceux qui paient au delà de la moitié de leurs charges, qui cultivent par eux-mêmes leurs terres et qui tiennent d'ailleurs une bonne conduite, reçoivent une médaille de cuivre : ils disposent dès lors de leurs récoltes, sous la surveillance et du consentement des sous-directeurs qui leur sont préposés.

Ceux enfin auxquels la Société doit avancer des secours, ou dont la conduite est dissipée et inconvenante, sont mis en curatelle. La Société leur fait remettre sur le produit de leurs terres et de leur travail, chaque semaine, ce qu'il leur faut pour leur nourriture, et tous les trois mois l'argent nécessaire pour leurs vêtemens. Le surplus de ce qu'ils gagnent ne leur est remis qu'après que tous les décomptes sont faits.

Les colons qui se distinguent d'une manière extraordinaire obtiennent une médaille d'or. Toutes ces marques sont portées sur le sein gauche et attachées à un ruban orange.

Tous les enfans (à l'exception des orphelins, qui sont régis par des dispositions particulières consignées ailleurs) jouissent personnellement de la huitième partie de ce qu'ils gagnent, soit en filant, soit en travaillant à la terre.

Pendant la première année, la totalité de ce pécule est mise à leur disposition; dans la suite, ils n'en touchent que la moitié : l'autre moitié est placée dans une banque d'épargne, et le montant ne leur est remis qu'à l'époque où ils quittent la colonie.

Aperçu des conditions d'un contrat à passer avec la commission permanente de la Société de bienfaisance des Provinces méridionales, d'une part, et d'autre part avec les souscripteurs, pour l'admission des familles indigentes dans les colonies agricoles.

Article 1er. Le contractant, d'autre part, enverra aux colonies libres de la Société de bienfaisance des Provinces méridionales familles, composées de individus.

Art. 2. Le contractant, d'autre part, remettra à la commission locale, sous le ressort de laquelle il réside, une déclaration exacte des individus dont les familles présentées se composent. Cette pièce sera transmise, avec les observations de la commission locale, à la commission permanente, qui se réserve la faculté de décider s'ils peuvent y être admis.

En cas d'affirmative, elle fixera l'époque de leur réception.

Art. 3. Le contractant, d'autre part, s'oblige à transporter à ses frais, dans les colonies agricoles, les individus qui y seront admis, en les faisant accompagner :

1°. D'un état certifié, énonçant les noms de famille, prénoms, sexe, âge et lieu de naissance ;

2°. D'une attestation de médecin ou de chirurgien, constatant leur état sanitaire ;

3°. Relativement aux chefs de familles, d'un certificat de bonne conduite, délivré par l'administration communale du lieu de leur dernier domicile ;

4°. D'un bulletin d'admission, délivré par la commission permanente, et à la suite duquel se trouve la feuille de route, qui leur sera remise par la commission locale sous le ressort de laquelle se trouvent les individus ; il y sera fait mention de la lecture qu'elle leur aura donnée du Réglement d'ordre intérieur des colonies.

Art. 4 A partir de l'arrivée des individus admis, la Société de bienfaisance leur assure leur subsistance et leur entretien ; elle leur fait, à cet effet, les avances nécessaires, et leur fournit de suite les moyens de pourvoir eux-mêmes à leur existence.

Elle les répartit, à cet effet, par ménage, dans de petites fermes ayant grange et étable, et auxquelles se trouvent annexés 3 bonniers et demi de terrain.

Le défrichement et la première mise en culture ont lieu aux frais de la Société, qui procure aussi le bétail destiné à cette exploitation.

Chaque ménage reçoit, à son arrivée, des vêtemens complets appropriés aux diverses saisons, des meubles et des ustensiles aratoires.

Art. 5. Les colons sont tenus de se faire instruire, ainsi que leurs enfans, dans les principes de leur religion, et d'assister, comme ils le doivent, à l'exercice du culte divin.

Des prêtres commis par les chefs supérieurs des diocèses dont ressortent les colonies sont spécialement chargés de ces soins pour les catholiques.

Il sera aussi pourvu à ce que les enfans soient instruits des choses qu'on enseigne communément dans les écoles primaires.

Art. 6. Les colons jouissent de tous les droits civils, sauf l'obligation où ils sont de se conformer aux réglemens de la Société; la commission permanente se réserve le droit de faire transporter dans une autre colonie, soumise à un régime différent, les familles ou colons coupables d'inconduite, de paresse, d'indiscipline, d'immoralité ou de faute grave.

Art. 7. Le contractant, d'autre part, conserve le droit d'exercer ou de faire exercer sur les individus qu'il envoie aux colonies la surveillance attribuée à des tuteurs.

Art. 8. Il peut tenir au complet le nombre de colons compris dans la présente convention, aux conditions qui suivent :

On ne pourra placer chez les colons d'autres enfans ou adultes qu'avec le consentement exprès des père et mère de famille, et sous l'approbation de la commission permanente.

Les familles et enfans admis aux colonies, qui s'y comportent bien et qui désirent y rester, ne peuvent être transférés ailleurs ni être remplacés par d'autres.

Si les chefs de familles viennent à décéder, leurs enfans continueront à demeurer aux colonies agricoles jusqu'à l'âge de vingt ans, à moins de mariage consenti avant cette époque, d'appel sous les drapeaux de la milice nationale, ou d'enrôlement volontaire dans l'armée de terre ou de mer.

Art. 9. La commission permanente devant se procurer, par voie d'emprunt, la somme nécessaire pour exécuter le présent acte, les contractans, d'autre part, s'engagent à payer à la Société de bienfaisance, ici représentée par la commission permanente, une rétribution fixe et annuelle de 22 florins 50 cents par individu.

Art. 10. Le paiement de cette somme ne sera continué que pendant seize ans au plus.

Elle sera payable annuellement, par moitié et à l'avance, tous les six mois.

Elle ne pourra être diminuée, même dans le cas où le nombre d'individus placés se trouverait momentanément incomplet.

D'un autre côté, s'il survient aux colons de nouveaux enfans, il n'en résultera aucune augmentation de rétribution.

Art. 11. La Société de bienfaisance se trouvera à même d'acquitter en capital et intérêts, dans l'espace de seize années, la somme empruntée, tant au moyen de la rétribution ci-dessus, que de dégrèvemens de rentes opérés par les remboursemens partiels, et de la restitution qu'effectueront successivement les colons d'une partie des avances qui leur auront été faites.

Art. 12. Chaque année, il sera remis au contractant, d'autre part, un état de la situation de l'emprunt, énonçant ce qui aura été payé pour remboursement et pour intérêts.

Art. 13. Le contractant, d'autre part, aura seul le droit de pourvoir au remplacement des individus qu'il aura placés en vertu du présent contrat.

De plus, aussitôt l'expiration de seize ans et même auparavant, si le remboursement de la somme empruntée est consommé, la commission permanente délivrera au contractant, d'autre part, un acte en forme, portant qu'il peut, à perpétuité, disposer des fermes et des 3 bonniers et demi de terrain adjacens à chacune d'elles, au profit d'indigens, qui en jouiront, à titre d'usufruitiers, dans la même forme, aux mêmes titres et conditions que les premiers établis.

Art. 14. Si cependant, après due information, on laissait écouler trois mois sans pourvoir au remplacement des individus dont les places sont vacantes par suite de décès, départ ou autre cause, la Société aura pour cette fois le droit d'en disposer.

Art. 15. Pour chaque ferme il est payé annuellement à la Société 50 fl. de loyer : au moyen de cette rente, elle se charge de pourvoir aux réparations nécessaires et au paiement de l'impôt foncier.

Art. 16. Le présent contrat ne sera obligatoire qu'après

avoir été soumis à l'homologation de l'autorité compétente, et après qu'il aura été satisfait aux intentions de la Société en ce qui concerne la sûreté du paiement de la rétribution annuelle ci-dessus.

Pour l'exécution desquelles obligations les parties contractantes ont fait élection de domicile au lieu des séances de la commission permanente.

Fait en double à........ le.......

Lorsque l'on stipule que les rétributions des membres de la Société domiciliés dans la commune où siége l'administration contractante seront affectées au paiement de la redevance annuelle à servir pendant seize ans, on ajoutera à l'art. 9 le paragraphe suivant :

D'après assentiment écrit y donné par la commission locale de la Société de bienfaisance établie à....., le montant annuel des rétributions des membres demeurant sous le ressort de la commune de....., déduction faite des frais de cette recette, servira annuellement à l'acquit de la somme ci-dessus stipulée.

Cependant si, dans le cours d'une année, les rétributions des Sociétaires n'équivalaient pas, le contractant, d'autre part, devrait fournir un paiement supplétoire jusqu'à concurrence.

A cet effet, il se porte garant solidaire et principal, et se rend directement responsable de ce paiement, qui devra toujours être fait par anticipation et au moins aux époques fixées.

NOTE E.

Documens concernant la culture du pays de Waës (comme servant de modèle pour les colonies agricoles), et détails sur l'engrais des bestiaux, les principaux amendemens, les silos de pommes de terre, l'influence des exemples donnés par les colonies agricoles pour des défrichemens particuliers.

Cette note nous a paru essentielle au but que nous nous proposons, d'après des motifs qu'il est aisé d'apprécier.

Les colonies agricoles de bienfaisance dont nous avons parlé suivent, autant qu'on le peut, le système de culture et les exemples que présente la Campine, dont les défrichemens, encore peu anciens, leur offrent plus d'analogie avec les procédés qu'exigent les défrichemens nouveaux qui les occupent; mais la Campine elle-même, à mesure qu'elle obtient des améliorations par une culture soignée et des amendemens dont l'abondance et la bonne nature sont activement recherchées, tâche de suivre les beaux exemples que lui présente ce pays de Waës, dont la culture peut être citée partout comme le modèle le plus parfait qui existe dans son ensemble, surtout en se rappelant que ce pays, qui présente aujourd'hui le spectacle du plus haut degré de richesse agricole que l'on connaisse, n'était originairement qu'un sol sablonneux et humide totalement inculte, parce qu'on le croyait infertile, et nous insisterons d'autant plus sur cette observation que nos recherches sur divers points nous ont fait trouver des endroits où on voit encore cet ancien sol dans sa nature originaire, et notamment non loin de Saint-Nicolas, village que le rapide développement de sa prospérité vient de porter dans la classe des villes.

Ainsi, en exposant, comme nous allons le faire, les principaux procédés de la culture du pays de Waës, nous allons établir le but vers lequel se dirigent les colonies agricoles de bienfaisance, avec l'espoir d'en approcher de plus en plus par les soins qui accompagnent les moyens qu'on y emploie. Nous pensons donc qu'une digression aussi intéressante ne paraîtra point déplacée en en faisant l'objet d'une note spéciale, qui se rattache au texte du Mémoire sans en interrompre l'exposé, et qui, de plus, peut nous servir aussi utilement dans le choix et la direction des moyens les plus propres à favoriser l'établissement et la prospérité des colonies agricoles en France.

Fumiers et amendemens.

Nous parlerons d'abord de ce qui concerne les fumiers et les amendemens, parce que les cultivateurs du pays de Waës les regardent comme la nourriture de la terre, comme le moyen indispensable de donner aux élémens qui la composent le degré de fermentation propre à y développer tous les bienfaits de la végétation : leurs soins, à cet égard, sont si recherchés, si ingénieux, la richesse des produits qu'ils obtiennent ainsi de ces moyens nutritifs fécondans et réparateurs sont si remarquables, que nous croyons devoir entrer dans les détails nécessaires pour les faire bien connaître.

Fumiers.

Outre les fumiers dont nous nous servons communément, tels que ceux de cheval, de vache, de mouton, de cochon, de pigeon et de poule (ou colombine), les Flamands font usage de ceux ci-après :

Chaux et terreau mélangés et préparés en tas.

Immondices ou balayures des rues et des chemins.

Vidanges de latrines, urine et fumier liquide des bestiaux.

Cendres hollandaises et cendres du pays.

NOTA. Dans ces dernières sont comprises les cendres de la houille ou charbon de terre, du bois, des savonneries, des blanchisseries, et les cendres de bruyère ou de tourbe.

Tourteaux d'huile de colza et de chanvre ; résidu d'amidon ou de cuves d'imprimeurs d'indiennes, restes des tanneries et raffineries de sucre, suie de cheminées, etc.

Ils mêlent la chaux *avec du terreau extrait des fossés comme avec toute espèce d'herbes retirées des eaux, des bois, taillis et haies ;* car le cultivateur attentif doit tout utiliser, il réduit en fumier les résidus de toute nature. Chaque année, à partir de mai jusqu'en août, quand ses ouvriers ont le plus de loisir, il fait nettoyer une partie de ses fossés, la terre en provenant a reçu un engrais de feuilles pourries et de fumier des champs entraînés par les pluies. Il fait mettre en tas cette terre, et y mêle toutes les herbes des haies et des fossés ; les débris de paille salie, ramassés dans les écuries ou dans l'enclos de la ferme, ainsi que les fanes de ses pommes de terre et le chaume de toutes les céréales. Avant l'hiver, il entremêle le tout d'un dixième ou d'un quinzième de chaux plus ou moins, selon la nature et la force du sol qu'il veut fumer : c'est ce qu'il appelle *croupissoir*. Dans le cours de l'hiver, il fait remuer et rompre trois ou quatre fois cette masse au moyen de la bêche ; au printemps, sept ou huit jours avant d'employer ce mélange comme fumier, il le fait encore remuer une fois, et, s'il le juge à propos, il y mêle deux ou trois voitures de fumier de cheval. Pour seize voitures de terreau, un mélange d'une ou de deux voitures de chaux suffit. On recommande de remuer de nouveau la masse de terreau ou croupissoir quelques jours avant de l'employer comme fumier, parce que le fumier entre en fermentation chaque fois qu'on le déplace : or, tout fumier en fermentation, enterré à la charrue, est dans l'état le plus avantageux pour améliorer le sol et féconder le germe. Aussi, dans le pays de Waës, avant de labourer les champs, y transporte-t-on le fumier, que l'on dispose en plusieurs tas, pour les arroser de quelques cuves d'urine de bétail ou de produits des vidanges, afin de rafraîchir le fumier, de lui donner encore plus d'énergie, et surtout de le mettre en fermentation. Si l'on recouvre ensuite ces divers tas de fumier d'un pied de terre, elle y devient très grasse en peu de jours, et elle empêche l'évaporation d'une partie de l'engrais, inconvénient auquel est sujet tout fumier qui entre en fermentation.

L'engrais produit des vidanges et l'urine du bétail sont une ressource précieuse pour l'agriculture, particulièrement dans le pays de Waës et autour de Gand. On le répand sur certaines espèces de sol qui, autrement, seraient trop humides, trop froides pour le lin. Là où les terres sont extrêmement légères et maigres, les produits des vidanges délayés s'emploient encore comme l'urine du bétail, c'est à dire qu'on les répand sur la terre au moment où on va l'ensemencer. Sur une charrette, attelée d'un cheval, on place une futaille pleine de ces produits de vidanges. Cette futaille, de la contenance de 3 à 400 pots (350 à 450 lit.), a, par le haut et par le bas, un trou de 3 à 4 pouces de diamètre (environ 10 centimètres), dans lequel s'ajuste un tampon; à ce dernier est attachée une corde, que le conducteur, monté sur le cheval, les deux pieds sur le brancard, tient à la main, et qu'il tire une fois arrivé sur le champ qu'il veut arroser; l'engrais liquide s'écoule, et le conducteur avance plus ou moins lentement, en proportion de l'engrais qu'il veut donner au champ. Par dessous, près du trou par lequel s'échappe l'engrais, est une planchette qui répand ce liquide dans une largeur de 4 à 5 pieds durant la marche de la charrette. On répand de la même manière l'urine de bétail au moment où l'on sème plusieurs espèces de productions, ou bien lorsqu'elles sont déjà en pousse. Il est bon de se servir d'une futaille suffisamment grande pour n'être pas obligé de repasser une deuxième fois avec la charrette et le cheval sur la même planche de terre.

Quelques cultivateurs transportent la matière la plus épaisse du produit des latrines dans de grands baquets, dont un seul suffit pour la charge de deux chevaux dans les chemins de terre. On répand le contenu de six de ces baquets sur l'étendue de 45 ares, au moyen d'une grande cuiller de bois, quand on veut semer du seigle ou de l'avoine ou planter des pommes de terre, et toujours de préférence sur les terres humides et légères, en augmentant ou diminuant la quantité d'engrais à mesure que la terre est de plus ou moins bonne qualité. A une lieue autour de Gand, cet engrais se vend de 5 à 6 francs le grand baquet.

L'urine de toutes les espèces d'animaux est recueillie près des étables ou des écuries, dans des puits maçonnés, dont les dimensions se calculent d'après le nombre des animaux; deux chevaux et dix à douze bêtes à cornes, par exemple, dans les terres légères, réclament un puits de la contenance de 80 futailles; mais, dans les terres fortes, il faut un puits d'un quart de plus, parce que, dans ces cantons, il faut attendre souvent plus long-temps en hiver avant que l'on puisse employer cet engrais pour le sol. En dehors des étables, dans la voûte dont les puits sont recouverts, il y a une ouverture par laquelle on remonte l'engrais liquide à la cuiller, ou dans un seau, ou bien au moyen d'une pompe (1).

L'engrais liquide du bétail est employé abondamment dans l'agriculture flamande : ceux qui n'ont pas suffisamment de bestiaux cherchent à combler ce déficit en allongeant avec de l'eau l'urine de bétail qu'ils ont dans leurs puits, en la remplaçant par le produit des latrines ; par des tourteaux de navette ou de chenevis, par le fumier des poules ou des pigeons, par du fumier consommé de moutons, ou par de la bouse de vaches. Ils jettent tout cela dans le puits où se recueillent les urines des animaux, et le transportent huit ou dix jours plus tard aux endroits où ils en ont besoin.

---

(1) Dans quelques départemens de la France on donne à cet engrais le nom de *purin*, et (sur les bords de la Saône) celui de *puroto* aux espèces de citernes où il se recueille.

Culture.

Dans le pays de Waës, il est d'usage de retourner les terres tous les cinq ans avec la bêche, à la profondeur de 15 à 17 pouces, c'est à dire qu'un fermier qui a 5 ou 6 bonniers de terre en bêche ainsi tous les ans un cinquième, de façon qu'après cinq ou six ans toutes ses terres ont été retournées. Il plante, dans la partie nouvellement bêchée, des pommes de terre, des carottes et de l'avoine, productions qui viennent bien dans un sol retourné depuis peu. Cet usage, recommandé par tous les agriculteurs, est suivi par ceux qui ne regardent pas aux frais, et dont l'exploitation n'est pas trop étendue. Pour cette opération, ils se servent de grandes bêches, qui ont 15 à 17 pouces de profondeur sur 10 de largeur. Une telle bèche, si elle était toute en fer comme les autres, serait trop lourde; mais on la fait en partie en bois. Cette bêche ne s'emploie que dans les terres légères; pour les terres fortes, l'instrument n'a que la moitié de la largeur, et il est tout en fer. Une autre bêche, large de 10 à 11 pouces, ne sert qu'à planter le colza; mais, pour le mieux, le colza se plante avec un plantoir à deux brins, et alors on plante un quart de plus dans le même espace de temps donné.

Les plus fortes fermes sont de 12 bonniers, et pour les labours à la charrue on se sert de celle dite du Brabant; les terres sont si bien façonnées, que les billons de blé ont l'air de planches de potagers. Il y a peu de terres sans clôture; elles sont ordinairement divisées en petits champs entourés de fossés profonds, dont les larges levées sont garnies de bois taillis et d'arbres qui sont d'une grande beauté : généralement, les terres sont façonnées de manière que le sol de ces champs, surtout dans les terrains humides, soit bombé dans le milieu, afin que l'eau s'écoule d'autant plus facilement.

Vaches.

Chaque bête de bétail que l'on met à l'engrais consomme journellement, à dater du mois de septembre, trois paniers de navets (trois quarts d'hectol.), produit de 23 centiares de terre. On joint à ces navets, avec leurs feuilles, une quantité de carottes et de pommes de terre ou de panais, et l'on coupe le tout dans une auge de bois au moyen d'une bêche, et on y mêle un demi-panier de drèche de brasserie, pour augmenter la quantité de lait. Ceux qui n'ont point de drèche donnent des tourteaux de graine de lin. (Nota. Les vaches nourries avec de la drèche produisent beaucoup de lait de bonne qualité ; la farine de lin les engraisse davantage.) On donne aussi aux bêtes qu'on engraisse un peu de menue paille de seigle ou de froment ou les capsules de colza : celles-ci sont la meilleure nourriture, elles se donnent en hiver deux ou trois fois le jour, après avoir été bouillies. Si on a trop d'occupations rurales, on se contente de verser de l'eau bouillante sur ce mélange, et on le donne ainsi au bétail. L'opération qui consiste à cuire cette nourriture s'appelle faire le *brassin*. Pour cette opération, on a tout près de l'étable une chaudière et une grande cuve maçonnées. En hiver, on donne aussi au bétail du foin, de la paille et du trèfle : ce dernier et la paille d'orge bien battue sont ce qu'il y a de meilleur ; mais il est bon que le tout soit haché très menu. Ceux qui négligent ce soin et font moins de brassin perdent beaucoup sur la valeur de leur bétail. En hiver, on peut donner, trois fois par jour, à chaque bête à cornes, un ou deux seaux de boisson chaude, dans laquelle on mêle une pâtée de 2 à 3 livres (87 à 130 grammes), composée de deux tiers d'orge ou d'avoine concassée et d'un tiers de froment, de sarrasin, de féveroles ou de pois : à défaut de ce mélange, on prend de la meilleure qualité de menue paille, de criblures ou de son.

Une vache donne plus ou moins de lait par jour, suivant qu'elle est plus ou moins bien nourrie. Il y en a qui fournissent jusqu'à 14 à 16 litres par jour. Lorsqu'elles sont sur le point de vêler, elles ne donnent presque rien pendant deux à trois mois de l'année; si dans la manipulation du lait on n'est pas de la plus extrême propreté, l'on perd sur la quantité comme sur la qualité du beurre.

Les vases où on met le lait sont larges et très peu profonds, pour favoriser la monte de la crême; et, par le co cours des soins les plus recherchés, 13 à 14 litres de bon lait produisent environ une livre de beurre, suivant la qualité des vaches et de leur nourriture. Il y a des vaches qui en donnent jusqu'à 2 livres pour cette quantité de lait.

Vaches à l'engrais.

Quand une vache à lait, d'une forte taille, âgée de quatre à cinq ans, est bien disposée à manger beaucoup, on la met de suite à l'engrais, et on lui donne continuellement du meilleur brassin. Si, dans l'origine, elle pesait 400 livres (173 kilo.), elle peut, en six ou neuf mois, peser 700 livres (303 kilo.). Pendant tout ce temps, elle aura donné seize à vingt pots de lait par jour (18 à 23 litres), et pendant six mois assez d'engrais pour entretenir en bon état 2 arpens de terre (90 ares).

Bœufs.

Un bœuf d'environ deux ans, pesant 550 liv. (238 kil.), et d'une valeur de 220 francs, peut, s'il est nourri avec du meilleur brassin, mêlé de féveroles, et la vingtième partie d'un hectol. d'avoine par jour, se trouver gras en huit mois, peser 1,000 livres (433 kilo.), et valoir le double de son prix d'achat. Dans les environs de Gand, on les engraisse pendant douze ou quatorze mois : alors ils pèsent 1,350 livres (675 kilo.) et se vendent 550 fr., et même jusqu'à 800 fr. pour les bœufs nourris avec les résidus des distilleries. La plupart de ces bœufs viennent de la Campine et sont d'une taille plus élevée que les autres ; ils doivent rester plus long-temps à l'engrais. N'étant pas habitués à se tenir toujours à la mangeoire, leurs jambes deviennent quelquefois tortues, raides ou engourdies : alors il est temps de les vendre. La viande des bœufs qui ont travaillé est meilleure ; en général, un bœuf bien nourri gagne chaque jour 2 livres de chair (86 grammes). Les bêtes à cornes consomment moins sur la fin de l'engrais ; lorsqu'elles laissent dans l'auge une partie de leur nourriture, il faut en diminuer la quantité jusqu'à ce que l'appétit leur revienne : leur étable doit être tranquille, pas trop éclairée ni ouverte fréquemment sans nécessité.

Prairies.

On connaît la célébrité des belles prairies des Pays-Bas, qui sont très favorisées par l'humidité générale du sol et la fraîcheur du climat ; aussi compte-t-on un cinquième de la totalité du sol en prairie, et se fait-il un commerce considérable en beurre et en fromages exportés au loin.

Ces prairies sont si riches dans la Flandre occidentale, surtout dans les environs de Dixmude, qu'on peut y mettre autant et quelquefois plus de bêtes qu'elles ne contiennent d'arpens. Dans cette riche contrée, qualifiée de gras pâturages, on vend quelquefois jusqu'à 17,000 liv. (7,360 kilo.) par jour du meilleur beurre qui se fabrique en Europe ; mais cette grande richesse de pâturages et prairies naturelles n'en rend pas moins précieuses pour la Belgique et la Hollande les prairies artificielles. J'ai vu du côté de Gorcum, et à la belle écluse à éventail qui se trouve à l'embouchure du canal qui y passe, des machines à vapeur très puissantes employées à faire tourner des roues à aubes d'un très grand diamètre, qui déversaient, par dessus une digue établie à une grande hauteur, des eaux surabondantes, en opérant ainsi le double effet d'assainir la partie trop basse du sol et d'irriguer la partie supérieure, les eaux s'y trouvant retenues par la digue que leur ont fait franchir les grandes roues à aubes dont je viens de parler.

Les prairies artificielles ordinaires font partie essentielle des assolemens et contribuent à rendre leur rotation plus fructueuse et moins épuisante ; mais j'ai dû remarquer la grande utilité que présente la spergule dans beaucoup d'endroits, surtout dans le pays de Waës ; la végétation de cette plante, qui se contente d'un sol léger, est d'une rapidité surprenante ; on peut la semer trois fois dans la même année : la première donne son regain, qu'on fait brouter et qu'on enfouit ; la deuxième se coupe et s'enfouit ; la troisième se coupe encore et s'enfouit. Cette plante est ainsi un moyen de nourriture excellent et de fertilisation. On peut aussi la semer, aussitôt la récolte de seigle, sur un simple labour, et elle donne un pâturage excellent ; on la dit très favorable à la qualité du beurre.

Lin.

La culture du lin exige des connaissances pour l'obtenir d'une bonne et belle qualité. Les différences de culture de cette plante portent presque toujours sur la manière de fumer le sol, d'après les données de l'expérience. Dans les terres légères, un labour assez profond ; dans celles qui sont froides et humides, un labour croisé et profond, ou bien il faut les bêcher : ne pas enterrer le lin trop profondément : une exposition trop sèche, trop humide ou trop froide ne lui convient pas ; il lui faut une terre médiocrement molle, bien brisée, et un fumier consommé. Dans les terres légères, on sème le plus souvent le lin après le seigle et les navets ; dans les terres fortes, cela se pratique plus ordinairement après l'avoine. On peut semer le lin après les pommes de terre et les féveroles ; mais mieux vaut semer, après ces deux dernières productions, du froment sans fumier. Avant de semer le lin dans les terres légères qui ont rapporté des navets, il faut donner un labour profond, et y répandre six à sept voitures de fumier ; au mois de mars, on donne un nouveau labour en lits de jachère, puis un troisième vers la mi-avril ; enfin, on enfouit 7 hectol. de bonnes cendres de Hollande, et quatre ou cinq jours après, on répand 30 hect. d'engrais liquide, après quoi l'on sème le lin.

Dans le pays de Waës, à chaque mesure de 45 ares, en bon état d'arrière-engrais, on jette de six à sept baquets de cendres et de vidanges de latrines. En Flandre, on commence à semer le lin dès les premiers jours de mars et jusqu'au commencement de mai. Plus on y sème tard, moins il faut fumer ; autrement le lin croîtrait trop vite, et les tiges trop faibles seraient renversées par la pluie.

Aux environs de Courtray, on ne fume les terres argileuses qu'avec des tourteaux de colza et de l'engrais liquide. Lorsque le terrain est sec, on jette ces tourteaux dans le réservoir d'urine de bestiaux, et on les y laisse fondre pendant dix jours.

Pour les terres humides, on se contente de piler ces tourteaux et d'en répandre la poussière sur le terrain.

Par mesure de 45 ares, on sème ordinairement 70 kilo. environ, suivant la bonté du lin et du sol. Mieux vaut semer abondamment que trop clair, parce que, dans ce dernier cas, le lin perd de sa finesse.

On donne la préférence à la graine de lin nouvellement arrivée de Riga ; puis, si la première récolte est de bonne qualité pour semence, on s'en sert l'année suivante.

La spergule procure beaucoup de lait et de bon beurre.

Dans les environs de Courtray, une linière de 45 ares vaut de 550 à 600 francs, le lin étant vendu sur pied ; dans d'autres contrées, elle ne se vend que 270 à 300 fr.

Navets.

Il faut diviser le champ en planches sans aucun fumier, semer une livre et un quart de graine de navets par mesure de 45 ares ; enterrer avec la herse ; donner 25 hecto. d'engrais liquide ; semer par un temps pluvieux : alors, trois jours suffisent pour faire germer le grain. Les navets semés avant le seigle sont d'un plus grand produit que ceux semés après le seigle, mais ils n'ont pas si bon goût. Les navets, ainsi que les trèfles, sont indispensables dans l'agriculture ; on peut faire, dans le même champ, quelques récoltes de navets. Les derniers, appelés *navets de jachère*, sont semés plus clair ; les petits navets sont préférables par leur saveur agréable : aux vaches, ils donnent de meilleur lait et plus abondamment. On considère comme bonnes les terres qui produisent de bons navets.

Colza.

Le colza vient très bien après le lin et les pommes de terre. On plante, soit avec la charrue, soit au plantoir, ce qui est préférable. Les plants excédans sont donnés aux bestiaux après être restés entassés pendant trois jours ; ils communiquent au lait et au beurre plus d'abondance et une meilleure qualité : pourtant il n'en faut pas trop donner au bétail et avoir soin de l'entremêler de bon foin.

Chanvre.

Le chanvre qui vient dans le pays de Waës est le meilleur pour toiles à voiles et câbles. Il faut préparer le sol par un labour profond en octobre ; à la mi-mai, quinze à dix-sept voitures de fumier bien consommé pour 45 ares ; l'enfouir à la charrue, à 5 pouces de profondeur, ou bien y répandre jusqu'à cinq voitures du produit des latrines, suivant que les terres sont fortes ou légères. La bonne graine est d'une couleur foncée, dure et pesante ; la semence ne doit pas avoir plus d'un an. Le meilleur chanvre se rouit le plus promptement ; il se vend de 360 à 380 fr. les 45 ares, sur lesquels on récolte 10 à 12 sacs de graine ou chenevis (11 à 13 hect.), qui valent 16 à 18 fr. le sac (107 litres), et environ quarante-cinq bottes de chanvre battu et espadé pesant 10 hect. et demi la botte, et qui se paie 7 à 8 francs. Les tourteaux sont vendus à raison de 6 fr. les 40 tourteaux, pesant environ 43 kil.

Petite culture.

Tout le monde sait que l'on travaille mieux pour soi que pour les autres. Si un petit fermier tient à loyer un mauvais champ, il le rendra bientôt passable, puis bon à force de travail ; ce mauvais champ, entre les mains d'un grand fermier, restera toujours également mauvais. J'aurai, se dira-t-il, plus de profit à cultiver mes bonnes terres ; si, d'ailleurs, j'améliore un mauvais champ, le propriétaire augmentera proportionnellement le fermage, et je paierai ainsi l'intérêt de mon propre travail.

En Flandre, les grands fermiers ont des domestiques à demeure, fils non mariés de petits exploiteurs. Si, après quelques années d'économie, ces derniers peuvent trouver une petite ferme, ils se marient, exercent la même profession que leurs pères, et vivent avec la même simplicité ; ils s'estiment heureux, aucune peine ne les rebute. Cette classe d'hommes est singulièrement attachée à ses foyers ; elle a le sentiment de l'indépendance. Ils ont de l'affection pour leurs femmes et leurs enfans ; ils se contentent d'une nourriture frugale : aucun sacrifice ne leur semble pénible, pourvu qu'il soit libre et volontaire. Ils regarderaient comme une honte que leur nom se trouvât sur la liste des indigens, ils rougiraient de dépendre d'autrui : cette crainte les rend économes et prévoyans. Ils pensent à leurs vieux jours ; s'ils ont des enfans en état de travailler, ils agrandissent leur exploitation, et leur bien-être augmente. Ils peuvent compter, s'il le faut, sur l'assistance de ces enfans, dont plusieurs parviennent à une situation plus aisée par des mariages avec les filles de grands fermiers, par quelque industrie productive, par le commerce des toiles ou du bétail. L'exemple de cette honnête prospérité excite une louable émulation, la classe ouvrière y voit un motif d'encouragement pour la bonne conduite et l'activité. (Quel bel exemple à imiter !)

Après avoir exposé les principaux résultats de la culture du pays de Waës, en raison de sa célébrité, et surtout comme servant de modèle pour l'exploitation des colonies agricoles, nous devons revenir spécialement à celles-ci pour faire connaître par quels moyens on parvient à suppléer, dans ces contrées encore incultes, à cette quantité d'engrais qu'on peut se procurer si abondamment dans le pays de Waës.

Pour s'assurer de la quantité d'engrais nécessaire, les directeurs de travaux exigent, en vertu des réglemens, que chaque famille se pourvoie d'une quantité suffisante d'engrais pour amender, chaque année, toute l'étendue de ses terres ; elle est évaluée, moyennement, à 50 tonnes (1,000 kilo.) par bonnier ou hectare.

Cette énorme quantité d'engrais ne peut s'obtenir que par des moyens particuliers.

On recueille à cet effet, avec le plus grand soin et à force de bras, toutes les matières qui peuvent former des engrais; on fauche les herbes des landes; on les emploie aux litières des bestiaux, pour lesquelles les pailles seraient insuffisantes; on enlève à la bêche la couche superficielle des bruyères, en prenant garde de la rendre assez mince pour qu'on ne coupe point toute la racine des plantes, afin qu'elles puissent repousser (1).

Cette opération ne se fait que sur les parties de terrain nécessaires pour l'approvisionnement de l'année, afin de réserver les autres pour les années suivantes, et on a soin de semer des graines de cette bruyère sur les parties de terrain dont on a ainsi pelé la superficie.

On enlève de même la superficie du sol des prairies de deux ans, des trèfles et des *ray-grass*, que l'on cultive avec succès. Ce moyen est d'autant plus recherché que, d'après des expériences du général *Van den Bosch*, deux charretées de ces pelures (2) produisent autant d'effet que

---

(1) Cette tonte des bruyères se fait par les hommes rangés en ligne comme le seraient des militaires. La société paie à chacun l'ouvrage qu'il a fait; elle établit ensuite la moyenne du prix auquel reviennent les herbages coupés et les terres enlevées et les vend au même prix aux différentes familles. On les transporte à leurs fermes respectives dans de petits tombereaux à un seul cheval que la société leur fournit à cet effet : elles y sont empilées avec soin, et on en arrache des morceaux, au lieu de les couper, pour les réduire en petits fragmens; on en fait alors la litière des vaches et des moutons.

(2) On désigne sous ce nom la partie superficielle de la terre

trois charretées de fumier provenant d'herbages de bruyères. Le peu que l'on récolte de paille de blé noir s'emploie aussi pour les engrais.

Les mottes de terre contenant une partie des racines des plantes qui ont été récoltées et beaucoup de terreau, les curures des fossés qui entourent toutes les fermes et celles des chemins, deviennent d'utiles auxiliaires aux herbages des bruyères et en économisent l'emploi.

On fait tous les matins et tous les soirs une litière fraîche pour les bestiaux (1). Elle reste sous eux sept jours et sept nuits, après lesquels on la jette dans le trou au fumier dont nous allons prouver l'utilité.

Chaque semaine, on nettoie les étables, et on transporte les fumiers dans le trou qui se trouve derrière la grange : celui-ci est de forme circulaire, et a 3 ou 4 pieds de profondeur. Le fond et les côtés sont garnis de briques ou de gazons et sont imperméables. Le diamètre en est communément de 12 à 14 pieds, et cette capacité suffit pour le fumier que font les bestiaux en quatre semaines. Ainsi la masse du fumier est composée de différentes parties qui y ont séjourné depuis quatre semaines ; on jette aussi sur le fumier les cendres et les balayures. Près du trou au fumier, est le réservoir où coulent les eaux ménagères et celles des étables, et où tombe le conduit des lieux d'aisance. On ne doit jamais remplir le réservoir de manière à

---

qui est enlevée par la bêche et qui contient une partie des racines avec les herbes poussées.

(1) Chaque matin, on pousse en avant la litière qui est derrière, et on la met derrière celle qui est en avant ; et on superpose une couche de bruyères.

déborder, et quand il n'a pas plu, il faut de deux jours l'un le remplir d'eau, puis avec une écope arroser le fumier.

Au bout des quatre semaines, on vide le trou au fumier; on en retourne le contenu de manière à ce que les parties les plus putrides reviennent par dessus; on en fait un tas de 3 à 5 pieds de haut, et on le recouvre avec soin de mottes de terre, pour empêcher l'évaporation de la chaleur fermentative et l'action des pluies qui contrarierait la fermentation. Quand le tas de fumier a fermenté un, deux ou trois mois, on le transporte sur le champ, où il sert d'engrais. Les mottes de terre qui ont servi à le recouvrir sont rejetées dans le trou au fumier au fond duquel elles restent à leur tour un mois et acquièrent une vertu végétative.

Dans les étables qui sont disposées à la flamande, le plancher sur lequel posent les vaches est à environ 2 pieds en contre-bas du sol naturel, qu'on a soin de bien paver pour le rendre étanche, et le fumier qu'on doit en retirer se fait ainsi qu'il suit : on met d'abord sur le plancher une couche des terres enlevées de la superficie des bruyères par tranches minces et séchées pendant trois mois à l'air libre, ainsi que nous l'avons dit, puis on pose sur cette couche une litière ordinaire en paille ou genêt; et lorsqu'il faudrait la changer comme suffisamment imbue de déjections, on la recouvre d'une nouvelle couche de pareille terre de bruyère, sur laquelle on met encore une couche de litière en paille ou en genêt, et ainsi de suite, couche par couche, jusqu'à ce qu'on soit parvenu au niveau du sol.

Ce fumier et celui qu'on tire des écuries sont ensuite portés dans les bergeries.

A la sortie des bergeries, l'engrais est mis en tas, mais

par couches alternatives, avec un lit de gazon de bruyère et un lit de gazon de trèfle ; on comprime aussi fortement que possible la provision d'engrais ; on la recouvre, pendant l'hiver, d'une forte couche de gazon de bruyère. Ainsi préparé, l'engrais ne fermente que très peu ; on le remue à la fourche au moment de l'employer, il ne tarde pas alors à fermenter.

Lorsqu'on fait les tas de fumier, on les arrose par couche avec l'engrais liquide provenant en grande partie du grand établissement.

On trouve un grand avantage à délayer dans le fumier liquide une mesure de chaux ou de résidu de fabrication de savon ou de tourteau.

Relativement aux tourteaux, on a constaté que des terres bien préparées pourraient être aussi convenablement amendées avec une quantité de tourteaux, qui ne revient qu'à 60 francs par bonnier, qu'elles l'auraient été avec une quantité de fumier ou de compost ordinaire.

Silos extérieurs pour la conservation des pommes de terre.

Pour conserver les pommes de terre dans les colonies agricoles, on fait deux fossés parallèles qui ont chacun 3 pieds de large sur 2 pieds de profondeur, et qui laissent entr'eux un terre-plein de 10 à 12 pieds, qui se trouve ainsi parfaitement assaini.

On place sur chaque côté de ce terre-plein, dans le sens de sa longueur et à quelque distance de la crête de ce fossé, de fortes perches ou des chevrons destinés à empêcher l'écartement et l'éboulement des pommes de terre que l'on entasse dans leur intervalle, de manière à former un prisme de 6 pieds de base, dont les côtés forment un angle de 45 pieds, de manière que le sommet de ce prisme est à 3 pieds au dessus de sa base. Avant de placer les pommes de terre sur le terre-plein, on y met un lit de paille d'environ 2 pouces d'épaisseur ; on pose deux autres pareils lits de paille sur les deux autres côtés du prisme de pommes de terre quand elles sont en place, et on recouvre ces deux derniers lits de paille d'une couche de terre d'un pied d'épaisseur, qui se trouve fournie par les déblais des deux fossés latéraux. Enfin cette couche de terre qui, vu son angle de 45 degrés, est formée facilement par un ouvrier qui y jette les déblais du fossé, est elle-même recouverte d'un lit de feuilles de 2 à 3 pouces d'épaisseur, que l'on défend contre le vent par quelques brins de fagots placés sur elles dans le sens de la pente du prisme.

On fait ce prisme aussi long qu'on le croit nécessaire, et l'on termine chaque extrémité comme une croupe de toit, en lui donnant une pente égale à celle des côtes et en la couvrant de même en paille et terre. Quand on a besoin de pommes de terre, on ouvre seulement une des extrémités, on prend la provision de la semaine, et on referme soigneusement l'ouverture avec les matériaux anciens (1).

---

(1) M. le comte de Morel Vindé, pair de France et ancien membre de la Société royale et centrale d'agriculture, qui lui doit nombre de documens utiles, lui a communiqué un dessin et une description d'un silo de cette nature dont il se sert avec succès, depuis six ans, dans son beau domaine de La Celle, près Paris.

Influence des exemples donnés par les colonies agricoles.

L'érection de la colonie de Frederick's-Oord, et l'état prospère où elle est parvenue, ont excité l'émulation de plusieurs cultivateurs éclairés, et ont donné naissance à des défrichemens particuliers dans différentes provinces.

Dans celle de Groningue, au district de Westerwolde, se trouve une petite ferme que l'on a formée avec des bruyères, et qui s'agrandit annuellement. En Frise, on défriche plusieurs terrains avec succès, et la grande bruyère de Bergum y est devenue fertile. Dans les provinces d'Overyssel et de Gueldre, les défrichemens se continuent tous les ans. Dans les environs de Woorden (Gueldre), on a converti 500 bonniers de terres incultes en bonnes prairies, bois et terres labourables. D'après toutes ces mesures, on voit maintenant des plantations agréables, des champs couverts de blé et des jardins potagers là où autrefois l'œil était attristé par l'aspect monotone des bruyères.

(Extrait de la *Description géographique des Pays-Bas*, par J.-J. Cloël : nouvelle édition.

NOTE F.

SUR HAMBOURG ET MUNICH,

COMME OFFRANT LES PREMIERS EXEMPLES DE L'EXTIRPATION DE LA MENDICITÉ.

Mesures qui ont extirpé la mendicité à Hambourg et à Munich.

Le désir, le devoir de réprimer la mendicité ont, de tout temps, exercé la sollicitude des meilleurs Gouvernemens; mais le choix des moyens étant la condition la plus essentielle du succès, nous devons principalement chercher à connaître ceux qui ont été employés avec le plus d'efficacité.

La ville de Hambourg et celle de Munich présentent, à cet égard, des faits qui méritent d'être connus, parce que leur ancienneté et leur résultat doivent les faire considérer comme exemples remarquables : tel est le but de cette note.

Pour Hambourg, nous nous contenterons de citer les résultats, parce qu'ayant à exposer en détail ce qui s'est passé depuis à Munich pour les moyens d'exécution, ce que nous aurons à dire à ce sujet rendrait superflu ce que nous dirions ici pour Hambourg, où le mal était moins grand, et où on fut dispensé des mesures de rigueur et des arrestations dont la seule menace fut heureusement suffisante : du reste, on a suivi à Hambourg le même système qu'à Munich pour la répression de la mendicité, pour donner du travail aux pauvres honteux, et même aux indigens de classe plus élevée, ainsi que pour l'instruction des enfans et leur apprentissage.

Cette ville possédait, dès 1622, une maison de travail située près l'Elster, destinée à recevoir les pauvres, les mendians, et ceux qui avaient commis des délits peu graves; elle publia ses institutions en 1622, et les fit réimprimer en 1766. Mais ces institutions, quoique remarquables, vu l'époque de leur origine, devenaient insuffisantes pour la répression du paupérisme, et le tableau ci-après prouve combien le choix des nouveaux moyens adoptés l'emportait sur les anciens.

Relevé comparatif de l'établissement fondé, en 1788, à Hambourg pour l'extinction de la mendicité, pour les dix premières années de son existence.

	En 1789.	En 1799.
Indigens d'un âge au dessus de l'enfance.	5,166	2,689
Enfans indigens.	2,225	401
Dans la maison de correction.	446	147
Dans l'hôpital des malades.	920	894
Dans l'hôpital des orphelins, environ.. .	1,000	600
Total des indigens recevant des secours..	9,757	4,731
Réduction dans le nombre des indigens..	5,026	

Nous allons maintenant entrer dans les détails que nous venons d'annoncer pour Munich, parce qu'ils prouvent à la fois jusqu'où peut aller le danger du paupérisme, et ce qu'on peut attendre du choix des moyens les plus propres à le réprimer. Nous puiserons principalement nos documens dans un Mémoire publié à Londres, en 1795, par le comte *de Rumford*, auquel on doit la conception et le succès du parti dont nous allons rendre compte.

A l'époque où Hambourg venait d'adopter de nouvelles mesures pour la répression de la mendicité, d'après l'insuffisance des anciennes, la Bavière était infestée de mendians et de vagabonds, à un point tel qu'on croit devoir, pour en donner une juste idée, transcrire ici les expressions mêmes du Mémoire en ce qui concerne la ville de Munich.

« Non seulement les mendians infestaient les rues de la » ville et les passages publics, mais ils entraient encore dans » les maisons, où ils ne se faisaient aucun scrupule de voler » tout ce qui leur tombait sous la main ; les églises même » en étaient pleines. Ils recouraient à des artifices diabo- » liques, aux délits les plus révoltans, pour rendre plus » profitable leur infâme métier. Ils volaient jusqu'aux » jeunes enfans, et, après les avoir aveuglés ou estropiés » de la manière la plus barbare, ils les exposaient aux » regards du public pour en exciter la compassion. Quel- » ques uns de ces hommes dénaturés mettaient nus et fai- » saient presque périr de faim leurs propres enfans, pour » qu'ils allassent mieux apitoyer les passans, et ces pau- » vres et innocentes créatures étaient cruellement mal- » traitées, si elles ne rapportaient pas à la maison la » somme qui leur avait été fixée. »

Mais le mal ne s'arrêta pas là. Les mendians persécutèrent tellement les passans de leurs demandes, qu'on ne trouva pas de meilleur moyen de s'en débarrasser qu'en leur donnant : ils se crurent alors en droit de continuer leurs déprédations. Leur nombre s'accrut tellement que la mendicité finit par être un métier, et l'habitude en devint si générale qu'il cessa d'être infamant, et avait, pour ainsi dire, commencé à faire partie intégrante de l'organisation sociale.

Les mendians s'étaient partagé la ville par quartier, et on héritait, à la mort d'un parent ou d'un ami, du droit d'exploiter celui qu'il avait exploité pendant sa vie; ce droit s'acquérait aussi par alliance.

On peut se faire une idée de la quantité des mendians qui existaient alors en Bavière, en remarquant que, dans les quatre années qui suivirent l'exécution du plan de répression dont nous allons parler, on arrêta 10,000 vagabonds, et que, dans son origine, on fit main-basse, en une seule semaine, sur 2,600 mendians à Munich, qui ne comptait, avec ses faubourgs, que 70,000 ames.

Enfin la charité publique était fatiguée, épuisée. Dans un tel état de choses, le comte *de Rumford*, ministre alors très en crédit auprès du Roi, résolut de faire tout d'un coup un grand effort, sauf à régulariser ensuite les moyens de le soutenir : à cet effet, il pria les personnes les plus distinguées par leur rang et leur réputation de se mettre à la tête de l'établissement par lequel on devait donner du travail aux pauvres capables de travailler, et pourvoir aux besoins des infirmes et des invalides.

On composa un comité des présidens du conseil de guerre, du conseil de régence des princes, du conseil ecclésiastique et de la chambre des finances. Chacun d'eux s'adjoignit un conseiller de son choix : nul n'était salarié.

Le comité tint ses séances dans un local *ad hoc*, eut ses

officiers subalternes et une garde de police payés par le trésor. Ce fut un des premiers banquiers de la ville qui fut le caissier du comité, et chaque mois on publia les comptes imprimés de recettes et de dépenses.

Les fonds furent fournis par une allocation sur la cassette du Roi, et par les souscriptions des particuliers et des membres du comité.

On crut que l'habitude d'une vie plus aisée avec du travail les ferait plus aisément rentrer en eux-mêmes et les ramenerait à de bons sentimens. On leur donna donc de bonne nourriture, de bons vêtemens, et on s'attacha surtout à leur faire observer la plus grande propreté, comme étant un moyen plus puissant qu'on ne croit sur le moral.

On leur fournit des outils et des matières premières ; on les instruisit, on leur paya leur besogne à la tâche, et on y ajouta une gratification particulière qu'on paya, chaque samedi au soir, à ceux qui la méritaient.

On défendit les mauvais traitemens et les moindres injures ou paroles répréhensibles.

On établit, dans le local affecté aux pauvres, des filatures de chanvre, de lin, de coton et de laine ; des métiers à tisser différens genres d'étoffes, une teinturerie et un moulin à foulon.

On poussa même la recherche jusqu'à embellir l'extérieur de l'édifice, et on plaça au dessus de la porte d'entrée ces mots, écrits en lettres d'or : *Ici, on ne reçoit pas l'aumône.*

Mais il est curieux et important de connaître comment le comte *de Rumford* s'y prit pour exécuter son plan de répression de la mendicité.

Il profita du premier jour de l'an (1790), où les rues

sont encombrées de pauvres, pour effectuer les arrestations. Sur sa demande, les officiers supérieurs militaires et les principaux magistrats consentirent à lui prêter main-forte. Cette réunion des pouvoirs civils et militaires devait ôter aux arrestations tout caractère de violence.

Le comte donna lui-même le premier exemple en arrêtant de sa propre main un mendiant qui lui demanda l'aumône. Tous les pauvres arrêtés furent expédiés à l'Hôtel-de-ville, où on enregistra leurs noms : on les renvoya ensuite chez eux, avec invitation de se rendre le lendemain à la *Maison d'industrie militaire*, où ils trouveraient des chambres bien chauffées, une bonne soupe chaque jour, et du travail. On leur annonça aussi qu'une commission était chargée d'examiner la situation de chacun d'eux, et qu'on accorderait des secours pécuniaires et hebdomadaires à ceux qui en mériteraient.

Des patrouilles désarmées achevèrent les arrestations.

On répandit en même temps une grande quantité d'avis imprimés sur les moyens qu'on offrait ainsi aux particuliers d'extirper une mendicité qui leur était si onéreuse, au moyen de souscriptions volontaires bien inférieures aux aumônes mal entendues et nuisibles qu'ils faisaient, et on établit des troncs dans les églises et les lieux publics; mais on abolit alors toute espèce de collectes particulières ou publiques, toute aumône isolée et toute espèce de mendicité, sous quelque prétexte que ce fût.

Il fallait donner d'abord aux mendians des ouvrages de la plus grande facilité et des matières peu coûteuses : on leur fit donc filer du chanvre sous la direction de maîtres spéciaux. La perte qui résulta de leur mauvaise manière de faire s'éleva à 3,000 florins; mais on l'avait prévu, et on n'en paya pas moins largement les travailleurs pour les encourager.

Mais il eût été impossible de continuer les hautes-paies, et imprudent en même temps de les diminuer : on jugea donc convenable, quand les ouvriers surent bien filer le chanvre, de leur donner à filer du coton et de la laine, et en changeant ainsi la besogne on ne leur donna plus que la paie ordinaire.

Les jeunes garçons et les jeunes filles furent employés à faire des bas et à coudre.

Les jeunes garçons, les vieillards et les valétudinaires cardèrent la laine, et les jeunes enfans, incapables de travailler, restèrent dans les chambres de leurs pères ou de leurs compagnons pour les y voir travailler.

Le comte *de Rumford* se trouva heureux de voir alors le changement qui s'opéra tant dans le physique que dans le moral des pauvres.

Le nombre de ceux qui dînaient à la Maison d'industrie militaire était de 1,000 personnes en été, et de 1,200 en hiver; le nombre s'élève quelquefois jusqu'à 1,500, parce qu'il y a des pauvres qui ne viennent que pour dîner.

Un des revenus de l'établissement consiste en secours en nature de la part des bouchers et des boulangers, qui s'affranchirent ainsi, avec empressement, des exigences fatigantes et même inquiétantes des mendians.

Mais on voulut aussi faire naître l'émulation parmi les pauvres de la *Maison d'industrie militaire* : on institua donc des récompenses pour l'application, l'industrie et l'habileté; on leur donna des éloges, des distinctions, des grades, un costume particulier, et ce dernier moyen fut un des plus puissans.

Le comte *de Rumford* s'intéressa surtout aux jeunes garçons, comme à ceux dont on peut tirer le plus grand parti. Il engagea les pères à les envoyer, même avant l'âge du travail, et leur donna la soupe et 3 kreutzers, pour les faire seulement regarder travailler les autres. Bientôt ils demandaient à travailler eux-mêmes : on leur donnait alors un rouet, dont ils s'exerçaient d'abord à faire tourner la roue ; puis on leur fournissait du chanvre, puis du lin, puis de la laine. Leurs récompenses sont une chemise, une paire de souliers ou un uniforme.

On apprend aussi aux enfans à lire, à écrire et à calculer.

On pensa aussi à secourir les pauvres honteux : on les invita à se faire connaître à la *Maison d'industrie militaire*, et on ne sera pas peu surpris d'apprendre qu'en cinq ans on leur fournit 200,000 florins, sans compter les vivres et les vêtemens.

On donne à ces indigens des matières premières, et on leur paie une rétribution hebdomadaire proportionnelle à ce qu'ils rapportent d'ouvrage.

Il est encore une autre espèce d'infortunés, et celle-là parut la plus intéressante ; c'est celle des personnes qui ont le strict nécessaire pour ne pas mourir de faim, et qui ont une répugnance invincible à recevoir des secours du public. Ce sont surtout les veuves et les filles célibataires qui tiennent souvent à une position, à une naissance élevée : elles envoient secrètement chercher de quoi travailler, et on leur paie le prix établi à la livraison de l'ouvrage.

Il faut observer ici que tous les objets confectionnés pour le compte de la Maison d'industrie nationale sont destinés à l'armée.

Le comte *de Rumford* a cru qu'il était préférable, surtout dans les grandes villes, de laisser les pauvres se loger eux-mêmes. Il regarde l'économie que procurerait un domicile commun comme plus que balancée par l'inconvénient d'une telle réunion.

Cependant on n'a pas voulu abandonner à eux-mêmes les vieillards qui ont besoin de secours constans. On leur a choisi sur les bords de l'Iser, dans un pays riant, un bâtiment qui peut en contenir 80. Là, ils ont tout ce qui leur est nécessaire. Les plus valides ont soin des plus faibles. On leur laisse cultiver un jardin dont ils peuvent recueillir les fruits. Ceux qui sont encore capables de travailler reçoivent le prix de leur ouvrage, et les invalides mêmes ont une petite pension hebdomadaire pour acheter du tabac et autres petites choses.

Enfin, à force de persévérance, la Maison d'industrie militaire de Munich est parvenue à présenter, toute défalcation faite des dépenses et des réparations, un bénéfice net de 100,000 florins en cinq ans. Elle habille toute l'armée bavaroise.

Six ans après son établissement, elle avait fabriqué pour un demi-million de florins.

Elle se récupéra donc en peu de temps de ses frais d'établissement.

Nous avons cru d'autant plus intéressant de faire connaître ces détails qu'ils se rapportent à ce que nous avons dit dans la note (B) relative à la Maison de détention de Gand, sur les avantages qu'on pouvait trouver à faire confectionner les fournitures d'équipemens militaires dans des établissemens de cette nature, où la supériorité du travail doit amener une confection meilleure et à meilleur compte, sans qu'on soit exposé aux vicissitudes si nombreuses des autres travaux industriels, et sans présenter une concurrence aussi nuisible aux ouvriers honnêtes qui travaillent à leur compte.

NOTE G.

ANGLETERRE.

INTRODUCTION.

Les recherches comparatives auxquelles nous devons essentiellement nous livrer prennent un caractère particulier d'importance pour ce qui concerne l'Angleterre : effectivement, les principales questions que nous avons à résoudre y ayant fait l'objet d'enquêtes lumineuses, de discussions profondes et de projets généralement dirigés par un esprit public porté à un degré remarquable, il est du plus haut intérêt de consulter et de bien connaître des documens aussi instructifs.

Tel est l'objet de l'article dont il s'agit ici, et si le plan de notre ouvrage nous a déterminé à le restreindre à une simple note (ainsi que nous l'avons annoncé), nous tâcherons du moins d'y exposer complétement, quoique sommairement, tout ce qui pourra faire justement apprécier les résultats qui, seuls, doivent nous décider sur les questions relatives au paupérisme, ainsi qu'aux moyens de colonisation et de répression des délits dont nous avons à nous occuper.

Nous allons donc examiner successivement, et d'après l'ordre des faits, ce qui s'est passé en Angleterre pour

1°. Le système de la taxe des pauvres;

2°. La déportation aux colonies de l'Amérique septentrionale;

3°. Le système des pontons de détention adopté après l'émancipation de ces colonies;

4°. Les premiers projets d'établissemens pénitentiaires restés alors imparfaits, par suite de l'espèce d'enthousiasme qu'inspira un système de déportation à la Nouvelle-Hollande;

5°. La déportation à la Nouvelle-Hollande;

6°. L'adoption d'un système pénitentiaire sur une plus grande échelle, avec de nouveaux moyens de perfectionnement et le principe de travaux improductifs, pour garantir l'ouvrier honnête de la concurrence, ruineuse pour lui, du travail à vil prix du détenu;

7°. Le système d'émigrations volontaires au Canada, sous la direction et au compte du Gouvernement, comme moyen de débarrasser la mère-patrie de la surabondance progressive de la population indigente;

8°. Et enfin, les projets de desséchement des marais d'Irlande, et l'exemple des colonies agricoles intérieures, comme jugées encore préférables pour un tel but aux émigrations outre mer, quoique l'Angleterre possède plus de cinquante colonies où elle compte environ 45,000,000 de sujets, et que ces colonies soient réparties dans toutes les parties du monde, et situées sur toutes les mers, dont elles assurent l'empire à leur métropole.

1°. *Sommaire historique et résultats de la taxe des pauvres.*

Le génie d'Élisabeth, voulant à la fois soulager la misère de la classe indigente et détruire la mendicité, crut pouvoir y parvenir en obligeant chaque paroisse à subvenir aux besoins de ses pauvres, au moyen d'une imposition ou taxe qui prit son nom de sa destination.

Cette grande reine trouvait, dans les mesures qui avaient été prises à cet égard par ses prédécesseurs, des antécédens tels, qu'elle était, en quelque sorte, conduite à regarder le moyen qu'elle prescrivait (vu l'état des choses) comme le plus efficace pour porter les communes à surveiller leurs indigens, à leur procurer du travail, à leur fournir des secours en cas de besoin, enfin à les bien diriger et à restreindre ainsi leur nombre (1).

---

(1) Bien que ce soit Elisabeth qui ait donné à la *taxe des pauvres* le principe légal et le caractère qui la régissent aujourd'hui, il est bon de reconnaître les antécédens par lesquels ses prédécesseurs ont provoqué et, en quelque sorte, nécessité les mesures qu'elle a jugé convenable de prendre dans l'état où les choses se trouvaient alors. Ces citations présentent d'ailleurs d'utiles leçons sur les résultats que peuvent avoir des mesures qui, dans leur origine, ne paraissent que satisfaire à un des devoirs de l'état social.

Henri VIII, quatre ans après avoir autorisé les juges de paix à délivrer des permissions de mendier, défendit, en 1535, de donner aux pauvres des secours directs, et ordonna à chacun de verser ses aumônes entre les mains de commissaires spéciaux. Edouard VI, en 1547, se plaignit de l'insuffisance des dons, et prescrivit de rassembler les pauvres pour les faire travailler. Quelques années après, les collecteurs des paroisses furent chargés de prendre note

Elle crut devoir faire concourir avec le système de la taxe des pauvres un système de déportation légale, dans le double but de débarrasser la mère-patrie des mauvais sujets et des malfaiteurs que la loi aurait frappés, et de peupler en même temps les colonies alors désertes que l'Angleterre acquérait dans l'Amérique du nord.

Sa puissante activité fit mettre ces mesures successivement en exécution; mais l'expérience prouva bientôt qu'elles ne répondaient pas aux vues philantropiques qui les avaient dictées. On reconnut que la taxe des pauvres assignait un tribut à la paresse et à l'inconduite, et, pour ainsi dire, une prime au vice; qu'elle privait l'homme véritablement malheureux d'une partie des secours que l'humanité lui devait, en les faisant passer dans les mains du fainéant et du débauché.

Les abus de cet impôt, et surtout ceux de sa répartition sont aujourd'hui d'autant plus généralement reconnus, que ce sujet a souvent exercé les plus habiles publicistes et a fixé l'attention du législateur; mais on s'est

---

de ce que chacun pourrait donner l'année suivante; et si, après deux pressantes invitations du pasteur, on n'acquittait pas l'aumône pour laquelle on était noté, on était traduit devant l'évêque diocésain, qui employait alors tous les moyens que son zèle lui suggérait. Ce caractère de contrainte imprimé à un devoir qui devait rester volontaire fit naître la résistance; mais, en 1563, Elisabeth décréta que, dans le cas où les instances de l'évêque seraient infructueuses, le récalcitrant serait traduit devant le juge de paix pour se voir condamné à payer la somme que celui-ci déterminerait, et être mis en prison, s'il refusait encore. Enfin, en 1572 et 1592, les juges de paix furent autorisés à imposer sur les habitans de chaque paroisse une taxe générale pour subvenir aux besoins des pauvres.

borné jusqu'ici à des discussions qui n'ont fait que mieux prouver la difficulté du remède, et le mal est à présent si invétéré, qu'il paraît, pour ainsi dire, incurable.

Vu l'importance qu'acquiert chaque jour un tel sujet, nous signalerons ici, entr'autres documens sur cette matière, le rapport fait en 1824 à la Chambre des communes par une commission chargée d'examiner la question relative au supplément des gages des ouvriers pris sur la taxe des pauvres, par suite d'une mesure que l'on avait commencé à prendre en 1795, pour subvenir aux besoins des ouvriers nécessiteux.

Extrait du Rapport fait, en 1824, à la Chambre des communes, au sujet du supplément de prix accordé aux ouvriers, en le prenant sur la taxe des pauvres.

Voici, par extrait, les termes mêmes de ce rapport :

« 1°. Le maître n'obtient pas de ses ouvriers tout le » travail qu'il a droit d'en exiger. Dans une partie du » comté de Norfolk, par exemple, l'ouvrier est à peu » près assuré de recevoir de la paroisse les moyens d'en» tretenir sa famille : que lui importe donc la somme qu'il » gagne en travaillant? Il est impossible qu'un système » aussi vicieux n'engendre pas le dégoût du travail. Com» ment supposer, en effet, que l'ouvrier qui peut subsister » sans rien faire, et à qui le travail le plus pénible ne » donnera jamais que le simple nécessaire, ne devienne » pas le plus paresseux et le plus insouciant des hommes? » Aussi arrive-t-il souvent que quatre ou cinq travailleurs » de ce genre n'exécutent pas réellement autant d'ouvrage » qu'un seul homme travaillant à la tâche. Les témoi-

» gnages entendus dans le cours de l'enquête, et les » renseignemens donnés par des personnes expérimentées, » en fournissent plus d'un exemple.

» 2°. Les personnes qui n'ont pas besoin de travail agri- » cole sont obligées de contribuer au paiement d'ouvrages » faits pour profiter à d'autres : c'est ce qui arrive néces- » sairement toutes les fois que les ouvriers dont les fer- » miers ne peuvent se passer reçoivent de la paroisse une » portion du salaire qu'auraient payé les fermiers eux- » mêmes si la paroisse ne s'était mise à leur place.

» 3°. Ce système provoque un excès de population mi- » sérable. L'ouvrier sait qu'il lui suffit de se marier pour » obtenir un secours plus considérable, et que le secours » ira toujours augmentant en proportion du nombre de » ses enfans. Il s'ensuit que la quantité de travail offerte » n'est plus réglée par la demande; les paroisses se trou- » vent grevées de trente, quarante, cinquante ouvriers » pour lesquels il ne se trouve point d'emploi, et qui ne » servent qu'à détériorer la condition de tous les autres » ouvriers de la paroisse. Un témoin éclairé, qui emploie » habituellement des ouvriers, rapporte qu'ils lui répon- » dent fréquemment, en se plaignant de la modicité des » secours que la paroisse leur alloue : *Nous nous marie-* » *rons, et alors vous serez bien forcé de nous nourrir.*

» 4°. De toutes les conséquences du système, la plus » fâcheuse, sans contredit, c'est la dégradation du carac- » tère moral de la classe laborieuse. Deux motifs portent » l'homme au travail : ou le désir d'améliorer son sort et » celui de sa famille, ou la crainte du châtiment. Le pre- » mier de ces motifs produit le travail de l'homme libre, » le second, le travail de l'esclave. Le premier donne

» naissance à l'industrie, à la sobriété, aux affections de » famille; il amène des relations bienveillantes entre la » classe laborieuse et le reste de la société : le second n'en- » gendre que paresse, imprévoyance, vices de toute es- » pèce, discorde; il élève entre le maître et l'ouvrier une » barrière éternelle de jalousie et de défiance. Par mal- » heur, le système dont nous parlons tend à repousser le » premier de ces principes pour introduire le second à sa » place. La subsistance est garantie à tous, au fainéant » comme au laborieux, au libertin comme à l'ouvrier sage » et rangé. En tant que la morale repose sur les intérêts » humains, il n'existe plus d'encouragement qui invite à la » bonne conduite et à la vertu : aussi les effets ont-ils ré- » pondu à la cause. Les ouvriers les plus vigoureux n'ap- » portent, aux heures de travail, que lâcheté et mollesse; » aux heures de repos, que vice et que libertinage. Les » parens ne se soucient plus de leurs enfans; les enfans ne » se font plus un devoir d'assister leurs parens; des que- » relles continuelles divisent le maître et ses ouvriers; le » pauvre, toujours secouru, n'en est pas moins toujours » mécontent; le crime grandit dans une effrayante pro- » gression. Partout où règne ce système fatal, les bracon- » niers et les voleurs abondent, en dépit des prisons et » des lois. Les maux qui résultent de cet état de choses » ont souvent fait naître le désir d'introduire dans la légis- » lation des moyens de rigueur contre les ouvriers pares- » seux ou récalcitrans. Le législateur a paru quelquefois » favorable à de semblables projets; quant à nous, nous » ne croyons pas que des expédiens de ce genre puissent » atteindre le but; car, ou trop peu en harmonie avec le » caractère national, ils ne seraient pas appliqués d'une ma-

» nière efficace, ou, si l'exécution était rigoureuse, elle
» n'aboutirait, à coup sûr, qu'à dégrader encore davan-
» tage la classe laborieuse du royaume. »

La même commission dit encore dans un rapport subséquent :

« La principale cause de l'accroissement du nombre
» des crimes dans les districts agricoles paraît avoir été
» le taux trop faible des salaires et le manque d'emploi
» pour l'ouvrier, et ce mal a été sinon entièrement pro-
» duit, au moins singulièrement aggravé par la mauvaise
» application des lois sur les pauvres. Durant la cherté
» des subsistances, qui eut lieu bientôt après le commen-
» cement de la guerre de 1793, les fermiers, au lieu d'é-
» lever le salaire de l'ouvrier en proportion de la hausse
» du prix des denrées, eurent recours à l'expédient de
» payer un supplément sur la taxe des pauvres. Tant que
» la guerre dura, le rapide débit des produits agricoles
» et l'abondance du numéraire cachèrent les maux dont
» ce système renfermait le germe ; mais au retour de la
» paix, il arriva que des quantités considérables de grains
» étrangers furent importées, que la quantité du numéraire
» diminua, et que le travail manqua à l'ouvrier. En même
» temps, tandis que le travail allait diminuant, le nouveau
» mode d'exécution des lois sur les pauvres tendait à
» accroître leur population. Plus ce système vicieux fut
» porté loin, plus on vit s'aggraver les obstacles qui em-
» pêchèrent le retour à un état prospère.

» Il n'appartient pas au comité d'engager des discus-
» sions sur des questions d'économie politique ; mais il
» regarde comme de son devoir d'appeler l'attention de
» la Chambre sur la dégradation du caractère moral des

» classes laborieuses, résultat inévitable de la funeste » coutume d'entretenir sur la taxe des pauvres un grand » nombre de jeunes ouvriers, pour lesquels la paroisse » ne trouve pas d'emploi suffisant. La misérable condi- » tion de ces ouvriers, leur manque d'habitudes régu- » lières, le défaut de subordination de l'ouvrier au maî- » tre, toutes ces circonstances *tendent à multiplier les* » *crimes*. Les mariages prématurés, contractés soit pour » éviter d'aller en prison sur une accusation de *bastardy*, » soit pour recevoir de la paroisse des secours plus abon- » dans, augmentent le mal en créant une population » pour laquelle il n'y a pas d'ouvrage assuré, et qui ne » peut obtenir qu'une misérable subsistance. Dans cette » situation, les ouvriers ne sont que trop portés à croire » qu'ils peuvent améliorer leur sort en violant les lois.

» Le meilleur remède à un tel état de choses serait, » sans aucun doute, dans un accroissement considérable » de la demande du travail; mais que cet accroissement » ait lieu ou non, une modification des lois sur les pau- » vres paraît nécessaire. Tandis que dans beaucoup de » comtés le caractère moral de l'ouvrier devient plus vi- » cieux de jour en jour; tandis que les ressources du » maître qui l'emploie vont s'affaiblissant dans la même » proportion, il reste encore des parties du royaume où » l'ancien système de secours publics se conserve, où » les salaires suffisent à l'entretien de l'ouvrier, et où les » sentimens d'indépendance ne sont pas encore attteints. » Certes, il est désirable d'empêcher la contagion d'un » système funeste de s'étendre là ou elle n'est pas encore » parvenue, et d'en arrêter les ravages, s'il est possible, » là où le mal est arrivé à son plus haut degré de déve- » loppement. »

Nous allons citer encore une opinion de la commission chargée de l'examen de la taxe des pauvres, qui, vu son importance, a été mentionnée dans le célèbre rapport fait, en 1820, au Parlement d'Angleterre, après plusieurs années d'enquêtes et de recherches, sur la législation du commerce des grains.

« D'après l'élévation de la taxe des pauvres dans quel» ques contrées, il peut convenir au propriétaire de lais» ser cultiver des portions de terre sans en demander au» cun prix, car s'il le retenait entre ses mains il devien» drait passible *de la taxe des pauvres*, qui est payée par » celui qui exploite; et dans certaines paroisses, sur des » terrains qui rendent peu au dessus des avances, *s'exemp» ter de cette charge peut être un loyer suffisant et le seul » qu'on puisse retirer.*

» Il est difficile de donner une idée du montant de ce » grand impôt : on voit des exemples qui le portent jus» qu'à 45 livres sterling sur une ferme de 130 livres ster» ling; mais il varie extrêmement d'une paroisse à l'au» tre, et autant de province à province. Il n'est pas im» posé par la loi sur l'Écosse; dans le nord de l'Angle» terre, le pauvre ne le regarde encore que comme un » secours charitable accordé à la détresse; dans le reste » du pays, il l'exige comme un droit, sans rougir, et on le » calcule comme une ressource naturelle qui n'est défavo» rable ni à la moralité ni à l'émulation. Ici, on ne pour» voit qu'à la vie des familles sans travail; ailleurs, on est » obligé de fournir un supplément de salaire à celui qui » est occupé. Je connais des endroits, a dit un témoin, » où le journalier qui a famille reçoit, par semaine, 7 ou » 8 schellings de celui qui l'emploie, et 5 de la paroisse.

» La mesure généralement admise, pour ce qui est né-
» cessaire à la subsistance d'une famille de deux époux
» et trois enfans, est calculée par un témoin de 12 schel-
» lings 6 deniers par semaine.

» On remarqua que la quotité de chaque secours coû-
» tait moins depuis que le prix du pain avait baissé ; mais
» en même temps le nombre des journaliers de l'agri-
» culture qui se trouvaient sans emploi avait augmenté
» et nécessitait une nouvelle dépense. »

A cet exposé fait au Parlement d'Angleterre par un comité spécial, nous devons joindre des observations consignées dans d'autres rapports et qui se rapportent encore plus positivement à notre sujet.

Les inconvéniens de la taxe des pauvres sont d'autant plus remarquables, qu'il existe une très grande différence entre les contrées qui la subissent et celles qui ont su s'en préserver.

Dans ces contrées du sud et de l'ouest où elle existe dans le plus grand nombre des paroisses, la condition du peuple est des plus déplorables; chaque cultivateur est inscrit sur le livre des pauvres : tout sentiment d'indépendance, tout désir de chercher son existence dans le travail est amorti, et la fainéantise regardant la taxe comme un patrimoine, il s'y établit une dégradation morale et physique d'autant plus progressive, que le nombre des enfans devenant une chance de bénéfices plus grands, les mariages misérables se multiplient.

L'idée de faire participer au produit de la taxe l'ouvrier qui travaille pour le fermier, sans pouvoir tirer de son salaire ce qu'il lui faut pour son existence, paraît si conforme à l'humanité, qu'elle a été mise en pratique; mais alors il est arrivé que le fermier qui emploie un tel ouvrier est dispensé d'accroître son salaire s'il veut le conserver, puisqu'il lui suffit de le faire participer à la taxe, et toutes les familles nombreuses finissent par être à la charge de la paroisse. Les fermiers et les propriétaires ont pu espérer qu'ils bénéficieraient du peu d'élévation des salaires qu'il leur restait à payer, en employant leur crédit à en faire payer le complément par la taxe; mais ce bénéfice apparent cesse d'exister réellement, car ils ont à supporter, par cela même, une taxe plus forte, puisqu'elle est proportionnée au nombre des individus qu'il faut nourrir, nombre qui s'augmente sans cesse par suite des mariages.

Enfin, le petit cultivateur qui, n'employant pas de journalier, n'a pas même bénéficié sur la portion de salaire fournie par la taxe, n'en est pas moins passible de l'accroissement que lui fait subir l'augmentation du nombre des individus assistés.

L'abjection dans laquelle un tel état de choses plonge la classe des pauvres est telle, qu'on l'a quelquefois même comparée à l'état de servitude, avec cette différence, en faveur de l'esclave, que son maître est intéressé à le bien entretenir; tandis que l'Anglais pauvre, réduit à une condition inférieure en quelque sorte à celle du serf, par la dégradation qui lui est ordinaire, ne doit sa subsistance qu'à la loi, qui empêche qu'on ne le laisse mourir de faim.

Cette dégradation d'une classe d'autant plus nombreuse qu'elle se multiplie au sein même de la misère a des résultats alarmans, dont on peut se faire une idée par ce que nous allons extraire ici d'un ouvrage anglais très estimé (1):

---

(1) *Quarterly Review.*

« Les comptes rendus au Parlement prouvent que, dans » les comtés où le système de la taxe des pauvres a prévalu, » l'accroissement des rétributions qui leur sont attribuées » et celui des crimes ont été deux fois plus forts que dans » ceux qui en ont été préservés par la sagesse de leurs » magistrats. C'est ainsi, par exemple, que, tandis que, » dans le Cumberland, la cote moyenne de la répartition » n'est, par tête, que de 3 sch. 6 d. (4 fr. 35 cent.), dans » le Sussex elle est de 20 sch. (25 fr.) : d'où il résulte que, » dans le premier de ces comtés, la taxe n'est que de » 1 sch. 6 d. (1 fr. 85 cent.) par chaque livre st. (25 fr. » de revenu), tandis que dans le second elle est de 7 sch. » 6 d. (9 fr. 35 cent.), c'est à dire de plus du tiers. Dans » d'autres cantons, cette taxe s'est élevée à 12 sch. (15 fr.) » et au dessus ; et il en est même quelques uns où elle » absorbe presqu'entièrement la totalité du revenu du » propriétaire. »

Des biens communaux en friches.

« Nous croyons aussi que l'emploi du travail, qui sur- » abonde dans ce moment, est fort contrarié par la légis- » lation relative aux biens communaux en friches, ou » plutôt par l'absence d'une loi générale à ce sujet. »

De l'inclosure (mode de partage de ces biens).

« Tout le monde sait que, depuis le commencement du » dernier siècle, plus de 4,000 bills ont été passés pour des » *inclosures* ou défrichemens, en autant de paroisses; ce qui » prouve la nécessité d'une loi générale et permanente qui » épargnerait la perte de temps et d'argent inutilement con-

» sumés dans la discussion de ces actes. Ceux qui savent » comment ils se font ne soutiendront pas sans doute que » le Parlement est le tribunal le plus propre à décider, dans » chaque cas qui lui est soumis, si les droits de la propriété » privée doivent céder aux intérêts publics. Il n'y a aucune » espèce de commission constituée par une loi générale » qui ne fût plus propre que le Parlement à résoudre ces » questions. *On pourrait autoriser les inspecteurs des pa-» roisses embarrassées par des ouvriers valides et oisifs à » acheter une partie des friches de ces paroisses ou des pa-» roisses voisines, pour les mettre en culture au moyen de » ces ouvriers dirigés par un surveillant.* Si ensuite il était » démontré devant un tribunal que quelques uns de ces » pauvres négligeassent leur ouvrage, les inspecteurs » pourraient les congédier en leur refusant tout secours. » *Par ce moyen, le travail de ceux qui sont maintenant » démoralisés et entretenus dans l'oisiveté deviendrait très » productif.*

» *Un plan à peu près semblable avait été proposé par » M. John Hall, inspecteur d'une des paroisses les plus » populeuses de Londres : c'est aussi le même qui se » poursuit avec un succès complet à Frederick's-Oord, en » Hollande.* Ceux qui désirent détruire les maux énormes » qui affligent les classes inférieures du pays et qui réa-» gissent sur les autres ne sauraient mieux faire que de » suivre une méthode qui, dans un pays placé dans des » circonstances analogues à celles du nôtre, a atteint si » complétement le but qu'on avait en vue, et qui, en amé-» liorant la situation morale et physique de la nation, a » créé un profit pécuniaire supérieur à tout ce qu'on avait » espéré. »

Ainsi même chez le peuple qui a discuté le plus profondément les questions relatives au paupérisme et qui possède à lui seul plus de colonies outre mer que tous les autres peuples réunis, on désire l'établissement de colonies agricoles comme le remède le plus efficace à l'accroissement du mal qu'a enfanté le système des taxes légales pour les pauvres, en agissant en sens inverse du but philantropique de son auteur.

Rien n'est plus propre à démontrer le danger de ce système que les tableaux ci-après, qui indiquent, d'abord, la progression de la taxe, en raison de celle du paupérisme qu'elle alimente, et subséquemment l'accroissement des crimes et des condamnations, qui résulte de celui du paupérisme.

EXTRAIT des documens officiels soumis à la Chambre des communes. (Parliamentary abstracts, for the session of 1826, p. 744.)

ANNÉES.	TOTAL DES SOMMES levées pour impositions locales.	PAIEMENS faits pour d'autres objets que le soulagement des pauvres.	SOMMES dépensées en procès pour l'exécution des lois.	SOMMES dépensées pour les pauvres.	TOTAL de LA DÉPENSE.	PRIX du blé par quarter (1). liv.	sch.
	liv. st.	liv. st.	liv. st.	liv. st.	liv. st.	liv.	sch.
1803	5,348,204	1,034,105	190,072	4,077,891	5,302,070	63	2
1812—13	8,640,842	1,861,073	325,167	6,656,105	8,865,838	128	8
1813—14	8,388,974	1,881,565	332,946	6,294,584	8,511,863	98	»
1814—15	7,457,676	1,763,020	324,664	5,418,845	7,508,853	70	6
1815—16	6,937,425	1,212,918	»	5,724,506	»	61	10
1816—17	8,128,418	1,210,200	»	6,918,217	»	87	4
1817—18	9,320,440	1,430,292	»	7,890,148	»	90	7
1818—19	8,932,185	1,300,534	»	7,531,650	»	82	9
1819—20	8,719,655	1,342,658	»	7,329,594	8,672,252	69	5
1820—21	8,411,893	1,375,868	»	6,958,445	8,334,313	62	5
1821—22	7,761,441	1,336,533	»	6,388,703	7,695,235	53	»
1822—23	6,898,153	1,148,230	»	5,772,958	6,921,187	41	11
1823—24	6,836,505	1,137,598	»	5,736,898	6,874,496	56	8
1824—25	6,972,323	1,212,199	»	5,786,591	6,999,190	62	9
1825—26	6,965,051	1,246,145	»	5,928,501	7,174,649	56	11

P.-S. Pour les années laissées en blanc dans les différentes colonnes, les documens authentiques manquent. Aux époques antérieures à ce tableau, cette taxe était bien moindre : ainsi l'année moyenne n'avait été, de 1748 à 1750, que de 730,135 liv. st. ; en 1776, que de 1,720,316 ; et de 1783 à 1785, que de 2,167,748 liv. st.

(1) Le *quarter* fait près de 3 hectolitres, et on voit combien l'élévation de son prix influe sur celle de la taxe des pauvres.

Nous croyons de la plus haute importance, pour le but que nous nous proposons, de prouver aussi quelle influence le paupérisme peut avoir en Angleterre sur la progression des condamnations pour crimes, d'après l'état des choses dont nous venons de rendre compte. Voici, à ce sujet, l'extrait d'un rapport fait à la Chambre des Lords sur la situation des prisons pour les sept dernières années expirées en 1830.

Années.	Nombre d'individus écroués.	Femmes.	Condamnés à mort.
1824	13,698	2,233	1,066
1825	14,437	2,548	1,036
1826	16,164	2,692	1,208
1827	17,924	2,770	1,529
1828	16,564	2,732	1,165
1829	18,675	2,119	1,385
1830	18,107	2,972	1,397
Totaux....	115,569	18,066	8,781

Sur ces 115,569 individus écroués depuis 1824 jusqu'en 1830, le chiffre des déportés s'élève à. . . . 80,852

Celui des acquittés à. 22,330

Et celui des prisonniers relâchés immédiatement à. 12,387

Quant aux 8,781 condamnés à mort, le plus grand nombre a vu cette condamnation commuée en peine de déportation, notamment les condamnations pour faux et pour vol avec effraction, et 117 pour meurtres.

Condamnations a mort			Différence en plus.
	En 1824.	En 1830.	
Pour vols avec effraction. .	128	527	399
Pour vols de bestiaux et meurtres y relatifs. . . .	105	213	108
Pour vols de chevaux. . . .	94	139	45
Pour assassinats.	17	21	4
Pour tentatives d'empoisonnement ou de meurtres avec une arme quelconque. . . . . (En 1827, 35; en 1829, 65.)	21	28	7

2°. *Déportations aux colonies de l'Amérique septentrionale.*

Après avoir suffisamment prouvé, par une série de faits authentiques, les inconvéniens et les dangers de tout système *d'imposition légale* relative aux pauvres, nous devons, pour continuer de nous diriger vers notre but, faire connaître ce qui concerne ces déportations outre mer qu'Élisabeth voulut faire concourir avec la taxe des pauvres, pour débarrasser la mère-patrie de ses malfaiteurs, en les transportant aux colonies que l'Angleterre possédait alors dans l'Amérique septentrionale et qu'elle voulait peupler.

Cette vaste contrée avait déjà fixé l'attention et déterminé les excursions de diverses compagnies anglaises qui tentèrent de s'y établir, et il entre essentiellement dans notre sujet de considérer d'abord les circonstances qui accompagnèrent ces premières colonisations ; car les obstacles qu'elles eurent à surmonter et les malheurs même dont elles furent suivies nous serviront encore d'argument et de preuve en faveur des colonies intérieures.

Les persécutions qu'exercèrent les partis religieux et politiques qui dominèrent successivement en Angleterre sous Élisabeth même, puis sous Jacques Ier. et Cromwell, poussèrent une grande quantité d'Anglais à émigrer par désespoir, et un certain nombre fut déporté violemment. Enfin les puritains, d'abord persécuteurs outrés, puis persécutés à leur tour sous Charles II, furent réduits au même sort.

Plus tard, on vit *Penn*, les quakers et des philosophes novateurs chercher une nouvelle patrie dans cette partie du Nouveau-Monde. Ce fut au milieu de ces circonstances, les unes antérieures, les autres postérieures, que s'effectua le système de déportation entrepris d'abord sous Élisabeth.

On choisit pour ces déportations la Virginie, partie de l'Amérique du nord à laquelle ce nom fut donné par *Rawleigh*, marin distingué, qui voulut, en flattant ainsi l'amour-propre de la reine, lui prouver sa reconnaissance des grandes récompenses qu'il en avait reçues. Mais on vit successivement échouer plusieurs tentatives d'établissement sur ce nouveau territoire.

La première colonie qui s'y installa fut détruite en grande partie par les sauvages. Le reste, en proie à la plus affreuse misère, fut, dans son désespoir, réduit à retourner en Angleterre. Deux autres immigrations disparurent sans qu'on apprît de quelle manière. Enfin une quatrième ayant été s'aventurer encore dans un pays si fatal à ses prédécesseurs, la famine et la maladie réduisirent, au bout de six mois, sa population de 900 à 60, et les malheureux qui avaient survécu à leurs frères regagnaient la mère-patrie au milieu de la plus déplorable détresse, lorsqu'ils rencontrèrent, à l'embouchure de la Chesapeak, lord *Delawarre*, à la tête d'une escadre chargée de provisions et de secours (1).

Les puritains, qui après avoir professé la persécution la subirent à leur tour, essayèrent d'habiter ces contrées, et eurent un sort à peu près aussi digne de compassion. Ne trouvant aucune ressource sur la terre où ils s'étaient transplantés, près de la moitié périt de besoin ou de langueur. Le reste parvint cependant, à force de courage, à se procurer le nécessaire.

Tel fut le sort des premières tentatives d'établissement dont l'Amérique septentrionale fut l'objet par suite du projet conçu par Élisabeth, dans le but de se servir du système d'émigration forcée comme d'un déversoir pour les malfaiteurs et les condamnés.

---

(1) Ce fut par suite de cette expédition qu'on donna le nom de *Delawarre* à la grande et belle baie que les Etats-Unis viennent de joindre par un canal à celle de la Chesapeak, qu'ils font communiquer avec l'Ohio par un canal de plus de 500,000 mètres de long, avec trois cent quatre-vingt-dix-huit écluses, un souterrain, et qui doit coûter 120,000,000 fr. (Les projets et devis de ces travaux sont dus au général Bernard, que nous avons déjà cité (p. 17), et qui a bien voulu nous transmettre, sur ce canal, les détails à insérer dans l'ouvrage que nous allons publier incessamment.)

Depuis, on tâcha de profiter des leçons que donnaient les malheurs et les dépenses des premières déportations; on résolut de recourir à la voie des entreprises pour le transport des déportés qu'on envoyait alors ordinairement dans la province de Maryland.

A leur arrivée, des planteurs ou d'autres qu'on jugeait pouvoir leur servir de maîtres, louaient ces déportés pour sept ou quatorze ans, et la loi leur donnait sur cette classe d'ouvriers des pouvoirs coercitifs assez étendus pour qu'ils pussent les contenir et les forcer à remplir leurs devoirs. On espérait que, soumis ainsi à une stricte surveillance, ils acquerraient l'habitude d'un travail qui, leur donnant les moyens d'être bien vêtus et bien nourris, ne leur laissait d'autre alternative que de devenir utiles à la société en évitant des punitions.

Cependant, soit que les déportés affligeassent cette terre, encore vierge, de l'exercice de leurs anciennes habitudes criminelles, soit effet de l'orgueil national, les Américains s'indignèrent de voir à la fin leur pays infecté de ce que la métropole contenait de plus impur. On connaît la belle réponse que fit Franklin à la Chambre des communes lorsqu'il y fut interrogé : *En vidant vos prisons dans nos villes,* dit-il, *en faisant de nos terres l'égout des vices dont les vieilles sociétés ne peuvent se garantir, vous nous avez fait un outrage dont les mœurs chastes et pures des colons auraient dû les préserver.*

Mais ces mesures produisaient encore un effet non moins dangereux que celui d'irriter les indigènes et de leur inspirer le désir de secouer l'obéissance à la métropole; elles servaient à augmenter progressivement le nombre des ennemis de l'Angleterre dans cette partie du Nouveau-Monde.

En effet, les déportés qui s'échappaient des établissemens de détention, et même ceux qui étaient attachés aux colons se joignirent naturellement à ceux-ci quand vint le jour de l'insurrection américaine, et contribuèrent à accroître les forces des insurgés. Enfin la révolution de 1776 éclata, et le monde sait quelle en fut l'issue.

En se rappelant la série des faits historiques qui contribuèrent à peupler l'Amérique septentrionale, et à porter le nombre de ses habitans jusqu'à 2,500,000 dans un laps de plus de deux siècles, on voit que cette population fut réellement le résultat des émigrations d'Anglais généralement énergiques et consciencieux, tels que des catholiques persécutés par Élisabeth et Cromwell, des puritains persécutés à leur tour, des quakers, des hommes qui, pour satisfaire à de nouvelles idées philantropiques, cherchaient à se créer une existence conforme à leurs désirs dans des contrées en quelque sorte vierges de toute institution basée sur des intérêts préexistans, et dont il eût fallu combattre la puissance avec des chances de résistance et de perturbation indéterminées. Ils calculaient avec raison que c'était dans un pays où tout était à créer, où une terre fertile s'offrait au premier occupant, qu'ils pouvaient réaliser des établissemens qui n'auraient été ailleurs que des utopies, à la fois dangereuses à fonder et impossibles à improviser.

Remarquons donc bien qu'ici s'est manifesté dans toute son étendue ce principe qu'on ne saurait trop faire prévaloir, que c'est à la vertu qu'il appartient de créer les États nouveaux, et que, malgré quelques exemples fournis par l'antiquité, lorsque la civilisation était, en quelque sorte, enchaînée par l'esclavage qu'on exerçait dans la nouvelle colonie comme dans la mère-patrie, il leur faut aujourd'hui d'autres fondateurs que des criminels. C'est pénétré de cette vérité que le courageux Franklin, pour la faire mieux comprendre aux Anglais qui infectaient sa patrie du rebut de la partie la plus corrompue et la plus viciée de leur population, leur disait dans l'accès d'une vertueuse indignation : « Que diriez-vous, si nous vous en-» voyions des serpens à sonnette? »

Ainsi, en définitive, l'Amérique du nord avait dû sa population à des émigrés vertueux, et les déportations ou émigrations forcées d'hommes vicieux n'avaient fait que disposer à l'irritation et à l'insurrection la masse entière d'une population honnête, et à servir de prélude à l'insurrection des Anglo-Américains du nord. Les détails que nous aurons bientôt à donner sur les colonies de la mer du Sud viendront encore à l'appui de nos observations actuelles.

3°. *Pontons* (pour détention) *en Angleterre.*

L'émancipation des États-Unis ayant enlevé à l'Angleterre le vaste débouché qu'elle y trouvait pour ses déportations, on eut recours à la détention sur les pontons (*hulks*), en vertu d'une loi de 1774 qui laissait au Roi la faculté d'appliquer cette peine, même aux condamnés à mort. On confirma encore cette nouvelle destination des coupables par des lois en date de 1776 et de 1779, mais qui fixaient un terme limité, qu'on se permit ensuite de dépasser.

Ceux qui savent quel est l'état d'un détenu dans ces prisons flottantes, reconnaîtront que les juges à qui on a laissé l'option d'appliquer cette peine ou celle de la déportation sont bien convaincus, lorsqu'ils la préfèrent dans l'intérêt du coupable, des grands inconvéniens qui paraissent inséparables de l'autre châtiment.

Cependant les abus de ce nouveau genre de peine, qui s'exerça d'abord par voie d'entreprise confiée à des adjudicataires, mais sans règle pour le contrôle de l'autorité supérieure, devinrent si crians, qu'en 1802 ils furent enfin dénoncés, et on nomma un inspecteur pour qu'il cherchât les moyens d'obvier au mal. Ses efforts n'eurent que peu de succès, puisqu'en 1815 les pontons furent signalés comme des ateliers de fausse monnaie et d'instrumens criminels, comme un repaire de malfaiteurs qui inspiraient la terreur. On reconnaissait alors ce que M. *Colquhoun*, directeur de la police de Londres, consigna dans un rapport fait à un comité du Parlement : « Que rarement, ou » même jamais, un condamné sorti des pontons n'avait » embrassé une profession honnête (1). »

Depuis cette époque, le régime des pontons a notablement changé, grace à la vigilante administration de M. *Capper*, inspecteur en chef encore en fonction ; la discipline s'y observe très exactement. Les jeunes gens sont séparés des hommes faits ; on y introduit des métiers et des écoles où la morale et la religion sont enseignées aux détenus. C'est ce qu'attestent les rapports officiels et ce que dit à ce sujet l'ouvrage, en forme de cours, sur les prisons, publié en 1827 par le docteur *Julius*, qui a visité plusieurs de ces pontons, et qui en a étudié l'administration.

Voici le tableau indicatif du nombre des condamnés

---

(1) Voir le discours de M. *G. Holford* sur le bill de la déportation (session de 1815).

détenus sur les pontons, et de leurs dépenses annuelles. à partir de 1826, époque où on a terminé et fait occuper par des condamnés ceux qui ont été établis aux îles Bermudes. Quant aux années antérieures, il suffira, pour donner une idée de leur régime, de citer le résumé du rapport fait par M. *Capper* de ces établissemens, pour les années 1822 à 1823. Il exposait en résultat qu'au 1er. janvier 1822 il y avait 2,807 détenus sur les pontons, que dans le cours de 1822 il en avait reçu 2,200, qu'il y en avait 1,470 de partis pour la Nouvelle-Galles du Sud (ce qui faisait 550 de moins qu'en 1821), et 85 d'envoyés dans les établissemens pénitentiaires. 367 étaient sortis comme graciés ou ayant fini leur temps, et 49 étaient décédés; il restait 3,031 détenus au 1er. janvier 1823.

En 1826, il existait en total 3,6104 condamnés dans les sept ports ci-après, savoir :

A Portsmouth, sur 2 pontons.	1,000
A Plymouth, sur 1 ponton.	300
A Sheerness, sur 1 ponton.	500
A Chatham, sur 2 pontons (dont l'un pour les adolescens).	950
A Woolwich, sur 2 pontons.	700
A Deptford (1), sur 1 ponton.	160

Depuis 1826 jusqu'en 1829, le nombre de ces

(1) Ces quatre derniers ports sont sur la Tamise ou la Medway. Le port de Kingston, en Irlande, contient aussi un ponton avec école, très bien gouverné : il s'y trouve 350 condamnés, mais il ne sert que de dépôt pour la déportation à la Nouvelle-Galles du sud.

détenus s'est élevé à. 4,440

Aux îles Bermudes, on a établi un premier ponton de détenus en 1824, et trois autres jusqu'en 1829, époque où le nombre des détenus sur ces quatre pontons s'élevait à. 1,388

Ce qui faisait un total de. . . . 5,828

Ces condamnés sont employés aux travaux des arsenaux et de la construction des vaisseaux dans les chantiers du Gouvernement. Ceux d'entr'eux qui sont ou trop jeunes ou trop débiles pour pouvoir exécuter de grands travaux sont occupés à confectionner des vêtemens ou autres objets à l'usage des condamnés : on leur affecte spécialement un des deux pontons de Chatham.

Le tableau suivant fera connaître le produit de leur travail collectif réalisé pendant plusieurs années, ainsi que les sommes que l'État a dû y ajouter pour subvenir à leur entretien; et, par suite, ce que chaque détenu coûte, déduction faite du produit de son travail (1).

(1) Nous donnons ces détails parce qu'ils prouvent que ces pontons, d'après les améliorations qu'ils ont reçues, et qui se perfectionnent de plus en plus, pourraient nous présenter des exemples à suivre pour employer avec de grands avantages (tant pour l'Etat que pour eux-mêmes) des condamnés pour crimes à des travaux d'endiguage, de relais de mer ou de desséchemens de marais de notre littoral maritime, conformément à ce que nous avons dit (p. 516 et 517), sur l'importance qu'auraient de tels travaux, exécutés par de tels moyens.

TABLEAU des Pontons de détention existans en Angleterre de 1824 *à* 1829.

ÉPOQUES.	NOMBRE DE DÉTENUS par année.	DÉPENSE GÉNÉRALE qu'ils ont occasionée pour leur entretien.	PRODUIT de leur travail à déduire.	DÉPENSE Restant à la charge de l'État pour l'entretien annuel		
				De la masse des détenus.	De chacun des détenus.	
En Angleterre.		Francs.	Francs.	Francs.	Fr.	C.
1824	3,378	1,770,626	1,453,800	316,825	95	»
1825	3,438	1,669,600	1,544,875	124,725	36	»
1826	3,610	1,993,825	1,510,575	483,250	132	»
1827	4,262	1,895,250	1,832,300	62,950	10	50
1828	4,414	2,010,400	1,283,700	726,700	165	»
1829	4,446	1,987,900	1,557,675	440,225	97	»
Aux îles Bermudes.						
1824 (un ponton).	300	235,650	116,925	118,725	396	»
1825 *Id.* de plus.	298	201,775	169,650	32,125	108	»
1826 (2 p. de plus).	694	435,525	389,685	45,900	66	»
1827	674	447,525	442,777	4,498	7	»
1828	1,050	782,273	656,225	126,050	120	»
1829	1,368	936,900	769,550	187,550	137	»

On voit, par la sixième colonne de ce tableau, combien le montant des dépenses qui restent à la charge de l'État peut varier d'après la grande différence qui s'établit sur la quantité des travaux exécutés dans les divers ports pour chaque année; toutefois, il résulte de ces chiffres que la moyenne de la dépense générale et annuelle, occasionée pour chacun des détenus, est de

480 fr. 95 cent. sur les pontons de l'Angleterre,
et de 697 fr. 11 cent. sur ceux des îles Bermudes,

Et que la moyenne du produit du travail, qui doit entrer en déduction de cette somme, est de

389 fr. 88 cent. pour chaque détenu sur les pontons de l'Angleterre,
et de 580 fr. » cent. sur ceux des îles Bermudes.

En sorte que chaque détenu coûte net, moyennement, à l'État, par chaque année,

91 fr. 07 cent. sur les pontons de l'Angleterre,
et 117 fr. 11 cent. sur ceux des îles Bermudes; et il est essentiel de remarquer le profit particulier qu'on doit tirer de leurs travaux dans un pays dont la marine surpasse en force les marines réunies de tout le reste du globe.

Nous terminerons ce que nous devions dire au sujet des pontons et des exemples qu'ils nous présentent par une observation essentielle, c'est que le nombre des détenus y est plus que doublé de 1822 à 1829: effectivement, nous venons de voir (p. 690) que, d'après les rapports de M. *Capper* pour 1822, il n'y avait alors que 2,807 détenus sur les pontons, et qu'en 1829 leur nombre s'élevait à 5,828.

Cette grande augmentation provient principalement de la diminution des déportations à la Nouvelle-Galles du Sud, pour lesquelles les pontons servent de dépôt, et qui ont été reconnues entraîner bien plus de dépenses et d'inconvéniens avec bien moins d'efficacité, ainsi que nous allons le voir en parlant de ces déportations.

On pourrait observer que, d'après la grande activité des travaux dans les ports où sont placés les pontons en Angleterre, ceux des détenus peuvent y avoir un degré d'utilité qu'ils ne trouveraient pas dans les nôtres, surtout en temps de guerre maritime, où nos ports seraient bloqués; mais nous leur assurerions une destination bien plus importante et plus efficace en leur donnant celle que nous venons de rappeler dans la note qui est au bas de la p. 691.

Premiers essais d'établissemens pénitentiaires.

Les améliorations apportées au régime des pontons laissaient cependant encore beaucoup à désirer. Tous les condamnés, de quelque criminalité et de quelque âge qu'ils fussent, étaient confondus dans ces prisons flottantes, de sorte que la corruption l'emportant par sa fatale influence sur ce qu'il pouvait y avoir de pudeur et de bonnes dispositions au fond de quelques cœurs, la société voyait chaque jour augmenter le nombre des criminels qui ne pouvaient rentrer dans son sein sans menacer sa tranquillité et son existence. Force fut donc de reconnaître l'insuffisance des moyens adoptés en remplacement des déportations aux colonies de l'Amérique septentrionale, et d'en trouver quelqu'autre plus efficace. L'Angleterre dirigea alors ses recherches dans les différens pays d'Europe; mais aucun ne parut lui présenter de système préférable au sien, et qu'elle pût utilement pratiquer chez elle. Elle ne sut point apprécier alors cette belle maison de détention de Gand, dont nous avons donné la description (dans la note B), et qui cependant était bien digne de fixer l'attention, car l'Angleterre ne tarda pas à lui rendre justice, comme malgré elle : effectivement, ayant porté ses recherches chez le peuple nouveau qui, au delà des mers, avait secoué le joug de sa domination, elle se proposa de suivre l'exemple des États-Unis, tandis que ceux-ci n'avaient fait eux-mêmes, d'après leur propre aveu (aveu qui témoigne de leur bonne foi), que mettre à exécution les idées que le philanthrope anglais *Howard* avait, comme nous l'avons dit, puisées à cette maison de Gand, qu'il avait citée comme le meilleur exemple à suivre, dans son célèbre ouvrage sur les prisons de l'Europe, qu'il avait toutes visitées.

Ce fut donc d'après les idées d'*Howard* ainsi suggérées que le Gouvernement anglais s'occupa de fonder à Gloucester le premier établissement pénitentiaire qui fut établi dans ce royaume. Nous nous bornerons à rappeler ici la date de cette fondation (1785), nous réservant d'entrer dans les détails lorsque nous serons arrivés à l'époque où l'Angleterre adopta pleinement ce système, dont la prudence commandait de ne faire d'abord qu'une épreuve.

Adoption d'un système de déportation pour les établissemens de la mer du Sud.

Mais l'Angleterre, en perdant ses colonies dans l'Amérique du Nord, était encore bien moins sensible à la privation des ressources qu'elle y trouvait pour la déportation des malfaiteurs, dont elle voulait débarrasser la mère-patrie, et qui la portait à y suppléer par l'établissement du système pénitentiaire, qu'à l'échec que recevait ainsi sa puissance coloniale et maritime.

Des considérations si importantes pour elle, et le désir de trouver des moyens de compenser une telle perte, dirigèrent l'attention et le zèle du Gouvernement vers ce continent de la Nouvelle-Hollande dont le célèbre *Cook* avait reconnu la côte orientale en 1774, et de laquelle il avait annoncé prendre possession au nom de l'Angleterre (1). Les descriptions brillantes qu'il en avait faites, et notamment de la partie qu'il appela *Botany-Bay*; les rapports favorables sur les avantages de toute nature qu'on croyait trouver dans ce vaste pays pour une colonie pénale excitèrent même, vu les circonstances, une sorte d'enthousiasme général : le système pénitentiaire fut alors abandonné, et toutes les vues se dirigèrent vers les moyens de réaliser des projets de colonisation sur cette *terre d'élite* qui, d'après ce qu'on rapportait de sa nature et de sa situation, semblait devoir dépasser tout ce qu'on avait pu faire dans l'Amérique septentrionale.

Colonies pénales de la mer du Sud.

D'après l'importance qu'on doit attacher aux observations que présentent, après plus de quarante années d'expérience, les colonies pénales les plus célèbres sous la direction d'une métropole où tout ce qui les regarde a été si solennellement discuté, et que sa puissance maritime met si fort au dessus de tous les autres États pour le choix

---

(1) La vaste contrée dont il s'agit ici reçut la dénomination de *Nouvelle-Hollande*, parce qu'on a dû sa découverte, en 1642, à *Tasman*, habile navigateur hollandais; parmi les titres qui confirment l'honneur de cette découverte, on cite une carte exécutée en pièces de rapport sur le pavé de l'hôtel-de-ville d'Amsterdam, et dont celle de Thévenot, dressée en 1663, n'était qu'une copie; mais récemment les géographes se sont entendus pour lui donner le nom d'*Australie*, les prises de possession de l'Angleterre ayant en quelque sorte faussé la première dénomination.

des moyens les plus utiles ; enfin, et surtout d'après l'intérêt particulier que nous devons mettre aux points de comparaison que nous offrent de telles circonstances pour le sujet et les questions qui nous occupent, nous nous sommes déterminés à entrer ici dans les détails nécessaires pour éclairer notre jugement sur un établissement si vaste dans son plan et devenu si instructif par ses résultats.

Cette tâche pouvait paraître difficile à remplir, à cause des vives controverses et des dissidences dont ces colonies ont été l'objet, même dans le sein du Parlement; mais l'auteur a pu la simplifier, par suite du parti qu'il avait pris (ainsi qu'il l'a déjà dit, p. 164) de connaître et d'étudier, pendant les dix années qu'a duré sa mission à la Chambre des députés, tous les débats ou décisions du Parlement d'Angleterre relatifs à de grands intérêts.

C'est donc appuyé sur des discussions aussi lumineuses qu'il va exposer la série des documens qui y furent établis, et qui présentent, en quelque sorte, un sommaire historique des colonies pénales de la mer du Sud, pour lequel il se référera principalement et en définitif, lorsqu'il y aura doute, au rapport remarquable qui fut fait au Parlement par un comité spécial, d'après le beau et consciencieux travail de M. *Bigge*, député, qui avait été chargé, à cet effet, d'une mission sur les lieux mêmes (1).

---

(1) Report of the commissioner of inquiry on the state of agriculture and trade in the colony of new south wales, "was ordered by the house of commons to be printed on 13 march 1823, and is numbered 136 among parliamentary papers of the present year; the report is prefaced by John Thomas Bigge (who some time back reported upon the laws and judicial establishment of this colony).

Ce rapport, que l'on peut citer comme un de ceux qui prouvent le mieux la maturité des délibérations du Parlement d'Angleterre sur les grands intérêts publics, nous a paru, par cette raison, le document le plus sûr pour éliminer les dissidences qui compliquaient une question si grave en elle-même et qui en obscurcissaient la solution, ainsi qu'il arrive presque toujours quand il existe des intérêts opposés.

Il nous suffira, pour donner une idée de l'esprit d'ordre public et de l'étendue de ce rapport, d'énoncer ici les huit chapitres qui le composent.

Chapitre 1er. Agriculture en général.
— 2e. Droits, règles et police des villes.
— 3e. Commerce de tout genre.
— 4e. Établissemens ecclésiastiques.
— 5e. Caractère et mœurs de la population.
— 6e. Revenus.
— 7e. Dépenses.
— 8e. Nécessité de proposition d'établissemens forestiers.

Voici maintenant l'exposé sommaire que nous dictent de tels documens (1).

En 1786, l'Angleterre se décida à prendre possession de si vastes contrées, en ne consultant d'autre droit, d'autre règle que son propre intérêt, et en profitant de la tran-

(1) En présentant ici un exposé qui ne doit être que très sommaire, l'auteur se fait un devoir de renvoyer, pour connaître l'histoire complète de ces colonies, à celle que vient de publier M. de Blosseville, conseiller de préfecture du département de Seine-et-Oise, qui, par suite de l'étendue de ses recherches, rend compte des dissidences dont il s'agit ici.

quillité intérieure que lui assuraient sa position insulaire et son esprit public, à une époque où les principales puissances du continent, et notamment la France, commençaient à être tourmentées par la fermentation des idées nouvelles.

Dès le 25 octobre de cette même année, on équipa pour cette destination onze bâtimens, dont deux de la marine royale, pour recevoir des condamnés, des animaux, des instrumens aratoires, des plantes, des graines et des provisions de toute espèce pour deux ans.

Le commodore *Philips* fut nommé gouverneur général de la colonie. On embarqua 778 condamnés : 168 soldats de marine avec leurs officiers furent répartis sur les transports, et 40 femmes de soldats obtinrent la permission de suivre leurs maris. Le convoi se composait en tout de 1,080 individus : par suite des retards qu'entraînèrent tous les préparatifs, il ne mit à la voile que le 13 mai 1787, et il n'arriva à Botany-Bay que le 18 septembre 1788.

Les premiers soins du gouverneur eurent pour objet la reconnaissance des environs de la baie, décrits d'une manière si enchanteresse par *Cook :* il ne rencontra cependant, sur un espace de 16 milles (environ 25,000 mèt.), que rochers, sables et marécages ; mais, en revanche, au port Jackson, indiqué par ce navigateur comme n'étant qu'une simple anse, propre seulement à donner abri aux chaloupes, il fut agréablement surpris en trouvant un bassin immense, fermé par une entrée n'ayant pas plus de 2 milles de large, et pouvant recevoir les plus gros navires.

Le sol, sous le rapport de la fécondité et de l'abondance des eaux, ne présenta pas, à beaucoup près, des résultats aussi satisfaisans.

Cependant, dès le lendemain de son retour à Botany-Bay, le gouverneur donna l'ordre de mettre à la voile pour aller se fixer au port Jackson (1).

---

(1) On doit trop d'intérêt à ce qui concerne la mémoire du brave et infortuné *La Pérouse*, pour qu'on puisse trouver déplacés le peu de mots que nous allons lui consacrer ici.

Au milieu de leurs préparatifs de départ, les Anglais furent étrangement surpris de rencontrer dans ces mers, si rarement explorées, les deux vaisseaux français *l'Astrolabe* et *la Boussole*, qui, commandés par *La Pérouse* pour sa belle mission du tour du monde, venaient à Botany-Bay construire, avec des bois apportés d'Europe, plusieurs chaloupes et renouveler leurs provisions d'eau; on leur avait assuré, au Kamtchatka, qu'ils y trouveraient une ville déjà bâtie et des marchés bien approvisionnés.

Notre illustre navigateur se fit un plaisir de faire connaître au gouverneur anglais, tout récemment arrivé, les îles qui, dans ces parages, offraient les relations les plus avantageuses aux navigateurs.

Peu de temps après, les naturels du pays ayant détruit la tombe que *La Pérouse* et ses compagnons de gloire avaient élevée à la mémoire du savant Père *Le Receveur*, premier européen enseveli dans l'Australie, le gouverneur *Philips* fit graver sur cuivre et fixer à un arbre voisin l'épitaphe que portait l'humble monument français, et qui était conçu en ces termes :

Hic jacet Le Receveur,
B. F. F. missionis Galliæ sacerdos,
Physicus in circum navigatione
Mundi
Duce Laperouse
Ob. 17 *Feb.* 1788.

Généreux et touchant hommage d'un officier anglais au souvenir de cette première expédition française! *La Pérouse* avait lui-même, au Kamtchatka, payé un semblable tribut à la mémoire du capitaine *Clarke*. Honneur aux hommes qui savent ainsi faire

On reconnut, dès l'installation des condamnés dans la colonie, combien il était à la fois nécessaire et difficile de les surveiller, de les contenir, surtout les ayant tirés des prisons de Londres et des principales villes manufacturières, ce qui les rendait inhabiles aux travaux agricoles.

En effet, au bout de six semaines de relations amicales avec les naturels des environs du port Jackson, la surveillance la plus active et les châtimens les plus rigoureux ne purent comprimer l'avide brigandage des émigrés de Newgate. Les indigènes usèrent de représailles, enlevèrent des instrumens aratoires et autres objets, et défendirent leur butin à coups de pierres; on fit feu sur eux, ce qui décida des hostilités (1).

Désordres et excès des déportés; dangers qui en résultent.

Ce danger, que vint encore accroître le brigandage des condamnés qui parviennent à s'échapper, et qui a toujours

---

taire les préjugés nationaux devant le mérite, et qui, par là, proclament hautement qu'il n'est pour les sciences, les lettres et les arts qu'une seule et même patrie, l'univers!

(1) Déjà pareil événement était arrivé à l'expédition française lors de sa première relâche à Botany-Bay, mais avec cette différence que, conformément aux ordres pleins d'humanité du vertueux Louis XVI, *La Pérouse* et les siens s'étaient contentés de faire feu par dessus la tête des naturels.

Voici ce que cet illustre navigateur écrivit à ce sujet de Botany-Bay même (au Ministre, M. *de Fleurieu*), le 7 février 1788.

« Après avoir reçu nos présens et nos caresses, les Indiens nous » ont lancé des zagaies. Mon opinion sur ces peuples incivilisés était » fixée depuis long-temps, mon voyage n'a pu que m'y affermir. »

» J'ai trop, à mes périls, appris à les connaître : *Je suis cependant mille fois plus en colère contre les philosophes qui exaltent tant les sauvages que contre les sauvages eux-mêmes.* »

été un des obstacles principaux des succès de la colonie, n'était cependant pas encore le plus grand de ceux qui ont menacé son existence.

Les déportés se livrèrent à une insubordination, à des désordres et à des excès tels, qu'il fallut, pour les réprimer, recourir à différens supplices.

Les colons libres, intimidés par ces brigands, ayant refusé d'aider les autorités dans la surveillance qui était cependant si essentielle pour leur propre sûreté, le gouverneur se trouva réduit à choisir parmi les criminels déportés des chefs qu'il décora des titres de juges de paix, et qui souvent devinrent plus dangereux que les criminels ordinaires; car il n'était pas surprenant qu'avec une telle organisation les conspirations fussent fréquentes, puisqu'elles étaient protégées par ceux-là mêmes qui devaient les dénoncer.

Sous un tel régime, les condamnés, mettant une certaine émulation dans le degré de leur perversité et de leur audace, affrontaient le gibet et la marque d'un fer rouge sur la main sans que leur scélératesse en fût intimidée; souvent même, il fallut proclamer la loi martiale, surtout lorsque les naufrages ou même les retards des vaisseaux expédiés de la métropole faisaient éprouver à la colonie une famine qui l'eût fait périr, si elle n'avait eu la ressource d'envoyer dans les parages les moins éloignés chercher de quoi attendre les bâtimens de la mère-patrie.

Dès lors, sans l'infatigable activité, la fermeté et les talens consommés du gouverneur général, c'en était fait de l'établissement des Anglais dans l'Australie, tant le plan de colonisation sorti des bureaux de Londres était imprévoyant et vicieux sous tous les rapports! Nous allons en donner quelques exemples.

Le Gouvernement anglais qui, pour tout marché relativement au transport des criminels, s'était contenté de promettre à des armateurs 600 fr. environ pour chaque condamné *embarqué*, avait ainsi constitué ces mêmes armateurs héritiers des déportés qui mourraient durant le voyage. De là une infâme spéculation contre l'existence de ces malheureux. Enchaînés et entassés à fond de cale, mal nourris et traités comme la race africaine, est-il étonnant qu'il en soit mort jusqu'à 281 dans une des traversées qui suivirent la première, où la présence du gouverneur maintint un ordre qui manqua ensuite? Un seul transport, *le Neptune*, en perdit 164. Les privations des survivans étaient telles, et la surveillance si mal faite, que, pendant des semaines entières, ils purent cacher de leurs corps les cadavres infects de leurs compagnons d'infortune, afin de se partager les misérables rations qui étaient allouées pour ces derniers.

Réduits à cette extrémité, les condamnés se révoltèrent dans leurs prisons flottantes. Plusieurs capitaines faillirent être victimes de leur tolérance et de leurs sentimens d'humanité, celui du transport *l'Albemarle*, entr'autres. Il permettait aux malades de se tenir sur le pont au nombre de 10 à la fois, sans fers et presque sans les faire surveiller. Un jour, entraînés par 2 matelots américains, ils se rendent tout à coup maîtres du pont, fondent sur le magasin d'armes, se précipitent vers la chambre du capitaine pour l'égorger et s'emparer du bâtiment; soudain, un des leurs, soutenu par un seul matelot du bord, leur barre le passage; il en blesse plusieurs et refoule le reste jusque sur l'avant.

Le capitaine, averti par le fidèle marin, accourt avec l'équipage en armes, et les révoltés, ébahis, se laissent remettre aux fers. Le capitaine reconnaît dans son libérateur le voleur le plus fameux de toute l'Angleterre, *Bar-*

rington, homme bien supérieur aux autres condamnés par son caractère et ses talens naturels. Touché des égards particuliers qu'avait pour lui le capitaine, il s'était senti porté à ce noble témoignage de reconnaissance qui lui valut d'être employé avec une juste confiance dans la colonie, et d'y acquérir une réputation à laquelle on a voulu mal à propos faire participer d'autres déportés.

Jusqu'en 1800, on avait eu l'imprudence d'embarquer sur le même bâtiment des condamnés des deux sexes; un tel abus trouva son terme dans une catastrophe qui eut lieu à cette époque. Les matelots ayant été séduits par les femmes facilitèrent aux condamnés le massacre des officiers et l'évasion des déportés; le bâtiment fit ensuite voile pour Buénos-Ayres, où ce crime trouva sa juste punition (1).

Le gouverneur *Philips* qui avait préservé la colonie de sa perte par sa sagesse et sa fermeté, ayant été remplacé par le colonel *Bligh*, celui-ci, par sa conduite arbitraire, sa mauvaise administration et surtout par des actes qui portaient le caractère concussionnaire, excita bientôt un soulèvement général. Il fut arrêté et remplacé à la satisfaction de toute la colonie.

Quant au sol, l'Australie est en général fertile; on y trouve dans plusieurs contrées des mines de houille et de fer, notamment au golfe de Carpentarie, à la rivière des Cygnes; mais on n'a aucun moyen d'exploitation.

---

(1) D'après une telle expérience, les condamnés ont maintenant les fers aux pieds pendant toute la traversée; mais ils sont admis par tiers à monter respirer l'air sur le pont. Il leur est sévèrement interdit de communiquer aucunement avec l'équipage, et tout navire qui transporte des femmes condamnées ne reçoit plus de détachement militaire à bord.

La terre de *Van Diemen* est, sans contredit, la contrée la plus fertile de toute la colonie : le bois de construction y est d'une belle dimension, mais à peine suffisant; on y trouve aussi des mines et des carrières abondantes. Malgré tous ces moyens de prospérité, le pays est demeuré long-temps inculte et désert, parce que les brigandages les plus audacieux obligeaient les colons à se réfugier dans les villes. L'insuffisance des forces militaires a, dans tous les temps, laissé la colonie à la merci des condamnés. Aujourd'hui même que la garnison a été doublée, et qu'il serait facile à la population libre de lutter efficacement contre tout soulèvement, on n'est pas sans inquiétude pour un coup de main que pourrait aisément effectuer un chef audacieux sorti de ces bandes de criminels. Aucune fortification importante ne les tient en respect, trois mauvaises batteries sont toute la défense de la rade du port Jackson. Enfin, le défaut de débouchés pour les produits du sol, et surtout le prix exorbitant de la main-d'œuvre, viennent encore ajouter aux obstacles qui s'opposent à la prospérité de cette colonie.

Incorrigibilité des Déportés.

En dernière analyse, le Gouvernement anglais a reconnu que les criminels provenant des grandes villes sont plus dépravés que ceux des campagnes; et, notamment à Botany-Bay, l'expérience prouve de plus en plus, chaque jour, que la déportation lointaine, surtout quand les moyens de surveillance sont si difficiles, n'a point de résultats heureux pour la mère-patrie, ni même d'influence salutaire sur les déportés, soit pendant leur exil, soit après leur retour dans leur pays. En 1830, il y avait eu plus de 42,000 criminels déportés de l'Angleterre, et cependant elle en fourmille toujours.

Pendant leur séjour dans les colonies pénales, les plus novices achèvent leur éducation scélérate près des plus pervertis ; puis, plus endurcis à l'expiration de leur peine, ils reviennent chez eux commettre de nouveaux crimes. En 1820, sur un total de 4,457 criminels de Sidney, 1,317 avaient encouru de nouveaux châtimens dans la colonie. Les récidives avaient fini par s'élever dans la proportion de 1 sur 2. Rien ne pouvait intimider ces scélérats incorrigibles.

M. *Colquhoun* (déjà cité) a déclaré, en pleine Chambre des communes, qu'il savait, à n'en pas douter, que la presque totalité des criminels revenus graciés de Botany-Bay, qui déjà n'avaient pas été mis à mort pour de nouveaux crimes, faisaient partie des bandes de voleurs qui infestaient Londres.

Enfin, pendant trente ans, Botany-Bay fut le théâtre de désordres et de crimes effroyables. Ce n'est que depuis dix ans, environ, qu'il s'y est opéré quelques améliorations successives ; mais dès lors on a éprouvé un autre inconvénient qui n'est pas moins grave, c'est que la déportation, loin de servir de frein à la masse du peuple, encore moins aux malfaiteurs anglais, devient pour eux un objet de désir depuis que les améliorations successives opérées à Botany-Bay la présentent à leur imagination comme un appât; ils veulent y aller *faire fortune*, depuis qu'il est notoire que plusieurs déportés y ont fait des bénéfices.

Nous devons parler maintenant des améliorations obtenues et de leurs résultats, nous établirons ensuite comparativement ce qu'elles ont coûté.

Améliorations successives.

Agriculture.

Suivant *Collins* (*an account of the English colony in new south'wales*), il y avait à la fin de 1791, à Paramalta et à Sidney, 728 acres de terre en pommes de terre et vignes, sans compter 140 autres acres réservées à Paramalta pour les troupeaux.

En 1808, quelques premiers essais agricoles, mal dirigés, furent suivis de travaux et de résultats plus heureux; mais nous devons une attention toute particulière à la nature des moyens que sut employer enfin le général *Brisbane*, et qui furent d'autant mieux reconnus comme les plus efficaces pour réprimer les condamnés les plus rebelles et les forcer au travail, que c'est en partie à eux que la colonie a dû une nouvelle époque de prospérité; nous croyons, par cette raison, devoir les faire connaître ici.

Bons effets d'une Compagnie de punition pour les plus incorrigibles.

A son arrivée, trouvant les prisons de la colonie encombrées de condamnés incorrigibles que les planteurs n'osaient employer, *il en forma une compagnie de défricheurs* (*clearing-gang's*) *sévèrement disciplinée*: de cette manière, et sans avoir aucun rapport avec ces hommes que l'on avait redoutés jusqu'alors, chaque colon put faire opérer ses défrichemens au moyen d'un prix arrêté d'avance avec l'autorité.

Grâce aux mesures que sut prendre ainsi le général *Brisbane*, et qui nous rappellent si bien l'efficacité de la colonie de punition dans les colonies agricoles de la Hollande, ces compagnies ont pu donner une vive impulsion à l'agriculture de la Nouvelle-Galles. Le Gouvernement leur abandonnait des terrains qu'elles mettaient ainsi en valeur pour les livrer ensuite, à bas prix, à des colons volontaires ou à des condamnés libérés. La faible taxe prélevée seulement lors de l'entrée en jouissance était versée dans la caisse coloniale à l'effet de concourir à des travaux d'utilité publique; depuis, les planteurs ont cessé d'employer autant ces défricheurs, les accusant de monopole et de mauvaise foi; mais on les fait travailler pour la colonie.

Nouvelle-Galles.

D'après l'impulsion donnée par le général *Brisbane* par le moyen des mesures qu'il employa si à propos, et sur le mérite desquelles nous devons insister en traitant des colonies de punition, on est parvenu à obtenir les résultats ci-après.

Il y a 54,898 acres en culture. Les propriétés de l'intendant général et celles de sept à huit autres Anglais sont celles qui prospèrent le plus.

On compte 5,403 bêtes à cornes, 99,487 à laine, dont plusieurs troupeaux mérinos de pure race, dont les toisons se vendent avantageusement, et 3,639 chevaux. Les fermes, la plupart créées en 1802 et 1803 par des soldats de marine congédiés, sont petites et mal exploitées.

Van Diemen.

Cette colonie se divise en deux provinces, celle de Buckinghamshire et celle de Cornwall; les deux réunies ont 9,275 acres de terre en culture, 28,838 bêtes à cornes, et

182,468 bêtes à laine. (Le rapporteur fait remarquer ici que ces données pourraient bien être exagérées.)

Les fermes qui ont une certaine étendue sont généralement en bon état; le blé qui en provient est d'une qualité supérieure à celui de la Nouvelle-Galles, il donne environ 24 boisseaux par acre : l'orge y vient bien; les pommes de terre, très abondantes, valent à peu près celles d'Angleterre.

Plusieurs Sociétés d'agriculture, notamment celle de Londres, ont offert des prix pour l'introduction à la Nouvelle-Galles d'une plante propre à remplacer le chaume, et pour l'importation en Angleterre de vins provenant des colonies australes.

Les primes offertes par la Société d'agriculture de Sidney ont notablement fait diminuer l'espèce de chien sauvage, le *dindo*, qui dévore les bêtes à laine. Cette Société concourt de tous ses moyens, avec les Sociétés de la mère-patrie, au succès de cet établissement colonial.

Il est maintenant question de réserver, pour le Gouvernement, une portion de terrain sur chaque concession à venir, afin d'effectuer des améliorations d'utilité publique, d'élever des églises, d'entretenir un clergé et des écoles publiques. On doit aussi s'occuper d'accorder des portions de terre aux déportés, après l'expiration de leur peine, soit lorsqu'elle sera légale, soit lorsque leur bonne conduite en aura fait abréger la durée.

Améliorations pour les transportations.

De son côté, le Gouvernement anglais a perfectionné, depuis dix ans, le système de transportation. Il a été reconnu que les bannis à perpétuité se conduisent, en général, mieux que ceux dont la peine est limitée. En conséquence, on ne déporte plus actuellement que les criminels condamnés à 7 ans et plus. Tous ceux dont la peine de mort est commuée par le roi sont transportés aux colonies pénales. Un acte de George IV applique cette disposition aux banqueroutiers frauduleux.

Jusqu'au moment d'être déportés, les criminels sont retenus prisonniers à bord de pontons; maintenant les bâtimens de transport et les équipages, seuls, sont à la charge des armateurs : le Gouvernement solde le détachement militaire et le chirurgien qu'il met à chaque bord pour surveiller, faire la police et infliger, au besoin, des châtimens modérés.

Population.

Voici, d'après un rapport fait au Parlement d'Angleterre, le 13 mars 1823, quelle était alors la situation de ces colonies lointaines (1) :

La constitution sociale et morale de ces colonies pénales se conçoit aisément pour peu que l'on songe aux élémens divers dont elle se compose : c'est un mélange de

---

(1) Un des plus grands obstacles à l'accroissement de la population dans les colonies pénales est la disproportion qui existe entre les bannis des deux sexes. Jusqu'en 1820 il avait été déporté 22,217 hommes, et seulement 3,661 femmes.

toute espèce d'individus, de colons volontaires et de criminels graciés ou libérés, et plus ou moins aisés, suivant leur bonne conduite et leur travail, postérieurement à leur déportation.

» On comptait jusqu'à cette époque

1°. A la Nouvelle-Galles du Sud :

Personnes venues volontairement. .	1,307	2,802
— nées dans la colonie. . .	1,495	
Individus graciés définitivement. . .	159	1,121
— — conditionnellement.	962	
— libérés à l'expiration de leur peine.	3,255	4,677
— ayant des permis de séjour. . . .	1,422	
Criminels.		9,451
Enfans.		5,668
A bord de bâtimens de la colonie.		220
Total.		23,939

2°. A Van Diemen :

Venus volontairement.	714	899
Nés dans la colonie.	185	
Individus graciés définitivement. . . .	23	231
— — conditionnellement. .	208	
— libérés à l'expiration de leur peine.	362	670
— ayant des permis de séjour. . . .	308	
Criminels.		2,588
Enfans des deux sexes.		1,020
Total.		15,408

Qui, joints aux individus de la Nouvelle-Galles, formaient une population totale de. 29,347

Voici quel était l'état des revenus :

ANNÉE 1817.

	liv. st.	sch.
Nouvelle-Galles, du 1er. octobre 1817 au 31 septembre 1820.	81,748	»

ANNÉE 1821.

Droits sur les vins, les esprits, le tabac. . .	30,550	»
Esprit, bière, levûres pour les boissons. . .	1,527	»
Droits sur la route de l'ouest.	5,000	»
— sur le bétail et les boucheries de Sidney.	569	»
— sur le marché de Sidney.	418	»
A Paramalta.	357	10
Droit sur les ventes.	37	10
Menus droits.	20	»
TOTAL.	38,479	»

A Hobbart's-Town, terre de Van Diemen, les droits ont monté :

	liv. st.	sch.	d.
En 1816, à.	2,877	10	»
En 1817.	4,819	3	1
En 1818.	5,305	5	4
En 1819.	7,250.	15	6

Dépenses.

	liv. st.
Les dépenses pour traitemens de fonctionnaires publics sont estimées, par an, à.	8,000
Pour le civil et la police, à.	9,800
Pour la terre de Van Diemen, les premières dépenses ci-dessus sont estimées à.	2,900
Et les deuxièmes à.	2,100

Dépenses générales de la Colonie.

Nous devons maintenant considérer ce qu'ont coûté les résultats dont nous venons de rendre compte. Cette colonie qui, sous le rapport de la pénalité, a si mal atteint le but proposé, a coûté, jusqu'en 1820, à la mère-patrie 5,301,623 liv. sterl. 16 sc. 6 d. [plus de 130,000,000 fr. d'entretien], c'est à dire environ 3,000 fr. par chaque condamné, sans compter les frais de transport évalués à 700 fr. (1). A cette dépense, il faut ajouter celle d'entretien d'une marine uniquement employée à transporter les approvisionnemens nécessaires à l'établissement, et les garnisons renouvelées tous les 3 ans; enfin, un fort supplément

(1) Nous devons citer particulièrement ici, relativement à ces dépenses, les articles qui les concernent chaque année dans le budget de l'Angleterre : ce budget, indépendamment d'une allocation intitulée : *Of the establishements of new-south-wales*, et qui monte à environ 16,000 liv. st. (à peu près 400,000 fr.), en contient une autre de 47,500 liv. st., presqu'entièrement affectée aux dépenses de *literie* et de vêtemens des condamnés (*Bedding and Clothing for the convicts*), et enfin une troisième intitulée : *New-south wales and Van-Diemen's land.., on account of the expenditure incurred convicts in those settlements*; elle était de 120,000 liv. st. pour 1829; elle montait à 135,000 liv. st. pour 1828 et à 150,000 liv. st. (plus de 3,700,000 fr.) pour 1826 et chacune des années précédentes : or, nous devons nous rappeler, d'après ce que nous avons dit des dépenses pour les colonies forcées à l'intérieur, qu'une allocation pareille y aurait couvert toutes les dépenses, tant de construction de premier établissement que d'entretien pour 50,000 condamnés, dont les travaux auraient en seize années remboursé toutes ces dépenses et fait passer 50,000 hectares de terres incultes en terres de culture de premier ordre, pouvant valoir alors 50,000,000 fr. (Quelle différence sous tous les rapports!)

d'appointemens aux fonctionnaires publics qui se résignent à s'expatrier, pour aller vivre au milieu d'une population aussi repoussante que dangereuse. Cette dépense est tellement à charge à l'Angleterre, qu'elle a été contrainte, dans les temps, de créer à Botany-Bay un papier-monnaie qui n'a pas peu contribué à compliquer les désordres par l'appât des falsifications et les difficultés de l'administration. Ce seul calcul officiel doit suffire pour prouver combien la France doit rester étrangère à des systèmes de colonies pénales au delà de mers lointaines dont elle ne pourrait se flatter de conserver l'empire comme l'Angleterre.

Résumé sur les colonies pénales de la Nouvelle-Galles du Sud.

Pour achever d'asseoir sur des bases irréprochables et résumer le jugement que l'on doit porter sur les colonies pénales d'outre-mer, nous allons citer ici l'avis d'un homme d'État, que nous trouvons consigné dans un rapport sur les votes de 41 conseils généraux de départemens, pour la colonisation des forçats libérés, fait et publié, en 1828, et qu'on doit considérer comme un de ceux qui peuvent prononcer le plus pertinemment sur des questions de cette nature; nous voulons parler de M. *Barbé-Marbois*, si recommandable par la vertueuse expérience que lui ont donnée les services qu'il a rendus à la colonie de Saint-Domingue quand il l'administrait et sa cruelle déportation à Cayenne.

Voici le texte même de la citation que fait un homme d'État d'une si respectable autorité, et qu'il a extrait d'un document anglais authentique :

« Quand un grand changement s'appuie sur 40 années » d'exécution, quand toutes les parties du Gouvernement

» y ont concouru, il y a une sorte d'impossibilité de revenir sur les plus fausses mesures. Nous avons des ports de relâche entre l'Angleterre et la Nouvelle-Galles; partout nous trouvons des magasins, des approvisionnemens : c'est ainsi que nous pouvons naviguer à moins de frais que toute autre nation, et cependant la dépense d'un établissement de déportation est si grande, que *nous n'hésiterions pas à retenir tous nos malfaiteurs en Europe, si la chose était encore possible.* Il y a 10 ans que nous avons reconnu que l'établissement de Sierra-Léone ne remplirait jamais son objet. Cette tentative nous a coûté près de 2,000,000 liv. st. Les inventeurs de ce déplorable projet l'ont défendu jusqu'à ce jour, ils ont à la fin perdu tout crédit. L'établissement sera probablement abandonné, mais celui de la Nouvelle-Galles ne peut pas l'être aussi facilement; il est comme incorporé à nos lois, et non moins que la taxe des pauvres, dont aucun sacrifice ne pourra nous délivrer. »

Tel est le *résumé* succinct des résultats que présentent les colonies pénales de la mer du Sud, après 40 années d'expérience. Pour les détails que laisserait encore à désirer un exposé aussi sommaire que celui auquel nous avons dû nous restreindre, nous invitons à consulter le rapport de M. *Barbé-Marbois*, que nous venons de citer, parce qu'on ne peut trouver une autorité qui présente à la fois des bases mieux établies, plus positives et plus recommandables par le concours des lumières et de l'expérience de leur vénérable auteur (1).

---

(1) Observations sur les votes de 41 conseils généraux de départemens concernant la déportation des forçats libérés, présentées

Ce rapport, qui contient 76 pages in-4°., se termine par des notes qui constatent, entre autres choses, que l'entretien d'un condamné dans les colonies coûte au moins 600 fr. par an (son transport coûte 750 fr.; que le Gouvernement paie 388 fr. par an pour chaque individu reçu par des planteurs; enfin, l'interrogatoire d'un juge de paix d'Angleterre, en fonctions depuis 16 à 17 ans, appelé à un comité d'enquête du Parlement en raison de sa capacité connue, établit que la déportation cesse d'intimider le malfaiteur, parce qu'il espère y trouver des moyens de faire fortune et qu'il est plus retenu par la crainte d'une condamnation de sept ans, qui l'expose à rester pendant ce temps sur les pontons, que par une condamnation à perpétuité, qui l'envoie aux colonies pénales; et il ajoute qu'il ne se rappelle pas qu'aucun individu ait été amélioré en passant ce temps sur les pontons. (*Enquête imprimée par ordre du Parlement, le 22 juin 1827.*)

Mais en terminant ce qui concerne spécialement les colonies pénales de la mer du Sud, nous mériterions le reproche de n'avoir fait connaître qu'incomplétement le système de colonisation que suit l'Angleterre dans ces vastes contrées, si nous ne parlions pas en même temps de ses colonies libres.

Eclairée par l'expérience sur les graves inconvéniens et l'inefficacité d'une colonie pénale pour le but qu'elle se proposait, elle a cherché et elle emploie des moyens de colonisation, par émigrations libres, dignes de la grandeur de ses vues.

à M. le Dauphin par un membre de la Société royale pour l'amélioration des prisons. (Imprimerie royale, 1828.)

Colonies libres de la mer du Sud.

L'Angleterre s'est décidée à faire un appel à cette émulation particulière si féconde en beaux résultats sous un Gouvernement si habile à l'encourager: elle lui a offert les documens que présentaient ses nombreuses explorations et les leçons de l'expérience que donnaient pour les travaux ceux que le général *Brisbane* avait su, par une discipline sévère, diriger dans la colonie pénale; et appuyée de ces documens, elle a déterminé un mode de concession dont voici les principales bases.

Pour obtenir à la Nouvelle-Galles du Sud une concession de 640 acres de terre, il faut justifier d'un capital de 500 livres sterling et, proportionnellement, jusqu'à 2,560 acres; mais il faut contracter l'obligation de se charger d'un déporté par chaque centaine d'acres. Le droit de propriété n'est définitivement acquis qu'au bout de sept années de possession, pendant lesquelles il faut avoir dépensé en améliorations le quart au moins du capital exigé; alors seulement on verse au trésor une redevance annuelle de 5 pour 100 sur une valeur de convention qui ne dépasse jamais 5 schellings par acre, cette redevance est rachetable au denier-20 : ainsi, l'on peut, après sept années de jouissance, devenir propriétaire incommutable de 2,560 acres, au prix fixe de 640 livres sterling 2 schellings, ou par une rente de 32 livres sterling au même capital. Les concessionnaires ont inutilement réclamé jusqu'à présent de payer en nature.

Par suite de ces moyens, la colonie libre s'est développée de manière que la colonie pénale n'est plus, pour ainsi dire, qu'un accessoire de l'établissement général, et en y présentant des inconvéniens qui nuisent à sa prospérité, tels que la crainte des ravages des condamnés déserteurs, et le soin avec lequel on est obligé d'éviter toute relation avec les condamnés libérés, par suite du préjudice qu'on en éprouvait (1).

Toutefois les progrès de la colonie libre sont de plus en plus sensibles.

On comptait, en 1820, environ 6,300 acres de terre en culture dans la première colonie et 3,000 dans la seconde (*Van Diemen*), et dans les deux réunies 28,838 bêtes à cornes et 182,000 bêtes à laine.

Plusieurs Anglais ont établi des exploitations importantes, et généralement leurs grandes fermes sont en bon état.

On doit citer celles de M. *Cox*, qui, en 1820, possédait un beau troupeau de 11,000 mérinos, et celles de M. *Oxley*, intendant général de la colonie, qui, par suite de sa grande expérience, a présenté le mode de concession ci-après.

Il propose de céder aux colons volontaires qui se présenteraient des portions de terre dans les proportions et aux conditions suivantes, savoir :

---

(1) Les partisans des colonies pénales ont cité, comme preuve d'une amélioration morale absolue, la nomination de plusieurs condamnés à des places de juges de paix, et les procédés que le gouverneur avait eus envers *Barrington*, un des plus fameux voleurs de Londres; mais nous avons vu quelles furent les circonstances qui y donnèrent lieu, et que ces juges de paix devenaient quelquefois plus redoutables encore que les condamnés ordinaires.

A cinquante personnes, ayant un capital

de	500 francs,	500 acres de terre.
de	750	640
de	1,000	800
de	1,500	1,000
de	1,700	1,200
de	2,000	1,500
de	2,500	1,700
de	3,000	2,000

Avec un capital de 3,000 francs, on aurait en outre la faculté d'acheter du Gouvernement des terres dont le total pourtant ne pourrait dépasser celui de la concession primitive.

Sidney, capitale de la première colonie, compte 1,500 maisons, dont environ 100 en pierre et les autres en bois.

Elle publie une gazette, où les avantages de ce pays sont vantés avec toutes les recherches les plus propres à déterminer les émigrations dans la mère-patrie, et quelquefois même avec exagération.

Mais c'est, en dernier lieu, pour la nouvelle colonie qui s'établit à la rivière des Cygnes, que le système de colonisation libre s'est exercé avec le plus d'activité et de grandeur.

Une exploration faite avec la plus grande exactitude sur une étendue de côtes de 500 milles a déterminé le choix de cette position.

L'embouchure d'une rivière navigable, des sources abondantes à l'intérieur, la fertilité du sol, la salubrité du climat, l'importance d'une position qu'on projette de rendre le centre de la route du commerce des Indes-Orientales, tels sont les élémens d'une prospérité qui a paru motiver les plus grands efforts, et mériter à ce pays le beau nom d'*Hespérie.*

Une société anglaise, puissante par ses capitaux, s'est chargée de supporter seule les frais de premier établissement, au moyen d'une concession que lui a faite le Gouvernement de 1,000,000 d'acres de terre, sous la condition d'en mettre la moitié en pleine culture pour 1840.

Par suite de ce principe de grandes récompenses, qui est un des attributs caractéristiques de l'esprit public en Angleterre, 90,000 acres ont été particulièrement concédées au capitaine *Stirling*, pour la belle exploration qu'il avait faite du pays, et le capitaine *Parry*, qu'ont tant distingué ses avantages et courageuses navigations, a été nommé surintendant civil.

La compagnie s'est engagée à transporter, dans l'espace de quatre ans, 10,000 colons volontaires, à leur donner 1,000 têtes de bétail et à entretenir constamment trois paquebots entre la rivière des Cygnes et Sidney.

Les colons libres ne seront embarqués que par familles, dans lesquelles les femmes devront être dans la proportion de cinq à six.

Il ne sera fait de concession particulière que relativement aux capitaux et aux moyens d'exploitation de l'émigré; et toute terre qui, dans le délai de vingt et un ans, n'aura pas été défrichée ou close, reviendra de droit au domaine royal.

Le premier convoi est parti d'Angleterre en février 1829.

En mai 1830, la capitale comptait 50 maisons toutes bâties et quelques autres en construction.

Nous terminerons ce que nous devons dire ici de la colonie de la rivière des Cygnes par une observation essentielle pour le but qui nous occupe : c'est qu'il a été expressément convenu que cette colonie serait affranchie de toute mesure relative à des déportations pénales.

Ainsi, séparée comme elle l'est des colonies pénales, elle sera préservée des inquiétudes que donne le voisinage de celles-ci aux colonies libres qui se sont formées à la Nouvelle-Galles du Sud, et qui nuisent tant à leur prospérité, quoique nous ayons vu combien elles ont eu à profiter des travaux des condamnés par suite des mesures disciplinaires employées pour les compagnies de défricheurs par le général *Brisbane* avec un succès qui doit nous servir d'exemple pour des colonies forcées.

De tout ce qui vient d'être exposé dans cet article, on peut donc conclure que non seulement les colonies pénales outre mer sont onéreuses et dangereuses, mais de plus qu'elles restent sans efficacité pour la répression des crimes, et que si elles présentent de si graves inconvéniens pour les Anglais, à qui la grande sévérité de leur Code pénal les rendait plus nécessaires (1), et qui jouis-

(1) D'après la sévérité excessive de ce Code et l'inefficacité des colonies pénales pour la répression des crimes, on a compté en Angleterre, dans les sept années qui ont fini en 1830, jusqu'à 8,781 condamnations à la peine capitale, dont 407 seulement ont été suivies d'exécutions à mort; les autres ont été commuées, et les crimes contre les propriétés ont éprouvé une progression telle, que les vols de bestiaux ont doublé, et les vols avec effrac-

sent en tout temps de l'empire des mers, elles en auraient de bien plus grands encore pour la France.

C'est donc, en résumé, dans l'intérieur de la mère-patrie que notre beau pays doit tâcher de coloniser les forçats libérés et les condamnés, ainsi que nous espérons l'avoir prouvé dans ce que nous avons dit pour l'établissement des colonies forcées en France.

Adoption du système pénitentiaire sur une grande échelle.

Par suite de la gravité des inconvéniens que présentait le système des colonies pénales, et leur inefficacité pour la répression des crimes, le Gouvernement anglais reporta ses méditations sur le système pénitentiaire dont nous avons vu qu'il avait fait de premiers essais, et dont il avait été détourné par cette espèce d'engouement qu'inspira, dans le temps, tout ce qu'on disait des ressources que présentait la Nouvelle-Hollande pour des colonies pénales et pour suppléer à la perte des colonies de l'Amérique du nord.

---

tion dans les maisons habitées, qui avaient été, en 1824, au nombre de 128, se sont élevés, en 1830, à 527, par suite du défaut d'intimidation qui accompagne maintenant la peine de la déportation. (Voir les *Rapports officiels au Parlement.*) Au surplus, l'Angleterre s'occupe de modifier la rigueur de son Code pénal, et dans la session du Parlement de 1830 il a été rendu un bill qui supprime la peine capitale pour divers actes de faux pour lesquels elle était précédemment ordonnée. On s'est aussi occupé de la restriction de la peine de la déportation prononcée, dans certains cas, pour les libelles.

Cette espèce de retour était d'autant plus motivé que, pendant qu'on faisait l'expérience des inconvéniens des colonies pénales, on s'était mis à même de reconnaître les effets du régime pénitentiaire adopté antérieurement par l'établissement de Gloucester, qui avait été ouvert en 1791, et l'expérience acquise avait fait juger les améliorations dont des maisons de ce genre étaient susceptibles; ces améliorations ayant été introduites, le système parut présenter sur les déportations une prééminence d'avantages de toute nature, telle qu'on l'adopta définitivement sur une grande échelle.

Mais, avant d'entrer dans les détails qu'il nous paraît indispensable de donner ici sur les pénitenciers d'Angleterre, il importe de faire connaître d'abord quelle modification on a cru devoir apporter dans leur régime primitif.

La question relative au genre de travail qu'il convient de donner aux détenus présentait pour l'Angleterre la plus grande gravité. En effet, la population ouvrière de ce pays est souvent exposée à manquer d'ouvrage, et dès lors était-il juste d'occuper les coupables à des travaux qui leur rapportent quelque récompense, lorsque les artisans vertueux, à qui on ne contestera pas qu'on doive la préférence, sont quelquefois dépourvus de leurs moyens d'existence.

Ces considérations ont paru d'un si grand poids, qu'il fut admis en principe, ainsi que nous l'avons vu (p. 36 et suivantes), que les établissemens de détention, où les condamnés artisans n'ont aucune charge pécuniaire à supporter, ne devaient pas être convertis en manufactures dont les ouvriers probes ne pourraient jamais soutenir la concurrence, à cause des dépenses auxquelles ils sont inévitablement assujettis pour les avances de fonds pour achat de matière première, loyer, nourriture, entretien et éducation de leurs familles, etc., etc.

En vertu d'un principe reconnu aussi juste, on a, depuis plusieurs années, renoncé presque partout aux travaux industriels, qui avaient encore l'inconvénient d'occasioner des pertes de matières premières, par l'effet de l'ignorance ou des mauvaises dispositions des prisonniers. On leur a substitué un travail improductif, qui ne permet pas de croupir dans l'oisiveté, exerce salutairement le corps, et a une influence morale supérieure à celle même de certains supplices. Ce travail est celui du *tread-mill*, espèce de large et grande roue dont l'intérieur est garni de marches sur lesquelles le détenu est forcé de monter en effectuant la rotation de la machine.

Nous ne croyons pouvoir mieux faire, pour donner une juste idée de ce moyen de correction, que de transcrire ici un extrait du rapport fait, le 5 janvier 1825, au conseil représentatif de Genève, par M. *Dumon*, qui avait été chargé spécialement d'examiner cette partie du système pénitentiaire en Angleterre. Voici ce qu'il en disait :

« Ce genre de peine, quoiqu'il ne remonte pas au delà de quatre ans, a eu un succès si complet, que, déjà adopté dans plus de vingt-cinq prisons, on se prépare à l'établir dans celles qui ne l'ont pas encore.

» Tous les geoliers en font l'éloge, tous ou presque tous les magistrats l'approuvent : la Société philanthropique, composée d'hommes très éclairés, dignes successeurs de l'immortel *Howard*, le recommande comme une découverte, qui résout, pour ainsi dire, toutes les difficultés, et ceux qui l'ont attaqué, soit par des pétitions adressées au Parlement, soit par de gros volumes bien savans, ont présenté des objections si exagérées et si fausses, qu'ils ont, pour ainsi dire, achevé le triomphe de ce nouveau système.

. . . .

» Ce mode pénal a deux mérites principaux : 1°. sa simplicité. Il n'exige aucun apprentissage, il ne demande qu'un degré de force qui se trouve à peu près dans tous les individus : nul ne peut, ni par ruse, ni par paresse, échapper au travail. Il n'y a pas de tâche à donner, il n'y a point à consulter la diversité des talens et des caractères : tout marche dans une régularité parfaite ; et, comme par la substitution d'un moyen mécanique aux moyens moraux, tout l'homme est réduit à une machine qui meut ses jambes, il s'ensuit que le gouvernement d'une prison devient la chose du monde la plus facile, et qu'il ne requiert pas de grands talens de la part du geolier, ni une grande vigilance de celle des gardiens.

» Le second avantage qu'on attribue au *tread-mill* est une *efficacité réprimante*. Sans nuire à la santé des prisonniers, ce qui est bien prouvé par l'expérience et attesté par des autorités qui ne laissent aucun doute (1), le *tread-mill* est un genre de travail humiliant, servile, qui ne peut s'associer à aucune idée de plaisir, qui frappe l'imagination de ceux-mêmes qui ne l'ont pas vu, et qui a diminué, par l'effet de la terreur, le nombre des malfai-

---

(1) On voit même dans le cinquième rapport de la *Société pour l'amélioration des prisons*, que le *tread-mill* contribue à fortifier la santé des détenus par l'exercice qu'il nécessite.

teurs d'une manière sensible dans les comtés où il est établi.

» Les détenus sont appliqués au *tread-mill* neuf ou dix heures par jour, deux tiers d'heure à la fois : ils montent généralement quarante-huit ou cinquante marches par minute, et comme celles-ci ont 7 pouces de hauteur, il s'ensuit qu'ils montent de 15 à 17,000 pieds chaque jour.

» On comprend aisément que la sévérité de cette peine dépend de la hauteur des marches et du degré de rotation de la roue, de telle sorte que cet instrument, employé avec trop de douceur, perd son caractère de pénalité, tandis qu'employé avec trop de rigueur il peut devenir un supplice excessif. Il en résulte que si cette double condition n'est pas la même dans toutes les prisons pour les mêmes crimes, la peine varie et la justice est lésée, comme cela est dans la plupart des maisons de détention d'Angleterre. C'est ce qui y fait réclamer avec raison l'adoption d'un régulateur dont M. *Bate*, fabricant d'instrumens de mathématiques du bureau de l'excise, a donné un modèle qui paraît très satisfaisant.

» On a souvent présenté des objections contre l'emploi du *tread-mill* pour les femmes. Cependant le rapport du comité de la Chambre des communes sur les emprisonnemens, dont nous avons extrait quelques uns de ces renseignemens, combat cette opinion, et prétend qu'on pourrait fort convenablement appliquer au *moulin de pénitence* celles qui ont été condamnées pour fainéantise ou déréglement.

» Quant aux jeunes garçons, il est préférable de les tenir moins long-temps enfermés et de les châtier avec le fouet, quand il est nécessaire de les punir ; car une réclusion prolongée, qui les met en contact avec des détenus plus coupables, ne peut que leur faire perdre le reste de pudeur qu'ils ont conservé et les endurcir pour toujours. Cette opinion est celle de M. *Orridge*, qui a été, pendant 30 ans, gouverneur de la prison et maison de détention de Bury-Saint-Edmund. »

Ayant ainsi fait connaître tout ce qui regarde le *tread-mill*, nous allons passer à la description de l'établissement de Gloucester, qui, étant le premier pénitencier créé en Angleterre, nous fournira un point de départ pour nous mettre mieux à même de juger de l'établissement de Millbank, dont il sera parlé ensuite, et où le système pénitentiaire a reçu une complète application.

Pénitencier de Gloucester.

La maison de détention de *Gloucester* fut, comme nous l'avons dit, ouverte pour la première fois, en 1791 : sa construction avait été autorisée en 1785. Elle ne contint d'abord qu'une prison pour 137 détenus et un pénitencier pour 66. Les dépenses de construction s'élevèrent à 26,000 liv. sterl. (environ 624,000 fr.). On y adopta le système cellulaire pendant la nuit, avec classification et travail commun pendant le jour. Ce premier essai fut couronné de succès et mérita les éloges du Parlement en 1810.

On a donné dans la suite plus de développement à ce pénitencier; le nombre des cellules a été porté de 66 à 178, et malgré cette augmentation il s'est trouvé insuffisant, au point que plusieurs condamnés dûrent habiter la même cellule. Il est résulté de cet inconvénient un accroissement de récidives très notable jusqu'au moment où on y a remédié.

Nous devons dire ici quelque chose du régime des détenus. Les femmes, surveillées par une matrone, ne peuvent avoir aucun rapport avec les hommes. Ceux-ci reçoivent la moitié de l'estimation de leur travail, l'autre moitié est au profit du comté. Ce travail consiste en grande partie en mouture au moyen du *tread-mill*, qui a 4 roues séparées par le bâtiment central du moulin ; ainsi deux roues sont dans la même cour occupées par la même classe de prisonniers. 12 détenus, au moins, doivent travailler à chaque roue, de sorte qu'il n'y a jamais moins de 48 prisonniers à travailler à la fois, indépendamment des relais nécessaires. Les heures de travail sont de 9 en été, et de 5 en hiver : le temps est de 16 à 20 minutes à la roue, et 10 ou 12 minutes de repos. La machine a coûté 1,200 liv. sterl. (28,800 fr. environ). On travaille à la mouture pour la prison et l'intérieur.

Un chapelain est chargé du service religieux et de l'amélioration morale des détenus.

Par suite de l'expérience acquise dans cet établissement, du parti qu'on pouvait tirer du système pénitentiaire et des inconvéniens qu'on commençait à reconnaître à celui des colonies pénales pour la répression des malfaiteurs, on ordonna, en 1812, la construction d'un pénitencier central, après une longue discussion dans laquelle plusieurs membres du Parlement insistèrent pour cet établissement, en démontrant l'inefficacité et les déplorables résultats des systèmes suivis jusqu'alors.

Ce pénitencier, appelé *Millbank*, est situé dans un faubourg de Londres, et à l'écart, dans un bas-fonds, où il occupe environ 16 acres (7 hectares) de terrain ; on a imité imparfaitement, pour sa construction, le modèle de la maison de Gand, que nous avons cité (voir la note B), en le composant d'un hexagone central dans lequel habitent le directeur, les surveillans et les premiers employés ; cet hexagone est entouré par six bâtimens de forme pentagone qui convergent et se rattachent à lui, mais qui sont séparés les uns des autres, ce qui a doublé les murs de séparation qui, à la maison de Gand, ont l'avantage d'être mitoyens et de donner ainsi plus d'espace entr'eux et plus de facilité pour les communications. Au surplus chacun de ces bâtimens ou compartimens a, comme ceux de la maison de Gand, des cours, des réfectoires, etc. ; quatre de ces compartimens affectés aux hommes contiennent chacun 120 cellules ; les deux autres, destinés aux femmes, offrent des distributions analogues.

En 1816, il put commencer à recevoir des détenus, mais il ne fut entièrement terminé qu'en 1822 ; les frais de sa construction ont monté à environ 400,000 livres sterling (à peu près 10,000,000 fr.)

En 1823, il éprouva une épidémie qu'on attribua généralement à l'insalubrité du local.

On fut forcé de transporter les détenus mâles sur les pontons pour plus d'un mois, et les femmes, au nombre de 165, furent graciées en raison des circonstances.

On attribua encore cette épidémie au régime alimentaire de la prison. On crut que la nourriture y avait été trop abondante, on la réduisit ; mais cette réduction n'obvia pas encore au mal. Enfin, en 1824, on prit de nouvelles mesures de salubrité et on adopta à cet égard un système qui a réussi et qui est encore suivi aujourd'hui.

Jusqu'en 1824, Millbank reçut les condamnés à mort dont la peine était commuée en une réclusion de 10 ans, et les condamnés à la déportation pour 7 ans et pour 14 ans, et ceux-ci par suite de modifications des mesures législatives n'y restaient que, les premiers, 5 ans, les deuxièmes 7 ans.

Pendant les 5 premiers jours le condamné est renfermé seul dans une cellule, sans occupation et sans distraction, afin de faire naître le repentir dans son ame. Il est ensuite placé, pour la moitié de la durée de sa peine, dans la première classe des détenus : alors, hors le temps où il est employé au *tread-mill,* il travaille et couche seul dans sa cellule; il est admis au préau et à l'école et il entend lire les Saintes-Écritures.

Arrivé à la deuxième classe où il peut entrer plus tôt par l'effet de sa bonne conduite, il travaille avec deux ou trois personnes, et toute récréation est encore interdite ; il peut, en se comportant bien, non seulement diminuer le temps de sa détention, mais obtenir même des emplois dans l'établissement.

Les détenus doivent, par régime hygiénique, s'exercer en ratissant et sarclant les cours. Leur habillement est économique et varié, suivant les classes. Les prisonniers de la 2e. classe ont des priviléges particuliers.

Chaque détenu reçoit, à sa sortie de la prison, les 5/8 du salaire qu'il a gagné par son travail, en en déduisant toutefois les dettes dont il serait passible pour détérioration de meubles, etc.

La peine ordinaire pour de simples fautes est de 15 jours de prison au plus, dans une cellule obscure ou non, suivant la gravité du cas, et au pain et à l'eau.

On a plusieurs fois trouvé que le système cellulaire de Millbank était poussé à l'excès, et empêchait l'application du système pénitentiaire : nous ne prononcerons pas sur cette question, parce qu'elle n'a pas un rapport direct à l'objet qui nous occupe, la création de colonies agricoles.

La population de Millbank n'était, à la fin de 1825, que de 232 hommes et 87 femmes : en décembre 1826, elle s'était élevée à 426 hommes et 105 femmes ; en 1827, elle fut, en *maximum*, de 452 hommes et de 102 femmes ; depuis août 1824, jusqu'en décembre 1825, on n'avait compté que 5 morts. En 1826, sur 557 individus les décès ont été de 16, par suite de maladies apportées à la prison.

On avait observé, comme une preuve du peu d'efficacité de ce pénitencier, que sur 228 individus libérés pendant 6 ans, 49 seulement avaient rapporté, au bout de l'année, un certificat de bonne conduite, qui leur donne droit à une gratification en argent ; mais depuis, le rapport de 1826 a témoigné du bon ordre qui régnait à cette époque, et de la bonne conduite des détenus.

D'après le Compte rendu pour 1827, le nombre des détenus avait été, en *maximum*, de 550, et la dépense *nette* s'était élevée à 20,798 livres st. ; ce qui a fait remarquer qu'en réunissant le montant de cette dépense à l'intérêt du capital employé à la construction de l'établissement (environ 400,000 livres sterling), il en résultait que les charges réunies du logement, de la nourriture et de l'entretien des détenus étaient d'environ 80 liv. st. (1,900 fr.) pour chacun d'eux, et qu'il coûtait ainsi à l'État autant qu'un lieutenant de marine royale en demi-solde. Une observation déjà si frappante se trouve confirmée encore plus positivement par l'article que l'on trouve dans le budget présenté au Parlement pour 1829, et qui est intitulé : *To defray the expense of the etablishement of the penitentiary home at Millbank for the year* 1829 (où le *maximum* des détenus avait été de 511). Cet article monte à 24,000 l. st. (environ 600,000 fr.), et il faut encore remarquer que les six derniers mois de 1828 avaient coûté 15,000 liv. st.; ce qui faisait un quart de plus, suivant le budget de ladite année.

De telles réflexions doivent inspirer une grande réserve pour l'application de ce système en France; car il pourrait y devenir ruineux si on se laissait aller à l'idée d'imiter, à cet égard, les États-Unis d'Amérique, où son application peut au contraire devenir productive pour l'État, ainsi que nous allons le reconnaître dans la note (H), parce que l'élévation des prix de la main-d'œuvre y est telle, que la journée d'un ouvrier s'y paie jusqu'à un dollar et demi (7 fr. 95 c.).

Nouveau système de colonisation pour le Canada.

Pour suivre le cours de nos recherches comparatives, nous devons maintenant considérer les principes et les résultats du système que l'Angleterre vient enfin d'adopter pour favoriser la colonisation du Canada, après deux siècles d'expériences qui furent employés, comme nous l'avons vu, à rechercher les divers moyens de seconder les vues adoptées d'abord par le génie d'Élisabeth, et qui, depuis son règne, s'étaient développées de plus en plus, pour effectuer des colonisations utiles à la mère-patrie, soit en accroissant sa puissance, soit en la débarrassant de sa population indigente surabondante, et même de ses malfaiteurs.

La grandeur du plan adopté, à cet égard, est une nouvelle preuve de l'esprit public qui règne en Angleterre; car la métropole n'a été arrêtée ni par l'étendue des difficultés à surmonter, ni par l'élévation des dépenses à faire pour établir, dans la colonie même, les moyens préparatoires les plus propres à y assurer le bien-être et la sécurité des colons, tant pour les émigrans par le fait seul de leur propre volonté que pour ceux qu'elle y transporterait de leur consentement, mais sous sa propre direction, vu leur indigence.

Le bel ensemble de ses conceptions devient d'autant plus remarquable pour le sujet qui nous occupe, qu'elle y laisse de côté toute idée de colonie pénale, quoiqu'au Canada elle ait de moins à supporter les graves inconvéniens que présentaient les colonies de la mer du Sud, soit pour l'éloignement de la mère-patrie, soit pour les frais de transport des individus et des choses nécessaires, soit pour la facilité des relations dont l'avantage s'accroît en raison de leur existence habituelle et assurée.

Cette observation va devenir plus sensible, et on en conçoit toute l'importance par l'idée que nous allons donner des entreprises et des moyens employés par l'Angleterre pour remplir son vaste plan, dans lequel elle a nécessairement fait entrer le désir de mettre sa puissance, dans cette partie du monde, à l'abri des atteintes de celle que les États-Unis rendent chaque jour plus redoutable et pourraient même rendre envahissante, si l'Angleterre ne lui opposait pas chez elle un contre-poids aussi imposant.

Pour assurer l'accroissement de la population de cette vaste colonie, elle y fait maintenant contribuer des émigrations libres à la vérité, mais dirigées par le Gouvernement et à son compte, du moins pour les avances, avec la formation de compagnies particulières, en offrant à celles-ci les encouragemens les plus remarquables par l'ensemble de vastes concessions à bas prix, et d'utiles entreprises aux frais de l'État, qui doivent ainsi changer en quelque sorte la face du pays dans ces régions soumises en partie à des hivers très rigoureux, et présentant dans nombre de lieux des monts escarpés et des torrens impétueux.

Nous citerons à la tête de ces entreprises celle du canal *Rideau*, qui doit joindre la rivière d'Ottawa au lac Ontario, pour éviter ainsi de suivre le cours du fleuve Saint-Laurent dans une partie remplie de chutes et de rapides dangereux, et d'ailleurs assujetti à un péage envers les États-Unis, pour les embarcations venant d'au delà de l'île de Barnhart, que les Anglais regrettent vivement d'avoir cédée à cette puissance rivale.

Ce canal, destiné à recevoir des vaisseaux, doit avoir 160 milles de développement, et 47 écluses pour racheter 437 pieds de pentes et contre-pentes. Il consiste en jonctions de rivières et de lacs, où tous les ouvrages d'art ont pour but de franchir des chutes et des rapides.

Les devis faits par M. *Mactaggart*, dont nous allons parler, portent les dépenses à 486,000 liv. sterl. [12,151,500 fr.] (1).

La première idée de cette communication navigable fut inspirée par les grandes difficultés qu'éprouvèrent les Anglais à remonter le Saint-Laurent, pendant la dernière guerre du Canada, pour se procurer des approvisionnemens. Aussi, dès que la paix fut conclue, on pensa à opérer la jonction ou canalisation des petites rivières qui se trouvent entre le lac Ontario et l'Ottawa. M. *Mac-*

(1) Chaque année, le budget de la métropole contient de fortes allocations pour les dépenses de ce canal; elles ont été de 135,000 l. st. dans le budget de 1828, et 163,000 l. st. (plus de 4,000,000 f.) dans celui de 1829; elles se sont élevées à pareille somme pour celui de 1830.

taggart fut envoyé sur les lieux : les études et les examens qu'il fit avec d'autres ingénieurs, malgré les pénibles privations et les grandes souffrances résultant de l'intempérie du climat, jointes à l'absence de toute espèce d'habitations, les mirent à même de faire des rapports par suite desquels on décida la construction du canal Rideau. Vers la fin de 1826, M. *Mactaggart* fut chargé de lever les plans et de diriger les travaux qui sont aujourd'hui près d'être terminés.

Ce canal, en ouvrant ainsi une communication facile au travers de contrées hors de la portée de l'ennemi, contribuera beaucoup à la sécurité du Canada, en temps de guerre; mais outre l'utilité qu'il présentera sous le rapport militaire, il ouvrira des débouchés immenses à un pays vaste et fertile, privé jusqu'à présent de la ressource d'un marché.

Ces travaux de canalisation furent commencés d'après la grande importance qu'ils se trouvèrent acquérir aussitôt que les États-Unis eurent terminé la jonction du lac Érié avec l'Atlantique, et entrepris de le faire communiquer avec le Mississipi; on voulut dès lors étendre de si belles communications au Canada, en construisant immédiatement après, à la diligence et en grande partie aux frais d'une compagnie anglaise, le canal à vaisseaux dit *Welland*, qui joignit le lac Ontario au lac Érié, en tournant la célèbre cataracte du Niagara, qui a 180 pieds de chute perpendiculaire.

On peut encore citer comme remarquable le canal de *la Chine*, qui passe pour un modèle de perfectionnement, et ce mérite est d'autant plus grand, qu'il a été le premier construit dans un pays tout à fait étranger à ce genre de travaux. Il commence à Mont-Réal, et parvient, au bout de 9 milles, aux eaux tranquilles qui précèdent le rapide de *la Chine*. Il a coûté 130,000 liv. st. (3,250,000 fr.), qui ont été fournies en partie par une compagnie qui sut voir son propre intérêt dans celui du pays.

Un autre canal est en exécution, c'est celui de Granville, qui doit avoir la même étendue que celui de la Chine. Il a déjà exigé plus de 80,000 liv. sterl. de dépenses (2,000,000 fr.), quoiqu'il ne soit qu'à moitié construit.

Mais ces canaux, déjà si importans en eux-mêmes, le paraissent encore bien davantage, quand on les considère comme autant de sections qui, en se rattachant l'une à l'autre, forment une grande ligne de jonction entre le fleuve Saint-Laurent et le lac supérieur. Celui-ci, qui doit son nom à sa position, a, dit-on généralement, plus de 400 milles de long, de l'est à l'ouest, environ 120 de large, 930 pieds à sa plus grande profondeur, et 1,000 pieds d'élévation au dessus de l'Océan. Cette ligne, après avoir atteint dans la partie *Est* cet immense bassin de partage, doit le traverser en longueur et trouver ensuite, dans la jonction et la canalisation des cours d'eau qu'on rencontre en se dirigeant vers l'Océan Pacifique, les moyens d'y arriver en gagnant le Missouri, et subissant ensuite un *portage* inévitable d'environ 40 lieues, à travers la chaîne des montagnes rocheuses (*rochi-mountains*), pour parvenir à la rivière *Colombia*, qui se jette dans cet Océan, sur les bords duquel s'élève la ville de *Noutka*, qui semble devoir devenir ainsi le centre d'un immense commerce avec l'Orient.

Déjà on calcule, avec une sorte d'enthousiasme, qu'après la confection de cette grande ligne navigable, entre le Saint-Laurent et l'Océan Pacifique, il suffira d'établir des bateaux à vapeur entre Londres et Québec, pour franchir, en deux mois environ, la distance qui sépare l'Angleterre de la Chine ; calculs qui peuvent paraître gigantesques, mais que doit excuser et semble motiver la grandeur qu'auraient leurs résultats, s'ils étaient réalisés.

L'ouvrage que nous publierons incessamment sur les canaux navigables fera connaître en détail cette importante communication, et, particulièrement, la belle exploration qu'en ont faite, durant deux ans, au milieu des privations et des dangers les plus faits pour décourager, les capitaines *Lewis* et *Clarke*, chargés par les États-Unis de chercher les moyens d'opérer la jonction du Mississipi avec l'Océan Pacifique, par le Missouri, les montagnes rocheuses et cette rivière de *Colombia*, où ils sont arrivés par d'autres rivières auxquelles on a donné leurs noms.

Cette mission leur avait été confiée en raison de la haute importance que les États-Unis d'Amérique y attachaient alors ; importance qui a beaucoup diminué depuis le projet subséquent de joindre l'Atlantique à l'Océan Pacifique, au moyen d'un canal à vaisseaux, qui couperait l'isthme de Panama, comme l'indiquera aussi notre ouvrage précité, en citant entr'autres choses le dernier message du Président de la république des États-Unis.

Nous citerons encore, à l'appui des résultats que l'Angleterre doit obtenir de ses belles entreprises, la progression et la consistance que prennent déjà les opérations des compagnies particulières (1). Ainsi, dans cette ancienne Acadie des

---

(1) Nous tirons les principaux documens que nous rapportons ici d'un ouvrage de M. *Mactaggart*, ingénieur au service de l'Angleterre, intitulé : *Three years in Canada*, 2 *vol. in*-8°. *London* 1829, et publié par suite de la mission spéciale qu'il avait reçue du Gouvernement anglais pour reconnaître cette contrée,

Français, où l'on vit leurs colonisations irréfléchies avoir une si désastreuse issue, malgré les avantages que présente la nature fertile de cette péninsule, une des plus belles baies qui existent sur l'Atlantique, les Anglais ont élevé la ville d'Halifax, devenue la capitale de cette contrée, qu'ils ont appelée Nouvelle-Écosse. Cette ville, pour la construction de laquelle on ne craignit pas de faire venir la chaux des Indes occidentales, a ses rues *mac-adamisées*, larges et bien alignées. Elle contient une population de 15,000 habitans, et la société qui y existe s'y fait remarquer par la recherche de ses manières. Mais ce qui distingue surtout Halifax, c'est l'importance que doit lui donner un vaste et bon port, bien abrité, ayant un mille anglais de large et 80 pieds de profondeur, où l'on peut entrer par tous les vents, et où on pourra fonder un bel établissement de construction, surtout quand un service de navires à vapeur sera organisé pour l'Atlantique, ainsi qu'on le projette.

Sur l'autre rive, on trouve, jusqu'à la baie de Fundy, des lacs qu'on s'occupe de rendre propres à une navigation intérieure d'environ 50 milles de développement avec douze écluses qui auront 23 pieds de large, pour que cette voie navigable puisse recevoir des navires. Les dépenses paraissent devoir être considérables; mais comme on parviendra ainsi à exploiter des mines de houille, de fer et de cuivre, et à fertiliser l'intérieur du pays, on les regarde comme devant être très productives.

Sur l'Ouse, torrent qui peut alimenter 15 à 20 moulins, et dans un pays où l'on trouve de la terre glaise en abondance, de la pierre à chaux d'excellente qualité et un sol

---

et notamment tout ce qui devait se rapporter au projet et à la construction du canal *Rideau*.

couvert de bois, on édifie *Guelph*, capitale du Haut-Canada. Cette ville, éloignée de Québec de 700 milles, à l'ouest, commença (en 1826) par un vaste bâtiment propre à recevoir les colons à leur arrivée, et où on s'engagea à créer des écoles et à donner des places pour les diverses religions.

Les lots de terre pour bâtir dans l'enceinte destinée à la ville furent d'un quart d'acre, qu'on paya, dans l'origine, 20 dollars, avec le droit d'établir une ferme de 50 acres, à raison de 7 sch. 6 d. ou un dollar et demi par acre. Mais ces prix furent ensuite augmentés; savoir, les lots de ville de 30 à 40 dollars, et les terres de fermes de 10 à 12 schell. 6 d. par acre.

L'acte d'incorporation de la compagnie du Canada fut obtenu au commencement de 1826, et dès le mois d'octobre de l'année suivante on avait déjà vendu 200 lots de ville et 16,000 de terre; on avait construit ou mis en construction 76 maisons. Il y avait en activité un moulin à scie, un à farine et une briqueterie; on y comptait aussi un marché, deux tavernes, plusieurs magasins et une école fréquentée déjà par 40 enfans.

Le climat de ces parages est tempéré; on peut même dire qu'il est chaud pendant neuf mois de l'année, comparativement avec celui de l'Angleterre, dont il n'a point l'humidité. Cette circonstance est très favorable aux travaux, qui sont ainsi moins sujets à être suspendus.

Le sol y est généralement d'une nature féconde. On le croit le meilleur qui se puisse trouver dans le Haut-Canada. Il faut ajouter qu'il est entrecoupé de beaucoup de cours d'eau très vive dont on pourra tirer un parti avantageux pour les irrigations.

Une compagnie qui a acheté de la couronne environ 1,200,000 acres de terre dans le voisinage du lac Huron a aussi conçu le projet d'y fonder une ville. Il y aurait à céder 200 lots de 80 acres à 7 sch. 6 d. l'acre, au choix des colons (la couronne s'est réservé 1 lot sur 7). Elle fonde ses espérances de réussite sur les avantages divers que présensente le lac, sur la richesse de ses rives en mines de cuivre, de plomb et de fer, et sur la possibilité de produire de la laine, du coton et du tabac aussi bons que ceux d'autres parties de l'Amérique. La compagnie, pour aider au succès de ses projets, fait les premières avances au colon, quand elle trouve sûreté et bonne recommandation, mais elle ne contribue pas aux frais de voyage.

Il nous reste encore à mentionner les villes plus connues de Québec et de Mont-Réal, toutes deux situées dans le Bas-Canada, sur le fleuve Saint-Laurent. La première, qui est à 350 milles de son embouchure, a devant elle une espèce de rade assez large et assez profonde pour que 100 vaisseaux puissent y mouiller facilement : elle est fortifiée et se compose de deux villes, l'une haute et l'autre basse, toutes deux bâties en pierres. La ville haute est à 350 pieds au dessus du fleuve : on y fait de nouvelles fortifications, pour remplacer les anciennes, qui avaient été construites par les Français. Québec compte une population d'environ 38,000 ames, dont la majeure partie se compose de Canadiens-Français. On y trouve, ainsi qu'à Mont-Réal, un salon littéraire.

Mont-Réal, placée dans une île du fleuve, au confluent de l'Ottawa et à 180 milles au dessus de Québec, est à peu près aussi grande et aussi peuplée. Ces deux villes communiquent journellement ensemble par deux bateaux à vapeur : l'un d'eux, nommé *Lady Sherbrook*, a 145 pieds de long et 10 pieds d'immersion ; l'autre, nommé *Chambly*, a 142 pieds de long et 6 pieds d'immersion.

En faisant connaître ainsi les grandes mesures que l'Angleterre a employées comme les plus propres à stimuler l'émulation particulière, et à faire concourir ses efforts avec ceux du Gouvernement, pour donner à la prospérité de la colonie du Canada tout le développement dont elle était susceptible, nous devons en même temps fixer l'attention sur la solution négative, c'est à dire le rejet des idées pour une colonie pénale dans ces contrées, où elles se présentaient cependant avec l'ensemble des avantages le plus désirables et bien autrement déterminans que tout ce qu'on pouvait espérer des colonies de la mer du Sud.

Cette circonstance a tant d'importance pour les questions principales qui nous occupent, que nous devons l'exposer avec assez de détail pour la faire entièrement apprécier.

M. *Mactaggart*, dans la savante et pénible exploration à laquelle il s'était livré pendant trois ans dans ces contrées, avait regardé comme essentiel à sa mission de rechercher ce qui pouvait éclairer le Gouvernement sur l'établissement des colonies pénales, et avait cru remplir complétement ses vues, à cet égard, en lui indiquant la vallée de *Gatineau*, et en appuyant sa proposition par un tableau des localités, qui prouvait qu'on ne pouvait pas, pour ainsi dire, en trouver une plus favorable. Pour mettre à même d'en juger, nous allons en donner ici une esquisse, d'après les détails contenus dans l'excellent rapport de M. *Mactaggart*, qui y consacre un chapitre spécial (p. 261 et suivantes du vol. IIe. de son ouvrage précité).

Vallée de Gatineau proposée comme lieu de déportation pénale le plus favorable.

La vallée de *Gatineau* présente une superficie d'environ 25 milles carrés : elle est entièrement distincte et en quelque sorte séparée des terres susceptibles d'une exploitation générale ; elle commence aux chutes de la rivière Gatineau, à environ 50 milles au dessus de son embouchure, dans la rivière d'Ottawa, et est, pour ainsi dire, circonscrite, au nord, par les montagnes rocheuses, où la Gatineau prend, dit-on, sa source à 800 milles de distance ; à l'ouest, par les grands lacs Chaudière et des Chats, et par la chaîne des montagnes Airdly, dont les escarpemens s'élèvent à près de 1,500 pieds au dessus du niveau de ces lacs ; à l'est, par la haute chaîne des montagnes Ridgy, d'où sort la rivière Leivre, qui se jette aussi dans l'Ottawa, de sorte que cette vallée n'a, pour ainsi dire, d'issue praticable que par son embouchure dans l'Ottawa, près et au dessous de laquelle se trouve un cap dominant cette issue à une élévation d'environ 300 pieds au dessus des eaux de l'Ottawa, et qui forme déjà, par sa position, un poste militaire occupé, que l'on doit garnir de fortifications imposantes.

Cette vallée, ainsi circonscrite, est généralement couverte de bois très durs, notamment de chênes et d'ormes ; leur belle végétation prouve la bonté du sol qu'on livrerait à la culture après un déboisement très profitable en lui-même, au moyen des débouchés que présenterait le flottage sur les deux rivières Leivre et Gatineau. Cette dernière, qui traverse la vallée sur un développement d'à peu près 50 milles, a douze fois la largeur de la Tamise, au point où celle-ci cesse de ressentir l'action de la marée. On voit ce que pourraient présenter de débouchés le cours et le flottage de ces deux rivières, puisqu'elles se jettent dans l'Ottawa, qui communique elle-même avec Mont-Réal et Québec, en s'embouchant dans le Saint-Laurent, entre ces deux villes, et qui doit communiquer encore par le canal Rideau (qu'elle reçoit près et au dessous de l'embouchure de la Gatineau), avec les lacs Ontario et Érié, qu'on fait communiquer avec le Mississipi.

M. *Mactaggart* fait observer que le transport des condamnés dans cette vallée ne coûterait guère que le quart de la dépense que l'on fait pour les conduire aux colonies pénales de la mer du Sud, que leur entretien et leur surveillance seraient bien moins dispendieux et bien plus faciles, que leurs travaux seraient plus productifs; enfin, il insiste sur ce concours des avantages d'une localité telle que l'imagination elle-même en créerait difficilement une plus favorable pour l'établissement d'une colonie pénale.

L'Angleterre, en rejetant la proposition d'y former un établissement de ce genre, a résolu négativement et de la manière la plus décisive la question relative aux colonies pénales d'outre-mer, même pour elle qui jouit, en tout temps, de l'empire maritime. Il en résulte que si elle laisse néanmoins subsister ses colonies pénales de la mer du Sud, qui lui coûtent trois à quatre fois plus que ne le feraient celles du Canada, c'est que leurs inconvéniens sont des faits consommés, sur lesquels on ne peut plus revenir efficacement.

Le Gouvernement anglais reçoit déjà la juste récompense de ce concours de grandes entreprises secondées par de sages mesures; car, quoiqu'encore récent, il produit des résultats dont on peut calculer la progression d'après les tableaux suivans.

Nous commencerons par celui des exportations et des importations depuis 1806 jusqu'en 1825, époque où les grandes améliorations dont nous venons de parler commencèrent à influer sur les émigrations volontaires de la mère-patrie. Nous donnerons ensuite le tableau de ces émigrations, qui ont contribué proportionnellement à l'augmentation du commerce d'exportation et d'importation, mais dont nous n'avons pu nous procurer le chiffre exact (1).

---

(1) Pour en donner cependant une idée, il suffira que nous disions que les seules exportations de bois sont devenues telles, que l'Angleterre, pour en profiter, a fait construire de nouveaux chantiers et établir de nouveaux pontons de condamnés aux îles Bermudes, et qu'elle a cessé, à cet égard, d'être tributaire de la Baltique, au point que le grand canal calédonien, construit en majeure partie pour assurer le commerce de ces bois, n'en transporte que très peu et ne couvre pas ses dépenses. (Le budget anglais de 1830 lui a encore alloué 4,886 liv. sterl. de fonds supplémentaires pour son entretien.)

TABLEAU COMPARATIF *de la valeur des importations et exportations, en* 1806 *et* 1825, *dans les colonies anglaises de l'Amérique du Nord.*

INDICATION des COLONIES.	VALEUR des marchandises importées dans ces colonies en		VALEUR des marchandises exportées de ces colonies en	
	1806.	1825.	1806.	1825.
	liv. st.	liv. st.	liv. st.	liv. st.
Les deux Canadas. .	401,700	1,145,461	158,160	731,855
Nouveau-Brunswick	53,855	474,044	19,568	319,559
Nouvelle-Écosse. .	227,000	258,696	23,400	44,548
Cap-Breton.	3,595	12,119	2,480	6,864
Ile du Pr. Édouard.	1,428	38,638	3,840	9,244
Terre-Neuve. . . .	288,480	317,265	178,064	200,841
TOTAUX. . . .	976,058	2,246,223	385,512	1,312,911

TABLEAU *des émigrations volontaires des Iles Britanniques.*

Nota. Ce tableau ne comprend point les déportations qui se font dans les colonies pénales de l'Australie, qui sont d'environ 4,000 par an, dont 6 à 700 femmes.

Années.	Colonies de l'Amérique du Nord.	Indes occidentales.	Cap de Bonne-Espérance.	Nouvelle-Galles du Sud ou Australie.	Total.
1825.	8,741	1,082	114	485	10,422
1826.	12,818	1,913	116	903	15,750
1827.	12,648	1,156	114	715	14,633
1828.	12,084	1,211	135	1,056	14,486
1829.	15,945	1,251	197	2,016	19,409
1830.	28,839	»	»	»	»
1831.	49,383 Pour les 6 premiers mois (1).	»	»	»	»

Il paraît que cette grande quantité d'émigrés au Canada ne manque point d'occupation, quoiqu'ils aient sans doute beaucoup à souffrir pendant le voyage et dans les premiers temps de leur arrivée. Un journal du Haut-Canada disait, à la date du 13 août 1830 : « Bien qu'il nous soit arrivé,

(1) Le dernier document officiel, relatif aux émigrations de l'Angleterre, constate que leur nombre total, pour les six premiers mois de 1831, s'est élevé à 65,588, dont 15,924 sont allés aux États-Unis, 49,383 aux colonies de l'Amérique septentrionale (Haut et Bas-Canada), et 428 seulement à la terre de Van Diemen.

» cette année, 10 ou 12,000 émigrés, ils sont maintenant
» tous utilement employés et gagnent de bons gages, les
» hommes de 10 à 12 dollars par mois et nourris, les fem-
» mes 4 ou 5 dollars; tandis que les entrepreneurs du ca-
» nal Welland cherchent 500 ouvriers, qu'ils auront vrai-
» semblablement de la peine à trouver, même au prix élevé
» de 12 dollars par mois qu'ils offrent à chaque homme. »

On voit ainsi quelle est la progression d'émigrations libres dans une contrée où elles n'ont point à craindre les dangers que font redouter les colonies pénales.

En résultat général, et d'après le concours des mesures de la métropole, d'autant plus sages et plus utiles pour elle qu'elles sont bienfaisantes pour les colons, la population de la Nouvelle-Écosse s'élève à plus de 142,000 ames, et la ville d'Halifax y est devenue le Gibraltar de l'Angleterre pour cette partie de l'Atlantique; la population du Haut-Canada monte à 280,000 habitans, et il s'y est formé des compagnies de colonisation si puissantes, que l'une d'elles vient de faire construire en partie le canal à vaisseaux (*Welland*), qui joint le lac Érié au lac Ontario, en tournant, comme nous l'avons dit, la chute du Niagara, qui a 180 pieds de hauteur presque perpendiculaire.

La population du Bas-Canada, qui comprend Mont-Réal et Québec, villes fondées par les Français, et où leur glorieuse mémoire et leur langue existent encore, est de plus de 622,000 ames.

D'après les améliorations successives déterminées par la métropole, les terres en culture comprennent 2,946,565 acres, savoir: 1,002,198 acres en grains, et 1,944,387 acres en prairies et jachères. Les produits de l'agriculture sont estimés comme suit, sur une moyenne de trois années: froment, 2,391,240 boisseaux ; avoine, 2,342,527 boisseaux ; orge, 363,117 boisseaux; pois, 823,318 boisseaux; pommes de terre, 6,795,310 boisseaux ; foin, 24,061,345 quintaux; beurre, 145,964 quintaux ; lin écru, 11,729 quintaux, etc. On compte 140,433 chevaux, 145,012 bœufs, 260,015 vaches, 829,122 moutons, 241,735 porcs. Les manufactures du pays ont fait de rapides progrès ; elles produisent annuellement, en moyenne, 158,696 aunes de toile, 808,240 aunes de flanelle, et 1,153,673 aunes d'autres étoffes.

On doit remarquer, d'après ce que nous avons dit, que l'Angleterre, avec des dépenses qui ne vont pas au quart de ce que lui avaient coûté ses colonies pénales de la mer du Sud jusqu'en 1821 (5,301,023 liv. st.), a procuré à sa colonie du Canada des émigrations libres de la mère-patrie qui, dans les seuls six premiers mois de 1831, avaient de beaucoup dépassé le nombre des colons libres qui existaient dans les colonies de la mer du Sud, après un laps de trente-cinq ans de fondation, ainsi qu'il résulte du recensement officiel de toute cette colonie en 1830, dont voici le relevé.

	Libres.	Déportés.
Nouvelle-Galles du Sud. . . .	20,930	15,668
Van Diemen.	9,421	8,481
Rivière des Cygnes (fondée récemment loin de la colonie pénale).	850	»
	31,201	24,149

L'Angleterre assure encore la progression de ces avantages par la suite qu'elle donne au grand système qu'elle a adopté : on en a une nouvelle preuve en voyant figurer dans son budget de 1830 une allocation de 163,000 liv. st. (environ 4,000,000 de francs) pour les travaux relatifs à la jonction de l'Ottawa au lac Ontario, dont nous avons parlé sous la désignation du canal Rideau (1).

Pour assurer à des émigrations qui deviennent si considérables les moyens d'exister dans les premiers temps de leur arrivée, et jusqu'à ce que la culture produise suffisamment de blé, l'Angleterre a établi une forte prime pour l'importation du blé par mer dans le Canada. Enfin, nous devons une attention particulière aux nouvelles mesures qu'elle adopte pour faire coopérer à ses succès dans ses colonies du Canada la portion surabondante de sa population nécessiteuse, mais en donnant aux mesures nécessaires un caractère légal et propre à débarrasser la mère-patrie, sans manquer aux sentimens d'humanité dus à la classe malheureuse, et en procurant à la colonie des ressources durables qui puissent accroître successivement son importance commerciale et politique sans pouvoir lui être nuisible.

Après de nombreuses enquêtes sur cette matière, suivies de rapports et de débats lumineux et prolongés, la Chambre des communes a rendu, le 22 février 1831, un bill présenté par le vicomte *Howick*, pour favoriser les émi-

---

(1) On voit aussi, dans le même budget, un article de 47,500 liv. sterl. pour approvisionner les magasins, à la Nouvelle-Galles du Sud, de lits et vêtemens pour les condamnés ; et pour les ustensiles nécessaires au petit nombre de noirs libérés à Sierra-Leone, et quelques présens aux Indiens du Canada. La très grande partie de ces dépenses, concernant les colonies pénales de la mer du Sud, prouve la continuité de leurs charges (ainsi que nous l'avons déjà vu, p. 713.)

grations de la classe indigente au Canada, et mettre les communes à même de l'effectuer sur le revenu de la taxe des pauvres, mais volontairement, et comme présentant bien moins de dépense et bien plus d'efficacité pour le débarras et le soulagement de la métropole.

En voici les principales dispositions :

« Sa Majesté nomme les Commissaires d'émigration qui agissent sous la direction d'un Ministre secrétaire d'État et font leur rapport deux fois l'an.

» Chacun de ces rapports sera mis sous les yeux de la Chambre aussitôt qu'il sera fait.

» Des *vestries* seront délivrées par les Commissaires pour effectuer les émigrations volontaires, à toute personne chargée d'administrer une paroisse : ces *vestries* ou enrôlemens seront ensuite, sur la demande des porteurs, certifiés par la justice de paix.

» Lorsque les deux tiers des enrôlemens sont faits, les Commissaires disposent le départ de l'émigration.

» Les Commissaires peuvent aussi aider des émigrés sans le secours de la paroisse.

» Les lords de la Trésorerie fournissent alors les sommes votées par le Parlement pour les transports, l'entretien et les premiers moyens de subsistance, et les communes remboursent ces dépenses en dix ans, à raison de 10 pour 100 par an, *pris sur la taxe des pauvres.* »

La compagnie du Canada, pour seconder le bon effet de ces mesures et en profiter ainsi elle-même, a récemment publié des notices dont voici quelques extraits :

« Les personnes qui désirent travailler et ont les moyens d'émigrer au Canada supérieur auront de l'ouvrage à des prix plus élevés, comparés à ceux que reçoivent en ce pays les hommes de peine des travaux ruraux.

» Les gages donnés dans le Canada supérieur sont de 2 à 3 liv. st. par mois, avec logement et nourriture. A ce prix, on est sûr de travailler constamment dans les environs d'York, dans le Canada supérieur, et il n'y a pas de doute qu'un très grand nombre d'ouvriers peuvent encore s'y occuper. Les artisans, particulièrement les forgerons, charpentiers, briquetiers, maçons, tonneliers, meuniers, charrons, travaillent à des prix très élevés. Les hommes industrieux peuvent étendre leurs vues bien au delà avec confiance, certains d'améliorer leur position au point de gagner assez en une saison pour s'établir et cultiver pour eux.

» La terre libre de très bonne qualité se vend 10 à 14 sch. l'acre, de la manière suivante : 2 sch. le jour du choix, et le reste à des termes convenus, portant intérêt, ce qu'un colon industrieux paie très promptement.

» On ne prend guère moins de 100 acres à la fois; les agens de la compagnie se font un devoir de donner toutes les instructions désirables aux émigrés, et leur procurent tous les secours et assistances.

» A leur arrivée, l'argent payé par les émigrés passe à la compagnie, en déduisant les frais de transport jusqu'à York.

» La compagnie du Canada a payé plus de 8,000 acres en 1829, 1830 et 1831, en différens lots, aux prix de 10 à 14 sch. l'acre. »

Pour complément de documens relatifs à la progression de l'émigration volontaire dans le Canada, par suite du système adopté par la métropole, nous allons rappeler ici le résultat du dernier Compte rendu au sujet des émigrations volontaires. Dans les six premiers mois de 1831, leur nombre total a été de 65,888, dont 15,724 pour les États-Unis d'Amérique, 49,383 pour le Canada, et 428 seulement pour la terre de Van Diemen.

Cet ensemble de mesures, dictées par l'expérience et l'esprit public les plus recommandables, nous a paru mériter d'autant plus d'intérêt, que nous ne saurions trouver ailleurs des leçons mieux méditées et plus instructives pour ce que nous pourrions désirer faire relativement à la colonisation d'Alger, quand on voudra s'en occuper utilement, réfléchissant bien que le succès dépendra totalement du choix et de la direction des moyens qu'on emploiera, ainsi que le prouvent les fautes que nous avons anciennement commises, mais surtout les succès du beau système adopté par l'Angleterre, après avoir été elle-même instruite par des expériences qui, pendant deux siècles, ne répondirent point à ses vues.

Après avoir ainsi exposé tout ce qu'il y a de plus positif en faveur des émigrations et de la colonisation outre mer, nous devons maintenant faire connaître l'importance comparative qu'on donne au système des colonies agricoles, même dans cette Angleterre qui, tout en présentant les meilleures leçons et les plus beaux exemples à suivre pour des colonisations au delà des mers dont elle possède l'empire, est obligée d'observer que des colonies agricoles pourraient remédier chez elle plus efficacement et surtout plus promptement aux dangers du paupérisme, qui exigeraient, disent des rapports officiels, une transmigration, pour ainsi dire subite, d'environ 300,000 indigens.

Une telle observation appelle d'autant plus nos réflexions, que l'Angleterre elle-même, quoique séparée du continent par la mer, et ayant pu diminuer son armée depuis les événemens de 1830, tandis que toutes les autres principales puissances européennes se sont crues obligées d'augmenter les leurs ; se ressent cependant tellement de la crise que notre nouvelle commotion politique fait encore éprouver à l'Europe, que la taxe des pauvres s'est élevée chez elle à plus de 200,000,000 fr. en 1831, et qu'on y éprouve les inquiétudes les plus vives sur les dangers que présente l'accroissement du paupérisme, malgré la grandeur des mesures prises pour les émigrations au Canada et les résultats qu'on en obtient déjà.

Cette circonstance, en donnant une nouvelle preuve de l'importance des principes que les puissances, alors alliées contre nous, ont proclamés en 1813 et que nous avons déjà invoqués (p. 200) en parlant d'Alger, donne en même temps une nouvelle force aux considérations sur lesquelles nous nous sommes appuyés pour faire sentir la nécessité où se trouve la France de recourir au système des colonies agricoles. Effectivement, ainsi que nous allons le reconnaître dans le paragraphe ci-après, l'Angleterre elle-même croit urgent de rechercher, dans des moyens analogues, un remède plus efficace et surtout plus prompt contre les dangers dont le paupérisme la menace encore, quoique sa puissance maritime et coloniale surpasse à elle seule celle de toutes les autres nations de l'Europe réunies, et quoiqu'elle leur offre le plus bel exemple de colonisation outre mer qui ait encore existé. Combien dès lors nous devons être frappés de la nécessité où se trouve la France, à cet égard, en contemplant, comme nous le devons, le point de comparaison que nous présente la puissance coloniale de l'Angleterre avec notre dénuement en colonies.

Nous avons déjà dû l'exposer en parlant de la colonisation d'Alger, nous avons déploré les suites qu'avait eues et que pouvait encore avoir, pour la compression de notre population à la fois surabondante et pleine d'une ardeur expansive, la perte que nous fîmes, en terminant nos longues guerres, de toutes celles de nos colonies qui présentaient quelqu'importance pour la mère-patrie; nous avons dû rappeler aussi nos pertes antérieures; celle de cette Louisiane, si vaste, si fertile, si pourvue de grandes communications navigables, où tant de souvenirs attestent encore notre ancienne domination, telle alors que nous voulions y fonder une *Nouvelle-France*, en préludant, sous le régent, par la fondation de la Nouvelle-Orléans, devenue le centre des communications du golfe du Mexique et des immenses contrées que traverse le Mississipi; la perte de ce Canada dont nous venons d'exposer les belles ressources, et qui nous en eût présenté de plus faciles encore qu'à l'Angleterre, parce que l'ayant déjà possédé plus d'un siècle, l'attachement des naturels était devenu tel pour les Français, que les Anglais furent obligés de les combattre et de les exporter en partie pour pouvoir les subjuguer entièrement. Il nous suffira, pour reconnaître les ressources et les avantages que cette vaste colonie aurait pu nous offrir pour déverser la surabondance de notre population, alimenter notre besoin d'occupation, satisfaire notre ardeur pour les entreprises qui peuvent mériter quelque gloire, de réfléchir sur ce que nous venons de dire en parlant de Québec, de Mont-Réal, de l'Acadie, et de finir par citer ici l'épitaphe du général qui, bien qu'il eût été vainqueur, l'année précédente, dans une bataille où les Anglais eurent 6,000 tués ou blessés, se fit tuer à la dernière de nos glorieuses batailles, n'ayant pu, faute de secours de la part de la France, la gagner sur les Anglais, qui, bien secourus par leur pays, nous étaient ainsi très supérieurs en forces et étaient commandés par un chef habile et brave, qui se fit tuer lui-même pour vaincre les Français. On nous permettra sûrement ici cette citation de l'épitaphe du marquis *de Montcalm*, placée sous la sauvegarde et honorée des hommages du vainqueur, ainsi que le porte son texte même, et qui prouve aussi la valeur de nos troupes dépourvues de secours :

Utroque in orbe æternum victurus,
Ad intendam canadensem provinciam missus,
Parva militum manu hostium copias non semel repulit,
Propugnacula cepit viris armisque instructissima,
Algoris, inediæ, vigiliarum, laboris patiens,
Suis unice prospiciens, immemor sui,
Hostis acer, victor mansuetus.
Imminens coloniæ fatum et consilio et manu per quadriennium sustinuit.
Tandem ingentem exercitum duce strenuo et audaci
Classemque omni bellorum male gravem
Multiplici prudentia diu ludificatus,
Vi pertractus ad dimicandum,
In prima acie, in primo conflictu vulneratus,
Religioni quam semper coluerat, innitens
Magno suorum desiderio,
Nec sine hostium mœrore
Extinctus est.
Die 14 septembre 1759, ætate 48.

Mortales optimi ducis exuvias in excavato humo
Quam globus bellicus dissidens destinaveratque defoderat

Galli lugentes deposuerunt
Et generosæ hostium fidei commendârunt (1).

Comme des considérations à la fois si importantes et si nombreuses ont besoin d'être résumées pour bien juger leur mérite par leur ensemble, nous croyons ne pouvoir mieux faire, pour rendre plus sensibles les observations comparatives qui nous occupent particulièrement ici, que de présenter, d'une part, dans le Tableau N°. 6, la statistique des chétives colonies dont nous avons conservé la possession, qui n'est plus que précaire, vu leur isolement; et, d'autre part, dans le Tableau N°. 7, l'état des vastes et nombreuses colonies que possède l'Angleterre, et qui, d'après celles qu'elle a acquises par le traité de paix qui nous a enlevé la plus belle partie des nôtres, s'élèvent au nombre de 55 avec plus de 100 millions de sujets de la métropole, et s'étendent sur toutes les mers du globe en lui en assurant l'empire (voir le Tableau N°. 7):

---

(1) Ayant été conduits, dans cet ouvrage, à aborder des questions de crédit public (p. 495), en le considérant comme condition de bien-être et de puissance relative pour les peuples, nous croyons bon de rappeler ici (vu nos discussions actuelles à ce sujet) que nos malheurs dans la guerre que termina la paix désastreuse de 1763 provinrent de la différence qui existait entre le crédit public de l'Angleterre, qui, venant de créer son système d'amortissement, se procurait 100,000,000 fr. en ressources pour ses appareils militaires, moyennant 4,000,000 fr. d'intérêt, tandis que la France, qui venait de disgracier M. *de Machault*, parce qu'il avait voulu lui faire suivre l'exemple de l'Angleterre, trouvait à peine 40,000,000 fr. de capital, en offrant un intérêt égal de 4,000,000 f., parce qu'une dette qui s'accroît sans amortissement doit se résoudre par une banqueroute; aussi eut-elle lieu peu de temps après.

c'est donc en partant de points de comparaison aussi positivement établis que nous allons exposer les observations que présente l'Angleterre relativement au système des colonies agricoles, pour confirmer avec encore plus de certitude celles que nous avons reconnues applicables à la France. Sous ce rapport, il est étonnant, mais constant, que l'Angleterre, parvenue à un degré de puissance coloniale (qui, sans notre révolution, n'aurait paru qu'idéale) et avec l'empire des mers, au moyen d'une marine plus forte à elle seule que toutes les forces maritimes des autres États réunis, est en même temps, de toutes les nations civilisées, celle où la plaie du paupérisme est à la fois la plus hideuse et la plus menaçante. Tel est, à cet égard, son état actuel intérieur, qu'il semble voir un corps, resplendissant extérieurement de vigueur, attaqué d'un ulcère rongeur qui peut aller jusqu'à atteindre et altérer les plus nobles organes de son existence ; et, ici, des vœux que doivent inspirer à la fois et la dignité d'un tel peuple et la voix de l'humanité ne nous porteraient-ils qu'à l'illusion, en nous faisant considérer comme remède efficace ce moyen de colonisation agricole dont on nous excusera au moins de soutenir l'idée quand on aura reconnu ce que pensent à cet égard, même chez elle, des hommes dont elle reconnaît le mérite et qu'elle compte au nombre de ceux qui honorent une si illustre patrie, et enfin les mesures qu'adopte déjà et que doit encore étendre son Gouvernement.

Nous allons commencer par exposer (Tableau N°. 8) le classement général de son territoire, d'après le grand et consciencieux travail de M. *William Couling*, géomètre en chef du Royaume-Uni, qui, après l'avoir entrepris dès 1796, et successivement modifié en 1816, 1824 et 1827, ne s'est décidé à le publier qu'après avoir parcouru plus de 50 milles anglais (environ 18,000 de nos lieues) dans la plupart des comtés des trois royaumes et y avoir opéré lui-même pour s'assurer de l'exactitude de ses collaborateurs.

On peut remarquer, dans le calcul des totaux relatifs à chaque colonne, 1°. que la quantité des terres livrées aux travaux habituels de la culture et du labourage n'est que d'environ un quart de la totalité du territoire, et qu'il s'y trouve près d'un tiers de plus en prés et pâturages qui exigent bien moins de travail que les terres labourables; 2°. que la proportion des terres incultes, mais reconnues susceptibles de produits, est de près d'un cinquième du territoire total, et que celle des terres incultes, présumées non productives, est d'un peu plus du cinquième : de sorte que la totalité des terres incultes forme à peu près les deux cinquièmes de celle du territoire.

En ne nous arrêtant ici qu'aux terres non cultivées, mais reconnues susceptibles de produire, nous devons faire observer que cette proportion d'un cinquième, dans un pays si renommé par le perfectionnement de sa grande culture et par ses connaissances positives en économie publique, semble tenir en grande partie à ce défaut de culture des biens communaux susceptibles de produit, dont nous avons déjà déploré les causes et les préjudices en parlant de ceux de la France.

D'après une telle conformité en résultats préjudiciables, nous devons d'autant plus faire connaître ici quelle est la législation de l'Angleterre sur les communaux, que ce sera répondre péremptoirement à ceux qui chez nous tiendraient encore à l'idée d'un partage, quoiqu'il soit bien constant qu'il ne pourrait s'y faire sans violer les droits de nue-propriété substitués aux générations à venir.

Préjudice qu'éprouve l'Angleterre du défaut de culture des biens communaux et inconvéniens de leur partage.

D'après les lois qui concernent les biens communaux en Angleterre, ils ne peuvent cesser de l'être que par des bills d'*inclosure*, qui en ordonnent le partage, au prorata de ce que chaque habitant de la commune possède. Cette législation est fondée sur ce qu'elle attribue à chaque propriétaire une part proportionnelle au bénéfice qu'il pouvait retirer de l'usage de la propriété indivise, et sur ce que celui qui, n'ayant rien, n'émolumentait en rien dans ce profit, n'avait aucun droit acquis, et ne pourrait d'ailleurs mettre en rapport un sol dont la culture exigerait des moyens qu'il n'avait pas.

Mais on est presque toujours entravé et souvent arrêté dans la demande de ces bills par la quantité de difficultés qu'il faut surmonter, à cause des prétentions respectives des copartageans ; enfin, il en résulte des frais énormes, tant pour les rapports *de commodo* et *incommodo*, et le réglement des droits respectifs, que pour les honoraires des gens d'affaires qui obtiennent le bill.

Aussi est-il généralement reconnu que l'Angleterre devrait prendre, pour la mise en culture de ses communaux, de nouvelles mesures législatives, dont on sent de plus en plus la nécessité. Cette considération nous conduit à parler des colonies agricoles.

Opinion et mesures adoptées actuellement en Angleterre en faveur des colonies agricoles.

Depuis long-temps des publicistes et des agronomes de la plus haute réputation en Angleterre ont pensé et dit positivement que la mère-patrie aurait retiré plus de profit réel pour sa prospérité intérieure de la mise en culture, par voie de colonisation, de la grande quantité de terres vagues qui sont encore en friche sur son territoire, quoique susceptibles de produire, et qui en font environ le cinquième (1), que d'une grande partie de ses colonies outre mer, qui lui nécessitent des dépenses équivalentes à leur revenu, tandis qu'elle pourrait, en créant dans son intérieur de nouveaux produits considérables en eux-mêmes, réduire et même anéantir cette taxe des pauvres qui a excédé 200,000,000 fr. en 1831, et qui maintient comme précaire et de plus en plus menaçante l'existence d'environ 1,800,000 individus prêts à devenir des instrumens de perturbation et de subversion sociale dans les occasions de crises extraordinaires.

Ces considérations, déjà anciennes, prennent de nos jours une telle imminence, que le Gouvernement lui-même a dû les apprécier et prendre de nouvelles mesures pour éviter un danger que nous devons d'autant plus chercher à bien connaître que nous en sommes encore plus menacés, n'ayant pas, comme l'Angleterre, la ressource des émigrations dans les colonies.

Nombre de citations pourraient justifier ici le nombre

---

(1) Voir le Tableau N°. 8.

et la valeur de ces opinions ; il suffira d'en citer quelques unes de diverses époques. *Dikson,* dans son excellent ouvrage sur l'agriculture, intitulé : *Pratical Agriculture or a complete systeme of modern husbandry, etc.*, qui, malgré son haut prix, a eu un grand nombre d'éditions, insistait, en 1807, sur la nécessité d'une mesure générale pour faire cesser l'indivis des biens communaux, et les livrer à la culture ; il citait des exemples nombreux et frappans de produits de terres communales, précédemment improductives et qui avaient donné des produits étonnans par leur culture en passant à des particuliers ; et comment, en parlant de telles améliorations, ne pas nous rappeler celles par lesquelles M. *Coke* sut quintupler ses revenus et les porter à 500,000 fr., ainsi que nous l'avons constaté page 382 ? En citations plus modernes, nous extrairons ici des passages de l'*Encyclopédie d'Édimbourg*, dont l'article *Agriculture* est très estimé. Voici donc ce qu'on y trouve :

« Il est indubitable qu'il faudra recourir à de fortes me-
» sures avant qu'on ne puisse mettre en culture les terres
» communales ; mais pourquoi ne pas les exécuter, puis-
» que le bien-être national en dépend à un si haut degré ?
» L'Angleterre a montré, en beaucoup de circonstances
» récentes, que les fortes mesures ne sont pas opposées au
» caractère national, et pourquoi donc les différer quand
» il s'agit d'un objet d'une importance si élevée ?

» De la manière dont on partage ordinairement les
» terres communales, nous osons avancer qu'on n'attein-
» dra pas le but proposé au bout d'un ou de deux siècles,
» même quand les bills de partage seraient aussi nom-
» breux qu'ils l'ont été dans les dernières années. Un bill

» général diminuerait de beaucoup le mal dont on se » plaint, économiserait des dépenses immenses aux par- » ties intéressées, et mettrait bientôt tout le pays en état » de culture : au moins mettrait-il à même les proprié- » taires de terres communales de participer aux bénéfices » de la propriété particulière, toutes les fois qu'ils se- » raient disposés à le faire. »

On trouve encore dans le même ouvrage, à l'article de l'*Inconvénient des biens communaux*, p. 233 :

« D'après les règles de la tenue des biens commu- » naux, on ne peut y introduire de nouvelle méthode que » du consentement de toutes les parties intéressées : or, » ce serait présumer en quelque sorte l'impossible que » de compter sur l'unanimité du bon-sens des hommes » dans des circonstances où chacun ne veut juger que » d'après ses idées.

» Quant aux terres vagues, dont le sous-sol appartient » au seigneur foncier et la surface à ceux qui y ont un » droit de servitude, elles sont condamnées à la stérilité » par les lois qui maintiennent un mode de tenue con- » traire à la prospérité nationale.

» Le Conseil d'agriculture a différentes fois tenté d'ob- » tenir une loi qui pourvût à un partage général des » biens communaux et des terres vagues; mais mille ré- » clamations l'ont toujours malheureusement empêché de » réussir. Les avantages qui résulteraient d'une pareille » loi sont si nombreux, qu'une sage législation devrait » plutôt trancher un nœud indissoluble que de priver » la nation de ces avantages.

» *L'état actuel des terres vagues fait honte à la politi-* » *que de l'Angleterre;* car le pays en retire à peine quelque

» profit. Une grande partie est susceptible d'améliora-
» tions ; mais il faut que le propriétaire soit libre des
» contraintes légales qui l'empêchent de cultiver ce qui
» doit être sa propriété particulière. *Si les terres vagues*
» *de l'empire britannique étaient cultivées d'une manière*
» *sage et judicieuse, elles seraient pour la nation d'une*
» *valeur plus réelle que toutes nos possessions des Indes-*
» *Occidentales.* Et n'est-ce pas un triste tableau de voir
» que, *tandis que nous avons combattu pour la possession*
» *de contrées lointaines, nous avons négligé entièrement*
» *l'amélioration d'au moins le sixième* (1) *de notre propre*
» *territoire, qui assurément était d'une bien plus grande*
» *importance, etc.?* »

Une Société formée à Londres, pour l'encouragement de l'industrie et la réduction de la taxe des pauvres, est dirigée par un comité provisoire qui a fait de grandes recherches et reçu quantité de documens sur l'état des pauvres et sur les taxes imposées à leur profit ; ce comité a constaté, d'après des essais faits dans un grand nombre de paroisses, et d'après les documens fournis par le conseil d'agriculture, par beaucoup de pairs grands propriétaires, par des négocians et des manufacturiers éclairés :

1°. Qu'un des plus puissans moyens d'améliorer l'état des classes laborieuses et de diminuer le paupérisme, c'est de donner aux indigens de petites portions de terres à cultiver à des conditions faciles ;

2°. Que cette mesure contribue aux progrès de l'indus-

---

(1) On voit, par le Tableau N°. 8, que cette proportion est d'un cinquième ; mais ce qu'on dit ici était écrit avant la confection du cadastre précité.

trie, donne de l'occupation à la génération naissante et l'empêche d'être à charge aux paroisses ; qu'elle est la plus favorable à la moralité et prévient des délits qui conduisent ordinairement aux crimes ;

3°. Que dans plusieurs districts elle a diminué et, dans quelques autres, presque totalement éteint la taxe pauvres.

En conséquence, en 1819, un acte du Parlement a statué, entr'autres dispositions en faveur des pauvres, que les marguilliers et inspecteurs des paroisses pourraient, avec le consentement des principaux habitans, disposer des terres ou champs appartenant à la paroisse ; acheter ou louer, au compte de la paroisse, des portions de terre dans l'arrondissement ou le voisinage de la paroisse, pourvu qu'elles n'excèdent pas 20 acres en tout, et employer à les cultiver, toujours au compte de la paroisse, tous les individus que la loi les autorise à faire travailler, en donnant une rétribution raisonnable à ceux qui ne seraient pas soutenus par la paroisse. On voit aisément [illegible] l'insuffisance d'une telle mesure ; mais on n'en doit pas moins remarquer le but qui l'a dictée, et qui ne peut être atteint que par des moyens plus rapprochés de ceux dont nous nous sommes occupés.

Nous avons déjà parlé (p. 465) d'un rapport qui nous a été demandé récemment par la Société royale et centrale d'agriculture, sur un ouvrage anglais qui a eu en peu de temps deux éditions, intitulé : *Poor Colonies at home, etc.* (*Colonies de pauvres à l'intérieur*), *et preuves qu'on peut y employer avec avantage la population indigente de l'Angleterre ; par un magistrat et un membre du clergé de Chichester, avec cette épigraphe : Notre peuple a une étrange manie de coloniser en Amérique, tandis que la culture des terres incultes dans notre île pourrait donner de plus grands avantages.* (Humphry Clinker), Londres, 1831. Nous avons dû exposer dans notre rapport, dont cette Société a bien voulu ordonner l'impression et l'insertion dans ses *Mémoires*, que cet ouvrage, en faisant valoir, avec des réflexions et des faits comparatifs très remarquables, les avantages que présenterait l'adoption du système des colonies agricoles tel qu'il avait été suivi en Hollande, ne s'était appuyé que sur ce qui s'y était pratiqué à cet égard jusqu'en 1826 ; et que cependant ce n'était que depuis cette époque qu'encouragée par les succès déjà obtenus, la Hollande avait donné à ses colonies agricoles le développement qui les rend si remarquables aujourd'hui, notamment pour ses colonies forcées et de punition qui n'existaient point encore en 1826, et que ce n'était encore qu'à cette époque que la Belgique, animée d'une louable émulation à la vue des beaux exemples de la Hollande, avait commencé à s'occuper des moyens de les imiter, et l'avait fait avec succès, ainsi que nous l'avons exposé.

On voit combien cette dernière observation ajoute encore à la force qu'avaient déjà les raisonnemens et les faits que citaient les auteurs de cet ouvrage en faveur des colonies agricoles, en leur opposant des citations déplorables au sujet des inconvéniens et des abus de la taxe des pauvres.

Nous croyons devoir terminer ici des citations, qui pourraient paraître trop nombreuses, par une dernière, qui, plus récente, nous paraît d'autant plus remarquable, qu'elle résume beaucoup de considérations et présente des résultats officiels ; nous l'extrayons littéralement du compte rendu par l'*Edinburg Review* (mars 1831) du *Bill to facilitate emigration to his majestys possessions abroad.*

« De tous les moyens à employer, il faut considérer » l'émigration, quoique sous plusieurs rapports un des » meilleurs, comme celui dont on doit le moins se servir. » La peine qu'on éprouve à s'expatrier (et il faut convenir » que c'est une chose aussi triste que malheureuse), » combattue par la misère et les frais auxquels on » est obligé de subvenir, empêchera sans doute son » adoption finale. Une émigration spontanée nous enlève » ces sujets mêmes que tout Gouvernement devrait avoir » plus à cœur de retenir; savoir, des hommes forts, coura- » geux, pleins d'activité, d'énergie, et possédant vraisem- » blablement quelques capitaux. L'émigration qui procède » de misère ou d'intervention supérieure doit faire naître » des dépenses, et alors c'est transporter un capital et ses » avantages dans des colonies éloignées qui, tôt ou tard, s'é- » manciperont et se rendront indépendantes de la mère- » patrie. Mais la plus grande objection est le manque absolu » de moyens pour faire face aux besoins actuels; sans par- » ler de l'augmentation progressive, il faudrait qu'il s'é- » migrât par an 290,000, tant hommes que femmes et » enfans, et cela paraît presqu'impossible.

» La quantité de nos terres en friche, qu'on pourrait » rendre productives, suivant le dernier recensement » qu'on en a fait, monte à environ 15,000,000 d'acres, » dont 5,000,000, qui sont celles dont la valeur est la plus » grande, appartiennent à l'Angleterre; il en résulte qu'on » prolongerait peut-être d'un siècle l'efficacité de ce re- » mède, qui est ainsi le plus praticable et celui qu'on pour- » rait le plutôt employer. Quel que fût le produit qu'on » obtiendrait de cette manière, il formerait de suite un

» nouveau fonds en activité, augmentant le travail des » pauvres, diminuant en même temps chez les classes supérieures un fardeau énorme d'impôts, de vols et d'au» mônes : ainsi cette entreprise donnerait de l'emploi à » d'autres classes d'ouvriers, et ferait naître de nouvelles » productions tout à fait en rapport avec ce travail; en» fin, ce résultat, indépendamment du surplus qui reste» rait après la consommation des laboureurs eux-mêmes, » donnerait plus d'extension aux manufactures et au » commerce; on peut le faire graduellement ou de suite. » Les communes pourraient fournir le capital nécessaire, » en donnant pour gage des rentes, tandis que la terre cul» tivée et les bâtimens (où il faudrait des bâtimens) se» raient une caution réelle, et on pourrait accorder ces » différens terrains à des conditions si avantageuses, qu'elles » porteraient le locataire à faire tous ses efforts pour les fruc» tifier, et pour s'en rendre propriétaire par paiemens éloi» gnés, chose qu'on lui faciliterait. Ces moyens rétabliraient » la concorde et le bien-être dans la société rurale (1). »

---

(1) « Depuis qu'on a nommé un comité dans la Chambre des » pairs l'année dernière, pour s'informer des lois qui régissent les » pauvres, ces opinions paraissent s'être propagées même parmi les » ministres de Sa Majesté. Le duc *de Richmond*, qui, après un » examen consciencieux de plusieurs témoins, avait recueilli des » faits favorables à l'émigration, parvint toutefois à faire passer une » loi qui autorise chaque commune à procéder à l'*inclosure* de » 50 acres de ses terres (communes) en friche, pour ses pauvres, » et lord *Kenyon*, membre du comité, a proposé une mesure même » plus étendue : un fait curieux en est résulté, c'est que ceux qui. » après le bill d'*inclosure* de 1797, obtinrent les plus grandes par» ties des terrains, ont souvent manqué dans leurs entreprises, tan» dis que l'habitant des cabanes, avec son peu, a à peine man» qué une fois. »

C'est l'adoption de ces mêmes principes qui a suggéré au Gouvernement anglais le parti qu'il se dispose à prendre de rechercher, avec encore plus de zèle qu'il n'en a montré pour les mesures précédentes, les moyens de livrer à l'agriculture les vastes marais de l'Irlande, comme devant en recueillir des ressources plus promptes et plus efficaces pour le soulagement de la classe indigente et l'accroissement simultané de la richesse du pays, que des transmigrations. Cependant le desséchement et la mise en culture de ces marais présentent des chances bien plus dispendieuses, bien plus difficiles et plus insalubres que le défrichement de nos landes.

Tel est l'objet d'un bill présenté au Parlement, amendé par un comité spécial en 1829, et récemment adopté : nous aurions désiré en extraire ici les principales dispositions, comme applicables en partie aux moyens dont nous devons nous-mêmes rechercher l'emploi; mais il est temps de terminer une note dont on critiquerait peut-être déjà la longueur, si l'intérêt que présentent les divers articles qui la composent ne paraissait pas devoir servir à la justification de l'auteur ; ce n'est donc qu'avec regret qu'il se réduit à recommander la connaissance de ce bill à ceux qui voudraient étudier plus particulièrement la solution de questions aussi importantes.

Cependant nous ne pouvons clore cette note sans dire quelque chose des faits déjà existans, qui prouvent d'une manière incontestable combien sont judicieuses et fondées les observations que nous venons d'exposer. Il nous suffira de citer un seul exemple pour prouver la supériorité du système des colonies agricoles intérieures sur toutes les autres mesures connues pour remédier au paupérisme en enrichissant le pays. Des entreprises particulières dans ce genre, tentées récemment en Angleterre, ont été accompagnées d'un succès qui attirera sans doute sur elles l'attention du Gouvernement. Exécutée sur une grande échelle, cette méthode, nouvelle pour l'Angleterre, y produirait un bien qu'elle a vainement recherché par d'autres voies : voici l'exemple dont il s'agit.

On a introduit, avec les plus grands avantages dans les environs de Wells, le système des colonies agricoles. D'après des représentations faites à l'évêque du diocèse, il accorda l'une de ses pièces de terre, de la contenance de 14 acres, pour y faire un essai de ce système. Cette pièce a été partagée en lots d'un quart d'acre chacun, et affermée au prix modique de 10 schellings par acre pour l'année. L'évêque fut tellement satisfait des résultats de cette tentative, qu'il a accordé dernièrement, pour le même objet, trois autres champs de 10 acres chacun. Il a en outre fait construire un bon chemin de communication avec les cabanes, et pris d'autres mesures qui étaient dans l'intérêt ou les convenances de ses tenanciers. Indépendamment de ces divers avantages, il leur prête ses propres chariots et ses chevaux, tant pour transporter l'engrais sur les terres que pour rentrer leurs récoltes, et il leur a promis de leur conserver, aussi long-temps qu'il occupera son siége épiscopal, la jouissance des terrains ainsi mis à leur disposition. Le bienfait du système s'étend aujourd'hui à 112 familles qui, lorsqu'elles ne sont pas employées pour le compte de leurs voisins plus fortunés, ont ainsi le moyen de tirer parti d'un temps qui sans cette ressource, serait en pure perte pour elles. Il n'est aucun de ces colons qui reçoive des secours de la paroisse, car il n'est permis à aucun individu d'occuper des terres tant qu'il figure sur la liste des pauvres. (*Gentleman Magazine*, suppl. de la part. II de 1826, p. 636.)

Ce seul exemple montre ce que le développement d'un tel système pourrait avoir d'avantageux s'il était adopté comme principe, soit par le clergé anglais, si riche en biens-fonds de la plus grande étendue, soit par les grands propriétaires, soit enfin par l'État ou par la bienfaisance nationale, comme on en a vu l'exemple dans ce qui a été dit en parlant du ci-devant royaume des Pays-Bas.

Ainsi, et en terminant la présente note, après y avoir exposé, comme nous avions annoncé, tout ce qui concernait les questions de paupérisme et d'émigrations forcées ou libres pour un pays qui n'a point d'égal en puissance coloniale, et n'est dépassé par aucun autre en esprit public, nous avons à faire ressortir en définitive les faits qui constatent la supériorité des avantages que la métropole anglaise pourrait retirer de colonies intérieures, en mettant en culture ses terres incultes, susceptibles de production, tant pour enrichir le pays que pour le débarrasser des charges et des inquiétudes progressives que lui présente la marche du paupérisme, plus onéreux et plus menaçant en Angleterre que chez tout autre peuple du monde, quoiqu'elle possède le plus de richesses extérieures. N'est-ce pas prouver incontestablement que c'est dans les moyens employés à l'intérieur qu'il faut chercher des remèdes pour un mal si affligeant? Et quel autre moyen pourrait offrir, à cet égard, des ressources plus faciles et plus assurées que les colonies agricoles?

Enfin, si de telles considérations prévalent, même pour l'Angleterre, maîtresse de toutes les mers en temps de guerre comme en temps de paix, quel nouveau poids ne doivent-elles pas avoir pour la France, qui, d'après la supériorité inouie de la marine anglaise, ne pourrait être assurée en temps de guerre des relations nécessaires avec des colonies dont la prospérité même serait peut-être une cause de perte, en excitant l'envie de nos voisins?

Telle est donc la conclusion de notre note relative à l'Angleterre, dont l'importance nous a paru nécessiter le développement que nous lui avons donné, puisque nous y avons constaté (Tableau N°. 7) que 500,000 hectares de terres incultes converties en colonies agricoles lui rapporporteraient plus que le revenu *net* de ses immenses colonies, et lui assureraient des bénéfices encore plus grands par la suppression de sa ruineuse taxe des pauvres, et la diminution notable des préjudices que lui font éprouver les crimes et délits qui en résultent.

NOTE H.

ÉTATS-UNIS D'AMÉRIQUE.

Pour compléter l'ensemble de nos comparaisons relativement aux colonies forcées et de punition, et en considérant le nouvel intérêt qu'acquiert pour nous le système pénitentiaire, d'après ce que nous avons dit au sujet de nos établissemens de détention, et la modification de notre Code pénal, nous nous sommes déterminés à consacrer spécialement la présente note aux instructions que nous présentent, à cet égard, les États-Unis d'Amérique, en raison des améliorations progressives que leur a suggérées une assez longue expérience, après des recherches diverses; mais nous croyons bien essentiel de fixer en même temps l'attention sur une considération essentielle; c'est que la pénurie où se trouve cette nation pour la quantité de bras nécessaire aux travaux de tout genre, que réclame le rapide développement de ses facultés, y rend la main-d'œuvre si chère, que chacun des États de l'Union américaine peut encore retirer un bénéfice notable du travail des détenus dans les établissemens pénitentiaires, malgré la grande élévation des dépenses qu'ils exigent; tandis que de tels établissemens pourraient au contraire devenir ruineux pour des États tels que la France et l'Angleterre, s'ils n'étaient pas restreints à ce qui serait jugé nécessaire pour l'intimidation des plus grands coupables; car on peut, à cet égard, se rappeler le rapport officiel sur la prison de Millbank, près Londres, que nous avons cité comme ayant constaté que (les frais de construction compris) la dépense totale relative à chaque détenu y revenait au montant du traitement d'un lieutenant de marine royale en disponibilité (environ 1,600 fr. par an).

Déjà nous avons exposé, en parlant de la maison de Gand, à laquelle, vu l'ensemble des avantages qu'elle présente, nous avons consacré la note spéciale (B), que c'était en la visitant, en admirant les belles conceptions qu'on avait réalisées pour son établissement, que le philanthrope *Howard*, qui avait consacré une partie de sa vie à visiter toutes les prisons existantes en Europe, et à étudier cette partie si intéressante des misères humaines, conçut et médita le beau système qu'il proposa d'abord à sa patrie; nous avons déjà eu l'occasion de dire qu'il faisait cette proposition à l'époque où l'Angleterre perdait, par l'émancipation des États-Unis d'Amérique, le vaste débouché qu'elle trouvait dans ces colonies pour les déportations. Le Gouvernement anglais, appréciant dès lors le système que proposait *Howard*, le chargea, en 1779, conjointement avec le célèbre jurisconsulte *Blackstone*, de la rédaction d'un projet de loi pour l'adoption et la mise à exécution de ce système; mais une fâcheuse dissidence s'étant élevée entre les commissaires-rapporteurs, ce projet n'eut pas de suite immédiate et fut oublié jusqu'en 1785, où, pour mettre à l'essai le système proposé, on ordonna l'érection du pénitencier de Gloucester.

La publication de l'ouvrage déjà cité, où *Howard* exposait les résultats de ses voyages, inspira aussi aux Etats-Unis le dessein de suivre cette nouvelle voie, et de substituer au régime, alors existant dans leurs maisons de réclusion, le système pénitentiaire proposé par le philantrope anglais.

On doit aussi reconnaître que c'est à tort qu'on a, pendant quelque temps, fait honneur de cette découverte à l'Amérique, qui, d'ailleurs, a eu la bonne foi de reconnaître d'elle-même qu'elle n'avait fait en ce point qu'imiter l'Europe.

Le système pénitentiaire, dont la suite de ce chapitre fera connaître la nature, à mesure que nous exposerons ses différentes phases aux États-Unis, y fut introduit en 1789. Il y reçut une existence légale par les actes émanés, dans les années suivantes, de la législature que l'expérience contribua à éclairer de plus en plus.

La première application de ce système fut faite à la prison de Philadelphie, et on eut lieu d'en remarquer les salutaires effets. On peut même citer, comme une preuve de son succès, en Pensylvanie, l'empressement que mirent alors divers autres États de l'Union américaine à l'adopter.

Mais le développement du système pénitentiaire fit reconnaître plus tard des imperfections qui n'avaient point été aperçues, lorsque son application s'était bornée à une sphère rétrécie. C'est ainsi qu'à New-York, entr'autres, le mal devint si grand par l'effet combiné de différentes causes, qu'il serait trop long d'énumérer ici, mais notamment par le trop grand accroissement dans le nombre des prisonniers, que les membres d'une société alors formée pour prévenir la pauvreté s'exprimaient en ces termes :

« Nos pénitenciers sont de véritables écoles de corruption, on y apprend le mépris des lois et de la morale, » l'oubli de tout sentiment d'estime de soi-même. Les » coupables ont entr'eux leurs signes, leur langage particulier et leur prime d'encouragement. Si un observateur éclairé, qui aurait visité nos pénitenciers, avait à » chercher la meilleure méthode d'enseigner les crimes » les plus horribles, il ne pourrait trouver une école préférable à cette réunion confuse de condamnés de tout » âge et de toute espèce. »

Il était donc bien constaté que l'emprisonnement pénitentiaire, tel qu'on l'avait pratiqué jusqu'alors, n'avait aucunement contribué à l'amélioration morale des condamnés : on pouvait observer qu'il en avait diminué le nombre; mais on devait remarquer que c'était en les exposant à des maladies lentes, auxquelles ils finissaient par succomber. On résolut alors de modifier ce système, et sur la proposition d'hommes expérimentés, on arrêta pour l'avenir le principe d'emprisonnement solitaire pendant la nuit avec travail commun pendant le jour, et classification des détenus suivant leur degré de culpabilité.

La prison d'Auburn, dont l'État de New-York fit commencer la construction en 1816, devait être consacrée aux premiers essais de ce système ; mais à cette époque, on ne s'occupait pas encore d'appliquer entièrement les modifications projetées, et tout se construisit encore sur l'ancien plan des pénitenciers. Déjà une partie de l'édifice était achevée, lorsqu'en 1819, la législature, alarmée de l'état déplorable des anciens pénitenciers, ordonna qu'on fît dans les plans primitifs des changemens, d'après lesquels le reste de l'édifice fut construit conformément au nouveau système.

Pénitencier d'Auburn.

Nous donnerons ici sommairement la description de la maison de détention d'Auburn, à laquelle on a donné le nom de *prison-modèle*, en la faisant suivre de l'exposé de son régime intérieur.

On peut se faire une idée de ses dispositions intérieures par l'inspection de la partie du plan de la maison de Gand (*Pl.* III), qui sépare le premier quartier du deuxième quartier, et qui est circonscrite entre les lettres A B G P. On y voit, comme à Auburn, où on l'a imité, un mur contre lequel sont placées perpendiculairement les cellules, qui ont 7 pieds de long, 3 pieds de large, et ne doivent contenir qu'un prisonnier; mais dans une partie de la maison d'Auburn ils couchaient deux, faute de place, et on s'occupait d'y suppléer par la construction d'un autre établissement.

Il est défendu aux prisonniers de parler, et ils doivent s'expliquer par signes; s'ils ne sont pas compris, ils parlent au concierge, qui transmet verbalement leur explication.

On les fait baigner deux fois par semaine, quand le temps le permet, dans de vastes réservoirs construits à cet effet et dont l'eau se renouvelle sans cesse.

Au surplus, nous allons en donner la description détaillée, d'après les rapports officiels existans à ce sujet.

La prison d'Auburn est située dans le village de ce nom, qui est sur la rivière d'Owasco, et dont la population est d'environ 3,500 ames. Cette prison renferme un espace de 5 acres entre ses murs; suivant le plan primitif, elle devait consister en un vaste bâtiment formant un grand carré, dont chaque côté avait 500 pieds.

La partie orientale du bâtiment fut affectée au logement du directeur et des employés; la façade et l'aile du sud furent construites sur le plan des anciens pénitenciers; mais l'aile et la façade du nord le furent d'après les modifications de 1819 que nous venons de citer.

Elles peuvent renfermer en tout 550 cellules ou petites chambres séparées, distribuées sur quatre étages, bâtis sur chaque côté de l'aile. L'intérieur de l'aile est séparé en deux parties égales dans sa longueur par un mur en pierre, ayant 2 pieds d'épaisseur. Les murs latéraux ont 2 pieds d'épaisseur et ceux de façade 2 pieds. Les cellules ont chacune 7 pieds de longueur, 7 pieds de hauteur sur 3 et un quart de largeur. Au dessus de la porte de chaque cellule est une grille de fer d'environ 18 pouces sur 20, dont les barreaux ronds, et ayant à peu près trois quarts de pouce de diamètre, sont placés à 2 pouces environ l'un de l'autre, laissant des ouvertures assez grandes pour l'introduction de l'air, de la chaleur et de la lumière. La porte de la cellule se ferme dans la partie intérieure du mur, en laissant entre la porte et la partie extérieure de ce mur un enfoncement d'environ 2 pieds de profondeur. La porte est fixée par un fort loquet attaché par un crampon à une barre de fer superposée. Cette barre s'étend horizontalement à 2 pieds, depuis le loquet jusqu'à l'extrémité extérieure du mur, de là à angle droit et à 18 pouces horizontalement jusqu'à la serrure, qui se trouve hors de la portée du prisonnier. Les cellules sont aérées au moyen d'un tuyau ou ventilateur de 2 pouces et demi de diamètre, qui part presque du haut du mur de derrière la cellule, et correspond à des conducteurs de 4 pouces carrés, fixés au milieu du mur qui sépare l'intérieur de l'aile dans sa longueur, lesquels partent du bas de la muraille, la traversent et sortent par en haut. De cette manière, il s'établit un courant d'air qui, passant par les salles chaudes, traverse les cellules et les ventilateurs, et renouvelant sans cesse la température des cellules, entraîne les exhalaisons qui s'y engendrent. En outre, de grands ventilateurs construits au haut des salles traversent la voûte et le toit, et peuvent s'ouvrir et se fermer à volonté. L'aile sur chaque côté de laquelle ces cellules sont disposées est entourée de murs construits à une égale distance et qui lui sont parallèles.

Le mur extérieur a 206 pieds de longueur; il laisse un intervalle de 46 pieds entre lui et le mur intérieur, et l'épaisseur de ces murs est de 3 pieds. Dans ces murs sont pratiqués trois rangs de fenêtres vitrées et garnies d'un fort treillage en fer. Elles sont assez larges et en assez grand nombre pour éclairer et aérer parfaitement les cellules. L'espace entre les cellules et les murs parallèles a 10 pieds de largeur et est ouvert depuis le sol jusqu'au toit; dans cet espace les galeries occupent un intervalle de 3 pieds contigu aux cellules; cinq petits poêles, six grands, douze petites lampes placés dans l'espace ouvert donnent de la chaleur et de la lumière pour 550 cellules, et une sentinelle suffit pour garder 400 prisonniers et les empêcher de communiquer entr'eux. L'espace en face des cellules est une galerie sonore dans toute son étendue, qui permet à la sentinelle, placée au rez-de-chaussée dans le carré ouvert, d'entendre le moindre chuchôtement parti d'une cellule éloignée de l'étage supérieur.

Régime du pénitencier d'Auburn.

Nous allons extraire ici, sommairement, ce que dit M. *Levingston* du régime de la maison d'Auburn dans l'excellent rapport qu'il a fait récemment au Corps législatif des États-Unis pour le code de réforme des prisons et établissemens de détention de la Louisiane.

La solitude y est absolue pendant la nuit ; le travail commence avec le jour, mais sans communication entre les détenus, soit par paroles, soit par signes ; les repas sont pris à la même table, mais les tables sont disposées de manière à ne pas voir ceux qui sont du côté opposé ; l'instruction religieuse a lieu les dimanches, est reçue en commun, et deux classes se tiennent le même jour de la même manière : dans ces classes, comme à l'église, toute communication est impossible. Pour ce qui regarde la nourriture et le coucher, on donne aux détenus une ration convenable de pain, de viande, et de végétaux, et un bon lit dans une cellule étroite, mais bien aérée et bien chauffée par des poêles placés dans les corridors. La propreté dans toutes les parties de la prison est l'objet des soins les plus recherchés. Les visites extérieures sont admises dans la maison, mais on ne peut sans permission parler aux condamnés. Ceux-ci, lors de leur libération, reçoivent une somme qui n'excède pas 3 dollars, sans compter ce qu'ils ont pu gagner pendant leur détention qui tourne au profit de l'Établissement ; leur travail n'est interrompu, pendant le jour, qu'aux heures de repas, auxquelles on ajoute quelque temps de récréation. On s'arrange, pour le travail, avec des artisans qui fournissent des matières et conviennent d'un prix pour la main-d'œuvre. Ces détails indiquent moins ce qui est réglé par la loi que ce qui se pratique actuellement, et la rigueur avec laquelle ces règles ont été maintenues est telle, que, d'après ce que l'on assure, parmi trente ou quarante personnes qui travaillent ensemble pendant des années dans le même atelier, il n'y en a pas deux qui connaissent le nom de leurs compagnons. Rien de plus imposant que la vue d'une maison de détention dirigée d'après ces principes. L'ordre, l'obéissance, la sobriété, le travail, l'instruction religieuse et industrielle, la méditation qu'enfante la solitude, tout semble promettre des effets avantageux sur les condamnés, tandis que les conditions importantes d'une détention assurée et de l'économie sont remplies pour l'État; malgré ces avantages, nous ne proposons point, dit M. *Levingston*, l'adoption de ce système; et notre principale objection naît des moyens mêmes employés pour les procurer. Ces moyens sont *le fouet* laissé dans les mains du concierge, pour s'en servir à discrétion, et le pouvoir étrange dont on prétend que le guichetier est légalement investi : il suffira d'en citer ici un exemple authentique.

Des coups avaient été infligés à un condamné pour l'obliger à un aveu, et on ne cessa de le frapper que quand il l'eut fait : tel est le caractère de la torture appliquée par le plus bas agent de la prison; *et voilà ce que la cour de l'État de New-York a déclaré légal*, si le jury estimait que la punition n'excédait pas la rigueur nécessaire pour obtenir l'obéissance requise qui, en ce cas, était un aveu. Il résulte ainsi de la décision de la cour que toute rigueur jugée nécessaire pour arriver à ce but était justifiable; en d'autres termes, que la torture au moyen des *coups de fouet* pouvait être légalement employée, dans l'État de New-York, par un guichetier contre un condamné, conformément à la loi commune, quoique le législateur ait décidé que « si un prisonnier détenu dans » une des prisons d'État refuse de se conformer aux réglemens, etc., etc., il sera puni, et à cet effet ce sera » même un devoir aux gardiens d'infliger, *sous la direction* » *des inspecteurs*, des punitions corporelles au moyen du » *fouet*, sans que les coups puissent excéder le nombre de » trente-neuf, ou de confiner les coupables au cachot, » pourvu que, quand la punition du fouet sera infligée à » un individu, *deux des inspecteurs, au moins, soient* » *présens*. » Ainsi, suivant la discipline de cette prison, que la cour a déclarée légale, il ne peut être infligé que trente-neuf coups à la fois pour chaque délit, et cela par l'ordre des inspecteurs et en présence de deux d'entr'eux; et cependant un guichetier, soit qu'il s'agisse de maintenir l'obéissance ou d'arracher un aveu, peut, dans le fait, infliger autant de coups que bon lui semble, sans la présence d'aucun témoin.

Dans un rapport fait par les inspecteurs pour l'année finissant au 31 octobre 1829, ils exposaient que l'état de la prison était susceptible de grandes améliorations, et ils regrettaient de voir des enfans de douze à quinze ans confondus avec des scélérats endurcis dans le crime.

L'administration, étant dans l'habitude de prendre des notes sur les dispositions de chacun des détenus, a recueilli quelques faits à la fois intéressans pour le législateur et le philanthrope. Un de ces faits montre l'étroite liaison qui existe entre l'intempérance et le crime. Parmi les 94 *con-*

victs libérés en 1829, 63, de leur propre aveu, étaient adonnés à un usage immodéré des liqueurs spiritueuses, et parmi les 391 congédiés pendant les quatre dernières années, 211 avaient été plus ou moins intempérans. (Voir pour des exemples encore plus frappans et les moyens d'y remédier ce qui sera dit ci-après à la p. 799.)

L'école du dimanche, placée sous l'inspection immédiate de l'aumônier de la prison, a déjà produit les résultats les plus satisfaisans. Elle renferme environ 150 écoliers, et est desservie gratuitement par 30 élèves du séminaire théologique.

D'après le rapport fait pour l'année 1830, le nombre des prisonniers était, au 1er. janvier 1830, de 639, savoir : 564 hommes blancs et 10 femmes, et 52 hommes noirs et 13 femmes. Il y en avait 3 de l'âge de 12 à 15 ans, 72 de 15 à 20, 301 de 20 à 30, 183 de 30 à 40, 50 de 40 à 50, 26 de 50 à 60, et 4 de 60 à 80.

La classification des détenus suivant leur culpabilité ou leur criminalité était ainsi qu'il suit :

Contre les choses.

Parjures.	14	
Escroqueries.	6	
Larcins.	84	
Autres vols simples	283	479
Vols sur les grands chemins.	6	
Id. avec effraction.	40	
Faux.	46	

Contre la paix publique.

Évasions de prison.	14	
Incendies.	9	79
Faux monnayage.	56	

Attentats contre les mœurs.

Coups et blessures dans l'intention de viol.	23	36
Rapt.	6	
Bigamie.	6	
Sodomie.	1	

Contre les personnes.

Coups et blessures dans l'intention de tuer.	18	35
Meurtre.	5	
Homicide.	10	
Empoisonnemens.	2	
TOTAL.		629

Il est sans doute superflu d'ajouter ici que les condamnés par suite des crimes détaillés dans la dernière partie de cet état ne sont admis au système pénitentiaire qu'en vertu des lois qui ont substitué la réclusion pénitentiaire solitaire à la peine capitale.

Pour compléter les observations relatives à la prison d'Auburn, nous croyons intéressant de rapporter ce qu'en dit le message du Gouverneur de l'État de New-York à la législature, en date du 4 janvier 1831 ; il s'exprime en ces termes :

«La prison d'Auburn contient 550 cellules dans son aile septentrionale; elle renfermait, le 7 décembre dernier, 616 condamnés, c'est à dire 66 de plus qu'on ne pouvait en placer dans les cellules. Sur ce dernier nombre, 25 sont du sexe féminin, et ont été confinés dans la même salle, les autres sont consignés dans de grandes salles de l'aile méridionale, où ils sont très mal. En vertu du pouvoir accordé par la loi, il a été ordonné, en février 1830, aux shérifs de différens comtés de diriger leurs condamnés sur la prison de Singsing. Depuis cette époque, le nombre des prisonniers d'Auburn, qui s'était élevé jusqu'à 650 environ, s'est réduit au taux actuel.

» 70 individus de la prison d'État ont été grâciés en 1830, par la clémence du pouvoir exécutif auquel ils avaient été recommandés. Quelques uns avaient été condamnés à de longs termes, et quelques uns même à vie, pour des vols de peu d'importance, mais commis la nuit avec effraction. »

L'expérience et la méditation confirment le Gouvernement dans l'opinion qu'on ne devrait prononcer que rarement la peine de la réclusion perpétuelle, excepté dans le cas de récidive.

Mais les rapports faits en 1829 et en 1831, que nous avons cités successivement, et dont les expressions sont généralement à l'avantage de la prison d'Auburn, avaient été précédés de celui de 1824, qui renfermait différentes observations sur ce qu'était alors son régime intérieur; ces observations tendaient à faire abandonner le système qu'on avait adopté, mais cette conclusion rigoureuse du rapport de 1824 céda au désir et à l'espoir de remédier au mal constaté par des améliorations importantes. Comme les faits établis par le rapport, et le choix des améliorations qu'ils ont provoquées présentent les leçons les plus utiles, celles de l'expérience, pour l'abus qui nous occupe, nous croyons essentiel de les exposer ici.

Les Commissaires nommés par la législature de New-York énonçaient d'abord un fait qui prouve assez évidemment l'inefficacité du régime cellulaire. Ils citaient l'exemple de trois individus qui avaient subi un long emprisonnement dans les cellules avant d'obtenir leur grâce, et qui avaient été ramenés à la prison peu de temps après leur libération.

Ils dénonçaient de nouveau les funestes effets de la réclusion solitaire avec le pain et l'eau, qui avait causé généralement une faiblesse excessive, des affections rhumatismales et pulmonaires, et d'autres douleurs ou maladies. L'opinion du médecin même était que ce système de punition accélérait, chez quelques individus, les progrès de la phthisie; car, en 1823, sur 10 décès, il y en avait eu 7 par suite de cette maladie, et sur ces 7 on comptait 5 condamnés solitaires. *Plusieurs détenus devinrent même fous par l'effet de la solitude, et cherchèrent à se détruire.*

A l'appui de ce rapport, on pouvait observer que le médecin d'une maison de détention de la Virginie, où le même système avait été suivi, s'exprimait ainsi dans son rapport pour 1825: «Mes observations ne m'ont rien offert » de plus propre à détruire la santé et la constitution des » condamnés que l'emprisonnement étroit, solitaire et » non interrompu qu'ils subissent pendant six mois à leur » entrée dans la prison. Le scorbut et l'hydropisie y sont » les maladies prédominantes. »

Le surintendant de la même prison pensait aussi que la réclusion solitaire non interrompue détruit la constitution des 7 dixièmes de ceux auxquels on l'inflige, et en fait périr un grand nombre.

La Commission finissait son rapport en recommandant

à la législature *l'abrogation des lois sur l'emprisonnement solitaire*, et simultanément la pleine et entière adoption d'un système efficace d'administration et de discipline qu'elle n'explique pas.

Pénitencier de Singsing.

Frappée de l'importance de ces observations, la législature de New-York voulut chercher le remède au mal par l'application de nouvelles améliorations qui furent déterminées d'après les méditations provoquées par un état de choses dont les Commissaires rapporteurs avaient fait reconnaître les graves inconvéniens.

La législature ordonna, en conséquence, qu'il serait construit à Singsing, près de l'Hudson et à environ 39 milles de New-York, une prison, à peu près sur le plan des dernières constructions de la maison d'Auburn, mais avec les perfectionnemens indiqués par l'expérience. Cette prison devait remplacer et faire abandonner la prison d'État de New-York, pour laquelle on avait dépensé un demi-million de dollars (près de 2,700,000 fr.).

Nous allons exposer d'abord sur le nouvel établissement de Singsing les détails qu'en a donnés un voyageur qui l'avait visité en 1830 (1).

Il se composait alors de 800 cellules.

Un corridor long et étroit, chauffé par des poêles, éclairé le soir par des lampes, est bordé des deux côtés d'un rang de cellules : chaque prisonnier en occupe une pen-

(1) Voir la *Revue britannique*, N°. 183.

dant la nuit. Ces cellules ont 7 pieds de long sur 4 de large et 8 de haut ; elles sont construites en pierres de taille et fermées par une porte en fer, percée de plusieurs ouvertures, qui donnent passage à la lumière et à la chaleur nécessaires au prisonnier. La ventilation est complétée par une espèce de soupirail de 3 pouces de diamètre, qui s'étend de la partie supérieure de chaque cellule jusqu'à la toiture du bâtiment.

Les plus grandes précautions sont prises pour la salubrité ; deux fois par an, la prison est entièrement reblanchie. La moitié des 800 cellules que contient l'établissement de Singsing fait face à la rivière.

Aussitôt que les prisonniers sont enfermés pour la nuit, un *watchmann* est placé dans la galerie qui sépare les cellules, et peut entendre les plus légères tentatives de communication qui seraient faites entre les condamnés.

Le voyageur s'exprime ainsi : Je ne me rappelle pas d'avoir rien vu, dans le cours de ma vie d'aussi solennel que le calme qui, même au milieu du jour, règne dans cette prison habitée par plusieurs centaines de malfaiteurs. Le soir, lorsque le mouvement a cessé, ce silence de mort cause une si pénible oppression, qu'on ne s'étonne plus que les prisonniers considèrent cette peine comme une des plus rigoureuses et des plus difficiles à supporter.

Au point du jour, les prisonniers sont éveillés au son de la cloche ; mais avant qu'ils se rendent au travail, un ecclésiastique, placé dans la galerie, lit une prière qui peut être facilement entendue de toutes les cellules. Les geoliers ouvrent ensuite les portes ; les prisonniers se rangent en ligne le long des passages, et forment plusieurs divisions, sous la conduite de leurs gardiens respectifs. Arrivés dans la cour, ils font une halte pour laver leurs mains, leur visage, et déposer leurs cruches, qui sont enlevées par une classe particulière de prisonniers, employée au service de la maison; parmi ceux-ci, les uns sont chargés de la cuisine, d'autres lavent les vêtemens; de cette manière, tout l'ouvrage de la prison se trouve fait par les condamnés.

La principale division se dirige vers le lieu des travaux pour tailler la pierre, scier le marbre et forger le fer; d'autres sont employés comme tailleurs, cordonniers, tisserands, etc.

Chaque atelier est sous la surveillance d'un geôlier dont le caractère doit être éprouvé, et qui, en outre, est chargé d'enseigner, aux prisonniers qui sont sous sa garde, le métier exercé dans son atelier: son devoir est encore de faire observer tous les réglemens de la prison, en maintenant parmi eux le plus rigoureux silence. Chaque geôlier a sous sa direction de 20 à 30 prisonniers placés en ligne et ayant tous le visage tourné du même côté.

Un moyen de surveillance assez ingénieux a été imaginé par le surintendant général: un long couloir obscur règne derrière chaque atelier; de petites ouvertures, pratiquées dans le mur et recouvertes à l'extérieur d'un verre, permettent au chef de l'établissement d'inspecter, non seulement les prisonniers, mais encore leurs gardiens; la peur que leur inspire la surveillance invisible dont ils peuvent être l'objet à chaque instant du jour a produit jusqu'ici les plus heureux résultats.

A huit heures, la cloche se fait entendre de nouveau; les prisonniers quittent leur travail, se remettent en rang et sont ramenés à la prison: arrivés à leurs portes, ils s'arrêtent et pendant quelques instans restent immobiles;

à un signal donné, ils prennent leur déjeûner, les geôliers ouvrent les cellules et les enferment pour faire ce repas solitaire. A Auburn, où se fit le premier essai du système pénitentiaire, les prisonniers eurent d'abord la faculté de manger en commun; mais l'expérience ayant démontré plus tard à combien d'abus cette tolérance donnait lieu, on introduisit la coutume que je viens de décrire, et elle est adoptée aujourd'hui dans tous les établissemens de ce genre qui existent en Amérique.

Au bout de vingt minutes, les prisonniers sont ramenés aux ateliers; ils les quittent de nouveau à midi pour venir prendre dans leurs cellules un dîner également silencieux et solitaire; bientôt ils retournent au travail, qui ne cesse plus qu'à l'approche de la nuit. Comme le matin, ils s'arrêtent dans la cour pour laver leurs mains, leur figure et reprendre leurs cruches; ils se dirigent ensuite vers les cellules, où les attend leur souper, qui, de même que les autres repas, est composé d'une espèce de *pudding* grossier, fait avec de la farine de maïs et de la mélasse. Ce régime adoucissant est regardé par les inspecteurs comme un des moyens qui aident de la manière la plus efficace à l'amendement des prisonniers; il renouvelle le sang, adoucit le caractère et dispose l'ame au repentir. Aussitôt que le souper est terminé, l'ecclésiastique attaché à l'établissement vient faire la prière, et quelquefois lire un chapitre de la *Bible*. Dès qu'il est retiré, la cloche se fait entendre une dernière fois; les prisonniers se déshabillent, se couchent, et peuvent se livrer au sommeil.

Le capitaine *Lynds*, auquel on doit ce beau système de réforme, pensait que pour qu'il pût recevoir son application complète, il était indispensable qu'un ecclésiastique fût exclusivement attaché à l'établissement : il disait que, dans le principe, il s'était opposé à cette mesure dans la crainte de diviser l'autorité ; mais que plus tard, ayant reconnu son erreur, il sollicita lui-même la nomination d'un chapelain, et chaque jour lui prouve davantage les heureux effets qui résultent de sa participation.

Dans le courant d'avril 1827, M. *Guerrish-Barrett* fut attaché en cette qualité à l'établissement de Singsing. L'extrait d'une lettre de cet ecclésiastique, adressée à la Société de discipline des prisons, donne une idée de son caractère et de la manière dont il envisage sa mission. « Tous les jours, » à sept heures du soir, dit M. *Barrett*, je lis aux prisonniers un chapitre de l'*Ecriture-Sainte*, qui, naturellement, sert de texte à quelques réflexions appliquées, » autant que possible, à la situation de ceux à qui elles » sont adressées, et que je termine par une simple et courte » prière. De tous les moyens employés jusqu'à ce jour » pour faire pénétrer la parole de Dieu dans ces cœurs » endurcis, aucun ne m'a semblé plus profitable que ces » lectures journalières, suivies d'une simple exhortation. » Disposés à l'attention par les fatigues et les travaux » du jour, les détenus écoutent avec recueillement les » paroles de vérité qui se font entendre ; prononcées au » milieu du silence et de la solitude, elles laissent une » impression profonde, et souvent font couler des larmes » parmi ceux à qui elles sont adressées.

» Tous les dimanches, après le service divin, je visite » les cellules, j'interroge les prisonniers, je cause avec » eux, et s'ils ne témoignent pas tous une égale bonne » volonté, du moins, jusqu'à présent, je n'ai eu à supporter, de leur part, ni injures, ni railleries. »

Le concours de ces diverses mesures pour l'établissement pénitentiaire de Singsing, ayant rempli les vues qui l'avaient fait ériger, nous croyons intéressant de faire connaître son état actuel, d'après le rapport du gouverneur de l'état de New-York, pour 1830, qui nous a déjà fourni des renseignemens sur la prison d'Auburn.

Voici l'extrait de l'article qui concerne Singsing :

« Les 800 cellules de la maison de Singsing renfer-
» maient, le 24 décembre dernier, 806 prisonniers, nom-
» bre supérieur de 228 à celui de l'année 1829 ; 114 de
» ceux-ci provenaient de la seule ville de New-York.

» Craignant que l'établissement de Singsing ne devînt
» insuffisant, le gouverneur recommanda, à la session de
» 1830, par un message spécial, la construction immé-
» diate de 200 nouvelles cellules ; une allocation de
» 10,000 dollars (plus de 50,000 francs) fut accordée
» pour cet objet. Des causes imprévues ont retardé quel-
» que temps l'érection de ces cellules, qui sont aujour-
» d'hui en construction (1).

» Une grande partie des pierres ont été taillées, et
» beaucoup d'autres préparatifs sont faits, de sorte que
» l'on doit commencer les travaux ce printemps (1831).
» *Les condamnés ont construit eux-mêmes un bassin d'en-*
» *viron 600 pieds de long sur 30 de large avec 20 de profon-*
» *deur*. Des 800 individus renfermés actuellement dans
» la prison de Singsing, *la moitié est employée à la taille*
» *des pierres et une centaine aux autres travaux de char-*
» *penterie, etc.* »

---

(1) Elles sont maintenant terminées et occupées.

Nous ajouterons ici, comme document complémentaire qui ne nous est parvenu que depuis la rédaction de ce qui précède, le résultat du *Compte rendu* récemment concernant cet établissement.

Depuis le 1er. novembre 1830 jusqu'au 30 septembre 1831, le directeur (M. Robert-Wiltse, dont le rapport fait l'éloge) a reçu, pour les besoins de son service, la somme de. . . . . 75,701 dol. 17

Sur laquelle il a été dépensé, dans l'espace de temps précité, celle de. 72,334 71

Restait entre les mains du directeur, au 30 septembre. 3,336 46

La vente des objets manufacturés par les condamnés, durant l'intervalle ci-dessus, s'élève à 40,011 doll. 93, de laquelle déduisant 1,473, pour le prix des matières premières comprises dans les ventes, c'est à dire le fer, etc., il reste, pour produit net du travail des condamnés, une somme de 38,538 doll. 93.

Deux cents cellules supplémentaires dont la construction avait été ordonnée sont terminées, et la prison a maintenant cinq étages et contient 1,000 cellules. On a de plus construit, l'année dernière, une aile d'un solide atelier pour travaux permanens, de 156 pieds de long sur 36 de large; une poudrière à l'épreuve du feu.

Le nombre des condamnés renfermés dans cette prison, au 1er. octobre 1830, se montait à. . . 770

Depuis cette époque jusqu'au 30 septembre 1831, on y avait admis. . . . . 338 } 1,108

A reporter. . . 1,108

Report. 1,108

Mis en liberté dans le même intervalle après l'expiration de leur peine.	65	
Morts.	28	128
Grâciés.	34	
Noyé en cherchant à s'échapper.	1	
Effectif de la prison au 30 septembre 1831.		980

Ce qui fait une augmentation de 210 individus pendant les 11 mois précédens.

La dépense présumée de l'année courante est de 77,638 dollars 88, dont 48,000 seront couverts, on le suppose, par le produit du travail des détenus ; d'où il résulte que le trésor n'aura à fournir à peu près que 29,000 dollars.

On emploie les détenus, dans cet établissement, à extraire des pierres de grandes carrières de marbre qui en dépendent. Ils travaillent à leur exploitation en liberté, sans être assujettis à aucun ferrement et dans de vastes espaces bien surveillés, mais non clos et en pleine communication avec le reste du pays. Il est nécessaire d'observer qu'on attribue une discipline si remarquable à la sévérité avec laquelle le détenu est frappé d'un fouet sur-le-champ ou soumis à en recevoir un certain nombre de coups sur les épaules découvertes, suivant le degré des fautes qu'il a commises, au nombre desquelles est rigoureusement placée la moindre parole adressée à un autre, la moindre infraction au silence absolu qui lui est imposé, et qu'on regarde comme une des conditions les plus essentielles de la peine et de la discipline.

D'après le rapport, la carrière principale a été prolongée, et on en a ouvert une autre dans la partie méridionale de la ferme, à quelque distance de la prison, avec une voûte pour y arriver ; mais la valeur de cette nouvelle carrière est bien diminuée, comme celle des autres, par les immenses travaux que nécessite le déblai des terres et des gravois, et par la grande quantité de pierre de qualité inférieure qui recouvre le marbre de bonne qualité. Il est à craindre que ces causes ne continuent, comme par le passé, à diminuer le produit que l'on pouvait se flatter, dans le commencement, de retirer des carrières de cette prison.

Observations sur les dépenses.

D'après le rapport officiel des commissaires nommés en vertu de l'acte d'avril 1826, la dépense totale pour la construction du pénitencier de Pittsburg, qui contient 190 cellules, a été de 165,846 doll. (plus de 830,000 fr.). On évalue l'entretien de chaque condamné à 77 dollars (plus de 365 francs) par an, non compris les salaires des officiers, qui s'élèvent à 2,000 dollars au moins (plus de 10,000 francs), et si on ajoute à ces dépenses annuelles l'intérêt des frais de construction, on trouvera que la charge annuelle de l'établissement de Pittsburg est de près de 19,000 dollars (95,000 francs au moins). Cette somme, répartie sur 90 condamnés, nombre moyen des coupables qui sont renfermés dans cette prison, donne par tête un taux de 211 dollars (plus de 1,055 francs).

Pour la prison de Philadelphie, il résulte de l'état des dépenses de six années, à partir de 1820, que la moyenne des frais annuels occasionés par chaque condamné est de 60 dollars au moins (300 francs au moins), si on ne la calcule que sur le montant annuel des frais d'habillement, nourriture, chauffage, éclairage, médicamens, etc., et de 83 dollars environ (415 francs au moins), si on la calcule sur le montant total de la dépense annuelle de l'établissement.

Il faut observer que cette moyenne n'est plus basse que celle de la prison de Pittsburg que parce que le plus grand nombre des condamnés renfermés rend la répartition des frais d'administration moins élevée pour chaque détenu.

Observations sur le produit des travaux des détenus.

Sans entrer dans d'autres détails superflus, il nous suffira d'extraire ici ce que contient le message du gouverneur de l'État de New-York à la législature de cet État en date du 4 janvier 1831, en ce qui concerne la maison d'Auburn, pour prouver, comme nous l'avons observé au commencement de cette note, qu'aux États-Unis la rareté des bras, la grande cherté de la main-d'œuvre font trouver dans les travaux des détenus un bénéfice net sur le montant de leurs dépenses annuelles, sans qu'on ait à craindre les inconvéniens de la concurrence des produits des prisons avec ceux des industries particulières; inconvéniens que l'Angleterre a tant cherché à éviter.

« L'agent de la prison d'Auburn n'a aucune demande » d'argent à faire au trésor. Les dépenses de cette maison » pendant l'année finissant au 31 décembre 1830, y compris les frais extraordinaires de construction de 100 pieds » d'ateliers, les réparations de l'aile septentrionale endommagée par le feu, et toutes les autres réparations » se sont élevées à 36,226 dollars. Les travaux des condamnés ont produit, pendant cette même année, » 40,341 dollars. »

Nous allons donner une autre preuve plus générale de la disproportion qui existe entre le produit du travail des détenus aux États-Unis, et le peu qu'on en retire en Angleterre par le tableau suivant, qui est extrait d'un rapport fait à la Société des prisons de Boston pour l'année 1828.

EN ANGLETERRE.	NOMBRE des condamnés.	PRODUIT du travail.
		liv. st.
Prison de Maidstone, comté de Kent	363	1,119
Prison de Lancastre	414	601
Maison de correction de Preston.	192	516
Maison de correction de Kirkdal	820	830
New-Bailen. Maison de correction de Manchester	762	2,209
Maison de correction du comté de Leicester	99	133
Pénitencier de Millbank	341	1,425
Prison et maison de correction du comté de Shrewsbury	134	227
Prison et maison de correction du comté de Strafford	268	858
Prison et maison de correction du comté de Bury	124	154
Prison et maison de correction du comté Worchester	183	675
Prison et pénitencier du comté de Gloucester	169	120
	3,699	8,867 (221,675 fr.)

AUX ETATS-UNIS.	NOMBRE des condamnés.	PRODUIT du travail.
		dollars.
Prison du Maine	71	8,564
Prison de New-Hampshire	79	9,949
Prison de Massachussets	285	22,733
Prison de Wethersfield	97	7,230
Prison d'Auburn	476	33,504
	999	81,979 (438,487 fr.)

Il résulte de ce tableau que le produit du travail des détenus pour l'année moyenne n'est, en Angleterre, que d'environ 60 francs, tandis qu'il est sept fois plus considérable aux États-Unis, d'après le concours des circonstances dont nous avons parlé ; ce qui prouve bien positivement ce que nous avons dit relativement aux réflexions que comporte pour l'Europe l'application du système pénitentiaire, d'après les grandes dépenses qu'il exige, tant pour les constructions que pour l'entretien et la discipline prescrite pour les détenus.

Fondation de dépôts de mendicité en partie agricoles.

Nous terminerons la note relative aux États-Unis par un article qui prouve qu'on y recherche aussi le système des colonies agricoles fondées pour la répression de la mendicité, laquelle est portée à un tel degré, dans ce pays, par l'intempérance des boissons spiritueuses, qu'il s'est formé une société (*american temperance Society*) dans le but de combattre ce vice, et qui a eu, à cet égard, des succès dignes de sa louable philanthropie ; succès que doivent éminemment seconder les dépôts de mendicité du genre dont il s'agit.

Voici l'extrait du rapport fait à l'État de New-York pour 1831. « Le secrétaire donne un extrait des comptes rendus par les inspecteurs des pauvres de plusieurs comtés, au nombre de 54. Un seul comté n'avait point envoyé de situation, parce qu'il ne possède aucune maison de mendicité. »

« Ces extraits démontrent que 15,564 pauvres ont été secourus ou entretenus pendant l'année. Sur ce nombre, il y a eu 13,573 pauvres de divers comtés, et 1,990 mendians de villes. La dépense totale d'entretien de tous les pauvres, pendant l'année, est de 245,433 fr. 21 c.

» Il a été payé, pour le transport des pauvres, 4,042 fr. 13 c., aux inspecteurs 7,481 fr. 5 c., aux administrateurs 5,102 fr. 91 c., aux officiers de justice 1,627 fr. 3 c., aux gardiens employés 17,545 fr. 6 c.

» La valeur du travail des pauvres s'est élevée à 12,663 f. 26 c., la somme totale économisée par le travail des pauvres à 17,546 fr. 74 c., et la dépense moyenne pour l'entretien d'un pauvre dans une maison de mendicité à 33 fr. 28 c. par an.

» *Il y a* 5,221 *acres de terre affectées aux dépôts de mendicité*, et la valeur totale de tous les établissemens créés pour les pauvres dans l'État est de 830,350 fr. 46 c. 10,896 pauvres ont été admis dans les maisons de mendicité pendant l'année, dans le cours de laquelle il y a eu 170 naissances, 1,157 morts; libérés, 5,962; échappés, 545.

» Le nombre des femmes qui étaient dans les dépôts de mendicité, au 1er. décembre 1831, était de. . .	2,532
» Celui des hommes.	2,862
» Total des deux sexes.	5,394

» Pendant l'année, on avait secouru 2,795 étrangers, 410 lunatiques (aliénés), 224 idiots et 30 muets.

» Le nombre des individus du sexe féminin, au dessous de seize ans, est de. 745

» Celui du sexe masculin, de. 1,050

» TOTAL pour les deux sexes. . . . 1,795

» Dans vingt-neuf comtés, la distinction entre le pauvre de ville et le pauvre de comté a été abolie; restent vingt-six comtés qui ne l'ont point fait disparaître.

» Dix comtés de plus que l'année dernière ont adressé des états de situation; sur ces dix, six ou huit ont récemment adopté le système de dépôt de mendicité: nonobstant le plus grand nombre de comtés qui transmettent des rapports, la quantité de pauvres annotés comme ayant été secourus cette année ne dépasse que de 58 ceux compris dans les rapports de l'année passée; ce qui prouve la diminution générale.

» Le système de dépôts agricoles de mendicité est à présent généralement adopté et réussit bien. Le comté de Dutchess, dont la population excède 50,000 habitans, est un de ceux où ce système a été volontairement adopté et qui ont construit une maison pour les pauvres pendant le cours de l'an dernier. Les administrateurs estiment que cet établissement économisera la moitié de la somme consacrée à l'entretien des pauvres. On pense que l'économie que ce système procure à tout l'État est, terme moyen, *au moins de moitié*, comparativement à l'ancien mode de secours alloués aux pauvres des divers comtés et villes: s'il en est ainsi, le nouveau système d'établissement pour la mendicité occasione une dépense en moins dans tous les comtés d'environ 245,000 fr. »

D'après l'importance que nous devons mettre à reconnaître les principales causes du paupérisme et les moyens qui peuvent avoir le plus d'influence pour le prévenir ou le réprimer, nous pensons qu'on verra avec intérêt l'exemple que donnent les États-Unis des effets déplorables de l'intempérance à cet égard, et des louables résultats qu'a pu obtenir pour les réprimer cette *american temperance Society*, que nous venons de citer comme fondée par l'esprit public et la charité; car, malgré la grande différence qui existe entre cette nation et la nôtre, les maux que l'ivrognerie enfante chez nous ne présentent que trop d'analogie avec ceux que nous allons faire connaître, comme ayant fixé l'attention et provoqué des mesures qu'on ne saurait trop apprécier et chercher à imiter.

L'abus des liqueurs fortes aux États-Unis d'Amérique était tel, qu'il périssait 30 ou 40,000 individus par an des suites de leurs excès. On peut, d'après un tel résultat, calculer combien d'autres individus perdaient leur santé, leur réputation, leur aisance et même tout moyen d'exister.

M. *Samuel Hopkins*, qui avait eu une mission spéciale à ce sujet, après l'avoir profondément étudié, disait dans son rapport : « Le crime coûte annuellement au peuple » des Etats-Unis 8,700,000 dollars (environ 45,000,000 f.). » Cette perte est occasionée par 15,000 malfaiteurs, dont » 11,000 sont en liberté. » Dans un autre document fourni par la même personne au comité directeur de la Société de tempérance de New-York, il cite des faits qui tendent à prouver que, sur le montant ci-dessus cité des pertes que les malfaiteurs font éprouver, les 37/54 de cette somme, ou 5,911,168 dollars, doivent être portés au compte de l'intempérance, et d'après une recherche semblable faite sur la pauvreté, dans le même document, M. *Hopkins* maintient qu'on peut encore porter au compte de l'intempérance au moins 2,534,000 dollars par an sur le montant des secours donnés aux pauvres.

Des considérations aussi graves fixèrent tellement l'attention et provoquèrent un tel désir de réprimer un mal si frappant, qu'il se forma dans les divers États de l'Union des associations pour faire prévaloir la tempérance, dont le nombre était porté à 1,605, dans le rapport remarquable fait, le 19 août 1830, par l'*american temperance Society* qui concerne toute l'Union.

Ce rapport établissait, en outre, qu'il existait sans doute beaucoup d'autres Sociétés dont les administrateurs de la Société générale n'avaient point encore été informés : on portait à plus de 160,000 membres le nombre des sociétaires à la fin du huitième mois de 1830, et on observait que l'influence de la Société s'étendait sur toutes les classes de la communauté, même sur les marins.

On citait, à ce sujet, plus de 40 vaisseaux appartenant à Charleston, plus de 50 de Boston, 56 de Gloucester, et 15 *Squarre-Riged* (voiles carrées) à Portland, qui ne font plus usage de liqueurs fortes. Dans le Connecticut, plus de mille fermiers cultivaient leurs fermes sans admettre de liqueurs fortes chez eux. A New-Haven, il y avait plus de cent maîtres charpentiers de navires, d'industriels et d'artisans, qui n'en prennent plus eux-mêmes, et qui n'en permettent plus l'usage à leurs ouvriers.

Ce rapport donnait le total comparatif des liqueurs distillées entrées dans le port de New-York pendant les six premiers mois des années 1828, 1829 et 1830; nous en donnerons ici le tableau pour faire apprécier les résultats importans de mesures aussi dignes d'exemple :

Du 1er. janvier au 31 juillet	1828.	1829.	1830.
Eau-de-vie, pipes.	7,263	5,635	1,060
Genièvre, *dito*.	3,371	1,441	1,498
Rhum (poinçons).	7,707	6,290	2,503
TOTAL.	18,341	13,366	5,061

Depuis le 1er. août jusqu'au 1er. décembre 1828, la quantité d'eau-de-vie de grain qui passa à Utica par le canal Érié était de 1,053,305 gallons (le gallon équivaut à 4 pintes de Paris); pendant les mêmes mois de l'année 1829, il y passa seulement 345,159 gallons, quoique la quantité de grains, de farines, etc., surpassât de beaucoup les précédentes. Quel bel exemple de l'efficacité que peuvent avoir les moyens religieux et moraux sur l'intensité des maux les plus honteux de l'ordre social et quelle émulation il doit inspirer! Il peut nous rappeler celui que nous avons cité (p. 238) en parlant de la Société maternelle de Paris, et nous encourager à l'imiter.

NOTE I.

Relative à plusieurs Maisons de détention citées comme modèles.

Maison de détention de Genève.

La forme générale du bâtiment est semi-circulaire. Il est entouré par une double enceinte de murailles hautes d'environ 16 pieds, séparées par un chemin de ronde de

8 pieds de largeur, dans lequel des chiens de garde sont lâchés pendant la nuit.

Le point central est occupé par un corps de logis où se trouvent, au dessous du sol, les cuisines; au rez-de-chaussée, la salle de surveillance, qui sert de bureau au directeur; au second, la chapelle et l'infirmerie, et plus haut encore, des greniers ou magasins.

Deux autres bâtimens formant rayons partent de celui-ci et s'étendent jusqu'à la première enceinte : chacun d'eux est divisé, du haut en bas, en deux quartiers par un gros mur, l'espace vide qui se trouve entr'eux est également partagé, et deux autres portions de terrain restant encore comprises entre les rayons et le diamètre, chacun de ces quatre quartiers distincts a ainsi sa cour particulière.

Le rez-de-chaussée de ces deux bâtimens est consacré à quatre ateliers, qui sont divisés, par une grille, en deux parties inégales, dont la plus petite forme réfectoire et communique, par une porte, avec la cour du quartier; au premier étage, se trouvent quatre rangs de 7 cellules bien éclairées, fermées séparément, et donnant sur un corridor également fermé à ses deux extrémités; enfin, un pareil nombre de cellules occupe le second étage.

De la salle de surveillance placée au centre, le directeur peut continuellement, au moyen de petits guichets grillagés, observer les quatre ateliers, les quatre cours, et par conséquent la conduite de chaque détenu, sans être aperçu lui-même.

Au premier et au second étage, à l'extrémité et en dehors de chaque corridor de cellules du côté du centre, se trouve une chambre dans laquelle couche le chef d'atelier, et d'où, au moyen de tuyaux établis à cet effet, on peut communiquer de la voix avec l'appartement du directeur.

Un des principaux avantages de cette forme de construction consiste dans la facilité qu'elle procure de se porter avec promptitude du centre, où réside l'administration et d'où part la surveillance, sur les points les plus éloignés de la prison.

Les détenus sont invariablement répartis en quatre classes totalement séparées, et continuellement invisibles même les uns pour les autres, savoir : *deux quartiers criminels*, où sont renfermés les condamnés aux travaux forcés ou à la réclusion ; *un quartier correctionnel*, contenant les condamnés à l'emprisonnement, et *un quartier d'exception*, destiné à recevoir, 1°. les jeunes gens n'ayant pas l'âge de 16 ans accomplis lors de leur condamnation ; 2°. ceux des autres condamnés que, par des motifs tirés de leur bonne conduite ou de la nature de leur délit, la Commission administrative juge dignes d'y être placés.

A l'entrée de chaque prisonnier, son signalement, soigneusement relevé, est inscrit conjointement avec l'ordre de son entrée, et le jugement rendu contre lui ; on lui établit ensuite un compte ouvert dans le livre intitulé : *Répertoire de la conduite des prisonniers*. Là sont consignés, sous des chefs distincts, les actes d'une conduite méritoire, les fautes commises et les punitions encourues. Rien n'est écrit dans ce livre qu'avec l'approbation des conseillers-inspecteurs.

L'instruction des détenus est suivie avec une sérieuse attention par un comité de surveillance morale et de régénération, qui s'occupe à la fois de leur perfectionnement pendant leur captivité, et des arrangemens relatifs au sort futur de ceux qui sont près d'en atteindre le terme. Les membres de ce comité font, le dimanche, des lectures dans les différens quartiers, et deux fois par semaine il est tenu une école pour ceux des prisonniers qui désirent apprendre à lire, à écrire et à chiffrer.

Les employés de la prison sont un directeur, quatre chefs d'atelier, deux portiers et un cuisinier. La plus grande douceur et l'abstinence de toute familiarité leur sont recommandées et sont observées par eux dans leurs rapports avec les prisonniers.

La bonne conduite de ceux-ci pouvant donner lieu à réduire la durée de leur détention, la loi a créé une commission de recours à laquelle sont présentées les requêtes des détenus qui ont accompli les deux tiers de leur peine.

Chaque prisonnier, pendant la nuit, occupe une cellule séparée, et si l'on est forcé de s'écarter de cette règle, on doit réunir au moins trois prisonniers dans la même chambre, chacun dans un lit différent. Cette disposition éventuelle est remarquable en ce qu'elle offre une preuve sensible de l'attention prévoyante avec laquelle la loi a cherché à prévenir toutes les occasions de disputes et de désordres, aussi bien que les inconvéniens qui pourraient résulter d'infractions apportées par des circonstances extraordinaires au régime habituel de l'établissement.

L'ameublement des cellules se compose d'un lit de fer et de tous les objets nécessaires à une exacte propreté.

Le matin, au premier coup de cloche, les détenus se lèvent, se nettoient, s'habillent, font leurs lits, balaient leurs cellules, et se tiennent prêts à sortir, lorsqu'au second coup de cloche le chef de quartier vient leur ouvrir pour les conduire dans leurs ateliers. Les quatre divisions s'y rendent séparément, sans s'apercevoir même, et le travail est précédé de la lecture d'une prière.

Un nouveau coup de cloche annonce le repas, qui est apporté et distribué par les portiers aux prisonniers placés avec ordre dans la partie de l'atelier formant réfectoire. Le repas fini, ceux-ci peuvent se promener dans la cour de leur quartier, ou rester dans l'atelier à lire des livres de morale ou de religion tirés de la bibliothèque de la maison, et qui leur sont prêtés, d'après leur demande, sur l'ordre du directeur.

La chapelle de la prison est disposée de manière à pouvoir servir aux deux cultes catholique et réformé. Les détenus y assistent aux offices, et reçoivent les instructions des ministres de leurs religions respectives. Pendant le temps qu'ils y passent, le principe de leur séparation absolue par quartiers ne cesse pas d'être scrupuleusement observé : à cet effet, la partie de la chapelle qu'ils occupent est divisée par des stalles de bois en quatre compartimens, qui ne permettent aux différentes classes ni de communiquer, ni de se voir; elles entrent, se placent et sortent toutes successivement.

Les punitions disciplinaires infligées aux prisonniers pour désobéissance, insultes, querelles ou révoltes sont l'isolement d'abord, ensuite la réclusion dans l'obscurité, mais pour des temps limités avec modération, et jamais dans des cachots humides ou malsains. On y peut joindre aussi le régime du pain et de l'eau dans une proportion de durée fixée par la loi, et telle que la santé des détenus ne puisse en éprouver aucun préjudice. Toutefois, dans les cas où la sûreté de la prison serait compromise, il est permis de mettre les fers aux prisonniers.

Les prisonniers des deux quartiers criminels sont revêtus d'un costume pénal.

Environ douze heures par jour en été, et dix heures en hiver, sont employées au travail, qui n'est interrompu que par trois repas suivis de quelques momens de repos, et à chacun desquels est consacrée une heure ou une heure et demie. Les détenus s'occupent aux divers métiers qu'ils exerçaient avant leur condamnation ou qui leur ont été enseignés dans la prison, tels que ceux de cordonniers, tailleurs, tisserands, etc.

Le plus grand silence est constamment recommandé et observé, pendant le jour, dans les ateliers, aussi bien que dans les cellules, durant la nuit. L'introduction de toute liqueur fermentée est sévèrement prohibée, et les jeux de cartes et de hasard sont absolument interdits.

Nous avons vu, page 343, que cette maison, qui peut contenir 54 détenus, a coûté 280,000 fr.; ce qui fait un peu plus de 5,000 fr. par individu, malgré le bon marché de la main-d'œuvre et des matériaux. Cet exemple est encore un des moins sensibles pour l'élévation des dépenses qu'exigent les établissemens pénitentiaires en Europe, puisque l'établissement de Millbank, près Londres, a coûté environ 10,000,000 de francs pour 500 détenus, et que chaque détenu, y compris cette espèce de valeur locative et les dépenses de son entretien, coûte aussi cher à l'État qu'un lieutenant de marine royale en non-activité. (Voir page 342.)

Maison de détention de Brauwillers.

L'établissement de Brauwillers, près Cologne, renferme de 7 à 800 individus des deux sexes, mendians, vagabonds ou condamnés à la réclusion, et spécialement les condamnés de seize ans; il reçoit aussi des enfans abandonnés, des épileptiques, des sourds-muets, et même des fous, mais dans des cellules séparées. Tous ces détenus proviennent des quatre régences prussiennes de Cologne, Dusseldorf, Aix-la-Chapelle et Coblentz, qui paient pour l'entretien de l'établissement une contribution proportionnelle, dont les bases ont été fixées par un réglement de 1819.

Nous citons ici cet établissement, parce que les détails relatifs aux diverses parties de son administration peuvent servir d'exemple. Tous les détenus sont occupés à un travail quelconque : les adultes, pendant douze heures; les enfans, pendant huit, neuf ou dix heures, de la journée. Ceux qui ne savent aucun métier sont forcés d'en apprendre un; une portion du produit de leur travail est réservée pour être remise, à l'époque de leur libération, non à eux-mêmes, mais aux Autorités du lieu où ils doivent résider. On s'assure ainsi qu'ils se rendront au domicile qui leur est assigné, et qu'ils ne dépenseront pas imprudemment toutes leurs ressources, en sortant de prison, comme cela n'arrive que trop souvent. (Cette mesure d'ordre est depuis long-temps réclamée en France; il est étonnant qu'elle n'y ait point encore été adoptée.) Une autre portion leur est abandonnée comme salaire journalier, mais elle leur est payée avec une monnaie de convention en cuir, au moyen de laquelle ils se procurent, dans l'intérieur de l'établissement, des alimens ou autres objets dont les prix sont fixés par la direction : on ne souffre entre leurs mains aucune autre espèce de monnaie, sous peine de confiscation. Les administrateurs, qui ont une connaissance pratique des habitudes

des détenus et des causes les plus fréquentes d'évasions et de désordres dans les prisons, apprécieront la sagesse de ce réglement. Les détenus en récidive forment une classe à part, soumise à un régime plus sévère.

Les jeunes prisonniers sont entièrement séparés des autres détenus, on prend un soin paternel de leur éducation. On leur donne, avec l'instruction religieuse, des leçons de lecture, d'écriture, de calcul, d'histoire nationale, de grammaire, de dessin et de chant. Ils sont soumis à une discipline militaire, exercés aux manœuvres de l'infanterie, et organisés en compagnies, sous le commandement d'un ancien sergent et de sous-officiers choisis parmi eux; le commandant et les sous-officiers forment une espèce de conseil de guerre, qui applique les peines de discipline avec l'autorisation du directeur. Cette organisation a produit de si heureux résultats, qu'on est parvenu à pouvoir confier aux sous-officiers pris parmi les jeunes détenus les rondes de nuit, que faisaient auparavant les surveillans.

On tient avec la plus grande exactitude : 1°. un tableau présentant la classification des détenus, suivant leur âge, leur sexe et les causes de leur détention; 2°. un tableau des récidives, divisé en deux parties, pour les condamnés au dessous et les condamnés au dessus de seize ans, et indiquant le nombre des récidives pour chaque condamné, avec les causes présumées des nouveaux délits : on voit par ce moyen que la plupart des récidives sont occasionées par la difficulté que trouvent les condamnés à se procurer des moyens de subsistance en sortant de prison; 3°. un tableau des détenus libérés, indiquant leur position, leur profession et leurs moyens d'existence après leur libération; 4°. un tableau des maladies qui ont régné pendant chaque mois de l'année dans l'établissement; 5°. un tableau de l'instruction religieuse ou littéraire donnée aux détenus, avec leur classification par culte; 6°. un tableau des différens métiers auxquels les prévenus sont occupés; 7°. un tableau des punitions infligées dans l'établissement, avec les causes qui les ont provoquées.

8°. Une série de tableaux présentant divers états détaillés du produit du travail des détenus.

Enfin, il existe un état nominatif de tous les condamnés au dessous de seize ans, depuis 1821, indiquant l'époque de leur naissance, la cause et la durée de leur détention; l'éducation qu'ils avaient reçue chez leurs parens, les principales circonstances de leur vie jusqu'à leur entrée dans la maison de travail, leur conduite pendant tout le temps qu'ils y sont restés, et celle qu'ils ont tenue après en être sortis. On trouve la confirmation de tous ces détails dans la description de cet établissement publiée par M. *Humbert*, son estimable administrateur, et dont le *Bulletin universel* de M. le baron *Férussac* a rendu un compte qu'il termine ainsi : « Il est impossible d'imaginer une lecture plus » attachante que le récit simple et laconique des malheurs » de ces pauvres enfans, flétris, dès leurs premières an» nées, par la misère ou par les vices de leurs familles; mais » il est triste de penser qu'il a fallu qu'un crime les con» duisît dans les prisons, pour leur donner le bienfait d'une » éducation qui a souvent réussi à en faire de bons ci» toyens et d'honnêtes gens. En résumé, la description « de la maison de travail de Brauwillers nous paraît offrir » une réunion de faits que nous n'avons rencontrés dans » aucun ouvrage du même genre. Ce serait un excellent » modèle à proposer à l'administration pour les rensei-

» gnemens à demander aux directeurs des prisons, des » maisons de correction, des bagnes, et en général de » tous les établissemens publics de répression et de bien- » faisance. »

Nota. En nous bornant à ces trois exemples, nous devous dire de plus qu'en Allemagne les travaux des détenus concernent généralement des fournitures pour l'armée; mais les condamnés aux travaux forcés sont employés à nettoyer les rues, à enlever les immondices; ils ont un anneau de fer au pied, et quand ils sortent on leur met au cou un collier de fer muni d'un crochet extérieur, par derrière, et ils n'ont alors besoin que de trois soldats et un sous-officier pour les garder, quoiqu'ils soient nombreux.

NOTE K.

Relative aux différens genres de colonies agricoles qui existent dans plusieurs États de l'Europe.

Colonies militaires de la Suède.

Conformément à ce que nous avons annoncé page 169, dans l'Introduction à la deuxième partie de notre Ouvrage, et pour n'en point trop compliquer le texte, nous consacrons ici une note spéciale aux colonies agricoles, de divers genres, qui existent dans plusieurs États de l'Europe, mais en nous bornant cependant à exposer succinctement les détails les plus intéressans à connaître, afin d'éviter des digressions qui pourraient être superflues.

Nous commencerons par donner une courte notice historique des colonies militaires de la Suède, moins encore en raison de leur priorité en date, qui remonte à plus de cent cinquante ans, qu'en raison des beaux exemples que présentent leur organisation et leur régime; tant sous le rapport de l'économie et de la discipline, que pour les grandes considérations de prospérité publique et de puissance nationale qui s'y rattachent, et enfin parce que la Russie, ayant voulu les imiter, mais en employant des moyens différens, et qui étaient exagérés, a éprouvé de grands inconvéniens qui ont fait ainsi ressortir encore plus positivement le mérite du système conçu et exécuté par la Suède. A cet égard, nous avons déjà eu lieu de faire observer que c'était de ces colonies militaires qu'étaient sortis les soldats de Charles XII, et que de nos jours c'étaient encore elles qui avaient fourni, dans les momens où les travaux agricoles et les manœuvres militaires leur laissaient quelque repos, les travailleurs infatigables qui ont creusé en grande partie dans le roc le canal Gotha, et notamment les trente-cinq écluses, dont plusieurs sont accolées, que doivent franchir incessamment les vaisseaux qui voudront éviter, par le trajet de ce canal, le circuit et les inconvéniens du passage du Sund.[1].

Ces colonies furent fondées par Charles XI, qui, en raison des ressources et des économies qu'elles lui présentèrent, put porter son armée à 60,000 hommes, tandis qu'elle n'était que de 14,000 lorsque Gustave le Grand s'immortalisa en ne craignant point d'entrer à leur tête en Allemagne, où sa valeur et son génie maîtrisèrent toujours la victoire, malgré le petit nombre de ses soldats. Charles XI, qui avait battu le Danemarck dans toutes les occasions, et que les puissances belligérantes de l'Europe avaient choisi pour médiateur de la paix conclue à Ryswick, s'illustra encore par la fermeté avec laquelle il fit rentrer dans le domaine de l'État qu'il gouvernait une masse considérable de biens-fonds qui avait été usurpée par la noblesse, et par la résolution qu'il prit en même temps de les employer à constituer d'une manière permanente l'armée nationale, qui jusqu'alors n'avait été recrutée que par des levées irrégulières. Voici par quels moyens ce monarque sut atteindre un but aussi élevé. Il distribua tous les domaines ainsi réunis en fiefs militaires de diverses grandeurs, dont les uns, sous le nom de *bostœlle*, furent assignés aux officiers de tout grade et de toute arme, et les autres aux troupes de cavalerie. Le produit de ces terres devait tenir lieu de solde aux officiers et aux cavaliers chargés de les faire valoir. Ensuite, afin de pourvoir à la levée des troupes en général et à l'entretien des soldats d'infanterie, Charles XI conclut avec les provinces des contrats (*knekte contractar*), d'après lesquels les propriétaires de biens fonciers, autres que les terres nobles, furent répartis en petites associations *ad hoc*, dont chacune fournit un homme pour être soldat à vie, et le remplace en cas de mort ou d'infirmités. Sous cette condition, les propriétaires et les enfans furent affranchis du service militaire. Les associations différèrent de nature et de nom, selon qu'elles étaient destinées à fournir des cavaliers ou des fantassins : dans le premier cas, elles s'appelèrent *rusthall*, dans le second *rothall*. Le cavalier habite et cultive un terrain qui, comme nous l'avons vu, lui est assigné par la couronne ; mais le *rusthall* est tenu de lui fournir son cheval et de le remplacer. Par analogie, les *rothall* sont obligés de fournir à chaque fantassin une chaumière et une petite portion de terre, telle qu'il puisse y trouver de quoi vivre, et à laquelle on donne le nom de *torp*. En outre, l'habillement des cavaliers et des fantassins est à la charge des associations qui les engagent. La répartition des domaines réunis et des *torpar* en fiefs militaires s'effectua conformément à un vaste cadastre, nommé *indelnings werket*, que Charles XI fit dresser. Les troupes dont l'organisation est régie par ce cadastre et les contrats provinciaux composent les cinq sixièmes de l'armée suédoise, et sont désignées sous le nom d'*indelta* ou *réparties*, tandis que les troupes actives sous les armes sont désignées sous le nom de *woectodve*: celles-ci comprennent 6,867 hommes et un état-major de 161 officiers, ce qui réduit à environ 7,000,000 fr. les dépenses de l'armée. L'indelta se compose d'environ 25,000 hommes d'infanterie et 5,000 de cavalerie, et ne coûte rien à l'État, la paie et les frais pour le mois d'exercice étant supportés par les propriétaires associés.

Ce système de colonisation s'est conservé jusqu'à présent, en ne subissant que quelques changemens, qui ont tenu à ce que la répartition des propriétaires en associations chargées de la levée et de l'entretien du soldat, ayant été réglée d'après l'étendue du territoire et non d'après le nombre des personnes, ces associations se trouvent souvent réduites à deux ou même un seul membre; quelquefois aussi le nombre des membres s'est infiniment multiplié. De plus, la possession des terres nobles ayant été, en 1789, rendue légale pour toutes les classes de citoyens, l'exemption du recrutement est devenue un privilége attaché à une certaine classe de terres et non de personnes. En cas de guerre, ces terres privilégiées sont forcées de pourvoir à une levée extraordinaire, qui recoit le nom d'*extra-rotering*, et se répartit entre les régimens *indelta*.

Dès que l'association a trouvé un homme de bonne volonté qui consent à consacrer sa vie entière au service militaire, le Gouvernement s'empare de sa personne, se charge de son armement, et l'astreint à habiter et à cultiver le *torp* qui lui est assigné, où il peut se fixer avec sa femme et ses enfans, s'il est marié, et qu'il fait valoir de la manière qui lui convient. Quelquefois, quand le produit du terrain est reconnu insuffisant pour assurer sa subsistance, l'association qui l'a engagé lui accorde une légère indemnité soit en grains, soit en argent.

Le Gouvernement rend le même service aux officiers dont les *bostœlle*, primitivement attachés à leur grade, ont diminué de valeur par suite des temps. On s'est arrangé de manière à grouper les habitations des soldats autour de celles des officiers, et à répartir les *bostœlle* de toute une compagnie et même de tout un régiment sur le plus petit espace possible, de sorte que les cantonnemens d'un régiment *indelta* constituent une véritable colonie militaire. Les villages que forment ces réunions de fiefs militaires se distinguent aisément des autres, tant par la tournure militaire des habitans que par les chiffres apposés aux chaumières, et qui désignent le numéro d'ordre de chaque habitant dans sa compagnie.

Six régimens de cavalerie, divisés en trois brigades et deux inspections générales, et vingt-six régimens d'infanterie, divisés en neuf brigades et quatre inspections générales, sont ainsi répartis sur toute la surface de la Suède; ils portent le nom des provinces où ils sont cantonnés. Depuis les lieutenans-généraux, qui sont chargés des inspections, jusqu'au dernier soldat, tous vivent du produit de leurs *bostælle* ou des indemnités provinciales, et nul n'est soldé par l'État. Pendant onze mois de l'année, les troupes restent dans leurs foyers, occupées à cultiver leurs terres : seulement les régimens d'infanterie sont employés successivement à des travaux extraordinaires, au creusage des canaux ou à la construction des routes, et alors ils reçoivent une solde journalière. Bien loin de murmurer de ce genre de travaux, comme il arrive dans les autres armées, le soldat suédois, accoutumé à manier la pioche et la bêche, regarde l'exécution de ces entreprises nationales comme un grand avantage. Aussi plusieurs régimens *indelta* ont reçu annuellement des sommes très considérables, notamment pour avoir creusé le canal de Gotha, et cette considération du bien-être du soldat a souvent contribué à faire voter par les Etats Généraux les sommes immenses pour la Suède, que ce canal lui a coûté. (Voir la note ci-après.)

Tous les dimanches, les officiers et sous-officiers exercent les soldats qui sont immédiatement sous leurs ordres. Le mois de juin est consacré aux exercices généraux : les compagnies s'exercent d'abord séparément, puis se réunissent en régimens, et quelquefois l'on forme des camps de plusieurs régimens. Au bout d'un mois tout est fini, et ce court espace de temps suffit pour donner à ces troupes colonisées une tenue excellente et un aplomb parfait : la cavalerie surtout est remarquable et l'emporte certainement sur celle de plusieurs autres nations de l'Europe chez qui elle est constamment sous les armes. Il est vrai que les officiers vivant au milieu de leurs soldats, et n'ayant point les distractions nuisibles qu'offre la vie de garnison, sont à même de les surveiller pendant toute l'année, et d'agir puissamment sur leur moral. Tous les trois ans, il y a une inspection faite pour les officiers généraux.

D'après cette espèce d'organisation militaire, et les beaux travaux qu'on lui doit pour le canal Gotha, et qui formeront une forte ligne de défenses en traversant la Suède, diverses opinions se sont manifestées sur le moyen de défense que l'on devrait employer contre la Russie, seule puissance vraiment redoutable pour la Scandinavie. L'opinion qui compte le plus de partisans, et que le Gouvernement semble disposé à adopter, est connue sous le nom de *système de défense centrale.* Ce système consiste à abandonner la capitale et ses environs à l'armée russe qui débarquerait vis à vis des îles d'Aland (1), et à se retirer vers le centre du pays, derrière la ligne de défense formée par les grands lacs Wener et Wetter et par le canal de Gotha, destiné à réunir ces lacs entr'eux, et à établir ainsi une communication intérieure entre la mer du nord et la Baltique. Ce canal, dû au comte *de Platen* (2), auteur du sys-

(1) Ou qui passerait sur la glace d'Abo à Griolehamn, comme en 1809.

(2) Ce grand citoyen, qui était gouverneur général de Norwége, est mort en décembre 1829, avant d'avoir pu terminer la noble et importante entreprise dont il avait doté son pays. Cette grande communication intérieure, dont la première pensée paraît due à Gustave Wasa, fut commencée en 1809. Les malheurs de la guerre et les embarras financiers de la Suède semblaient en avoir retardé indéfiniment l'exécution; mais comme, grâce au zèle des colonies militaires, il ne reste plus que 2 lieues à creuser, on espère qu'il sera achevé très prochainement, d'autant plus que la dernière diète a accordé les fonds nécessaires. Il doit avoir 52 lieues de long, dont 24 environ creusées dans le roc; il a 10 pieds de profondeur, et ses écluses en ont vingt-quatre de large. La dépense présumée est évaluée à environ 20,000,000 fr., et il eût été impossible de l'exécuter sans la coopération des colonies militaires, puisque les revenus de la Suède ne montent qu'à 42,000,000 fr., et qu'elle a une dette de 200,000,000 fr.

tème de défense centrale, coupe ainsi la Suède en deux parties ; la partie méridionale, la plus fertile et la plus peuplée, serait seule défendue par l'armée *indelta*, qui aurait sa principale position à Vanæs, forteresse en construction à l'embouchure du canal, dans le lac Wetter, où l'on transporterait le trésor et les administrations publiques, et qui formerait le pivot de toutes les opérations militaires. Quand le moment de la crise serait venu, on répartirait toute la population active des provinces du sud et du centre sur les bords du canal, tandis que les populations des provinces occupées par l'ennemi seraient chargées de le harceler et d'entraver ses mouvemens, que la nature montueuse du pays entre Stockholm et le Weser rendrait doublement difficiles. Des chaloupes canonnières et des bateaux à vapeur stationnés aux extrémités du canal se porteraient rapidement sur tous les points menacés, et l'on attendrait ainsi patiemment que l'ennemi fût forcé, par le manque de vivres, de battre en retraite. Ce système a été proclamé et défendu dans la dernière diète (1828 et 1830), d'abord par le comte *de Platen*, puis par tous les chefs du département de la guerre.

Il est essentiel de remarquer, dans ce que nous venons d'exposer sur les colonies militaires de la Suède, que toutes les mesures ont coopéré au bien-être réciproque des diverses classes : ainsi l'ordre des paysans s'est vu affranchi d'une espèce de milice rigoureuse qui pouvait lui enlever ses enfans, en obtenant la faculté de fournir des remplaçans de bonne volonté, et le soldat, ainsi placé sous les drapeaux, a vu son sort susceptible de s'améliorer, en raison de son aptitude au travail ; l'officier a pu se donner en quelque sorte l'existence d'un *gentlemen farmer* anglais.

La patrie a donné à ses défenseurs l'aptitude aux travaux les plus utiles en eux-mêmes et les plus propres à la régularité de conduite et à l'esprit national ; moyens dont le concours est si puissant pour faire le bon soldat. Nous avons cru devoir insister d'autant plus sur les considérations qui parlent ainsi en faveur des colonies militaires suédoises, que, malgré la grande différence des localités, elles peuvent nous offrir des exemples qu'une longue expérience et les circonstances actuelles rendent d'un très grand intérêt.

PRUSSE.

Dès 1680, alors même que le souverain de la Prusse n'était encore qu'électeur de Brandebourg, Frédéric Ier, créa des colonies agricoles pour les protestans français réfugiés, et fonda un bel hospice pour recevoir leurs enfans : c'était ainsi qu'il préludait au titre de Roi, sous lequel il fut reconnu en 1700.

En 1718, la peste ayant ravagé le royaume de Prusse encore récemment organisé, Frédéric-Guillaume, le premier qui s'en trouva Roi à sa naissance, fit venir à grands frais des colons de la Suisse, de la Souabe et des Palatinats, et les établit en Prusse, en Lithuanie ; grâce à ces mesures il porta dès lors à 60,000 hommes son armée, et pour son encouragement il fonda à Postdam un grand hospice, où sont reçus et élevés 3,500 enfans mâles de soldats, auxquels on donne une instruction soignée, et il fonda de même un hospice pour les jeunes filles; d'après les améliorations dues à son fils, ces deux établissemens ont plutôt l'air de palais que d'hospices.

Les mémoires que nous a laissés le grand Frédéric et l'histoire de son règne prouvent si bien à quel haut degré son vaste génie portait l'importance des colonies agricoles pour créer la prospérité et accroître la puissance de ses États, que nous croyons essentiel de donner ici quelques détails fidèlement extraits de documens authentiques, comme des leçons qui présentent à la fois les principes, les exemples les plus recommandables et les résultats les plus encourageans.

Ce grand Roi, voulant vivifier et faire prospérer la Silésie, qu'il avait conquise après l'avoir ravagée par le fléau de la guerre, donnait à chaque ménage qui venait s'établir au milieu des forêts de la Haute-Silésie une maison avec écurie et grange, 12 à 20 arpens de terre à défricher ou de prés, un jardin d'un arpent et le bétail nécessaire. Le colon-propriétaire était exempt de corvées, ainsi que du service militaire, lui et les fils qu'il avait amenés dans le pays, et pendant quelques années il ne payait aucun impôt.

Lorsque Frédéric eut élevé dans les forêts de ses domaines autant de nouveaux villages que la prudence le permettait, il excita les seigneurs des terres à imiter son exemple. Chacun d'eux qui établissait un ménage étranger sur ses terres, de la même manière que le Roi dans ses domaines, recevait de la caisse royale une gratification de 150 écus (l'écu vaut 4 fr. 90 c.). Ce dédommagement était assez considérable dans des contrées où les terres et la main-d'œuvre sont à bas prix. Le Roi exigeait que ces colons fussent exempts de tout service et que leurs terres leur fussent assurées à titre de propriété héréditaire. Un village de colons devait avoir au moins six métairies.

Afin d'augmenter aussi dans la province le nombre de manœuvres et autres ouvriers, le Roi donnait aux seigneurs, pour chaque nouvelle maison avec un jardin, 70 écus lorsqu'ils avaient eux-mêmes le bois de charpente, et 100 écus quand ils n'en avaient point. Après les années de franchise, ces colons ne payaient qu'une redevance au seigneur et un léger impôt à la caisse royale : pour tout le reste, ils étaient absolument libres.

De cette manière, on a vu, quelques années après la guerre de sept ans, s'élever en Silésie plus de 250 villages et plus de 2,000 nouveaux établissemens d'agriculteurs, de fabricans ou autres ouvriers. Chaque village, à 15 feux seulement l'un portant l'autre, et chaque famille à quatre personnes, donnèrent, y compris les nouvelles maisons d'habitans, un nombre de 17,000 colons, dont les trois quarts au moins sont étrangers.

Extrait des conversations de Frédéric II dans ses tournées, au sujet des colonies agricoles.

Pour donner une idée de l'importance que Frédéric II mettait à de telles améliorations, et de l'attention personnelle qu'il leur donnait dans les tournées qu'il se plaisait à faire lui-même dans les contrées qu'il croyait le plus susceptibles d'en recevoir, nous allons extraire ici quelques unes de ses conversations à ce sujet, sur les lieux mêmes. (*Vie de Frédéric II, édit. de* 1788, chez *Treuttell,* p. 268 du 3e. vol.)

M. Fromme, *bailli de Fehrbellin.*

« Sire, voici déjà deux nouveaux fossés que nous tenons des bontés de votre Majesté, et qui tiennent notre *trouée* (fonds marécageux) sèche.

LE ROI.

Ah! ah! j'en suis bien aise. Dites-moi, ce desséchement que j'ai fait faire vous a-t-il été utile?

FROMME.

Oh! oui, Sire.

LE ROI.

Avez-vous plus de bestiaux que votre prédécesseur?

FROMME.

Oui, Sire. J'ai dans cette cense cent quarante vaches, et, en tout, soixante-dix de plus.

LE ROI.

C'est fort bien. Vous n'avez pas la maladie épizootique dans votre canton?

FROMME.

Non, Sire.

LE ROI.

Y a-t-elle été?

FROMME.

Oui, Sire.

LE ROI.

Faites prendre à vos bestiaux beaucoup de sel gemme non pilé, et vous ne l'aurez plus : il suffit que vous le mettiez à portée du bétail pour qu'il le lèche.

N'y a-t-il pas d'autres améliorations à faire ici?

FROMME.

Oh! oui, Sire. Voici le lac de Kremmensée; si on le desséchait, votre Majesté aurait 1,800 arpens de prairies sur lesquels on pourrait établir des colons : cela procurerait au canton un débouché par eau, ce qui ferait beaucoup de bien à Fehrbellin et à Ruppin. On pourrait mener plusieurs choses par eau du Mecklenbourg à Berlin.

LE ROI.

Je le crois ; mais peut-être qu'en vous procurant ces avantages d'autres seraient ruinés ; du moins les possesseurs des terres, n'est-ce pas?

FROMME.

Pardonnez-moi, Sire, les terres appartiennent aux forêts royales, et il n'y a que des bouleaux.

LE ROI.

Oh! s'il n'y a que des bouleaux, cela peut se faire ; mais aussi ne comptez pas sans l'hôte, que les frais ne dépassent point le produit.

FROMME.

Il n'y a pas de risque ; car d'abord votre Majesté peut compter que le lac rendrait 1,800 arpens, ce qui pourrait nourrir trente-six familles à 50 arpens pour chaque famille. Si, après cela, on établit un léger péage sur le bois flotté et sur les bateaux qui passeront sur le nouveau canal, le capital rendra de bons intérêts.

LE ROI.

Eh bien! dites cela à mon conseiller privé, *Michaëlis*. Je ne veux pas d'abord des colonies entières : quand ce ne seraient que deux ou trois familles, vous pouvez de suite lui en parler.

Faites-vous des essais avec des grains étrangers?

FROMME.

Oui, Sire; cette année, j'ai semé de l'orge d'Espagne ; elle ne réussit pas, je n'en semerai plus ; mais le seigle du Holstein, à grosse tige, me paraît bon ; il croît dans les bas-fonds, il ne m'a jamais rendu moins que le décuple.

LE ROI.

Là! là! le décuple! c'est un peu fort..... Mais donnez-moi une idée de ce qu'était cette *trouée* avant qu'on en eût fait écouler les eaux.

FROMME.

Tout était rempli de petits tertres entre lesquels l'eau s'établissait. Dans les années les plus sèches, nous n'en pouvions pas tirer le foin; il fallait le mettre en grandes meules: en hiver, quand il avait bien gelé, on allait le chercher. A présent, nous avons égalisé les tertres, et les fossés que votre Majesté a fait faire font écouler les eaux; la trouée est sèche, et nous pouvons en tirer le foin quand nous voulons.

LE ROI.

Vos paysans ont-ils aussi plus de bestiaux qu'autrefois; combien en ont-ils de plus, en tout, à peu près seulement?

FROMME.

Environ six-vingts têtes...

LE ROI (*à un autre bailli et à un inspecteur des bâtimens*).

Tenez, voyez-vous cette lande marécageuse, à gauche? il faut défricher cela; et ceci, à droite, aussi, tant que la lande s'étend. Quel bois y a-t-il?

FROMME.

Des saules et des chênes.

LE ROI.

Allons, on peut arracher les saules; les chênes resteront: on peut les vendre ou les employer. Quand cela sera défriché, je compte qu'il y aura là trois cents familles de plus et environ cinq cents vaches.

L'INTENDANT DE BATIMENS.

Mais, Sire, cette trouée est encore en communes.

LE ROI.

N'importe, il faut faire un troc ou donner un équivalent : je ne la veux pas pour rien. (*A un bailli.*) Allons, écoutez, vous n'avez qu'à écrire à ma chambre des finances ce que je veux qu'on défriche ; je donnerai l'argent. (*A un autre.*) Et vous, allez à Berlin, et dites de bouche à mon conseiller privé, *Michaëlis*, ce que je veux qu'on défriche..... »

Ces tournées de Frédéric secondaient efficacement son désir de faire en améliorations des dépenses dont son génie calculait le produit pour l'État, mais surtout les résultats pour le bien-être de ses sujets.

Pour en donner une idée, relativement au genre d'améliorations qui nous occupe ici, nous allons donner le relevé que présente l'ouvrage précité de celles qui furent faites en 1782 :

Pour défrichemens et établissemens de nouvelles colonies dans la Marche électorale de Brandebourg.	200,000 écus.
Pour 156 familles de journaliers ou autres, établies dans la Nouvelle-Marche. . .	24,000
Pour 162 nouvelles familles, établies en Poméranie.	25,000
Avances faites à la noblesse pour améliorations et défrichemens.	175,000
A reporter.	424,000

Report.	424,000
Pour des colonies nouvelles, dans la Prusse occidentale.	94,000
Pour le desséchement du marais Fiemerbruch (dans le duché de Magdebourg), dont les terres, montant à 30,000 arpens, ont été distribuées à des particuliers. . .	192,000
Pour plusieurs autres desséchemens dans le même duché.	134,000
Pour le défrichement des établissemens de nouveaux villages et nouvelles fabriques, en Silésie.	88,000
Total pour 1782. . .	932,000 écus.

Les dépenses de la même nature, pour l'année 1783, ont monté à . . . . 2,700,000 écus.

Celles de 1784, à. 2,236,000

Celles de 1785, à. 2,901,756

(Cette dernière somme fait à peu près 13,000,000 fr.)

Chaque année, ce Roi affectait aux améliorations environ 10,000,000 fr. de notre monnaie, que son génie lui faisait regarder (d'après ses propres expressions) comme l'*amendement* qui devait faire bien produire ses États, dont l'ensemble de la population équivalait, au plus, au cinquième de celle de la France.

Voici encore ce qu'inspiraient à ce sage souverain les abus préjudiciables qui tiennent au système des biens communaux.

Opinion et mesures de Frédéric II pour les biens communaux, extraites de ses Édits.

« Il est connu, et l'expérience apprend à tous les agriculteurs éclairés, que les communaux sont très préjudiciables aux progrès de l'agriculture et aux troupeaux. Les obstacles et les objections qui s'opposent à l'abolissement de ces arrangemens nuisibles consistent, en partie, dans des préjugés que l'on respecte à cause de leur ancienneté, mais dont une heureuse expérience a suffisamment prouvé la futilité dans d'autres pays, et en partie dans la difficulté de faire consentir les membres des communautés à renoncer à de prétendus droits établis par des usages, traités, ordonnances ou autres choses de cette espèce. Sa Majesté, ne voulant point que ses vues bienfaisantes sur les progrès de l'agriculture en général puissent être traversées par l'ignorance et l'entêtement de quelques cultivateurs, ne saurait se trouver arrêtée par ces sortes d'usages, de traités, ordonnances, etc. ; car il s'agit ici d'un objet qui concerne la partie générale de la province et sur lequel par conséquent les sujets ne peuvent rien établir sans le consentement du souverain. En général, on procédera à l'abolition des communes, selon toutes les lois de l'équité et de la justice, et on ne donnera lieu à personne de se plaindre qu'on lui ait fait le moindre tort. En conséquence, nous établissons comme une loi constante que toutes les communes et mélanges de terre seront abolis, et que tous les usages, traités, ordonnances, etc., y contraires, seront regardés comme nuls et de nul effet... On divise les communes en deux classes : c'est dans la première classe que sont compris les pâturages communs, qui ont été regardés jusqu'ici comme des biens communs dont la propriété appartient à toute la communauté et l'usufruit à chaque membre. Tels sont, par exemple, les grands pacages des marais et autres pièces de terre où plusieurs cultivateurs envoient paître leurs troupeaux, et dont on ne fait aucun autre usage. Il est évident que ces sortes de terres, ordinairement très considérables, ne sont pas employées aussi utilement qu'elles pourraient l'être, puisqu'elles sont privées de toute espèce de culture, et que la manière irrégulière dont on y mène les troupeaux gâte et détruit la jeune herbe et l'empêche de parvenir au degré de croissance et de perfection qui lui donne toute l'utilité dont elle est susceptible. Une commune de cette espèce nourrit à peine le tiers du bétail qu'elle pourrait nourrir si elle était partagée entre les membres de la communauté et que chaque propriétaire y semât diverses herbes, selon la nature du terrain. On augmenterait par là la quantité du bon fourrage, par conséquent celle du bon fumier, et cette réforme étendrait ainsi ses influences sur toutes les terres labourables de la contrée.

» Comme toutes les difficultés que l'on peut faire contre les moyens de mettre en culture les terres des communes ne peuvent prendre leur source que dans l'ignorance et l'entêtement des membres des communautés et que Sa Majesté ne saurait plus avoir égard à des obstacles de cette nature, elle est sérieusement décidée à abolir incessamment toutes ces places de pacages communs, etc. »

Landwehr prussienne.

Nous croyons devoir ajouter à ce que nous venons d'exposer, relativement aux colonies agricoles de la Prusse, ce qui concerne la landwehr, en raison de ses rapports avec le système des colonies militaires, puisqu'elle met la Prusse à même de porter son armée à 300,000 hommes, en n'étant cependant obligée d'entretenir, en temps de paix, que 84,000 hommes de troupes régulières, ce qui réduit les dépenses de son armée à 78,000,000 fr., et laisse 200,000 hommes de plus aux travaux de la campagne ; et il nous semble d'autant plus essentiel de parler de cette belle institution, qu'enfanta en Prusse son exaspération contre notre oppression en 1806, qu'elle a été imitée par l'Autriche, qui peut, par ce même moyen, augmenter au besoin de 400,000 combattans le complet de son armée de ligne en temps de paix.

La Prusse est divisée en provinces ; une province a un certain nombre de régimens de ligne ; à chacun de ceux-ci est attaché un régiment du premier et un régiment du second ban de la landwehr. Un district particulier est assigné à chaque régiment; sa landwehr s'y recrute et s'y entretient. Ce district est divisé de manière à ce qu'il y ait par cercle une compagnie, et, par un certain nombre de cercles, un bataillon de landwehr. La compagnie des troupes de ligne, correspondant à celle de la landwehr, se recrute dans le même cercle. Ces divisions s'appliquent à la cavalerie comme à l'infanterie. La division qui fournit un bataillon de l'une fournit un escadron de l'autre. Ce système est admirablement adapté à l'organisation et à l'entretien d'une immense force militaire ; il est fort bien calculé pour inspirer au soldat de profession les sentimens du paysan, et donner au paysan les qualités du soldat.

Le principe de la landwehr est de mettre à la disposition du pays, en cas de guerre, des ressources aussi grandes et aussi utiles que possible, sans dérober la population à ses travaux ordinaires et sans exiger de grandes dépenses pendant la paix, puisqu'à l'exception d'un état-major, aucun des individus qui appartiennent à la landwehr n'est alors obligé de quitter sa maison, qu'à l'époque particulière et fort courte des exercices.

Les exercices du premier ban ont lieu deux fois l'année; au printemps, l'espace d'une semaine, et en automne l'espace de deux ou trois. Les troupes sont alors campées, et manœuvrent comme si la campagne était sérieuse. Divisées en deux corps, avec leurs généraux respectifs, elles font quelque temps la petite guerre. Nous passons ici les détails relatifs à l'application des lois martiales et à la nomination des officiers.

Un édifice particulier, construit en pierres, reçoit dans chaque cercle les armes de la landwehr pendant l'intervalle des exercices; au besoin elles les y retrouve aussitôt; la levée en masse, ou landsturm, y trouve aussi les siennes.

Nous ferons observer encore que le conscrit sait ordinairement lire et souvent écrire à la fin de ses trois ans de service; il peut même apprendre quelque peu d'histoire et de géographie. Chaque bataillon a son école, soumise à un capitaine et trois lieutenans, qui reçoivent une paie additionnelle. Les connaissances de l'officier doivent être plus ou moins étendues selon le grade qu'il occupe. Pour être enseigne (*fan dreeh*), il faut passer un examen sur la géographie, l'histoire, les mathématiques élémentaires, l'allemand et le hollandais. On subit un second examen sur les mêmes objets et sur l'algèbre, la science des fortifications avant d'être officier.

Les punitions corporelles sont considérées comme étrangères à la discipline dans le système prussien. Il y a cependant une exception à cette règle : les soldats intraitables sont dégradés et renvoyés dans un autre corps d'où cette espèce de châtiment n'est pas exclu.

Conformément au plan que nous avons à suivre, nous ne présentons ici que les principales indications d'une institution dont on pourra connaître toute l'importance en consultant l'excellent ouvrage que vient de publier M. le général marquis *de Caraman sur l'organisation de l'état militaire de la Prusse* (in-8°., chez *Ancelin,* à Paris).

RUSSIE.

L'immensité du territoire de la Russie, la dissémination de sa population, rare et généralement misérable, l'étendue et le nombre de ses contrées désertes, ont dû lui faire chercher dans les divers systèmes de colonisation autant de moyens de consolider sa puissance, d'élever sa grandeur ; aussi n'en a-t-elle négligé aucun, et a-t-elle même poussé ses idées jusqu'à un gigantesque établissement de colonies militaires si colossales, qu'elles ont même menacé d'ébranler l'empire en marchant sur la capitale. Quelques détails sur ces divers genres de colonies pourront nous les faire connaître assez pour juger du mérite comparatif de celles qui ont réussi, des inconvéniens de celles qu'il a fallu abandonner, et faire ressortir ainsi l'avantage de celles dont nous proposons le système pour notre pays.

Dès son avénement au trône, Catherine II fit publier un manifeste qui invitait tous les étrangers à venir s'établir en Russie, où on leur promettait de grands avantages. Elle créa une chancellerie spécialement chargée de protéger ces étrangers, et de les faire transporter à leur destination respective. Cette chancellerie recevait annuellement 200,000 roubles (800,000 fr.), qui devaient être employés à procurer aux colons des semences, du bétail, des instrumens aratoires, etc., et à monter des fabriques. Elle s'informait, en outre, de tous les lieux déserts, y formait de nouveaux établissemens, veillait à leur conservation, à leurs progrès, et correspondait sur ces différens objets avec ses ministres dans les cours étrangères.

Un second manifeste précisa plus particulièrement encore les avantages et les conditions favorables accordés aux colons étrangers. Cet acte a servi de base aux colonies qui se sont formées dans la suite. Il porte, entr'autres, que tous les étrangers peuvent venir choisir les lieux qui leur conviennent et s'établir en Russie; qu'à cet effet, il suffit qu'ils s'adressent à la chancellerie, ou, dans les villes frontières, aux gouverneurs et commandans; que, s'ils n'ont pas les moyens d'entreprendre le voyage, les ministres et résidens russes dans les cours étrangères les leur fourniront; qu'aussitôt leur arrivée ils devront déclarer la profession ou le genre d'industrie qu'ils veulent exercer; et, qu'après avoir prêté le serment de fidélité, ils recevront sur-le-champ des secours pour les aider dans leurs entreprises; enfin qu'ils seront exempts de toute imposition pendant cinq, dix ou trente ans, suivant le degré d'utilité de la colonie.

Ceux de ces étrangers, dit le même acte, qui veulent

se livrer à l'agriculture, exercer quelques professions ou établir des fabriques, reçoivent une étendue suffisante de terrain, et les avances nécessaires à leur établissement. Le trésor leur prête, sans intérêt, l'argent nécessaire à la construction de maisons, à l'achat du bétail, des instrumens, outils et matériaux. Dix ans après, toutes ces avances doivent être remboursées en trois termes. Quant aux colons qui forment des villages entiers, ils ont le droit de police intérieure ; mais ils sont soumis au droit civil usité dans l'empire. Non seulement les étrangers peuvent importer leurs biens, mais encore pour 300 roubles (2,200 fr.) de marchandises par famille, ils sont exempts du service civil et militaire. Leur nourriture et les frais de transport, depuis la frontière jusqu'à destination, leur sont payés. Ils peuvent vendre librement et exporter pendant dix ans, sans rien payer aux douanes, toutes les marchandises fabriquées dans les colonies, qui n'ont pas encore été manfacturées en Russie. Les capitalistes étrangers qui y établissent des fabriques, manufactures et ateliers, peuvent acheter autant de serfs qu'ils en ont besoin pour leurs entreprises. Les marchés et foires établis dans les colonies ne sont assujettis à aucune imposition.

Tous ces avantages sont reversibles sur les enfans des nouveaux colons, même lorsqu'ils sont nés en Russie. Leurs exemptions datent du jour de l'arrivée de leurs pères ou de leurs ancêtres. Quand ce terme est expiré, ils s'acquittent des impôts ordinaires et des devoirs de sujets. Ceux qui veulent ensuite quitter le pays sont obligés de verser au trésor le cinquième de leur fortune (après un séjour de cinq ans ou moins), et le dixième s'ils sont colons depuis cinq ans jusqu'à dix ans.

Ceux qui désirent obtenir des priviléges autres que ceux accordés par le manifeste précité doivent s'adresser à la chancellerie chargée de protéger les étrangers.

Ces divers avantages proposés ont attiré en Russie une foule d'étrangers, surtout d'Allemands. Les colonies les plus nombreuses et les plus remarquables se trouvent dans le gouvernement de Saratof, principalement sur les rives du Volga et de la Medvéditsa. Elles sont si considérables, que l'on a été forcé, dans le temps, de créer à Saratof un bureau de la chancellerie de tutelle, et quelques colons, obligés d'aller s'établir ailleurs en raison de la stérilité des lieux où ils s'étaient d'abord fixés, reçurent de l'impératrice, pour indemnité de constructions de maisons, 1,025,479 roubles (4,101,916 fr.).

Les colons de Saratof s'appliquent surtout à l'agriculture et à l'éducation des bestiaux ; néanmoins, il est venu aussi se fixer dans ce gouvernement plusieurs ouvriers habiles, dont les ouvrages sont recherchés. Les manufactures les plus florissantes sont celles de Sarepta, petite ville fondée par les frères Moraves, dont nous parlerons plus loin.

Depuis la suppression de la chancellerie, les colons, débiteurs de la couronne, sont sous l'administration de la chambre des finances du gouvernement où ils sont établis. Les affaires civiles et de police sont jugées par la justice du cercle et les autres tribunaux. Chaque colonie a encore conservé son tribunal particulier. Le président est élu annuellement par la communauté ; on lui adjoint des assesseurs et des anciens.

L'organisation ecclésiastique est réglée suivant la religion professée dans la colonie ;

Il y a 37 colonies luthériennes.	37
13 de réformés.	13
30 de catholiques.	30
1 où les religions sont mêlées.	1
TOTAL des colonies du gouvernement de Saratof. .	81

En 1790, on portait déjà le nombre des familles à 3,624 et celui des individus à 30,932.

Les colons du gouvernement de Saint-Pétersbourg s'adonnent principalement à l'agriculture et au jardinage; ils sont tous à leur aise. Dans le gouvernement de Schernigof, on compte 3,000 colons divisés en 5 villages. Ils ont deux églises, une luthérienne et une catholique. Le mélange des nations n'est nulle part aussi varié que dans le gouvernement de Catherinoslaw; plus de la moitié sont colons, les Arméniens y sont moins nombreux. Quand la Crimée fut en proie aux dissensions intestines, ces gens industrieux et tranquilles se réfugièrent en Russie. Telle fut l'origine de la florissante colonie de Nakhitchévan, qui mérite actuellement une des premières places parmi les villes manufacturières de l'Empire russe.

A Nikita, lieu situé sur la rive sud de la presqu'île taurique, on a établi, par ordre de l'Empereur Alexandre, un jardin d'expériences et d'acclimatation dont la conduite fut d'abord confiée au célèbre botaniste *Steven*, et qui maintenant est sous la direction du chevalier *van Hartwiss* (venu de la Belgique). De cet établissement, dont l'étendue est de 40 hectares, on envoie des arbres fruitiers et autres à toutes les pépinières de la partie méridionale de l'immense empire de Russie. On y cultive déjà avec succès un grand nombre de nouvelles variétés de fruits, et une collection de près de deux cents variétés de poires, de pommes, de prunes, de cerises et de raisins, a été récemment demandée et reçue par M. *van Hartwiss*, qui, de son côté, a fait des envois en collections de fruits propres à la Crimée et à l'Orient, ainsi que toutes les espèces de raisins originaires du Caucase, de la Perse et de la Petite-Asie.

On a trouvé, dans le sud de la Crimée, deux sous-espèces d'oliviers qui semblent y être devenues indigènes, si l'on ne doit pas plutôt dire qu'elles s'y sont acclimatées. L'une de ces sous-espèces est en forme de pyramide et ovale ; l'autre a les branches pendantes et porte un fruit cordiforme très gros.

Ces arbres supportent bien la rigueur du climat de ces contrées : on en a multiplié les boutures, depuis 1812, au Jardin impérial de Nikita, où ils ont résisté aux plus grands froids, tandis que des pieds venus de France avaient péri pendant l'hiver de 1825 à 1826.

Nous croyons devoir citer ici les autres principales contrées où on a établi des colonies, pour prouver leurs succès malgré leurs diversités ; et nous terminerons par celles qui n'ont pas réussi, en en faisant connaître les causes.

Colonies du gouvernement de Kherson.

La colonie de *Libenthal* avec son cercle contient 10 villages, 1,129 familles, dont 3,017 hommes et 2,797 femmes, total 5,814. Il s'y trouve 968 cultivateurs, 161 hommes de métier. En 1828, le nombre des naissances y a été de 301, celui des décès de 121, des mariages, 31.

Cette colonie possède 35,290 désiatines de terre. Il

s'y trouve 3 églises, 5 oratoires, 10 écoles, 11 plantations communes, 6 fabriques de beurre, 42 moulins à vent, 10 métiers à tisser. On y a semé, en 1828, 10,014 tchetvert de blé. Il s'y trouve 3,541 chevaux, 5,142 pièces de bétail, 6,787 brebis, dont 909 mérinos, 7,173 arbres fruitiers et forestiers dans les plantations communes, et 181,846 dans les particulières.

Colonies du gouvernement de la Tauride.

Cercle des Ménonnistes de la Molotchnaia.

Ce cercle comprend 40 colonies, 1,419 familles ou 7,389 habitans, dont 3,798 hommes et 3,591 femmes, 890 cultivateurs et 529 gens de métier. En 1828, naissances 349, décès 170, mariages 88. Cette colonie a 123,240 désiat., 5 oratoires, 32 écoles, 3 bergeries communes, une fabrique de draps, une brûlerie d'eau-de-vie et une brasserie, 16 fabriques de beurre, 6 moulins à eau, 27 moulins à vent, 19 moulins à gruau.

Les colonies de la Molotchnaia tirent leur nom de la rivière sur laquelle elles ont été établies; quelques unes sont situées sur le Kouron-Youdjan et le Tokmak près des premières. Les Ménonnistes sont venus des environs de Dantzick, Elbing et Marienbourg; leur émigration eut lieu de 1801 à 1806.

Ces colonies sont celles dont la prospérité est la plus remarquable, tant par la richesse des habitans que par l'organisation intérieure. Le terroir est fertile; il y a des lacs salins près de la Molotchnaia; les marécages et les sables sont rares. Chaque chef de maison a 65 désiatines. En outre, un territoire de 51,697 désiatines, destiné à de

nouveaux colons, est situé près de ces colonies. En 1828, il y est arrivé 21 familles, 61 hommes et 50 femmes; en tout 111.

L'éducation du bétail leur rapporte beaucoup ; leurs vastes et gras pâturages leur permettent de multiplier d'année en année leurs bestiaux. Ils vendent leurs blés, beurre, fromages, jambons, partie aux Grecs et Karaïtes de Taganrog et de Crimée, et partie à Théodosie, Kozlov et Taganrog même. L'éducation des brebis est une de leurs principales branches d'industrie ; ils vendent une partie de leurs laines à la fabrique de draps d'Halbstad, établie en 1815. Elle possède presque toutes les machines qui peuvent servir à remplacer les ouvriers. La pêche ne fournit qu'à la consommation des colons. L'éducation des abeilles est peu avancée. Le manque de bois, qu'on ne peut se procurer qu'à Sekaterinoslaw et Alexandrovsk, ne permet pas de bâtir autrement qu'en terre. Cependant, la propreté et la commodité se font remarquer dans les habitations des Ménonnistes.

Colonies juives.

Le but du gouvernement, en établissant ces colonies, était d'engager les Juifs à embrasser des occupations d'une utilité générale. Il accorda à ceux d'entr'eux qui voudraient s'adonner à l'agriculture des portions de terrain de la couronne, avec une franchise d'impôt de dix années, et des avances en argent, tant pour les frais de voyages que pour ceux d'établissement. Ces colonies furent fondées par des Juifs venus, en 1806, du gouvernement de Mohilow. Bientôt après, il en arriva des gouvernemens de

Vitepsk, Kherson, Podolie et Petite-Russie : il en coûta beaucoup de peine pour en faire de bons agriculteurs. Leur dégoût pour tout travail pénible, leur ignorance complète des travaux rustiques, firent craindre que ces Juifs ne fussent jamais capables de devenir de bons cultivateurs; cependant, *le besoin d'améliorer leur existence et la conviction que leur état actuel était préférable à leur état antérieur leur apprirent à aimer les travaux agricoles, quelques uns y sont même devenus habiles.* Ces colonies y sont au nombre de neuf, et ont une population de 986 familles, 6,598 habitans, dont 3,573 hommes et 3,025 femmes. Il y a 722 cultivateurs et 264 hommes de métier. En 1828, naissances, 259; décès, 173; mariages, 98.

Les colonies juives ont 55,333 désiatines de terre, 4 oratoires, 15 écoles, 6 moulins à vent. Bétail : 202 chevaux; bêtes à cornes, 3,395; brebis, 1,355. Arbres dans les plantations communes : fruitiers, 190; forestiers, 1,089. Dans celles des habitans : fruitiers, 445; forestiers, 1,325; mûriers, 75; magasins à blé, 6.

Colonies relevant de l'inspection des émigrés d'au delà du Danube.

Le cercle de *Pruth* comprend 11 villages et 947 familles ou 4,881 ames, dont 2,551 hommes et 2,330 femmes. Il y est arrivé en outre, en 1828, 242 familles. Il y a 900 cultivateurs et 47 ouvriers. En 1828, naissances, 242; décès, 150; mariages, 35.

Ce cercle a 58,959 désiatines, 8 églises, 9 moulins à eau, 68 moulins à vent, 334 métiers à tisser. Bétail :

chevaux, 2,055; bêtes à cornes, 6,595; brebis, 17,144. Arbres dans les jardins : fruitiers, 30,519; forestiers, 6,351; mûriers, 2,877. Ruches, 447; pieds de vignes, 448,079. On y a fait, en 1828, 61,317 vedros de vin.

Le cercle de *Kakoul* comprend 9 villages, 840 familles formant une population de 4,152, dont 2,134 hommes et 2,018 femmes : de ce nombre, il y a 840 cultivateurs. En 1828 : naissances, 264; décès, 368; mariages, 38.

Ce cercle a 66,481 désiatines, 9 églises, 9 moulins à eau, 79 moulins à vent, 664 métiers à tisser. Bétail : chevaux, 2,036; bêtes à cornes, 4,963; brebis, 13,326. Arbres, 14,424; mûriers, 2,387; pieds de vigne, 269,274. On y a fait, en 1828, 18,175 vedros de vin.

Le cercle d'*Ismaïl* comprend 14 villages et 8,616 habitans, dont 4,475 hommes et 4,141 femmes. Il y a 1,641 cultivateurs et 75 ouvriers. En 1828, naissances, 359; décès, 415; mariages, 80.

Ce cercle a 158,352 désiatines, dont 23,044 sont encore libres. Il y a 12 églises, une école, un moulin à eau, 55 moulins à vent, 402 métiers à tisser. Bétail : chevaux, 5,722; bêtes à cornes, 15,406; brebis, 70,318. Dans la plantation commune : arbres à fruits, 5,620; forestiers, 4,251. Chez les particuliers : arbres à fruits, 13,259; forestiers, 11,734; mûriers, 4,018; pieds de vigne, 283,814. On y a fait, en 1828, 18,090 vedros de vin.

Le cercle de *Boudjak* comprend 24 villages, 3,052 familles formant une population de 10,589 ames, dont 5,705 hommes et 4,884 femmes. Il y a 1,592 cultivateurs et 110 ouvriers. En 1828 : naissances, 527; décès, 490; mariages, 68.

Ce cercle a 270,387 désiatines de terre, dont 131,793 encore libres. Il y a 18 églises, une école, 9 moulins à eau; 155 moulins à vent, 485 métiers à tisser. Bétail : chevaux, 6,493; bêtes à cornes, 118,604; brebis, 544,119. Arbres à fruits, 26,357; forestiers, 2,223; mûriers, 1,984; ruches, 320; pieds de vigne, 118,768. On y a fait, en 1828, 4,724 vedros de vin.

Le comité des colonies du midi de la Russie en a sous sa direction 251, qui contiennent 17,678 familles formant une population de 97,615 habitans, dont 50,809 hommes et 46,806 femmes. Il est encore arrivé 269 familles en 1828.

On peut citer comme ayant généralement réussi et même prospéré les grandes et nombreuses colonies fondées par Catherine II dans les vastes États qui lui étaient soumis au commencement de son règne, et notamment celles qu'elle a établies depuis dans la partie de la Pologne qui lui échut par le partage spoliateur de cette antique et belliqueuse nation, colonies pour lesquelles elle tâcha d'imiter les exemples de Frédéric II. On doit d'autant plus remarquer que toutes ces colonies ont réussi, qu'elles diffèrent entr'elles par la diversité des habitans dont elles furent peuplées et du sol qu'il fallait défricher. Les colonies grecques établies dans la Crimée, depuis sa conquête, ont aussi prospéré d'une manière remarquable.

Colonies militaires.

Les colonies militaires formées partiellement pour des corps nombreux de cosaques, dans les diverses contrées qu'ils habitent, ont généralement bien réussi.

Mais, après ces citations favorables, nous devons faire

observer qu'il n'en a pas été, à beaucoup près, de même pour les vastes colonies militaires fondées par l'empereur Alexandre du côté de Nowogorod, avec une dépense que l'on porte à des centaines de millions, étant destinées à recevoir 100,000 colons militaires, et qui finirent par mettre l'empire dans le plus grand danger (1). Ces circonstances ont une telle importance pour le sujet qui nous occupe, que nous croyons devoir exposer les principales causes d'un résultat si opposé aux idées et au grand but qui avaient porté à la fondation de ce système gigantesque.

Pour peupler les contrées désertes où l'on voulait établir ces colonies, on y transporta des paysans russes esclaves, qui furent répartis, par ménage, dans des habitations construites à grands frais et disposées de manière à recevoir de plus trois militaires dans chaque habitation.

L'organisation, le régime étaient militaires; sur trois bataillons, il y en avait deux soumis au régime, aux exercices de la troupe réglée; le troisième, de réserve, était composé de colons.

Mais, malgré cette organisation militaire, il y en avait une administrative, qui donnait aux colons le droit de nommer leurs maires, les membres de leur commune. On voulait ainsi occasioner entre les ménages, les familles de paysans transportés et les militaires, des alliances, des

(1) Nous nous faisons un devoir d'exprimer ici notre reconnaissance à M. le duc *de Mortemart*, pair de France et alors notre ambassadeur en Russie, pour la bienveillance avec laquelle il nous a communiqué les détails intéressans que nous allons donner sur ces colonies.

mariages qui devaient accroître la population, et on en attendait les chances d'un accroissement proportionnel pour la culture, la prospérité de la colonie, la puissance de l'État; mais loin de là, un concours de circonstances qui se rattachaient à l'ensemble de ce système rendit ces établissemens si dangereux pour l'empire, qu'ils faillirent le mettre à deux doigts de sa perte.

Les paysans transportés sur un sol généralement ingrat, et où ils ne pouvaient cultiver avec succès le blé et très difficilement d'autres céréales, se livraient au ressentiment de voir ajouter à leur condition de servilité les sujétions, les rigueurs du régime militaire le plus sévère et le plus dur dans son exercice.

La cohabitation des militaires qu'ils étaient obligés de loger avec eux donnait lieu aux inconvéniens les plus contrarians et même les plus graves, les plus irritans, dans leurs absences journalières pour leurs travaux, et surtout dans celles qu'ils faisaient pour un petit commerce auquel ils se livraient dans l'intérêt de l'établissement, en n'y trouvant que de faibles remises pour dédommagemens de leurs peines. On conçoit quels devaient être les désordres que les militaires portaient dans les ménages, tant par leur inconduite à l'égard des femmes et des filles, que par des exigences fatigantes et souvent accompagnées de brutalité.

D'un autre côté, les réunions des colons pour les élections, qui résultaient du droit de choisir leurs maire et officiers municipaux, parmi lesquels ils tâchaient de placer ceux qui pouvaient favoriser le plus leurs désirs d'indépendance et diminuer les rigueurs de leur sujétion, firent naître et fermenter des principes de liberté et d'insurrection qui finirent par devenir un sentiment général, prépondérant, et, en dernière analyse, tout puissant chez des individus réunis et armés. Enfin, ils se concertèrent au point de se réunir, pour marcher en armes, au nombre de 40,000, sur Pétersbourg, où la sécurité était si grande, qu'on n'avait à opposer à leur marche que quelques bataillons qui pouvaient même se joindre à eux. Les rebelles se proposaient de marcher droit au palais impérial, de s'emparer des principales positions, des caisses; en un mot, de renverser l'empire et de le diviser en deux grandes parties; et il ne leur manqua peut-être pour réussir qu'un Mazaniello ou un Pugatscheff.

Heureusement que l'imminence des dangers détermina un concours de moyens assez énergiques pour rompre l'impétuosité de ce torrent dévastateur, mais qui manquait de direction faute de chefs capables de l'assurer; dès lors on s'occupa de détruire ces colonies.

Nous avons fait connaître ces circonstances, parce qu'elles prouvent quelle importance on doit reconnaître à tout ce qui se rattache au système des colonies militaires, les méditations qu'elles exigent, et surtout la déférence qu'on doit porter, à cet égard, à des militaires habiles et expérimentés, qui seuls peuvent bien en apprécier comparativement les avantages et les dangers.

Toutefois nous ferons observer en même temps que les dangers auxquels les colonies militaires russes dont nous venons [illegible] parler ont exposé l'État sont provenus de vices et d'exagération dans leur organisation, entièrement étrangers, pour ne pas dire opposés, aux sages principes qui avaient guidé Charles XI dans la fondation des colonies militaires de la Suède, et d'après lesquels ces colonies, comme nous venons de le voir, n'ont présenté, depuis plus de cent cinquante ans qu'elles existent, que des résultats aussi utiles qu'honorables pour le pays.

A l'appui de cette dernière observation, nous citerons encore ici les résultats satisfaisans des colonies militaires de cavalerie, qui furent fondées par l'empereur Alexandre en même temps que les colonies militaires d'infanterie dont nous venons de faire une mention si désastreuse, mais dont celles de cavalerie différaient entièrement par leur organisation, d'après leur but spécial, qui les assimila en quelque sorte, pour les mesures prises à leur égard, à celles qu'on avait suivies pour les colonies militaires de cavalerie suédoise, et dont nous avons rendu compte.

Ces colonies militaires de cavalerie ont réussi avec d'autant plus de succès qu'elles ont été établies dans les contrées fertiles qui se trouvent entre les rives du Don et celles du Boug, qui forment ensemble une espèce de parallélogramme de 60 lieues de côtes.

Mais nous devons encore faire mention ici, pour compléter nos moyens de comparaison, des colonies que la Russie a voulu établir dans la Bessarabie, en y transportant à grands frais des Allemands, qui, quoique généralement laborieux, y sont tombés dans l'état le plus misérable, d'après les inconvéniens particuliers que présentait le sol des contrées qu'on les destinait à cultiver. Effectivement, après peu d'années de fécondité dues à l'enfouissage des végétaux qui couvraient depuis si longtemps leur surface, les vastes steppes de ce pays, dont les herbes fortes et élevées semblaient annoncer de grandes ressources pour être fécondes et productives, se trouvèrent épuisées et impropres à reproduire des céréales; elles finirent même par ne plus donner que des pommes de terre aqueuses et de mauvaise qualité. Les plantations, qui d'abord avaient poussé avec vigueur, périrent en peu d'années, après avoir atteint le sous-sol.

Il paraît que le sol très frais, quoique manquant de pluies pendant six mois de l'année, est généralement salpêtré et trop rapproché d'un mauvais sous-sol, ce qui ne le rend bon qu'à produire de l'herbe et par suite des fourrages; il ne peut ainsi convenir qu'à des populations nomades, qui y feraient paître et y nourriraient de nombreux bestiaux, en variant leur parcours dans les vallées ou les montagnes, suivant les saisons.

Nous terminerons ce qui concerne les colonies russes par faire observer que Catherine, dans ses instructions pour un nouveau Code, ordonna qu'on prît des mesures pour empêcher les émigrations des paysans cultivateurs dans les villes, imitant, à cet égard, les principes qu'avait établis le grand Frédéric dans ses instructions et ses réglemens. Enfin, nous motiverons encore les détails que nous avons donnés, en faisant observer qu'à l'aide de son système de colonisation, la Russie voit accroître sa population d'environ 620,000 ames chaque année, et qu'elle doit avoir ainsi 100,000,000 d'habitans dans cinquante ans.

ESPAGNE.

Colonies de la Sierra-Morena.

Extrait sommaire d'une notice adressée à l'auteur par l'intendant-directeur des colonies de Sierra-Morena (1).

Deux motifs bien puissans déterminèrent Charles III à

---

(1) L'auteur croit devoir faire connaître ici par quelle voie lui est parvenue la notice dont il donne l'extrait.

Il avait exprimé à M. l'ambassadeur d'Espagne le désir de connaître l'état actuel des colonies de la Sierra-Morena, sachant com-

fonder ces colonies en 1768 ; l'un moral, l'autre d'économie publique et politique.

Le premier eut pour objet de soustraire cette partie du territoire de la péninsule aux brigandages des bandes de voleurs et d'assassins qui, à l'aide de l'isolement de ces terrains déserts, y trouvaient une retraite assurée et devenaient l'effroi du voyageur et des contrées environnantes.

Le second eut pour but de convertir ces mêmes terrains âpres et incultes en champs cultivés, et par là de les faire coopérer au bien du pays, en les couvrant d'utiles et laborieux cultivateurs, qui devaient le délivrer tant des bêtes féroces de tout genre que des malfaiteurs qui l'habitaient en le remplissant d'effroi. Pour établir cette colonie, on a suivi un plan uniforme. La distribution intérieure de chaque habitation consiste, au rez-de-chaussée, en une chambre et une cuisine; au dessus, au premier étage, une chambre à coucher pour les enfans du ménage agricole, et un grenier; une cour avec écurie, et au dessus de celle-ci un grenier. Enfin tout le bois nécessaire à la construction des habitations a été tiré et apporté de la *Sierra de Ségura*.

---

bien elles avaient souffert pendant la dernière guerre, et il lui avait remis une série de questions sur lesquelles il désirait être éclairé. Quelques mois après, M. l'ambassadeur lui fit remettre la notice, qu'avait bien voulu lui adresser l'intendant général de ces colonies (*Don Pedro Polo de Alcocer*), qui exerce avec une grande distinction des fonctions si intéressantes pour son pays, et qui annonçait à l'auteur qu'il lui faisait cet envoi par ordre exprès du Gouvernement espagnol, de donner avec exactitude tous les renseignemens demandés, puisqu'ils l'étaient pour le bien de l'agriculture.

Chaque portion de terrain a 300 toises de large sur 800 de long, et est déterminée par de grandes lignes longitudinales et transversales. Chaque colon reçoit en outre *una junta de bacuno* (une paire, ou attelage de bœufs pour labourage), *una cuadra* (un certain nombre) de moutons, de cochons et de poules, un âne et le mobilier nécessaire.

Le terrain de ces colonies, léger, maigre, sablonneux et pierreux, produisit, il est vrai, dans les premières années qui suivirent son défrichement, d'assez abondantes récoltes en céréales aux colons, mais uniquement parce qu'il était vierge; car bientôt il cessa de les récompenser de leurs labeurs, et cependant, loin de reconnaître dans la nature du terrain les motifs de cette diminution, on l'attribua à des causes qui lui étaient étrangères, telles que l'intempérie des saisons, les variations de l'air, etc., et l'on s'obstina à confier à une terre épuisée les céréales qu'elle ne pouvait plus nourrir. Alors, le zèle éclairé du directeur général choisit un nouveau genre de culture, et voici comment il s'exprime lui-même à ce sujet :

« Malgré ma conviction intime sur la nécessité d'adopter un nouveau genre, je n'osai point en faire la proposition aux colons sans, au préalable, avoir consulté les plus anciens d'entr'eux, réputés les plus expérimentés.

» Après les avoir réunis plusieurs fois et aidés encore des lumières d'autres personnes probes, prudentes et ayant des connaissances en cette matière, le résultat de toutes nos diverses conférences fut d'arrêter le plan de nouvelle culture, qui consistait à abandonner celle des céréales et à la remplacer par des plants d'oliviers, de mûriers, de vignes et d'arbres fruitiers, culture dont nous pouvions prévoir les heureux résultats par les différens essais qui en avaient été faits sur diverses petites portions de terrain et qui tous avaient réussi, notamment les oliviers dont le fruit annonçait déjà devoir donner une huile non moins exquise que celle de Provence, surtout si l'on pouvait obtenir des cultivateurs les améliorations à désirer dans sa manière de recueillir les olives et dans la fabrication de l'huile. »

Ce nouveau genre de culture s'étend déjà sur environ 90,000,000 de vares castellanas carrées, et si les vicissitudes des événemens politiques ne venaient point entraver l'élan de cette progression satisfaisante, l'extension de la nouvelle culture de ce terrain serait doublée aujourd'hui même.

Ces colonies bordent, embellissent et assurent, sur une longueur d'environ 11 lieues, la grande route de Madrid à Séville; la colonie dite de la *Sierra-Morena* compte 58 villages et plusieurs métairies détachées; sa capitale, dite *Carolina,* est le séjour de l'intendant général. Une autre colonie, qui porte le nom de *Carlota*, est située sur l'autre versant de la chaîne, du côté de l'Andalousie; elle est surveillée par un subdélégué de l'intendant général; celui-ci nomme à tous les emplois administratifs et judiciaires. Ces colonies s'étendent sur une largeur d'environ 8 à 10 lieues. Remises des dévastations de la guerre, elles prospèrent de plus en plus, grâce au zèle de leur intendant, qui donne ainsi à son pays un exemple qu'on commence à suivre.

Les dépenses locales sont acquittées par une dîme, et un droit de patente pour les marchands; il n'existe aucune autre taxe, et l'État reste chargé de payer le clergé.

Après avoir donné, par les détails que nous venon

d'exposer, une nouvelle preuve d'autant plus remarquable du succès des colonies agricoles, que celles de la Sierra-Morena forment, quant au sol, au climat, aux localités, le contraste le plus frappant avec celles de la Hollande et de la Belgique, nous devons encore faire observer, au sujet des colonies de la Sierra-Morena, qu'elles ont surmonté des époques de ruine complète.

La première fut la perte de celui à qui elles dûrent leur création (le comte *Olavidé*), qui, peu de temps après ces succès méritoires, fut persécuté par l'inquisition et obligé de se réfugier en France, où il fut d'abord accueilli comme un martyr de l'intolérance, mais où, *quelques années après, passant dans de justes angoisses le temps à jamais mémorable de la terreur, il y apprit qu'il y avait quelque chose de plus redoutable encore que l'inquisition* (1). Ces expressions sont tirées du *Tableau de l'Espagne moderne*, par M. *de Bourgoin*, ambassadeur de France en Espagne pendant notre révolution (Vol. Ier., page 386), qui, dans le vol. III, page 83, s'exprime ainsi, en parlant de cette colonie dans l'état où elle se trouva après le départ du comte *Olavidé* :

« Il y eut ralentissement dans le zèle, interruption dans » les travaux. On s'était d'ailleurs trop pressé de demander des impôts à ces nouveaux colons, pour prouver à » la Cour que cet établissement pouvait, au bout de quelques années, la dédommager de ses avances. Tant » de causes de découragement firent languir l'agriculture, » éloignèrent même plusieurs familles de colons. Cepen-

(1) Il avait été incarcéré et prêt à périr sur l'échafaud avec l'académicien *Laharpe*, dont il avait partagé le zèle pour favoriser la révolution.

» dant, en 1785, on comptait encore, tant dans cette ca-
» pitale (1) que dans les hameaux qui en dépendent,
» 5,044 personnes. Les familles allemandes, qui d'abord
» abondaient dans la colonie, ont disparu en partie; celles
» qui restent se sont peu à peu amalgamées avec les na-
» tionaux; mais, depuis quelque temps, cette intéressante
» colonie, échantillon touchant des miracles que peut
» opérer un gouvernement quand il veut sincèrement le
» bien, continue à justifier ses efforts et ses espérances. Il
» faut l'avoir vue dans sa dépopulation et dans sa stérilité
» pour apprécier tout le mérite d'une pareille créa-
» tion. »

Depuis cette époque, cette même contrée fut une de celles qui souffrirent le plus de la guerre lors de l'insurrection contre l'invasion de Buonaparte; car c'est près de là, qu'après un ravage complet du pays par les deux partis, se livra le combat de Baylen, le premier où les Français furent obligés de céder au nombre et à l'action meurtrière du climat; la prospérité actuelle de ces colonies est encore d'autant plus remarquable qu'on n'y a pas eu recours aux ressources que nous avons vu créer ailleurs par l'ingénieuse recherche des amendemens favorables.

Enfin, cet exemple, qui commence à être imité en Espagne depuis ses nouveaux succès, doit s'y propager

---

(1) *Carolina*, dont M. *de la Borde*, dans son *Itinéraire descriptif de l'Espagne*, cite l'entrée ornée de deux tours, la régularité des rues et des maisons, quoiqu'elles soient simples et à un seul étage; et, enfin, les fontaines et les promenades bien plantées d'arbres; il dit aussi que la population de ces colonies (autrefois désertes) n'était plus, en 1788, que de 7,918 (p. 6 du Vol. II).

au moyen des encouragemens que lui promettent les fondations récentes d'une chaire spéciale d'agriculture à Madrid, d'une *junte* ou commission spéciale de canalisation, d'un centre d'irrigation, qui, l'une et l'autre, sont organisées de manière à recueillir dans les diverses localités la connaissance de tous les projets anciens et nouveaux dont l'exécution peut être avantageuse pour le pays et à reconnaître les meilleurs moyens de terminer ceux qu'on a commencé d'exécuter (1).

Enfin, nous devons encore rappeler ici, à l'appui de nos observations, que les commanderies des ordres militaires, qui servent de dotations et sont la récompense la plus honorable et la plus encourageante pour les officiers supérieurs espagnols, furent originairement des colonies agricoles, fondées en faveur d'ordres à la fois religieux et militaires, qui se vouaient à leur défrichement, à leur culture, à combattre au besoin les ennemis de la religion, notamment les Maures, et à protéger les malheureux (2).

Ces ordres existent encore comme militaires, et voici le tableau des commanderies qui font leurs dotations actuelles.

---

(1) Ces *juntes* ou commissions spéciales, feront, d'après leur but, l'objet d'une mention détaillée dans l'ouvrage dont nous avons déjà annoncé la prochaine publication.

(2) Il existait dans plusieurs Etats de l'Europe, avant notre révolution, divers exemples de ce genre, qu'elle a fait disparaître, tels que les commanderies ou dotations de l'ordre de Malte. Napoléon avait adopté aussi un système de grandes dotations; mais c'était par des moyens qui tenaient à ses vastes conquêtes et qui pourraient être suppléés, jusqu'à un certain point, par des créations de colonies agricoles, dont on aurait remboursé toutes les dépenses en 16 années, d'après les calculs que nous avons exposés comme réalisés par l'expérience.

DESIGNATION DES ORDRES et DES COMMANDERIES.	NOMBRE de comman-deries.	REVENUS en francs.
ORDRE DE CALATRAVA........ La plus petite est de 315 fr., et la plus forte de 210,000 fr.	56	1,710,000
ORDRE DE SAINT-IAGO........ La plus petite est de 1,080 fr., et la plus riche de 36,780 fr.	87	1,950,000
ORDRE D'ALCANTARA.......... Presque toutes sont dans l'Estramadure. La plus petite est de 1,455, et la plus riche de 141,000 fr.	37	936,000
ORDRE DE MONTESA........... Elles sont toutes dans le royaume de Valence. La plus petite est de 9,000 fr., et la plus riche de 45,750 fr.	13	302,000
	193	4,898,000 *

* Ces revenus proviennent de terres originairement incultes et défrichées par colonisation. On sait que l'armée espagnole ne fait guère que le tiers de celle de la France; on peut avoir ainsi une idée et même un exemple des institutions analogues qu'on pourrait créer en France, en y donnant au système des colonies agricoles le développement que nous avons proposé.

En exposant ici, comme exemple à imiter, une mesure à la fois aussi économique et aussi favorable pour l'armée, nous croyons d'autant plus convenable de faire aussi mention d'un autre moyen de récompense et d'émulation qui existe en Espagne pour le militaire, qu'il a été adopté par la Prusse en même temps que son nouveau système de landwehr; ce moyen consiste à assurer exclusivement aux militaires ayant fait leur congé, encore valides, tous les emplois qu'ils peuvent remplir dans les diverses administrations, notamment dans toutes celles qui ont rapport aux militaires, aux douanes, aux barrières.

Cette mesure aurait encore bien plus de convenance et d'utilité en France, d'après notre système de conscription militaire.

AUTRICHE.

Colonies de vétérans fondées par Marie-Thérèse.

L'Allemagne a présenté de nombreux exemples de colonies agricoles telles que le plus grand nombre de celles dont nous avons donné les détails en parlant de la Prusse et de la Russie. Mais, parmi ces colonies, nous devons remarquer, sous tous les rapports, les colonies de vétérans militaires fondées par l'impératrice Marie-Thérèse, et il est facile d'apprécier le mérite d'une telle fondation, en remarquant qu'on la doit à une souveraine dont la grandeur se signala autant dans l'abîme de l'adversité qu'au faîte des honneurs et de la prospérité.

Marie-Thérèse, qui avait protégé particulièrement l'agriculture dans ses États, qui avait fondé des prix pour l'encourager dans le Milanais et la Lombardie, qui fit frapper pour elle une médaille dont la légende était *arti artium nutrici ;* enfin, cette illustre souveraine, dont la sagesse et la bonté appréciaient ainsi la dignité, les bienfaits de l'agriculture, y chercha les moyens de prouver, dans toute sa grandeur, la reconnaissance qu'elle portait à ces braves militaires, à ces généreux Hongrois qui l'avaient replacée et affermie sur le trône impérial, lorsque seule, abandonnée de tous, elle parcourut leurs rangs, tenant en ses bras son enfant, âgé de quelques mois, qu'elle avait mis au monde sans même avoir su à l'avance où elle pourrait faire ses couches, et en excitant chez eux un enthousiasme héroïque par ces simples paroles prononcées avec l'accent et la dignité d'une grande

ame dans le malheur : « Je remets entre vos mains, je con-
» fie à votre courage la fille de vos rois et son enfant (1). »

Tels furent les sentimens qui inspirèrent à Marie-Thérèse la belle idée d'établir près de Newstadt, où elle fondait en même temps une école pour la jeunesse militaire, et sur la route de Vienne, des colonies destinées à servir de retraite heureuse et honorable aux militaires vétérans. Cette idée était d'autant plus favorable pour eux, et par conséquent d'autant plus digne d'elle, qu'après les guerres cruelles où son courage avait triomphé des ennemis les plus redoutables, elle avait cherché à en réparer les désastres en encourageant les mariages parmi ses soldats alors désarmés, et elle voulait aussi, par le choix de la localité, voisine de l'École militaire, faire connaître de bonne heure à la jeunesse militaire et rappeler aux officiers qui allaient et venaient à sa cour tout l'intérêt que mérite la retraite du défenseur de la patrie.

Ce simple exposé doit nous faire juger ce que furent les colonies de vétérans fondées par Marie-Thérèse, et il serait superflu d'en faire ici une description détaillée d'après celle que nous avons donnée des colonies libres de la Hollande, avec lesquelles elles ont une entière analogie quant aux dispositions locales.

Il doit suffire de contempler le spectacle que nous présentent ici l'élévation et l'importance des idées qui déter-

---

(1) La garde hongroise a conservé pour devise sur ses drapeaux ce cri célèbre, qui, à la vue du malheur et aux accens de Marie-Thérèse, s'éleva unanimement dans les rangs de ces Hongrois qu'on voyait lutter, depuis deux siècles, contre la domination autrichienne : *Moriamur pro rege nostro Mariâ-Theresiâ.* (Cette citation prouve ce que devait être la reconnaissance de Marie-Thérèse, et quels furent ses résultats.)

minèrent une reine aussi justement célèbre à fonder des colonies de vétérans, pour chercher à les imiter.

Colonies agricoles dans divers autres États.

Nous pourrions encore citer ici les colonies agricoles qui existent dans le Danemarck, le Hanovre, la Bavière, le Wurtemberg, la Westphalie ; mais leurs détails deviendraient superflus, parce qu'en raison de la moindre importance de ces États ces détails ne présenteraient que des répétitions incomplètes d'une partie de ceux que nous avons donnés comme étant le plus communément pratiqués en Prusse et en Russie. Nous nous contenterons donc de citer quelques exemples.

Danemarck.

La colonie agricole pour les indigens, près de Quikborn dans le Holstein, a été fondée, sur la proposition de M. *Joham Daniel Lawatz*, conseiller de conférence du Roi, sous le nom de *Fredericks-Gabe*.

En 1823, le Roi y posa la première pierre d'une école et d'une maison de travail, et fit un don de 740 écus pour l'une et l'autre.

Le pasteur *Louis* de Quikborn lui présenta les colons, dont le nombre était alors de 61, et qui tous avaient des vêtemens fabriqués dans la colonie dans les momens non employés à la culture.

L'établissement avait été créé à l'aide de 180 actions de 100 rixdales du Holstein chacune (environ 6,520 fr.) et de souscriptions annuelles d'*un species* (environ 6 fr.) chaque, payables pendant les quatre premières années de son existence.

Dès 1821, année de la fondation, toutes les actions étaient placées ; les souscriptions avaient produit 600 rixdales et les dons extraordinaires 700.

Friedland oriental ou Royaume de Hanovre.

Les terrains de cette province, autres que ceux qui produisent les grains pour l'exportation, diminuent graduellement de force productive, faute d'amendemens et par conséquent de valeur, jusqu'à ce qu'ils ne valent absolument rien : alors on a l'habitude d'y établir des pauvres, qui forment ce qu'on appelle une colonie. Ils sont mis sur les landes appartenant à la couronne, et qui se trouvent généralement sur les côtés des routes : il y a derrière leurs habitations des fossés ; on leur donne depuis 4 jusqu'à 15 acres à cultiver. Les plus industrieux améliorent le sol par leur travail : il y en a qui, à force d'économie et de soins, parviennent à tirer des terres, qu'on leur a livrées stériles, une honnête subsistance ; tandis que d'autres, au contraire, plus nonchalans, ne présentent que trop souvent au voyageur le spectacle de la misère et de la détresse. Il faut généralement plusieurs années avant que ces terres soient assez bien cultivées pour donner un excédant sur la consommation ; mais elles prouvent néanmoins ce que pourraient faire des soins mieux entendus et surtout la recherche des amendemens dont on les laisse dépourvues.

Westphalie. — Duché d'Oldenbourg.

On voit dans ce duché un grand nombre de nouveaux établissemens coloniaux, particulièrement à quelques milles d'Oldenbourg. Ils ressemblent à ceux du Friedland oriental, et présentent divers degrés d'activité et d'industrie dans la culture, d'une part, et de l'autre des preuves regrettables d'indolence et d'ignorance, qu'il serait cependant facile de prévenir par des mesures pratiquées ailleurs avec sucès, mais qui sont inconnues dans ces contrées ignorantes.

Bavière.

En Bavière, il y a une chaire d'agriculture dans tous les séminaires ; chaque ecclésiastique est tenu de suivre les cours pendant trois ans, afin de pouvoir enseigner de bonnes méthodes de culture dans les localités où il doit être appelé plus tard à remplir les fonctions sacerdotales.

Il nous suffira de citer un seul exemple de colonisation agricole de ce pays, d'après les difficultés qu'il présentait.

Le Donabruk, appartenant aux princes de Bavière, contenait 16 lieues carrées de marais fangeux. L'électeur de Bavière en opéra le desséchement complet, en donnant moitié des terrains aux propriétaires voisins qui y coopéraient, un quart à des actionnaires et l'autre quart à des colons qu'il y établissait.

Wurtemberg.

Dans le Wurtemberg, aux fermes expérimentales que le Roi a établies à Stuttgard, et dont la plus considérable est celle de Hohenheim, l'on a joint un institut agricole composé d'une école d'agriculture et d'une école de praticiens. Une instruction préliminaire, reçue dans les universités, est exigée pour être admis dans la première de ces écoles, où avec les mathématiques, la physique et la mécanique, l'on enseigne la chimie, la minéralogie, la botanique, l'art forestier, la zoologie, l'art vétérinaire, l'économie des troupeaux et l'agriculture raisonnée. L'école-pratique, composée d'orphelins, forme deux divisions : la première apprend, avec la lecture, l'écriture, le calcul et les élémens de géométrie, la connaissance des plantes, des arbres, des bois secs, des semences; la gymnastique, le tour, la musique et les principes de culture; la seconde division de l'école-pratique est occupée, dans les vacheries et la bergerie, aux attelages de chevaux et de bœufs et à la fabrique d'instrumens aratoires. Quatre maîtres des communes rurales du royaume passent successivement deux ans à Hohenheim. Ils sont obligés de seconder le chef de l'établissement dans l'enseignement des enfans, de les suivre aux travaux des champs, et d'assister, de deux jours l'un, au cours de l'instruction.

Pour donner une idée des résultats du concours de si bons moyens, il nous suffira d'en citer ici quelques exemples :

Le Wurtemberg envoie au marché de Sceaux près Paris, et pour l'approvisionnement de cette capitale, des moutons, qui, en raison de leur beauté, s'y vendent plus cher que les nôtres; les cultivateurs wurtembourgeois sont ceux qu'on choisit de préférence et qu'on paie le mieux aux États-Unis d'Amérique, quand on veut y faire de belles et solides entreprises pour étendre et perfectionner la culture des terres, et le désir d'avoir d'aussi bons cultivateurs fait stipuler alors avec eux des conditions qui leur assurent une indépendance et des propriétés telles qu'ils n'auraient pu en espérer autant chez eux ; enfin, c'est dans le Wurtemberg que l'habile directeur de la ferme expérimentale de Grignon (M. *Bella*), dont on peut déjà citer les succès, a été chercher les leçons et les exemples qu'il a crus les meilleurs à consulter et à suivre.

Hambourg.

A une lieue de Hambourg, contrée qui paraît toute commerciale, près de l'Elbe, M. *de Voght*, connu en France par sa coopération éclairée à beaucoup de travaux philanthropiques, a établi, sur la belle terre de Flottbeck, dont il est le propriétaire et le créateur, une colonie d'ouvriers, à chacun desquels il a fait don d'une maison, d'un jardin et d'un champ; et qui, de simples jardiniers qu'ils étaient, sont devenus, à l'aide des conseils et des leçons de leur protecteur, d'heureux et riches fermiers.

Encouragemens donnés de nos jours au célèbre agriculteur Thaër.

Nous terminerons ce qui concerne l'Allemagne, en citant les encouragemens donnés récemment à l'agriculture par la Prusse.

Pensions, titres, honneurs, le Roi n'avait rien épargné pour attirer et fixer M. *Thaër* dans ses États ; il lui avait donné en toute propriété le domaine de Moëglin, près Francfort-sur-l'Oder, dont il l'avait chargé d'abord de faire l'acquisition, sous la seule condition d'y former un institut agricole, qui, plus tard, a été érigé en académie royale d'agriculture. Tous les professeurs de cette académie, nommés par M. *Thaër* lui-même, prennent rang parmi ceux de l'université, et sont salariés par le Gouvernement. Le célèbre agronome y a professé avec tant de zèle et d'habileté, ses leçons étaient si pleines d'intérêt, que les jeunes gens des premières familles y prirent le goût de la science, en firent l'application dans leurs propriétés, et donnèrent ainsi naissance à de nombreuses améliorations : aussi la perte de M. *Thaër* a-t-elle été vivement sentie dans toute la Prusse. Il y a encore près de Berlin l'école d'agriculture de Frederick-Feld, dirigée sur le même plan que celle d'Hofwil, et destinée comme elle à de jeunes orphelins.

Colonies des Frères moraves.

Nous croyons devoir parler encore, dans cette note sur les colonies agricoles chez l'étranger, de celles des Frères moraves, parce que le prosélytisme de cette secte chrétienne l'a portée à rechercher les moyens de s'établir par voie de colonisation dans les quatre parties du monde, et presque toujours avec des succès plus ou moins conformes à leurs désirs ; ils en ont même fondé dans des contrées sauvages, dont quelques unes ont dû être abandonnées par l'excès de la barbarie des naturels anthropophages.

On pourrait ainsi conclure de leurs exemples qu'on peut établir des colonies partout où la nature n'offre pas d'obstacles insurmontables ; mais en parlant des Frères moraves nous devons faire observer qu'ils sont principalement guidés dans leurs établissemens de colonies par une espèce de puritanisme et de prosélytisme en fraternité chrétienne, et que leurs établissemens offrent dès lors des résultats qui leur sont particuliers : ainsi, et comme nous l'avons remarqué nous-mêmes en visitant leurs établissemens à Zeist, dont nous avons parlé (page 136), leurs cultures, généralement bien entendues pour la nature des produits, sont quelquefois plus dispendieuses qu'elles pourraient l'être, en ce que l'économie leur est moins nécessaire, en raison de la coopération bénévole des plus riches pour satisfaire ceux qui le sont moins : par cette même raison, ils vendent leurs marchandises à un prix fixe ; mais ce prix est plus élevé qu'ailleurs, parce que les procédés de fabrication comme ceux d'agriculture y sont plus coûteux, et que le besoin de vendre y est moins pressant.

Ceux d'entre les Frères qui ont le moyen d'avoir des domestiques, des chevaux, des voitures, peuvent se les procurer ; et ce qui est très remarquable dans cette communauté, c'est que, d'après les principes de fraternité chrétienne absolue qu'ils ont pris pour base de leur secte, l'orgueil des richesses ne peut mortifier l'indigence, parce que tout le superflu des riches tourne à l'avantage des plus pauvres. Ce système est d'autant plus louable qu'il est entièrement volontaire et tout à fait consciencieux.

Quelque fortunés que soient les plus riches parmi les Frères moraves, ils ne s'écartent pas de cette simplicité d'habillement et de cette austérité de mœurs qui les distinguent. Quant à l'établissement de Zeist, presque tous les individus y sont allemands; peu au fait de la langue du pays, ils forment une espèce de colonie isolée au milieu de Landes très étendues. Cette secte, qui a envoyé des missionnaires jusqu'en Afrique, compte 30 à 40 établissemens et environ 40,000 prosélytes ; leur principal établissement est celui de *Sarcpta* en Russie.

Cette colonie forme une petite ville située sur la Scarpa, non loin de son embouchure dans le Volga ; elle fut fondée, en 1765, par des Frères moraves, et fut presque ruinée en 1774 par les excès des rebelles; mais elle se rétablit promptement, grâce aux secours qu'elle reçut de Catherine II. Les rues en sont propres, ornées d'arbres et les maisons bien bâties. La place est grande, garnie de peupliers d'Italie, avec une fontaine. Il y a un bel oratoire, construit en pierres de taille, et, près de ce bâtiment, deux écoles assez vastes; l'une pour les filles, l'autre pour les garçons.

Il y a en bâtimens publics une auberge pour les étrangers, une distillerie d'eau-de-vie, une manufacture de tabac, une de savon, une de chandelles, une scierie et un moulin à blé mu par les eaux de la Scarpa; les produits manufacturés sont estimés, et il y en a des dépôts à Moscow et à Pétersbourg.

Quoique le sol ne soit pas favorisé par la nature, les colons sont parvenus, à force de soins et d'industrie, à le couvrir de champs, de jardins et de prairies fertiles. On y récolte des grains, beaucoup de fruits et de légumes, beaucoup de tabac et même du raisin dont on fait une espèce de sirop qu'on emploie en guise de sucre.

La colonie, qui ne comptait, en 1773, que 2,500 individus, en compte aujourd'hui plus de 4,000; elle relève de la tutelle de Pétersbourg et se gouverne par elle-même, de la même manière que les autres établissemens des Frères moraves.

NOTE L.

CIRCONSTANCES PARTICULIÈRES

A LA FRANCE (1).

Par suite de l'intention que nous avons déjà énoncée de renvoyer dans des notes particulières ce qui ne tenait pas spécialement au système des colonies agricoles qui font l'objet principal de notre ouvrage, afin de n'en point interrompre l'exposé, nous allons établir, dans la présente note, ce qui concerne, pour la France, des considérations qui, bien qu'elles se rattachent au sujet que nous traitons, auraient pu cependant nous distraire des idées qui devaient fixer constamment notre attention dans le texte même de l'ouvrage.

Nous allons parler d'abord de ce qui concerne notre législation dans divers cas pour lesquels nous proposons l'application du système des *colonies forcées*.

De la législation sur la mendicité et le vagabondage.

Pour la mendicité et le vagabondage dans les temps même les plus reculés, nos lois ont reconnu et proclamé,

(1) Voir, pour les détails de statistique à l'appui, les Tableaux N°. 1, pour la population indigente; N°. 2, pour la quantité de terres incultes; N°. 3, pour le nombre des enfans abandonnés; N°. 4, pour le nombre des forçats libérés; N°. 5, pour le nombre des condamnés détenus; N°. 6, pour nos colonies.

comme principe essentiel que tout mendiant valide doit travailler ou être puni.

Qui non laborat neque manducet, disait Charlemagne ; et, dans une de ses ordonnances, on lit : *mendici per regionem vagari non permittantur. Suos quæque civitas pauperes alito, illisque, nisi manibus operentur, quidquam dato.* Ce principe d'un des plus grands souverains et législateurs qui aient existé est d'ailleurs conforme à l'esprit de la Genèse, où il est dit : *In sudore vultûs tui vesceris pane tuo.*

Le zèle de Saint-Louis pour la charité chrétienne lui avait fait chercher les moyens de nourrir tous les pauvres de son royaume ; mais il éprouva que l'immensité de ses bienfaits même augmentait la paresse et favorisait le vagabondage. La gravité de leurs inconvéniens obligea depuis nos rois à recourir à des moyens d'une grande sévérité ; à cet égard, nous devons citer, par ordre de dates, les dispositions ci-après :

1556. Ordonnance de François Ier. ; bannissement des mendians relaps.

1639. Ordonnance de Louis XIII ; ils sont condamnés aux galères.

1656. Ordonnance de Louis XIV ; ils doivent être condamnés au fouet pour la première fois, aux galères pour la seconde, et les femmes au bannissement.

1724. Ordonnance de Louis XV ; réitération des mêmes ordonnances.

Nombreux arrêts du parlement conformes à ces lois.

La bienfaisance éclairée de Louis XVI lui avait fait rechercher des moyens de répression moins rigoureux par l'établissement de dépôts de mendicité ; mais sa fin tragique et prématurée fit perdre le fruit que l'on aurait pu en tirer d'après les leçons de l'expérience.

Une loi du 15 octobre 1793 avait ordonné l'ouverture d'ateliers de charité dans chaque commune; et cette loi, rendue dans le temps du popularisme le plus exagéré, décrétait cependant (art. 6) l'arrestation des mendians, leur dépôt dans une maison de répression, et leur transportation aux colonies lorsqu'ils seraient tombés trois fois par récidive dans le délit de mendicité. (Tit. 2, 3, 4 de la loi.)

Par suite des dispositions énoncées dans l'instruction de Buonaparte au Ministre de l'intérieur (page 248), un décret du 5 juillet 1808 ordonna l'ouverture d'un dépôt de mendicité dans chacun des départemens de la France.

Les dépenses de ces dépôts devaient être supportées concurremment par le trésor public, les départemens et les villes (art. 7). Cette disposition des finances de l'État paraissait remédier au défaut de dotation des communes.

A compter de 1809, chaque département dut posséder un dépôt de mendicité.

En 1810 parut le *Code pénal*, qui (art. 274 et suiv.) frappa de peines sévères tous les mendians trouvés sur la voie publique, et ordonna leur transport dans les dépôts de mendicité.

Bientôt on s'aperçut des inconvéniens attachés à ces établissemens. Leur suppression fut demandée par un grand nombre de conseils généraux de départemens; car cette institution donna les plus grands embarras dans les principales villes, et notamment à Paris; il fallut renoncer entièrement à ce système.

Dans un tel état de choses, et au milieu des grands inconveniens qui en résultent, il nous reste à considérer quelles sont les dispositions actuelles du *Code pénal*, et en voici le texte :

« Art. 269. Le vagabondage est un délit.

» Art. 270. Les vagabonds ou gens sans aveu sont » ceux qui n'ont ni un domicile certain ni moyens de » subsistance, et qui n'exercent habituellement ni profes- » sion ni métier.

» Art. 271. Les vagabonds, ou gens sans aveu, qui » auront été légalement déclarés tels, seront, pour ce seul » fait, punis de trois à six mois d'emprisonnement, et de- » meureront, après avoir subi leur peine, à la disposition » du Gouvernement pendant le temps qu'il déterminera, » eu égard à leur conduite.

» Art. 274. Toute personne qui aura été trouvée men- » diant dans un lieu pour lequel il existera un établisse- » ment public organisé, afin d'obvier à la mendicité, sera » punie de trois mois à six mois d'emprisonnement, et » sera, après l'expiration de la peine, conduite au dépôt » de mendicité.

» Art. 275. Dans les lieux où il n'existe point encore » de ces établissemens, les mendians d'habitude, valides, » seront punis d'un mois à trois mois d'emprisonnement.

» S'ils ont été arrêtés hors du canton de leur résidence, » ils seront punis d'un emprisonnement de six mois à » deux ans. »

Mêmes peines, d'après l'art. 276, quand les mendians mendient en réunion ou feignent des plaies ou infirmités.

Ainsi, aux termes du Code, le vagabondage et la mendicité peuvent aboutir à l'emprisonnement perpétuel, s'il plaît au gouvernement.

Il en résulte qu'il peut, à plus forte raison, placer les

mendians dans les colonies agricoles forcées, où il leur offre à la fois un travail réparateur de leur misère, de leur fainéantise, et qui peut leur donner pour l'avenir des ressources proportionnées à leurs bonnes dispositions, en rendant le temps même de leur détention utile à eux-mêmes et à l'État : on doit se rappeler, à cet égard, ce que nous avons dit de ces colonies, et remarquer surtout qu'elles ont été jugées préférables à tout autre moyen de répression de la mendicité, et notamment aux dépôts de mendicité qu'elles ont fait abandonner dans les deux pays (la Hollande et la Belgique) qui possédaient les plus beaux établissemens de cette nature que l'on pût citer.

Des peines correctionnelles.

Pour les peines correctionnelles, nous avons déjà invoqué en faveur du système des colonies forcées le texte même du *Code pénal,* dont voici les dispositions, au chapitre II, pour les peines en matière correctionnelle :

« Art. 40. Quiconque aura été condamné à la peine d'emprisonnement *sera renfermé dans une maison de correction;* il y sera employé à l'un des travaux établis dans cette maison, selon son choix.

» La durée de cette peine sera au moins de six jours et de cinq années au plus, sauf les cas de récidive ou autres où la loi aura déterminé d'autres limites. »

Nous avons fait observer combien était à la fois blâmable et préjudiciable la prévarication que l'on commettait constamment contre cette loi, en renfermant les condamnés correctionnellement (faute d'emplacemens spéciaux pour eux) dans les établissemens qui renferment les criminels, et où ils trouvent ainsi les chances les plus assurées d'une plus grande corruption, sans pouvoir en trouver aucune pour cette correction que prescrivent les expressions de la loi, et pour laquelle nous avons reconnu que les colonies forcées présentaient l'ensemble des conditions les plus désirables. Tout concourt donc à en faire adopter le système, afin d'en recueillir les avantages pour les condamnés en matière correctionnelle ; rien dans la loi ne s'y oppose, et son texte même semble l'indiquer.

Des peines en matière criminelle.

Pour ce qui concerne des peines plus graves, nous allons d'abord citer l'article 21 du *Code pénal* sur la réclusion, dont voici le texte :

« Art. 21. Tout individu de l'un ou de l'autre sexe, con- » damné à la peine de réclusion, sera renfermé dans une » maison de force, et employé à des travaux dont le pro- » duit pourra être en partie appliqué à son profit, ainsi » qu'il sera réglé par le gouvernement.

» La durée de cette peine sera au moins de cinq années » et dix ans au plus. »

Nous avons vu, en parlant de nos maisons centrales, tout ce que le mode actuel d'exécution de cet article présentait de préjudiciable à l'ouvrier honnête par l'impossibilité où il est de soutenir pour son travail (d'après toutes les charges qu'il est obligé de supporter) la concurrence de celui des détenus qui, affranchis de toutes charges, livrent leurs ouvrages à un prix bien inférieur, en faisant même des bénéfices proportionnés à leurs degrés de culpabilité, parce que, comme nous l'avons vu, plus leur détention est longue, plus ils deviennent habiles et sont recherchés et payés par les entrepreneurs.

Enfin, on doit se rappeler ici le résultat affligeant et même dangereux pour l'ordre social du défaut de classification entre les détenus, et sous ces divers rapports nous avons vu que la construction des bâtimens et le système des colonies forcées satisfaisaient à la fois au vœu de la justice et à ceux de la morale et aux besoins de l'ordre social. On ne pourrait rien imaginer de mieux pour remplir le but d'une ordonnance royale rendue en mars 1815, qui devait remédier à une grande partie des maux, mais dont les grands événemens qui survinrent à cette époque empêchèrent l'exécution. Voici quelles étaient ses dispositions :

« *Louis, etc., voulant établir dans les prisons de notre royaume un régime qui, propre à corriger les habitudes vicieuses des condamnés aux fers, les prépare par l'ordre, le travail et les instructions religieuses et morales, à devenir des citoyens paisibles et utiles à la société, quand ils devront recouvrer leur liberté; et voulant assurer le succès de cet établissement général que nous proposons*, par un essai qui ne laisse à l'avenir aucune incertitude sur l'ensemble et les détails de l'administration de ces maisons, nous ordonnons ce qui suit :

» Art. Ier. Tous prisonniers condamnés pour crimes par sentence des tribunaux, et d'*âge au dessous de vingt ans*, pris *sans choix* dans les prisons de la capitale ou dans celles des départemens environnans, seront remis dans une prison que désignera notre Ministre de l'intérieur.

» Art. 2. Le directeur général de cette prison d'essai sera nommé par nous; il sera chargé de la surveillance et de la direction générale de la police, travaux, instruction et administration de la prison.

» Art. 4. Le directeur nommera le gardien de la prison et les employés subalternes chargés de la garde des prisonniers ; il pourra les révoquer à volonté.

» Art. 5. Il soumettra à l'approbation de notre Ministre de l'intérieur les réglemens à établir dans la prison.

» Art. 6. Indépendamment du compte qui nous sera rendu, tous les mois, de l'état de cette prison, sous tous les rapports, par notre Ministre de l'intérieur, une commission composée d'un conseiller d'État et de deux maîtres des requêtes, et une composée de trois membres de notre Cour de cassation, visiteront, chacune, deux fois l'année, cette prison dans tous ces détails, et nous feront connaître le résultat de leurs observations, qu'elles mettront par écrit sur le registre de la prison.

» Art. 7. Le directeur général rendra, à la fin de chaque année, à notre Ministre de l'intérieur, *un compte moral et détaillé de l'état de la prison* et un compte des recettes et des dépenses ; ce compte, vérifié et approuvé par notre Ministre de l'intérieur, sera mis sous nos yeux et *rendu public.* »

(Par les articles 9 et 10, M. le duc *de la Rochefoucauld,* pair de France, était nommé directeur général de la prison d'essai, et M. le baron *Delessert,* adjoint de M. le directeur général.)

» Art. 11. A raison de la présente ordonnance, celle du 18 août dernier, relative à l'établissement d'une maison de correction pour les jeunes condamnés du département de la Seine, se trouve annulée. »

Nous devons nous rappeler maintenant ce que nous avons eu lieu de reconnaître pour les suites qu'avait la condamnation à la réclusion dans les établissemens qui y sont affectés.

Nous avons vu que leur encombrement progressif est tel, que les constructions nouvelles, auxquelles on affecte cependant chaque année des dépenses énormes et auxquelles on se promet de consacrer plusieurs dizaines de millions (page 329 et suivantes), ne peuvent que suffire aux places de plus qu'exige l'accroissement du nombre des condamnations; notamment d'après celui des récidives qui résultent et de cet encombrement et du défaut de classification, et enfin des vices attachés au régime suivi pour les travaux industriels.

Nous devons nous rappeler aussi ce que nous avons vu au sujet des colonies forcées et de punition, du peu de dépense qu'entraîne la construction de leurs bâtimens, de ce que leurs dispositions intérieures ont de favorable pour la classification des détenus, pour prévenir le désordre, les vices les plus honteux, ainsi que pour assurer la surveillance des agens et la facilité de faire entendre ces exhortations.

Quant à la nature des travaux, nous devons nous rappeler de même les vicissitudes, les inconvéniens attachés aux travaux industriels, et surtout le parti qu'a pris, en les excluant des établissemens de détention, l'Angleterre, ce pays le plus célèbre de tous par son expérience et son habileté dans ce genre d'occupation; et nous devons aussi nous rappeler comparativement ce que nous avons dit des travaux agricoles ou de culture proprement dits, et ensuite de travaux publics bien exécutés par des prisonniers de guerre et des condamnés, et qui avaient pour résultat d'accroître la prospérité publique, tels que des canaux ou des fortifications, des endiguages, des dessèchemens; et nous croyons encore très essentiel de faire remarquer que ces divers genres de travaux présentent des moyens de classification qui peuvent déterminer des degrés de pénalité et les mettre en rapport avec ceux de la culpabilité.

Nous répondrons plus loin aux questions et aux objections relatives aux mesures de surveillance et de sécurité publique et aux moyens coercitifs qu'il serait nécessaire d'employer, en leur consacrant une note spéciale (N) pour y réunir toutes les considérations qui peuvent assurer à la fois la vindicte publique, l'utilité du travail et l'amélioration du détenu, et surtout la sécurité sociale.

Afin de suivre la marche que nous nous sommes prescrite pour les applications relatives aux dispositions de notre *Code pénal*, nous allons nous occuper maintenant de ce qui concerne les condamnés aux travaux forcés.

Voici le texte des articles du *Code pénal* qui les concernent.

« Art. 15. Les hommes condamnés aux travaux forcés seront employés aux travaux les plus pénibles ; ils traîneront à leurs pieds un boulet, ou seront attachés deux à deux avec une chaîne, lorsque la nature du travail auquel ils seront employés le permettra.

» Art. 16. Les femmes et les filles condamnées aux travaux forcés, n'y seront employées que dans l'intérieur d'une maison de force.

» Art. 19. La condamnation à la peine des travaux forcés à temps sera prononcée pour cinq ans au moins et vingt ans au plus. »

La gravité des inconvéniens que présentent nos bagnes est trop notoire pour avoir besoin d'être particulièrement constatée ici. Nous avons vu quels étaient ceux qui existaient dans la maison de détention, où on place les femmes condamnées aux travaux forcés ; nous avons vu que dans celle qu'on cite comme la meilleure qui existe, celle dite de *Saint-Lazare* à Paris, construite spécialement pour des femmes condamnées (avec des frais énormes et comme modèle à suivre), les détenues gagnent chacune près de deux cents francs par an, en raison de l'habileté que leur longue détention leur fait acquérir, et que, par la concurrence de leurs travaux, qui ne leur imposent aucune charge, elles peuvent mettre dans la misère autant d'ouvrières honnêtes, mais qui ont au contraire à supporter des charges accablantes pour elles.

Mais ce que nous devons principalement faire observer ici, c'est l'accroissement que va éprouver le nombre des condamnés aux travaux forcés par suite des modifications que vient de recevoir notre *Code pénal* pour la peine de mort, accroissement qu'il ne faut pas seulement calculer par le nombre des condamnations capitales qui avaient lieu jusqu'à présent, mais aussi par celui des acquittemens que prononçaient si souvent des jurés qui, par des motifs variés et plus ou moins fondés, se refusaient à l'application de la peine de mort.

Il faut donc s'attendre à l'accroissement de la population de nos bagnes, et tout en rendant justice aux améliorations récentes qu'ils ont reçues par une classification qui a séparé et réuni dans un seul (celui de Brest) les condamnés à perpétuité, ainsi qu'à l'utilité que la marine peut retirer des travaux des forçats, nous appellerons l'attention sur le degré d'utilité comparative et même d'importance que peuvent avoir des travaux de desséchement, quand nous avons à assainir environ 600,000 hectares de marais infects, qui non seulement sont perdus pour l'agriculture, mais qui font encore, par leur insalubrité, la désolation des populations limitrophes, et portent ainsi leurs influences nuisibles bien au delà des vastes espaces qu'ils occupent (1) ; nous avons encore à considérer le parti que nous pourrions tirer des relais de mer, que notre littoral nous met à même d'acquérir avec des avantages immenses si nous voulons imiter les beaux exemples de la Hollande dans nombre d'endroits où nous en aurions la faculté.

Les femmes condamnées aux travaux forcés, et pour lesquelles les travaux de terrassemens, de revêtemens, d'endiguages seraient trop forts, pourraient être employées aux fascinages, aux clayonnages, même à des paillassonnages sur place, tels que ceux que nous avons vu exécuter en Hollande pour des digues ou revêtemens qu'on préservait ainsi de l'érosion des eaux de la mer en la forçant de glisser sur une surface unie.

Enfin, les femmes qui ne pourraient être employées à de tels travaux le seraient à confectionner les fournitures pour l'armée, à l'instar de ce que nous avons exposé en

(1) Lorsque l'Etat desséchera et livrera à la culture plusieurs de ces marais par les travaux les plus constans, les plus énergiques, et par des travailleurs qui ne lui coûteront que le nécessaire pour le vêtement le moins cher, presque rien pour la nourriture (parce que la culture en fournirait à peu près tous les moyens), et enfin qu'un salaire quotidien de quelques sous, dont le nombre serait proportionnel au mérite, et par conséquent à la valeur de leur ouvrage, il remplacera la misère et la mortalité par la prospérité et la vie dans autant de contrées que l'économie des deniers publics aurait forcé de négliger, s'il avait fallu y employer un temps en quelque sorte indéterminé et des sacrifices pécuniaires peut-être décuples, sans avoir un résultat aussi productif et aussi certain ; on ne craint point d'exagérer en disant qu'il existe des marais qu'on peut considérer comme des cloaques et de véritables fléaux pour les pays environnans, et qu'on ne pourrait assainir autrement qu'en y employant des condamnés, qui y trouveraient des moyens d'amélioration et d'expiation.

donnant les détails relatifs à ces travaux dans la maison de Gand, à laquelle nous avons consacré la note (B).

Certes, nous pouvons amplement choisir dans une immensité de travaux de ce genre et du plus haut intérêt pour le bien-être individuel et la richesse du pays, et bien plus propres à l'intimidation, à l'expiation et surtout à l'amélioration du criminel que nos établissemens de détention actuels et les bagnes qui leur sont affectés avec une insuffisance et des abus déplorables.

Nous avons déjà cité des travaux de canalisation exécutés par des prisonniers de guerre, par des condamnés aux travaux forcés, et nous avons fait remarquer particulièrement les résultats avantageux sous tous les rapports qu'on avait obtenus d'un camp de 650 de ces condamnés employés pendant cinq ans à creuser une tranchée de près de 4,000 mètres de longueur, et dont la profondeur allait jusqu'à 69 pieds. Nous avons cité dans la note (G), en parlant de la colonie pénale de la Nouvelle-Galles du Sud, les travaux de défrichement auxquels le général *Brisbane* avait affecté des compagnies spéciales dites de *défricheurs* (*clearing-gangs*), qu'il composait, au moyen de mesures qu'on peut imiter, des plus mutins parmi les déportés dans cette colonie; moyen qui a été reconnu comme le plus efficace pour les contenir, et même le seul qui ait pu les dompter et surtout les améliorer.

Nous avons vu, dans la note (H) relative aux États-Unis d'Amérique, employer des condamnés aux constructions de la maison d'Auburn, à celles de Singsing et à l'exploitation des carrières de marbre voisines de cette maison et non closes; et ces faits sont d'autant plus remarquables, que la peine de mort n'existant pas dans ce pays, les criminels détenus doivent y être encore plus redoutables que chez nous. Pour revenir à ce qui est en rapport avec nos usages, nous pouvons citer ici, parmi nombre d'autres exemples, la belle jetée qui forme le port de Tarragone, au moyen d'enrochemens énormes, et qui fut entièrement construite par des condamnés aux travaux forcés (*presidiarios*) espagnols.

Mais nous devons parler particulièrement des travaux qu'a fait exécuter au port de Toulon et à ses approches, sur un développement de plusieurs lieues, M. le colonel *Raucourt*, par des forçats chez lesquels il savait établir des moyens de répression, d'amélioration qui suffisaient pour garantir la sécurité, au point qu'il y en avait qui travaillaient en grand nombre non loin de la grande route sans qu'on en fût alarmé ; il assurait en même temps un bénéfice pour l'État, quant aux résultats des travaux (ces résultats, qu'on ne saurait trop observer, ont fait l'objet de plusieurs mémoires qu'il a produits à l'Académie des sciences et qui ont mérité son approbation).

En voyant de tels exemples, non seulement nous avons à penser aux choix importans que nous pouvons faire pour en profiter dans nombre de localités, mais nous devons reconnaître la nécessité d'y recourir dans une grande partie du royaume : ainsi, dans le centre, nous voyons de vastes contrées rendues marécageuses et insalubres par quelques marais qui peuvent être ou livrés à l'agriculture ou au moins assainis, par exemple dans la Sologne et le Nivernais.

De pareils inconvéniens existent dans plusieurs de nos provinces de l'Est, comme dans la Bresse ; dans ces diverses provinces et dans d'autres, la population souffre tellement de l'insalubrité que, dans nombre de villages, le conscrit n'atteint pas souvent la taille nécessaire pour pouvoir servir, quoiqu'on ait été obligé de la réduire à différentes fois, ce qui nuit à la force du pays, et de plus la quantité de réformes pour défaut de taille et mauvaise constitution déverse sur la classe des bons cultivateurs le déficit du contingent et les enlève ainsi à la carrière la plus utile.

Dans le Midi, des torrens partant des montagnes dont ils enlèvent l'*humus*, qui n'y est plus retenu par les plantations, présentent des alluvions susceptibles d'une fertilité en quelque sorte inépuisable : telles sont les alluvions du Rhône, si connues par leur étendue et si recommandables par les chances de belles entreprises qu'elles présentent (1) ; telles, sont dans un autre genre, celles de la Durance, qui a un cours de 136,000 mètres dans les départemens des Hautes et Basses-Alpes et 80,000 mètres dans ceux de Vaucluse, des Bouches-du-Rhône, et qui présente, sur la majeure partie de son développement, des chances d'alluvions susceptibles de devenir du meilleur produit par des travaux, et notamment par des endiguages convenables.

L'utilité qui peut en résulter pour la richesse publique est telle, qu'en 1789 le gouvernement fournissait en secours les deux tiers de la dépense aux entrepreneurs de ces travaux, qui présentaient les garanties nécessaires pour assurer leur bonne exécution ; et, de nos jours, plusieurs particuliers en ont fait l'objet de spéculations remarquables par l'avantage de leurs résultats.

Nous pourrions encore citer, pour des travaux et des avantages du même genre, les principaux cours d'eau de

---

(1) Voir ce que nous avons dit à ce sujet page 370.

nos contrées les plus méridionales, à cause des *troubles* qu'ils charrient en partant des grandes chaînes de montagnes où ils ont leurs sources.

Il y aurait lieu aussi de parler des canaux d'irrigation qu'on peut en dériver et des canaux de navigation, qui vivifieraient d'immenses contrées incultes et susceptibles de produire, telles que le département des Landes, qui a reçu cette triste dénomination, d'après l'état où se trouvent les deux tiers de son territoire, et pour lequel M. *Deschamps*, inspecteur général des ponts et chaussées, a produit des projets du plus haut intérêt.

En dirigeant nos regards vers le Nord, nous avons à y citer, parmi beaucoup d'autres, quelques exemples d'un autre genre en raison de la différence des localités : tels sont ceux que nous présentent les grands desséchemens exécutés successivement depuis longues années, et restant encore à exécuter dans l'espèce de bassin triangulaire d'environ 90 lieues carrées, dont Saint-Omer fait la partie la plus élevée, à 6 mètres au dessus de la basse mer ; les desséchemens qu'ont opérés de même les administrations dites des *Wateringues* sur un espace d'environ 7 lieues de long sur 4 de large, traversé par les canaux de Bourbourg, de la Colme, de Bergues, et d'autres qui débouchent à Dunkerque, espace dans lequel on compte 21 canaux, 243 embranchemens (présentant un développement total de 121 lieues), 517 ponts et 157 écluses ; le desséchement de vastes moëres françaises et belges, et nous insistons ici d'autant plus sur ces desséchemens, dans des contrées qui en offrent encore beaucoup à effectuer, qu'on a changé l'ancien système de les inonder par les eaux de la mer pour la défense du pays, comme on le fit en 1793, où tout fut ruiné au point que les arbres mêmes périrent, et qu'on a remplacé ce système par un autre qui consiste à se défendre des eaux de la mer par des digues ou levées, et de tendre les inondations, pour la défense, par les eaux venant de l'intérieur en en barrant l'écoulement; ce qui restreindrait le dommage à la seule durée de l'inondation, s'il fallait y recourir.

En bornant les citations d'exemples de divers genres de travaux utiles et même nécessaires pour le bien du pays, nous devons cependant mentionner particulièrement la contrée pour laquelle semblent se réunir toutes les considérations qui peuvent faire désirer l'établissement de colonies agricoles, soit libres, soit forcées, soit de punition : c'est ainsi que nous croyons pouvoir signaler cette ancienne province de Bretagne, dont nous avons déjà parlé sous ce rapport, p. 378 et suivantes.

Nous avons fait observer la quantité de ses terres incultes (qui est de près d'un million d'hectares), la bonne qualité de la plus grande partie de ces terres, les ressources que présentait l'ouverture prochaine d'environ 150 lieues de canaux navigables qui traversent cette province dans sa base principale et dans sa plus grande longueur, en se rattachant à une ligne navigable qui remonte jusqu'au Rhin; canaux qui seront alimentés par plus de 50 lieues de rigoles qu'on peut aisément rendre flottables, et dont la simple ouverture peut doubler et tripler la valeur des territoires circonvoisins, ainsi que l'ont prouvé des exemples que nous avons cités.

Nous avons vu aussi quelles ressources présentaient la proximité, la facilité de transports des engrais salins, qu'on sait être les plus efficaces de tous pour la fertilisation; enfin, nous avons vu l'analogie remarquable qui existait entre cette vaste contrée, composant cinq de nos départemens, et ce qu'était jadis le comté de Norfolk, qu'on cite aujourd'hui comme présentant la culture la plus productive de l'Angleterre ; nous pouvons encore faire observer que cette vaste contrée, si belle d'ailleurs, contient cependant des parties qui réclament des dessèchemens du plus haut intérêt ; tel serait celui du lac de *Grand-Lieu*, espèce de cloaque qui a 4 lieues carrées de superficie, et qui, situé à 5 lieues de la mer et à une lieue et demie de la Loire, rend la fièvre endémique dans le pays qui l'entoure ; les côtes de la Bretagne sont encore remarquables par les accroissemens considérables qu'on pourrait y donner à des relais de mer susceptibles de la plus grande fécondité. Mais ce qui doit surtout appeler l'attention et déterminer les mesures du gouvernement, c'est le contraste que présente le littoral de cette vaste contrée, sa prospérité, sa bonne culture, sa fécondité avec la misère et le dénuement de son vaste intérieur ; il s'agit de créer en quelque sorte une ère nouvelle pour l'existence de cette belle province, de ses bons habitans, qui, bien qu'ils soient doués, comme nous l'avons dit, des qualités les plus estimables pour le citoyen, restent généralement dans une espèce d'apathie et d'état sauvage qui les privent de tout bien-être, et les rendent en quelque sorte étrangers à celui de leurs pays. Cet état est d'autant plus remarquable et peut-être d'autant plus fâcheux qu'il tient en partie à des ravages révolutionnaires, qui y ont laissé de profonds ressentimens. Combien il serait digne du gouvernement de rattacher à la patrie, par des bienfaits, ceux pour lesquels on avait attaché à ce nom les attributs de la cruauté et de la dévastation ! combien il serait honorable, combien il peut même être important d'effacer ainsi chez la génération actuelle d'un peuple brave et généreux, et chez les générations à venir, le souvenir de ces temps, de ces mesures d'exécrable mémoire, qui prouvent si cruellement jusqu'où mène le système de la persécution, quand malheureusement il vient à prévaloir et à porter ainsi l'exaspération à son comble !

Il nous suffira de citer un seul exemple pour prouver à quel point sont fondées et doivent intéresser les considérations que nous émettons ici en faveur de la Bretagne, en donnant le texte de la formule que l'on y observait pour les expéditions et les proclamations de l'armée dite révolutionnaire.

Ordre du jour du général Tureau, *commandant en chef de l'armée de l'Ouest.*

« Il est ordonné au général *Huché* de partir sur-le-» champ pour se rendre à Luçon. Il fera enlever, par » tous les moyens militaires, les subsistances et les four-» rages qui se trouvent par sa droite, depuis Sainte-Her-» mine jusqu'à Chantonnay; en avant de lui, jusqu'à Saint-» Hilaire-le-Vouhis, la Chaise et Château-Fromage; par » sa gauche, depuis le Bourg-sur-la-Roche-sur-Yon, le » Tablier, jusqu'à la Claye, le tout inclusivement.

» Toutes les subsistances qui en proviendront seront » reversées, ainsi que les bêtes à cornes, sur Luçon. Aussi-» tôt les enlèvemens faits, *tous les bourgs, villages, ha-» meaux, fours et moulins seront entièrement incendiés, » sans exception*. Les habitans seront renvoyés sur Luçon. » Bien entendu que ceux qui seront reconnus avoir pris » part, soit directement, soit *indirectement*, à la révolte de » leur pays, seront *exterminés* sur-le-champ. »

Toute réflexion devient superflue en citant cet ordre barbare, exécuté avec plus de barbarie encore qu'il n'avait été dicté, et imité dans les principales contrées de ce qu'on appelait alors la Vendée, d'après les ordres émanés du Comité dit *de Salut public.*

Au milieu d'aussi tristes souvenirs surgit une pensée consolante. Bien administrer, au lieu d'opprimer; s'attacher par des moyens de bien-être ceux qu'on ne ferait qu'irriter par des moyens de vexations, qu'il faudrait bientôt convertir en persécutions ; remplacer la crainte de l'avenir et le ressentiment du passé par l'espoir et la reconnaissance ; mériter les bénédictions des générations futures, là même où on avait provoqué leurs justes malédictions : de tels principes, de tels résultats sont trop dignes d'un gouvernement sage et réparateur, pour être méconnus du nôtre quand il s'agit peut-être du sort d'une contrée aussi vaste, aussi belle, aussi peuplée d'habitans si estimables et si bons.

Des colonies agricoles, favorisées par toutes les dispositions locales qui peuvent assurer leur succès, propageraient le bien-être en faisant prospérer la bonne culture là où elle est encore méconnue, et leurs résultats, outre les produits qu'elles feraient naître par elle-mêmes, compléteraient et accroîtraient encore tous les avantages qu'on espérait recueillir des beaux travaux de canalisation entrepris dans le pays ; on multiplierait ainsi les bénéfices qu'on pouvait en attendre et qui avaient suffi pour les faire entreprendre même par les ci-devant États de Bretagne, aux frais de la province, avant notre révolution.

Les bornes que doit avoir cet ouvrage, et que nous avons peut-être déjà trop étendues, nous font terminer ici la note où nous avons renvoyé les considérations qui, en concernant plus particulièrement la France, auraient pu intervertir l'ordre de celles qui, se rattachant spécialement au système des colonies agricoles, devaient être exposées dans le texte même de notre ouvrage, sans des digressions qui eussent fait perdre de vue la série des idées que nous avions à suivre.

Mais nous croyons cependant nécessaire, pour le but que nous nous proposons, de récapituler, en terminant cette note, quelques considérations qui s'y rattachent éminemment.

Nous rappellerons d'abord combien il serait bon d'employer à la confection des équipemens militaires les détenus qui ne pourraient l'être aux travaux agricoles; on ne ferait qu'imiter ainsi ce qui se fait généralement avec succès en Allemagne, et ce que nous avons vu pratiquer et en Hollande et en Belgique, avec un système de spécialité de travail qui ajoutait encore à l'utilité de la mesure. On aurait à prendre principalement pour exemple celui que donne, et sous ce rapport et sous celui de la réduction proportionnelle des salaires, enfin sous celui du régime général, cette maison de Gand, qui a servi de modèle aux États-Unis pour le système pénitentiaire, et qui rapporte à l'État environ 100,000 fr. *nets* par an, et défalcation faite de toute la dépense annuelle d'environ 1,200 détenus; on obtiendrait ainsi une grande économie et sur les dépenses actuelles des établissemens de détention et sur celles du Ministère de la Guerre. Ce serait assurer en même temps au soldat une meilleure confection, plus de solidité et moins de sacrifices sur son modique prêt pour les effets qui sont à son compte, d'après l'habileté d'un travail spécial long-temps exercé et constamment surveillé.

Enfin, ce serait éviter à l'ouvrier honnête la concurrence ruineuse pour lui du travail à bas prix du détenu qui n'a aucune charge à subir, et nous avons vu quelle importance avait attachée à cette considération l'Angleterre, ce pays le plus renommé pour ses travaux industriels, et où on est obligé de calculer le plus les résultats de leurs vicissitudes, et nous croyons devoir insister sur cette observation, d'après les circonstances actuelles.

Nous rappellerons encore combien il serait honorable et avantageux pour notre patrie, d'insérer dans nos lois un article semblable à celui que contenait la charte qu'avaient adoptée, alors qu'elles formèrent le ci-devant royaume des Pays-Bas, cette Hollande et cette Belgique qui n'avaient été surpassées nulle part en vues et en établissemens de bienfaisance et de détention, et qui dûrent peut-être, à l'influence d'un si louable article et à la publicité du compte annuel qu'il prescrivait formellement, l'honneur d'avoir créé les exemples, consolans pour les maux de l'humanité, et les avantages incalculables des colonies agricoles de bienfaisance (1). Quant aux moyens d'exécution, nous avons cité et invoqué des lumières supérieures pour l'examen et la déci-

---

(1) Voir la page 156, où nous avons déjà cité et invoqué cet article, dont nous rappelons ici le texte :

« *Les administrations de bienfaisance et l'éducation des pauvres* » *sont envisagées comme un objet important et digne de tous les soins* » *du gouvernement : chaque année, il doit en être rendu un compte* » *aux États-Généraux.* »

sion des questions élevées que présentent les désastreux résultats du système actuel de nos biens communaux ; nous avons fait remarquer la gravité des inconvéniens attachés à leur partage, et que prouve complétement la note (G) relative à l'Angleterre ; nous avons vu aussi combien nous devions considérer et envier les résultats heureux qu'a obtenus, par l'anéantissement de ce déplorable système, Frédéric II, ce souverain si célèbre par son génie, et en même temps si observateur des règles de la justice, qu'on sait qu'il laissa la propriété du moulin de *Sans-Souci*, qui barrait et interceptait les belles dispositions de ses propres jardins, au meunier qui ne voulait le lui vendre à aucun prix, et qui lui disait : « *Je sais que je perdrai mon procès en plaidant contre » Votre Majesté devant les tribunaux ; mais je suis sûr que » je le gagnerai quand j'en appellerai à la justice du Roi.* »

Mais sans prétendre trancher ici des questions dont la solution peut être si décisive pour les destinées de la France, d'après les circonstances actuelles, nous devons toutefois faire observer qu'il serait du plus haut intérêt et même urgent de rechercher tous les envahissemens qui ont été faits, par les communes, des nombreux et vastes terrains que possédaient l'ancien clergé, les gens de main-morte et les ci-devant seigneurs, et dont elles se sont indûment emparées ; ces recherches pourraient être faites utilement par le concours des agens des contributions directes et des employés de l'administration de l'enregistrement des domaines, dont le zèle exercé et la connaissance des localités suppléraient à l'insuffisance ou à l'inexactitude des documens donnés par les communes. Il serait encore très important de faire constater par les mêmes agens la consistance des marais, des alluvions, des lais et relais de mers existans, ainsi que ceux de ces derniers qu'on pourrait acquérir en imitant les beaux exemples de la Hollande et ses riches Polders; on assurerait encore l'utilité de cette dernière nature de recherches en y faisant coopérer les lumières et le zèle du Corps royal des ponts et chaussées.

Il serait dressé des états de ces diverses recherches, qui comporteraient toutes les observations désirables et qui seraient adressés aux préfets par les directeurs de l'enregistrement et des domaines et ceux des contributions directes, ainsi que par les ingénieurs en chef des ponts et chaussées pour ce qui concernerait les desséchemens, les alluvions et les relais de mers. Les préfets adresseraient ensuite ces états, avec leurs propres observations, à la direction générale de l'enregistrement et des domaines, ainsi qu'à la direction générale des ponts et chaussées, pour ce qui concernerait les attributions que nous venons d'énoncer. Ce serait une belle occasion de donner une nouvelle extension au mérite et aux avantages que l'État retire de deux administrations dont le zèle et les lumières lui ont déjà rendu tant de services.

Pour faire apprécier ce que pourraient produire de telles ressources et écarter les idées d'exagération dans les mesures, et la crainte d'indisposer trop vivement les communes, en froissant à la fois trop d'habitudes existantes, malgré ce que réclame l'énormité de leurs préjudices pour le pays, nous ferons observer qu'en définitive il suffirait de convertir en colonies agricoles 500,000 hectares de terres incultes, c'est à dire moins que le quatorzième de ce qui est déjà connu, sans compter ce qui reste et à reconnaître d'omissions encore existantes pour le cadastre, et à recouvrer pour les envahissemens, et à acquérir pour les alluvions et les relais de mers, pour se créer, avec ce demi-million d'hectares ainsi mis en bonne culture, un nouveau revenu plus considérable par lui-même, que le revenu *net* de toutes les colonies de l'Angleterre, ainsi que nous l'avons prouvé dans le Tableau statistique de ces colonies (n°. 8); et ce nouveau produit des terrains jadis incultes et qui seraient cultivés, revenu déjà si considérable en lui-même, s'accroîtrait encore de tous ceux que fait naître l'accroissement de la prospérité agricole en impôts directs et indirects, tant en raison de ses propres produits, qu'en raison des mutations et des consommations de tout genre qu'elle opère.

Nous ferons encore observer qu'il suffirait de convertir en colonies forcées 50,000 hectares de terres incultes (environ la cent cinquantième partie de ce que nous en possédons) pour procurer à l'État : 1°. une économie qui pourrait être de 150 fr. par an pour chacun des 50,000 mendians, vagabonds ou malfaiteurs qui y seraient établis, sur ce qu'ils coûtent dans nos établissemens de détention actuels, puisque nous avons vu qu'ils y revenaient, en dépenses annuelles, à environ 250 fr., tandis qu'ils ne coûteraient que 70 fr. dans les colonies agricoles (y compris l'intérêt des frais de construction et de premier établissement, lesquels forment, dans nos maisons de détention, un capital qui représente environ de 300 à 400 fr. d'intérêt pour chaque détenu); il en résulterait plus de 7,000,000 fr. d'économie par an, rien que pour les dépenses annuelles.

2°. Une économie de constructions dispendieuses et même difficiles, que réclame d'autant plus fortement l'insuffisance de nos maisons de détention actuelles, que, d'une part, les modifications du *Code pénal* pour la peine de mort doivent encore accroître le nombre des détenus par le double motif que nous avons exposé ; et que, d'autre part, nous ne pouvons, sans honte et sans cruauté, laisser plus long-temps sans établissemens spéciaux ces malheureux aliénés que nous sommes obligés, à défaut de tels établissemens, de renfermer dans des maisons de détention, ou même des prisons, où nous convertissons ainsi leur malheur en un supplice aggravé par l'inhumanité des autres détenus (1). L'établissement des colonies forcées permettrait non seulement de faire disparaître l'encombrement désastreux qu'éprouvent encore actuellement nos maisons de détention, mais aussi d'en affecter spécialement quelques unes aux aliénés, et même à des établissemens pénitentiaires.

3°. Au bout de seize ans, l'État se trouverait propriétaire de 50,000 hectares de terre en état de première culture, valant au moins 50,000,000 fr., puisque, comme nous l'avons vu, ce laps de temps aurait suffi pour amortir et rembourser toutes les dépenses de la colonie par l'excédant des produits sur les dépenses ; excédant provenant de travaux bien dirigés, faits au moindre prix possible, et avec une économie de nourriture et d'entretien résul-

---

(1) En déplorant notre dénuement d'établissemens spéciaux pour les aliénés dans nos départemens, nous n'avons pas entendu comprendre dans nos regrets ce qui concerne la capitale qui leur a assigné des emplacemens particuliers et des soins remarquables à Bicêtre pour les hommes, à la Salpêtrière pour les femmes, à Charenton pour ceux qui peuvent payer des pensions depuis 400 fr. jusqu'à 1,500 fr. et même au dessus pour ceux qui en ont les moyens.

tant de la régularité des consommations réduites à un bon nécessaire, mais sans gaspillage ni superfluité, et n'ayant besoin de rien acheter au dehors dès que les terres sont en rapport; de sorte que, si la France voulait imiter l'exemple de la Hollande et faire chez elle, et en raison de ses moyens proportionnels, ce que la Hollande a fait chez elle en raison des siens, notre pays aurait acquis en seize ans, ainsi que nous l'avons déjà fait observer, 150,000 hectares de terre de première culture, présentant une valeur disponible d'au moins 150,000,000 fr. La société bénéficierait encore au delà par la diminution des charges et des préjudices, en quelque sorte incalculables, que lui font subir la mendicité, le vagabondage, les délits, les crimes et même les émeutes qu'ils enfantent trop souvent, aidés, sous ce dernier rapport, d'une grande partie de ceux qui éprouvent ou peuvent redouter la misère, et surtout des condamnés libérés, mais non corrigés.

Au dessus de ces avantages pécuniaires, nous devons placer encore ceux qui tiennent au moral, à la dignité, à la sécurité, et même à la puissance du pays.

A cet égard, nous insisterons de nouveau et en dernier lieu sur cette considération si essentielle, que peut-être s'agit-il, dans une telle question, de décider sur la stabilité de l'ordre social en France, d'après cette crise qui, mettant en fermentation dans le sein d'une population surabondante, violemment agitée et pour ainsi dire sans *déversoir*, toutes les passions envieuses et ambitieuses, fait perdre de vue cette solidarité des intérêts sociaux qui, seule, peut assurer à chacun la conservation des siens; qui fait naître entre les diverses classes la haine de toute supériorité, provoque ainsi l'animosité hostile de ceux qui ont moins contre ceux qui ont plus, sans qu'ils réfléchissent que leur exemple même doit être le précurseur assuré de l'animosité et, par suite, des attentats de ceux qui n'ont rien contre tous ceux qui ont quelque chose, surtout quand un grand nombre d'entr'eux manque d'ouvrage, quelquefois même de pain, notamment dans les grandes villes (1).

Cette crise, que nous avons déjà dû signaler, nous force à rappeler douloureusement que ce furent de tels antécédens qui nous conduisirent progressivement dans notre révolution jusqu'à l'égalité du malheur et de la misère, qui pour se repaître eut bientôt besoin de l'égalité de la mort (2).

---

(1) Nous devons relever ici l'insuffisance actuelle de l'évaluation du nombre des indigens, qui n'est portée, dans le Tableau statistique n°. 1, qu'à 1,852,984.

M. le baron *de Morogues*, dans un mémoire qu'il a récemment produit à l'Académie des sciences, sur les moyens d'obvier aux inconvéniens des machines, en assurant les progrès de l'agriculture, et qui a reçu son approbation, porte cette évaluation à environ 2,500,000 pour 1829, d'après les nombreux documens qu'il avait recueillis; et nous ne pouvons nous dissimuler l'extension qu'ont dû lui donner les derniers événemens, puisqu'il est constaté par le dernier recensement, terminé en décembre 1831, avant l'invasion du choléra, que, depuis celui de 1827, il est sorti de Paris environ 75,000 individus, dont la majeure partie doit être composée de consommateurs notables.

(2) L'auteur croit n'avoir pas besoin de faire observer ici qu'il ne peut être question de faire naître des alarmes dans un ouvrage dont le but est de les prévenir; cependant il n'a pas cru devoir bannir les souvenirs d'un temps qui n'amena de si grands malheurs que parce qu'ils avaient paru impossibles, notamment au grand nombre de ceux qui furent victimes des passions et des fureurs populaires après en avoir été les imprudens provocateurs, ou qui ne purent s'y soustraire que par la fuite.

En présence d'un exemple aussi frappant par l'analogie trop réelle de nos troubles successifs, sachons donc employer les facultés que nous avons de convertir, comme nous l'avons proposé, une époque de crise inquiétante en une époque de prospérité progressive, puisque nous pouvons y employer des moyens d'autant plus efficaces, qu'en procurant à la population surabondante et manquant d'ouvrage, et en imposant aux malintentionnés, les travaux les plus assurés et les plus utiles au pays, nous nous mettons encore à même d'améliorer leur moral, et de leur faire connaître, par des instructions d'un mode alors facile (1), que le bien-être de l'ouvrier est toujours en proportion de la stabilité de l'ordre public, seul moyen réel d'inspirer, à ceux qui peuvent ordonner les travaux et en assurer la juste récompense, la sécurité qui les porte à y employer leurs vues et leurs facultés ; et qu'ainsi les classes ouvrières n'ont pas d'ennemis plus dangereux, et on peut même dire plus cruels que ceux qui, par des idées ou des actes irréfléchis, et trop souvent par des spéculations envieuses et coupables, tendent à tarir les seules sources propres à féconder les moyens alimentaires de ces classes et à faire croître leur bien-être. On leur apprendrait ainsi à démasquer ceux qui se donnent pour honorer et favoriser le travail, en prêchant des doctrines qui lui enlèvent la seule récompense sur laquelle il puisse réellement et honorablement compter ; hommes dangereux, qui réduisent ainsi l'ouvrier à n'être qu'une machine qui convertit, à grande peine, la matière première en une autre qui ne présente pas plus de valeur, faute d'acheteurs. N'est-ce pas alors le condamner à un

(1) Voir ce que nous disons à cet égard ci-après, dans la note (N).

supplice semblable à celui des Danaïdes, et le livrer aux horreurs et aux dangers de la misère? Reconnaissons donc que ce ne peut être qu'avec le concours de tels moyens que la crise d'inquiétude que nous éprouvons pourrait devenir, comme nous l'avons dit, une nouvelle époque de prospérité.

C'est pour mieux motiver ces réflexions, que nous avons consacré la présente note à ce qui concerne plus particulièrement la France, après y avoir fait une récapitulation des documens importans et certains que nous ont présentés les notes qui précèdent celle-ci.

Toutefois, et pour ne rien négliger de ce qui doit compléter ces documens sous le rapport du régime des colonies forcées, nous allons encore établir dans la note (M) ci-après ceux qui concernent les *hamacs*, et ensuite dans la note N, les moyens qui doivent être employés dans ces établissemens, afin d'y servir de garantie à la sécurité sociale contre les évasions et les révoltes.

NOTE M.

Concernant les hamacs.

Nous affectons une note spéciale aux *hamacs*, en raison des avantages que présente ce mode de coucher les colons ou détenus, tant sous le rapport de l'économie que sous celui de la propreté, de la salubrité, et surtout sous celui des mœurs.

Nous avons déjà cité leurs avantages en parlant des colonies forcées de la Hollande et de la Belgique, où ils ne coûtent moyennement que 6 francs, et où ils évitent beaucoup de frais de construction, en permettant des distributions plus commodes et plus saines par la faculté qu'on a de les remonter près du plafond pendant le jour, ce qui laisse toute la salle libre, et donne les moyens d'établir dans son pourtour de petites armoires basses, qui, comme nous l'avons vu, servent à la fois aux détenus pour s'asseoir et pour serrer leurs effets, nous avons vu qu'on donnait la préférence aux hamacs sur les lits dans cette maison de Gand, toujours si bonne à consulter pour les meilleurs exemples à suivre.

Pour donner une juste idée de ce que nous avons à désirer et à faire à cet égard, nous citerons ici ce qui est établi dans le Compte rendu, en 1829, à la Société royale, pour l'amélioration des prisons, par M. le Procureur général près la Cour royale de Paris, au sujet des couchers dans les prisons ou maisons de détention de son ressort.

6 de ces maisons seulement avaient des couchettes, 9 des lits de camp, 21 n'avaient que de la paille, et, pour 18, cette paille était étendue sur la terre ou sur le pavé. Dans 16 seulement, il existait des couvertures fournies, les unes par l'administration, les autres par la charité publique. On peut juger ici, par cet état des choses, dans le ressort de la Cour royale de Paris, de ce qu'elles étaient dans le ressort des autres cours (1).

---

(1) Il est superflu de rendre ce tableau encore plus affligeant en y joignant les idées affreuses que fait naître dans les bagnes l'aspect de ces *tolards*, sur lesquels couchent agglomérés plusieurs forçats, et qui ont donné à ce genre de coucher la célébrité de tout ce que le vice peut avoir de plus honteux, de plus flétris-

Ce seul renseignement démontre assez combien, d'une part, cet état de choses est digne de pitié, et de l'autre combien il présente de dangers pour des êtres familiarisés avec ce que le vice a de plus honteux.

Il importe donc de chercher à substituer à ces usages peu humains et trop favorables à l'accroissement de la perversité un système qui réunisse les avantages de la propreté, de la salubrité et de la morale à celui d'une plus grande économie : tel serait l'emploi des hamacs, qu'il est d'ailleurs facile d'isoler dans les lieux et salles de détention où on le croirait nécessaire.

Par exemple, et sauf meilleure idée, il pourrait suffire d'adapter à un des côtés du fonds sanglé de chacun des hamacs, et dans toute sa longueur, une forte toile dont la hauteur serait de quelques pieds, et qui serait maintenue verticalement dans cette hauteur par les mêmes moyens de suspension que le hamac quand il serait baissé ; cette toile remonterait avec lui en se repliant sur elle-même, au moyen d'anneaux placés à ses extrémités, et dans lesquels passeraient et couleraient les cordes qui suspendent le hamac, et lorsque le hamac serait descendu, cette toile serait assujettie verticalement dans sa hauteur par des cordes attachées aux plafonds : en plaçant ces toiles du même côté de chacun des hamacs dans toute la rangée qu'ils forment, en partant du côté opposé au mur

---

sant (même pour la perversité) et de plus favorable aux complots des évasions ; les forçats, couchés séparément dans un hamac, pourraient avoir leurs chaînes attachées à un anneau fortement scellé dans le mur, vers lequel leurs pieds seraient dirigés, ainsi qu'on le pratique en Allemagne pour les condamnés aux travaux forcés.

pour le premier, il est aisé de concevoir que chaque individu séparé par cette toile du détenu placé dans le hamac voisin, ne pourrait communiquer avec lui ni en actions ni en paroles, sans sortir de cette espèce d'alcove et sans risquer ainsi d'être vu ou entendu par le surveillant qui reste invisible. (*Pareil moyen pourrait être adapté au pied du hamac*, afin de rendre l'isolement plus complet.)

NOTE N.

Relative aux mesures de sécurité publique contre les évasions et les révoltes dans les colonies forcées.

Nous n'avons pas la prétention de bannir ici toutes les inquiétudes que donnent inévitablement pour la sécurité publique les détentions d'un certain nombre de mauvais sujets, de malfaiteurs et de condamnés réunis dans un même lieu; mais nous espérons prouver que les colonies forcées qui y seraient affectées présenteraient, quant à ce qui concerne le local destiné à renfermer les détenus,

1°. Moins de dangers pour la population environnante que les établissemens de détention placés dans l'intérieur ou à la proximité des villes;

2°. Plus de moyens de classification, suivant le degré de bonne conduite ou de culpabilité, et surtout suivant l'âge; plus de moyens d'isoler les plus mutins, de leur ôter l'espoir du secours de la turbulence de la jeunesse et d'avoir des salles de punition proportionnelle aux fautes qui seraient commises.

3°. Plus de facilités pour assurer la surveillance constante des agens et la rendre invisible pour le détenu ; plus d'efficacité pour les exhortations religieuses et morales ;

4°. Moins de moyens propres à favoriser les actes de violence des détenus qui voudraient se révolter ou s'enfuir.

Quant à ce qui concerne les travaux agricoles qui doivent se faire en dehors de l'enclos, nous verrons que la sécurité trouve les garanties nécessaires dans un ensemble de mesures dont l'efficacité et les résultats sont consacrés par l'expérience de plusieurs années dans des cas et des pays divers.

En considérant d'abord, comme nous venons de nous le proposer, ce qui concerne la situation et le local des constructions destinées à renfermer les détenus, il nous suffira de rappeler les atrocités qui se commirent dernièrement dans la ville de Bristol, en pillage, assassinats et viols, lorsque la prison de cette ville fut forcée par suite d'une émeute populaire ; ces malheurs sont à redouter pour tout établissement placé dans l'intérieur d'une ville où l'émeute peut agir avec une impétuosité difficile à contenir, à cause des ressources qu'elle y trouve par le concours des mauvais sujets qui y affluent, et en s'emparant des maisons voisines et en se barricadant dans les rues adjacentes ; mais de tels dangers ne sont plus à craindre dans un local éloigné de la ville et isolé comme le serait le bâtiment d'une colonie forcée, pour lequel on aurait le temps et les moyens de défendre d'abord les approches, puis son attaque, par des feux qui couvriraient son enceinte extérieure, et qu'on pourrait employer sans ménagement et avec toute l'énergie nécessaire pour dissiper les assaillans ou les anéantir, sans risquer de nuire à d'autres qu'à eux-mêmes.

Après avoir prouvé qu'il y a plus de sécurité contre les attaques extérieures, nous allons prouver qu'il n'y en a pas moins contre les révoltes à l'intérieur et les évasions. Effectivement on peut reconnaître, par l'inspection du plan des bâtimens affectés aux colonies forcées (Pl. II), que la surveillance constante et invisible des agens y est bien plus assurée; et les détenus, n'ayant que des hamacs pour leur coucher, ont de moins à leurs dispositions les instrumens d'attaque qu'ils cherchent toujours à se procurer avec leurs bois de lit quand ils veulent s'insurger et enfoncer les portes. Avec la facilité des moyens de classification qu'offre ce genre de construction, on pourrait aisément isoler dans une salle particulière les plus mutins et y affecter des moyens de répression encore plus énergiques que dans les autres; enfin, vu l'isolement du bâtiment et le peu de valeur du terrain, il serait facile de construire un mur, ou même simplement d'établir une bonne palissade d'enceinte, en la plaçant sur une levée formée des déblais de deux fossés, de dimensions suffisantes, qui longeraient cette palissade, l'un à l'intérieur et l'autre à l'extérieur; et on lâcherait, dans l'intérieur de l'enceinte, de ces espèces de chiens encore plus redoutés par les prisonniers que ne le seraient des hommes; on sait que les geoliers ne croient pas pouvoir trouver de préservatifs plus assurés contre les violences des prisonniers, et il est des espèces de chiens qui seraient bien propres à cette destination : tels sont ceux dits *chiens des Pyrénées*, réunissant à une force qui les fait lutter contre des ours une intelligence assez grande pour qu'on les emploie, dans les vastes et montueux parcours des Pyrénées, à garder les troupeaux de moutons, comme le font nos chiens de berger (1).

On pourrait planter sur le bord de chacun des fossés opposé à la levée, et sur la levée elle-même, un double rang de bon plant d'épines, dont on peut se procurer aisément ou du plant ou de la graine, qui vient dans tous les terrains, et qui, en peu d'années, rendrait la palissade inutile en présentant une clôture encore plus difficile à franchir que ne le serait même un mur élevé. Il n'est pas nécessaire de faire observer que ces fossés, ces haies seraient établis et entretenus par les colons, sans aucuns frais. Des guérites et des factionnaires de nuit seraient placés aux angles.

Enfin, nous ferons remarquer qu'il y a eu récemment des troubles et même des combats près de la colonie forcée de Wortel, en Belgique, dont nous avons parlé, et qu'il y en a eu aussi dans les environs du camp de condam-

(1) J'ai fait moi-même l'expérience de l'intelligence de ces excellens animaux, qui sont de grands épagneuls, dont la hauteur commune est de deux pieds : j'ai éprouvé qu'il fallait les enlever à leurs montagnes avant qu'ils eussent connu les charmes qu'elles ont pour eux, autrement ils périssent de chagrin quand ils les ont quittées. Après en avoir conservé que j'avais moi-même apportés de Gavarnie, n'ayant encore que deux ou trois mois, et qui m'ont bien prouvé leurs droits aux éloges que *Buffon* a faits du chien, j'ai été obligé d'y renoncer, parce que leur attachement pour moi et les miens ne permettait à aucun étranger de nous approcher, et que leur force était telle qu'ils terrassaient un homme et estropiaient ou tuaient les chiens les plus forts du pays.

nés de Glomel en Bretagne, et que l'un et l'autre de ces établissemens ont été préservés de tout danger par des précautions faciles (1).

On voit ainsi que les bâtimens affectés à une colonie forcée et destinés à recevoir des malfaiteurs et des condamnés, même pour crime, présenteraient encore plus de garanties à la sécurité publique que nos prisons et nos établissemens de détention, tels qu'ils sont disposés actuellement, et qu'ils coûteraient infiniment moins et en frais de construction et en dépenses d'entretien ; nous pouvons nous rappeler, à ce sujet, que les bâtimens d'une colonie forcée destinée à 1,000 individus avaient coûté moins de 200,000 fr. en Belgique et en Hollande, et qu'on avait dépensé moins de 40,000 fr. pour l'établissement du camp de Glomel, au point de partage du canal de Nantes à Brest, construit pour contenir 700 condamnés aux travaux forcés et qui travaillent (sans traîner le boulet, quoiqu'ils y soient condamnés) à une tranchée dont la profondeur va jusqu'à 69 pieds, et dont le développement est de 3 à 4,000 mètres.

Nous allons parler maintenant des garanties qu'aurait de même la sécurité publique pour ce qui concerne les travaux agricoles qui se font en dehors de l'enclos.

On doit d'abord remarquer que généralement chaque colonie forcée a pour objet le défrichement, la culture d'environ 1,000 hectares de terres incultes, au centre desquelles on place, autant que possible, le bâtiment princi-

---

(1) Il a suffi d'établir de petites redoutes aux angles de l'enclos.

pal, et qu'il y a de petits bâtimens pour faciliter l'exploitation par chaque quantité de 30 à 40 hectares, où il y a toujours quelque surveillant. (Voir pages 119 et 120.) Il en résulte que l'inspection des travaux est généralement facile, et qu'il serait en quelque sorte impossible qu'un condamné s'échappât sans qu'on le vît.

Nous avons parlé des signaux qui serviraient d'alerte en cas d'évasion ou de tumulte, tels que des détonations de boîtes d'artifices ou autres bouches à feu et le hissement d'un drapeau rouge sur la partie la plus élevée du bâtiment: alors la troupe prend les armes, on fait courir des cavaliers ou gendarmes après les fuyards, et tout le pays ainsi averti se met sur ses gardes pour les arrêter; nous avons vu combien le nombre des évasions avait été restreint en employant ces seuls moyens, et aux colonies forcées dont nous avons parlé précédemment, et au camp de Glomel que nous venons de citer.

Nous insistons de nouveau ici sur les travaux de ce camp de condamnés, parce qu'aucun autre travail ne pourrait être plus pénible, plus difficile à exécuter, ni moins susceptible d'une surveillance qui suffisait cependant pour maintenir la discipline parmi les condamnés et prévenir leurs évasions, même sans les assujettir au boulet qu'ils devraient traîner; mais il faut, pour le bien connaître, recourir à la description particulière que nous en avons donnée, page 285, dans le chapitre consacré aux *réponses à faire aux objections relatives à la difficulté de la surveillance et aux dangers de l'évasion;* chapitre qui commence page 276, jusque et y compris la page 293, et d'après lequel nous croyons inutile de répéter ici surabondamment ce que nous y avons dit et prouvé à cet égard, en ne nous appuyant toutefois que sur des faits constatés par l'expérience.

Les réponses que nous y avons établies pourraient être assurément bien suffisantes pour détruire les objections qu'il s'agit de combattre ici. Cependant, comme nous avons proposé d'étendre l'application du système de *colonisations* ou de *camps de punition* même aux condamnés aux travaux forcés, nous allons parler encore ici des résultats qu'a obtenus M. le colonel *Raucourt* en employant jusqu'à 2,000 forçats du bagne de Toulon à des travaux extérieurs de carrières et de construction (1), parce qu'ils étaient aussi difficiles à diriger, à exécuter, à surveiller et à garantir des évasions, que le pourrait être tout autre travail du genre de ceux que nous avons cités comme pouvant être faits par les condamnés pour crimes et même aux travaux forcés, soit en raison du degré de peine qu'exige leur exécution, et qui doit servir à l'intimidation du malfaiteur, soit en raison de l'espèce d'expiation qui doit en résulter pour lui, puisqu'il procurerait au corps social, qu'il avait lésé par ses attentats, les avantages résultans de travaux qu'il eût été trop difficile d'exécuter autrement.

Nous avons déjà fait observer que ces travaux, s'étendant sur un développement de plusieurs lieues, présentaient ainsi bien des moyens d'évasion pour les détenus, bien des chances d'inquiétudes pour le pays, qui cepen-

(1) M. le colonel *Raucourt* faisait employer pour les voûtes et même pour les plafonds d'une grande partie de ces constructions des briques creuses, dont il faisait fabriquer des millions par les forçats.

dant se croyait en sécurité, même en voyant les forçats travailler non loin d'une grande route, tant on était rassuré par les résultats des moyens employés, et qu'il est bien facile d'imiter : nous devons maintenant insister sur la nature de ces moyens. D'après les explications que M. le colonel *Raucourt* a bien voulu nous donner lui-même pour nous rendre plus sensible l'exposé qu'il en avait fait dans son *Mémoire* à l'Académie des sciences, à l'appui duquel il nous a encore communiqué la copie des rapports sur le bagne de Toulon, qui ont été présentés par M. *Reynaud*, commissaire des chiourmes, à M. l'Intendant maritime du port de Toulon, pour l'année 1821 et suivantes, jusque et y compris 1829.

M. le colonel *Raucourt*, qui, en 1813, avait déjà employé efficacement des forçats à des travaux utiles en Corse, basa principalement son système sur l'influence que devait avoir l'espoir d'un sort amélioré par le travail et la bonne conduite sur le grand nombre des forçats qui subissaient une condamnation que réclamait la sécurité publique pour des crimes qui avaient pu être commis sans la préméditation d'une scélératesse consommée, et souvent pour des actes de violence irréfléchie; il calcula l'effet que l'exemple de cette influence et de ses résultats pourrait produire, même sur ceux qui d'abord n'en paraissaient pas susceptibles, en employant, d'une part, pour exciter l'émulation, l'appât d'un gain proportionné au travail, quoique très modique; la certitude d'être traités moins rigoureusement quant aux ferremens, qui varient suivant la bonne conduite, depuis l'enchaînement deux à deux, selon l'usage ordinaire des bagnes, jusqu'à la chaîne de six maillons à un pied, qui permet de travailler sur des échafauds, et même jusqu'à la simple manille (1) pour ceux dont la peine approche de son terme, enfin l'espoir d'être grâciés; et en maintenant, d'autre part, toute la rigueur des punitions pour les mauvais sujets qui la rendraient nécessaire, afin de soumettre ainsi à un travail constant et à une sévère discipline tous ceux qui sont valides, cette condition étant une des plus essentielles pour la correction des condamnés (2).

M. le colonel *Raucourt* obtint, par l'application prudemment graduée, mais progressive de ce concours de moyens, le succès qu'il en avait espéré, en trouvant d'ailleurs toute la protection et tout l'appui qui lui étaient nécessaires près de M. *de Laureinty*, intendant maritime, et en étant parfaitement secondé par M. *Sanson*, commissaire principal.

Il y a bien lieu de croire que la seule idée du châtiment n'aurait pas suffi chez des êtres qui, voués à l'infamie et chargés de fer, en ont en quelque sorte perdu la crainte; mais l'espoir d'améliorer un sort si avilissant, si pénible, et l'idée que leur bonne conduite peut encore intéresser en leur faveur, et même abréger leur supplice en les rendant grâciables; enfin, la possibilité d'un avenir moins accablant peuvent sauver le condamné de l'abrutissement et peut-être des excès d'un farouche désespoir qu'on voit aller quelquefois, pour le condamné à perpétuité, jusqu'à chercher la fin de ses maux par quelqu'attentat passible de la

---

(1) Anneau qu'on met au bas de la jambe du forçat et qui sert à attacher sa chaîne.

(2) On oblige de travailler même ceux qui sont condamnés à passer la nuit au cachot par punition.

peine de mort; surtout, si ces idées sont secondées et deviennent persuasives par des exhortations à leur portée. Aussi, chacun des rapports de M. le Commissaire des chiourmes demande-t-il l'assistance d'un ecclésiastique dont le zèle charitable pourrait descendre jusqu'à la dégradation de leur entendement pour le relever et même le régénérer.

Il est établi, par les mémoires et rapports que nous venons de citer, que malgré des inconvéniens inévitables, tels que l'apprentissage, le renouvellement des forçats, celui des contre-maîtres, des administrateurs, on a obtenu les résultats comparatifs ci-après.

Avant 1815 et jusqu'en 1818, 4,000 forçats employés dans les constructions maritimes coûtaient 1,500,000 fr., et leurs travaux ne rapportaient en tout qu'environ 500,000 fr., de sorte que la chiourme coûtait 1,000,000 fr.

En 1819, d'après le nouveau système mis en usage pour leurs travaux par M. le colonel *Raucourt*, ils ne coûtaient plus que 300,000 fr.; et en 1821 ils en rapportaient 130,000. En 1824, le boni s'éleva jusqu'à 366,000 fr.; à cette époque, M. le colonel *Raucourt* partit pour la Russie, sur la demande de l'Empereur *Alexandre*, et avec l'autorisation du Roi; et depuis ce temps, la mort de M. de *Laureinty*, préfet maritime, l'éloignement de M. *Sanson*, commissaire principal, ont interrompu la série des avantages que M. le colonel *Raucourt* avait à faire connaître comme résultat de ses moyens.

Toutefois, les rapports faits à M. l'Intendant maritime par M. *Reynaud*, et que nous avons déjà cités, prouvent qu'on a continué de recueillir les avantages résultant de l'amélioration du sort des forçats, d'après les moyens que nous venons d'exposer; on doit même remarquer quelques circonstances particulières qui en font ressortir l'efficacité, ainsi que la nécessité de bien observer les règles qui font la base de ces améliorations. Ainsi M. le colonel *Raucourt* cite une époque de ralentissement dans la bonne volonté pour les travaux et leur bonne confection, parce que l'inexactitude, si ce n'est l'infidélité de quelques agens, avait rendu les salaires proportionnels incertains; cependant ils n'étaient que de 2 à 10 centimes par jour, et autant pour le pécule de sortie. Ce pécule était un moyen d'émulation puissant quand on voyait les libérés partir en se procurant de bons vêtemens, et trouver à leur arrivée à leur destination de quoi attendre de l'ouvrage; car on ne leur remettait directement que le nécessaire pour leur route, et après leur arrivée le commissaire des chiourmes correspondait encore à leur sujet avec les maires. On poussait l'exactitude jusqu'à distribuer aux meilleurs travailleurs les rations de vin que, par punition, on retranchait aux plus nonchalans; enfin les avantages obtenus sont d'autant plus remarquables, que M. *Reynaud*, dans ses rapports, se plaint constamment de la composition vicieuse des gardes-chiourmes, et réclame un nouveau mode de recrutement à leur égard. Toutefois, il fait valoir les services des adjudans et sous-adjudans, ainsi que ceux d'une compagnie d'élite parmi les gardes; il donne des éloges remarquables et constans à M. *Requin*, commis principal de détail, et se loue aussi des bons services de M. *Roubin*, commis de première classe, notamment pour la précision qu'il met dans la comptabilité du pécule des forçats.

La disposition, ou, pour mieux dire, la passion pour le vol, diminua en raison de l'espoir de gagner par le travail, et les actes de violence disparurent avec l'espoir d'une amélioration pour l'avenir, en raison de la bonne conduite.

Parmi les preuves principales, on doit citer la diminution du nombre des évasions qui a baissé de 68, nombre antérieur aux améliorations, à celui de 28. La diminution des récidives, pour ceux qui avaient été ouvriers, a été telle que, de 1823 à 1826, il n'y en a eu que 6 sur un nombre de 2,283 individus envoyés au bagne en diverses chaînes.

Nous sommes entrés dans tous ces détails, parce qu'ils nous fournissaient des preuves nouvelles et remarquables de ce que nous avons déjà dit de la possibilité d'employer les condamnés aux travaux forcés à des travaux tels que ceux des desséchemens, des relais de mers, etc., d'autant plus importans par leur grande utilité, qu'il serait trop difficile de les exécuter autrement, et qu'ils serviraient ainsi à l'intimidation, à la correction du condamné et même à l'expiation de son crime envers l'ordre social.

On peut se rappeler ce que nous avons dit à ce sujet page 276 et suivantes, et particulièrement page 285, pour le camp déjà cité de 650 condamnés aux travaux forcés; et ce que nous avons dit depuis sur la construction de la belle jetée qui forme le port de Tarragone, et entièrement construite par des condamnés aux travaux forcés (*presidiarios*) espagnols; mais il nous reste à satisfaire plus complétement à ce que peut réclamer la sécurité publique quant aux révoltes et aux évasions, pour des travaux faits en lieux non clos.

A tout ce que nous avons déjà dit à ce sujet comme pouvant bien rassurer, nous allons ajouter ici les ressources encore plus efficaces que présenteraient divers moyens directs et corporels, en les variant et les graduant suivant l'exigence des divers cas.

Nous rappellerons d'abord les avantages particuliers, et nous pouvons même dire nouveaux, que présenterait chez nous, pour les divers genres de classification si essentiels à établir, le mode de construction que nous avons fait connaître pour les colonies forcées (V. la *Pl.* II), et même pour des camps de condamnés (page 285).

Ces avantages pour les classifications sont d'autant plus remarquables qu'ils réunissent ceux d'une économie qui rend comparativement effrayantes les dépenses qu'exigent les moyens de classification adoptés actuellement.

Ce mode nouveau de classification, qui assure en même temps, comme nous l'avons reconnu, la facilité, l'efficacité de la surveillance intérieure, participerait aussi à la graduation des moyens coercitifs que nous allons exposer comme facultatifs, suivant le besoin qu'on en aurait.

En nous rappelant ce que nous avons dit (p. 534) de la classification de l'ancien bagne d'Anvers, on pourrait facilement établir (avec subdivision pour l'âge quand il y aura lieu) : 1°. une salle de punition ; 2°. une salle de repentir ou d'épreuve ; 3°. une salle de bonne conduite ou d'espérance ; 4°. une salle de grâce.

La sagesse des réglemens prescrirait les mesures qui seraient affectées à chaque classe : ainsi, dans la première, on aurait recours aux précautions, aux mesures rigoureuses qu'exigeraient l'intimidation du coupable, sa correction, et la sécurité contre son évasion et sa violence ; dans la deuxième, on emploierait les mesures, les précautions voulues par la nature de la condamnation, et dans les deux autres la prudence les modifierait en conciliant ce que mériteraient l'amélioration et la conversion du coupable, et ce que prescriraient encore la discipline et la sécurité de l'établissement.

Nous allons passer à la désignation des divers moyens que la vindicte et la sécurité publiques ont fait principalement employer comme les plus propres à les satisfaire chez les nations les plus civilisées, en suivant leur ordre de pénalité ou de rigueur.

Nous indiquerons d'abord comme le moyen le moins rigoureux la manille, cette espèce d'anneau de fer que dans les bagnes on met au bas de la jambe de l'homme condamné aux travaux forcés, et qui finit par être la seule précaution que l'on conserve envers lui, quand sa bonne conduite et l'approche de l'expiration de sa peine laissent en sécurité à son égard; la chaîne avec six maillons à un seul pied, qui permet de travailler partout, même sur les échafauds, est le moyen qui se présente ensuite et qui peut suffire pour prévenir l'évasion pour le condamné dont on ne craint point les violences; on peut varier la longueur de la chaîne d'après ce *minimum*, et on peut aussi en attacher une à chaque jambe, si l'on veut encore plus de sûreté.

Le moyen qui nous paraît venir ensuite dans l'ordre progressif de la sévérité nous est indiqué par l'Espagne; il est non seulement employé pour des condamnés aux travaux forcés, quand on ne juge pas nécessaire de les enchaîner deux à deux et qu'on les emploie à de grands travaux, tels que ceux de la belle jetée qui forme le port de Tarragone et dont nous avons parlé; mais il est encore employé pour les aliénés avec un succès bien remarquable pour l'humanité: il empêche leur évasion, en leur laissant l'illusion d'une liberté qui écarte d'eux l'affliction de la détention, et contribue ainsi à l'efficacité des moyens curatifs.

Ce moyen, que nous avons déjà mentionné (p. 281), comme habituellement employé dans le bel hospice de Barcelonne, consiste en espèces d'entraves mobiles qu'on place au bas des jambes de l'aliéné : elles se composent de deux bracelets en fer, ouverts par derrière, et qu'on peut comparer aux entraves que l'on met aux chevaux dans beaucoup de pays, mais bien arrondis et bien garnis à l'intérieur, pour prévenir toute lésion : ces bracelets ont à chaque extrémité de leur ouverture un trou circulaire, dans lequel glisse, avec une entière facilité, une petite barre de fer d'un pied de long, boulonnée par un de ses bouts et ayant à l'autre un petit cadenas ; ce qui permet de l'ôter à volonté : l'aliéné conserve ainsi la liberté d'écarter ses pieds de toute la longueur de la barre de fer, ou de les rapprocher jusqu'à les réunir l'un contre l'autre.

Au milieu de cette barre tient une chaîne de fer assujettie, par son autre extrémité, à une ceinture, qui consiste en une lame de fer circulaire garnie de cuir à son intérieur.

Les bracelets dont on vient de parler sont assez larges pour pouvoir remonter jusqu'à une certaine hauteur, et l'aliéné a la faculté de les placer ainsi en les remontant et les maintenant dans cette position, à l'aide de la chaîne, qu'il peut raccourcir à cet effet en la tenant dans ses mains ; il jouit alors de plus de facilité dans l'écartement de ses jambes ; mais son attitude l'empêche de courir : d'où il résulte qu'on ne peut craindre son évasion, soit qu'il conserve les entraves à ses pieds, soit qu'il les remonte au dessus. Il est reconnu que l'idée de ne point être enfermé est le meilleur moyen d'adoucir sa malheureuse position.

On conçoit aisément qu'un semblable procédé pourrait être pratiqué pour tout condamné employé à des travaux tels que ceux dont il s'agit ici et dont on se croirait obligé de prévenir l'évasion : il suffirait alors de maintenir les entraves plus élevées, en raccourcissant la chaîne et la retenant à la hauteur convenable, au moyen d'un crochet fixé à la ceinture.

On pourrait même, arrivé sur le lieu des travaux, dégager les pieds du condamné, en attachant alors tout l'appareil au derrière de la ceinture par le même cadenas, et ce moyen paraît suffisant pour mettre obstacle à son évasion.

Nous avons à parler encore ici, pour suivre le même ordre, du collier de fer, bien garni et revêtu d'un crochet de fer à l'extérieur de la partie qui correspond à la nuque, que nous avons déjà vu cité par *Howard* (p. 282), et adopté généralement en Allemagne (p. 810) comme moyen suffisant pour les condamnés aux travaux forcés qu'on emploie au nettoiement des rues et qui n'ont alors besoin que de trois à quatre soldats avec un sous-officier pour les garder, quoique nombreux.

Nous croyons pouvoir faire observer que l'usage de ces divers moyens pourrait être adopté et pratiqué, suivant l'exigence des cas, pour les condamnés en matière criminelle, à l'égard desquels le *Code pénal* ne prescrit point la peine du boulet. Après ces tristes indications sur les moyens de répression, il nous reste à faire observer que leur plus ou moins de sévérité ne serait qu'une condition indispensable de l'amélioration dans le genre et la nature du travail qu'éprouveraient les détenus, et que cette sévérité se trouverait ainsi plus que compensée par les avantages qui en résulteraient pour eux ; d'après une telle considération, et sans prétendre rien préjuger sur des questions aussi graves, nous émettrions les idées ci-après :

Le condamné correctionnellement pourrait être assujetti à la manille et à la chaîne de six maillons et, en cas d'insubordination, à des moyens plus rigoureux.

On pourrait employer pour le condamné à la réclusion l'un ou l'autre des deux derniers moyens dont nous avons parlé ci-dessus, en y joignant, pendant la nuit, l'attache au mur par une chaîne tenant à l'un des pieds du condamné, qui les aurait tournés de ce côté (1).

Pour les condamnés en vertu de l'art. 15 du *Code pénal* que nous avons déjà cité, et qui peuvent être assujettis au boulet ou enchaînés deux à deux, nous rappellerons l'espèce de graduation de l'application de ces peines, dont nous venons de reconnaître qu'on pourrait faire efficacement l'emploi, lorsque nous avons parlé des moyens éprouvés par M. le colonel *Raucourt* pour le bagne de Toulon.

Enfin, et s'il était nécessaire de recourir à des moyens plus rigoureux, nous parlerions des escouades de punition, qui seraient composées de deux ou trois couples de

(1) Nous ne parlons pas particulièrement des femmes pour les diverses peines dont elles peuvent être passibles, parce qu'il est facile de distinguer celles qu'elles peuvent supporter pour les travaux dont nous nous sommes principalement occupés ; quant à celles qui ne pourraient y vaquer, il resterait la ressource des travaux pour les équipemens de l'armée, d'après ce que nous avons dit à ce sujet dans la note (B) relative à la maison de Gand, et cette même note nous donne aussi l'exemple important à suivre de la réduction progressive du salaire du condamné en raison du degré de pénalité qu'il doit subir.

condamnés, réunis par une chaîne qui lierait ensemble celles de chaque couple, comme on le pratique dans les colonies pénales de la mer du Sud pour ces compagnies de défricheurs (*clearing-gangs*) qui, seules, ont fourni au général *Brisbane* les moyens de dompter les *convicts* les plus pervers et les plus rebelles, tant par l'intimidation que par l'effet toujours salutaire d'un travail constant, qu'on doit considérer comme le moyen le plus efficace pour corriger la perversité, quelque grande qu'elle soit; mais là, et en raison du degré de méchanceté des *convicts* dont on forme ces compagnies de punition, des chaînes adaptées convenablement en assujettissent souvent jusqu'à cinquante à la fois, ainsi qu'a bien voulu me le confirmer mon honorable collègue de la commission centrale de la Société de géographie, M. le capitaine *Durville,* qui a visité plusieurs fois ces colonies, dans son beau voyage fait de 1826 à 1829, en commandant la corvette *l'Astrolabe*, et qui a été publié par ordre du Roi. (Imprimé chez *Tastu.* Paris, 1830.)

Si, outre de tels moyens, on était réduit à penser à des punitions encore plus rigoureuses, nous rappellerions ce que nous avons dit (p. 575) dans la note (B) relative à la maison de Gand, en parlant de cette camisole de fer qui y a remplacé avec efficacité la peine des coups de nerf-de-bœuf, et qui même y était à peine employée en raison de la grande intimidation qu'elle inspire; ce qui permet d'ajouter à cette punition celle d'un cachot solitaire.

Au milieu de ces recherches affligeantes, nous citerons encore une peine qui, en apparence moins rigoureuse, n'en est pas moins efficace et n'en mérite que plus d'attention, c'est l'obligation au silence. On sait que malheureusement les conversations des condamnés n'ont habituellement pour objet que le récit, la jactance de leurs excès vicieux, et trop souvent les instructions, on serait même tenté de dire l'émulation du mal et du crime, ainsi que les complots de désordre d'évasion ; interdire une faculté dont on fait un usage si abominable et si dangereux est un devoir que prescrivent également, et l'humanité pour en préserver le condamné encore non perverti, et la sûreté de l'établissement qu'on doit garantir de leurs excès et de leurs complots.

La rigueur du silence paraît donc devoir être toujours maintenue, pour le temps du travail et pour la nuit, depuis et y compris le moment du coucher jusque et y compris celui du lever, pendant lesquels on ferait des instructions religieuses, telles que celles dont nous avons vu un si touchant exemple en parlant de l'établissement de Sing-sing (page 789).

Le silence serait prescrit de même pour le temps des repas, durant lesquels on ferait quelque lecture instructive ou morale à la portée des détenus.

Cette rigueur du silence pourrait, pour les autres momens, être proportionnée à celle des moyens employés d'ailleurs.

Après les recherches comparatives qui nous ont prouvé ce qu'étaient chez d'autres peuples les principes et les faits que nous proposons d'appliquer à la France, nous en sommes venus à fixer particulièrement notre attention sur le système pénitentiaire. Il nous présente de nouvelles considérations dont l'importance nous paraît telle que nous devons nous y arrêter spécialement ici, quoiqu'elles n'appartiennent que comparativement aux idées et au système qui nous occupent principalement ; car nous croyons essentiel de les comprendre dans notre résumé et nos conclusions.

Déjà nous avions vu, dans la note (G) relative à l'Angleterre, les restrictions qu'exige l'application de ce système à cause de l'énormité des dépenses qu'il exige, surtout chez des peuples où on doit éviter de convertir les maisons de détention en manufactures ruineuses pour l'ouvrier honnête qui ne pourrait en soutenir la concurrence, et nous avons cité, à ce sujet (p. 731) un Compte rendu pour la maison pénitentiaire de Millbank, qui établissait qu'en réunissant aux dépenses annuelles la valeur locative résultant pour chaque *convict* des dépenses de construction et de premier établissement, il coûtait autant au Gouvernement qu'un lieutenant de marine royale en disponibilité (1,900 f. par an) ; nous avons reconnu, dans la note (H) relative aux États-Unis d'Amérique, les perfectionnemens successifs que ce système avait acquis dans ce pays, où le haut prix de la main-d'œuvre donne à celui du travail des détenus une valeur qui peut dépasser les dépenses journalières qu'il exige, et dans une localité où les principaux matériaux de construction se sont trouvés, pour ainsi dire, à pied d'œuvre et ont pu être employés par les condamnés eux-mêmes.

Parmi les moyens auxquels on doit de tels résultats se trouve éminemment un silence dont la rigueur ne permet pas la moindre parole au détenu et prévient ainsi toute communication de mauvaises pensées, de projets perturbateurs et tout complot d'évasion ; il faut convenir ici que pour maintenir dans toute sa rigueur un silence aussi absolu et assurer une discipline si régulière, un travail si pénible et si constant, on a recours dans les établissemens pénitentiaires des divers états de l'Union américaine à un moyen qui répugnerait à nos idées ; c'est le fouet à la main, et prêt à en frapper instantanément le délinquant, que s'exerce cette surveillance si étonnante dans ses effets, et la sévérité de ce genre de punition corporelle s'effectue aussi en frappant d'un nombre de coups de fouet, déterminé par les réglemens, les épaules nues de celui qui a encouru ce châtiment.

Quelle que soit la peine que peut nous faire éprouver l'emploi d'un tel traitement, nous n'en devons pas moins considérer sa puissance, et y reconnaître le moyen de répression le plus efficace que la justice humaine ait encore employé pour l'intimidation du criminel ; car il s'en trouve là qui, comme nous l'avons déjà fait observer, auraient été chez nous condamnés à la peine de mort.

Un seul exemple va nous faire juger de cette efficacité, ainsi que du zèle et du dévouement de celui auquel on en est redevable.

M. *Elam Lynds* (que nous avons déjà cité p. 788) eut le courage de s'établir au milieu de deux cents condamnés, qu'il faisait camper sous des tentes, non loin du fleuve des États-Unis dont la navigation est la plus active (l'Hudson); plein de confiance dans l'efficacité des deux moyens que nous venons de citer, il sut faire construire par ces condamnés la prison de Singsing qui devait les renfermer, bien qu'ils connussent le sort qui les y attendait ; et depuis, ils travaillent journellement, sans aucun ferrement, à l'exploitation de vastes carrières de marbre non closes.

Leur nombre a excédé 1,000 en 1830 ; il n'y a habituellement que 13 gardes de service et les moyens de surveillance sont organisés ainsi qu'il suit, d'après le dernier compte, dont nous avons donné l'extrait page 791.

1	Directeur appointé, à.	1,750 doll.
1	Sous-Directeur.	1,000
12	Surveillans à 550 dol. (qu'on demande de porter à 25).	13,750
28	Gardiens, à 300 dol. (qu'on demande de porter à 30).	8,400
	TOTAL.	24,000 doll.

(environ 150,000 fr.).

Enfin, la ration du détenu ne revient qu'à 6 cents et demi par jour (environ 0,35 centimes).

Nous livrons un tel exemple à la méditation qu'il exige.

RÉSUMÉ ET CONCLUSION DES NOTES.

Nous avons successivement considéré, dans les notes ci-dessus, les divers modes de secours publics, de répression de la mendicité et des délits, les différens systèmes de colonisation outre mer, et les divers genres de colonies agricoles qui avaient été jusqu'à présent pratiqués chez les peuples les plus civilisés; nous avons tâché de faire ressortir l'insuffisance, les inconvéniens des uns, les avantages plus ou moins remarquables des autres, et nous avons terminé chacune de ces notes par les observations que l'expérience indiquait comme les plus favorables à la France, soit pour les principes qui doivent nous diriger, soit pour les moyens d'exécution qui sont en notre pouvoir, soit enfin pour les résultats que nous pourrions obtenir.

Ces considérations nous ont conduits jusqu'à la note (L), où nous avons, en quelque sorte, récapitulé ce qui paraissait désirable, applicable, et même nécessaire pour la France d'après l'empire des circonstances actuelles, notamment pour les colonies forcées et de punition, et nous avons enfin établi, dans les notes complémentaires (M) et (N), ce qui concernait plus particulièrement l'application du système de ces colonies chez nous, les moyens d'y faciliter la surveillance, la classification, l'amélioration des détenus, et de donner à la sécurité sociale toutes les garanties possibles contre leur insubordination, leurs évasions et leurs révoltes; le concours de ces réflexions nous a conduits progressivement, en partant toujours de faits constatés par l'expérience, jusqu'aux limites du *Cercle pénal*, dans lequel la vindicte publique, la sécurité sociale, les préceptes même de la justice, qui doit proportionner la nature du châtiment à celle du crime, semblent renfermer ces êtres que toutes ces considérations doivent faire exclure du sein de la société et isoler du reste de la race humaine, pour laquelle ils sont devenus de véritables fléaux. Pour de tels êtres on réserverait, d'après les dispositions du *Code pénal*, les moyens les plus propres à les effrayer; savoir, la peine de mort et le système pénitentiaire, qui, dans toute sa sévérité, serait peut-être non moins terrible et plus efficace, parce que le coupable ne conserverait pas alors cet espoir de l'impunité que lui donne, trop souvent avec scandale, la répugnance des jurés à priver un autre homme de l'existence.

Pour les autres coupables, on pourrait, à ce qu'il nous semble, d'après tout ce que nous avons exposé, adopter le système que nous soumettons ici à un examen approfondi; celui de les attacher à des travaux intimidans par la peine qui les accompagne, expiatoires par les grands avantages qu'ils peuvent procurer, et régénérateurs par cet effet que produit l'habitude du travai même sur la perversité, avec une efficacité qu'aucun autre moyen ne peut égaler.

En considérant donc le système pénitentiaire comme le moyen qui, après la peine de mort, doit être placé au plus haut degré de cette échelle de pénalité, dont l'existence de l'ordre social exige le maintien, nous n'en devons considérer que plus attentivement les limites dans lesquelles on doit le circonscrire, bien moins encore à cause de l'élévation des dépenses qu'il exige, tant pour les constructions, pour les frais de premier établissement, et moyens de surveillance, que parce que son effet est d'aggraver le supplice du condamné, en raison des droits qu'il aurait à l'intérêt et à la clémence par son amendement moral et son repentir, tellement qu'on a vu des condamnés devenir fous par excès de désespoir. (Voir p. 784.)

Mais quelle sagesse, quelle méditation exigerait le tracé de la ligne de démarcation entre les limites qui doivent restreindre un tel système en le conservant pour l'intimidation du grand coupable, garantie indispensable de la sécurité sociale, et les limites jusqu'où peuvent s'étendre ces moyens de punition dont nous avons parlé et proposé l'adoption, comme pouvant suffire à l'intimidation des coupables qui ne le sont cependant pas assez pour que la société veuille les rejeter à jamais de son sein, et même comme pouvant leur donner l'espoir de l'expiation de leurs crimes devant Dieu et devant les hommes par les difficultés qu'ils auraient à surmonter, les peines qu'ils auraient à éprouver pour des travaux dont l'importance et l'utilité pourraient compenser et au delà, pour leur pays, les préjudices mêmes de leurs déplorables attentats; travaux qui auraient d'autant plus de mérite qu'ils n'auraient pu être exécutés autrement, sans des sacrifices énormes et de tout genre (1).

Ici se présente une circonstance du plus haut intérêt : deux jeunes magistrats (MM. *Gustave de Beaumont* et *de Tocqueville*) dont nous avons déjà parlé, pénétrés de l'importance de questions aussi graves, ont pris la résolution de faire librement, entièrement à leurs frais, par conséquent sans être assujettis à aucune déférence susceptible de partialité, un voyage aux États-Unis d'Amérique, pour y étudier et constater avec exactitude, sur les lieux mêmes, les résultats d'une expérience que divers modes et plusieurs années d'essais successifs et progressifs en améliorations ont consacrés jusqu'à présent ; ils ont reçu, dans les diverses localités qu'ils allaient visiter ainsi, l'accueil que méritait leur zèle, et on s'y est ef-

---

(1) On peut se faire une idée de ce que vaudraient de tels travaux, en calculant que le desséchement de la moitié de nos 5 à 600,000 hectares de marais qui désolent par leur insalubrité les contrées circonvoisines pourrait donner un produit d'au moins 15,000,000 fr. et un capital de plus de 300,000,000 fr., et aurait l'avantage encore plus grand pour l'Etat de vivifier, de rendre sains et prospères de vastes pays, voués à une existence chétive, misérable et onéreuse pour la société à laquelle on les rendrait ainsi utiles, en même temps qu'on les rendrait heureux.

Quant aux lais et relais de mer, on pourrait dire sans exagération que les bénéfices des travaux qui les feraient conquérir seraient en quelque sorte incalculables, d'après le bel exemple que donne, à cet égard, la richesse des Polders hollandais, dont un grand nombre surpasse en produit annuel le montant des frais d'endiguage originaire, par une fertilité inépuisable qui résulte de la nature du sol et de la ressource des engrais salins.

forcé de ne rien négliger de tout ce qui pouvait seconder leurs recherches pour le bien de l'humanité.

Leur pays, en recueillant le fruit d'un voyage entrepris sous des auspices si honorables, si favorisé par le peuple étranger qui a su en apprécier et en faciliter le but, peut trouver, dans les documens qu'ils ont rapportés, les points de comparaison les plus intéressans et les plus propres à éclairer la solution de questions d'une aussi haute importance.

Si cette importance, pour laquelle nous venons d'invoquer la méditation, nous a paru telle que nous dussions joindre ce qui la concerne essentiellement aux diverses considérations qui nous avaient primitivement occupés, nous espérons qu'on voudra bien n'y voir qu'une preuve de plus du désir que nous avons constamment exprimé de seconder l'émulation générale et d'offrir, autant que nous le pourrions, des documens utiles à ceux qui, par la supériorité de leurs moyens, peuvent exercer une influence avantageuse sur ce que réclament à la fois les vœux les plus ardens de l'humanité et les besoins les plus urgens de notre position actuelle.

TABLE ANALYTIQUE DES MATIÈRES.

PREMIÈRE PARTIE.

DEUXIEME PARTIE.

Pag.

Pag.

TABLEAUX STATISTIQUES.

terres incultes, d'après les documens officiels produits pour le cadastre.

Tableau N°. 3. Tableau relatif au nombre des enfans trouvés.

— N°. 4. État des forçats libérés et des réclusionnaires et condamnés, placés sous la surveillance de la police (en 1831).

— N°. 5. Tableau synoptique des divers établissemens de détention dont il est question dans l'ouvrage.

— N°. 6. Tableau statistique des colonies françaises.

— N°. 7. Tableau statistique des colonies anglaises.

— N°. 8. Tableau du classement général du territoire de l'Angleterre, d'après son cadastre récent.

ERRATA.

Page 65, ligne 20, lisez *ainsi* au lieu de *aussi*.

88, ligne 12, lisez 1829 au lieu de 1820.

149, ligne 17, lisez *dessein* au lieu de *dessin*.

174, ligne 27, lisez *seraient* au lieu de *auraient*.

199, ligne 14, lisez *concours* au lieu de *cours*.

263, ligne 5, au lieu de *devons-nous*, lisez *nous devons*.

264, ligne 16, après *de ce qu'ils auraient coûté*, ajoutez : *soit en secours de charité publique, soit*.

281, ligne 18, au lieu de *Sarragosse*, lisez *Barcelonne*.

309, ligne 24, au lieu de *d'où il en résulte*, lisez *d'où il résulte*.

317, ligne 10, au lieu d'*un tiers*, lisez des *deux tiers*.

345, ligne 11, lisez 1,900 fr. au lieu de 1,600 fr.

459, ligne 18, au lieu de *comme*, lisez *en*.

496, avant-dernière ligne de la note, lisez *contribuable* au lieu de *redevable*.

575, ligne 6, lisez *membre* au lieu de *membres*.

667, ligne 26, lisez 100,000,000 de sujets, au lieu de 45,000,000.

Tableau synoptique N°. 5, ligne 6, dernière colonne, lisez 0,14 au lieu de 0,24.

TABLEAU N°. 1.

ÉTAT DE LA POPULATION

Et du nombre d'Indigens et Mendians présumés existans dans chaque département, en 1829.

N°	DÉPARTEMENS.	POPULATION	NOMBRE PRÉSUMÉ d'indigens.	NOMBRE PRÉSUMÉ de mendians.
1	Ain	341,628	12,000	600
2	Aisne	489,560	60,000	2,400
3	Allier	285,302	13,765	685
4	Alpes (Basses-)	133,063	5,102	255
5	Alpes (Hautes-)	125,329	4,177	208
6	Ardèche	328,419	10,917	547
7	Ardennes	281,624	18,774	938
8	Ariége	247,932	8,264	413
9	Aube	241,762	12,088	604
10	Aude	265,991	10,799	503
11	Aveyron	350,014	11,667	583
12	Bouches-du-Rhône	326,302	21,753	725
13	Calvados	500,956	25,047	833
14	Cantal	262,013	13,100	655
15	Charente	353,653	11,788	589
16	Charente-Inférieure	424,147	18,965	948
17	Cher	248,589	9,943	497
18	Corrèze	284,882	9,496	474
19	Corse	185,079	6,169	308
20	Côte-d'Or	370,943	14,817	740
21	Côtes-du-Nord	581,684	29,084	1,454
22	Creuse	252,932	8,431	421
23	Dordogne	464,074	15,469	773
	A reporter	7,365,878	351,645	16,151

N°	DÉPARTEMENS.	POPULATION	NOMBRE PRÉSUMÉ d'indigens.	NOMBRE PRÉSUMÉ de mendians.
	Report	7,365,878	351,645	16,151
24	Doubs	254,314	12,715	635
25	Drôme	285,591	11,431	571
26	Eure	421,665	21,083	1,054
27	Eure-et-Loir	277,782	13,889	694
28	Finistère	502,851	16,761	858
29	Gard	347,550	23,170	1,158
30	Garonne (Haute-)	407,016	27,134	904
31	Gers	307,601	15,380	769
32	Gironde	538,151	44,845	1,361
33	Hérault	339,560	22,637	905
34	Ille-et-Vilaine	553,453	22,138	885
35	Indre	237,628	7,929	396
36	Indre-et-Loire	290,372	9,679	483
37	Isère	525,985	21,039	841
38	Jura	310,282	12,411	620
39	Landes	265,309	8,743	437
40	Loir-et-Cher	230,666	11,533	570
41	Loire	375,714	18,785	939
42	Loire (Haute-)	285,673	14,283	714
43	Loire-Inférieure	457,090	18,324	733
44	Loiret	304,228	12,169	486
45	Lot	280,515	9,350	467
	A reporter	15,164,874	727,073	32,618

N°	DÉPARTEMENS.	POPULATION	NOMBRE PRÉSUMÉ d'indigens.	NOMBRE PRÉSUMÉ de mendians.
	Report	15,164,874	727,073	32,618
46	Lot-et-Garonne	336,886	11,229	561
47	Lozère	138,778	4,625	288
48	Maine-et-Loire	458,674	18,346	733
49	Manche	611,206	30,560	1,222
50	Marne	325,045	16,252	650
51	Marne (Haute-)	244,823	9,792	439
52	Mayenne	354,138	14,165	708
53	Meurthe	403,038	20,151	806
54	Meuse	306,339	15,316	612
55	Morbihan	427,453	14,248	712
56	Moselle	409,155	20,457	818
57	Nièvre	271,777	13,588	543
58	Nord	962,648	160,441	8,022
59	Oise	385,124	48,140	1,924
60	Orne	434,379	21,718	723
61	Pas-de-Calais	642,969	80,371	4,018
62	Puy-de-Dôme	566,573	28,328	1,776
63	Pyrénées (Basses-)	412,469	20,623	687
64	Pyrénées (Hautes-)	222,059	11,102	370
65	Pyrénées-Orientales	151,372	7,568	378
66	Rhin (Bas-)	535,467	21,458	715
67	Rhin (Haut-)	408,741	16,349	544
	A reporter	24,173,987	1,331,900	59,861

N°	DÉPARTEMENS.	POPULATION	NOMBRE PRÉSUMÉ d'indigens.	NOMBRE PRÉSUMÉ de mendians.
	Report	24,173,987	1,331,900	59,861
68	Rhône	416,575	41,657	838
69	Saône (Haute-)	327,641	13,105	655
70	Saône-et-Loire	515,776	25,788	859
71	Sarthe	466,519	23,325	777
72	Seine	1,013,373	101,337	1,500
73	Seine-Inférieure	688,295	76,477	1,528
74	Seine-et-Marne	318,209	21,212	707
75	Seine-et-Oise	440,871	27,554	918
76	Sèvres (Deux-)	288,260	14,413	720
77	Somme	526,282	58,475	1,168
78	Tarn	327,655	16,382	655
79	Tarn-et-Garonne	241,586	12,079	643
80	Var	311,095	12,843	642
81	Vaucluse	233,048	9,321	466
82	Vendée	322,826	12,913	645
83	Vienne	267,670	13,383	669
84	Vienne (Haute-)	276,351	11,054	552
85	Vosges	379,839	12,661	633
86	Yonne	342,116	17,105	684
	TOTAUX	31,877,974	1,852,984	75,120

Tableau N°. 2.

ÉTAT DE LA SUPERFICIE DES DÉPARTEMENS

Et de la Contenance des terrains incultes susceptibles d'être mis en culture, soit en totalité, soit en partie (dressé d'après les documens qui existent au Ministère des finances et ceux qui ont été constatés par le Cadastre de chaque département).

	DÉPARTEMENS.	SUPERFICIE TOTALE.	CONTENANCE des TERRES INCULTES.		DÉPARTEMENS.	SUPERFICIE TOTALE.	CONTENANCE des TERRES INCULTES.		DÉPARTEMENS.	SUPERFICIE TOTALE.	CONTENANCE des TERRES INCULTES.
		hectares.	hectares.			hectares.	hectares.			hectares.	hectares.
1	Ain	584,822	76,027		*Report*	19,936,081	3,281,649		*Report*	38,156,659	5,741,345
2	Aisne	749,183	22,475	31	Gers	362,996	25,410	60	Orne	645,254	12,905
3	Allier	742,272	37,114	32	Gironde	1,082,552	433,021	61	Pas-de-Calais	669,688	26,788
4	Alpes (Basses-)	740,895	325,994	33	Hérault	630,935	201,899	62	Puy-de-Dôme	794,370	142,987
5	Alpes (Hautes)	553,569	249,106	34	Ille-et-Vilaine	681,977	75,017	63	Pyrénées (Basses-)	455,950	164,142
6	Ardèche	550,004	137,501	35	Indre	701,661	70,166	64	Pyrénées (Hautes-)	464,531	139,359
7	Ardennes	510,208	20,408	36	Indre-et-Loire	612,679	67,395	65	Pyrénées-Orientales	411,576	172,862
8	Ariége	529,540	111,203	37	Isère	811,230	97,348	66	Rhin (Bas-)	417,300	12,519
9	Aube	610,608	18,318	38	Jura	503,364	70,471	67	Rhin (Haut-)	383,257	22,995
10	Aude	631,663	183,182	39	Landes	900,534	396,235	68	Rhône	270,423	10,817
11	Aveyron	882,171	76,434	40	Loir-et-Cher	603,116	24,124	69	Saône (Haute-)	462,800	18,512
12	Bouches-du-Rhône	601,960	258,817	41	Loire	496,000	24,800	70	Saône-et-Loire	857,678	25,730
13	Calvados	570,427	11,409	42	Loire (Haute-)	495,784	84,283	71	Sarthe	639,276	38,357
14	Cantal	574,081	57,408	43	Loire-Inférieure	706,285	91,817	72	Seine	46,181	1,385
15	Charente	588,803	29,440	44	Loiret	675,191	27,008	73	Seine-Inférieure	601,120	18,034
16	Charente-Inférieure	716,814	21,504	45	Lot	396,406	43,605	74	Seine-et-Marne	595,980	11,920
17	Cher	740,125	14,803	46	Lot-et-Garonne	479,657	47,966	75	Seine-et-Oise	575,042	11,501
18	Corrèze	594,718	17,842	47	Lozère	509,543	188,531	76	Sèvres (Deux-)	585,273	23,411
19	Corse	980,510	588,306	48	Maine-et-Loire	718,807	28,752	77	Somme	604,456	6,045
20	Côte-d'Or	876,956	26,309	49	Manche	500,000	40,000	78	Tarn	576,821	57,682
21	Côtes-du-Nord	744,073	133,933	50	Marne	820,273	16,405	79	Tarn-et-Garonne	354,591	21,275
22	Creuse	579,455	98,507	51	Marne (Haute-)	633,175	25,327	80	Var	729,628	182,407
23	Dordogne	898,274	107,793	52	Mayenne	518,865	25,943	81	Vaucluse	336,963	60,635
24	Doubs	547,360	60,210	53	Meurthe	629,002	12,580	82	Vendée	675,458	54,037
25	Drôme	675,915	121,665	54	Meuse	604,439	12,089	83	Vienne	689,083	89,581
26	Eure	623,283	18,698	55	Morbihan	681,704	293,133	84	Vienne (Haute-)	558,078	66,969
27	Eure-et-Loir	602,752	6,028	56	Moselle	610,000	6,100	85	Vosges	587,955	29,398
28	Finistère	693,384	300,000	57	Nièvre	686,619	6,866	86	Yonne	729,223	21,877
29	Gard	599,723	131,939	58	Nord	581,424	5,814				
30	Garonne (Haute-)	642,533	19,276	59	Oise	586,362	17,591				
	A reporter	19,936,081	3,281,649		*A reporter*	38,156,659	5,741,345		Total	52,874,614	7,185,4[illegible]5

Mémoire sur les Coloniès agricoles.

TABLEAU N°. 3.

TABLEAU COMPARATIF

Des Enfans-Trouvés existans à la fin de 1826 dans les six Départemens où ils étaient les plus nombreux, et dans les six où ils étaient en plus petit nombre.

NOMS DES DÉPARTEMENS.	POPULATION GÉNÉRALE DU DÉPARTEMENT.	NOMBRE des ENFANS-TROUVÉS.	PROPORTION de LEUR MORTALITÉ.	DÉPENSE TOTALE.	DÉPENSE PAR INDIVIDU.
				fr.	fr. c.
Seine (Paris)	1,013,373	14,919	3,57	1,264,764	87 59
Seine-et-Oise (Versailles)	440,871	123	17,00	9,755	108 30
Seine-et-Marne (Melun)	318,209	304	4,70	21,364	105 72
Rhône (Lyon)	416,575	8,336	7,72	393,669	53 44
Nord (Lille)	962,648	3,820	7,23	292,116	81 18
Gironde (Bordeaux)	538,151	3,488	6,21	191,573	75 11
Calvados (Caen)	500,956	2,306	5,95	163,123	83 54
Bouches-du-Rhône (Marseille)	326,302	2,110	4,35	172,633	90 45
Bas-Rhin (Strasbourg)	535,467	720	13,24	»	» »
Tarn-et-Garonne (Montauban)	241,586	649	11,40	52,402	84 05
Haut-Rhin (Colmar)	408,741	229	25,00	19,706	88 29
Vosges (Épinal)	379,839	97	14,28	9,350	96 14

NOTA. Les sommes allouées pour les dépenses nécessaires sont fournies : 1°. principalement par les centimes départementaux ; 2°. subsidiairement pour raison d'insuffisance dans les grandes villes, par les communes et les hospices ; 3°. et, enfin, pour une faible partie par des allocations provenant des amendes et confiscations.

TABLEAU N°. 4.

ÉTAT DES FORÇATS, RÉCLUSIONNAIRES ET CONDAMNÉS

Placés sous la surveillance de la haute-police de l'État, et des Condamnés pour délit de vagabondage mis à la disposition du Gouvernement (situation au 25 avril 1831).

DÉPARTEMENS.	SURVEILLANCE PERPÉTUELLE.		CONDAMNÉS en surveillance temporaire.	VAGABONDS à la disposition du Gouvernement.	TOTAL par DÉPARTEMENT.
	Forçats.	Réclusionnaires.			
Ain	101	43	81	49	274
Aisne	291	266	130	181	868
Allier	94	51	53	28	226
Alpes (Basses-)	51	40	47	10	148
Alpes (Hautes-)	18	15	38	8	79
Ardèche	103	52	96	18	269
Ardennes	124	116	85	90	415
Ariége	37	72	49	14	172
Aube	167	140	96	50	453
Aude	89	76	54	7	226
Aveyron	85	90	78	16	269
Bouches-du-Rhône	176	92	127	42	437
Calvados	371	226	268	109	975
Cantal	85	52	53	52	242
Charente	78	35	72	17	202
Charente-Inférieure	144	89	77	45	355
Cher	58	45	44	35	182
Corrèze	55	22	60	35	172
Corse	47	48	36	1	132
Côte-d'Or	154	125	93	111	483
Côtes-du-Nord	350	382	202	226	1,160
Creuse	50	27	41	41	159
Dordogne	105	63	90	28	291
Doubs	126	115	94	73	408
Drôme	87	49	110	7	253
Eure	245	218	139	80	682
Eure-et-Loir	170	95	92	97	454
Finistère	188	121	80	60	449
Gard	112	52	75	21	260
Garonne (Haute-)	161	85	100	55	401
A reporter	3,922	2,910	2,658	1,606	11,096

DÉPARTEMENS.	SURVEILLANCE PERPÉTUELLE.		CONDAMNÉS en surveillance temporaire.	VAGABONDS à la disposition du Gouvernement.	TOTAL par DÉPARTEMENT.
	Forçats.	Réclusionnaires.			
Report	3,922	2,910	2,658	1,606	11,096
Gers	78	31	35	13	157
Gironde	162	80	155	89	486
Hérault	121	67	67	31	286
Ille-et-Vilaine	337	280	178	92	887
Indre	80	44	47	36	207
Indre-et-Loire	170	105	89	40	404
Isère	183	83	145	93	504
Jura	126	73	106	57	362
Landes	82	42	96	16	236
Loir-et-Cher	110	88	62	39	299
Loire	112	48	55	68	283
Loire (Haute-)	68	53	44	25	170
Loire-Inférieure	162	137	120	89	508
Loiret	135	115	89	139	478
Lot	69	50	79	24	222
Lot-et-Garonne	75	65	66	27	233
Lozère	46	24	31	6	107
Maine-et-Loire	189	174	134	81	578
Manche	254	215	184	72	725
Marne	180	143	116	92	531
Marne (Haute-)	92	136	55	49	332
Mayenne	162	161	103	39	465
Meurthe	229	225	150	108	712
Meuse	116	115	77	57	365
Morbihan	199	131	125	166	621
Moselle	214	206	179	230	829
Nièvre	95	99	86	41	321
Nord	487	361	354	555	1,757
Oise	146	125	115	122	508
A reporter	8,401	6,366	5,800	4,102	24,669

DÉPARTEMENS.	SURVEILLANCE PERPÉTUELLE.		CONDAMNÉS en surveillance temporaire.	VAGABONDS à la disposition du Gouvernement.	TOTAL par DÉPARTEMENT.
	Forçats.	Réclusionnaires.			
Report	8,401	6,366	5,800	4,102	24,669
Orne	176	156	127	107	566
Pas-de-Calais	309	230	205	219	963
Puy-de-Dôme	233	87	80	93	493
Pyrénées (Basses-)	79	98	107	40	324
Pyrénées (Hautes-)	36	26	30	8	100
Pyrénées-Orientales	52	28	20	5	105
Rhin (Bas-)	137	162	177	259	735
Rhin (Haut-)	147	106	152	182	587
Rhône	244	115	116	171	646
Saône (Haute-)	159	63	105	62	389
Saône-et-Loire	203	124	145	147	619
Sarthe	135	157	117	69	478
Seine	496	476	167	701	1,840
Seine-Inférieure	533	240	201	319	1,293
Seine-et-Marne	182	140	114	180	616
Seine-et-Oise	241	173	109	269	792
Sèvres (Deux-)	66	92	79	19	256
Somme	279	140	95	162	676
Tarn	99	57	84	26	266
Tarn-et-Garonne	59	58	68	19	204
Var	181	62	93	38	374
Vaucluse	95	28	57	6	186
Vendée	83	53	42	26	204
Vienne	94	95	62	23	274
Vienne (Haute-)	68	45	74	48	235
Vosges	136	89	135	73	453
Yonne	189	135	97	101	522
TOTAUX	13,152	9,601	8,658	7,454	38,865

Tableau N°. 5.

TABLEAU SYNOPTIQUE

DES ÉTABLISSEMENS POUR DÉTENTION DONT IL EST QUESTION DANS L'OUVRAGE.

ÉTAT DES 19 MAISONS CENTRALES EXISTANTES EN 1830.

NOMS DES Départemens.	NOMS DES Maisons.	NOMBRE des détenus.	SOMMES DÉPENSÉES en 1829.	NOMBRE des Sorties, année moyenne, depuis 1818 jusqu'en 1827.	NOMBRE DES RÉCIDIVES en 1828.	MOYENNE des récidives sur les Sorties en 1828.	NOMBRE DES SORTIES de 1819 à 1828.	NOMBRE DES RÉCIDIVES en 1829.	MOYENNE DES RÉCIDIVES sur les Sorties en 1829.
Alpes (Hautes-)	Embrun	818	171,202	220	49	0,22	223	54	0,24
Aube	Clairvaux	1,964	380,770	567	167	0,29	606	188	0,31
Calvados	Beaulieu	710	128,912	179	47	0,26	183	51	0,28
Eure	Gaillon	1,375	246,091	252	117	0,46	295	128	0,43
Gard	Nîmes	1,189	192,297	229	37	0,16	248	61	0,25
Gironde	Cadillac	315	63,861	102	10	0,10	106	15	0,24
Hérault	Montpellier	423	83,058	203	38	0,47	187	41	0,22
Ille-et-Vilaine	Rennes	672	120,998	120	56	0,48	131	54	0,41
Lot-et-Garonne	Eysses	1,139	215,072	201	49	0,24	225	84	0,37
Maine-et-Loire	Fontevrault	1,449	289,562	333	89	0,27	364	111	0,30
Manche	Saint-Michel	787	152,747	175	53	0,30	188	47	0,25
Nord	Loos	1,623	287,619	293	152	0,52	348	175	0,50
Oise	Clermont	378	75,355	86	15	0,17	85	16	0,19
Puy-de-Dôme	Riom	624	111,635	149	45	0,30	162	61	0,38
Rhin (Bas-)	Haguenau	655	117,202	159	54	0,28	161	39	0,24
Rhin (Haut-)	Ensisheim	852	161,824	221	49	0,22	238	95	0,40
Seine-et-Marne	Melun	1,069	209,650	209	66	0,32	271	130	0,57
Seine-et-Oise	Poissy	745	143,730	234	56	0,47	»	268	0,99
Vienne (Haute-)	Limoges	966	199,607	190	54	0,38	219	160	0,27
	Totaux	17,663	3,351,196	4,122	1,275	0,31	4,467	1,678	0,38

MAISONS DE CORRECTION ASSUJETTIES AU RÉGIME DES MAISONS CENTRALES.

Départemens	Maisons	NOMBRE des détenus	SOMMES DÉPENSÉES en 1829	NOMBRE des Sorties, année moyenne	NOMBRE DES RÉCIDIVES en 1828	MOYENNE en 1828	NOMBRE DES SORTIES de 1819 à 1828	NOMBRE DES RÉCIDIVES en 1829	MOYENNE en 1829
Doubs	Bellevaux	»	»	54	13	0,24	48	11	0,23
Aisne	Soissons	»	»	60	37	0,62	65	30	0,46
Seine	Bicêtre (Hommes)	»	»	36	5	0,14	33	35	106*
Paris	St.-Lazare (Femmes)	»	»	103	7	0,07	111	42	0,38
	Totaux	»	»	253	62	0,25	257	118	0,46

BAGNES.

NOMS DES BAGNES.	NOMBRE des Sorties, année moyenne, depuis 1818 jusqu'en 1827.	RÉCIDIVES DES CONDAMNÉS. De 5 à 10 ans.	De 10 ans et au dessus.	MOYENNE des Récidives sur les Sorties en 1828.	NOMBRE DES SORTIES de 1819 à 1828.	RÉCIDIVES DES CONDAMNÉS. De 5 à 10 ans.	De 10 ans et au dessus.	MOYENNE DES RÉCIDIVES sur les Sorties.
Brest	369	72	36	0,29	352	88	35	0,35
Rochefort	159	26	14	0,25	157	27	12	0,25
Toulon	374	67	31	0,26	380	99	35	0,35
Lorient	166	33	7	0,24	162	40	4	0,27
Totaux	1,068	198	88	0,27	1,051	254	86	0,33

* L'excédant de proportion de la moyenne des récidives en 1829 pour Bicêtre provient de ce que l'on a comparé leur nombre en 1829 avec le terme moyen des sorties pendant 10 ans.

Mémoire sur les Colonies agricoles.

Tableau No. 6.

STATISTIQUE DES COLONIES FRANÇAISES.

(*Extrait du Budget détaillé du Ministère de la Marine pour 1827.*)

POPULATION.	Blancs.	Gens de couleur libres.	Esclaves.	TOTAL.
Martinique	9,722	10,518	77,053	97,293
Guadeloupe	11,636	8,981	89,465	110,082
Guiane française	1,035	2,640	13,656	17,331
Bourbon	17,278	5,646	57,530	80,454
Totaux	39,671	27,785	237,704	305,160

AGRICULTURE.	Terres en culture. Hectares.	Etablissemens ruraux. Nombre.	Bestiaux. Têtes.	Valeur présumée de la propriété foncière. fr. c.	Valeur du produit annuel moyen. fr. c.
Martinique	21,882	1,595	23,715	310,000,000 »	21,500,000 »
Guadeloupe	23,735	2,781	31,813	390,000,000 »	28,000,000 »
Guiane française	7,774	502	7,379	25,000,000 »	2,000,000 »
Bourbon	37,073	850	9,208	150,000,000 »	13,800,000 »
Totaux	89,964	5,728	72,115	875,000,000 »	65,300,000 »

COMMERCE.	Importation de France dans les colonies			Exportation de la colonie en France		
	Nombre de navires.	Tonnage. tonneaux.	Valeur des chargemens au départ de France. fr. c.	Nombre de navires.	Tonnage.	Valeur des chargemens aux ports de France. fr. c.
Martinique	137	33,621	16,601,863 »	145	33,551	18,701,279 »
Guadeloupe	162	41,485	18,194,071 »	192	46,642	28,054,286 »
Guiane française	32	4,865	3,099,006 »	24	3,745	2,304,653 »
Bourbon	49	14,794	5,004,639 »	40	11,349	8,158,625 »
Totaux	380	94,765	42,899,579 »	401	95,287	57,218,843 »

Mémoires sur les Colonies agricoles.

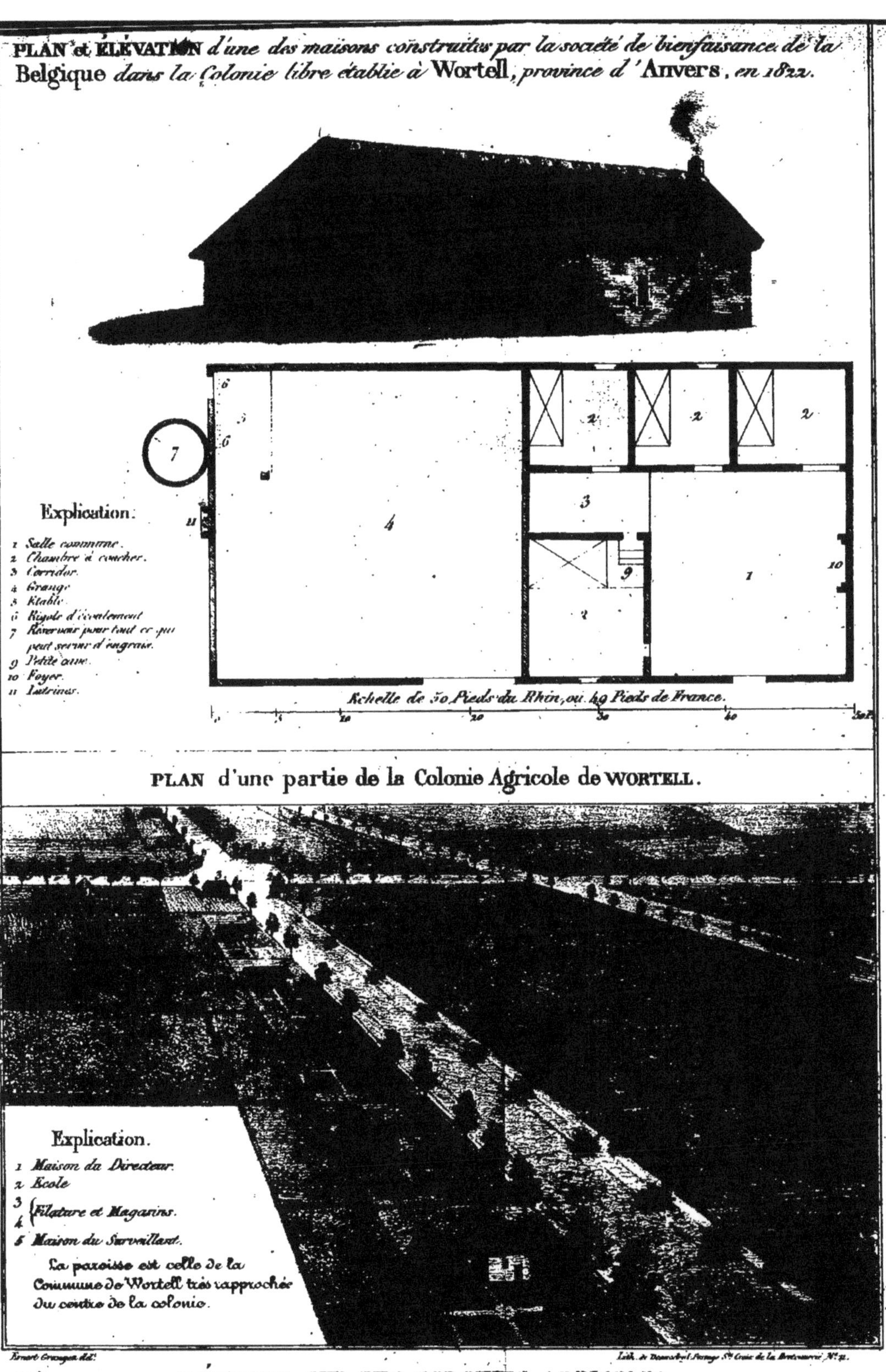
PLAN et ÉLÉVATION d'une des maisons construites par la société de bienfaisance de la Belgique dans la Colonie libre établie à Wortell, province d'Anvers, en 1822.
Explication.
1 Salle commune.
2 Chambre à coucher.
3 Corridor.
4 Grange
5 Etable
6 Rigole d'écoulement
7 Réservoir pour tout ce qui peut servir d'engrais.
9 Petite cave.
10 Foyer.
11 Latrines.
Echelle de 50 Pieds du Rhin, ou 49 Pieds de France.
PLAN d'une partie de la Colonie Agricole de WORTELL.
Explication.
1 Maison du Directeur.
2 Ecole
3 4 Filature et Magasins.
5 Maison du Surveillant.
La paroisse est celle de la Commune de Wortell très rapprochée du centre de la colonie.
MÉMOIRE SUR LES COLONIES AGRICOLES.

Tableau N°. 8.

CLASSEMENT GÉNÉRAL DU TERRITOIRE DU ROYAUME D'ANGLETERRE,

COMPARÉ A SA POPULATION.

(Dressé d'après les opérations cadastrales, commencées en 1796 et terminées en 1827, sous la direction de M. William Couling, géomètre en chef du Royaume-Uni.)

DIVISIONS TERRITORIALES.	POPULATION de CHAQUE DIVISION territoriale.	SUPERFICIE de CHAQUE DIVISION territoriale.	NOMBRE D'ACRES DE			
			Jardins et terres labourables.	Prairies et pâturages.	Terrains incultes, mais cultivables.	Terrains stériles réputés improductifs.
		acres.				
Angleterre.	12,400,000	32,342,400	10,252,800	15,379,200	3,454,000	3,256,400
Pays de Galles.	680,000	4,752,000	890,570	2,226,430	530,000	1,105,000
Écosse.	2,218,000	19,738,930	2,493,950	2,271,050	5,950,000	8,523,930
Irlande.	6,980,000	19,441,944	5,389,040	6,736,240	4,900,000	2,416,664
Iles adjacentes.	140,000	1,119,159	109,630	274,060	166,000	569,469
Totaux. . . .	22,418,000 (1)	77,394,433	19,135,990	27,686,980	15,000,000	15,871,463

(1) Ce calcul est fait d'après le recensement antérieur de 1821 ; celui de 1831 porte la population du royaume à 25,093,306, dont 13,080,000 pour l'Angleterre, 803,000 pour le pays de Galles, 2,366,000 pour l'Écosse, 8,200,000 pour l'Irlande, et le surplus pour les îles adjacentes, celle d'Helgoland et l'armée.

Mémoires sur les Colonies agricoles.

Tableau N°. 5.

TABLEAU SYNOPTIQUE

DES ÉTABLISSEMENS POUR DÉTENTION DONT IL EST QUESTION DANS L'OUVRAGE.

*ÉTAT DES 19 MAISONS CENTRALES EXISTANTES EN 1830.

NOMS DES Départemens.	NOMS DES Maisons.	NOMBRE des détenus.	SOMMES dépensées en 1829.	NOMBRE des Sorties, année moyenne, depuis 1818 jusqu'en 1827.	NOMBRE des récidives en 1828.	MOYENNE des récidives sur les Sorties en 1828.	NOMBRE des sorties de 1819 à 1828.	NOMBRE des récidives en 1829.	MOYENNE des récidives sur les Sorties en 1829.
Alpes (Hautes-)	Embrun	818	171,202	220	49	0,22	223	54	0,24
Aube	Clairvaux	1,964	380,770	567	167	0,29	606	188	0,31
Calvados	Beaulieu	710	128,912	179	47	0,26	183	51	0,28
Eure	Gaillon	1,375	246,091	252	117	0,46	295	128	0,43
Gard	Nîmes	1,189	192,297	229	37	0,16	248	61	0,25
Gironde	Cadillac	315	63,861	102	10	0,10	106	15	0,24
Hérault	Montpellier	423	83,058	203	38	0,47	187	41	0,22
Ille-et-Vilaine	Rennes	672	120,998	120	56	0,48	131	54	0,41
Lot-et-Garonne	Eysses	1,139	215,072	201	49	0,24	225	84	0,37
Maine-et-Loire	Fontevrault	1,449	289,562	333	89	0,27	364	111	0,30
Manche	Saint-Michel	787	152,747	175	53	0,30	188	47	0,25
Nord	Loos	1,623	287,619	293	152	0,52	348	175	0,50
Oise	Clermont	378	75,355	86	15	0,17	85	16	0,19
Puy-de-Dôme	Riom	624	111,635	149	45	0,30	162	61	0,38
Rhin (Bas-)	Haguenau	635	117,202	159	54	0,28	161	39	0,24
Rhin (Haut-)	Ensisheim	852	161,824	221	49	0,22	258	95	0,40
Seine-et-Marne	Melun	1,069	209,650	209	66	0,32	271	130	0,57
Seine et Oise	Poissy	745	143,730	234	56	0,47	»	268	0,99
Vienne (Haute-)	Limoges	966	199,607	190	54	0,38	219	160	0,27
	Totaux	17,663	3,351,196	4,122	1,275	0,31	4,467	1,678	0,38

MAISONS DE CORRECTION ASSUJETTIES AU RÉGIME DES MAISONS CENTRALES.

Départemens	Maisons								
Doubs	Bellevaux	»	»	54	13	0,24	48	11	0,23
Aisne	Soissons	»	»	60	37	0,62	65	30	0,46
Seine	Bicêtre (Hommes)	»	»	36	5	0,14	33	35	106*
Paris	St.-Lazare (Femmes)	»	»	103	7	0,07	111	42	0,38
	Totaux	»	»	253	62	0,25	257	118	0,46

BAGNES.

NOMS DES BAGNES.	NOMBRE des Sorties, année moyenne, depuis 1818 jusqu'en 1827.	RÉCIDIVES DES CONDAMNÉS. De 5 à 10 ans.	De 10 ans et au dessus.	MOYENNE des Récidives sur les Sorties en 1828.	NOMBRE des sorties de 1819 à 1828.	RÉCIDIVES DES CONDAMNÉS. De 5 à 10 ans.	De 10 ans et au dessus.	MOYENNE des récidives sur les Sorties.
Brest	369	72	36	0,29	352	88	35	0,35
Rochefort	159	26	14	0,25	157	27	12	0,25
Toulon	374	67	31	0,26	380	99	35	0,35
Lorient	166	33	7	0,24	162	40	4	0,27
Totaux	1,068	198	88	0,27	1,051	254	86	0,33

* L'excédant de proportion de la moyenne des récidives en 1829 pour Bicêtre provient de ce que l'on a comparé leur nombre en 1829 avec le terme moyen des sorties pendant 10 ans.

Mémoire sur les Colonies agricoles.

PLAN DE LA MAISON DE FORCE A GAND.

PL. III.

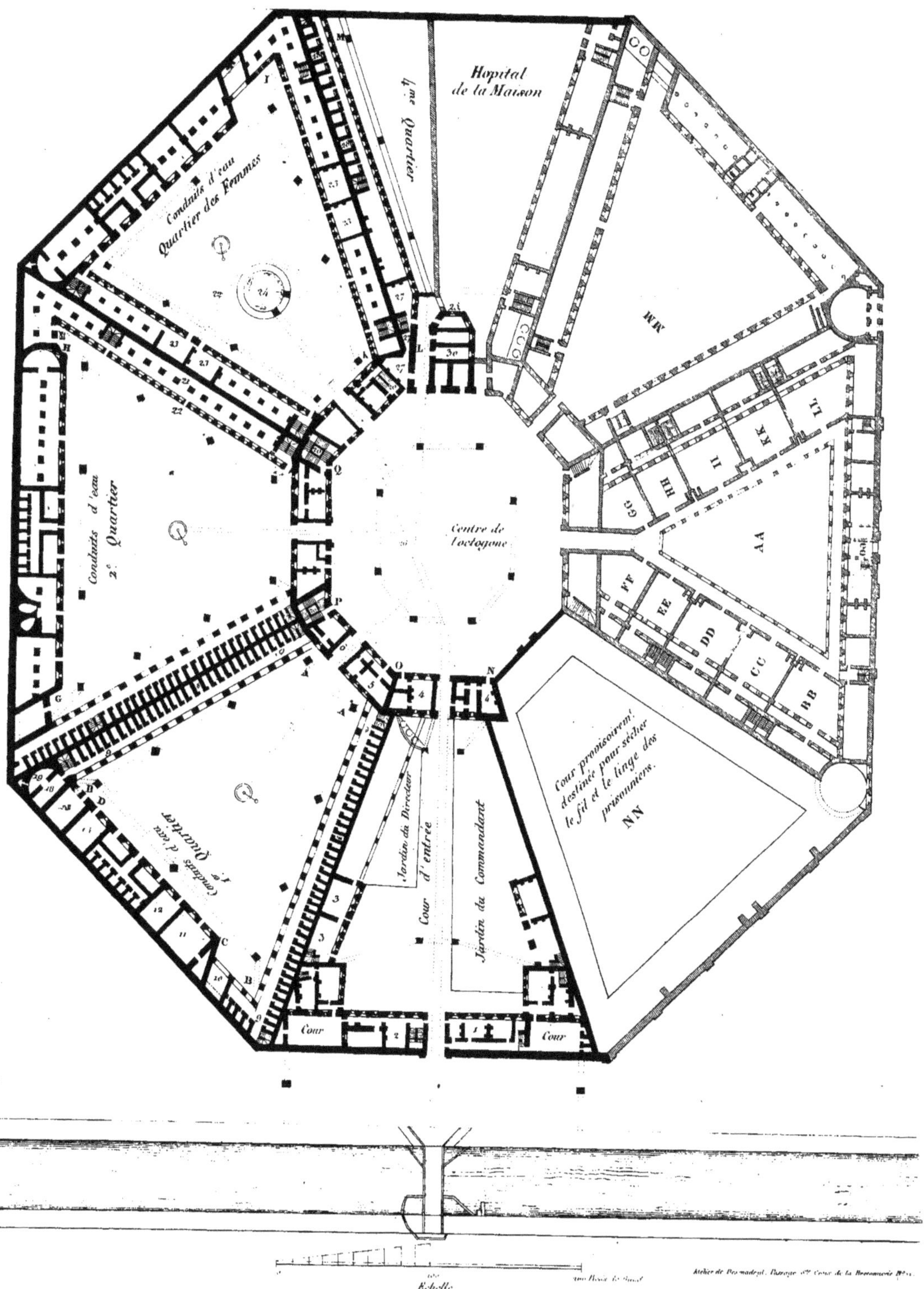

www.ingramcontent.com/pod-product-compliance
Lightning Source LLC
Chambersburg PA
CBHW060711220326
41598CB00020B/2054

* 9 7 8 2 0 1 2 6 4 8 0 7 4 *